교원 임용고사를 대비하기 위한
수학이론과 문제풀이 시리즈 8

미분기하학개론

김광회 지음

KM 경문사

머리말

미분기하학은 일반기하학, 선형대수학, 해석학 그리고 미분방정식론을 기초로 이루어진 종합학문이라 할 수 있다.

해석학에서 유리수체 $\mathbb{Q}$를 포함하면서 최소상계의 성질을 만족하는 전순서 실수체 $\mathbb{R}$이 존재한다는 것이 Dedekind 절단이론으로 증명된다. 그러므로 유클리드 직선 E^1은 $\mathbb{R}$과 일대일 대응된다. 이 책에서는 유클리드 n-공간 E^n에서 곡선과 곡면의 성질의 특성을 E^n을 $\mathbb{R}^n$와 동일시하여 해석기하학적 방법으로 다루었다.

유클리드 기하는 두 점 사이의 거리(길이), 직선의 평행, 두 직선의 사잇각, 곡선의 접선과 곡면의 접평면 등의 개념이 수반되므로, $\mathbb{R}^n$에서는 벡터와 내적, 그리고 위상개념이 필요하다. 제0장에서는 이러한 유클리드 공간 $\mathbb{R}^n$의 구조들에 대하여 살펴보았다. 또한 다변수함수의 미분(differential)과 방향도함수(directional derivative)의 관계를 설명하였다. 이것은 곡면론에서 매우 중요한 개념이다.

제1, 2, 3장에서는 곡선의 성질을 다루었다. 특히, 공간곡선이 어느 정도 휘어져 있고 비틀어져 있는지에 대하여 알아보았다. 이러한 개념이 곡률(curvature)과 열률(torsion)이다. 곡선의 곡률과 열률은 각각 접선방향과 종법선방향의 변화율을 의미한다. 여기서 공간곡선은 국소적으로 불변인 곡률과 열률에 의하여 완전히 결정된다는 것을 보였다.

제4장 이후부터는 곡면론에 관한 것이다. 직관적으로 곡면은 국소적으로는 평면의 일부와 근사를 이룬다고 할 수 있다. 이러한 관점에서 곡면은 좌표조각사상(coordinate patches)들의 상(image)으로 이루어져 있다고 생각한다. 이에 관해서는 제4장에서 보였다.

곡선론에서와 마찬가지로 곡면도 어떤 국소적으로 불변인 제1, 2기본형식에 의하여 완전히 결정된다는 것을 제5장에서 보였다.

제6, 7장에서는 텐서를 사용하여 곡면론을 설명하였다. 특히, 제7장에서는 측지곡률과 측지선, 그리고 Gauss-Bonnet의 정리를 다루었다.

이 책은 McGraw-Hill에서 출판한 Schaumm's Outline Series 중에서 Matine M. Lipschutz가 저술한 "Differential Geometry"의 내용을 재구성하여 자세하게 서술하였다.

특히, 미분기하학을 이해하는 데 도움을 주기 위하여 많은 그림을 통하여 이론 내용을 알기 쉽게 설명하였고 문제의 해답을 제시하였다.

끝으로, 이 책이 나오기까지 많은 도움을 준 경문사에 깊은 감사를 드린다.

2014년 10월

김광회

차례

0장

예비지식

1. $\mathbb{R}^3$ 위에서의 벡터
2. 위상
3. 실변수의 벡터함수
4. 벡터변수의 벡터함수

집합 F가 **체(field)**라는 것은 F 위에 덧셈과 곱셈연산이 정의되어 있고, $(F,+)$는 **덧셈에 관하여 가환군(commutativer group)**이고, $(F-\{0\},\ \cdot\ )$는 **곱셈에 관하여 가환군**이며, $(F,+,\ \cdot\ )$에서는 **좌분배법칙**이 성립할 때를 말한다. 유리수 전체의 집합 $\mathbb{Q}$ 는 체이다. 해석학에서 $\mathbb{Q}$ 를 포함하면서 최소상계의 성질을 만족하는 전순서체 $\mathbb{R}$ 이 존재한다는 것은 Dedekind의 절단이론으로 증명된다. 이러한 전순서체 $\mathbb{R}$ 의 원소를 **실수(real number)**라고 한다. 이때 유클리드 직선 E^1 위의 점들이 각각 실수들과 일대일 대응한다는 사실을 알 수 있다. 이러한 이유로 전순서체 $\mathbb{R}$ 을 **유클리드 실선(Euclidean real line)**이라고도 한다. 유클리드 실선 $\mathbb{R}$ 위의 두 점 $P(a), Q(b)$ 사이의 **거리(distance)** $d(a,b)$는 다음과 같이 정의한다.

$$d(a,b) := |\, b-a \,| .$$

여기서 $|\,x\,| := \begin{cases} x, & x \geq 0 \\ -x, & x < 0 \end{cases}$는 실수 x의 **노름(norm)** 또는 **절댓값(absolute value)**이라 한다.

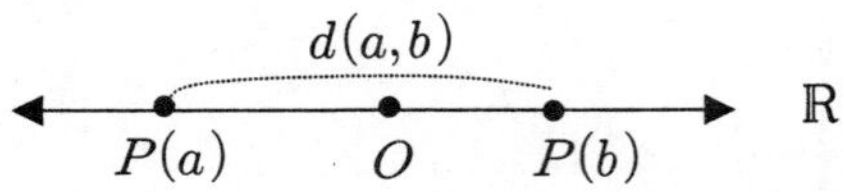

유클리드 평면 E^2 위의 점들은 실수의 순서쌍들의 집합

$$\mathbb{R}^2 = \mathbb{R} \times \mathbb{R} = \{(x_1,x_2) \mid x_1,x_2 \in \mathbb{R}\}$$

의 원소들과 일대일 대응한다. $\mathbb{R}^2$ 위에는 직교좌표구조를 갖고 있는 것으로 간주한다. 이러한 이유로 $\mathbb{R}^2$는 **유클리드 평면(Euclidean plane)**이라 한다. 유클리드 평면 $\mathbb{R}^2$ 위의 두 점 $P(x_1,x_2), Q(y_1,y_2)$ 사이의 거리 $d(P,Q)$는 다음과 같이 정의한다.

$$d(P,Q) := \sqrt{(y_1-x_1)^2+(y_2-x_2)^2} .$$

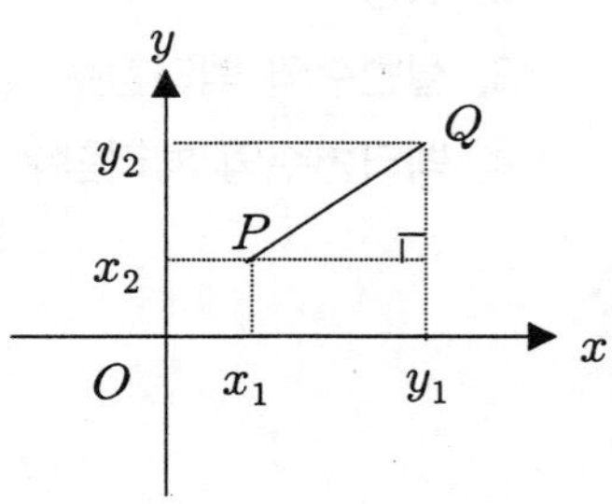

유클리드 공간 E^3 위의 점들은 실수의 순서쌍들의 집합

$$\mathbb{R}^3 = \mathbb{R} \times \mathbb{R} \times \mathbb{R} = \{(x_1, x_2, x_3) \mid x_1, x_2, x_3 \in \mathbb{R}\}$$

의 원소들과 일대일 대응한다. $\mathbb{R}^3$ 위에는 직교좌표구조를 갖고 있는 것으로 간주한다. 이러한 이유로 $\mathbb{R}^3$는 **유클리드 공간(Euclidean space)**이라 한다. 유클리드 공간 $\mathbb{R}^3$ 위의 두 점 $P(x_1, x_2, x_3), Q(y_1, y_2, y_3)$ 사이의 거리 $d(P, Q)$는 다음과 같이 정의한다.

$$d(P, Q) := \sqrt{(y_1 - x_1)^2 + (y_2 - x_2)^2 + (y_3 - x_3)^2}\ .$$

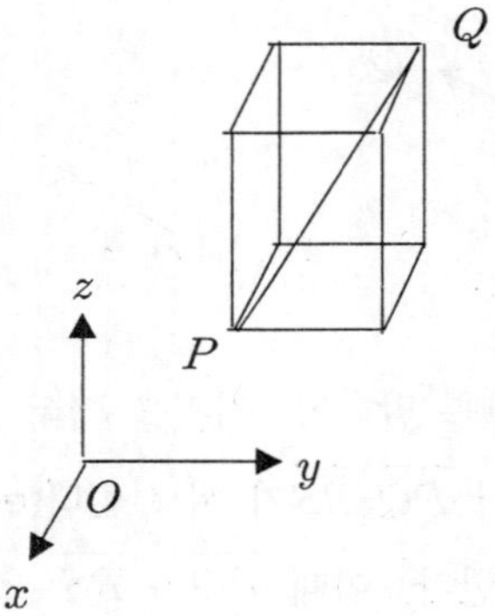

일반적으로 직교좌표구조를 갖는

$$\mathbb{R}^n = \{(x_1, x_2, \ldots, x_n) \mid x_i \in \mathbb{R}, i = 1, 2, \ldots, n\}$$

은 **유클리드 n-공간(Euclidean n-space)**이라 한다. $\mathbb{R}^1 = \mathbb{R}$ 로 쓴다.

유클리드 n-공간 $\mathbb{R}^n$ 위의 두 점 $P(x_1, x_2, \ldots, x_n), Q(y_1, y_2, \ldots, y_n)$ 사이의 거리 $d(P, Q)$는 다음과 같이 정의한다.

$$d(P, Q) := \sqrt{\sum_{i=1}^{n} (y_i - x_i)^2}\ .$$

실수를 **스칼라(scalar)**라고 하고, 실수체 $\mathbb{R}$ 은 **스칼라체(scalar field)**라고 한다. $\mathbb{R}^n$의 원소를 **점(point)**이라 한다. $(x_1, x_2, \ldots, x_n) \in \mathbb{R}^n$은 x로 쓰기로 하자.

유클리드 n-공간 $\mathbb{R}^n$은 여러 가지 구조를 가지고 있다. 특히 $\mathbb{R}^3$ 위에서의 구조를 살펴보자.

0장 예비지식

1. $\mathbb{R}^3$ 위에서의 벡터

$\mathbb{R}^3$ 위의 **벡터(vector)**

$$\mathrm{v} = (v_1, v_2, v_3) \in \mathbb{R}^3$$

는 기하학적으로 임의의 점 $P(p_1, p_2, p_3)$을 출발점으로 하고 점 $Q(p_1+v_1, p_2+v_2, p_3+v_3)$을 종점으로 하는 유향선분 PQ를 말하고, $\mathrm{v} = \overrightarrow{PQ}$로 나타낸다. 특히, 원점 O를 출발점으로 하고 점 $Q(v_1, v_2, v_3)$을 종점으로 하는 유향선분 OQ를 **위치벡터(position vector)**라고 한다.

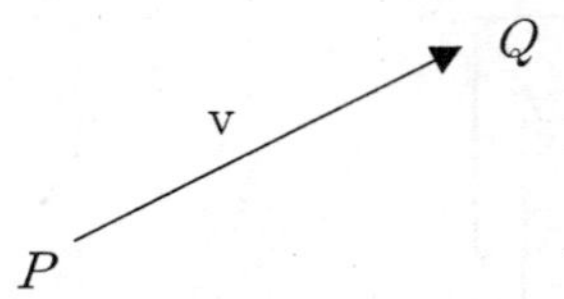

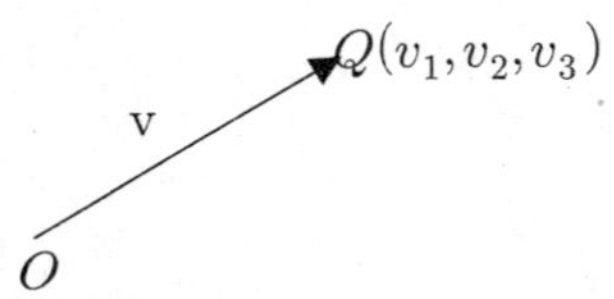

유향선분 PQ의 길이는 $d(P, Q)$를 말하고, 이것을 벡터 $\overrightarrow{PQ}$의 **길이(length)(크기)**라고 한다. 기하학적으로 $\mathbb{R}^3$ 위의 두 벡터 $\overrightarrow{PQ}, \overrightarrow{RS}$가 서로 **같다(equal)**는 것은 한 벡터를 평행이동하여 다른 벡터와 일치할 때를 말한다. 이때 $\overrightarrow{PQ} \sim \overrightarrow{RS}$ 으로 나타내기로 하자.

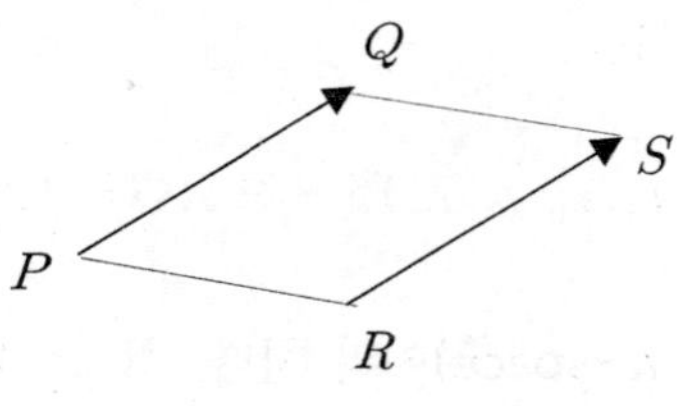

그러면 관계 "$\sim$"는 동치관계임을 알 수 있다. 즉,

(i) $\overrightarrow{PQ} \sim \overrightarrow{PQ}$

(ii) 만일 $\overrightarrow{PQ} \sim \overrightarrow{RS}$이면, $\overrightarrow{RS} \sim \overrightarrow{PQ}$이다.

(iii) 만일 $\overrightarrow{PQ} \sim \overrightarrow{RS}$이고 $\overrightarrow{RS} \sim \overrightarrow{TU}$이면, $\overrightarrow{PQ} \sim \overrightarrow{TU}$이다.

$\mathbb{R}^3$의 위치벡터 $\mathrm{v} = (v_1, v_2, v_3)$와 관계가 있는 $\mathbb{R}^3$의 모든 벡터들의 집합을 $[\mathrm{v}]$로 나타내면, 이것은 v의 **동치류(equivalence class)**이다. $\mathbb{R}^3$의 모든 위치벡터 x에 대하여 다음이 성립함을 알 수 있다.

(i) $\bigcup_{x \in \mathbb{R}^3} [x] = \mathbb{R}^3$

(ii) 임의의 두 위치벡터 $x, y \in \mathbb{R}^3$에 대하여 $[x]=[y]$ 또는 $[x] \cap [y] = \varnothing$ 이다.

이때 x와 [x]를 동일시하자. 그러면 $\mathbb{R}^3$는 유클리드 공간의 점들의 집합인 동시에 $\mathbb{R}^3$ 위의 위치벡터들의 집합으로 간주할 수 있다. 그러므로 위치벡터(점) $\overrightarrow{OP} = x = (x_1, x_2, x_3)$는 임의의 점 $Q(q_1, q_2, q_3)$을 출발점으로 하고 점 $R(q_1+x_1, q_2+x_2, q_3+x_3)$을 종점으로 하는 벡터 $\overrightarrow{QR}$와 같다. 즉, $x = \overrightarrow{QR}$이다.

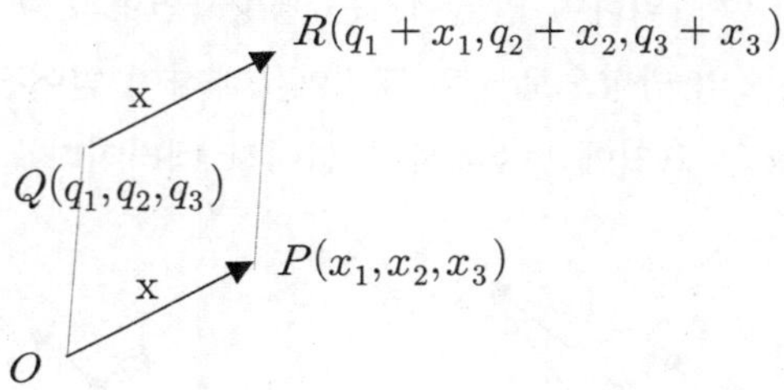

벡터공간 $\mathbb{R}^3$에서 벡터덧셈과 스칼라곱연산을 다음과 같이 정의하자.

[벡터덧셈] $x + y := (x_1 + y_1, x_2 + y_2, x_3 + y_3)$

[스칼라곱] $k \in \mathbb{R}$ 일 때, $kx := (kx_1, kx_2, kx_3)$.

그러면 $\mathbb{R}^3$는 벡터덧셈연산에 관하여 가환군이고, 스칼라곱연산에 관하여 다음을 만족한다.

(i) $k_1, k_2 \in \mathbb{R}$ 일 때, $(k_1 k_2)x = k_1(k_2 x)$

(ii) $1 \cdot x = x$

또한, 좌 · 우분배법칙이 성립한다.

(iii) $k_1(x+y) = k_1 x + k_1 y, (k_1 + k_2)x = k_1 x + k_2 x$.

이러한 두 연산이 정의되어 있는 $\mathbb{R}^3$를 **실벡터공간(real vector space)**이라 한다.

(참고) 실수 전체의 집합 $\mathbb{R}$ 에서의 벡터덧셈과 스칼라곱을 대수적인 덧셈과 곱셈으로 정의하면, $\mathbb{R}$ 도 실벡터공간임을 유의하자.

벡터 $(0,0,0)$은 O으로 나타내고, 이를 **영벡터(zero vector)**라고 한다. 벡터덧셈과 순서쌍의 정의에 의하여 벡터 $-\mathrm{x}$는 $(-x_1,-x_2,-x_3)$이다. 이 벡터는 원점을 출발점으로 하고 점 $(-x_1,-x_2,-x_3)$를 종점으로 하는 위치벡터이다. 따라서 벡터 $-\mathrm{x}$는 벡터 x와 방향이 반대인 벡터이다.

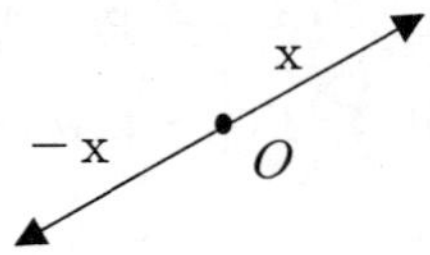

벡터 $\mathrm{x}+\mathrm{y}$는 벡터 x와 y에 의하여 만들어지는 평행사변형의 대각선으로 나타난다.

$k>0$일 때, 벡터 $k\mathrm{x}$는 x의 방향으로 x의 크기에 k배하여 얻어진 벡터이고, $k<0$일 때, $k\mathrm{x}$는 x의 반대방향으로 x의 크기에 $-k$배하여 얻어진 벡터이다.

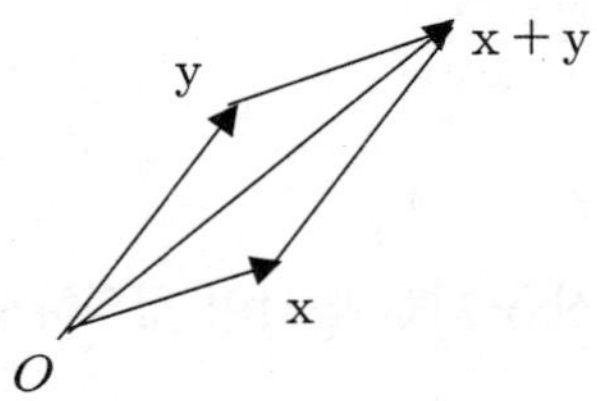

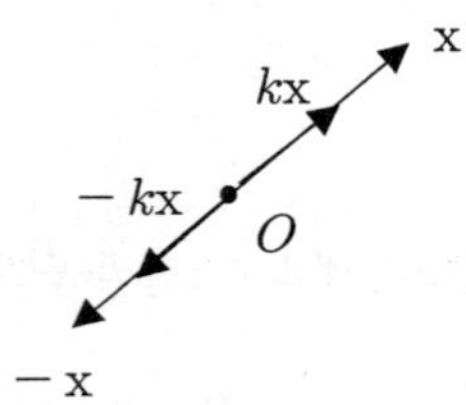

(참고) 직관적으로 벡터는 방향과 크기를 갖는 양을 말한다. 스칼라는 크기만 갖는 양을 말한다.

[일차종속과 일차독립] $\mathbb{R}^3$의 n개 벡터 $\mathrm{x}_1,\mathrm{x}_2,\ldots,\mathrm{x}_n$이 **일차종속(linearly dependent)**이라는 것은 모두는 0이 아닌 실수 $k_1,\ldots,k_n$이 존재하여

$$k_1\mathrm{x}_1+\cdots+k_n\mathrm{x}_\mathrm{n}=\mathrm{O}$$

이 성립할 때를 말한다.

이때, $k_1\mathrm{x}_1+\cdots+k_n\mathrm{x}_\mathrm{n}$을 $\mathrm{x}_1,\mathrm{x}_2,\ldots,\mathrm{x}_n$의 **일차결합(linear combination)**이라 한다. 벡터들이 일차종속이 아닐 때는 그 벡터들을 **일차독립(linearly independent)**이라 한다.

벡터 $\mathrm{x}_1,\mathrm{x}_2,\ldots,\mathrm{x}_n$이 일차종속이라는 의미는 어떤 한 벡터를 나머지 벡터들의 일차결합으로 나타낼 수 있다는 것을 의미한다. 다시 말해, 어떤 한 벡터가 나머지 벡터들에 의하여 생성된다는 것이다. 한편, 벡터들이 일차독립이라는 의미는 어떠한 벡터도 나머지 벡터들에 의하여

생성되지 않는다는 것을 의미한다.

(참고) (1) $\mathbb{R}^3$에서 네 개 이상의 벡터들은 항상 일차종속이다.

(2) $\mathbb{R}^3$에서 두 벡터 x, y가 **평행(parallel)**이라는 것은 0이 아닌 실수 k가 존재하여 $\mathrm{x} = k\mathrm{y}$일 때를 말한다.

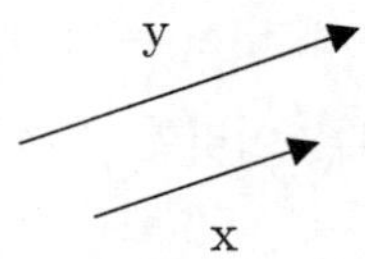

따라서 $\mathbb{R}^3$에서 평행인 두 벡터는 항상 일차종속이다. 그러므로 $\mathbb{R}^3$에서 평행이 아닌 두 벡터는 항상 일차독립이다.

(3) 만일 $\mathbb{R}^3$에서 두 벡터 x, y는 평행이 아니고, 벡터 z은 x, y에 의하여 생성되는 평면 위의 벡터가 아니면, $\mathrm{x}, \mathrm{y}, \mathrm{z}$는 일차독립이다.

▸정리 1.1 $\mathbb{R}^3$의 벡터 $\mathrm{u}_1, \mathrm{u}_2, \mathrm{u}_3$가 일차독립이기 위한 필요충분조건은 $|\mathrm{u}_1\mathrm{u}_2\mathrm{u}_3| \neq 0$이다. 여기서 $|\mathrm{u}_1\mathrm{u}_2\mathrm{u}_3|$는 행렬식을 의미한다.

[기저] $\mathbb{R}^3$의 벡터 $\mathrm{u}_1, \mathrm{u}_2, \mathrm{u}_3$가 $\mathbb{R}^3$의 **기저(base)**라는 것은 $\mathrm{u}_1, \mathrm{u}_2, \mathrm{u}_3$가 일차독립이고, 이들에 의하여 생성되는 공간이 $\mathbb{R}^3$일 때를 말한다. 즉,

$$< \mathrm{u}_1, \mathrm{u}_2, \mathrm{u}_3 > := \{ k_1\mathrm{u}_1 + k_2\mathrm{u}_2 + k_3\mathrm{u}_3 \mid k_1, k_2, k_3 \in \mathbb{R} \} = \mathbb{R}^3.$$

(참고) (1) $\mathbb{R}^3$의 임의의 벡터 x를 다음과 같이 $\mathbb{R}^3$의 기저 $\mathrm{u}_1, \mathrm{u}_2, \mathrm{u}_3$에 관한 일차결합(linear combination)으로 유일하게 나타낼 수 있다.

$$\mathrm{x} = k_1\mathrm{u}_1 + k_2\mathrm{u}_2 + k_3\mathrm{u}_3, \quad k_1, k_2, k_3 \in \mathbb{R}.$$

이때, k_1, k_2, k_3는 기저 $\mathrm{u}_1, \mathrm{u}_2, \mathrm{u}_3$에 관한 벡터 x의 **좌표성분(coordinate component)**이라고 한다.

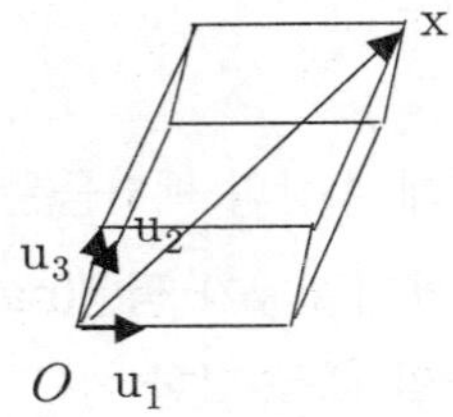

크기가 1인 벡터 $e_1 = (1,0,0), e_2 = (0,1,0), e_3 = (0,0,1)$는 $\mathbb{R}^3$의 기저임을 알 수 있다. 이러한 기저를 $\mathbb{R}^3$의 **표준기저(standard base)**라고 한다.

$$x = (x_1, x_2, x_3) = x_1 e_1 + x_2 e_2 + x_3 e_3$$

이므로, x_1, x_2, x_3는 표준기저 e_1, e_2, e_3에 관한 벡터 x의 좌표성분이다.

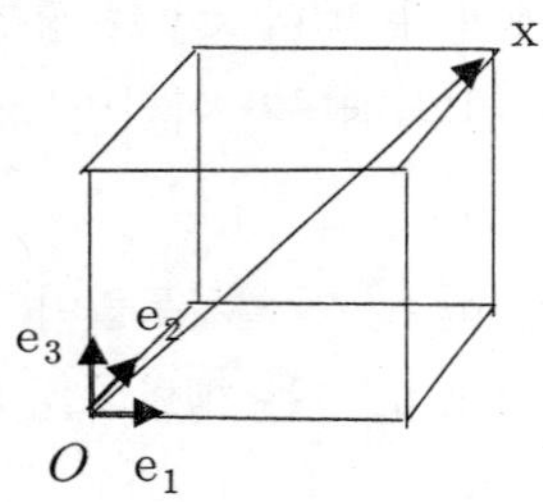

(2) 만일 $\mathbb{R}^3$에서 벡터 u_1, u_2, u_3가 일차독립이면, 항상 u_1, u_2, u_3는 $\mathbb{R}^3$의 기저임을 알 수 있다.

[내적] 벡터 $x = (x_1, x_2, x_3), y = (y_1, y_2, y_3)$에 대하여 **내적(inner product)** $x \cdot y$를 다음과 같이 정의하자.

$$x \cdot y := x_1 y_1 + x_2 y_2 + x_3 y_3 .$$

그러면 다음과 같은 성질을 만족함을 알 수 있다.

(i) $x \cdot x \geq 0$이고, $x \cdot x = 0 \Leftrightarrow x = 0$.

(ii) $(x + y) \cdot z = x \cdot z + y \cdot z$

(iii) $k \in \mathbb{R}$ 일 때, $(kx) \cdot y = k(x \cdot y)$

(iv) $x \cdot y = y \cdot x$

이와 같이 정의된 내적을 **표준내적(standard inner product)**이라 한다. (i)때문에 벡터 $\mathrm{x}=(x_1,x_2,x_3)$의 **노름(norm)(크기, 길이)**을 다음과 같이 정의한다.

$$\| \mathrm{x} \| := (\mathrm{x}\cdot\mathrm{x})^{1/2} = \sqrt{x_1^2+x_2^2+x_3^2}.$$

이것은 원점에서 점 (x_1,x_2,x_3)까지의 유클리드 거리(길이)이다.

(참고) (1) 위와 같은 네 가지 성질을 만족하는 내적이 정의된 실벡터공간을 **실내적공간(inner product space)**이라 한다. 따라서 $\mathbb{R}^3$는 실내적공간이다.

(2) 노름은 다음과 같은 세 가지 성질을 만족함을 알 수 있다.

(i) $\| \mathrm{x} \| \geqq 0$이고, $\| \mathrm{x} \| = 0 \Leftrightarrow \mathrm{x}=0$.

(ii) $k\in\mathbb{R}$일 때, $\| k\mathrm{x} \| = |k| \, \| \mathrm{x} \|$

(iii) **(삼각부등식)** $\| \mathrm{x}+\mathrm{y} \| \leqq \| \mathrm{x} \| + \| \mathrm{y} \|$

(3) 실수 전체의 집합 $\mathbb{R}$은 실벡터공간이고, $\mathbb{R}$에서의 내적을 대수적인 곱셈으로 정의하면, $\mathbb{R}$은 실내적공간임을 유의하자. 이때, 특히 벡터 $x\in\mathbb{R}$의 노름 $\| x \|$는 실수의 절댓값 $|x|$으로 나타낸다.

(4) 노름이 정의된 벡터공간을 **노름공간(normed space)**이라고 한다. 그러므로 실내적공간 $\mathbb{R}^3$와 $\mathbb{R}$은 노름공간이다.

집합 X가 **거리공간(metric space)**이라는 것은 다음을 만족하는 **거리함수(metric)** $d: X\times X\to\mathbb{R}$가 정의되어 있을 때를 말한다.

(i) $d(x,y)\geqq 0,\ d(x,y)=0 \Leftrightarrow x=y$

(ii) $d(x,y)=d(y,x)$

(iii) **(삼각부등식)** $d(x,y)\leqq d(x,z)+d(z,y),\ \forall z\in X.$

노름공간은 **거리공간(metric space)**이다. 왜냐하면, 거리함수를

$$d(\mathrm{x},\mathrm{y}) := \| \mathrm{x}-\mathrm{y} \|$$

이라 정의할 수 있기 때문이다.

거리공간 X에는 중심이 $x\in X$이고 반지름이 $r>0$인 **열린공(open ball)**

$$B_r(x) = \{y \in X \mid d(x,y) < r\}$$

들로 X의 위상을 줄 수 있으므로, 거리공간은 위상공간이다. 따라서 노름공간도 위상공간이다. 그러므로 실내적공간 $\mathbb{R}^3$와 $\mathbb{R}$ 은 위상공간이다.

일반적으로, $\mathbb{R}^n = \{(x_1, \ldots, x_n) \mid x_i \in \mathbb{R}\}$ 도 앞에서와 같은 방법으로 벡터덧셈과 스칼라곱, 표준내적, 노름을 정의하면, 유클리드 n-공간 $\mathbb{R}^n$은 실내적공간, 노름공간이고, 위상공간임을 알 수 있다.

$\mathbb{R}^3$의 두 벡터 x, y가 이루는 사잇각이 θ, $0 \leqq \theta \leqq \pi$일 때, 내적 $\mathrm{x} \cdot \mathrm{y}$는 코사인 제2법칙에 의하여 다음과 같이 나타낼 수도 있다.

$$\mathrm{x} \cdot \mathrm{y} = \|\mathrm{x}\| \, \|\mathrm{y}\| \cos\theta.$$

그러므로 다음과 같은 **코시-슈바르츠(Cauchy-Schwarz)부등식**을 얻는다.

$$|\mathrm{x} \cdot \mathrm{y}| \leqq \|\mathrm{x}\| \, \|\mathrm{y}\|,$$

즉,

$$|x_1y_1 + x_2y_2 + x_3y_3| \leqq \sqrt{x_1^2 + x_2^2 + x_3^2} \sqrt{y_1^2 + y_2^2 + y_3^2}.$$

[정사영 벡터] $\mathrm{x} \neq \mathrm{O}, \mathrm{y}$는 $\mathbb{R}^3$의 벡터라고 하자. 벡터 y를 벡터 x 위에 내린 **정사영 벡터(orthogonal projection vector)** $Proj_{\mathrm{x}}(\mathrm{y})$는 다음과 같음을 알 수 있다.

$$Proj_{\mathrm{x}}(\mathrm{y}) = \frac{\mathrm{y} \cdot \mathrm{x}}{\|\mathrm{x}\|^2}\mathrm{x}.$$

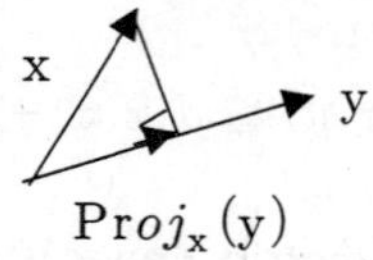

[직교벡터] $\mathbb{R}^3$의 두 벡터 x, y가 **서로 직교(orthogornal)**한다는 것은 $\mathrm{x} \cdot \mathrm{y} = 0$일 때를 말한다. 이때, $\mathrm{x} \perp \mathrm{y}$로 나타낸다. $\mathrm{x} \cdot \mathrm{y} = \|\mathrm{x}\| \, \|\mathrm{y}\| \cos\theta$이므로, 두 벡터 x, y가 서로 직교하기 위한 필요충분조건은 $\mathrm{x} = 0$ 또는 $\mathrm{y} = 0$ 또는 $\theta = \angle(\mathrm{x}, \mathrm{y}) = \frac{\pi}{2}$이다.

[정규직교기저] $\mathbb{R}^3$의 벡터 u_1, u_2, u_3가 $\mathbb{R}^3$의 **정규직교기저(orthonormal base)**라는 것은 u_1, u_2, u_3는 기저이고,

$$u_i \cdot u_j = \begin{cases} 1, & i = j \\ 0, & i \neq j \end{cases}$$

일 때를 말한다. 다시 말해, u_1, u_2, u_3는 모두 단위벡터이고 서로 다른 벡터들끼리는 서로 수직인 기저를 말한다. 특히, 기저 e_1, e_2, e_3는 $\mathbb{R}^3$의 정규직교기저이다.

[벡터의 외적] 두 벡터

$$x = (x_1, x_2, x_3) = x_1 e_1 + x_2 e_2 + x_3 e_3,\ y = (y_1, y_2, y_3) = y_1 e_1 + y_2 + y_3 e_3$$

의 **외적(exterior product)** $x \times y$는 다음과 같이 정의한다.

$$\begin{aligned} x \times y &:= (x_2 y_3 - x_3 y_2) e_1 + (x_3 y_1 - x_1 y_3) e_2 + (x_1 y_2 - x_2 y_1) e_3 \\ &= (x_2 y_3 - x_3 y_2, x_3 y_1 - x_1 y_3, x_1 y_2 - x_2 y_1). \end{aligned}$$

벡터의 외적은 다음과 같은 행렬식을 제1열에 관한 전개식으로 기억하면 편리하다.

$$x \times y = \begin{vmatrix} e_1 & x_1 & y_1 \\ e_2 & x_2 & y_2 \\ e_3 & x_3 & x_3 \end{vmatrix} = \begin{vmatrix} x_2 & y_2 \\ x_3 & y_3 \end{vmatrix} e_1 - \begin{vmatrix} x_1 & y_1 \\ x_3 & y_3 \end{vmatrix} e_2 + \begin{vmatrix} x_1 & y_1 \\ x_2 & y_2 \end{vmatrix} e_3 \quad .$$

$\mathbb{R}^3$의 세 벡터 $x = (x_1, x_2, x_3), y = (y_1, y_2, y_3), z = (z_1, z_2, z_3)$에 대하여

$$x \cdot (y \times z) = \begin{vmatrix} x_1 & y_1 & z_1 \\ x_2 & y_2 & z_2 \\ x_3 & y_3 & z_3 \end{vmatrix}$$

임을 알 수 있다. 행렬식의 성질로부터 다음을 알 수 있다.

$$x \cdot (y \times z) = z \cdot (x \times y) = y \cdot (z \times x).$$

그러므로 $x \perp (x \times y)$이고, $y \perp (x \times y)$이다. 따라서 $x, y, x \times y$는 일차독립이다.

$$|\, x y x \times y \,| = (x \times y) \cdot (x \times y) = \| x \times y \|^2 > 0$$

이므로, $x, y, x \times y$는 **우수계(right-handed system)**를 이룬다.

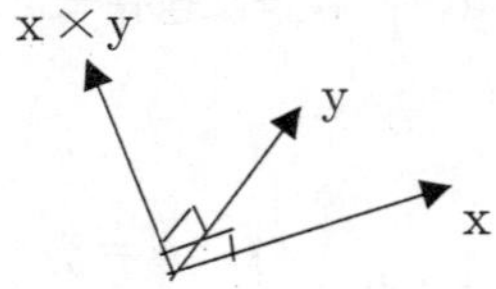

외적은 다음과 같은 성질을 갖는다.

(i) $\mathrm{x}\times\mathrm{y}=-\mathrm{y}\times\mathrm{x}$

(ii) $\mathrm{x}\times(\mathrm{y}+\mathrm{z})=\mathrm{x}\times\mathrm{y}+\mathrm{x}\times\mathrm{z}$

(iii) k가 실수일 때, $(k\mathrm{x})\times\mathrm{y}=k(\mathrm{x}\times\mathrm{y})=\mathrm{x}\times(k\mathrm{y})$

(iv) $\mathrm{x}\times\mathrm{x}=0$.

$\mathbb{R}^3$의 정규직교기저 $\mathrm{e}_1,\mathrm{e}_2,\mathrm{e}_3$에 대하여 다음을 알 수 있다.

$$\mathrm{e}_1\times\mathrm{e}_2=\mathrm{e}_3,\ \mathrm{e}_2\times\mathrm{e}_3=\mathrm{e}_1,\ \mathrm{e}_3\times\mathrm{e}_1=\mathrm{e}_2.$$

$|\,\mathrm{e}_1\mathrm{e}_2\mathrm{e}_3\,| = \begin{vmatrix}1&0&0\\0&1&0\\0&0&1\end{vmatrix}=1>0$ 이므로, $\mathrm{e}_1,\mathrm{e}_2,\mathrm{e}_3$는 우수계를 이룬다.

▶정리 1.2 $\mathbb{R}^3$의 벡터 x,y에 대하여 $\mathrm{x}\times\mathrm{y}=\mathrm{O}$이기 위한 필요충분조건은 x와 y가 일차종속인 것이다.

증명 ($\Rightarrow$) $\mathrm{x}\times\mathrm{y}=\mathrm{O}$라 하자. x와 y는 일차독립이라 가정하자. 그러면 $\mathrm{x}\times\mathrm{y}\neq\mathrm{O}$이다. 이것은 모순이다.

($\Leftarrow$) x와 y는 일차종속이라 하자, 그러면 어떤 $k\neq0$에 대하여 $\mathrm{y}=k\mathrm{x}$이다. 그러므로 $\mathrm{x}\times\mathrm{y}=k(\mathrm{x}\times\mathrm{x})=\mathrm{O}$이다.

▶정리 1.3 $\mathbb{R}^3$의 벡터 $\mathrm{x},\mathrm{y},\mathrm{z}$에 대하여

$$\mathrm{x}\times(\mathrm{y}\times\mathrm{z})=(\mathrm{x}\cdot\mathrm{z})\mathrm{y}-(\mathrm{x}\cdot\mathrm{y})\mathrm{z}$$

이다.

증명

$$\begin{aligned}&\mathrm{x}\times(\mathrm{y}\times\mathrm{z})\\&=(x_1\mathrm{e}_1+x_2\mathrm{e}_2+x_3\mathrm{e}_3)\times[(y_2z_3-y_3z_2)\mathrm{e}_1+(y_3z_1-y_1z_3)\mathrm{e}_2+(y_1z_2-y_2z_1)\mathrm{e}_3]\end{aligned}$$

$$
\begin{aligned}
&= (x_2y_1z_2 - x_2y_2z_1 - x_3y_3z_1 + x_3y_1z_3)\mathrm{e}_1 \\
&\qquad + (x_3y_2z_3 - x_3y_3z_2 - x_1y_1z_2 + x_1y_2z_1)\mathrm{e}_2 \\
&\qquad + (x_1y_3z_1 - x_1y_1z_3 - x_2y_2z_3 + x_2y_3z_2)\mathrm{e}_3 \\
&= (x_1z_1 + x_2z_2 + x_3z_3)(y_1\mathrm{e}_1 + y_2\mathrm{e}_2 + y_3\mathrm{e}_3) \\
&\qquad - (x_1y_1 + x_2y_2 + x_3y_3)(z_1\mathrm{e}_1 + z_2\mathrm{e}_2 + z_3\mathrm{e}_3) \\
&= (\mathrm{x} \cdot \mathrm{z})\mathrm{y} - (\mathrm{x} \cdot \mathrm{y})\mathrm{z}.
\end{aligned}
$$

정리 1.3에 의하여 다음을 얻는다.

▶정리 1.4 $\mathbb{R}^3$의 벡터 x,y,z,w에 대하여 다음이 성립한다.

(i) $(\mathrm{x} \times \mathrm{y}) \cdot (\mathrm{z} \times \mathrm{w}) = (\mathrm{x} \cdot \mathrm{z})(\mathrm{y} \cdot \mathrm{w}) - (\mathrm{x} \cdot \mathrm{w})(\mathrm{y} \cdot \mathrm{z})$

(ii) $(\mathrm{x} \times \mathrm{y}) \times (\mathrm{z} \times \mathrm{w}) = |\mathrm{xyw}|\mathrm{z} - |\mathrm{xyz}|\mathrm{w}$, 단, $|\mathrm{xyz}|$는 행렬식이다.

증명 (i) $\mathrm{z} \times \mathrm{w} = \mathrm{u}$라고 하자. 그러면 정리 1.3에 의하여

$$
\begin{aligned}
(\mathrm{x} \times \mathrm{y}) \cdot \mathrm{u} = \mathrm{x} \cdot (\mathrm{y} \times \mathrm{u}) &= \mathrm{x} \cdot [\mathrm{y} \times (\mathrm{z} \times \mathrm{w})] \\
&= \mathrm{x} \cdot [(\mathrm{y} \cdot \mathrm{w})\mathrm{z} - (\mathrm{y} \cdot \mathrm{z})\mathrm{w}] \\
&= (\mathrm{x} \cdot \mathrm{z})(\mathrm{y} \cdot \mathrm{w}) - (\mathrm{x} \cdot \mathrm{w})(\mathrm{y} \cdot \mathrm{z}).
\end{aligned}
$$

(ii) $\mathrm{x} \times \mathrm{y} = \mathrm{u}$라고 하자. 그러면 정리 1.3에 의하여

$$\mathrm{u} \times (\mathrm{z} \times \mathrm{w}) = (\mathrm{u} \cdot \mathrm{w})\mathrm{z} - (\mathrm{u} \cdot \mathrm{z})\mathrm{w} = |\mathrm{xyw}|\mathrm{z} - |\mathrm{xyz}|\mathrm{w}.$$

▶정리 1.5 **(라그랑주(Lagrange)의 항등식)** $\mathbb{R}^3$의 벡터 x,y에 대하여

$$\|\mathrm{x} \times \mathrm{y}\|^2 = \|\mathrm{x}\|^2 \|\mathrm{y}\|^2 - (\mathrm{x} \cdot \mathrm{y})^2.$$

증명 정리 1.4 (i)에 의하여

$$\|\mathrm{x} \times \mathrm{y}\|^2 = (\mathrm{x} \times \mathrm{y}) \cdot (\mathrm{x} \times \mathrm{y}) = (\mathrm{x} \cdot \mathrm{x})(\mathrm{y} \cdot \mathrm{y}) - (\mathrm{x} \cdot \mathrm{y})^2.$$

$\mathrm{x} \cdot \mathrm{y} = \|\mathrm{x}\| \, \|\mathrm{y}\| \cos\theta$이므로,

$$\| \mathbf{x} \times \mathbf{y} \| = \| \mathbf{x} \| \, \| \mathbf{y} \| \sin\theta$$

임을 알 수 있다. 이것은 두 벡터 x,y에 의해 만들어지는 평행사변형의 넓이를 의미한다.

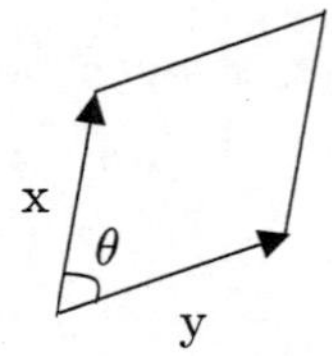

▶정리 1.6 $\mathbb{R}^3$의 벡터 x,y,z에 대하여

$$(\mathbf{y} \times \mathbf{z}) \cdot [(\mathbf{z} \times \mathbf{x}) \times (\mathbf{x} \times \mathbf{y})] \geqq 0$$

이다. 단, 등호는 x,y,z가 일차종속일 때 성립한다.

증명 $\mathbf{x} \times \mathbf{y} = \mathbf{u}$라고 하자. 그러면 정리 1.3에 의하여

$$\begin{aligned}(\mathbf{z} \times \mathbf{x}) \times \mathbf{u} &= -\mathbf{u} \times (\mathbf{z} \times \mathbf{x}) = -[(\mathbf{u} \cdot \mathbf{x})\mathbf{z} - (\mathbf{u} \cdot \mathbf{z})\mathbf{x}] = (\mathbf{u} \cdot \mathbf{z})\mathbf{x} \\ &= [\mathbf{x} \cdot (\mathbf{y} \times \mathbf{z})]\mathbf{x}\end{aligned}$$

이다. 그러므로

$$(\mathbf{y} \times \mathbf{z}) \cdot [(\mathbf{z} \times \mathbf{x}) \times (\mathbf{x} \times \mathbf{y})] = \| \mathbf{x} \cdot (\mathbf{y} \times \mathbf{z}) \|^2 \geqq 0.$$

$\mathbf{x} \cdot (\mathbf{y} \times \mathbf{z}) \neq 0$일 때, 즉, x,y,z가 일차독립일 때, 이 값은 0보다 크다. 따라서 x,y,z가 일차종속일 때 등식이 성립한다.

2. 위상

집합 $U \subset \mathbb{R}^n$이 **열린집합(open set)**이라는 것은 각 점 $\mathrm{x}_0 \in U$에 대하여 x_0의 δ-근방 $N_\delta(\mathrm{x}_0) \subset U$가 존재할 때를 말한다. 여기서

$$N_\delta(\mathrm{x}_0) = \{\mathrm{x} \in \mathbb{R}^n \mid \|\mathrm{x} - \mathrm{x}_0\| < \delta\}$$

이다. 다시 말해, 집합 $U \subset \mathbb{R}^n$이 열린집합이라는 것은 집합 U가 U에 포함되는 모든 근방들의 합집합으로 나타낼 수 있을 때를 말한다. $n=1$일 때, x_0의 δ-근방 $N_\delta(\mathrm{x}_0)$는 중심이 x_0이고 반지름이 δ인 **열린구간(open interval)**이다. $n=2$일 때, x_0의 δ-근방 $N_\delta(\mathrm{x}_0)$는 중심이 x_0이고 반지름이 δ인 **열린원판(open disk)**이다. $n=3$일 때, x_0의 δ-근방 $N_\delta(\mathrm{x}_0)$는 중심이 x_0이고 반지름이 δ인 **열린공(open ball)**이다.

(참고) (1) $\mathbb{R}^n$에서의 모든 근방들로부터 $\mathbb{R}^n$에서의 열린집합을 정의한다. 특히, 모든 근방은 정의에 의하여 열린집합이다. $\mathscr{B}$는 $\mathbb{R}^n$에서의 모든 근방들의 집합족이라 하자. 그러면 다음이 성립함을 알 수 있다.

(B1) $\bigcup_{N \in \mathscr{B}} N = \mathbb{R}^n$.

(B2) 만일 $N_1, N_2 \in \mathscr{B}$에 대하여 $N_1 \cap N_2 \neq \varnothing$이면, 임의의 $\mathrm{x} \in N_1 \cap N_2$에 대하여 x의 근방 $N_3 \in \mathscr{B}$가 존재하여 $N_3 \subset N_1 \cap N_2$이다.

(B1) 때문에 $\mathbb{R}^n$은 열린집합이다. (B2)는 $N_1 \cap N_2$가 근방들의 합집합으로 나타낼 수 있다는 것을 의미한다. 그러므로 $N_1 \cap N_2$는 열린집합이다. 공집합은 열린집합이라 정의한다.

(2) $\mathbb{R}^n$에서 열린집합(open set)을 정의한다는 것은 $\mathbb{R}^n$ 위에 **위상(topology)**을 준다는 것을 의미한다. $\mathbb{R}^n$ 위에는 여러 가지 위상을 줄 수 있다. 하나는 위와 같이 근방의 개념으로부터 위상을 정의할 수 있고, 또 다른 하나는 근방의 개념이 없이 직접 위상을 정의할 수도 있다.

위와 같이 $\mathbb{R}^n$에서의 모든 근방들로부터 $\mathbb{R}^n$에서의 열린집합을 정의함으로써 $\mathbb{R}^n$ 위에 위상 $\mathfrak{T}$를 준다. 이때 $\mathfrak{T}$는 $\mathbb{R}^n$에서 모든 열린집합들의 집합족이다.

$\mathbb{R}^n$에서의 모든 근방들의 집합족 $\mathscr{B}$를 $\mathbb{R}^n$ 위의 위상 $\mathfrak{I}$에 대한 **기저**(base)라 한다. 이러한 위상 $\mathfrak{I}$를 **보통위상**(usual topology) 또는 **유클리드 위상**(Euclidean topology)이라 하고, $(\mathbb{R}^n, \mathfrak{I})$를 **유클리드 위상공간**(Euclidean topological space)이라 한다. $\mathfrak{I}$는 다음과 같은 성질을 가짐을 알 수 있다.

(T1) $\mathbb{R}^n, \varnothing \in \mathfrak{I}$

(T2) 만일 $U_1, U_2 \in \mathfrak{I}$ 이면, $U_1 \bigcap U_2 \in \mathfrak{I}$ 이다.

(T3) 만일 $U_\alpha \in \mathfrak{I}, \alpha \in I$이면, $\bigcup_{\alpha \in I} U_\alpha \in \mathfrak{I}$ 이다.

또 다른 하나는 (T1), (T2), (T3)를 만족하는 $\mathbb{R}^n$의 부분집합들의 집합족 $\mathfrak{I}$를 $\mathbb{R}^n$ 위의 **위상**(topology)이라 한다. 이때 $\mathfrak{I}$의 모든 원소를 **열린집합**(open set)이라 한다. 예를 들어, $\mathfrak{I} = \{\mathbb{R}^n, \varnothing\}$는 $\mathbb{R}^n$ 위의 위상임을 알 수 있다. 이러한 위상을 **비이산위상**(indiscrete topology)이라 한다. 만일 $\mathfrak{I}$는 $\mathbb{R}^n$의 모든 부분집합들의 집합이라 하면, $\mathfrak{I}$는 $\mathbb{R}^n$ 위의 위상임을 알 수 있다. 이러한 위상을 **이산위상**(discrete topology)이라 한다.

모든 집합 X 위에는 항상 위상을 줄 수 있다. 위상 $\mathfrak{I}$를 가지고 있는 집합 $(X, \mathfrak{I})$를 **위상공간**(topological space)이라 한다.

(3) $(X, \mathfrak{I})$는 위상공간이라 하고, $A \subset X$는 부분집합이라 하자. 이때 집합 A 위에는 위상공간 $(X, \mathfrak{I})$의 위상 $\mathfrak{I}$로부터 유도된 위상 $\mathfrak{I}_A$를 다음과 같이 줄 수 있다.

$$\mathfrak{I}_A = \{ U \bigcap A \mid U \in \mathfrak{I} \}.$$

이때 $\mathfrak{I}_A$는 (T1), (T2), (T3)을 만족함을 알 수 있다. 이러한 A 위의 위상 $\mathfrak{I}_A$를 **상대위상**(relative topology)이라 한다.

예제 2.1 (a) 열린구간 $(a,b) = \{x \in \mathbb{R} \mid a < x < b\}$는 $\mathbb{R}$에서 열린집합이지만 집합

$$\{(x,0) \in \mathbb{R}^2 \mid a < x < b\}$$

는 $\mathbb{R}^2$에서 열린집합이 아니다. 구간

$$(a,b] = \{x \in \mathbb{R} \mid a < x \leqq b\}$$

는 $\mathbb{R}$ 에서 열린집합이 아니다.

(b) 우반평면 $\{(x,y) \in \mathbb{R}^2 \mid x > 0\}$ 은 $\mathbb{R}^2$에서 열린집합이다. 집합

$$\{(x,y) \in \mathbb{R}^2 \mid x > 0\} \bigcup \{(x,0) \in \mathbb{R}^2 \mid x < 0\}$$

은 $\mathbb{R}^2$에서 열린집합이 아니다.

주의 열린원판은 $\mathbb{R}^2$에서 열린집합이지만 $\mathbb{R}^3$에서는 열린집합이 아니다. 그러므로 "열린집합"은 상대적(relative)인 성질로서 그 집합이 놓여 있는 공간에 의존한다.

▸정리 2.2 유클리드 위상공간 $\mathbb{R}^n$에 대하여

(i) $\mathbb{R}^n, \varnothing$ 는 열린집합이다.

(ii) 만일 $U_1, \ldots, U_k \subset \mathbb{R}^n$이 열린집합이면, $\bigcap_{i=1}^{k} U_i$도 열린집합이다.

(iii) 만일 $U_\alpha \subset \mathbb{R}^n, \alpha \in I$이 열린집합이면, $\bigcup_{\alpha \in I} U_\alpha$도 열린집합이다.

주의 (1) 무한개의 열린집합들의 교집합은 일반적으로 열린집합이 아니다. 왜냐하면, $\bigcap_{n=1}^{\infty}(-\frac{1}{n}, \frac{1}{n}) = \{0\}$ 은 $\mathbb{R}$ 에서 열린집합이 아니고,

$$\bigcap_{n=1}^{\infty} \{(x,y) \in \mathbb{R}^2 \mid x^2 + y^2 < (1 + \frac{1}{n})^2\} = \{(x,y) \in \mathbb{R}^2 \mid x^2 + y^2 \leqq 1\}$$

은 $\mathbb{R}^2$에서 열린집합이 아니기 때문이다.

(2) 정리 2.2 (iii)은 열린집합의 개수가 유한개 또는 무한 가산개 또는 무한 비가산개일 때도 성립함을 유의하자.

정리 2.3 만일 $\mathrm{x}_1, \mathrm{x}_2 \in \mathbb{R}^n$이 서로 다른 점이면, 각 점을 포함하는 서로소인 열린집합 U_1, U_2가 존재한다. 즉, $\mathrm{x_i} \in U_i$, $U_1 \bigcap U_2 = \varnothing$.

증명 $\epsilon = \frac{1}{2} \| \mathrm{x}_1 - \mathrm{x}_2 \|$ 이라 하고 $U_i = N_\epsilon(\mathrm{x_i})$라 놓으면, $U_1 \bigcap U_2 = \varnothing$ 이다.

> 주의 이러한 성질을 만족하는 공간을 **하우스도르프공간(Hausdorff space)** 또는 **T_2-공간**이라 한다. 그러므로 유클리드 공간 $\mathbb{R}^n$은 하우스도르프 공간이다.

집합 $F \subset \mathbb{R}^n$이 **닫힌집합(closed set)**이라는 것은 여집합 F^c가 열린집합일 때를 말한다. 그러면 정의에 의하여 다음을 알 수 있다.

(i) $\mathbb{R}^n, \varnothing$ 는 닫힌집합이다.

(ii) 만일 $F_1, F_2 \subset \mathbb{R}^n$은 닫힌집합이면, $F_1 \bigcup F_2$는 닫힌집합이다.

(iii) 만일 $F_\alpha \subset \mathbb{R}^n, \alpha \in I$는 닫힌집합이면, $\bigcap_{\alpha \in I} F_\alpha$는 닫힌집합이다.

참고 (a) $\mathbb{R}^n, \varnothing$ 는 열린집합인 동시에 닫힌집합이다.

(b) 위상공간 $(X, \mathfrak{I})$는 열린집합인 동시에 닫힌집합을 최소한 2개 갖는다. 즉, $X, \varnothing \in \mathfrak{I}$ 는 열린집합인 동시에 닫힌집합이다.

예제 2.4 (a) 닫힌구간 $[a,b] = \{x \in \mathbb{R} \mid a \leqq x \leqq b\}$는 $\mathbb{R}$ 에서 닫힌집합이다. 집합

$$\{(x,0) \in \mathbb{R}^2 \mid a \leqq x \leqq b\}$$

는 $\mathbb{R}^2$에서 닫힌집합이다.

(b) 집합 $\{(p,q) \in \mathbb{R}^2 \mid p,q \in \mathbb{Q}\}$은 $\mathbb{R}^2$에서 열린집합도 아니고 닫힌집합도 아니다.

(c) $\mathbb{R}^n$의 유한개의 점들로 이루어진 집합 $\{\mathrm{x}_1, \mathrm{x}_2, \ldots, \mathrm{x_k}\}$은 닫힌집합이다.

(d) 닫힌원판(closed disk) $\{\mathrm{x} \in \mathbb{R}^2 \mid \| \mathrm{x} - \mathrm{x}_0 \| \leqq \delta\}$는 닫힌집합이다.

닫힌공(closed ball) $\{\mathrm{x} \in \mathbb{R}^3 \mid \| \mathrm{x} - \mathrm{x}_0 \| \leqq \delta\}$는 닫힌집합이다.

구면(sphere) $\{\mathrm{x} \in \mathbb{R}^3 \mid \| \mathrm{x} - \mathrm{x}_0 \| = \delta\}$는 닫힌집합이다.

(e) $\mathbb{R}^3$에서의 **원환면(torus)**은 한 평면 위의 원(circle)을 그 평면과 평행한 직선의 둘레로 회전시켜 얻어지는 곡면을 말한다. 원환면은 $\mathbb{R}^3$에서 닫힌집합이다.

집합 $S \subset \mathbb{R}^n$에 대하여 점 $\mathrm{x}_0 \in \mathbb{R}^n$가 S의 **극한점(limit point)**이라는 것은 모든 x_0의 근방 $N(\mathrm{x}_0)$에 대하여 x_0가 빠진 근방 $N(\mathrm{x}_0) - \{\mathrm{x}_0\}$은 적어도 S의 한 점을 포함할 때, 즉, x_0의 임의의 근방 $N(\mathrm{x}_0)$에 대하여

$$S \cap (N(\mathrm{x}_0) - \{\mathrm{x}_0\}) \neq \varnothing$$

일 때를 말한다. S의 모든 극한점들의 집합을 S'로 나타내고, 이를 **도집합(derived set)**이라 한다.

주의 일반적으로 집합 S의 극한점은 S에 속하지 않는다.

예제 2.5 (a) 열린원판(open disk) $S = \{\mathrm{x} \in \mathbb{R}^2 \mid \|\mathrm{x} - \mathrm{x}_0\| < \delta\}$의 도집합은

$$S' = \{\mathrm{x} \in \mathbb{R}^2 \mid \|\mathrm{x} - \mathrm{x}_0\| \leq \delta\}$$

이다.

(b) 집합 $S = \{1, \frac{1}{2}, \frac{1}{3}, \ldots\} \subset \mathbb{R}$의 도집합은 $S' = \{0\}$이다.

닫힌집합에 대한 판정법은 다음과 같다.

정리 2.6 집합 $S \subset \mathbb{R}^n$에 대하여 S가 닫힌집합이기 위한 필요충분조건은 $S' \subset S$이다.

증명 ($\Leftarrow$) S^c가 열린집합임을 보이기 위하여 $\mathrm{x}_0 \in S^c$라고 하면 x_0의 근방 $N(\mathrm{x}_0) \subset S^c$가 존재함을 보이면 된다. $S^c \subset (S')^c$이므로 $\mathrm{x}_0 \in (S')^c$이다. 그러므로 x_0는 S의 극한점이 아니다. 따라서 x_0의 근방 $N(\mathrm{x}_0)$이 존재하여

$$S \cap (N(\mathrm{x}_0) - \{\mathrm{x}_0\}) = \varnothing$$

이다. $x_0 \in S^c$이므로, $S \cap N(x_0) = \varnothing$, 즉 $N(x_0) \subset S$이다.

($\Rightarrow$) $S' \not\subset S$이라 가정하자. 그러면 $x_0 \in S' - S$가 존재한다. S는 닫힌집합이므로 S^c는 열린집합이다. $x_0 \in S^c$이므로 x_0의 근방 $N(x_0) \subset S^c$가 존재한다. 따라서 $S \cap N(x_0) = \varnothing$ 이다. $x_0 \in S'$이므로 $S \cap (N(x_0) - \{x_0\}) \neq \varnothing$ 이다. 그러므로 $S \cap N(x_0) \neq \varnothing$ 이다. 이것은 모순이다.

$\overline{S} = S \cup S'$은 S의 **폐포(closure)**라고 한다.

정리 2.7 $S \subset \mathbb{R}^n$이라 하자. 그러면 다음이 성립한다.

(a) $\overline{S}$는 닫힌집합이다.

(b) 만일 $F \subset \mathbb{R}^n$가 S를 포함하는 임의의 닫힌집합이면, $\overline{S} \subset F$이다.

증명 (a) 정리 2.6에 의하여 $(\overline{S})' \subset \overline{S}$임을 보이면 충분하다. $x \in (\overline{S})'$라고 하자. 그러면 x의 모든 근방 $N(x)$에 대하여 $\overline{S} \cap (N(x) - \{x\}) \neq \varnothing$ 이다. 그러므로

$$y \in \overline{S} \cap (N(x) - \{x\})$$

가 존재한다. 따라서

$$y \in \overline{S}, y \in N(x) - \{x\}$$

이다. $y \in N(x), y \neq x$ 이다. $y \in \overline{S} = S \cup S'$이므로 $y \in S$ 또는 $y \in S'$이다.

만일 $y \in S$이면, $S \cap (N(x) - \{x\}) \neq \varnothing$ 이므로 $x \in S' \subset \overline{S}$이다.

만일 $y \in S'$이면, y의 모든 근방 $N(y)$에 대하여 $S \cap (N(y) - \{y\}) \neq \varnothing$ 이다. $y \in N(x) - \{x\}$ 이므로 $N(y) \subset N(x) - \{x\}$가 되도록 y의 근방 $N(y)$를 잡을 수 있다. 따라서

$$\varnothing \neq S \cap (N(y) - \{y\}) \subset S \cap (N(x) - \{x, y\})$$

이므로

$$S \cap (N(x) - \{x, y\}) \neq \varnothing$$

이다. $N(\mathrm{x})-\{\mathrm{x},\mathrm{y}\} \subset N(\mathrm{x})-\{\mathrm{x}\}$ 이므로 $S\cap(N(\mathrm{x})-\{\mathrm{x}\})\neq\varnothing$ 임을 알 수 있다. 그러므로 $\mathrm{x}\in S' \subset \overline{S}$이다. 따라서 $\overline{S}$는 닫힌집합이다.

(b) F는 닫힌집합이므로 정리 2.6에 의하여 $F' \subset F$이다. 따라서 $\overline{F}= F\cup F' = F$이다. $S\subset F$이므로 $\overline{S}\subset \overline{F}= F$이다.

(참고) 정리 2.7에 의하여 $\overline{S}$는 S를 포함하는 닫힌집합 중에서 가장 작은 닫힌집합임을 알 수 있다.

예제 2.8 (a) $S=\{(x,y)\in\mathbb{R}^2 \mid x>0\}\cup\{(x,0)\in\mathbb{R}^2 \mid x<0\}$ 의 폐포는 다음과 같다.

$$\overline{S}=\{(x,y)\in\mathbb{R}^2 \mid x\geq 0\}\cup\{(x,0)\in\mathbb{R}^2 \mid x\leq 0\}$$

(b) $S=\{(p,q)\in\mathbb{R}^2 \mid p,q\in\mathbb{Q}\}$ 의 폐포는 $\overline{S}=\mathbb{R}^2$이다.

집합 $S\subset\mathbb{R}^n$이 **유계(bounded)**라는 것은 S가 어떤 근방에 포함될 때를 말한다.

예제 2.9 (a) $S=\{1,\frac{1}{2},\frac{1}{3},\ldots\}\subset\mathbb{R}$ 은 $\mathbb{R}$ 에서 유계이다.

(b) $S=\{(p,q)\in\mathbb{R}^2 \mid p,q\in\mathbb{Q}\}$는 $\mathbb{R}^2$에서 유계가 아니다.

(c) $S=\{\mathrm{x}_1,\mathrm{x}_2,\ldots,\mathrm{x}_k\}\subset\mathbb{R}^n$은 $\mathbb{R}^n$에서 유계이다.

공집합이 아닌 집합 $S\subset\mathbb{R}^n$이 **분리되어 있다(disconnected)**는 것은 다음을 만족하는 열린집합 $U_1, U_2\subset\mathbb{R}^n$이 존재할 때를 말한다.

(i) U_1, U_2는 S를 덮는다. 즉, $S\subset U_1\cup U_2$. $S=(S\cap U_1)\cup(S\cap U_2)$

(ii) $S\cap U_i\neq\varnothing, i=1,2$이다.

(iii) $(S\cap U_1)\cap(S\cap U_2)=\varnothing$ 이다.

공집합이 아닌 집합 $S\subset\mathbb{R}^n$이 **연결집합(connected set)**이라는 것은 S가 분리되어 있지 않을 때를 말한다. 이것은 다음과 동치이다.

만일 $S=(S\cap U_1)\cup(S\cap U_2)$이고 $(S\cap U_1)\cap(S\cap U_2)=\varnothing$이면, $S\cap U_1, S\cap U_2$ 중의 하나는 S이고 다른 하나는 $\varnothing$ 이다.

(참고) 집합 $S\subset\mathbb{R}^n$ 위에는 $\mathbb{R}^n$ 위의 유클리드 위상으로부터 유도된 상대위상이 주어진 것으로 간주한다. 그러므로 S에서의 열린집합은 $\mathbb{R}^n$에서의 어떤 열린집합 U에 대하여 $S\cap U$꼴이다.

예제 2.10 (a) 분리되어 있는 집합은 적어도 두 점을 갖는다. 따라서 한 점으로만 이루어진 집합은 연결집합이다. 두 개 이상의 점으로 이루어진 유한집합은 분리된 집합이다.

(b) 집합 $I\subset\mathbb{R}$ 이 연결집합이기 위한 필요충분조건은 I가 **단집합**(singleton set)이거나 구간인 것이다.

(c) 다음 집합은 $\mathbb{R}^3$에서 연결집합이다.

(i) 선분 (ii) 열린공 (iii) 원환면 (iv) 내부를 갖는 원환면.

내부를 갖는 원환면을 **입체원환면**(solid torus) 또는 **닫힌원환면**(closed torus)이라고 한다.

집합 $D\subset\mathbb{R}^n$이 **영역**(domain)이라는 것은 D가 연결열린집합일 때를 말한다.

예제 2.11 (a) 다음 집합은 영역이다.

(i) 고리(annulus) $D=\{\mathrm{x}\in\mathbb{R}^3 \mid r_1<\|\mathrm{x}-\mathrm{x}_0\|<r_2\}$

(ii) 우반평면(right half-plane) $D=\{(x,y)\in\mathbb{R}^2 \mid x>a\}$

(iii) 열린원환면(open torus), 즉, 원환면의 내부(interior of torus)

(b) (i) 입체원환면(solid torus)은 영역이 아니다. 왜냐하면 이 집합은 연결집합이지만 열린집합이 아니기 때문이다.

(ii) $\mathbb{R}^2$에서 서로소인 열린원판(open disk)들의 합집합은 영역이 아니다. 왜냐하면 이 집합은 열린집합이지만 연결집합은 아니기 때문이다.

공집합이 아닌 집합 $S\subset\mathbb{R}^3$가 **호상연결집합**(arcwise connected set)이라는 것은 임의의 두 점 $\mathrm{x}_1,\mathrm{x}_2\in S$에 대하여 S 안에 완전히 포함되고 그 두 점을 연

결하는 연속인 호(arc)가 존재할 때를 말한다. 즉, 연속함수 $\mathrm{x}:[0,1] \to S$가 존재하여 다음이 성립할 때를 말한다.

(i) 모든 $t \in [0,1]$에 대하여 $\mathrm{x}(t) \in S$이다.

(ii) $\mathrm{x}(0) = \mathrm{x}_1, \mathrm{x}(1) = \mathrm{x}_2$

예제 2.12 (a) 한 점 $\mathrm{x}_1 \in \mathbb{R}^n$만으로 이루어진 단집합은 호상연결집합이다. 상수함수 $\mathrm{x}(t) = \mathrm{x}_1$는 연속함수이다.

(b) $\mathbb{R}^n$은 호상연결집합이다. 임의의 두 점 $\mathrm{x}_1, \mathrm{x}_2 \in \mathbb{R}^n$에 대하여

$$\mathrm{x}(t) = \mathrm{x}_1 + t(\mathrm{x}_2 - \mathrm{x}_1), t \in [0,1]$$

은 $\mathbb{R}^n$에서의 선분이다.

(c) 집합 $I \subset \mathbb{R}$이 호상연결집합이기 위한 필요충분조건은 I가 단집합이거나 구간인 것이다.

정리 2.13 만일 집합 $S \subset \mathbb{R}^n$이 호상연결집합이면, S는 연결집합이다.

증명 S는 연결집합이 아니라고 가정하자. 그러면 열린집합 $U_1, U_2 \subset \mathbb{R}^n$이 존재하여

$$S = (S \cap U_1) \cup (S \cap U_2) \text{이고 } S \cap U_i \neq \varnothing, \ (S \cap U_1) \cap (S \cap U_2) = \varnothing$$

이다. S는 호상연결집합이므로 $\mathrm{x}_1 \in S \cap U_1$, $\mathrm{x}_2 \in S \cap U_2$에 대하여 $\mathrm{x}(0) = \mathrm{x}_1$, $x(1) = x_2$인 연속함수 $\mathrm{x}:[0,1] \to S$가 존재한다.

$$[0,1] = \mathrm{x}^{-1}(S) = \mathrm{x}^{-1}(S \cap U_1) \cup \mathrm{x}^{-1}(S \cap U_2),$$
$$\mathrm{x}^{-1}(S \cap U_i) \neq \varnothing,$$
$$\mathrm{x}^{-1}(S \cap U_1) \cap \mathrm{x}^{-1}(S \cap U_2) = \varnothing.$$

$\mathrm{x}(t)$는 연속이므로, $\mathrm{x}^{-1}(S \cap U_i)$는 구간 $[0,1]$에서 열린집합이다. 그러므로 구간 $[0,1]$은 분리되어 있다. 이것은 모순이다.

> **주의** $I \subset \mathbb{R}$ 이 호상연결집합이기 위한 필요충분조건은 I가 연결집합인 것이다. 즉, I는 구간이다. 그러나 일반적으로 정리 2.13의 역은 성립하지 않는다.

▶정리 2.14 만일 집합 $A \subset \mathbb{R}^n$은 연결집합이고 $A \subset B \subset \overline{A}$ 이면, 집합 B도 연결집합이다. 특히, $\overline{A}$는 연결집합이다.

증명 B는 분리된 집합이라 가정하자. 그러면 열린집합 U, V가 존재하여

$$B = (B \cap U) \cup (B \cap V),$$
$$B \cap U \neq \varnothing, B \cap V \neq \varnothing,$$
$$(B \cap U) \cap (B \cap V) = \varnothing$$

이다. $A \subset B \subset \overline{A}$ 이므로

$$A = A \cap B = (A \cap U) \cup (A \cap V),$$
$$A \cap U \neq \varnothing, A \cap V \neq \varnothing,$$
$$(A \cap U) \cap (A \cap V) = \varnothing$$

이다. 그러므로 A는 분리된 집합이다. 이것은 모순이다. 따라서 B는 연결집합이다.

예제 2.15 집합

$$B = \{(x,y) \in \mathbb{R}^2 \mid y = \sin\frac{1}{x}, x > 0\} \cup \{(0,y) \in \mathbb{R}^2 \mid \frac{1}{2} \leq y < 1\}$$

은 연결집합이지만 호상연결집합은 아니다.

▶정리 2.16 영역은 호상연결집합이다.

증명 D는 호상연결이 아닌 영역이라고 가정하자. 그러면 연속인 호로 연결되지 않는 점 $\mathrm{x}_1, \mathrm{x}_2 \in D$가 존재한다. A는 x_1과 D에 포함되는 연속인 호로 연결될 수 있는 D의 점들의 집합이라 하고, B는 x_1과 D에 포함되는 연속인 호로 연결될 수

미분기하학개론

없는 D의 점들의 집합이라 하자. 그러면, $A\bigcap B=\varnothing$ 이고 $\mathrm{x}_1\in A, \mathrm{x}_2\in B$이므로 $A\neq\varnothing, B\neq\varnothing$ 이다. 분명히

$$D=A\bigcup B$$

이다.

만일 A, B가 열린집합이면, D는 분리된 집합이다. 이것은 모순이다. 그러므로 D는 호상연결이다. 따라서 A, B가 열린집합임을 보이면 충분하다.

A가 열린집합임을 보이자. x는 A의 임의의 점이라고 하자. 그러면 x의 근방 $N(\mathrm{x})\subset A$가 존재함을 보이면 된다. $A\subset D$이고 D는 열린집합이므로 x의 근방 $N(\mathrm{x})\subset D$가 존재한다. $\mathrm{x}\in A$이므로 x_1은 x와 D에 포함되는 연속인 호로 연결될 수 있고, x는 $N(\mathrm{x})$의 임의의 점 y와 $N(\mathrm{x})$에 포함되는 선분으로 연결될 수 있다. 그러므로 x_1은 D에 포함되는 연속인 호로 $\mathrm{y}\in N(\mathrm{x})$와 연결될 수 있다. 따라서 $\mathrm{y}\in A$이다. 즉, $N(\mathrm{x})\subset A$. 그러므로 A는 열린집합이다.

같은 방법으로 B가 열린집합임을 보이자. x는 B의 임의의 점이라고 하자. 그러면 x의 근방 $N(\mathrm{x})\subset B$가 존재함을 보이면 된다. $B\subset D$이고 D는 열린집합이므로 x의 근방 $N(\mathrm{x})\subset D$가 존재한다. $\mathrm{x}\in B$이므로 x_1은 x와 D에 포함되는 연속인 호로 연결될 수 없고, x는 $N(\mathrm{x})$의 임의의 점 y와 $N(\mathrm{x})$에 포함되는 선분으로 연결될 수 있다. 그러므로 x_1은 D에 포함되는 연속인 호로 $\mathrm{y}\in N(\mathrm{x})$와 연결될 수 없다. 따라서 $\mathrm{y}\in B$이다. 즉, $N(\mathrm{x})\subset B$. 그러므로 B는 열린집합이다.

열린집합 $U_\alpha\subset\mathbb{R}^n$에 대하여 열린집합족 $\{U_\alpha\}_{\alpha\in I}$가 집합 $K\subset\mathbb{R}^n$을 **덮는다(cover)**는 것은 $K\subset\bigcup_{\alpha\in I}U_\alpha$일 때를 말한다. 즉, $K=\bigcup_{\alpha\in I}(K\bigcap U_\alpha)$. 이때 집합족 $\{K\bigcap U_\alpha\}_{\alpha\in I}$는 K의 **열린덮개(open covering)**라고 한다.

(참고) K 위에는 $\mathbb{R}^n$ 위의 위상으로부터 유도된 상대위상이 주어진 것으로 간주한다. 그러므로 $K\bigcap U_\alpha$는 K에서의 열린집합이다. 이러한 이유로 집합족 $\{K\bigcap U_\alpha\}_{\alpha\in I}$는 K의 열린덮개라고 한다.

집합 $K\subset\mathbb{R}^n$가 **긴밀집합(compact set)**이라는 것은 K의 임의의 열린덮개 $\{K\bigcap U_\alpha\}_{\alpha\in I}$

에 대하여 유한개의 $\alpha_1,\alpha_2,\ldots,\alpha_n \in I$가 존재하여

$$K=\bigcup_{i=1}^{n}(K\cap U_{\alpha_i}),\ \text{즉},\ K\subset \bigcup_{i=1}^{n}U_{\alpha_i}$$

일 때를 말한다. 이때, $\{K\cap U_\alpha\}_{\alpha\in I}$의 유한부분집합족 $\{K\cap U_{\alpha_i}\}_{i=1}^{n}$을 K의 **유한부분열린덮개(finite open subcovering)**라고 한다. 그러므로 K가 긴밀집합이라는 것은 K의 임의의 열린덮개가 유한부분열린덮개를 가질 때를 말한다.

예제 2.17 유한집합 $K=\{x_1,x_2,\ldots,x_k\}\subset \mathbb{R}^n$는 긴밀집합이다. 왜냐하면, $\{K\cap U_\alpha\}_{\alpha\in I}$가 K의 열린덮개라고 하자. 그러면 $K\subset \bigcup_{\alpha\in I}U_\alpha$이다. $x_i\in K$, $i=1,2,\ldots,k$이므로 α_i가 존재하여 $x_i\in U_{\alpha_i}$이다. 따라서 $K\subset \bigcup_{i=1}^{k}U_{\alpha_i}$이기 때문이다.

예제 2.18 $K=\{1,\frac{1}{2},\frac{1}{3},\ldots\}\subset \mathbb{R}$은 긴밀집합이 아니다. 왜냐하면, K의 어떤 열린덮개는 유한부분열린덮개를 갖지 않기 때문이다. 예를 들어, $\mathbb{R}$의 열린집합

$$U_1=(\frac{1}{2},2),\,U_n=(\frac{1}{n+1},\frac{1}{n-1}),\,n\geq 2$$

를 생각하자. 그러면 $K\cap U_n=\{\frac{1}{n}\},n\geq 1$이므로 $K=\bigcup_{n=1}^{n}(K\cap U_n)$이다. 따라서 $\{K\cap U_n\}_{n=1}^{\infty}$은 K의 열린덮개이다. 그러나 이 열린덮개는 유한부분열린덮개를 갖지 않는다.

$\mathbb{R}^n$에서의 긴밀집합에 대한 판정법은 다음과 같다.

정리 2.19 **(Heine–Borel 정리)** $K\subset\mathbb{R}^n$이 긴밀집합이기 위한 필요충분조건은 K가 닫힌집합이고 유계인 것이다.

증명 $(\Rightarrow)$ K의 각 점 $x\in K$에 대한 근방 $N(x)$들은 K를 덮는다. 즉, $K\subset \bigcup_{x\in K}N(x)$.

미분기하학개론

K가 긴밀집합이므로 유한개의 점 $x_1, \dots, x_n \in K$가 존재하여 $K \subset \bigcup_{i=1}^{n} N(x_i)$이다. $\bigcup_{i=1}^{n} N(x_i)$는 어떤 점 $y \in K$의 근방에 포함되므로 K는 유계이다.

K가 닫힌집합임을 보이자. 즉, K^c가 열린집합임을 보이자. 임의의 점 $x \in K^c$에 대하여 x를 포함하는 열린집합 $V \subset K^c$가 존재함을 보이면 된다. 점 $x \in K^c$를 고정시키자. 그러면 각 점 $y \in K$에 대하여 $y \neq x$이고 $\mathbb{R}^n$은 하우스도르프 공간이므로, 서로소인 y의 열린근방 U_y와 x의 열린근방 V_y가 존재한다. 이때, $\{U_y\}_{y \in K}$는 K를 덮는다. K는 긴밀집합이므로 유한개의 점 $y_1, \dots, y_n \in K$가 존재하여 $K \subset \bigcup_{i=1}^{n} U_{y_i}$이다. 이때, $V = \bigcap_{i=1}^{n} V_{y_i}$라 놓자. 그러면 V는 점 x를 포함하는 열린집합이고 $U_{y_i} \cap V = \varnothing$ 임을 알 수 있다. 따라서

$$K \cap V \subset (\bigcup_{i=1}^{n} U_{y_i}) \cap V = \bigcup_{i=1}^{n} (U_{y_i} \cap V) = \varnothing$$

이다. 그러므로 $K \cap V = \varnothing$, 즉, $V \subset K^c$이다.

$(\Leftarrow)$ $I = \{(x_1, \dots, x_n) \in \mathbb{R}^n \mid a_j \leq x_j \leq b_j, j = 1, 2, \dots, n\}$은 긴밀집합임을 유의하자. 어떤 I에 대하여 $K \subset I$이다. 긴밀집합의 닫힌부분집합은 긴밀집합이므로 K는 긴밀집합이다.

> **주의** 정리 2.19는 일반적인 위상공간에서 항상 성립하는 것은 아니다.

집합 $S \subset \mathbb{R}^n$에 대하여 함수 $f : S \to \mathbb{R}^m$를 생각하자, f가 점 $x_0 \in S$에서 **연속(continuous)**이라는 것은 임의의 $\epsilon > 0$에 대하여 $\delta > 0$가 존재하여 $\| x - x_0 \| < \delta, x \in S$일 때 $\| f(x) - f(x_0) \| < \epsilon$이 성립할 때를 말한다. 즉, $f(x_0)$의 임의의 근방 $N_\epsilon(f(x_0))$에 대하여 x_0의 근방 $N_\delta(x_0)$가 존재하여

$$f(N_\delta(x_0) \cap S) \subset N_\epsilon(f(x_0))$$

가 성립할 때를 말한다.

함수 f가 **집합 S에서 연속**이라는 것은 f가 각 점 $\mathrm{x}_0 \in S$에서 연속일 때를 말한다.

예제 2.20 (a) 집합 $S \subset \mathbb{R}^n$에 대하여 상수함수 $\mathrm{f}(\mathrm{x}) = \mathrm{y}_0, \mathrm{y}_0 \in \mathbb{R}^m$은 S에서 연속이다.

(b) 구면 $S: x^2+y^2+z^2=1$에 대하여 π는 남극점 $(0,0,-1)$에서 구면 S의 접평면이라고 하자. f는 S에서 접평면 π 위로의 정사영이라 하자. 이 사상은 S에서 연속이다. 왜냐하면 $\mathrm{x}_0 \in S$는 임의의 점이라고 할 때 $\mathrm{f}(\mathrm{x}_0)$의 임의의 근방 $N_\epsilon(\mathrm{f}(\mathrm{x}_0))$에 대하여 $\delta = \epsilon$이라 놓으면

$$\mathrm{f}(N_\delta(\mathrm{x}_0) \cap S) \subset N_\epsilon(\mathrm{f}(\mathrm{x}_0))$$

이기 때문이다.

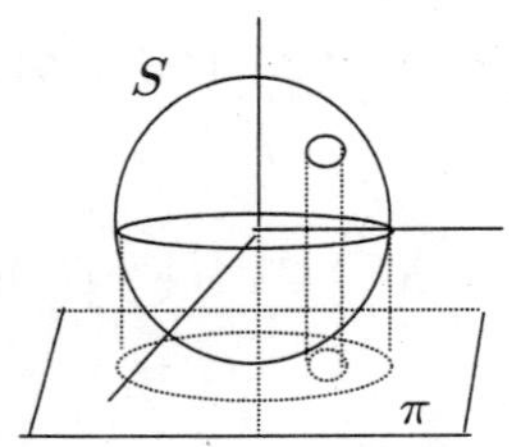

(c) 함수 $\mathrm{f}(r,\theta) = (r\cos\theta, r\sin\theta)$는 집합 $S = \{(r,\theta) \mid r \geqq 0, 0 \leqq \theta \leqq \frac{\pi}{2}\}$에서 연속이다. 왜냐하면, $(r_0,\theta_0) \in S$는 임의의 점이라고 하자.

(i) $r_0 = 0$일 때, $\mathrm{f}(0,\theta_0) = (0,0)$이므로 임의의 근방 $N_\epsilon(\mathrm{f}(0,\theta_0))$에 대하여 $\delta = \epsilon$이라 놓으면, $\mathrm{f}(N_\delta(0,\theta_0) \cap S) \subset N_\epsilon(\mathrm{f}(0,\theta_0))$이다.

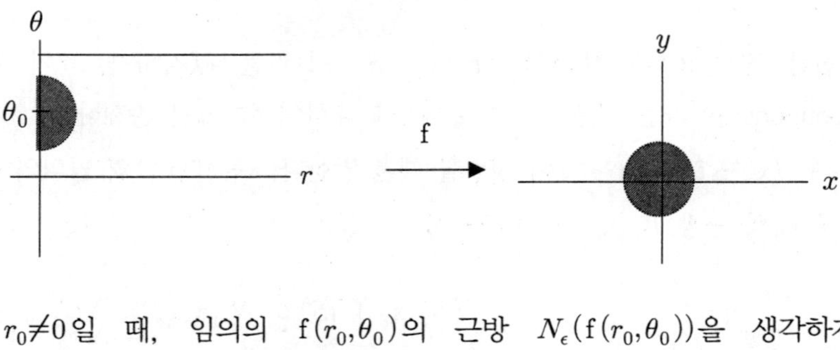

(ii) $r_0 \neq 0$일 때, 임의의 $\mathrm{f}(r_0,\theta_0)$의 근방 $N_\epsilon(\mathrm{f}(r_0,\theta_0))$을 생각하자. $\mathrm{f}(r_0,\theta_0) = (x_0,y_0)$라고 하자. 그러면 충분히 작은 $\Delta r > 0, \Delta\theta > 0$에

대하여

$$R = \{(r,\theta) \mid 0 < r_0 - \Delta r < r < r_0 + \Delta r, \theta_0 - \Delta\theta < \theta < \theta_0 + \Delta\theta\}$$

이라 놓으면, $\mathrm{f}(R \bigcap S) \subset N_\epsilon(\mathrm{f}(r_0,\theta_0))$이다. 이때, $N_\delta(r_0,\theta_0) \subset R$이 존재하므로

$$\mathrm{f}(N_\delta(r_0,\theta_0) \bigcap S) \subset N_\epsilon(\mathrm{f}(r_0,\theta_0))$$

이다.

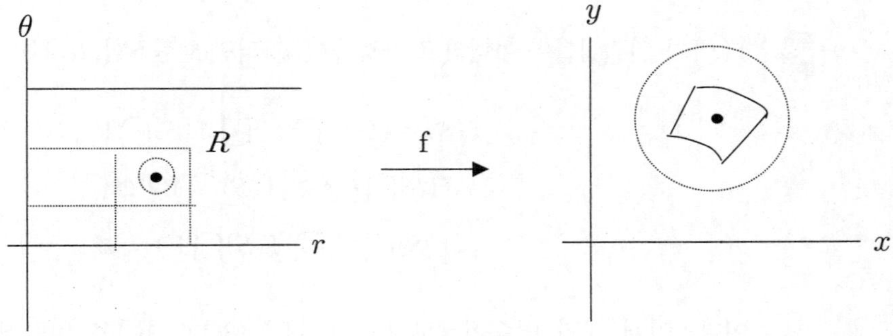

(d) 함수 $f(x,y) = \begin{cases} x^2 + y^2, x \geqq 0 \\ 1, \quad x < 0 \end{cases}$는 점 $(0,1), (0,-1)$에서는 연속이지만 y-축 위의 나머지 점들에서는 연속이 아니다. 이 함수는 반평면과 반포물면으로 이루어진 곡면이다.

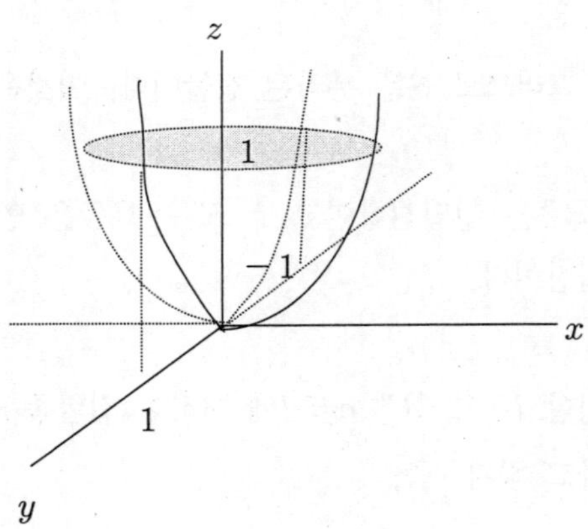

$\lim_{(x,y)\to(0,\pm 1)} f(x,y) = f(0,\pm 1) = 1$이므로 함수 f는 점 $(0,1),(0,-1)$에서는 연속이다. 그러나 $y_0 \neq \pm 1$일 때,

$$\lim_{(x,y)\to(0,y_0),\, x \geqq 0} f(x,y) = y_0^2 \neq 1 \text{이고} \quad \lim_{(x,y)\to(0,y_0),\, x < 0} f(x,y) = 1$$

이므로 함수 f는 점 $(0,y_0), y_0 \neq \pm 1$에서는 연속이 아니다.

▶정리 2.21 $S \subset \mathbb{R}^n$은 연결집합이고 $\mathrm{f} : S \to \mathbb{R}^m$은 연속함수라고 하자. 그러면 $Im\mathrm{f}$는 연결집합이다.

증명 $\mathrm{f}(S)$가 연결집합이 아니라고 가정하자. 그러면 열린집합 $U, V \subset \mathbb{R}^m$가 존재하여

$$\mathrm{f}(S) = (\mathrm{f}(S) \cap U) \cup (\mathrm{f}(S) \cap V),$$
$$\mathrm{f}(S) \cap U \neq \varnothing, \mathrm{f}(S) \cap V \neq \varnothing,$$
$$(\mathrm{f}(S) \cap U) \cap (\mathrm{f}(S) \cap V) = \varnothing$$

이다. 이때, f가 연속이므로 $\mathrm{f}^{-1}(U), \mathrm{f}^{-1}(V) \subset \mathbb{R}^n$은 열린집합이다.
$S = \mathrm{f}^{-1}(\mathrm{f}(S))$이므로

$$S = (S \cap \mathrm{f}^{-1}(U)) \cup (S \cap \mathrm{f}^{-1}(V)),$$
$$S \cap \mathrm{f}^{-1}(U) \neq \varnothing, S \cap \mathrm{f}^{-1}(V) \neq \varnothing,$$
$$(S \cap \mathrm{f}^{-1}(U)) \cap (S \cap \mathrm{f}^{-1}(V)) = \varnothing$$

이다. 그러므로 S는 분리된 집합이다. 이것은 가정에 모순이다.

▶정리 2.22 $K \subset \mathbb{R}^n$은 긴밀집합이고 $\mathrm{f} : K \to \mathbb{R}^m$은 연속함수라고 하자. 그러면 $Im\mathrm{f}$도 긴밀집합이다.

증명 열린집합 $U_\alpha \subset \mathbb{R}^m, \alpha \in I$에 대하여 집합족 $\{\mathrm{f}(K) \cap U_\alpha\}_{\alpha \in I}$는 $\mathrm{f}(K)$의 열린 덮개라고 하자. 즉,

$$\mathrm{f}(K) = \bigcup_{\alpha \in I} (\mathrm{f}(K) \cap U_\alpha).$$

$\mathrm{f}^{-1}(\mathrm{f}(K)) = K$이므로 $K = \bigcup_{\alpha \in I} (K \cap \mathrm{f}^{-1}(U_\alpha))$이다. f는 연속이므로 $\mathrm{f}^{-1}(U_\alpha) \subset \mathbb{R}^n$은 열린집합이다. 따라서 집합족 $\{K \cap \mathrm{f}^{-1}(U_\alpha)\}_{\alpha \in I}$는 K의 열린덮개이다. K는 긴밀집합이므로 유한개의 $\alpha_1, \alpha_2, \ldots, \alpha_n \in I$가 존재하여

$$K = \bigcup_{i=1}^{n} (K \cap \mathrm{f}^{-1}(U_{\alpha_i}))$$

이다.

$$\mathrm{f}(A \cup B) = \mathrm{f}(A \cup B), \mathrm{f}(A \cap B) \subset \mathrm{f}(A) \cap \mathrm{f}(B)$$
$$A \subset \mathrm{f}^{-1}(\mathrm{f}(A)), \mathrm{f}(\mathrm{f}^{-1}(A)) = Im\,\mathrm{f} \cap A \subset A$$

임을 유의하자. 그러므로

$$\begin{aligned} \mathrm{f}(K) &= \bigcup_{i=1}^{n} \mathrm{f}(K \cap \mathrm{f}^{-1}(U_{\alpha_i})) \\ &\subset \bigcup_{i=1}^{n} ((\mathrm{f}(K) \cap \mathrm{f}(\mathrm{f}^{-1}(U_{\alpha_i}))) \\ &\subset \bigcup_{i=1}^{n} (\mathrm{f}(K) \cap U_{\alpha_i}) \subset \mathrm{f}(K) \end{aligned}$$

이므로 $\mathrm{f}(K) = \bigcup_{i=1}^{n} (\mathrm{f}(K) \cap U_{\alpha_i})$이다. 따라서 $\mathrm{f}(K)$는 긴밀집합이다.

▸정리 2.23 $K \subset \mathbb{R}^n$은 긴밀집합이고 $f : K \to \mathbb{R}$은 연속함수라고 하자. 그러면 f는 최댓값과 최솟값을 갖는다.

증명 정리 2.22에 의하여 $f(K)$는 긴밀집합이다. 그러므로 정리 2.19에 의하여 $f(K)$는 닫힌집합이고 유계이다. $f(K) \subset \mathbb{R}$은 유계이므로 최소상계와 최대하계의 성질에 의하여 $f(K)$는 상한 M과 하한 m을 갖는다. 즉,

$$M = \sup_{\mathrm{x} \in K} f(\mathrm{x}), m = \inf_{\mathrm{x} \in K} f(\mathrm{x}).$$

이때, $x_1, x_2 \in K$가 존재하여 $f(x_1)=M, f(x_2)=m$ 임을 보이면 된다.

$f(x_1)=M$을 만족하는 $x_1 \in K$가 존재하지 않는다고 가정하자. 즉, 모든 $x \in K$에 대하여 $f(x) \neq M$이라고 가정하자. 그러면 $M \in [f(K)]^c$이다. $f(K)$는 닫힌집합이므로 $[f(K)]^c$는 열린집합이다. 그러므로 M의 근방 $N_\epsilon(M) \subset [f(K)]^c$가 존재한다. M은 $f(K)$의 상한이므로 임의의 $\epsilon > 0$에 대하여 $x \in K$가 존재하여 $M-\epsilon < f(x) \leqq M$이다. 그러므로 $f(x) \in [f(K)]^c$이다. 이것은 모순이다. 그러므로 $x_1 \in K$가 존재하여 $f(x_1)=M$이다.

같은 방법으로, $f(x_2)=m$을 만족하는 $x_2 \in K$가 존재하지 않는다고 가정하자. 즉, 모든 $x \in K$에 대하여 $f(x) \neq m$이라고 가정하자. 그러면 $m \in [f(K)]^c$이다. $f(K)$는 닫힌집합이므로 $[f(K)]^c$는 열린집합이다. 그러므로 m의 근방 $N_\epsilon(m) \subset [f(K)]^c$가 존재한다. m은 $f(K)$의 하한이므로 임의의 $\epsilon > 0$에 대하여 $x \in K$가 존재하여 $m \leqq f(x) < m+\epsilon$이다. 그러므로 $f(x) \in [f(K)]^c$이다. 이것은 모순이다. 그러므로 $x_2 \in K$가 존재하여 $f(x_2)=m$이다.

정리 2.24 $S \subset \mathbb{R}^n$이고 $f : S \to \mathbb{R}^m$은 연속사상이라 하자. $f(S) \subset T \subset \mathbb{R}^m$이고 $g : T \to \mathbb{R}^l$은 연속사상이라 하자. 그러면 합성함수

$$g \circ f : S \to \mathbb{R}^l$$

도 연속함수이다.

증명 $U \subset \mathbb{R}^l$은 임의의 열린집합이라 하자. 그러면 g가 연속이므로 $g^{-1}(U)$는 T에서 열린집합이다. 그러므로 열린집합 $V \subset \mathbb{R}^m$이 존재하여 $g^{-1}(U) = T \cap V$이다. f는 연속이므로 $f^{-1}(V) \subset \mathbb{R}^n$은 열린집합이다.

$$\begin{aligned} f^{-1}(g^{-1}(U)) &= f^{-1}(T) \cap f^{-1}(V) \\ &= S \cap f^{-1}(V) \end{aligned}$$

이므로 $(g \circ f)^{-1}(U) = f^{-1}(g^{-1}(U))$는 S에서 열린집합이다. 그러므로 $g \circ f$는 S에서 연속이다.

집합 $S \subset \mathbb{R}^n, T \subset \mathbb{R}^m$에 대하여 함수 $\mathrm{f}: S \to T$가 **위상동형사상(homeomorphism)**이라는 것은 f가 전단사이고 $\mathrm{f}, \mathrm{f}^{-1}$가 연속일 때를 말한다. 이때, S와 T는 **위상동형(homeomorphic)**이라 한다.

직관적으로 위상동형사상은 근방점을 근방점으로 보내는 사상으로 생각할 수 있다. 따라서 한 도형을 다른 도형으로 변환시키는 탄성(elastic)운동이 존재한다면, 두 도형은 위상동형이다.

예제 2.25 (a) 함수 $\mathrm{f}(t) = (\cos t, \sin t), 0 \leqq t < 2\pi$는 구간 $[0, 2\pi)$에서 단위원 위로의 사상이다. 이 사상은 전단사이고 연속이다. 그러나 f^{-1}는 점 $(1,0)$에서 연속이 아니다. 왜냐하면, $(1,0)$의 모든 근방은 f^{-1}에 의하여 2π의 근방점으로 사상되는 점들을 포함한다. 따라서 $\mathrm{f}^{-1}(1,0) = 0$의 근방 $N_{1/2}(\mathrm{f}^{-1}(1,0))$을 잡으면, 점 $(1,0)$의 모든 근방의 상(image)은 $N_{1/2}(\mathrm{f}^{-1}(1,0))$에 포함될 수 없다. 그러므로 f^{-1}는 점 $(1,0)$에서 연속이 아니다. 따라서 f는 위상동형사상이 아니다.

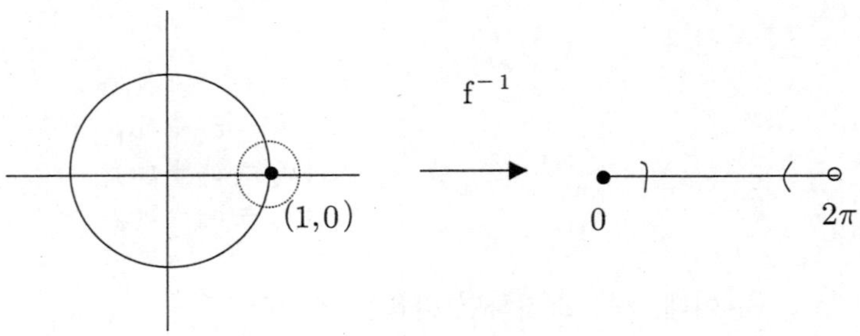

그러나 f의 정의역을 구간 $[0, \pi]$으로 하면, f는 구간 $[0, \pi]$에서 상반원 위로 위상동형사상이다. 따라서 구간 $[0, \pi]$는 상반원과 위상동형이다.

(b) $\mathbb{R}^3$에서 **n개의 손잡이를 갖는 구면(sphere with n handles)**이라는 것은 구면에 $2n$개의 구멍을 내고 n개의 서로 다른 관을 구부려 그들의 끝부분을 이들 구멍에 맞추어 얻어지는 곡면을 말한다. 이러한 곡면은 유계이고 닫힌집합이므로 긴밀집합이다. 예를 들어, 원환면은 한 개의 손잡이를 갖는 구면과 위상동형이다.

3. 실변수의 벡터함수

곡선에는 평면곡선과 공간곡선이 있다. 곡선은 여러 가지 방법으로 나타낼 수 있다. 미적분학에서 배웠듯이 평면곡선은 양함수, 음함수, 매개방정식, 벡터함수, 극방정식 등으로 나타낼 수 있다. 그러나 공간곡선은 보통 벡터함수로 나타낸다. 따라서 일반적으로 평면곡선과 공간곡선은 연속인 실변수의 벡터함수로 나타낼 수 있다.

구간 $I \subset \mathbb{R}$ 에 대하여 연속인 벡터함수 $\mathrm{f} : I \to \mathbb{R}^n$는 $n=2$일 때 평면곡선을 나타내고, $n=3$일 때 공간곡선을 나타낸다.

$$\mathrm{f}(t) := (f_1(t), \ldots, f_n(t)), t \in I$$

는 $\mathbb{R}^n$에서 곡선의 **매개변수표현(parameter representation)**이라 하고, 변수 t를 **매개변수(parameter)**라고 한다. 이때, $\mathrm{x} = \mathrm{f}(t)$라 하자.

예제 3.1 (a) 점 $\mathrm{a} \in \mathbb{R}^3$을 지나고 $\mathbb{R}^3$의 벡터 $\mathrm{u} \neq \mathrm{O}$에 평행한 $\mathbb{R}^3$에서 직선의 방정식은 $\mathrm{x} = \mathrm{f}(t) = \mathrm{a} + t\mathrm{u}, -\infty < t < \infty$이다. 이것을 성분으로 나타내면 다음과 같다.

$$\begin{cases} x_1 = a_1 + tu_1 \\ x_2 = a_2 + tu_2 \\ x_3 = a_3 + tu_3 \end{cases}.$$

이때, t를 소거하면 다음을 얻는다.

$$\frac{x_1 - a_1}{u_1} = \frac{x_2 - a_2}{u_2} = \frac{x_3 - a_3}{u_3}.$$

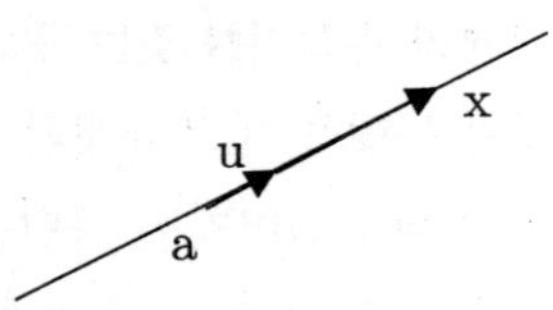

(b) 서로 다른 두 점 $\mathrm{a}, \mathrm{b} \in \mathbb{R}^3$을 지나는 $\mathbb{R}^3$의 직선의 방정식은

$$\mathrm{x} = \mathrm{f}(t) = \mathrm{a} + t(\mathrm{b} - \mathrm{a}), -\infty < t < \infty$$

이다. 이때 b−a는 방향벡터이다.

(c) $a>0$일 때, 방정식 $\mathrm{x}=(a\cos t, a\sin t), 0 \leqq t \leqq 2\pi$는 원점을 중심으로 하고, 반지름이 a인 원의 매개변수표현이다.

(d) 곡선 $\mathrm{x}=\mathrm{f}(t)=(1+t^2, 2-2t, 2t-t^2)$을 성분으로 나타내면, 다음과 같다.

$$\begin{cases} x_1 = 1+t^2 \\ x_2 = 2-2t \\ x_3 = 2t-t^2 \end{cases}.$$

이때, t를 소거하면 $x_1+x_2+x_3=3$을 얻는다. 따라서 위의 곡선 $\mathrm{x}=\mathrm{f}(t)$는 평면 $x_1+x_2+x_3=3$ 위에 놓여있다.

구간 I에 대하여 백터함수 $\mathrm{f}: I \to \mathbb{R}^3$가 **유계(bounded)**라는 것은 양수 $M>0$이 존재하여 $\| \mathrm{f}(t) \| \leqq M, \forall t \in I$일 때를 말한다. 이것은 원점을 중심으로 하고 반지름이 M인 닫힌 공이 존재하여 f의 상 $\mathrm{f}(I)$가 그 닫힌공에 포함될 때를 의미한다.

예제 3.2 곡선 $\mathrm{x}=(t, \tan t, 0), -\frac{\pi}{2}<t<\frac{\pi}{2}$는 유계가 아니다. 그러나 이 곡선은 구간 $-\frac{\pi}{2}+\epsilon<t<\frac{\pi}{2}-\epsilon$에서는 유계이다.

구간 I에 대하여 백터함수 $\mathrm{f}: I \to \mathbb{R}^3$가 $t=t_0 \in I$에서 **유계(bounded)**라는 것은 t_0의 근방 $N_\epsilon(t_0)$가 존재하여 f가 $N_\epsilon(t_0) \cap I$에서 유계일 때를 말한다.

만일 $\mathrm{f}(t)$가 구간 I에서 유계이면, 분명히 $\mathrm{f}(t)$는 각 점 $t_0 \in I$에서 유계이다. 그러나 위의 예제에서 알 수 있듯이, 그 역은 성립하지 않는다.

[벡터함수의 극한] 구간 I에 대하여 t_0는 I의 극한점이라 하자. 벡터함수 $\mathrm{f}: I \to \mathbb{R}^3$에 대하여 $\mathrm{f}(t)=(f_1(t), f_2(t), f_3(t))$라고 하자. $\mathrm{L}=(l_1, l_2, l_3)$라고 하자. 벡터함수 $\mathrm{f}(t)$는 t가 t_0에 접근할 때, 극한 L을 갖는다는 것은 임의의 $\epsilon>0$에 대하여 $\delta>0$가 존재하여 $0<|t-t_0|<\delta, t \in I$일 때

$$\| \mathrm{f}(t) - \mathrm{L} \| < \epsilon$$

이 성립할 때를 말한다. 다시 말해, 임의의 L의 모든 근방 $N_\epsilon(\mathrm{L})$에 대하여 t_0의 근방 $N_\delta(t_0)$

가 존재하여 $\mathrm{f}(I\cap(N_\delta(t_0)-\{t_0\}))\subset N_\epsilon(\mathrm{L})$이 성립할 때를 말한다. 이때, $\lim_{t\to t_0}\mathrm{f}(t)=\mathrm{L}$로 나타낸다.

$\lim_{t\to t_0}\mathrm{f}(t)=\mathrm{L}$이기 위한 필요충분조건은 $\lim_{t\to t_0}f_i(t)=l_i, i=1,2,3$이다. 또한,

$\lim_{t\to t_0}\mathrm{f}(t)=\mathrm{L}$이기 위한 필요충분조건은 $\lim_{t\to t_0}\|\mathrm{f}(t)-\mathrm{L}\|=0$이다.

(참고) $\mathbb{R}$과 $\mathbb{R}^3$ 위에는 유클리드 위상이 주어지고, $I\subset\mathbb{R}$ 위에는 $\mathbb{R}$의 상대위상이 주어져 있다는 가정하에서 벡터함수의 극한을 생각하는 것임을 유의하자.

예제 3.3 (a) $\mathrm{f}(t)=\mathrm{a}=(a_1,a_2,a_3)$는 상수함수라고 하자. 그러면 임의의 실수 t_0에 대하여 $\lim_{t\to t_0}\mathrm{f}(t)=\mathrm{a}$이다.

(b) 벡터함수 $\mathrm{x}=\mathrm{f}(t)=\begin{cases}(t,1,0), & t\geq 0\\ (t,-1,0), & t<0\end{cases}$ 에 대하여

$$\begin{cases}x_1=f_1(t)=t\\ x_2=f_2(t)=\begin{cases}1, & t\geq 0\\ -1, & t<0\end{cases}\\ x_3=0\end{cases}$$

이다. 이때, $\lim_{t\to 0}f_2(t)$는 존재하지 않으므로, $\lim_{t\to 0}\mathrm{f}(t)$는 존재하지 않는다.

(c) $\lim_{t\to 1}(t^2,-t-1,0)=(\lim_{t\to 1}t^2,\lim_{t\to 1}(-t-1),\lim_{t\to 1}0)=(1,-2,0)$

정리 3.4 만일 벡터함수 $\mathrm{f}:I\to\mathbb{R}^3$는 $t_0\in I$에서 정의되어 있고, $\lim_{t\to t_0}\mathrm{f}(t)=\mathrm{L}$이 존재하면, $\mathrm{f}(t)$는 t_0에서 유계이다.

증명 $\lim_{t\to t_0}\mathrm{f}(t)=\mathrm{L}$이므로, 임의의 $\epsilon>0$에 대하여 $\delta>0$가 존재하여

$$0<|t-t_0|<\delta, t\in I\Rightarrow\|\mathrm{f}(t)-\mathrm{L}\|<\epsilon$$

이 성립한다. 모든 $t\in I\cap(N_\delta(t_0)-\{t_0\})$에 대하여

$$\| \mathrm{f}(t) \| \leqq \| \mathrm{f}(t) - \mathrm{L} \| + \| \mathrm{L} \| < \epsilon + \| \mathrm{L} \|$$

이므로 $M = \max\{\epsilon, \| \mathrm{f}(t_0) - \mathrm{L} \|\} + \| \mathrm{L} \|$ 이라 놓으면, 모든 $t \in I \cap N_\delta(t_0)$ 에 대하여 $\| \mathrm{f}(t) \| \leqq M$이다.

(참고) 만일 $\lim_{t\to t_0} \mathrm{f}(t) = \mathrm{L}$ 이면 $\lim_{t\to t_0} \| \mathrm{f}(t) \| = \| \mathrm{L} \|$ 이지만, 그 역은 성립하지 않는다. 예를 들어, 벡터함수 $\mathrm{x} = \mathrm{f}(t) = \begin{cases} (t,1,0), t \geqq 0 \\ (t,-1,0), t < 0 \end{cases}$ 에 대하여 $\lim_{t\to 0} \mathrm{f}(t)$는 존재하지 않지만 $\lim_{t\to 0} \| \mathrm{f}(t) \| = 1$이다.

[벡터함수의 극한의 성질] 벡터함수 $\mathrm{f},\mathrm{g} : I \to \mathbb{R}^3$와 스칼라함수 $h : I \to \mathbb{R}$ 에 대하여, 만일 $\lim_{t\to t_0} \mathrm{f}(t) = \mathrm{L}, \lim_{t\to t_0} \mathrm{g}(t) = \mathrm{M}$ 이고 $\lim_{t\to t_0} h(t) = N$이면, 다음이 성립한다.

(i) $\lim_{t\to t_0}(\mathrm{f}(t) + \mathrm{g}(t)) = \lim_{t\to t_0} \mathrm{f}(t) + \lim_{t\to t_0} \mathrm{g}(t) = \mathrm{L} + \mathrm{M}$

(ii) $\lim_{t\to t_0}(h(t)\mathrm{g}(t)) = \lim_{t\to t_0} h(t) \lim_{t\to t_0} \mathrm{g}(t) = N\mathrm{M}$

(iii) $\lim_{t\to t_0}(\mathrm{f}(t)/h(t)) = \lim_{t\to t_0} \mathrm{f}(t) / \lim_{t\to t_0} h(t) = \mathrm{L}/N$, 단, $N \neq 0$이다.

(iv) $\lim_{t\to t_0}(\mathrm{f}(t) \cdot \mathrm{g}(t)) = \lim_{t\to t_0} \mathrm{f}(t) \cdot \lim_{t\to t_0} \mathrm{g}(t) = \mathrm{L} \cdot \mathrm{M}$

(v) $\lim_{t\to t_0}(\mathrm{f}(t) \times \mathrm{g}(t)) = \lim_{t\to t_0} \mathrm{f}(t) \times \lim_{t\to t_0} \mathrm{g}(t) = \mathrm{L} \times \mathrm{M}$

(vi) 만일 $\lim_{t\to t_0} \mathrm{f}(t) = \mathrm{f}(t_0)$이고, $\lim_{\theta\to\theta_0} h(\theta) = t_0$이면,

$$\lim_{\theta\to\theta_0} \mathrm{f}(h(\theta)) = \mathrm{f}(\lim_{\theta\to\theta_0} h(\theta)) = \mathrm{f}(t_0)$$

이다. 여기서 $\lim_{t\to t_0} \mathrm{f}(t) = \mathrm{f}(t_0)$라는 것은 f가 t_0에서 연속이라는 것을 의미한다.

예제 3.5 벡터함수 $\mathrm{f},\mathrm{g},\mathrm{h} : I \to \mathbb{R}^3$ 에 대하여,

$$\lim_{t\to t_0} \mathrm{f}(t) = \mathrm{L}, \lim_{t\to t_0} \mathrm{g}(t) = \mathrm{M}\ ,\ \lim_{t\to t_0} \mathrm{h}(t) = \mathrm{N}$$

이라 하자. 그러면 다음을 얻는다.

$$\begin{aligned}\lim_{t\to t_0}|\,\mathrm{f}(t)\mathrm{g}(t)\mathrm{h}(t)\,| &= \lim_{t\to t_0}(\mathrm{f}(t)\cdot(\mathrm{g}(t)\times\mathrm{h}(t)))\\ &= \lim_{t\to t_0}\mathrm{f}(t)\cdot\lim_{t\to t_0}(\mathrm{g}(t)\times\mathrm{h}(t))\\ &= \lim_{t\to t_0}\mathrm{f}(t)\cdot(\lim_{t\to t_0}\mathrm{g}(t)\times\lim_{t\to t_0}\mathrm{h}(t))\\ &= \mathrm{L}\cdot(\mathrm{M}\times\mathrm{N}) = |\,\mathrm{LMN}\,|.\end{aligned}$$

벡터함수 $\mathrm{f}: I\to\mathbb{R}^3$가 점 $t_0\in I$에서 **연속(continuous)**이라는 것은 임의의 $\epsilon>0$에 대하여 $\delta>0$가 존재하여 $|\,t-t_0\,|<\delta, t\in I$에 대하여

$$\|\,\mathrm{f}(t)-\mathrm{f}(t_0)\,\|<\epsilon$$

이 성립할 때를 말한다. 다시 말해, $\mathrm{f}(t_0)$의 임의의 근방 $N_\epsilon(\mathrm{f}(t_0))$에 대하여 t_0의 근방 $N_\delta(t_0)$가 존재하여 $\mathrm{f}(I\bigcap N_\delta(t_0))\subset N_\epsilon(\mathrm{f}(t_0))$일 때를 말한다. 이것은 $\lim_{t\to t_0}\mathrm{f}(t)=\mathrm{f}(t_0)$임을 의미한다.

벡터함수 $\mathrm{f}: I\to\mathbb{R}^3$가 구간 I에서 **연속(continuous)**이라는 것은 f가 임의의 점 $t_0\in I$에서 연속일 때를 말한다.

벡터함수 $\mathrm{f}(t)=(f_1(t),f_2(t),f_3(t))$가 구간 I에서 연속이기 위한 필요충분조건은 각 스칼라함수 $f_i(t), i=1,2,3$이 구간 I에서 연속인 것이다. 또한, 연속인 벡터함수들의 합, 내적, 외적은 연속이다. 연속인 스칼라함수와 연속인 벡터함수의 스칼라곱도 연속이다. 연속함수들의 합성함수도 연속이다.

예제 3.6 (a) 상수벡터 $\mathrm{a,b,c}\in\mathbb{R}^3$에 대하여 벡터함수 $\mathrm{f}(t)=\mathrm{a}+t\mathrm{b}+t^2\mathrm{c}$는 $\mathbb{R}$에서 연속이다.

(b) 벡터함수 $\mathrm{f}(t)=\begin{cases}(\frac{t^2-1}{t-1},t^3,0), & t\neq1\\ (2,1,0), & t=1\end{cases}$ 는 $\mathbb{R}$에서 연속이다.

(c) 벡터함수 $\mathrm{f}(t)=\begin{cases}(t,1,0), & t\geq0\\ (t,-1,0), & t<0\end{cases}$ 는 $\mathbb{R}-\{0\}$에서 연속이다.

[벡터함수의 미분] 벡터함수 $\mathrm{f}: I\to\mathbb{R}^3$에 대하여 $t_0\in I$라고 하자. f가 점 t_0에서 **미분가능**

하다(differentiable)는 것은 극한

$$\lim_{t \to t_0} \frac{\mathrm{f}(t) - \mathrm{f}(t_0)}{t - t_0}$$

이 존재할 때를 말하고, 그 극한을 $\mathrm{f}'(t_0)$로 나타내며, 이것을 t_0에서 $\mathrm{f}(t)$의 **도함수(derivatives)**라고 한다. f가 구간 I에서 **미분가능하다(differentiable)**는 것은 f가 각 점 $t_0 \in I$에서 미분가능할 때를 말한다.

$\mathrm{f}(t) = (f_1(t), f_2(t), f_3(t))$라 놓으면, $\mathrm{f}(t)$가 I에서 미분가능하기 위한 필요충분조건은 각 스칼라함수 $f_i(t), i = 1,2,3$이 I에서 미분가능한 것이다. 이 경우의 도함수는 다음과 같다.

$$\mathrm{f}'(t) = (f_1'(t), f_2'(t), f_3'(t))$$

만일 도함수 $\mathrm{f}'(t)$가 다시 구간 I에서 미분가능하면, $\mathrm{f}(t)$의 2계도함수를 얻을 수 있다. 이를 $\mathrm{f}''(t)$로 나타낸다. 같은 방법으로, 고계도함수를 정의한다. 만일 $\mathrm{x} = \mathrm{f}(t)$는 두 번 미분가능하면,

$$\mathrm{x}' = \frac{d\mathrm{x}}{dt} = \mathrm{f}'(t), \mathrm{x}'' = \frac{d}{dt}\left(\frac{d\mathrm{x}}{dt}\right) = \frac{d^2\mathrm{x}}{dt^2} = \mathrm{f}''(t)$$

등과 같은 기호를 사용한다.

예제 3.7 (a) 상수벡터 $\mathrm{a}, \mathrm{b}, \mathrm{c} \in \mathbb{R}^3$에 대하여 벡터함수 $\mathrm{f}(t) = \mathrm{a} + t\mathrm{b} + t^2\mathrm{c}$의 도함수는 $\mathrm{f}'(t) = \mathrm{b} + 2t\mathrm{c}$이다.

(b) 만일 $\mathrm{f}(t) = (t^3 + 2t, \sin t, e^t)$이면,

$$\mathrm{f}'(t) = (3t^2 + 2, \cos t, e^t)$$
$$\mathrm{f}''(t) = (6t, -\sin t, e^t)$$
$$\mathrm{f}'''(t) = (6, -\cos t, e^t).$$

(c) 만일 $\mathrm{x} = (a\cos t, a\sin t), a > 0, 0 \leqq t \leqq 2\pi$이면, 도함수는

$$\mathrm{x}' = \frac{d\mathrm{x}}{dt} = (-a\sin t, a\cos t)$$

이다. $\mathrm{x} \cdot \mathrm{x}' = 0$이므로 x'는 점 x에서 접하고, 벡터 x와 수직이다.

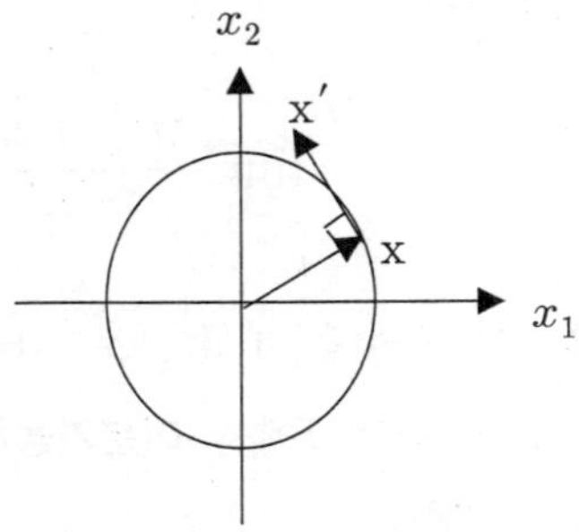

▸정리 3.8 만일 벡터함수 $\mathrm{f}: I \to \mathbb{R}^3$가 $t_0 \in I$에서 미분가능하면, $\mathrm{f}(t)$는 t_0에서 연속이다.

증명

$$\lim_{t \to t_0}(\mathrm{f}(t) - \mathrm{f}(t_0)) = \lim_{t \to t_0}(t - t_0) \cdot \frac{\mathrm{f}(t) - \mathrm{f}(t_0)}{t - t_0}$$

$$= \lim_{t \to t_0}(t - t_0) \cdot \lim_{t \to t_0}\frac{\mathrm{f}(t) - \mathrm{f}(t_0)}{t - t_0} = 0 \cdot \mathrm{f}'(t_0) = \mathrm{O}.$$

[벡터함수의 미분공식] 만일 벡터함수 $\mathrm{f}, \mathrm{g}: I \to \mathbb{R}^3$ 와 스칼라함수 $h: I \to \mathbb{R}$ 가 미분가능하면, 다음이 성립한다.

(i) $\mathrm{f} + \mathrm{g}$는 I에서 미분가능하고 그 도함수는 $(\mathrm{f} + \mathrm{g})' = \mathrm{f}' + \mathrm{g}'$이다.

(ii) $h\mathrm{f}$는 I에서 미분가능하고 그 도함수는 $(h\mathrm{f})' = h\mathrm{f}' + h'\mathrm{f}$이다.

(iii) $\mathrm{f} \cdot \mathrm{g}$는 I에서 미분가능하고 그 도함수는 $(\mathrm{f} \cdot \mathrm{g})' = \mathrm{f}' \cdot \mathrm{g} + \mathrm{f} \cdot \mathrm{g}'$이다.

(iv) $\mathrm{f} \times \mathrm{g}$는 I에서 미분가능하고 그 도함수는 $(\mathrm{f} \times \mathrm{g})' = \mathrm{f}' \times \mathrm{g} + \mathrm{f} \times \mathrm{g}'$이다.

(v) **(연쇄법칙(chain rule))** 만일 벡터함수 $\mathrm{x} = \mathrm{f}(t)$는 구간 I_t에서 미분가능하고, 스칼라함수 $t = h(\theta)$는 구간 I_θ에서 미분가능하고 $h(I_\theta) \subset I_t$이면, 합성함수 $\mathrm{x} = \mathrm{f}(h(\theta))$는 구간 I_θ에서 미분가능하고 그 도함수는 다음과 같다.

$$\frac{d\mathrm{x}}{d\theta} = \frac{d\mathrm{x}}{dt} / \frac{d\theta}{dt}, \ (\text{단, } \frac{d\theta}{dt} \neq 0 \text{이다.})$$

예제 3.9 (a) 만일 $\mathrm{x} = (a\cos t, -a\sin t), \theta = (1 + t^2)^{1/2}, t > 0$이면, $\frac{d\theta}{dt} = \frac{t}{(1 + t^2)^{1/2}} \neq 0$

이므로

$$\frac{d\mathrm{x}}{d\theta}=\frac{d\mathrm{x}}{dt}\Big/\frac{d\theta}{dt}=(-a\sin t,-a\cos t)/t(1+t^2)^{-1/2}$$

$$=-\frac{a(1+t^2)}{t}(\sin t,\cos t).$$

(b) 벡터함수 $\mathrm{f}: I\to\mathbb{R}^3$ 은 세 번 미분가능하고, $\mathrm{x}=\mathrm{f}(t)$이라 하자. 그러면,

$$(\mathrm{x}\cdot\mathrm{x}')'=\mathrm{x}'\cdot\mathrm{x}'+\mathrm{x}\cdot\mathrm{x}''=\|\mathrm{x}'\|^2+\mathrm{x}\cdot\mathrm{x}''$$

이고

$$\begin{aligned}|\mathrm{x}\mathrm{x}'\mathrm{x}''|' &= (\mathrm{x}\cdot(\mathrm{x}'\times\mathrm{x}''))' \\ &= \mathrm{x}'\cdot(\mathrm{x}'\times\mathrm{x}'')+\mathrm{x}\cdot(\mathrm{x}'\times\mathrm{x}'')' \\ &= \mathrm{x}\cdot(\mathrm{x}'\times\mathrm{x}'')' \\ &= \mathrm{x}\cdot(\mathrm{x}''\times\mathrm{x}''+\mathrm{x}'\times\mathrm{x}''') \\ &= \mathrm{x}\cdot(\mathrm{x}'\times\mathrm{x}''')=|\mathrm{x}\mathrm{x}'\mathrm{x}'''|\end{aligned}$$

이다.

(c) 만일 벡터함수 $\mathrm{x}=\mathrm{f}(t)$가 미분가능하면, $\mathrm{x}\cdot\mathrm{x}'=\|\mathrm{x}\|\,\|\mathrm{x}\|'$이다.

풀이 $2(\mathrm{x}\cdot\mathrm{x}')=(\mathrm{x}\cdot\mathrm{x})'=(\|\mathrm{x}\|^2)'=2\|\mathrm{x}\|(\|\mathrm{x}\|)'$.

정리 3.10 만일 $\mathrm{x}=\mathrm{f}(t)$가 단위벡터함수이면, x'는 x와 수직이다.

증명 $\|\mathrm{x}\|=1$이므로 $\mathrm{x}\cdot\mathrm{x}=1$이다. 이를 미분하면, $2(\mathrm{x}\cdot\mathrm{x}')=0$이므로 $\mathrm{x}\perp\mathrm{x}'$이다.

[벡터함수의 C^m-급함수] 벡터함수 $\mathrm{f}(t)=(f_1(t),f_2(t),f_3(t))$가 **$C^m$-급(class)**이라는 것은 $\mathrm{f}(t)$의 m계도함수 $\mathrm{f}^{(m)}(t)$가 존재하고 연속일 때를 말한다.

벡터함수 $\mathrm{f}(t)=(f_1(t),f_2(t),f_3(t))$가 C^m-급이기 위한 필요충분조건은 각 성분함수 $f_i(t), i=1,2,3$이 C^m-급인 것이다.

만일 벡터함수가 연속이면, 그 함수의 급은 C^0로 나타내고, 벡터함수가 모든 차수의 도함수를 가지면, 그 함수의 급은 C^∞로 나타낸다.

$$C^{\infty} \subset \cdots \subset C^m \subset \cdots \subset C^j \subset \cdots \subset C^1 \subset C^0, j \leq m.$$

예제 3.11 벡터함수 $\mathrm{f}(t) = (t^3, \sin t, t^{8/3}), -\infty < t < \infty$는 C^2-급이지만 C^3-급은 아니다. 왜냐하면,

$$\mathrm{f}'(t) = (3t^2, \cos t, \frac{8}{3}t^{5/3}),$$

$$\mathrm{f}''(t) = (6t, -\sin t, \frac{40}{9}t^{2/3})$$

은 존재하고 연속이지만, f의 3계 도함수는 $t=0$에서 존재하지 않는다. 그러나 원점을 포함하지 않는 구간에서는 f가 모든 차수의 도함수를 가지며 그 도함수들이 연속이므로 그 구간에서 f는 C^{∞}-급이다.

정리 3.12 만일 벡터함수 $\mathrm{f}, \mathrm{g} : I \to \mathbb{R}^3$와 스칼라함수 $h : I \to \mathbb{R}$가 C^m-급이면, $\mathrm{f}+\mathrm{g}$, $h\mathrm{f}, \mathrm{f} \cdot \mathrm{g}, \mathrm{f} \times \mathrm{g}$도 I에서 C^m-급이다.

정리 3.13 만일 벡터함수 $\mathrm{f} : I_t \to \mathbb{R}^3 : t \to \mathrm{f}(t)$와 스칼라함수 $t : I_\theta \to I_t : \theta \to t = t(\theta)$가 C^m-급이면, 합성함수 $\mathrm{g}(\theta) = \mathrm{f}(t(\theta))$는 I_θ에서 C^m-급이다.

[테일러의 공식(Taylor's formula)] 스칼라함수 $f : I \to \mathbb{R}$은 C^m-급이라 하자. $x_0 \in I$를 고정시키자. 부분적분법에 의하여 모든 $x \in I$에 대하여 다음을 얻는다.

$$\begin{aligned} f(x) &= f(x_0) + \int_{x_0}^{x} f'(t)dt \\ &= f(x_0) + [-(x-t)f'(t)]_{x_0}^{x} + \int_{x_0}^{x} f''(t)(x-t)dt \\ &= f(x_0) + f'(x_0)(x-x_0) + \int_{x_0}^{x} f''(t)(x-t)dt \\ &= f(x_0) + f'(x_0)(x-x_0) + [-\frac{1}{2}(x-t)^2 f''(t)]_{x_0}^{x} + \frac{1}{2}\int_{x_0}^{x} f'''(t)(x-t)^2 dt \\ &= f(x_0) + f'(x_0)(x-x_0) + \frac{1}{2}f''(x_0)(x-x_0)^2 + \frac{1}{2}\int_{x_0}^{x} f'''(t)(x-t)^2 dt \end{aligned}$$

$$\cdots\cdots$$

$$= \sum_{k=0}^{m-1} \frac{1}{k!} f^{(k)}(x_0)(x-x_0)^k + \frac{1}{(m-1)!} \int_{x_0}^{x} f^{(m)}(t)(x-t)^{m-1} dt.$$

일반화된 적분에 관한 평균값의 정리에 의하여 $\xi(x_0 < \xi < x$ 또는 $x_0 > \xi > x)$가 존재하여

$$\int_{x_0}^{x} f^{(m)}(t)(x-t)^{m-1} dt = f^{(m)}(\xi) \int_{x_0}^{x} (x-t)^{m-1} dt$$
$$= \frac{1}{m} f^{(m)}(\xi)(x-x_0)^m$$

이다. $f^{(m)}$은 연속이고 $x \to x_0$ 일 때 $\xi \to x_0$이므로

$$\lim_{x \to x_0} f^{(m)}(\xi) = f^{(m)}(x_0)$$

이다. 이때, $f^{(m)}(\xi) = f^{(m)}(x_0) + \epsilon(x, x_0)$라 놓으면, $\lim_{x \to x_0} \epsilon(x, x_0) = 0$이다. 따라서

$$f(x) = \sum_{k=0}^{m} \frac{1}{k!} f^{(k)}(x_0)(x-x_0)^k + \frac{1}{m!} \epsilon(x, x_0)(x-x_0)^m$$

이다. $\frac{1}{m!} \epsilon(x, x_0)(x-x_0)^m = R_m(x, x_0)$라 놓으면, 다음을 얻는다.

$$f(x) = \sum_{k=0}^{m} \frac{1}{k!} f^{(k)}(x_0)(x-x_0)^k + R_m(x, x_0).$$

여기서 $\lim_{x - x_0} \frac{R_m(x, x_0)}{(x-x_0)^m} = \frac{1}{m!} \lim_{x \to x_0} \epsilon(x, x_0) = 0$이다. 이때, $R_m(x, x_0) = o[(x-x_0)^m]$으로 놓으면,

$$f(x) = \sum_{k=0}^{m} \frac{1}{k!} f^{(k)}(x_0)(x-x_0)^k + o[(x-x_0)^m]$$

이다. 분명히 이 공식을 벡터함수 $\mathrm{f}(t)$의 성분함수들에 적용하면 다음 정리를 얻는다.

▶정리 3.14 **(벡터함수의 테일러의 공식)** $\mathrm{f}(t)$는 구간 I에서 C^m-급이라 하자. 그러면 모든

0장 예비지식

$t, t_0 \in I$에 대하여

$$\mathrm{f}(t) = \sum_{k=0}^{m} \frac{\mathrm{f}^{(k)}(t_0)}{k!}(t-t_0)^k + o[(t-t_0)^m]$$

이 성립한다.

[해석함수] 벡터함수 $\mathrm{f}(t)$는 구간 I에서 C^{∞}-급이라 하자. 그러면 모든 m과 모든 $t, t_0 \in I$에 대하여

$$\mathrm{f}(t) = \sum_{k=0}^{m} \frac{\mathrm{f}^{(k)}(t_0)}{k!}(t-t_0)^k + R_m(t, t_0)$$

이다. 이때, 만일 $\lim_{m \to \infty} R_m(t, t_0) = 0$이면, $\mathrm{f}(t)$는 I에서 거듭제곱급수

$$\mathrm{f}(t) = \sum_{k=0}^{\infty} \frac{\mathrm{f}^{(k)}(t_0)}{k!}(t-t_0)^k$$

으로 나타내어진다. 이러할 경우에 $\mathrm{f}(t)$는 t_0에서 **해석적(analytic)**이라 한다.

벡터함수 $\mathrm{f}(t)$가 구간 I에서 **해석적(analytic)**이라 하는 것은 임의의 $t_0 \in I$에 대하여 t_0의 근방 $N_\delta(t_0)$가 존재하여 모든 $t \in N_\delta(t_0) \bigcap I$에 대하여 $\mathrm{f}(t)$가

$$\mathrm{f}(t) = \sum_{n=0}^{\infty} \mathrm{a}_n (t-t_0)^n$$

와 같이 거듭제곱급수로 나타내어질 수 있을 때를 말한다. 구간 I 에서 해석함수의 급은 C^{ω}로 나타낸다. 아래의 예제에서 보는 것처럼, C^{∞}-급의 함수는 해석적일 필요는 없다. 그러나 거듭제곱급수로 표현되는 함수는 수렴구간 내부에서 미분할 수 있고, 또 그 도함수는 원래의 거듭제곱급수를 항별로 미분하여 얻어지는 거듭게곱급수에 의하여 표현되므로 모든 해석함수는 C^{∞}-급이다. 더욱이 $\mathrm{f}^{(n)}(t_0) = n!\mathrm{a}_n$이다. 따라서

$$C^{\omega} \subset C^{\infty} \subset \cdots \subset C^m \subset \cdots \subset C^j \subset \cdots \subset C^1 \subset C^0, j \leq m.$$

(참고) 해석함수의 합, 스칼라곱, 내적, 외적은 모두 해석함수이고, 해석함수들의 합성

함수도 해석함수이다.

예제 3.15 함수 $f(t)=\begin{cases} e^{-1/t^2}, & t\neq 0 \\ 0, & t=0 \end{cases}$ 는 $-\infty < t < \infty$ 에서 C^{∞}-급이다. 이때 $f^{(n)}(0)=0$, $n=0,1,2,\ldots$ 이다. 만일 $f(t)$를 어떤 0의 근방 $N_{\delta}(0)$에서 거듭제곱급수로 나타낼 수 있다면, 즉, $t\in N_{\delta}(0)$에 대하여

$$f(t)=\sum_{n=0}^{\infty}\frac{f^{(n)}(0)}{n!}t^n$$

이라면, $f^{(n)}(0)=0, n=0,1,2,\ldots$ 이므로 $f(t)\equiv 0, \forall t\in N_{\delta}(0)$이다. 이것은 모순이다. 그러므로 $f(t)$는 0에서 해석적이 아니다.

끝으로, 다항함수, 유리함수, 삼각함수, 지수함수와 같은 초등함수는 그들이 연속인 구간에서 해석적이고, 그들의 역함수는 그들이 미분가능한 구간에서 해석적임을 알 수 있다.

4. 벡터변수의 벡터함수

V는 $\mathbb{R}^2$ 또는 $\mathbb{R}^3$의 부분집합이라 하자. f는 각 $\mathrm{x} \in V$에 $\mathbb{R}^3$의 벡터 $\mathrm{f}(\mathrm{x})$에 대응하는 함수라고 하자. 이러한 함수를 **벡터변수의 벡터값함수(vector valued function of vector variables)**라고 한다. 벡터변수의 벡터값함수 f는

$$\mathrm{f}(\mathrm{x}) = (f_1(\mathrm{x}), f_2(\mathrm{x}), f_3(\mathrm{x})), \mathrm{x} \in V$$

로 표현된다. 여기서 f_i는 V에서 $\mathbb{R}$로의 실가함수이다.

예제 4.1 (a) 일차독립인 두 벡터 $\mathrm{u}, \mathrm{v} \in \mathbb{R}^3$에 평행이고 점 $\mathrm{a} = (a_1, a_2, a_3)$를 지나는 평면 π 위의 임의의 점 x는 $\mathrm{x} = h\mathrm{u} + k\mathrm{v} + \mathrm{a}, (h,k) \in \mathbb{R}^2$으로 표현된다. 이때, $\mathrm{x} = \mathrm{f}(h,k) \in \mathbb{R}^3$이라 놓으면,

$$\mathrm{x} = (x_1, x_2, x_3) = \mathrm{f}(h,k) = (f_1(h,k), f_2(h,k), f_3(h,k))$$

이므로

$$\begin{cases} x_1 = f_1(h,k) = hu_1 + kv_1 + a_1 \\ x_2 = f_2(h,k) = hu_2 + kv_2 + a_2 \\ x_3 = f_3(h,k) = hu_3 + kv_3 + a_3 \end{cases}$$

이다. $\mathrm{x} = h\mathrm{u} + k\mathrm{v} + \mathrm{a}$를 **평면의 매개방정식(parametric equation)**이라 하고, h와 k를 매개변수라고 한다.

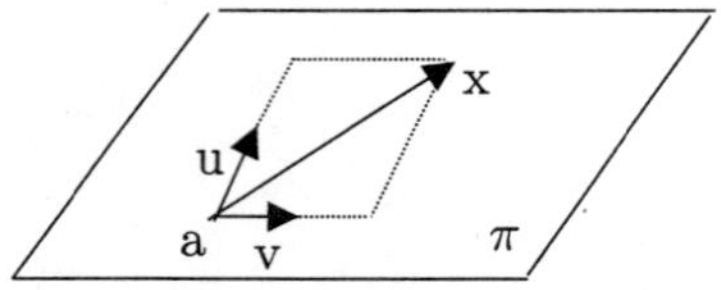

평면 π 위의 점 $\mathrm{x} = \mathrm{f}(h,k)$는 h, k에 의하여 독립적으로 결정되므로 $\mathrm{f}(h,k) = h\mathrm{u} + k\mathrm{v} + \mathrm{a}$는 벡터변수의 벡터함수이다.

만일 벡터 y가 u와 v에 일차종속이면, 즉, $\mathrm{y} = s\mathrm{u} + t\mathrm{v}, s, t \in \mathbb{R}$ 이면, y는 평면 π와 **평행(parallel)**이라 한다.

만일 벡터 y가 u와 v에 각각 수직이면, y는 평면 π와 **수직(orthogonal)**이라 한다.

만일 평면 π는 점 $\mathrm{a} \in \mathbb{R}^3$를 지나고 벡터 N에 수직이면, x가 평면 π 위의 임의의 점일 때, 평면 π의 방정식은 다음과 같다.

$$(\mathrm{x}-\mathrm{a}) \cdot \mathrm{N} = 0.$$

만일 $\mathrm{a}, \mathrm{b}, \mathrm{c} \in \mathbb{R}^3$가 평면 위의 동일한 직선 위에 있지 않는 세 점이면, 벡터 $\mathrm{b}-\mathrm{a}$와 $\mathrm{c}-\mathrm{a}$는 일차독립이므로 $(\mathrm{b}-\mathrm{a}) \times (\mathrm{c}-\mathrm{a})$는 평면에 수직인 영이 아닌 벡터이다. 따라서 x가 평면 위의 임의의 점일 때, 점 a, b, c를 지나는 평면의 방정식은 다음과 같다.

$$(\mathrm{x}-\mathrm{a}) \cdot ((\mathrm{b}-\mathrm{a}) \times (\mathrm{c}-\mathrm{a})) = |(\mathrm{x}-\mathrm{a})(\mathrm{b}-\mathrm{a})(\mathrm{c}-\mathrm{a})| = 0.$$

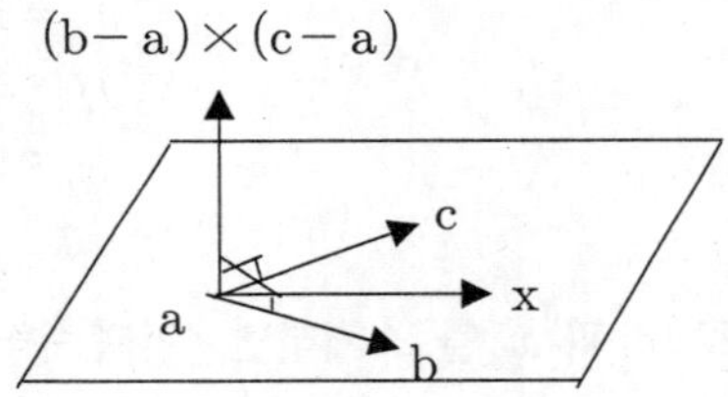

(b) 구면 $S: \| \mathrm{x} \| = r$ 위의 임의의 점 x에서 바깥쪽으로 향하는 단위법선벡터를 N(x)라고 하자. $x_1^2 + x_2^2 + x_3^2 = r^2$이므로

$$f(x_1, x_2, x_3) \equiv x_1^2 + x_2^2 + x_3^2 - r^2 = 0$$

이라 놓으면, $\mathrm{N}(\mathrm{x}) = \dfrac{\nabla f}{\| \nabla f \|}$이다. $\nabla f := (f_{x_1}, f_{x_2}, f_{x_3}) = (2x_1, 2x_2, 2x_3)$이므로 $\| \nabla f \| = 2r$이다. 따라서

$$\mathrm{N}(\mathrm{x}) = \frac{\mathrm{x}}{r}$$

이다. 그러므로 $\mathrm{N}(\mathrm{x}) = \dfrac{\mathrm{x}}{r}$은 $S \subset \mathbb{R}^3$에서 $\mathbb{R}^3$로의 벡터변수의 벡터함수이다.

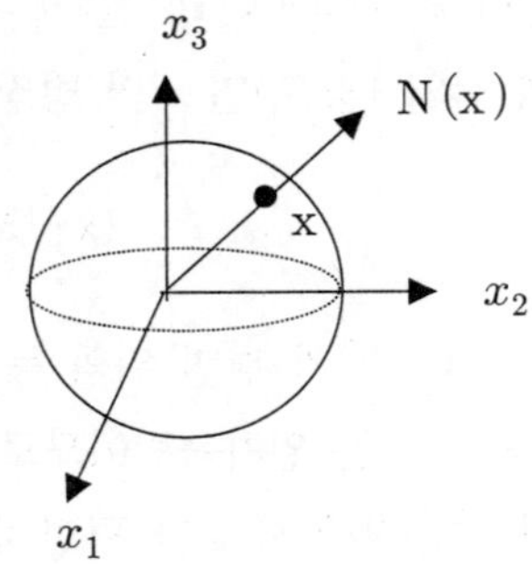

(c) $\mathrm{x} = (x_1, x_2), \mathrm{y} = (y_1, y_2, y_3)$에 대하여 $\mathrm{y} = \mathrm{f}(\mathrm{x}) = (x_1 + x_2, x_1 - x_2, x_1^2 + x_2^2)$ 는 $\mathbb{R}^2$에서 $\mathbb{R}^3$로의 벡터변수의 벡터함수이다.

$$\begin{cases} y_1 = x_1 + x_2 \\ y_2 = x_1 - x_2 \\ y_3 = x_1^2 + x_2^2 \end{cases}$$

이므로 x_1과 x_2를 소거하면, 이 함수의 치역은 타원포물면 $y_3 = \frac{1}{2}(y_1^2 + y_2^2)$ 임을 알 수 있다.

[선형사상의 표현행렬] 모든 벡터 $\mathrm{x} \in \mathbb{R}^n$은 $\mathbb{R}^n$의 임의의 기저에 관한 일차결합으로 유일하게 표현됨을 유의하자.

선형사상 $\mathrm{f} : \mathbb{R}^n \to \mathbb{R}^m$ 을 생각하자. $\mathrm{e}_1, \ldots, \mathrm{e}_n$은 $\mathbb{R}^n$의 표준기저이고, $\mathrm{e}_1, \ldots, \mathrm{e}_m$은 $\mathbb{R}^m$의 표준기저라고 하자. 그러면 $\mathrm{x} = (x_1, \ldots, x_n) \in \mathbb{R}^n$은

$$\mathrm{x} = x_1 \mathrm{e}_1 + \cdots + x_n \mathrm{e}_n$$

이므로

$$\mathrm{f}(\mathrm{x}) = x_1 \mathrm{f}(\mathrm{e}_1) + \cdots + x_n \mathrm{f}(\mathrm{e}_n)$$

이다. $\mathrm{f}(\mathrm{e}_i) \in \mathbb{R}^m, i = 1, 2, \ldots, n$이므로

$$\mathrm{f}(\mathrm{e}_i) = \sum_{j=1}^{m} a_{ji} \mathrm{e}_j, i = 1, 2, \ldots, n$$

으로 나타낼 수 있다. 그러므로

$$A = \begin{pmatrix} a_{11} & a_{12} & \cdots & a_{1n} \\ a_{21} & a_{22} & \cdots & a_{2n} \\ \vdots & \vdots & \ddots & \vdots \\ a_{m1} & a_{m2} & \cdots & a_{mn} \end{pmatrix}$$

이라 놓으면, 다음을 얻는다.

$$\mathrm{f}(\mathrm{x}) = A\mathrm{x}.$$

이때, $m \times n$ 행렬 $A = (a_{ij})$를 표준기저에 관한 f의 **표현행렬(matrix representation)**이라 한다. 따라서 $\mathrm{f}(\mathrm{x}) = (f_1(\mathrm{x}),\ldots,f_m(\mathrm{x}))$의 성분함수는 다음과 같다.

$$f_i(\mathrm{x}) = \sum_{j=1}^{n} a_{ij}x_j, i = 1,2,\ldots,m.$$

이 성분함수들은 $\mathbb{R}^n$에서 $\mathbb{R}$로의 1차동차함수이다.

선형사상 $\mathrm{f}: \mathbb{R}^n \to \mathbb{R}^m$에 대하여 $Im\mathrm{f}$의 차원을 f(또는 A)의 **계수(rank)**라고 한다. 동치적으로, A의 $k \times k$ 소행렬($k \le m,n$)의 행렬식이 0이 아닌 가장 큰 차수 k를 f(또는 A)의 계수라고 한다.

(참고) 선형사상 $\mathrm{f}: \mathbb{R}^n \to \mathbb{R}^m$은 원점을 원점으로 사상한다. 즉, $\mathrm{f}(\mathrm{O}) = \mathrm{O}$.

▶정리 4.2 $\mathrm{f}: \mathbb{R}^3 \to \mathbb{R}^3$은 선형사상이라 하자.

(a) f가 전단사이기 위한 필요충분조건은 $Rank\mathrm{f} = 3$이다.

(b) f가 $\mathbb{R}^3$에서 원점을 지나는 $\mathbb{R}^3$의 평면 위로 전사하기 위한 필요충분조건은 $Rank\mathrm{f} = 2$이다.

(c) f가 $\mathbb{R}^3$에서 원점을 지나는 $\mathbb{R}^3$의 직선 위로 전사하기 위한 필요충분조건은 $Rank\mathrm{f} = 1$이다.

증명 (a) ($\Rightarrow$) $Im\mathrm{f} = \mathbb{R}^3$이므로 자명하다.

($\Leftarrow$) $Rank\mathrm{f} = dim Im\mathrm{f} = 3$이므로 $Im\mathrm{f} = \mathbb{R}^3$이다. 따라서 f는 전사이다.

$\mathbb{R}^3/Ker\mathrm{f} \cong Im\mathrm{f} = \mathbb{R}^3$이므로 $\dim Ker\mathrm{f} = 0$이다. 따라서 $Ker\mathrm{f} = \{O\}$이다. 그러므로 f는 단사이다.

(b) ($\Rightarrow$) $Im\mathrm{f} \subset \mathbb{R}^3$이고 $Im\mathrm{f}$는 원점을 지나는 평면이므로 $\dim Im\mathrm{f} = 2$이다. 따라서 $Rank\mathrm{f} = 2$이다.

($\Leftarrow$) $\dim Im\mathrm{f} = Rank\mathrm{f} = 2$이므로 자명하다.

(c) ($\Rightarrow$) $Im\mathrm{f} \subset \mathbb{R}^3$이고 $Im\mathrm{f}$는 원점을 지나는 직선이므로 $\dim Im\mathrm{f} = 1$이다. 따라서 $Rank\mathrm{f} = 1$이다.

($\Leftarrow$) $\dim Im\mathrm{f} = Rank\mathrm{f} = 1$이므로 자명하다.

정리 4.3 $\mathrm{f} : \mathbb{R}^2 \to \mathbb{R}^3$은 선형사상이라 하자.

(a) f가 $\mathbb{R}^2$에서 원점을 지나는 $\mathbb{R}^3$의 평면 위로 전단사하기 위한 필요충분조건은 $Rank\mathrm{f} = 2$이다.

(b) f가 $\mathbb{R}^2$에서 원점을 지나는 $\mathbb{R}^3$의 직선 위로 전사하기 위한 필요충분조건은 $Rank\mathrm{f} = 1$이다.

예제 4.4 (a) $\mathrm{f}(u,v) = (2u - v, u + v, -u + v)$는 $\mathbb{R}^2$에서 $\mathbb{R}^3$로의 선형사상이다. 이 사상의 표현행렬은 다음과 같다.

$$A = \begin{pmatrix} 2 & -1 \\ 1 & 1 \\ -1 & 1 \end{pmatrix}.$$

$\begin{vmatrix} 2 & -1 \\ 1 & 1 \end{vmatrix} = 3 \neq 0$ 이므로 $Rank\mathrm{f} = 2$이다. 그러므로 정리 4.3에 의하여 f는 $\mathbb{R}^2$에서 원점을 지나는 $\mathbb{R}^3$의 평면 위로 전사한다. $\mathrm{x} = \mathrm{f}(u,v)$라 놓으면,

$$\begin{cases} x_1 = 2u - v \\ x_2 = u + v \\ x_3 = -u + v \end{cases}$$

이다. 이때, u와 v를 소거하면 $2x_1 - x_2 + 3x_3 = 0$을 얻는다. 그러므로 이 사상은 $\mathbb{R}^2$에서 원점을 지나는 $\mathbb{R}^3$의 평면 $2x_1 - x_2 + 3x_3 = 0$ 위로 전사한다.

(b) $\mathrm{f}(x_1, x_2, x_3) = (2x_1 + x_2 - 2x_3, x_1 + x_2 - x_3, -x_1 + x_3)$은 $\mathbb{R}^3$에서 $\mathbb{R}^3$로

의 선형사상이다. 이 사상의 표현행렬은 다음과 같다.

$$A=\begin{pmatrix} 2 & 1 & -2 \\ 1 & 1 & -1 \\ -1 & 0 & 1 \end{pmatrix}.$$

한편, $|A|=0$이지만, $\begin{vmatrix} 2 & 1 \\ 1 & 1 \end{vmatrix}=1\neq 0$이므로 $Rank\mathrm{f}=2$이다. 그러므로 정리 4.2에 의하여 이 사상은 $\mathbb{R}^3$에서 원점을 지나는 $\mathbb{R}^3$의 평면 위로 전사한다. $\mathrm{y}=\mathrm{f}(x_1,x_2,x_3)$라 놓으면,

$$\begin{cases} y_1=2x_1+x_2-2x_3 \\ y_2=x_1+x_2-x_3 \\ y_3=-x_1+x_3 \end{cases}$$

이다. 이때, x_1,x_2,x_3를 소거하면, $y_1-y_2+y_3=0$을 얻는다. 따라서 이 사상은 $\mathbb{R}^3$에서 원점을 지나는 $\mathbb{R}^3$의 평면 $y_1-y_2+y_3=0$ 위로 전사한다.

[벡터변수의 벡터함수의 극한과 연속성] V는 $\mathbb{R}^2$ 또는 $\mathbb{R}^3$의 부분집합이라 하고 $\mathrm{f}: V\to\mathbb{R}^3$는 벡터변수의 벡터함수라고 하자. x_0는 V의 극한점이라 하자. $\mathrm{x}\to\mathrm{x}_0$ 일 때, $\mathrm{f}(\mathrm{x})$가 **극한(limit)** $\mathrm{L}=(l_1,l_2,l_3)$**을 갖는다**는 것은 임의의 $\epsilon>0$에 대하여 $\delta>0$가 존재하여 $0<\|\mathrm{x}-\mathrm{x}_0\|<\delta, \mathrm{x}\in V$에 대하여

$$\|\mathrm{f}(\mathrm{x})-\mathrm{L}\|<\epsilon$$

이 성립할 때를 말한다. 이때, 기호로는 $\lim_{\mathrm{x}\to\mathrm{x}_0}\mathrm{f}(\mathrm{x})=\mathrm{L}$로 나타낸다.

V는 $\mathbb{R}^2$ 또는 $\mathbb{R}^3$의 영역이라 하고, $\mathrm{x}_0\in V$라고 하자. 벡터변수의 벡터함수 $\mathrm{f}: V\to\mathbb{R}^3$가 **점 x_0에서 연속(continuous)**이라는 것은 임의의 $\epsilon>0$에 대하여 $\delta>0$가 존재하여 $\|\mathrm{x}-\mathrm{x}_0\|<\delta, \mathrm{x}\in V$에 대하여

$$\|\mathrm{f}(\mathrm{x})-\mathrm{f}(\mathrm{x}_0)\|<\epsilon$$

이 성립할 때를 말한다. 즉, $\lim_{\mathrm{x}\to\mathrm{x}_0}\mathrm{f}(\mathrm{x})=\mathrm{f}(\mathrm{x}_0)$.

$\mathrm{f}: V\to\mathbb{R}^3$가 **영역 V에서 연속(continuous)**이라는 것은 f가 임의의 점 $\mathrm{x}_0\in V$에서 연속일 때를 말한다.

(참고) (a) 벡터변수의 벡터함수 $\mathrm{f}(\mathrm{x})=(f_1(\mathrm{x}),f_2(\mathrm{x}),f_3(\mathrm{x}))$가 $\mathrm{x}\to\mathrm{x}_0$ 일 때, 극한 $\mathrm{L}=(l_1,l_2,l_3)$을 갖기 위한 필요충분조건은 각 성분함수 $f_i(\mathrm{x})$, $i=1,2,3$들이 $\mathrm{x}\to\mathrm{x}_0$ 일 때, 극한 l_i를 갖는 것이다.

(b) 벡터변수의 벡터함수 $\mathrm{f}(\mathrm{x})=(f_1(\mathrm{x}),f_2(\mathrm{x}),f_3(\mathrm{x}))$가 점 x_0에서 연속이기 위한 필요충분조건은 각 성분함수 $f_i(\mathrm{x}),i=1,2,3$들이 점 x_0에서 연속인 것이다.

예제 4.5 벡터함수 $\mathrm{f}(\mathrm{x})=\begin{cases}\dfrac{\mathrm{x}}{\|\mathrm{x}\|}, & \mathrm{x}\neq\mathrm{O}\\ \mathrm{O}, & \mathrm{x}=\mathrm{O}\end{cases}$, $\mathrm{x}\in\mathbb{R}^3$는 원점에서 연속이 아니다.

정리 4.6 V는 $\mathbb{R}^2$ 또는 $\mathbb{R}^3$의 영역이라 하고,

$$\text{벡터함수 } \mathrm{f},\mathrm{g}: V\to\mathbb{R}^3\text{와 스칼라함수 } h: V\to\mathbb{R}$$

는 점 $\mathrm{x}_0\in V$에서 연속이라 하자. 그러면 $\|\mathrm{f}\|,\mathrm{f}+\mathrm{g},h\mathrm{f},\mathrm{f}\cdot\mathrm{g},\mathrm{f}\times\mathrm{g}$도 점 x_0에서 연속이다.

[방향도함수] $V\subset\mathbb{R}^2$는 영역이라 하고 $\mathrm{f}: V\to\mathbb{R}^3$는 벡터함수라고 하자. 이 벡터함수는 곡면을 나타낸다. $\mathrm{u}\in\mathbb{R}^2$는 영벡터가 아니라고 하자. f가 u-방향으로 점 $\mathrm{x}_0\in V$에서 **방향도함수(directional derivatives)**를 갖는다는 것은 극한

$$\lim_{t\to 0}\frac{\mathrm{f}(\mathrm{x}_0+t\mathrm{u})-\mathrm{f}(\mathrm{x}_0)}{t}$$

이 존재할 때를 말한다. 이 극한을 $D_{\mathrm{u}}\mathrm{f}(\mathrm{x}_0)$로 나타낸다. 만일 f를 점 x_0를 지나고 벡터 u에 평행한 직선 $\mathrm{x}=\mathrm{x}_0+t\mathrm{u}$ 위에서만 생각한다면, $\mathrm{F}(t)=\mathrm{f}(\mathrm{x}_0+t\mathrm{u})$라 놓자. 그러면 $\mathrm{F}(t)$는 실변수의 벡터함수이다. 따라서 $\mathrm{F}(t)$는 곡선으로 나타난다. 이때,

$$D_{\mathrm{u}}\mathrm{f}(\mathrm{x}_0)=\lim_{\mathrm{t}\to 0}\frac{\mathrm{f}(\mathrm{x}_0+t\mathrm{u})-\mathrm{f}(\mathrm{x}_0)}{\mathrm{t}}=\lim_{t\to 0}\frac{\mathrm{F}(t)-\mathrm{F}(0)}{t}=\mathrm{F}'(0)$$

이다. $\mathrm{f}(\mathrm{x})=(f_1(\mathrm{x}),f_2(\mathrm{x}),f_3(\mathrm{x}))$이라 놓으면,

$$\mathrm{F}(t)=(f_1(\mathrm{x}_0+t\mathrm{u}),f_2(\mathrm{x}_0+t\mathrm{u}),f_3(\mathrm{x}_0+t\mathrm{u}))$$

이다. $\frac{d}{dt}(f_i(\mathrm{x}_0+t\mathrm{u}))=\nabla f_i(\mathrm{x}_0+t\mathrm{u})\cdot \mathrm{u}$이므로

$$\mathrm{F}'(0)=(\nabla f_1(\mathrm{x}_0)\cdot \mathrm{u}, \nabla f_2(\mathrm{x}_0)\cdot \mathrm{u}, \nabla f_3(\mathrm{x}_0)\cdot \mathrm{u})$$

이다. 따라서 u-방향으로 점 $\mathrm{x}_0 \in V$에서 f의 방향도함수는

$$D_{\mathrm{u}}\mathrm{f}(\mathrm{x}_0)=(\nabla f_1(\mathrm{x}_0)\cdot \mathrm{u}, \nabla f_2(\mathrm{x}_0)\cdot \mathrm{u}, \nabla f_3(\mathrm{x}_0)\cdot \mathrm{u})$$

이다.

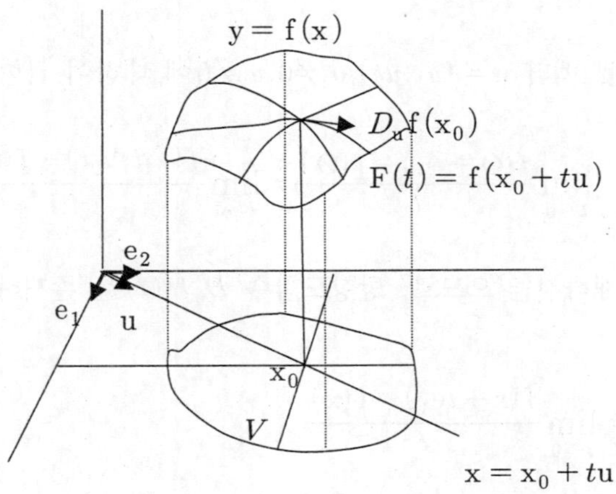

직선 $\mathrm{x}=\mathrm{x}_0+t\mathrm{u}$의 f의 상(image) $\mathrm{y}=\mathrm{f}(\mathrm{x}_0+t\mathrm{u})$는 곡면 $\mathrm{y}=\mathrm{f}(\mathrm{x})$ 위에 있는 곡선의 매개변수표현이다. 따라서 방향도함수 $D_{\mathrm{u}}\mathrm{f}(\mathrm{x}_0)$는 점 $\mathrm{f}(\mathrm{x}_0)$에서 곡선 $\mathrm{y}=\mathrm{F}(t)$에 접하는 접선 벡터이다.

예제 4.7 (a) $\mathrm{f}(\mathrm{x})=(x_1,x_2,x_1^2+x_2^2)$에 대하여 임의의 방향 $\mathrm{u}=(u_1,u_2)$으로 임의의 점 $\mathrm{x}=(x_1,x_2)$에서 f의 방향도함수는

$$\begin{aligned}D_{\mathrm{u}}\mathrm{f}(\mathrm{x})&=((1,0)\cdot \mathrm{u},\ (0,1)\cdot \mathrm{u},\ (2x_1,2x_2)\cdot \mathrm{u})\\&=(u_1,\ u_2,\ 2u_1x_1+2u_2x_2)\end{aligned}$$

이다.

(b) 어떤 벡터함수는 두 방향으로는 방향도함수를 가질 수 있으나 그 이외의 다른 모든 방향으로는 방향도함수를 가질 수 없다. 예를 들어, $\mathbb{R}^2$에서의 실가

함수

$$f(\mathrm{x}) = f(x_1, x_2) = \begin{cases} x_1 + x_2, x_1 = 0 \text{ 또는 } x_2 = 0 \\ 1, \quad (\text{그 이외의 경우}) \end{cases}$$

을 생각해 보자.

$$D_{\mathrm{e}_1} f(\mathrm{O}) = \lim_{t\to0} \frac{f(t\mathrm{e}_1) - f(\mathrm{O})}{t} = \lim_{t\to0} \frac{f(t,0) - f(0,0)}{t} = \lim_{t\to0} \frac{t}{t} = 1$$

$$D_{\mathrm{e}_2} f(\mathrm{O}) = \lim_{t\to0} \frac{f(t\mathrm{e}_2) - f(\mathrm{O})}{t} = \lim_{t\to0} \frac{f(0,t) - f(0,0)}{t} = \lim_{t\to0} \frac{t}{t} = 1$$

이지만, 벡터 $\mathrm{u} = (u_1, u_2), u_1 \neq 0, u_2 \neq 0$에 대하여 극한

$$\lim_{t\to0} \frac{f(\mathrm{O} + t\mathrm{u}) - f(\mathrm{O})}{t} = \lim_{t\to0} \frac{f(u_1 t, u_2 t) - f(0,0)}{t} = \lim_{t\to0} \frac{1}{t}$$

은 존재하지 않으므로, 방향도함수 $D_{\mathrm{u}} f(\mathrm{O})$은 존재하지 않는다.

참고
$$D_{\mathrm{e}_1} \mathrm{f}(\mathrm{x}) = \lim_{t\to0} \frac{\mathrm{f}(\mathrm{x} + t\mathrm{e}_1) - \mathrm{f}(\mathrm{x})}{t} = \lim_{t\to0} \frac{\mathrm{f}(x_1 + t, x_2) - \mathrm{f}(x_1, x_2)}{t} = \frac{\partial \mathrm{f}}{\partial x_1}$$

$$D_{\mathrm{e}_2} \mathrm{f}(\mathrm{x}) = \lim_{t\to0} \frac{\mathrm{f}(\mathrm{x} + t\mathrm{e}_2) - \mathrm{f}(\mathrm{x})}{t} = \lim_{t\to0} \frac{\mathrm{f}(x_1, x_2 + t) - \mathrm{f}(x_1, x_2)}{t} = \frac{\partial \mathrm{f}}{\partial x_2}$$

예제 4.8 벡터함수 $\mathrm{f}(u,v) = (ue^v, u^2 + v^2, uv)$에 대하여

$$\frac{\partial \mathrm{f}}{\partial u} = (e^v, 2u, v), \quad \frac{\partial \mathrm{f}}{\partial v} = (ue^v, 2v, u)$$

이다.

[벡터변수의 벡터함수의 미분가능성] 미분가능한 실변수의 벡터함수는 연속이다. 그러나 벡터변수의 함수가 모든 방향으로 방향도함수를 갖는다고 하더라도 그 함수는 일반적으로 연속

이 아니다. 그 이유는 한 점에서의 방향도함수는 단지 점의 근방에 있는 직선의 상에 의존하는 것이지 그 점의 완전한 근방의 상에 의존하지 않기 때문이다.

예제 4.9 벡터변수 함수 $f(\mathrm{x})=f(x_1,x_2)=\begin{cases}\dfrac{x_1x_2^2}{x_1^2+x_2^4}, \mathrm{x}\neq\mathrm{O} \\ 0, \quad\quad \mathrm{x}=\mathrm{O}\end{cases}$ 는 $\mathrm{x}=\mathrm{O}$ 에서 모든 방향으로 방향도함수를 갖지만, f는 $\mathrm{x}=\mathrm{O}$ 에서 연속이 아니다.

풀이 벡터 $\mathrm{u}=(u_1,u_2)\neq\mathrm{O}$ 에 대하여

(i) $u_1\neq 0$ 일 때,

$$D_{\mathrm{u}}f(\mathrm{O})=\lim_{t\to 0}\frac{f(\mathrm{O}+t\mathrm{u})-f(\mathrm{O})}{t}=\lim_{t\to 0}\frac{f(u_1t,u_2t)}{t}$$

$$=\lim_{t\to 0}\frac{u_1u_2^2}{u_1^2+t^2u_2^4}=\frac{u_2^2}{u_1}.$$

(ii) $u_1=0$ 일 때, 즉, $\mathrm{u}=(0,u_2)$ 일 때,

$$D_{\mathrm{u}}f(\mathrm{O})=\lim_{t\to 0}\frac{f(\mathrm{O}+t\mathrm{u})-f(\mathrm{O})}{t}=\lim_{t\to 0}\frac{f(0,tu_2)}{t}=0.$$

따라서 f는 원점 O에서 모든 방향으로 방향도함수를 갖는다. 그러나 f는 원점에서 연속이 아니다. 즉, $\lim_{\mathrm{x}\to\mathrm{O}}f(\mathrm{x})\neq f(\mathrm{O})=0$ 이다. 왜냐하면,

$$\lim_{x_1\to 0}\lim_{x_2\to 0}f(x_1,x_2)=\lim_{x_2\to 0}\lim_{x_1\to 0}f(x_1,x_2)=0$$

이지만, $\lim_{x_2\to 0}f(x_2^2,x_2)=\dfrac{1}{2}$ 이기 때문이다.

$V\subset\mathbb{R}^2$는 영역이라 하자. 벡터함수 $\mathrm{f}:V\to\mathbb{R}^3$가 **점 $\mathbf{x}_0\in V$에서 미분가능하다 (differentiable)**는 것은 선형사상 $L_{\mathrm{x}_0}:\mathbb{R}^2\to\mathbb{R}^3$가 존재하여

0장 예비지식

$$\lim_{\|v\|\to 0} \frac{f(x_0+v)-f(x_0)-L_{x_0}(v)}{\|v\|}=O$$

이 성립할 때를 말한다. 이때, $f(x_0+v)-f(x_0)-L_{x_0}(v)=R(x_0,v)$라 놓으면,

$$f(x_0+v)=f(x_0)+L_{x_0}(v)+R(x_0,v)$$

이다. 단, $R(x_0,v)=o(\|v\|)$이다. 선형사상 L_{x_0}을 점 x_0에서 f의 **미분(differential)**이라 하고, $df(x_0)$으로 나타낸다. 즉, $L_{x_0}=df(x_0)$.

벡터함수 f가 영역 $V\subset \mathbb{R}^2$ 에서 **미분가능하다(differentiable)**는 것은 f가 각 점 $x\in V$에서 미분가능할 때를 말한다. 미분가능한 벡터함수 $f: V\to \mathbb{R}^3$의 미분 df는 각 점 $x\in V$에 대하여 선형사상 $df(x)$를 대응시키는 함수이다.

(참고) 벡터함수의 미분과 방향도함수는 곡면론에서 매우 중요한 개념이다.

▸정리 4.10 $V\subset \mathbb{R}^2$ 는 영역이라 하자. 만일 벡터함수 $f: V\to \mathbb{R}^3$가 점 $x_0\in V$에서 미분가능하면, f는 점 x_0에서 모든 방향 u로 방향도함수를 갖는다. 즉,

$$df(x_0)(u)=L_{x_0}(u)=D_u f(x_0).$$

(증명) $u\in \mathbb{R}^2$는 영벡터가 아닌 임의의 단위벡터라고 하자. f가 점 x_0에서 미분가능하므로, 충분히 작은 $t\in \mathbb{R}$ 에 대하여 선형사상 $L_{x_0}: \mathbb{R}^2\to \mathbb{R}^3$이 존재하여

$$f(x_0+tu)-f(x_0)=L_{x_0}(tu)+R(x_0,tu),\ \lim_{t\to 0}\frac{R(x_0,tu)}{\|tu\|}=O$$

이 성립한다. L_{x_0}는 선형사상이므로,

$$\frac{f(x_0+tu)-f(x_0)}{t}=L_{x_0}(u)+\frac{R(x_0,tu)}{t}$$

이다. $\lim_{t\to 0}\frac{R(x_0,tu)}{\|tu\|}=\frac{1}{\|u\|}\lim_{t\to 0}\frac{R(x_0,tu)}{|t|}=O$이므로 $\lim_{t\to 0}\frac{R(x_0,tu)}{t}=O$이다. 그러므로

$$D_{\mathrm{u}}\mathrm{f}(\mathrm{x}_0) = \lim_{t\to 0}\frac{\mathrm{f}(\mathrm{x}_0+t\mathrm{u})-\mathrm{f}(\mathrm{x}_0)}{t} = L_{\mathrm{x}_0}(\mathrm{u}) = d\mathrm{f}(\mathrm{x}_0)(\mathrm{u})$$

이다.

▶정리 4.11 $V\subset \mathbb{R}^2$은 영역이라 하자. 만일 벡터함수 $\mathrm{f}: V \to \mathbb{R}^3$이 점 $\mathrm{x}_0 \in V$에서 미분가능하면, f는 점 x_0에서 연속이다.

증명 f는 점 x_0에서 미분가능하므로, 선형사상 $L_{\mathrm{x}_0}: \mathbb{R}^2 \to \mathbb{R}^3$이 존재하여

$$\mathrm{f}(\mathrm{x}_0+\mathrm{v})-\mathrm{f}(\mathrm{x}_0) = L_{\mathrm{x}_0}(\mathrm{v})+\mathrm{R}(\mathrm{x}_0,\mathrm{v}),\quad \lim_{\|\mathrm{v}\|\to 0}\frac{\mathrm{R}(\mathrm{x}_0,\mathrm{v})}{\|\mathrm{v}\|} = \mathrm{O}$$

이 성립한다. $L_{\mathrm{x}_0}: \mathbb{R}^2 \to \mathbb{R}^3$은 선형사상이므로 양수 $M>0$이 존재하여

$$\| L_{\mathrm{x}_0}(\mathrm{v}) \| \leqq M\|\mathrm{v}\|$$

이다. 벡터 $\mathrm{v}\neq\mathrm{O}$에 대하여

$$\begin{aligned}\| \mathrm{f}(\mathrm{x}_0+\mathrm{v})-\mathrm{f}(\mathrm{x}_0)\| &\leqq \| L_{\mathrm{x}_0}(\mathrm{v})\| + \|\mathrm{R}(\mathrm{x}_0,\mathrm{v})\| \\ &\leqq M\|\mathrm{v}\| + \frac{\|\mathrm{R}(\mathrm{x}_0,\mathrm{v})\|}{\|\mathrm{v}\|}\cdot\|\mathrm{v}\|\end{aligned}$$

이므로 $\lim_{\|\mathrm{v}\|\to 0}\|\mathrm{f}(\mathrm{x}_0+\mathrm{v})-\mathrm{f}(\mathrm{x}_0)\| = 0$이다. 따라서 $\lim_{\mathrm{x}\to\mathrm{x}_0}\mathrm{f}(\mathrm{x}) = \mathrm{f}(\mathrm{x}_0)$이다.

그러므로 f는 점 x_0에서 연속이다.

(참고) 만일 벡터함수 f가 점 x_0에서 미분가능하면, 정리 4.10에 의하여

$$d\mathrm{f}(\mathrm{x}_0)(\mathrm{v}) = L_{\mathrm{x}_0}(\mathrm{v}) = D_{\mathrm{v}}\mathrm{f}(\mathrm{x}_0)$$

이므로, 점 x_0에서 벡터함수 f의 미분 $d\mathrm{f}(\mathrm{x}_0)$은 유일함을 알 수 있다.

벡터 $\mathrm{v}\in\mathbb{R}^2$는 $\mathbb{R}^2$의 기저 $\mathrm{e}_1,\mathrm{e}_2$의 일차결합으로 유일하게 표현되고, L_{x_0}는 선형사상이므로 미분 $d\mathrm{f}(\mathrm{x}_0)$은 편도함수

$$L_{x_0}(e_i) = D_{e_i}f(x_0) = \frac{\partial f}{\partial x_i}(x_0), i = 1,2$$

에 의하여 결정된다.

$V \subset \mathbb{R}^2$은 영역이고, 벡터함수 $f : V \to \mathbb{R}^3$은 미분가능하다고 하자. 그러면 각 점 $x \in V$에서 f의 미분 $df(x) : \mathbb{R}^2 \to \mathbb{R}^3$은 선형사상이므로 $v = v_1e_1 + v_2e_2 \in \mathbb{R}^2$에 대하여

$$df(x)(v) = v_1df(x)(e_1) + v_2df(x)(e_2)$$

이다. $df(x)(e_j) = L_x(e_j) = D_{e_j}f(x) = \frac{\partial f}{\partial x_j}(x) = \frac{\partial f}{\partial x_j}, j = 1,2$이므로

$$df(x)(v) = v_1\frac{\partial f}{\partial x_1} + v_2\frac{\partial f}{\partial x_2}$$

이다. 만일 $f(x) = (f_1(x), f_2(x), f_3(x))$이면,

$$\frac{\partial f}{\partial x_j} = \left(\frac{\partial f_1}{\partial x_j}, \frac{\partial f_2}{\partial x_j}, \frac{\partial f_3}{\partial x_j}\right), j = 1,2$$

이므로 다음을 얻는다.

$$\begin{aligned} df(x)(v) &= (df_1(x)(v), df_2(x)(v), df_3(x)(v)) \\ &= v_1\left(\frac{\partial f_1}{\partial x_1}, \frac{\partial f_2}{\partial x_1}, \frac{\partial f_3}{\partial x_1}\right) + v_2\left(\frac{\partial f_1}{\partial x_2}, \frac{\partial f_2}{\partial x_2}, \frac{\partial f_3}{\partial x_2}\right) \\ &= \left(v_1\frac{\partial f_1}{\partial x_1} + v_2\frac{\partial f_1}{\partial x_2}, v_1\frac{\partial f_2}{\partial x_1} + v_2\frac{\partial f_2}{\partial x_2}, v_1\frac{\partial f_3}{\partial x_1} + v_2\frac{\partial f_3}{\partial x_2}\right) \\ &= \begin{pmatrix} \frac{\partial f_1}{\partial x_1} & \frac{\partial f_1}{\partial x_2} \\ \frac{\partial f_2}{\partial x_1} & \frac{\partial f_2}{\partial x_2} \\ \frac{\partial f_3}{\partial x_1} & \frac{\partial f_3}{\partial x_2} \end{pmatrix} \begin{pmatrix} v_1 \\ v_2 \end{pmatrix} := \left(\frac{\partial f_i}{\partial x_j}\right)v. \end{aligned}$$

이때, $df(x)(v)$의 성분은 $df_i(x)(v) = \nabla f_i \cdot v, i = 1,2,3$이다. 또한, 3×2 행렬 $\left(\frac{\partial f_i}{\partial x_j}\right)$는 미분 $df(x)$의 표현행렬이다. 이러한 행렬을 f의 **야코비행렬(Jacobi matrix)**이라 한다.

$V \subset \mathbb{R}^n$은 영역일 때, 벡터함수 $\mathrm{f}: V \to \mathbb{R}^n$의 미분가능성은 $V \subset \mathbb{R}^2$인 경우와 같은 방법으로 정의한다. 이때, f의 미분 $d\mathrm{f}(\mathrm{x})$의 야코비행렬 $(\frac{\partial f_i}{\partial x_j})$은 $n \times n$ 행렬이다. 이 야코비행렬의 행렬식을

$$\frac{\partial(f_1, f_2, \ldots, f_n)}{\partial(x_1, x_2, \ldots, x_n)} = \det(\frac{\partial f_i}{\partial x_j})$$

으로 나타내고, 이 행렬식을 **야코비행렬식(Jacobi determinant)**이라 한다.

임의의 점 $\mathrm{x} = (x_1, x_2) \in \mathbb{R}^2$에 대하여 벡터함수

$$x_i : \mathbb{R}^2 \to \mathbb{R} : \mathrm{x} = (x_1, x_2) \to x_i(\mathrm{x}) = x_i, i = 1, 2$$

를 **좌표함수(coordinate function)**라 한다. 이 함수 x_i는 미분가능하다. 왜냐하면,

$$\frac{\partial x_i}{\partial x_j} = \begin{cases} 1, i = j \\ 0, i \neq j \end{cases}, \quad \nabla x_1 = (1,0), \nabla x_2 = (0,1)$$

$$D_{\mathrm{v}} x_i(\mathrm{x}) = \nabla x_i \cdot \mathrm{v} = v_i$$

$$\lim_{\| \mathrm{v} \| \to 0} \frac{x_i(\mathrm{x}+\mathrm{v}) - x_i(\mathrm{x}) - \nabla x_i \cdot \mathrm{v}}{\| \mathrm{v} \|} = \lim_{\| \mathrm{v} \| \to 0} \frac{x_i + v_i - x_i - v_i}{\| \mathrm{v} \|} = 0$$

이기 때문이다. $x_i = x_i(\mathrm{x})$의 미분은 유일하므로 $dx_i(\mathrm{x})(\mathrm{v}) = \nabla x_i \cdot \mathrm{v} = v_i$이다. 그러므로 벡터함수 $\mathrm{f}: V \to \mathbb{R}^3, V \subset \mathbb{R}^2$에 대하여 각 점 $\mathrm{x} \in V$에서 f의 미분 $d\mathrm{f}(\mathrm{x}) : \mathbb{R}^2 \to \mathbb{R}^3$은 선형사상이므로 벡터 $\mathrm{v} \in \mathbb{R}^2$에 대하여

$$\begin{aligned} d\mathrm{f}(\mathrm{x})(\mathrm{v}) &= v_1 \frac{\partial \mathrm{f}}{\partial x_1} + v_2 \frac{\partial \mathrm{f}}{\partial x_2} \\ &= dx_1(\mathrm{v}) \frac{\partial \mathrm{f}}{\partial x_1} + dx_2(\mathrm{v}) \frac{\partial \mathrm{f}}{\partial x_2} \\ &= (\frac{\partial \mathrm{f}}{\partial x_1} dx_1 + \frac{\partial \mathrm{f}}{\partial x_2} dx_2)(\mathrm{v}) \end{aligned}$$

이다. 따라서 $d\mathrm{f} = \frac{\partial \mathrm{f}}{\partial x_1} dx_1 + \frac{\partial \mathrm{f}}{\partial x_2} dx_2$이다.

참고 $df(x)(v) = (df_1(x)(v), df_2(x)(v), df_3(x)(v))$

$$= v_1\left(\frac{\partial f_1}{\partial x_1}, \frac{\partial f_2}{\partial x_1}, \frac{\partial f_3}{\partial x_1}\right) + v_2\left(\frac{\partial f_1}{\partial x_2}, \frac{\partial f_2}{\partial x_2}, \frac{\partial f_3}{\partial x_2}\right)$$

$$= \left(v_1\frac{\partial f_1}{\partial x_1} + v_2\frac{\partial f_1}{\partial x_2}, v_1\frac{\partial f_2}{\partial x_1} + v_2\frac{\partial f_2}{\partial x_2}, v_1\frac{\partial f_3}{\partial x_1} + v_2\frac{\partial f_3}{\partial x_2}\right)$$

$$= \begin{pmatrix} \frac{\partial f_1}{\partial x_1} & \frac{\partial f_1}{\partial x_2} \\ \frac{\partial f_2}{\partial x_1} & \frac{\partial f_2}{\partial x_2} \\ \frac{\partial f_3}{\partial x_1} & \frac{\partial f_3}{\partial x_2} \end{pmatrix} \begin{pmatrix} v_1 \\ v_2 \end{pmatrix} = \begin{pmatrix} \frac{\partial f_1}{\partial x_1} & \frac{\partial f_1}{\partial x_2} \\ \frac{\partial f_2}{\partial x_1} & \frac{\partial f_2}{\partial x_2} \\ \frac{\partial f_3}{\partial x_1} & \frac{\partial f_3}{\partial x_2} \end{pmatrix} \begin{pmatrix} dx_1(v) \\ dx_2(v) \end{pmatrix}$$

이므로 다음을 얻는다.

$$df = \begin{pmatrix} \frac{\partial f_1}{\partial x_1} & \frac{\partial f_1}{\partial x_2} \\ \frac{\partial f_2}{\partial x_1} & \frac{\partial f_2}{\partial x_2} \\ \frac{\partial f_3}{\partial x_1} & \frac{\partial f_3}{\partial x_2} \end{pmatrix} \begin{pmatrix} dx_1 \\ dx_2 \end{pmatrix}.$$

좌표함수 x_i의 미분 dx_i은 $\mathbb{R}^2$에서 $\mathbb{R}$로의 선형사상이다. 그러나 dx_1, dx_2는 $\mathbb{R}^2$ 위에서의 좌표함수 x_1, x_2의 미분으로 보는 것이 아니고, $\mathbb{R}^2$에서의 벡터 $dx = (dx_1, dx_2)$의 성분으로 해석한다. 그래서 df는 그의 표현행렬 $(\frac{\partial f_i}{\partial x_j})$에 대한 dx의 상(image)으로 해석한다. 따라서 df는 $\mathbb{R}^2$의 벡터 $dx = (dx_1, dx_2)$의 성분 dx_i에 관하여

$$df = \frac{\partial f}{\partial x_1}dx_1 + \frac{\partial f}{\partial x_2}dx_2$$

와 같이 나타낸다.

예제 4.12 벡터함수 $f(x) = (2x_1 - x_2, x_1x_3, x_2^2 - x_3^2)$의 야코비행렬과 야코비행렬식을 구하여라.

미분기하학개론

풀이 f의 미분은

$$\begin{aligned} df &= \frac{\partial \mathrm{f}}{\partial x_1}dx_1 + \frac{\partial \mathrm{f}}{\partial x_2}dx_2 + \frac{\partial \mathrm{f}}{\partial x_3}dx_3 \\ &= (2, x_3, 0)dx_1 + (-1, 0, 2x_2)dx_2 + (0, x_1, -2x_3)dx_3 \\ &= \begin{pmatrix} 2 & -1 & 0 \\ x_3 & 0 & x_1 \\ 0 & 2x_2 & -2x_3 \end{pmatrix}\begin{pmatrix} dx_1 \\ dx_2 \\ dx_3 \end{pmatrix} \end{aligned}$$

이다. 따라서 x에서 f의 야코비행렬은

$$\begin{pmatrix} 2 & -1 & 0 \\ x_3 & 0 & x_1 \\ 0 & 2x_2 & -2x_3 \end{pmatrix}$$

이고 x에서 f의 야코비행렬식은

$$\begin{vmatrix} 2 & -1 & 0 \\ x_3 & 0 & x_1 \\ 0 & 2x_2 & -2x_3 \end{vmatrix} = -2(2x_1x_2 + x_3^2)$$

이다.

만일 벡터함수 $\mathrm{f} : V \to \mathbb{R}^3, V \subset \mathbb{R}^2$이 미분가능하면, 점 $\mathrm{x}_0 \in V$에서 f의 미분 $d\mathrm{f}(\mathrm{x}_0)$은 정리 4.10에 의하여

$$d\mathrm{f}(\mathrm{x}_0)(d\mathrm{x}) = D_{d\mathrm{x}}\mathrm{f}(\mathrm{x}_0), d\mathrm{x} \in \mathbb{R}^2$$

이다. 점 x_0에서 $d\mathrm{x} = (dx_1, dx_2) \in \mathbb{R}^2$ 방향으로 f의 방향도함수 $D_{d\mathrm{x}}\mathrm{f}(\mathrm{x}_0)$은 $\mathbb{R}^2$에서의 직선 $\mathrm{x} = \mathrm{x}_0 + td\mathrm{x}$에 대한 f의 상(image)인 곡선 $\mathrm{y} = \mathrm{f}(\mathrm{x}_0 + td\mathrm{x})$의 점 $\mathrm{y}_0 = \mathrm{f}(\mathrm{x}_0)$에서의 접선벡터이다.

f의 미분 $d\mathrm{f}$는 점 x_0에서 $d\mathrm{x}$의 함수로서 선형사상이므로, 만일 $d\mathrm{f}$의 계수(rank)가 2, 즉, 점 x_0에서 f의 야코비행렬 $\left(\frac{\partial f_i}{\partial x_j}\right)$의 계수가 2이면, 정리 4.3에 의하여 선형사상 $d\mathrm{f}(\mathrm{x}_0)$은 $\mathbb{R}^2$의 모든 벡터 $d\mathrm{x}$를 평면 위로 전단사 사상한다.

점 $\mathrm{y}_0 = \mathrm{f}(\mathrm{x}_0)$을 지나고 임의의 벡터 $d\mathrm{x} \in \mathbb{R}^2$에 대하여 벡터

$$df(\mathrm{x}_0)(d\mathrm{x}) = D_{d\mathrm{x}}\mathrm{f}(\mathrm{x}_0)$$

에 평행한 평면을 점 $\mathrm{y}_0 = \mathrm{f}(\mathrm{x}_0)$에서 곡면 $\mathrm{y} = \mathrm{f}(\mathrm{x})$의 **접평면(tangent plane)**이라 한다. 접평면의 방정식은 $\mathrm{y} = \mathrm{y}_0 + df(\mathrm{x}_0)(d\mathrm{x})$이다.

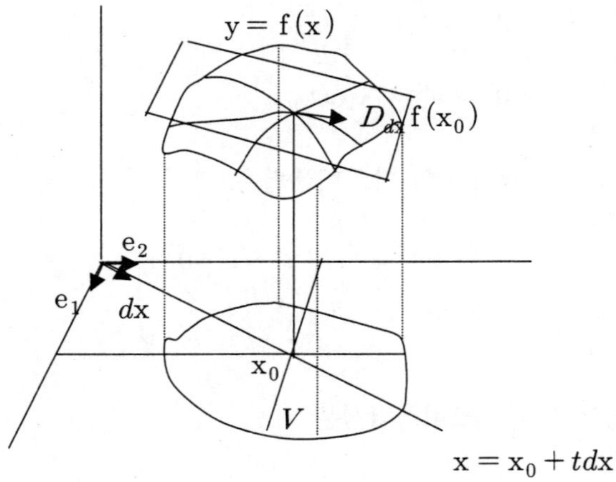

예제 4.13 곡면 $\mathrm{f}(u,v) = (u-v, u+v, u^2+v^2)$에 대하여 $(u,v) = (1,-1)$에서의 접평면의 방정식을 구하여라.

풀이 $\mathrm{x} = (u,v), d\mathrm{x} = (du, dv)$.

$$df(\mathrm{x})(d\mathrm{x}) = \frac{\partial \mathrm{f}}{\partial u}du + \frac{\partial \mathrm{f}}{\partial v}dv = (1,1,2u)du + (-1,1,2v)dv$$
$$= (du - dv, du + dv, 2udu + 2vdv).$$

$$df(\mathrm{x}_0)(d\mathrm{x}) = df(1,-1)(d\mathrm{x}) = (du - dv, du + dv, 2du - 2dv).$$

따라서 $\mathrm{y}_0 = \mathrm{f}(\mathrm{x}_0) = (2,0,2)$에서의 접평면은

$$\mathrm{y} = \mathrm{y}_0 + df(\mathrm{x}_0)(d\mathrm{x}) = (2 + du - dv, du + dv, 2 + 2du - 2dv)$$

이다. $\mathrm{y} = (y_1, y_2, y_3)$이라 놓으면,

$$\begin{cases} y_1 = 2 + du - dv \\ y_2 = du + dv \\ y_3 = 2 + 2du - 2dv \end{cases}$$

이다. 이때, du와 dv를 소거하면, 구하는 접평면의 방정식은 $2y_1 - y_3 = 2$이다.

별해 $\mathrm{y}_0 = \mathrm{f}(\mathrm{x}_0) = (2,0,2)$. $\mathrm{f}_u = (1,1,2u), \mathrm{f}_v = (-1,1,2v)$.

$$\mathrm{f}_u(1,-1) = (1,1,2),\ \mathrm{f}_v(1,-1) = (-1,1,-2)$$

이므로, $\mathrm{f}_u(1,-1) \times \mathrm{f}_v(1,-1) = (-4,0,2)$는 주어진 곡면의 법선벡터이다. 그러므로 접평면의 방정식은 다음과 같다.

$$(\mathrm{y}-\mathrm{y}_0) \cdot (-4,0,2) = 0$$
$$-4(y_1-2) + 0(y_2-0) + 2(y_3-2) = 0$$
$$2y_1 - y_3 = 2.$$

▸정리 4.14 $V \subset \mathbb{R}^2$는 영역이라 하자. 벡터함수 $\mathrm{f}, \mathrm{g} : V \to \mathbb{R}^3$와 스칼라함수 $h : V \to \mathbb{R}$가 미분가능하면, $\mathrm{f}+\mathrm{g}, h\mathrm{f}, \mathrm{f} \cdot \mathrm{g}, \mathrm{f} \times \mathrm{g}$도 미분가능하고 다음이 성립한다.

(i) $d(\mathrm{f}+\mathrm{g}) = d\mathrm{f} + d\mathrm{g}$

(ii) $d(h\mathrm{f}) = hd\mathrm{f} + (dh)\mathrm{f}$

(iii) $d(\mathrm{f} \cdot \mathrm{g}) = \mathrm{f} \cdot (d\mathrm{g}) + (d\mathrm{f}) \cdot \mathrm{g}$

(iv) $d(\mathrm{f} \times \mathrm{g}) = \mathrm{f} \times (d\mathrm{g}) + (d\mathrm{f}) \times \mathrm{g}$

증명 (iii)의 경우만 증명하기로 하자.

$$\begin{aligned}
&\mathrm{R}(\mathrm{x},\mathrm{v}) \\
&= \mathrm{f}(\mathrm{x}+\mathrm{v}) \cdot \mathrm{g}(\mathrm{x}+\mathrm{v}) - \mathrm{f}(\mathrm{x}) \cdot \mathrm{g}(\mathrm{x}) - \mathrm{f}(\mathrm{x}) \cdot d\mathrm{g}(\mathrm{x})(\mathrm{v}) - d\mathrm{f}(\mathrm{x})(\mathrm{v}) \cdot \mathrm{g}(\mathrm{x}) \\
&= \mathrm{f}(\mathrm{x}+\mathrm{v}) \cdot [\mathrm{g}(\mathrm{x}+\mathrm{v}) - \mathrm{g}(\mathrm{x}) - d\mathrm{g}(\mathrm{x})(\mathrm{v})] \\
&\quad + [\mathrm{f}(\mathrm{x}+\mathrm{v}) - \mathrm{f}(\mathrm{x}) - d\mathrm{f}(\mathrm{x})(\mathrm{v})] \cdot \mathrm{g}(\mathrm{x}) \\
&\quad + [\mathrm{f}(\mathrm{x}+\mathrm{v}) - \mathrm{f}(\mathrm{x})] \cdot d\mathrm{g}(\mathrm{x})(\mathrm{v})
\end{aligned}$$

를 생각해 보자. f와 g는 미분가능하므로, 벡터 $\mathrm{v} \neq \mathrm{O}$에 대하여

$$\mathrm{f}(\mathrm{x}+\mathrm{v}) = \mathrm{f}(\mathrm{x}) + d\mathrm{f}(\mathrm{x})(\mathrm{v}) + \mathrm{R}_1(\mathrm{x},\mathrm{v}),\ \lim_{\|\mathrm{v}\| \to 0} \frac{\mathrm{R}_1(\mathrm{x},\mathrm{v})}{\|\mathrm{v}\|} = \mathrm{O}\ ,$$

$$\mathrm{g}(\mathrm{x}+\mathrm{v}) = \mathrm{g}(\mathrm{x}) + d\mathrm{g}(\mathrm{x})(\mathrm{v}) + \mathrm{R}_2(\mathrm{x},\mathrm{v}),\ \lim_{\|\mathrm{v}\| \to 0} \frac{\mathrm{R}_2(\mathrm{x},\mathrm{v})}{\|\mathrm{v}\|} = \mathrm{O}$$

이 성립한다. 이를 위의 식에 대입하면, 다음을 얻는다.

$$\frac{\| \mathrm{R}(\mathrm{x},\mathrm{v}) \|}{\| \mathrm{v} \|} \leqq \| \mathrm{f}(\mathrm{x}+\mathrm{v}) \| \frac{\| \mathrm{R}_2(\mathrm{x},\mathrm{v}) \|}{\| \mathrm{v} \|} + \| \mathrm{g}(\mathrm{x}) \| \frac{\| \mathrm{R}_1(\mathrm{x},\mathrm{v}) \|}{\| \mathrm{v} \|}$$
$$+ \| \mathrm{f}(\mathrm{x}+\mathrm{v}) - \mathrm{f}(\mathrm{x}) \| \frac{\| dg(\mathrm{x})(\mathrm{v}) \|}{\| \mathrm{v} \|}.$$

$dg(\mathrm{x})$는 $\mathbb{R}^2$에서 $\mathbb{R}^3$로의 선형사상이므로, 양수 $M>0$이 존재하여

$$\| dg(\mathrm{x})(\mathrm{v}) \| \leqq M \| \mathrm{v} \|$$

이다. 그러므로 $\frac{\| dg(\mathrm{x})(\mathrm{v}) \|}{\| \mathrm{v} \|} \leqq M$이다. f는 점 $\mathrm{x} \in V$에서 연속이므로

$$\lim_{\| \mathrm{v} \| \to 0} \frac{\| \mathrm{R}(\mathrm{x},\mathrm{v}) \|}{\| \mathrm{v} \|} = 0$$

임을 알 수 있다. 그러므로 $\mathrm{f} \cdot \mathrm{g}$는 점 $\mathrm{x} \in V$에서 미분가능하다. 미분은 유일하므로

$$d(\mathrm{f} \cdot \mathrm{g})(\mathrm{x})(\mathrm{v}) = \mathrm{f}(\mathrm{x}) \cdot dg(\mathrm{x})(\mathrm{v}) + d\mathrm{f}(\mathrm{x})(\mathrm{v}) \cdot \mathrm{g}(\mathrm{x})$$

이다. 따라서 $d(\mathrm{f} \cdot \mathrm{g}) = \mathrm{f} \cdot (dg) + (d\mathrm{f}) \cdot \mathrm{g}$이다.

끝으로, 만일 f가 각 점 $\mathrm{x} \in V \subset \mathbb{R}^2$에서 미분가능하면, $d\mathrm{f}(\mathrm{x})$는 $\mathbb{R}^2$에서 $\mathbb{R}^3$으로의 선형사상이므로, $d\mathrm{f}$는 두 개의 변수 x와 $d\mathrm{x}$의 함수이다.

만일 $d\mathrm{f}$는 두 변수 x와 $d\mathrm{x}$에서 연속이면, f는 V에서 **연속적으로 미분가능(continuously differentiable)**하다고 한다.

만일 f가 V에서 연속적으로 미분가능하면, 선형사상은 연속이고,

$$d\mathrm{f}(\mathrm{x})(d\mathrm{x}) = \frac{\partial \mathrm{f}}{\partial x_1} dx_1 + \frac{\partial \mathrm{f}}{\partial x_2} dx_2$$
$$= \left(\frac{\partial f_i}{\partial x_j}\right) \begin{pmatrix} dx_1 \\ dx_2 \end{pmatrix}$$

이므로

$$dx = (1,0)\text{일 때, } df(x)(dx) = \frac{\partial f}{\partial x_1},$$

$$dx = (0,1)\text{일 때, } df(x)(dx) = \frac{\partial f}{\partial x_2}$$

이다. 따라서 $\frac{\partial f}{\partial x_j}$는 V에서 연속이다. 따라서 모든 편도함수 $\frac{\partial f_i}{\partial x_j}$는 V에서 연속이다. 이 역도 성립한다. 그러므로 다음 정리를 얻는다.

정리 4.15 벡터함수 $f: V \to \mathbb{R}^3$, $V \subset \mathbb{R}^2$에 대하여

$$f(x) = (f_1(x), f_2(x), f_3(x))$$

가 V에서 연속적으로 미분가능하기 위한 필요충분조건은 모든 편도함수 $\frac{\partial f_i}{\partial x_j}, i = 1,2,3,\ j = 1,2$가 V에서 연속인 것이다.

[벡터함수들의 합성함수] $V \subset \mathbb{R}^n$, $W \subset \mathbb{R}^m$은 영역이라 하자. 벡터함수 $f: V \to \mathbb{R}^m$에 대하여 $Im f \subset W$이고, 벡터함수 $g: W \to \mathbb{R}^k$에 대하여

$$(g \circ f)(x) := g(f(x)),\ x \in V$$

이라 정의하자. 이때, 벡터함수 $g \circ f: V \to \mathbb{R}^k$는 f와 g의 **합성함수(composite function)**라고 한다. 연속(미분가능)인 두 벡터함수들의 합성함수도 연속(미분가능)이다.

정리 4.16 만일 f가 점 x에서 미분가능하고, g가 점 f(x)에서 미분가능하면, 합성함수 $h = g \circ f$은 점 x에서 미분가능하고,

$$dh(x) = dg(f(x)) \circ df(x)$$

이다.

증명

$$h(x+v) = h(x) + (dg(f(x)) \circ df(x))(v) + R(x,v),\ \lim_{\|v\| \to 0} \frac{R(x,v)}{\|v\|} = O$$

임을 보이면 된다. f가 x에서 미분가능하므로

$$f(x+v)=f(x)+df(x)(v)+R_1(x,v),\ \lim_{\|v\|\to 0}\frac{R_1(x,v)}{\|v\|}=O$$

이고, g가 $f(x)$에서 미분가능하므로,

$$g(f(x)+u)=g(f(x))+dg(f(x))(u)+R_2(f(x),u),\ \lim_{\|u\|\to 0}\frac{R_2(f(x),u)}{\|u\|}=O$$

이다. $u=f(x+v)-f(x)$라고 놓자. 그러면 $u=df(x)(v)+R_1(x,v)$이다. $dg(f(x))$는 선형사상이므로,

$$\begin{aligned}
&g(f(x+v))=g(f(x)+u)\\
&=g(f(x))+dg(f(x))(df(x)(v)+R_1(x,v))+R_2(f(x),u)\\
&=g(f(x))+dg(f(x))(df(x)(v))+dg(f(x))(R_1(x,v))+R_2(f(x),u)
\end{aligned}$$

이다. 선형사상 $dg(f(x))$는 연속이고, $df(x)$는 선형사상이므로 양수 $M>0$이 존재하여 $\|df(x)(v)\| \leqq M\|v\|$ 이다. 따라서

$$\begin{aligned}
\|u\| &= \|df(x)(v)+R_1(x,v)\|\\
&\leqq \|df(x)(v)\| + \|R_1(x,v)\|\\
&\leqq M\|v\| + \|R_1(x,v)\|
\end{aligned}$$

이다, $\lim_{\|v\|\to 0}\frac{\|R_1(x,v)\|}{\|v\|}=0$이므로 $\frac{\|v\|}{\|u\|}$는 유계이다. $v\to O$일 때, $u\to O$ 이므로

$$\begin{aligned}
&\lim_{\|v\|\to 0}\frac{dg(f(x))(R_1(x,v))+R_2(f(x),u)}{\|v\|}\\
&=dg(f(x))\left(\lim_{\|v\|\to 0}\frac{R_1(x,v)}{\|v\|}\right)+\lim_{\|v\|\to 0}\frac{R_2(f(x),u)}{\|u\|}\frac{\|u\|}{\|v\|}\\
&=O
\end{aligned}$$

이다. $dg(f(x))(R_1(x,v))+R_2(f(x),u)=R_3(x,v)$라 놓으면,

$$g(f(x+v))=g(f(x))+dg(f(x))(df(x)(v))+R_3(x,v),\ \lim_{\|v\|\to 0}\frac{R_3(x,v)}{\|v\|}=O$$

이다. 그러므로 $g \circ f$는 점 x에서 미분가능하다. 미분은 유일하므로

$$dh(x) = dg(f(x)) \circ df(x)$$

이다.

(참고) $x = (x_1, ..., x_n), y = (y_1, ..., y_m)$에 대하여

$$f(x) = (f_1(x), ..., f_m(x)), g(y) = (g_1(y), ..., g_k(y))$$
$$h(x) = g(f(x)) = (h_1(x), ..., h_k(x))$$

라 놓으면, df의 표현행렬은 $m \times n$ 행렬 $(\frac{\partial f_i}{\partial x_j})$이고, dg의 표현행렬은 $k \times m$ 행렬 $(\frac{\partial g_i}{\partial y_j})$이며, dh의 표현행렬은 $k \times n$ 행렬 $(\frac{\partial h_i}{\partial x_j})$이다. 그러므로

$$(\frac{\partial h_i}{\partial x_j}) = (\frac{\partial g_i}{\partial y_j}) \cdot (\frac{\partial f_i}{\partial x_j})$$

가 성립한다. 따라서

$$\frac{\partial h_i}{\partial x_j} = \sum_{l=1}^{m} \frac{\partial g_i}{\partial y_l} \frac{\partial f_l}{\partial x_j}, i = 1, 2, ..., k, j = 1, 2, ..., n$$

이다.

[C^m-급의 벡터변수의 벡터함수] 벡터함수 $f: V \to \mathbb{R}^3, V \subset \mathbb{R}^2$은 각 점 $x \in V$에서 고정된 방향 u로의 방향도함수 $D_u f(x)$를 갖는다고 가정하자. 그러면 $D_u f$는 V에서 $\mathbb{R}^3$에로의 함수이다. 이 함수 $D_u f$에 대하여 각 점 $x \in V$에서 방향 v으로의 방향도함수를 생각할 수 있다. 방향도함수

$$D_v(D_u f)(x)$$

가 존재할 때, 이것을 x에서 f의 **2계 방향도함수(second order directional derivative)**라 하고, $D^2_{vu} f(x)$로 나타낸다. 고계 방향도함수도 같은 방법으로 정의한다.

$$D_{e_1} f(x) = \frac{\partial f}{\partial x_1} = (\frac{\partial f_1}{\partial x_1}, \frac{\partial f_2}{\partial x_1}, \frac{\partial f_3}{\partial x_1})$$

$$D_{e_2} f(x) = \frac{\partial f}{\partial x_2} = (\frac{\partial f_1}{\partial x_2}, \frac{\partial f_2}{\partial x_2}, \frac{\partial f_3}{\partial x_2})$$

$$D^2_{e_2 e_1} f(x) = \frac{\partial^2 f}{\partial x_2 \partial x_1} = (\frac{\partial^2 f_1}{\partial x_2 \partial x_1}, \frac{\partial^2 f_2}{\partial x_2 \partial x_1}, \frac{\partial^2 f_3}{\partial x_2 \partial x_1})$$

$$D^2_{e_1 e_2} f(x) = \frac{\partial^2 f}{\partial x_1 \partial x_2} = (\frac{\partial^2 f_1}{\partial x_1 \partial x_2}, \frac{\partial^2 f_2}{\partial x_1 \partial x_2}, \frac{\partial^2 f_3}{\partial x_1 \partial x_2})$$

$$D^3_{e_2 e_1 e_1} f(x) = \frac{\partial^3 f}{\partial x_2 \partial x_1^2} = (\frac{\partial^3 f_1}{\partial x_2 \partial x_1^2}, \frac{\partial^3 f_2}{\partial x_2 \partial x_1^2}, \frac{\partial^3 f_3}{\partial x_2 \partial x_1^2})$$

$$D^3_{e_2 e_2 e_1} f(x) = \frac{\partial^3 f}{\partial x_2^2 \partial x_1} = (\frac{\partial^3 f_1}{\partial x_2^2 \partial x_1}, \frac{\partial^3 f_2}{\partial x_2^2 \partial x_1}, \frac{\partial^3 f_3}{\partial x_2^2 \partial x_1}).$$

벡터함수 $f: V \to \mathbb{R}^3, V \subset \mathbb{R}^2$이 **$C^0$-급**이라는 것은 f가 연속일 때를 말한다.

벡터함수 $f: V \to \mathbb{R}^3, V \subset \mathbb{R}^2$이 **$C^1$-급**이라는 것은 f의 편도함수 $\frac{\partial f}{\partial x_1}, \frac{\partial f}{\partial x_2}$가 존재하고 연속일 때를 말한다. 일반적으로, $f: V \to \mathbb{R}^3, V \subset \mathbb{R}^2$이 **$C^m$-급**이라는 것은 모든 m계 편도함수 $\frac{\partial^m f}{\partial x_{i_1} \cdots \partial x_{i_m}}, i_k = 1,2$가 존재하고 연속일 때를 말한다.

$$C^m \subset C^{m-1} \subset \cdots \subset C^2 \subset C^1 \subset C^0.$$

예제 4.17 실가함수 $f(x) = f(x_1, x_2) = \| x \|^{8/3}$은 C^2-급이지만 C^3-급은 아님을 보여라.

풀이 $f(x_1, x_2) = (x_1^2 + x_2^2)^{4/3}$

$$f_{x_1} = \frac{8x_1}{3}(x_1^2 + x_2^2)^{1/3}, \ f_{x_2} = \frac{8x_2}{3}(x_1^2 + x_2^2)^{1/3}$$

$$f_{x_1 x_1}(0,0) = \lim_{h \to 0} \frac{f_{x_1}(h,0) - f_{x_1}(0,0)}{h} = 0$$

$$f_{x_1 x_2}(0,0) = \lim_{k \to 0} \frac{f_{x_1}(0,k) - f_{x_1}(0,0)}{k} = 0$$

$$f_{x_2x_1}(0,0)=\lim_{h\to 0}\frac{f_{x_2}(h,0)-f_{x_2}(0,0)}{h}=0$$

$$f_{x_2x_2}(0,0)=\lim_{k\to 0}\frac{f_{x_2}(0,k)-f_{x_2}(0,0)}{k}=0$$

x$\neq(0,0)$일 때,

$$f_{x_1x_1}=\frac{8}{3}[(x_1^2+x_2^2)^{1/3}+\frac{2x_1^2}{3}(x_1^2+x_2^2)^{-2/3}]$$

$$f_{x_1x_2}=\frac{16x_1x_2}{9}(x_1^2+x_2^2)^{-2/3}=f_{x_2x_1}$$

$$f_{x_2x_2}=\frac{8}{3}[(x_1^2+x_2^2)^{1/3}+\frac{2x_2^2}{3}(x_1^2+x_2^2)^{-2/3}]$$

이므로 모든 2계 편도함수들은 연속임을 알 수 있다. 그러므로 f는 C^2-급이다. 그러나

$$f_{x_1x_1x_1}(0,0)=\lim_{k\to 0}\frac{f_{x_1x_1}(h,0)-f_{x_1x_1}(0,0)}{h}$$

는 존재하지 않음을 알 수 있다. 따라서 f는 C^3-급이 아니다.

(참고) 일반적으로, $\frac{\partial^2 f}{\partial x_1\partial x_2}\neq\frac{\partial^2 f}{\partial x_2\partial x_1}$임을 유의하자. 그러나 만일 f가 C^2-급이면, $\frac{\partial^2 f}{\partial x_1\partial x_2}=\frac{\partial^2 f}{\partial x_2\partial x_1}$이다.

예제 4.18 함수 $f(x_1,x_2)=\begin{cases}\frac{x_1^3x_2-x_1x_2^3}{x_1^2+x_2^2}, & (x_1,x_2)=(0,0)\\ 0, & (x_1,x_2)=(0,0)\end{cases}$ 에 대하여

$$f_{x_1x_2}(0,0)\neq f_{x_2x_1}(0,0)$$

임을 보여라.

풀이 $f_{x_1}(0,0)=\lim\limits_{h\to 0}\dfrac{f(h,0)-f(0,0)}{h}=0$

$$f_{x_1}(0,k)=\lim_{h\to 0}\frac{f(h,k)-f(0,k)}{h}=\lim_{h\to 0}\frac{1}{h}\cdot\frac{h^3k-hk^3}{h^2+k^2}=\lim_{h\to 0}\frac{h^2k-k^3}{h^2+k^2}=-k$$

이므로 $f_{x_1x_2}(0,0)=\lim\limits_{k\to 0}\dfrac{f_{x_1}(0,k)-f_{x_1}(0,0)}{k}=-1$이다. 한편,

$$f_{x_2}(0,0)=\lim_{k\to 0}\frac{f(0,k)-f(0,0)}{k}=0$$

$$f_{x_2}(h,0)=\lim_{k\to 0}\frac{f(h,k)-f(h,0)}{k}=\lim_{k\to 0}\frac{1}{k}\cdot\frac{h^3k-hk^3}{h^2+k^2}=h$$

이므로 $f_{x_2x_1}(0,0)=\lim\limits_{h\to 0}\dfrac{f_{x_2}(h,0)-f_{x_2}(0,0)}{h}=1$이다. 따라서

$$-1=f_{x_1x_2}(0,0)\neq f_{x_2x_1}(0,0)=1$$

이다.

▶정리 4.19 만일 함수 $f: V\to\mathbb{R}$, $V\subset\mathbb{R}^2$이 C^1-급이면,

$$f(x_1+h,x_2+k)=f(x_1,x_2)+f_{x_1}\cdot h+f_{x_2}\cdot k+\epsilon_1(h,k)h+\epsilon_2(h,k)k,$$
$$\lim_{(h,k)\to(0,0)}\epsilon_i(h,k)=0, i=1,2$$

이 성립한다.

증명 평균값의 정리에 의하여 $x_1<\xi<x_1+h$ 또는 $x_1>\xi>x_1+h$ 와 $x_2<\eta<x_2+k$ 또는 $x_2>\eta>x_2+k$ 가 존재하여 다음이 성립한다.

$$\begin{aligned}&f(x_1+h,x_2+k)-f(x_1,x_2)\\&=f(x_1+h,x_2+k)-f(x_1,x_2+k)+f(x_1,x_2+k)-f(x_1,x_2)\\&=f_{x_1}(\xi,x_2+k)h+f_{x_2}(x_1,\eta)k.\end{aligned}$$

f_{x_1}, f_{x_2}는 연속이므로,

$$\lim_{(h,k)\to(0,0)} f_{x_1}(\xi,x_2+k)=f_{x_1}(x_1,x_2),\quad \lim_{(h,k)\to(0,0)} f_{x_2}(x_1,\eta)=f_{x_2}(x_1,x_2)$$

이다. 이때,

$$f_{x_1}(\xi,x_2+k)-f_{x_1}(x_1,x_2)=\epsilon_1(h,k), f_{x_2}(x_1,\eta)-f_{x_2}(x_1,x_2)=\epsilon_2(h,k)$$

라 놓으면, 결과를 얻는다.

따름정리 4.20 만일 함수 $f: V\to\mathbb{R}, V\subset\mathbb{R}^2$이 C^1-급이면, f는 미분가능하다.

증명 정리 4.19에 의하여

$$f(x_1+h,x_2+k)=f(x_1,x_2)+f_{x_1}\cdot h+f_{x_2}\cdot k+\epsilon_1(h,k)h+\epsilon_2(h,k)k,$$
$$\lim_{(h,k)\to(0,0)}\epsilon_i(h,k)=0, i=1,2$$

이다. $\dfrac{h}{\|(h,k)\|}, \dfrac{k}{\|(h,k)\|}$는 유계이므로

$$\begin{aligned}&\lim_{\|(h,k)\|\to 0}\frac{f(x_1+h,x_2+k)-f(x_1,x_2)-f_{x_1}\cdot h-f_{x_2}\cdot k}{\|(h,k)\|}\\ &=\lim_{\|(h,k)\|\to 0}\frac{\epsilon_1(h,k)h+\epsilon_2(h,k)k}{\|(h,k)\|}=0\end{aligned}$$

이다. $L_{\mathrm{x}}(\mathrm{v})=(f_{x_1},f_{x_2})(\mathrm{v}), \mathrm{x}=(x_1,x_2), \mathrm{v}=\begin{pmatrix}h\\k\end{pmatrix}$이라 놓으면,

$$\lim_{\|\mathrm{v}\|\to 0}\frac{f(\mathrm{x}+\mathrm{v})-f(\mathrm{x})-L_{\mathrm{x}}(\mathrm{v})}{\|\mathrm{v}\|}=0$$

이므로 f는 미분가능하다. 따라서 f의 미분 df는 $df=(f_{x_1},f_{x_2})$이다. $d\mathrm{x}=(dx_1,dx_2)$를 $\mathbb{R}^2$의 벡터로 간주하면,

$$df=df(d\mathrm{x})=(f_{x_1},f_{x_2})\begin{pmatrix}dx_1\\dx_2\end{pmatrix}=f_{x_1}dx_1+f_{x_2}dx_2$$

이다.

0장 예비지식

▸정리 4.21 만일 함수 $f: V \to \mathbb{R}, V \subset \mathbb{R}^2$ 가 C^2-급이면, $f_{x_1x_2} = f_{x_2x_1}$ 이다.

증명

$$f_{x_1x_2} = \lim_{k\to 0}\frac{1}{k}[f_{x_1}(x_1, x_2+k) - f_{x_1}(x_1, x_2)]$$
$$= \lim_{k\to 0}\frac{1}{k}\lim_{h\to 0}\frac{1}{h}[f(x_1+h, x_2+k) - f(x_1, x_2+k) - f(x_1+h, x_2) + f(x_1, x_2)].$$

$g(x_1, x_2) = f(x_1+h, x_2) - f(x_1, x_2)$라 놓으면,

$$g(x_1, x_2+k) - g(x_1, x_2)$$
$$= [f(x_1+h, x_2+k) - f(x_1, x_2+k)] - [f(x_1, x_2+h) - f(x_1, x_2)]$$

이다. $g_{x_2}(x_1, x_2) = f_{x_2}(x_1+h, x_2) - f_{x_2}(x_1, x_2)$이다. 그러므로 평균값의 정리에 의하여

$$x_1 < \xi < x_1 + h \text{ 또는 } x_1 > \xi > x_1 + h\text{와}$$
$$x_2 < \eta < x_2 + k \text{ 또는 } x_2 > \eta > x_2 + k$$

가 존재하여 다음이 성립한다.

$$[f(x_1+h, x_2+k) - f(x_1, x_2+k)] - [f(x_1, x_2+h) - f(x_1, x_2)]$$
$$= g(x_1, x_2+k) - g(x_1, x_2) = g_{x_2}(x, \eta)k$$
$$= f_{x_2}(x_1+h, \eta)k - f_{x_2}(x_1, \eta)k$$
$$= f_{x_2x_1}(\xi, \eta)hk.$$

그러므로 $f_{x_1x_2} = \lim_{h\to 0}\lim_{k\to 0} f_{x_2x_1}(\xi, \eta)$이다. $h \to 0$일 때 $\xi \to x$이고, $k \to 0$일 때 $\eta \to x_2$이다. $f_{x_2x_1}$은 연속이므로 $f_{x_1x_2} = f_{x_2x_1}$임을 알 수 있다.

▸정리 4.22 만일 $\mathrm{f}: V \to \mathbb{R}^3, V \subset \mathbb{R}^2$이 C^2-급이면, 모든 2계 방향도함수는 V에서 연속이고, 미분순서에는 관계없으며, 2계 방향도함수 $D^2_{\mathrm{uv}}\mathrm{f}$는

$$D^2_{\mathrm{uv}}\mathrm{f} = \sum_{i,j=1}^{2}\frac{\partial^2 \mathrm{f}}{\partial x_i \partial x_j}u_i v_j$$

으로 주어진다.

증명 따름정리 4.20에 의하여 f는 미분가능하고, 방향도함수 $D_{\mathrm{u}}\mathrm{f}$는

$$D_{\mathrm{u}}\mathrm{f} = \frac{\partial \mathrm{f}}{\partial x_1}u_1 + \frac{\partial \mathrm{f}}{\partial x_2}u_2$$

이다. f가 C^2-급이므로, $D_{\mathrm{u}}\mathrm{f}$도 미분가능하다. 따라서 2계 방향도함수 $D^2_{\mathrm{vu}}\mathrm{f}$는 다음과 같다.

$$\begin{aligned} D^2_{\mathrm{vu}}\mathrm{f} &= (\frac{\partial}{\partial x_1}D_{\mathrm{u}}\mathrm{f})v_1 + (\frac{\partial}{\partial x_2}D_{\mathrm{u}}\mathrm{f})v_2 \\ &= [\frac{\partial^2 \mathrm{f}}{\partial x_1^2}u_1 + \frac{\partial^2 \mathrm{f}}{\partial x_1 \partial x_2}u_2]v_1 + [\frac{\partial^2 \mathrm{f}}{\partial x_2 \partial x_1}u_1 + \frac{\partial^2 \mathrm{f}}{\partial x_2^2}u_2]v_2 \\ &= \frac{\partial^2 \mathrm{f}}{\partial x_1^2}u_1v_1 + \frac{\partial^2 \mathrm{f}}{\partial x_1 \partial x_2}u_2v_1 + \frac{\partial^2 \mathrm{f}}{\partial x_2 \partial x_1}u_1v_2 + \frac{\partial^2 \mathrm{f}}{\partial x_2^2}u_2v_2 \\ &= \sum_{i,j=1}^{2} \frac{\partial^2 \mathrm{f}}{\partial x_i \partial x_j}u_i v_j. \end{aligned}$$

참고 정리 4.22의 공식은 고계 방향도함수의 경우에도 성립한다. 예를 들어,

$$D^3_{\mathrm{wvu}}\mathrm{f} = \sum_{i,j,k=1}^{3} \frac{\partial^3 \mathrm{f}}{\partial x_i \partial x_j \partial x_k} w_i v_j u_k$$

이다.

▶정리 4.23 **(벡터변수의 벡터함수에 관한 테일러 공식)** 만일 벡터함수 $\mathrm{f}: V \to \mathbb{R}^3,\quad V \subset \mathbb{R}^2$ 이 C^m-급이면, 점 $\mathrm{x}_0 \in V$에 대하여

$$\mathrm{f}(\mathrm{x}) = \mathrm{f}(\mathrm{x}_0) + \frac{1}{1!}D_{\mathrm{x}-\mathrm{x}_0}\mathrm{f}(\mathrm{x}_0) + \cdots + \frac{1}{m!}D^m_{(\mathrm{x}-\mathrm{x}_0)^m}\mathrm{f}(\mathrm{x}_0) + \mathrm{R}_m(\mathrm{x},\mathrm{x}_0),$$

$$\mathrm{R}_m(\mathrm{x},\mathrm{x}_0) = \mathrm{o}(\| \mathrm{x} - \mathrm{x}_0 \|^m)$$

이 성립한다.

0장 예비지식

예제 4.24 벡터함수 $f(x_1,x_2)=(x_1^2+x_2^3, x_1^3x_2)$를 점 $x_0=(1,-1)$의 근방에서 테일러 전개하여라.

풀이 $v=x-x_0=(x_1-1, x_2+1)$라고 놓자.

$$\begin{aligned} D_v f &= \frac{\partial f}{\partial x_1}v_1+\frac{\partial f}{\partial x_2}v_2 \\ &= (2x_1, 3x_1^2x_2)v_1+(3x_2^2, x_1^3)v_2 \\ D_{v^2}^2 f &= \frac{\partial^2 f}{\partial x_1^2}v_1^2+2\frac{\partial^2 f}{\partial x_1\partial x_2}v_1v_2+\frac{\partial^2 f}{\partial x_2^2}v_2^2 \\ &= (2, 6x_1x_2)v_1^2+(0, 6x_1^2)v_1v_2+(6x_2, 0)v_2^2. \end{aligned}$$

$f(x_0)=(0,-1)$이므로 다음을 얻는다.

$$\begin{aligned} f(x) &= f(x_0)+D_{x-x_0}f(x_0)+\frac{1}{2!}D^2_{(x-x_0)^2}f(x_0)+o(\| x-x_0 \|^2) \\ &= (0,-1)+[(2,-3)(x_1-1)+(3,-1)(x_2+1)] \\ &\quad +\frac{1}{2!}[(2,-6)(x_1-1)^2+(0,6)(x_1-1)(x_1+1)+(-6,0)(x_2+1)^2] \\ &\quad +o((x_1-1)^2+(x_2+1)^2). \end{aligned}$$

$V\subset \mathbb{R}^3$는 영역이라 하자. 벡터함수

$$f: V\to \mathbb{R}^3 : x \to f(x)=(f_1(x), f_2(x), f_3(x))$$

는 C^1-급이라 하자. 그러면 따름정리 4.20에 의하여 f는 미분가능하다. f는 일반적으로 단사가 아니다. 점 $x_0\in V$에서 f의 야코비행렬식이 0이 아니라고 가정하자. 즉,

$$\frac{\partial(f_1,f_2,f_3)}{\partial(x_1,x_2,x_3)}\Big|_{x_0}=\det\left(\frac{\partial f_i}{\partial x_j}\right)\Big|_{x_0}\neq 0.$$

f의 미분 df는 $\mathbb{R}^3$에서 $\mathbb{R}^3$로의 선형사상이고, f의 야코비행렬 $\left(\frac{\partial f_i}{\partial x_j}\right)$은 미

분 $d\mathrm{f}$의 표현행렬이다. $\det(\frac{\partial f_i}{\partial x_j})\mid_{\mathrm{x}_0} \neq 0$이므로 $d\mathrm{f}(\mathrm{x}_0)$의 계수는 3이다. 따라서 정리 4.2에 의하여 선형사상 $d\mathrm{f}(\mathrm{x}_0)$은 전단사이다. 그런데

$$D_{\mathrm{x}-\mathrm{x}_0}\mathrm{f}(\mathrm{x}_0) = d\mathrm{f}(\mathrm{x}_0)(\mathrm{x}-\mathrm{x}_0)$$

이므로 테일러의 공식에 의하여 x_0의 근방에서 $\mathrm{f}(\mathrm{x})$는

$$\mathrm{f}(\mathrm{x}) = \mathrm{f}(\mathrm{x}_0) + d\mathrm{f}(\mathrm{x}_0)(\mathrm{x}-\mathrm{x}_0) + o(\parallel \mathrm{x}-\mathrm{x}_0 \parallel)$$

이다. 다시 말해, $\mathrm{f}(\mathrm{x})$는 x_0의 근방에서

$$\mathrm{f}(\mathrm{x}_0) + d\mathrm{f}(\mathrm{x}_0)(\mathrm{x}-\mathrm{x}_0)$$

으로 근사된다. 따라서 f는 적어도 x_0의 어떤 근방에서 단사인 것을 기대할 수 있다.

▸정리 4.25 **(역함수 정리(inverse function theorem))** $V \subset \mathbb{R}^3$은 영역이라 하자. 벡터함수

$$\mathrm{f}: V \to \mathbb{R}^3 : \mathrm{x} \to \mathrm{f}(\mathrm{x}) = (f_1(\mathrm{x}), f_2(\mathrm{x}), f_3(\mathrm{x}))$$

는 C^1-급이라 하고. 점 $\mathrm{x}_0 \in V$에서 f의 야코비행렬식이 0이 아니라고 가정하자. 즉,

$$\frac{\partial(f_1, f_2, f_3)}{\partial(x_1, x_2, x_3)}\mid_{\mathrm{x}_0} = \det(\frac{\partial f_i}{\partial x_j})\mid_{\mathrm{x}_0} \neq 0.$$

그러면 점 $\mathrm{x}_0 \in V$의 근방 $N(\mathrm{x}_0) \subset V$가 존재하여 다음이 성립한다.

(i) 축소함수 $\mathrm{f}\mid_{N(\mathrm{x}_0)}$은 단사이다.

(ii) 상 $\mathrm{f}(N(\mathrm{x}_0))$은 열린집합이다.

(iii) $\mathrm{f}: N(\mathrm{x}_0) \to \mathrm{f}(N(\mathrm{x}_0))$의 역함수 $\mathrm{f}^{-1}: \mathrm{f}(N(\mathrm{x}_0)) \to N(\mathrm{x}_0)$은 C^1-급이다.

▸정리 4.26 **(음함수 정리(implicit theorem))** $W \subset \mathbb{R}^{n+m}$은 열린집합이라 하자. 벡터함수

$$\mathrm{F}: W \to \mathbb{R}^m : (\mathrm{x},\mathrm{y}) \to \mathrm{F}(\mathrm{x},\mathrm{y}) = (F_1(\mathrm{x},\mathrm{y}),\ldots,F_m(\mathrm{x},\mathrm{y})), \mathrm{x} \in \mathbb{R}^n, \mathrm{y} \in \mathbb{R}^m$$

은 C^1-급이라 하자. 점 $(\mathrm{x}_0,\mathrm{y}_0) \in W$에 대하여 $\mathrm{F}(\mathrm{x}_0,\mathrm{y}_0) = \mathrm{O}$이라 하자. 만일 F의 야코비행렬식이 점 $(\mathrm{x}_0,\mathrm{y}_0) \in W$에서 0이 아니면, 즉,

$$\frac{\partial(F_1,\ldots,F_m)}{\partial(y_1,\ldots,y_m)} \Big|_{(\mathrm{x}_0,\mathrm{y}_0)} \neq 0$$

이면, x_0의 근방 $U \subset \mathbb{R}^n$와 y_0의 근방 $V \subset \mathbb{R}^m$이 존재하고 유일한 C^1-급함수 $\mathrm{f}: U \to V$가 존재하여 $\mathrm{f}(\mathrm{x}_0) = \mathrm{y}_0$이고 모든 $\mathrm{x} \in U$에 대하여

$$\mathrm{F}(\mathrm{x},\mathrm{f}(\mathrm{x})) = \mathrm{O}$$

을 만족한다.

1장

곡선의 개념

1. 정칙곡선
2. 호장의 정의

곡선에는 평면공선과 공간곡선이 있다. 평면곡선은 양함수, 음함수, 실변수의 벡터함수와 극방정식 등으로 나타낼 수 있다. 한편 일반적인 공간곡선은 양함수, 음함수, 극방정식 등으로 나타낼 수 없지만 실변수의 벡터함수로 나타낼 수 있다. 평면곡선은 공간곡선의 일종이라 할 수 있다. 곡선을 실변수의 벡터함수로 나타내는 방법은 유일하지 않다. 왜냐하면 곡선을 점들의 집합이 아니라 실변수의 벡터함수로 생각하면, 곡선을 그리는 방향을 고려해야 하기 때문이다.

1. 정칙곡선

[곡선의 매개변수표현] $\mathbb{R}^3$ (또는 $\mathbb{R}^2$)에서 곡선 C는 구간 I에서 정의된 C^0-급벡터함수

$$\mathrm{x} = \mathrm{x}(t) = (x_1(t), x_2(t), x_3(t)) \ (\text{또는 } \mathrm{x} = \mathrm{x}(t) = (x_1(t), x_2(t)))$$

로 나타낸다. 이때, 이 벡터함수 $\mathrm{x} = \mathrm{x}(t)$는 곡선 C의 **매개변수표현(parameter representation)**이라 하고, t는 **매개변수(parameter)**라고 한다.

[곡선의 정칙매개변수표현] 곡선 C의 매개변수표현 $\mathrm{x} = \mathrm{x}(t)$가 **정칙매개변수표현(regular parameter representation)**이라는 것은 다음을 만족할 때를 말한다.

(i) $\mathrm{x} = \mathrm{x}(t)$는 I에서 C^1-급이다.
(ii) 모든 $t \in I$에 대하여 $\mathrm{x}'(t) \neq \mathrm{O}$이다.

(참고) 곡선 C의 매개변수표현 $\mathrm{x} = \mathrm{x}(t) = (x_1(t), x_2(t), x_3(t))$가 정칙이기 위한 필요충분조건은 각 성분함수 $x_i(t)$가 C^1-급이고, 각 $t \in I$에 대하여 $x_i{}'(t)$ 중에서 적어도 하나는 0이 아닌 것이다. 즉, $\| \mathrm{x}'(t) \| \neq 0$.

예제 1.1 (a) 곡선 C의 매개변수표현

$$\mathrm{x} = \mathrm{x}(t) = (t+1, t^2+3), -\infty < t < \infty$$

는 정칙이다.

(b) 극방정식 $r = 2\cos\theta - 1, 0 \leqq \theta \leqq 2\pi$으로 정의된 곡선 C의 매개변수표현은 정칙이다.

풀이 (a) $\mathrm{x}'(t)=(1,2t)$는 연속이고, 모든 t에 대하여 $\mathrm{x}'(t)\neq 0$이다, 즉,

$$\|\mathrm{x}'(t)\| = \sqrt{1+4t^2}\neq 0.$$

$\begin{cases} x=t+1 \\ y=t^2+3 \end{cases}$에 대하여 t를 소거하면, $y=(x-1)^2+3$을 얻는다. 그러므로 곡선 C는 포물선의 정칙매개변수표현이다.

(b) $\begin{cases} x=r\cos\theta \\ y=r\sin\theta \end{cases}$이므로 곡선 C의 매개변수표현은 다음과 같다.

$$\begin{aligned} C:\mathrm{x}=\mathrm{x}(\theta)&=(x(\theta),y(\theta))=(r\cos\theta,r\sin\theta) \\ &=((2\cos\theta-1)\cos\theta,(2\cos\theta-1)\sin\theta). \end{aligned}$$

이때, $\mathrm{x}'(\theta)=(-2\sin 2\theta+\sin\theta,2\cos 2\theta-\cos\theta)$는 $0\leqq\theta\leqq 2\pi$에서 연속이고,

$$\begin{aligned} \|\mathrm{x}'(\theta)\| &= \sqrt{5-4(\sin 2\theta\sin\theta+\cos 2\theta\cos\theta)} \\ &= \sqrt{5-4\cos\theta}\neq 0 \end{aligned}$$

이다.

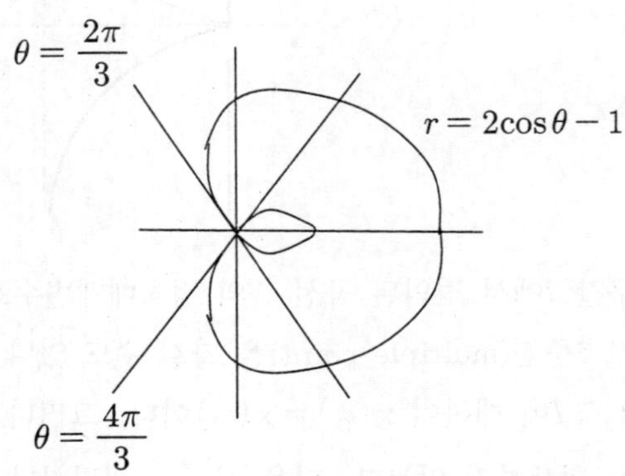

예제 1.2 극좌표로 **질주선(cissoid of Diocles)**의 방정식은 다음과 같다.

$$r=2\sin\theta\tan\theta,\ -\frac{\pi}{2}<\theta<\frac{\pi}{2}.$$

이 질주선의 방정식으로 정의된 곡선 C의 매개변수표현은 정칙이 아님을 보여

라. 또한, 이 곡선의 그래프를 그려라.

풀이 $\begin{cases} x = r\cos\theta \\ y = r\sin\theta \end{cases}$ 이므로 곡선 C의 매개변수표현은 다음과 같다.

$$C: \mathrm{x} = \mathrm{x}(\theta) = (r\cos\theta, r\sin\theta) = (2\sin^2\theta, 2\sin^2\tan\theta).$$

$$\begin{aligned} \mathrm{x}'(\theta) &= (4\sin\theta\cos\theta, 2\sin^2\theta\sec^2\theta + 4\sin\theta\cos\theta\tan\theta) \\ &= (2\sin2\theta, 2\tan^2\theta + 2\sin2\theta\tan\theta) \end{aligned}$$

는 $-\frac{\pi}{2} < \theta < \frac{\pi}{2}$ 에서 연속이지만, $\mathrm{x}'(0) = (0,0)$ 이므로 곡선 C는 정칙곡선이 아니다. $\begin{cases} x = 2\sin^2\theta \\ y = 2\sin^2\theta\tan\theta \end{cases}$ 라 놓으면, $0 \leqq x \leqq 2$ 이고 $y(-\theta) = -y(\theta)$ 임을 알 수 있다. $y = y(\theta)$ 는 $0 \leqq \theta < \frac{\pi}{2}$ 에서 순증가이므로 곡선 C의 그래프는 다음과 같다.

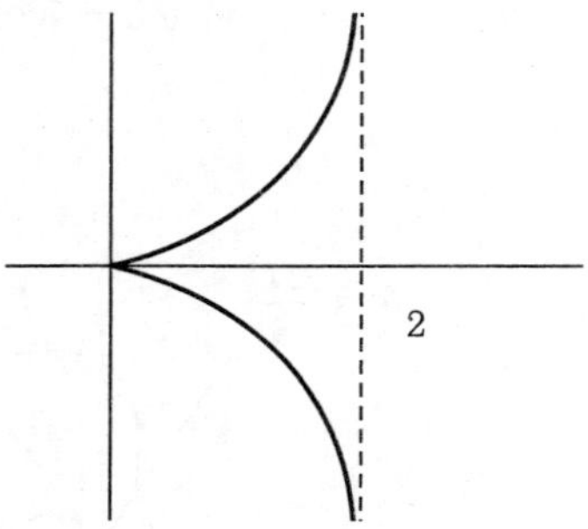

구간 I에서 정의된 곡선 C의 정칙매개변수표현 $\mathrm{x} = \mathrm{x}(t)$ 는 **대역적(globally)** 으로 2중점(multiple point)을 가질 수도 있다. 즉, I에 속하는 서로 다른 두 점 $t_1, t_2 \in I$에 대하여 $\mathrm{x}(t_1) = \mathrm{x}(t_2)$ 이다. 그러나 **국소적(locally)** 으로는 이러한 경우가 발생하지 않는다. 다음 정리가 성립한다.

▶정리 1.3 만일 곡선 C의 매개변수표현 $\mathrm{x} = \mathrm{x}(t)$ 가 구간 I에서 정칙이면, 각 점 $t_0 \in I$에 대하여 t_0의 근방 $N(t_0)$ 가 존재하여 $\mathrm{x} = \mathrm{x}(t)$ 는 $N(t_0)$ 에서 단사이다.

증명 만일 함수 $g(t)$ 가 점 t_0 에서 연속이고 $g(t_0) \neq 0$ 이면, t_0의 근방 $N(t_0)$ 가 존재하여 모든 $t \in N(t_0)$ 에 대하여 $g(t) \neq 0$ 임을 유의하자.

$\mathrm{x}(t)=(x_1(t),x_2(t),x_3(t))$라고 하자. $\mathrm{x}=\mathrm{x}(t)$는 정칙이므로 각 $t_0\in I$에 대하여

$$\mathrm{x}'(t_0)=(x_1{}'(t_0),x_2{}'(t_0),x_3{}'(t_0))\neq \mathrm{O}$$

이다. 그러므로 $x_i{}'(t_0)$, $i=1,2,3$ 중에서 적어도 하나는 0이 아니다. 이때, $x_1{}'(t_0)\neq 0$라고 가정하자. $x_1{}'(t)$는 연속이므로 t_0의 근방 $N(t_0)$가 존재하여 모든 $t\in N(t_0)$에 대하여 $x_1{}'(t)\neq 0$이다.

$N(t_0)$에서 $\mathrm{x}=\mathrm{x}(t)$가 단사임을 보이자. 만일 $N(t_0)$에 속하는 서로 다른 두 점 $t_1,t_2\in N(t_0)$에 대하여 $\mathrm{x}(t_1)=\mathrm{x}(t_2)$이라면, $x_1(t_1)=x_1(t_2)$이므로 평균값의 정리에 의하여 t_1과 t_2 사이에 점 $\xi\in N(t_0)$가 존재하여

$$0=x_1(t_1)-x_1(t_2)=x_1{}'(\xi)(t_1-t_2)$$

이 성립한다. $x_1{}'(\xi)\neq 0$이므로 $t_1=t_2$이다. 그러므로 $N(t_0)$에서 $\mathrm{x}=\mathrm{x}(t)$는 단사이다.

예제 1.4 $a\neq 0$일 때, 곡선 C의 매개변수표현

$$\mathrm{x}=\mathrm{x}(\theta)=(a\cos\theta,a\sin\theta),-\infty<\theta<\infty$$

는 정칙이다. 왜냐하면, $\mathrm{x}'(\theta)=(-a\sin\theta,a\cos\theta)$는 $-\infty<\theta<\infty$에서 연속이고

$$\|\mathrm{x}'(\theta)\| = |a| \neq 0$$

이기 때문이다. 이 매개변수표현은 대역적으로는 2중점을 갖는다. 왜냐하면, $\mathrm{x}(\theta_0)=\mathrm{x}(\theta_0+2n\pi),n\in\mathbb{Z}$ 이지만, $n\neq 0$일 때, $\theta_0\neq\theta_0+2n\pi$이기 때문이다. 그러나 이 벡터함수는 국소적으로 단사이다. 예를 들어, $\theta_0-\frac{1}{2}\pi<\theta<\theta_0+\frac{1}{2}\pi$에서는 $\mathrm{x}=\mathrm{x}(\theta)$는 단사임을 알 수 있다.

(참고) 벡터함수 $\mathrm{x}=\mathrm{x}(t)$가 정칙이 아니더라도 국소적으로 $\mathrm{x}=\mathrm{x}(t)$는 2중점을 갖는 경우가 있다.

예제 1.5 함수 $\begin{cases} x_1 = t^2 \\ x_2 = \begin{cases} 0, & t \leqq 0 \\ t^3 \sin \frac{1}{t}, & t > 0 \end{cases} \end{cases}$, $-\infty < t < \infty$ 에 의하여 정의되는 매개변수표현

$$C: \mathrm{x} = \mathrm{x}(t) = (x_1, x_2)$$

는 정칙이 아니다. 왜냐하면,

$$x_1{}' = 2t, x_2{}' = \begin{cases} 0, & t \leqq 0 \\ 3t^2 \sin \frac{1}{t} - t \cos \frac{1}{t}, & t > 0 \end{cases}$$

는 $-\infty < t < \infty$ 에서 연속이지만, $\mathrm{x}'(0) = \mathrm{O}$ 이기 때문이다.

이 곡선은 $t = 0$ 의 모든 근방에서 2중점을 갖는다. 왜냐하면, 임의의 $\delta > 0$ 에 대하여 $\frac{1}{2\pi N} < \delta$ 가 되도록 정수 $N > 0$ 을 선택하자. 이때,

$$t_1 = -\frac{1}{2\pi N}, t_2 = \frac{1}{2\pi N}$$

을 선택하자. 그러면 분명히 $-\delta < t_1 < t_2 < \delta$ 이다. 더욱이,

$$x_1(t_1) = \frac{1}{4\pi^2 N^2} = x_1(t_2)$$

이고

$$x_2(t_1) = 0 = \frac{1}{4\pi^2 N^2} \sin(2N\pi) = x_2(t_2)$$

이므로 $\mathrm{x}(t_1) = \mathrm{x}(t_2)$ 이다. 그러므로 $\mathrm{x} = \mathrm{x}(t)$ 는 구간 $-\delta < t < \delta$ 에서 2중점을 갖는다.

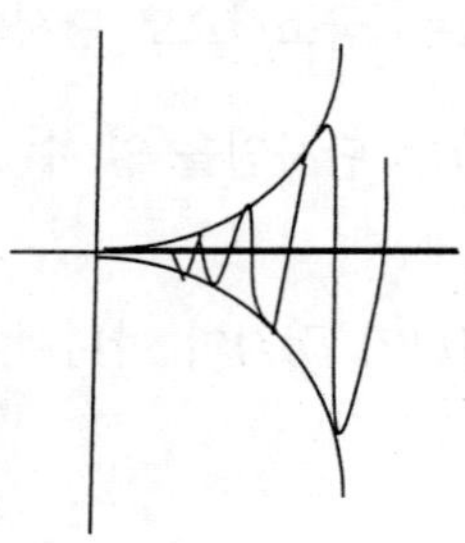

[곡선의 매개변수의 재매개화] 정칙매개변수곡선 $\mathrm{x}(t), t \in I_t$에 대하여 구간 I_θ에서 구간 I_t 위로의 전사함수 $t : I_\theta \to I_t : \theta \mapsto t(\theta)$가 다음을 만족할 때, 함수 $t = t(\theta)$는 **매개변수교환가능 (allowable change of parameter)**이라 한다.

(i) $t = t(\theta)$는 I_θ에서 C^1-급이다.
(ii) 모든 $\theta \in I_\theta$에 대하여 $t'(\theta) \neq 0$이다.

만일 $t = t(\theta)$는 I_θ에서 매개변수교환가능 함수이면, $t'(\theta)$는 I_θ에서 연속이고 모든 $\theta \in I_\theta$에 대하여 $t'(\theta) \neq 0$이므로 모든 $\theta \in I_\theta$에 대하여 $t'(\theta) > 0$ 또는 $t'(\theta) < 0$이다. 만일 $t'(\theta) > 0$이면, $t(\theta)$는 순증가함수이고, 만일 $t'(\theta) < 0$이면, $t(\theta)$는 순감소함수이다. 그러므로 $t = t(\theta)$는 I_θ에서 단사이다. 따라서 다음을 얻는다.

정리 1.6 만일 $t = t(\theta)$는 I_θ에서 매개변수교환가능 함수이면,

(i) $t = t(\theta)$는 I_θ에서 $Imt = I_t$ 위로의 전단사이다.
(ii) 역함수 $\theta = \theta(t)$는 I_t에서 매개변수교환가능이다.

예제 1.7 (a) 함수 $t = (b-a)\theta + a, 0 \leqq \theta \leqq 1, a < b$는 구간 $0 \leqq \theta \leqq 1$에서 구간 $a \leqq t \leqq b$ 위로의 매개변수교환가능 함수이다. 역함수 $\theta = \frac{1}{b-a}(t-a)$는 구간 $a \leqq t \leqq b$에서 구간 $0 \leqq \theta \leqq 1$ 위로의 매개변수교환가능 함수이다.

(b) 함수 $t = \tan(\frac{\pi}{2}\theta), 0 \leqq \theta < 1$는 구간 $0 \leqq \theta < 1$에서 구간 $0 \leqq t < \infty$ 위로의 매개변수교환가능이다. 역함수 $\theta = \frac{2}{\pi}\tan^{-1}t$는 구간 $0 \leqq t < \infty$에서 구간 $0 \leqq \theta < 1$ 위로의 매개변수교환가능이다.

구간 I_t에서 정의된 곡선 C의 정칙매개변수표현 $\mathrm{x} = \mathrm{x}(t)$에 대하여 구간 I_θ에서 정의된 매개변수교환가능 함수 $t = t(\theta)$가 존재하여 $t(I_\theta) = I_t$이면,

$$\mathrm{x}^* = \mathrm{x}^*(\theta) = \mathrm{x}(t(\theta)), \theta \in I_\theta$$

는 곡선 C의 정칙매개변수표현임을 알 수 있다. $\mathrm{x}^*(\theta) = \mathrm{x}(t(\theta))$와 $\mathrm{x} = \mathrm{x}(t)$의 정의역은 다르지만 치역은 같다. 즉,

$$\{\mathrm{x}(t) \mid t \in I_t\} = \{\mathrm{x}^*(\theta) \mid \theta \in I_\theta\}.$$

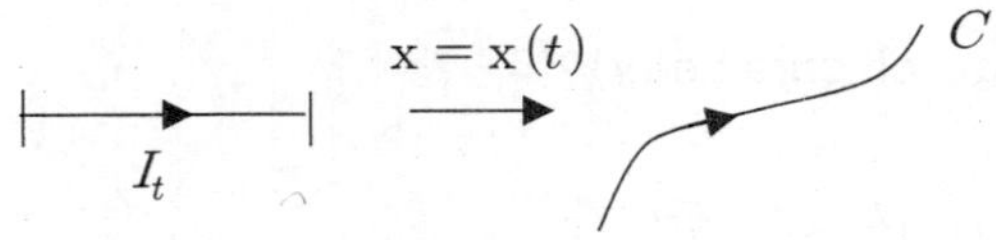

이때, 만일 $\dfrac{dt}{d\theta} > 0$이면, $t = t(\theta)$가 순증가하므로 $\mathrm{x} = \mathrm{x}(t)$에 의하여 정의된 곡선 C의 방향은 $\mathrm{x}^* = \mathrm{x}^*(\theta)$에 의하여 정의된 곡선 C의 방향과 같다.

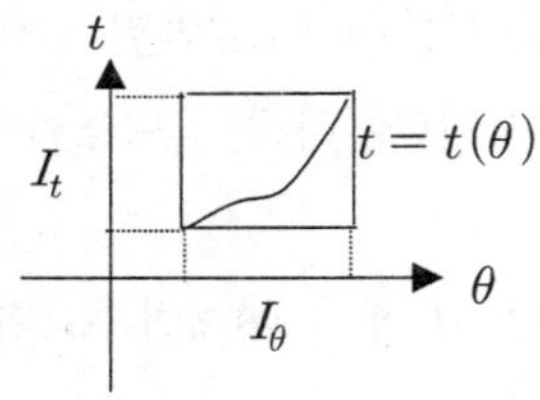

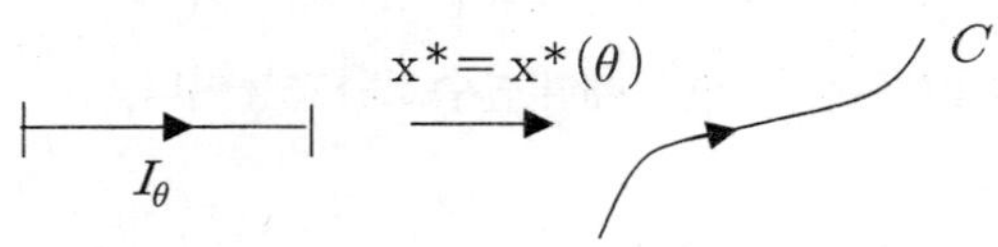

만일 $\dfrac{dt}{d\theta} < 0$이면, $t = t(\theta)$가 순감소하므로 $\mathrm{x} = \mathrm{x}(t)$에 의하여 정의된 곡선 C의 방향은 $\mathrm{x}^* = \mathrm{x}^*(\theta)$에 의하여 정의된 곡선 C의 방향과 반대이다.

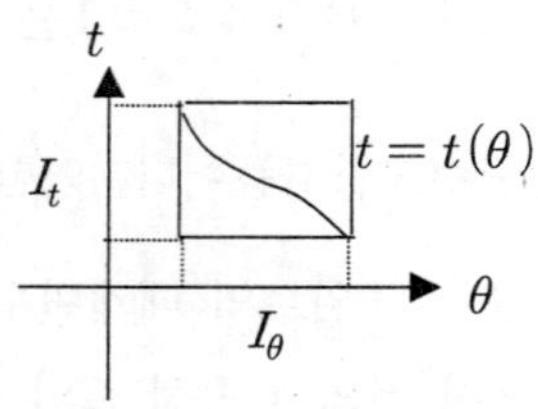

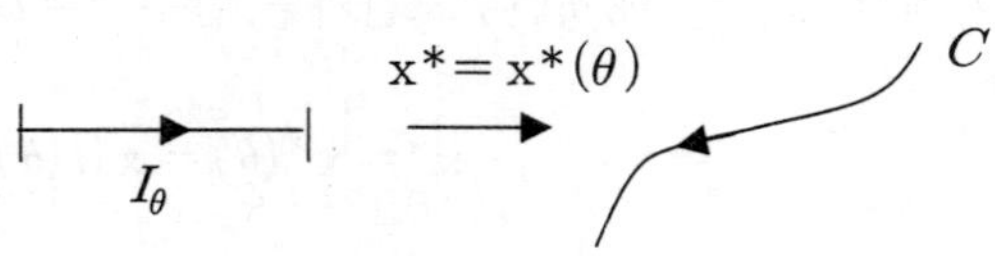

따라서 곡선은 그의 매개변수표현의 치역을 의미한다.

예제 1.8 곡선 C의 매개변수표현

$$\mathrm{x} = \mathrm{x}(t) = ((2\cos t - 1)\cos t, (2\cos t - 1)\sin t), 0 \leqq t \leqq 2\pi$$

는 예제 1.1에 의하여 정칙이다.

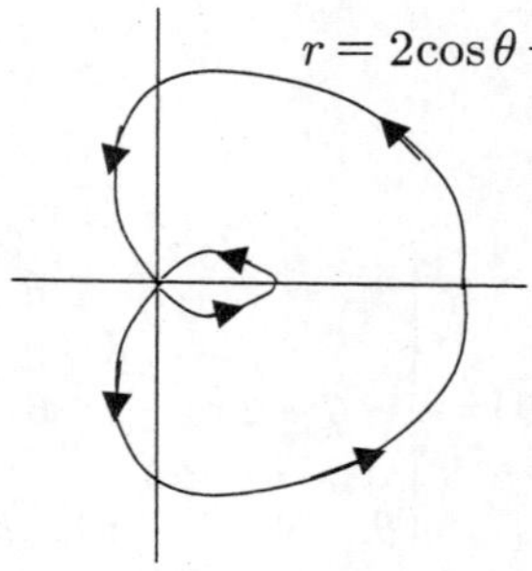

(i) 함수 $t = t(\theta) = \theta + 1, -1 \leqq \theta \leqq 2\pi - 1$를 생각하면, $t = t(\theta)$는 구간 $I_\theta = [-1, 2\pi - 1]$에서 정의된 매개변수교환가능 함수임을 알 수 있다. 이때, $t(I_\theta) = I_t = [0, 2\pi]$이다.

$$\begin{aligned}\mathrm{x}^* &= \mathrm{x}^*(\theta) = \mathrm{x}(t(\theta)) \\ &= ((2\cos(\theta+1) - 1)\cos(\theta+1), (2\cos(\theta+1) - 1)\sin(\theta+1)),\ \theta \in I_\theta\end{aligned}$$

는 곡선 C의 또 다른 정칙매개변수표현이다. $\dfrac{dt}{d\theta} = 1 > 0$이므로 함수 $t : I_\theta \to I_t$는 순증가이고 전단사이다. 그러므로 곡선 C의 두 매개변수표현의 자취는 같은 방향으로 그린다.

(ii) 함수 $t = t(\theta) = -\theta, -2\pi \leqq \theta \leqq 0$를 생각하면, $t = t(\theta)$는 구간 $I_\theta = [-2\pi, 0]$에서 정의된 매개변수교환가능 함수임을 알 수 있다. 이때, $t(I_\theta) = I_t = [0, 2\pi]$이다.

$$\mathrm{x}^* = \mathrm{x}^*(\theta) = \mathrm{x}(t(\theta)) = ((2\cos\theta - 1)\cos\theta, -(2\cos\theta - 1)\sin\theta),\ \theta \in I_\theta$$

는 곡선 C의 또 다른 정칙매개변수표현이다. $\dfrac{dt}{d\theta} = -1 < 0$이므로 함수 $t : I_\theta \to I_t$는 순감소이고 전단사이다. 그러므로 곡선 C의 두 매개변수표현의 자취는 반대 방향으로 그려진다.

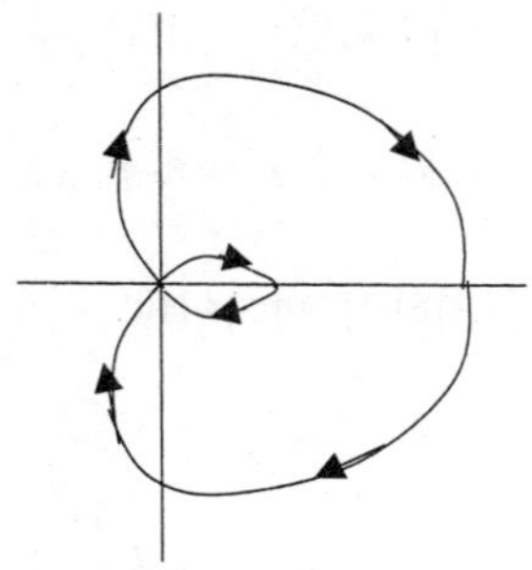

(iii) 함수 $t=t(\theta)=\begin{cases}\theta, & 0\leqq\theta\leqq\frac{\pi}{3}\\ -\theta+2\pi, & \frac{\pi}{3}<\theta<\frac{5}{3}\pi\\ \theta, & \frac{5}{3}\pi\leqq\theta\leqq 2\pi\end{cases}$ 를 생각하면, $t=t(\theta)$는 $\theta=\frac{\pi}{3}$, $\frac{5}{3}\pi$에서 연속이 아니므로, $t=t(\theta)$는 C^1-급이 아니다. 따라서 $t=t(\theta)$는 매개변수교환가능 함수가 아니다. 그러므로

$$\begin{aligned}\mathrm{x}^*&=\mathrm{x}^*(\theta)=\mathrm{x}(t(\theta))\\ &=(2(\cos(t(\theta)-1)\cos(t(\theta)),2(\cos(t(\theta)-1)\sin t(\theta)),\ \theta\in[0,2\pi]\end{aligned}$$

는 곡선 C의 정칙매개변수표현이 아니다. 그러므로 $\mathrm{x}^*=\mathrm{x}^*(\theta)$에 의하여 정의된 곡선은 (i), (ii)의 곡선 C와 같지 않다.

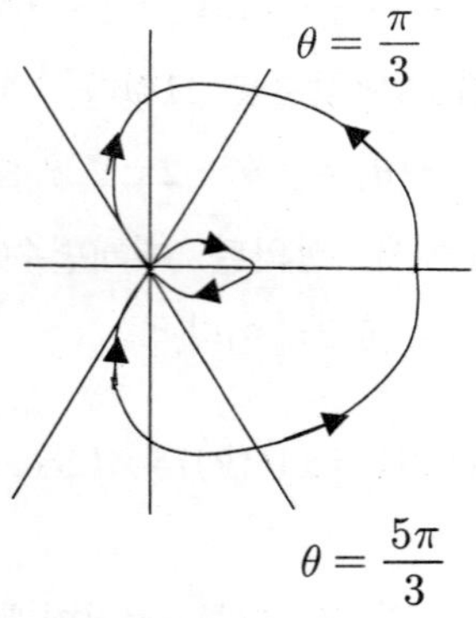

> **주의** (a) 곡선은 실변수의 벡터함수이므로, 곡선을 단순히 점들의 집합이라고 생각해서는 안 된다.

(b) 곡선을 그리는 방향은 곡선의 매개변수표현의 성질이지만 곡선의 성질은 아니다.

곡선 C의 두 정칙매개변수표현 $\mathrm{x}=\mathrm{x}(t), t\in I_t$와 $\mathrm{x}^*=\mathrm{x}^*(\theta), \theta\in I_\theta$가 **대등(equivalent)하다**는 것은 매개변수교환가능 함수 $t=t(\theta), \theta\in I_\theta$가 존재하여 $t(I_\theta)=I_t$이고 $\mathrm{x}^*(\theta)=\mathrm{x}(t(\theta))$일 때를 말한다. 기호로는 $\mathrm{x}(t)\sim\mathrm{x}^*(\theta)$로 나타낸다. 다시 말해, $\mathrm{x}=\mathrm{x}(t)$가 자취의 방향에 관계없이 재매개화될 수 있을 때를 말한다. 그러면 "$\sim$"는 동치관계이다. 즉, 곡선 C의 정칙 매개변수표현

$$\mathrm{x}=\mathrm{x}(t), \mathrm{x}^*=\mathrm{x}^*(\theta), \mathrm{x}^{**}=\mathrm{x}^{**}(\varphi)$$

에 대하여

(i) $\mathrm{x}(t)\sim\mathrm{x}(t)$이다.
(ii) 만일 $\mathrm{x}(t)\sim\mathrm{x}^*(\theta)$이면, $\mathrm{x}^*(\theta)\sim\mathrm{x}(t)$이다.
(iii) 만일 $\mathrm{x}(t)\sim\mathrm{x}^*(\theta)$이고 $\mathrm{x}^*(\theta)\sim\mathrm{x}^{**}(\varphi)$이면, $\mathrm{x}(t)\sim\mathrm{x}^{**}(\varphi)$이다.

증명 (i) $t=t(\theta)=\theta$를 택하면, 함수 $t=t(\theta)$는 분명히 C^1-급이고 $\dfrac{dt}{d\theta}=1\neq 0$이므로 매개변수교환가능이다. 또한, $\mathrm{x}(t(\theta))=\mathrm{x}(t)$이므로 $\mathrm{x}(t)\sim\mathrm{x}(t)$이다.

(ii) $\mathrm{x}(t)\sim\mathrm{x}^*(\theta)$이므로 매개변수교환가능인 함수 $t=t(\theta)$가 존재하여 $t(I_\theta)=I_t$이고 $\mathrm{x}(t(\theta))=\mathrm{x}^*(\theta)$이다. 이때, 역함수 $\theta=\theta(t)$도 매개변수교환가능이고 $\theta(I_t)=I_\theta$이다. $\mathrm{x}^*(\theta)=\mathrm{x}^*(\theta(t))=\mathrm{x}(t(\theta(t)))=\mathrm{x}(t)$이므로 $\mathrm{x}^*(\theta)\sim x(t)$이다.

(iii) $\mathrm{x}(t)\sim\mathrm{x}^*(\theta)$이므로 매개변수교환가능 함수 $t=t(\theta)$가 존재하여 $t(I_\theta)=I_t$이고 $\mathrm{x}(t(\theta))=\mathrm{x}^*(\theta)$이다. 또한, $\mathrm{x}^*(\theta)\sim\mathrm{x}^{**}(\varphi)$이므로 매개변수교환가능 함수 $\theta=\theta(\varphi)$가 존재하여 $\theta(I_\varphi)=I_\theta$이고 $\mathrm{x}^*(\theta(\varphi))=\mathrm{x}^{**}(\varphi)$이다.

합성함수 $t=t(\theta(\varphi))$를 생각하자. 이때, $\dfrac{dt}{d\varphi}=\dfrac{dt}{d\theta}\dfrac{d\theta}{d\varphi}$는 연속이고 I_φ에서 $\dfrac{dt}{d\varphi}\neq 0$이다. 따라서 $t=t(\theta(\varphi))$는 I_φ에서 매개변수교환가능이다. 또한, $t(\theta(I_t))=t(I_\theta)=I_t$이고 $\mathrm{x}(t(\theta(\varphi))=\mathrm{x}^*(\theta(\varphi))=\mathrm{x}^{**}(\varphi)$이므로

1장 곡선의 개념

$x(t) \sim x^{**}(\varphi)$이다.

그러므로 **정칙곡선(regular curve)**은 정칙매개표현들의 동치류(equivalence class)라 정의한다.

> **주의** 정칙곡선 C의 매개변수표현 $x = x(t)$는 매개변수교환가능 함수에 의하여 재매개화될 수 있는 정칙매개변수표현이지만, 그 재매개화된 표현의 자취의 방향을 생각하지 않으면, 점들의 집합으로써 동일한 곡선을 나타낸다. 그러므로 정칙곡선의 성질은 그 곡선을 나타내는 모든 매개변수표현에 대하여 일정한 특성을 갖는 것을 말한다. 다시 말해, 정칙곡선의 성질은 그 곡선을 나타내는 매개변수표현과는 관계가 없는 특성을 갖는 것이다.

예제 1.9 공간곡선의 중요한 한 예로 다음과 같은 **원기둥나선(circular helix)**을 생각할 수 있다.

$$x = x(t) = (a\cos t, a\sin t, bt), a, b \neq 0, -\infty < t < \infty.$$

이 곡선은 중심이 원점이고 반지름이 $|a|$인 원기둥면

$$\begin{cases} x = a\cos t \\ y = a\sin t \end{cases}, -\infty < t < \infty$$

위에 놓여 있고 그 곡선의 단위접선벡터 t와 e_3의 사잇각이 일정한 곡선이다. $z = bt$는 z-축의 e_3-방향으로 일정하게 곡선 위의 점들을 움직인다. t가 2π만큼 증가할 때, x, y는 원래의 값으로 돌아오고, z는 $b > 0$일 때, $2\pi b$만큼 증가하고, $b < 0$일 때, $-2\pi b$만큼 감소한다. 즉,

$$x(t + 2\pi) = (a\cos t, a\sin t, bt + 2\pi b),$$
$$x(t + 2\pi) = x(t), y(t + 2\pi) = y(t), z(t + 2\pi) = z(t) + 2\pi b.$$

$2\pi|b|$를 이 나선의 **경사도(pitch)**라고 한다.

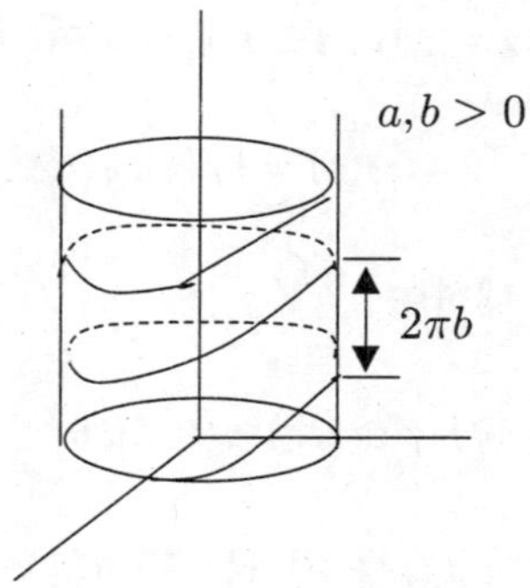

[단순곡선] 정칙곡선 $C: \mathrm{x} = \mathrm{x}(t), t \in I$가 2중점을 갖지 않을 때, 즉, $t_1 \neq t_2, t_1, t_2 \in I$에 대하여 $\mathrm{x}(t_1) \neq \mathrm{x}(t_2)$일 때, 그 곡선을 **단순곡선(simple curve)**이라 한다. 곡선이 단순곡선이라는 것은 그 곡선의 매개변수표현의 성질은 아니라 곡선의 성질이다.

[정칙호] 닫힌구간 $[a,b]$에서 정의된 정칙곡선 $C: \mathrm{x} = \mathrm{x}(t), t \in [a,b]$를 **정칙호(regular arc)**라 하고, 점 $\mathrm{x}(a), \mathrm{x}(b)$를 그 호의 **끝점(end point)**이라 한다. 임의의 닫힌구간 $I \subset [a,b]$에 대하여 $\mathrm{x} = \mathrm{x}(t), t \in I$를 곡선 C의 **호선분(arc segment)**이라고 한다.

예제 1.10 곡선

$$C: \mathrm{x} = \mathrm{x}(t) = ((2\cos t - 1)\cos t, (2\cos t - 1)\sin t), 0 \leqq t \leqq 2\pi$$

는 정칙호이다. 이때, $\mathrm{x}(0) = \mathrm{x}(2\pi) = (1,0)$이다. 그러므로 이 곡선은 단순곡선이 아니다. 그러나 곡선 C는 $0 \leqq t \leqq \pi$에서 단순호선분이다.

정칙곡선 $C: \mathrm{x} = \mathrm{x}(t), t \in I$에 대하여 매개변수교환가능 함수 $t = t(\theta), \theta \in I_\theta$가 존재하여 $t(I_\theta) = I_t$이고 $\mathrm{x}^*(\theta) = \mathrm{x}(t(\theta))$라고 하자.

만일 $\dfrac{dt}{d\theta} > 0$이면, $t = t(\theta)$는 순증가하므로 $\mathrm{x} = \mathrm{x}(t)$와 $\mathrm{x}^* = \mathrm{x}^*(\theta)$의 자취는 같은 방향으로 곡선을 그리고, 만일 $\dfrac{dt}{d\theta} < 0$이면, $t = t(\theta)$는 순감소하므로 $\mathrm{x} = \mathrm{x}(t)$와 $\mathrm{x}^* = \mathrm{x}^*(\theta)$의 자취는 반대 방향으로 곡선을 그린다.

[정칙유향곡선] 곡선 C가 **정칙유향곡선(regular oriented curve)**이라는 것은 정칙곡선 C의 자취에 특정한 방향이 주어질 때를 말한다. 이것은 정칙곡선 C를 도함수가 양수인 매개변수교환가능 함수로 재매개화하여도 자취의 방향이 같은 곡선을 말한다.

[곡선의 정사영] 곡선 $C: \mathrm{x} = \mathrm{x}(t), t \in I$에 대하여

$$\mathrm{x}(t) = (x(t), y(t), z(t))$$

라고 하자. 고정된 $t_0 \in I$에 대하여

$$\mathrm{y}(k) = (x(t_0), y(t_0), k), -\infty < k < \infty$$

는 xy-평면에 수직이고 점 $\mathrm{x}(t_0)$를 지나는 직선의 방정식이다. 직선족

$$\mathrm{y}_t(k) = (x(t), y(t), k), t \in I$$

는 xy-평면에 수직이며, 곡선 C를 포함하는 기둥면(cylindrical surface)을 만든다. 이때, 기둥면과 xy-평면, 즉, $z=0$과의 공통부분을 곡선 C의 xy-평면에 대한 **정사영(orthogonal projection)**이라 한다. 따라서 그 정사영은 다음과 같이 주어진다.

$$\mathrm{Proj}_{z=0}(C): \mathrm{x} = \mathrm{x}(t) = (x_1(t), x_2(t), 0).$$

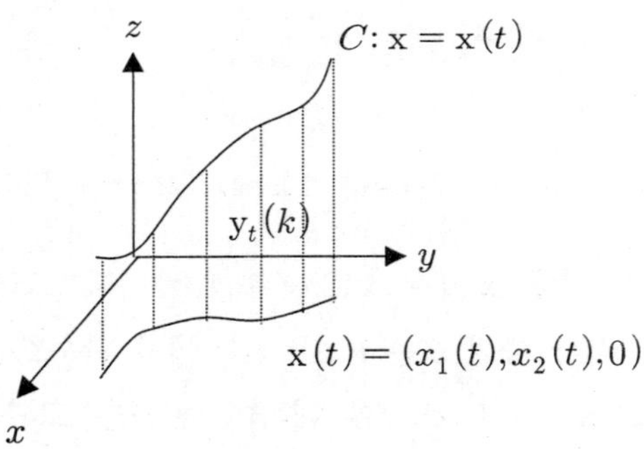

예제 1.11 공간곡선 $C: \mathrm{x} = \mathrm{x}(t) = (t, t^2, t^3), -\infty < t < \infty$를 xy-평면 위에 내린 정사영은 포물선 $\begin{cases} x = t \\ y = t^2, -\infty < t < \infty \\ z = 0 \end{cases}$ 이다. 즉,

$$\begin{cases} y = x^2 \\ z = 0 \end{cases}, -\infty < x < \infty.$$

곡선 C를 xz-평면 위에 내린 정사영은 $\begin{cases} x = t \\ y = 0, -\infty < t < \infty \\ z = t^3 \end{cases}$ 이다. 즉,

$$\begin{cases} z = x^3 \\ y = 0 \end{cases}, -\infty < x < \infty.$$

주어진 공간곡선 $C: \mathrm{x} = \mathrm{x}(t) = (t, t^2, t^3)$은 두 개의 기둥면

$$y = x^2 \text{과 } z = x^3$$

의 공통부분이다.

일반적으로, 공간곡선은 두 개의 곡면 $F_1(x,y,z) = 0, F_2(x,y,z) = 0$의 공통부분으로 나타난다. 만일 이 두 곡면 위의 점 $\mathrm{p} = (x_0, y_0, z_0)$에 대하여

$$\begin{vmatrix} \dfrac{\partial F_1}{\partial x}(\mathrm{p}) & \dfrac{\partial F_1}{\partial y}(\mathrm{p}) \\ \dfrac{\partial F_2}{\partial x}(\mathrm{p}) & \dfrac{\partial F_2}{\partial y}(\mathrm{p}) \end{vmatrix} \neq 0$$

이면, 음함수 정리에 의하여 z_0의 근방이 존재하여 $x = x(z), y = y(z)$로 나타낼 수 있다. 이 때, 국소적으로 z_0의 근방에서 정칙곡선 $\begin{cases} x = x(z) \\ y = y(z) \\ x = z \end{cases}$을 정의한다.

예제 1.12 두 개의 2차곡면

$$F_1(x,y,z) \equiv y - z^2 = 0 \text{과 } F_2(x,y,z) \equiv zx - y^2 = 0$$

의 공통부분은 $zx - z^4 = z(x - z^3) = 0$이므로 $z = 0$ 또는 $x = z^3$이다. 따라서 공통부분은

$$\begin{cases} x = t \\ y = 0, -\infty < t < \infty \\ z = 0 \end{cases} \text{ 또는 } \begin{cases} x = t^3 \\ y = t^2, -\infty < t < \infty \\ z = t \end{cases}$$

이다. 이 두 곡면 위의 점 $\mathrm{p} = (x_0, y_0, z_0)$에 대하여

$$\begin{vmatrix} \dfrac{\partial F_1}{\partial x}(\mathrm{p}) & \dfrac{\partial F_1}{\partial y}(\mathrm{p}) \\ \dfrac{\partial F_2}{\partial x}(\mathrm{p}) & \dfrac{\partial F_2}{\partial y}(\mathrm{p}) \end{vmatrix} = \begin{vmatrix} 0 & 1 \\ z_0 & -2y_0 \end{vmatrix} = -z_0$$

이므로, 만일 $z_0 \neq 0$ 이면, 음함수 정리에 의하여 z_0의 어떤 근방에서 $y = z^2$, $x = \frac{y^2}{z} = \frac{z^4}{z} = z^3$ 이다. 이때 $z = t$로 놓으면,

$$\begin{cases} x = t^3 \\ y = t^2 \\ z = t \end{cases}$$

이다. 이것은 $z_0 (z_0 \neq 0)$의 어떤 근방에서 두 곡면 위에 놓여있는 정칙곡선을 정의한다.

만일 $z_0 = 0$ 이면, $y_0 = 0$ 이고 x_0는 임의이다. 즉, $\begin{cases} x = t \\ y = 0 \\ z = 0 \end{cases}$.

두 곡선의 교점은 원점 $(0,0,0)$이다.

[C^m-급정칙매개변수표현] 곡선 C의 매개변수표현 $\mathrm{x} = \mathrm{x}(t), t \in I_t$가 **$C^m$-급정칙(regular)**이라는 것은 다음을 만족할 때를 말한다.

(i) $\mathrm{x} = \mathrm{x}(t)$는 C^m-급이다.
(ii) 모든 $t \in I_t$에 대하여 $\mathrm{x}'(t) \neq \mathrm{O}$ 이다.

함수 $t = t(\theta)$가 구간 I_θ에서 **C^m-급매개변수교환가능**이라는 것은 다음을 만족할 때를 말한다.

(i) $t(\theta)$는 C^m-급이다.
(ii) 모든 $t \in I_\theta$에 대하여 $\frac{dt}{d\theta} \neq 0$ 이다.

주의 만일 곡선 C의 매개변수표현 $\mathrm{x} = \mathrm{x}(t), t \in I_t$가 C^m-급정칙이면, $\mathrm{x} = \mathrm{x}(t)$는 모든 $j \leq m$에 대하여 C^j-급이지만, 그 매개변수표현은 C^j-급정칙이 아니다. 왜냐하면, C^m-급정칙매개변수표현은 C^m-급매개변수교환가능 함수 $t = t(\theta)$에 의해서만 재매개화된 C^m-급정칙매개변수표현과 대등하기 때문이다.

2. 호장의 정의

[호의 길이] 호의 길이는 근사다각선의 길이로서 정의한다. 곡선

$$C: \mathrm{x} = \mathrm{x}(t), a \leqq t \leqq b$$

에 대하여 구간 $[a,b]$의 임의의 분할

$$a = t_0 < t_1 < \cdots < t_n = b$$

을 생각하자. 이때, 점열 $\mathrm{x}(t_0), \mathrm{x}(t_1), \ldots, \mathrm{x}(t_n)$을 차례로 선분으로 연결하여 얻어지는 근사다각선 P의 길이는 다음과 같다.

$$s(P) = \sum_{i=1}^{n} \| \mathrm{x}(t_i) - \mathrm{x}(t_{i-1}) \| .$$

구간 $[a,b]$를 좀 더 세분하여 얻어지는 근사다각선 P'의 길이는 $s(P)$보다 작지 않음을 알 수 있다. 즉, $s(P) \leqq s(P')$. 따라서 곡선 C의 길이 L은 다음과 같이 정의한다.

$$L := \sup\{s(P) \mid P\text{는 곡선 } C\text{의 근사다각선}\}.$$

곡선의 길이가 유한인 곡선은 **구장가능곡선(rectifiable curve)**이라 한다.

예제 2.1 곡선 $C: \mathrm{x} = \mathrm{x}(t) = (t, t^2), 0 \leqq t \leqq 1$의 구장가능곡선이다. 왜냐하면, 임의의 분할 $0 = t_0 < t_1 < \cdots < t_n = 1$에 대한 근사다각선 P의 길이는 다음과 같다.

$$\begin{aligned} s(P) &= \sum_{i=1}^{n} \| (t_i, t_i^2) - (t_{i-1}, t_{i-1}^2) \| \\ &= \sum_{i=1}^{n} \| (t_i - t_{i-1}, t_i^2 - t_{i-1}^2) \| \\ &= \sum_{i=1}^{n} (t_i - t_{i-1}) \sqrt{1 + (t_i + t_{i-1})^2} \\ &\leqq \sum_{i=1}^{n} (t_i - t_{i-1})(1 + t_i + t_{i-1}) \\ &\leqq 3 \sum_{i=1}^{n} (t_i - t_{i-1}) = 3. \end{aligned}$$

그러므로 곡선 C의 길이 L은 $L \leqq 3$이므로 유한이다.

예제 2.2 $\begin{cases} x_1 = t \\ x_2 = \begin{cases} t\cos\dfrac{1}{t}, & 0 < t \leqq 1 \\ 0, & t = 0 \end{cases} \end{cases}$ 에 대하여 곡선

$$C: \mathrm{x} = \mathrm{x}(t) = (x_1(t), x_2(t)), 0 \leqq t \leqq 1$$

은 구장가능곡선이 아니다.

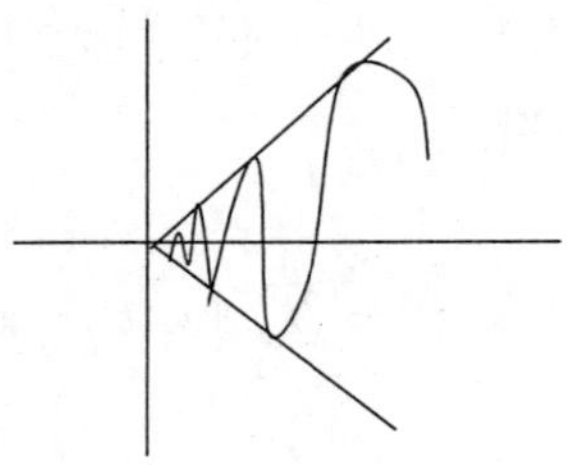

왜냐하면, 분할

$$0 = t_0 < t_1 = \frac{1}{(N-1)\pi} < t_2 < \cdots < t_{N-2} = \frac{1}{2\pi} < t_{N-1} = \frac{1}{\pi} < t_N = 1$$

에 대한 근사다각선 P의 길이는 다음과 같다.

$$\begin{aligned} s(P) = &\left\| \left(\frac{1}{(N-1)\pi}, \frac{1}{(N-1)\pi}\cos((N-1)\pi)\right) \right\| \\ &+ \left\| \left(\frac{1}{(N-2)\pi} - \frac{1}{(N-1)\pi}, \frac{1}{(N-2)\pi}\cos((N-2)\pi) \right.\right. \\ &\left.\left. - \frac{1}{(N-1)\pi}\cos((N-1)\pi)\right) \right\| \\ &+ \cdots + \left\| \left(1 - \frac{1}{\pi}, \cos 1 - \frac{1}{\pi}\cos\pi\right) \right\| \\ \geqq &\sum_{n=1}^{N-2} \left\| \left(\frac{1}{n\pi} - \frac{1}{(n+1)\pi}, \frac{1}{n\pi}\cos n\pi - \frac{1}{(n+1)\pi}\cos((n+1)\pi)\right) \right\| \\ \geqq &\sum_{n=1}^{N-2} \left| \frac{1}{n\pi}\cos n\pi - \frac{1}{(n+1)\pi}\cos((n+1)\pi) \right| \end{aligned}$$

$$= \sum_{n=1}^{N-2} \left| (-1)^n \frac{1}{n\pi} - (-1)^{n+1} \frac{1}{(n+1)\pi} \right|$$

$$= \sum_{n=1}^{N-2} \left| \frac{1}{n\pi} + \frac{1}{(n+1)\pi} \right| \geq \frac{2}{\pi} \sum_{n=1}^{N-2} \frac{1}{n+1}.$$

이때, $N \to \infty$를 취하면, $\sum_{n=1}^{N-2} \frac{1}{n+1} \to \infty$이므로 곡선의 길이는 유한이 아니다.

정리 2.3 정칙곡선 $\mathrm{x} = \mathrm{x}(t) = (x_1(t), x_2(t), x_3(t))$, $(a \leqq t \leqq b)$의 길이는 다음과 같다.

$$L = \int_a^b \left\| \frac{d\mathrm{x}}{dt} \right\| dt = \int_a^b \sqrt{\left(\frac{dx_1}{dt}\right)^2 + \left(\frac{dx_2}{dt}\right)^2 + \left(\frac{dx_3}{dt}\right)^2}\, dt$$

증명 $x_i(t), i = 1,2,3$는 구간 $[a,b]$에서 평등연속이므로, 임의의 $\epsilon > 0$에 대하여 $\delta_1 > 0$이 존재하여 $|t - t'| < \delta_1$일 때

$$|x_i(t) - x_i(t')| < \frac{\epsilon}{9(b-a)}$$

이다. 또한, 정적분의 정의에 의하여 $\delta_2 > 0$가 존재하여 $|t_i - t_{i-1}| < \delta_2$일 때

$$\left| \int_a^b \| \mathrm{x}'(t) \| dt - \sum_{i=1}^{n} \| \mathrm{x}'(\theta_i) \| (t_i - t_{i-1}) \right| < \frac{\epsilon}{3},\ t_{i-1} \leqq \theta_i \leqq t_i$$

이다. $|L - s(P)| < \frac{\epsilon}{3}$을 만족하는 근사다각선 P가 존재한다.

$$I = \left| L - \int_a^b \| \mathrm{x}'(t) \| dt \right| \leqq |L - s(P)| + \left| s(P) - \int_a^b \| \mathrm{x}'(t) \| dt \right|$$

를 생각하자. 평균값의 정리에 의하여 $t_{i-1} < t_i', t_i'', t_i''' < t_i$에 대하여

$$s(P) = \sum_{i=1}^{n} \| \mathrm{x}(t_i) - \mathrm{x}(t_{i-1}) \|$$

$$= \sum_{i=1}^{n} \| (x_1'(t_i'), x_2'(t_i''), x_3'(t_i''')) \| (t_i - t_{i-1})$$

1장 곡선의 개념

이므로

$$I = \frac{\epsilon}{3} + \left| \sum_{i=1}^{n} \| \mathrm{x}'(t_i) \| (t_i - t_{i-1}) - \int_a^b \| \mathrm{x}'(t) \| dt \right|$$

$$+ \sum_{i=1}^{n} \left| \| (x_1'(t_i'), x_2'(t_i''), x_3'(t_i''')) \| - \| \mathrm{x}'(t_i) \| \right| (t_i - t_{i-1})$$

을 얻는다. 삼각부등식에 의하여

$$I \leqq \frac{\epsilon}{3} + \frac{\epsilon}{3} + \sum_{i=1}^{n} \| [(x_1'(t_i'), x_2'(t_i''), x_3'(t_i''')) - \mathrm{x}'(t_i)] \| (t_i - t_{i-1})$$

$$\leqq \frac{2}{3}\epsilon + \sum_{i=1}^{n} [\, | x_1'(t_i') - x_1'(t_i) | + | x_2'(t_i'') - x_2'(t_i) |$$

$$+ | x_3'(t_i''') - x_3'(t_i) | \,](t_i - t_{i-1})$$

$$\leqq \frac{2}{3}\epsilon + \frac{\epsilon}{3(b-a)} \sum_{i=1}^{n} (t_i - t_{i-1}) = \epsilon$$

이므로 $L = \int_a^b \| \mathrm{x}'(t) \| dt$이다.

예제 2.4 원기둥나선 $\mathrm{x} = \mathrm{x}(t) = (a\cos t, a\sin t, bt), a, b \neq 0, 0 \leqq t < 2\pi$의 길이는 다음과 같다.

$$L = \int_0^{2\pi} \sqrt{a^2\sin^2 t + a^2\cos^2 t + b^2}\, dt = 2\pi(a^2 + b^2)^{1/2}.$$

[선소] 정칙곡선 $C: \mathrm{x} = \mathrm{x}(t), a \leqq t \leqq b$에 대하여 a에서 t까지의 곡선의 길이를 s라고 하면,

$$s = s(t) = \int_a^t \| \mathrm{x}'(t) \| dt = \int_a^t (\mathrm{x}'(t) \cdot \mathrm{x}'(t))^{1/2} dt$$

이다. 이때, $\frac{ds}{dt} = (\mathrm{x}' \cdot \mathrm{x}')^{1/2}$이므로 $ds = (\mathrm{x}' \cdot \mathrm{x}')^{1/2} dt$이다. 따라서

$$ds^2 = d\mathrm{x} \cdot d\mathrm{x} = (dx_1)^2 + (dx_2)^2 + (dx_3)^2$$

이다. 이때, ds는 **선소(line element)**라고 하고, s는 **호장(arc length)**이라고 한다.

$\mathrm{x}=\mathrm{x}(t)$는 정칙곡선이므로, $\frac{ds}{dt}=\| \frac{d\mathrm{x}}{dt} \| \neq 0$이고 $\frac{ds}{dt}$는 연속이다. 함수 $s=s(t)$는 $[a,b]$에서 $[0,L]$ 위로의 매개변수교환가능 함수이다. $\frac{ds}{dt}=\| \frac{d\mathrm{x}}{dt} \| > 0$이므로, 함수

$$s:[a,b]\to[0,L]:t \mapsto s(t)=s$$

는 순증가함수이다. 따라서 $s=s(t)$는 전단사함수이다. 그러므로 다음을 만족하는 함수 $s=s(t)$의 역함수

$$f:\ [0,L]\to[a,b]:s\mapsto f(s)=t$$

가 존재한다.

$$s(f(s))=s(t)=s,\ s\in[0,L]\ ,$$
$$f(s(t))=f(s)=t,\ t\in[a,b].$$

이것으로부터 정칙곡선 $\mathrm{x}=\mathrm{x}(t)\,(a \leqq t \leqq b)$ 은 다음과 같이 나타낼 수 있다.

$$\mathrm{x}=\mathrm{x}(t)=\mathrm{x}(f(s)):=\mathrm{x}(s)\ (0 \leqq s \leqq L)\ .$$

이때,

$$\frac{d\mathrm{x}}{ds}=\frac{d\mathrm{x}}{dt}/\frac{ds}{dt}=\frac{d\mathrm{x}}{dt}/\| \frac{d\mathrm{x}}{dt} \|$$

이므로, $\| \frac{d\mathrm{x}}{ds} \| = 1$이다.

[곡선의 자연표현] 호장 s에 관한 매개변수표현 $\mathrm{x}=\mathrm{x}(s)$에 대하여

$$\| \mathrm{x}'(s) \| = 1$$

이다. 이때 $\mathrm{x}=\mathrm{x}(s)$를 **자연표현(natural representation)**이라고 한다. 이러한 곡선 $C:\mathrm{x}=\mathrm{x}(s)$를 **단위속력곡선(unit speed curve)**이라고도 한다.

▶정리 2.5 $\mathrm{x}=\mathrm{x}(s)$는 정칙곡선 C의 자연표현이라 하자.

(i) 점 $\mathrm{x}(s_1)$에서 점 $\mathrm{x}(s_2)$까지 호의 길이는 $|s_2-s_1|$이다.

(ii) 만일 $\mathrm{x}=\mathrm{x}^*(s^*)$는 곡선 C의 또 다른 자연표현이면, $s=\pm s^*+$(상수)이다.

(iii) 만일 $\mathrm{x}=\mathrm{x}^*(t)$는 $\mathrm{x}=\mathrm{x}(s)$와 같은 방향을 갖는 곡선 C의 표현이면, $\frac{ds}{dt}=\|\mathrm{x}'(t)\|$ 또는 $\frac{ds}{dt}=-\|\mathrm{x}'(t)\|$이다.

증명 (i) 만일 $s_1 \leqq s_2$이면, s_1에서 s_2까지 곡선 $\mathrm{x}=\mathrm{x}(s)$의 길이 L은 다음과 같다.

$$L=\int_{s_1}^{s_2}\left\|\frac{d\mathrm{x}}{ds}\right\|ds=\int_{s_1}^{s_2}ds=s_2-s_1$$

만일 $s_2<s_1$이면, s_2에서 s_1까지 곡선 $\mathrm{x}=\mathrm{x}(s)$의 길이 L은 다음과 같다.

$$L=\int_{s_2}^{s_1}\left\|\frac{d\mathrm{x}}{ds}\right\|ds=\int_{s_2}^{s_1}ds=s_1-s_2.$$

그러므로 점 $\mathrm{x}(s_1)$에서 점 $\mathrm{x}(s_2)$까지 호의 길이는 $|s_2-s_1|$이다.

(ii) $s=s(s^*)$는 매개변수교환가능 함수라고 하자. 그러면

$$\frac{d\mathrm{x}}{ds^*}=\frac{d\mathrm{x}}{ds}\frac{ds}{ds^*}$$

이므로, $1=\left\|\frac{d\mathrm{x}}{ds^*}\right\|=\left\|\frac{d\mathrm{x}}{ds}\right\|\left|\frac{ds}{ds^*}\right|=\left|\frac{ds}{ds^*}\right|$ 이다. 따라서 $\frac{ds}{ds^*}=\pm 1$이다. 그러므로 $s=\pm s^*+$(상수)이다.

(iii) $s=s(t)$는 매개변수교환가능 함수라고 하자. $\mathrm{x}(s(t)))=\mathrm{x}^*(t)=\mathrm{x}$ 이므로

$$\frac{d\mathrm{x}}{dt}=\frac{d\mathrm{x}}{ds}\frac{ds}{dt}$$

이다. 그러므로 $\left\|\frac{d\mathrm{x}}{dt}\right\|=\left\|\frac{d\mathrm{x}}{ds}\right\|\left|\frac{ds}{dt}\right|=\left|\frac{ds}{dt}\right|$ 이다. 만일 $\frac{ds}{dt}>0$ 이면, $\frac{ds}{dt}=\left\|\frac{d\mathrm{x}}{dt}\right\|$ 이고, 만일 $\frac{ds}{dt}<0$이면, $\frac{ds}{dt}=-\left\|\frac{d\mathrm{x}}{dt}\right\|$ 이다.

예제 2.6 원기둥나선 $\mathrm{x}=\mathrm{x}(\theta)=(a\cos\theta, a\sin\theta, b\theta), a, b\neq 0, 0 \leqq \theta \leqq 2\pi$의 자연표현을

구하여라.

풀이 $s=s(\theta)=\int_0^\theta \| \frac{d\mathrm{x}}{d\theta} \| d\theta=\int_0^\theta (a^2+b^2)^{1/2}d\theta=(a^2+b^2)^{1/2}\theta$ 이므로,

$\theta=(a^2+b^2)^{-1/2}s$ 이다. 따라서 원기둥나선의 자연표현은 다음과 같다.

$$\begin{aligned}\mathrm{x}&=\mathrm{x}(\theta)=\mathrm{x}((a^2+b^2)^{-1/2}s)\\&=(a\cos((a^2+b^2)^{-1/2}s),a\sin((a^2+b^2)^{-1/2}s),b(a^2+b^2)^{-1/2}s).\end{aligned}$$

앞으로 특별한 언급이 없는 한, 호장 s에 관한 미분은 $\dot{}$ (dot)로 나타내고, 다른 매개변수에 관한 미분은 $'$ (prime)으로 나타낸다. 예를 들어,

$$\dot{\mathrm{x}}=\frac{d\mathrm{x}}{ds},\ \ddot{\mathrm{x}}=\frac{d^2\mathrm{x}}{ds^2},\ \mathrm{x}'=\frac{d\mathrm{x}}{dt},\ \mathrm{x}''=\frac{d^2\mathrm{x}}{dt^2}$$

등으로 나타낸다.

문제 1.1 원 $\mathrm{x}(\theta)=(a\cos\theta,a\sin\theta)$, $-\pi<\theta\leqq\pi$를 $t=\tan\frac{\theta}{4}$에 관한 매개변수표현으로 나타내어라.

문제 1.2 **외파선(epicycloid)**이란 반지름이 r인 원 C가 고정된 원 C_0: $x^2+y^2=r_0^2$의 바깥을 미끄러지지 않고 구를 때, 원 C의 원주상의 점 P에 의하여 만들어지는 평면곡선을 말한다. 점 P가 최초로 $(r_0,0)$에 놓여 있을 때, 외파선의 매개변수표현을 구하여라.

문제 1.3 문제 1.2에서 $r_0=3, r=1$이라면, 외파선의 매개변수표현은 다음과 같다.

$$\mathrm{x}(\theta)=(4\cos\theta-\cos4\theta,4\sin\theta-\sin4\theta).$$

이때, 이 외파선의 특이점, 즉, $\mathrm{x}'(\theta)=0$인 점 θ을 구하고 그래프를 그려라.

문제 1.4 **내파선(hypocycloid)**이란 반지름이 r인 원 C가 고정된 원

$$C_0: x^2+y^2=r_0^2$$

의 안쪽을 미끄러지지 않고 구를 때, 원 C의 원주상의 점 P에 의하여 만들어지는 평면곡선을 말한다. 점 P가 최초로 $(r_0, 0)$에 놓여 있을 때, 내파선의 매개변수표현을 구하여라.

문제 1.5 문제 4에서 $r_0 = 6, r = 2$일 때, 내파선은 다음과 같다.

$$\mathrm{x}(\theta) = (4\cos\theta + 2\cos 2\theta, 4\sin\theta + 2\sin 2\theta).$$

이때, 특이점을 구하고 그래프를 그려라.

2장

곡률과 열률

1. 곡률
2. 열률
3. 구면곡선

공간곡선은 각 점 근방에서 어느 정도 휘어져 있고 비틀어져 있는지를 알아보자. 이러한 개념이 곡률과 열률이다.

1. 곡률

정칙곡선 $C:\mathrm{x}=\mathrm{x}(t)\ (t_1 \leqq t \leqq t_2)$의 자연표현은 $\mathrm{x}=\mathrm{x}(s)(0 \leqq s \leqq L)$ 이라 하자. 그러면 $\|\dot{\mathrm{x}}(s)\|=1$이다.

(참고) $\dfrac{ds}{dt}=\left\|\dfrac{d\mathrm{x}}{dt}\right\|$ 임을 유의하자.

$$\mathrm{t}=\frac{d\mathrm{x}}{ds}=\frac{d\mathrm{x}}{dt}/\frac{ds}{dt}=\frac{d\mathrm{x}}{dt}/\left\|\frac{d\mathrm{x}}{dt}\right\|=\mathrm{x}'/\|\mathrm{x}'\|$$

이므로, $\|\mathrm{t}\|=1$이다. 즉, t는 단위벡터이다.

만일 $\mathrm{x}=\mathrm{x}(s^*)$는 곡선 C의 또 다른 자연표현이면, 1.2절의 정리 2.5에 의하여 $s=\pm s^*+(\text{상수})$이고

$$\frac{d\mathrm{x}}{ds^*}=\frac{d\mathrm{x}}{ds}\frac{ds}{ds^*}=\pm\frac{d\mathrm{x}}{ds}$$

이다. 즉, $\dfrac{d\mathrm{x}}{ds^*}$는 $\mathrm{x}=\mathrm{x}(s^*)$의 방향에 따라 $\dfrac{d\mathrm{x}}{ds}$와 같은 방향 또는 반대의 방향을 갖는다. 따라서 $\mathrm{t}=\dot{\mathrm{x}}$는 **유향벡터(oriented vector)**이다.

[단위접선벡터] 점 $\mathrm{x}(s)$에서의 도함수 $\dot{\mathrm{x}}(s)$는 점 $\mathrm{x}(s)$에서 유향곡선

$$\mathrm{x}=\mathrm{x}(s)(0 \leqq s \leqq L)$$

에 대한 **단위접선벡터(unit tangent vector)**라고 하고, $\mathrm{t}=\mathrm{t}(s)=\dot{\mathrm{x}}(s)$로 나타낸다.

예제 1.1 원기둥나선 $\mathrm{x}=\mathrm{x}(t)=(a\cos t, a\sin t, bt), a, b\neq 0$에 대하여

$$\mathrm{t}=\frac{d\mathrm{x}}{ds}=\frac{d\mathrm{x}}{dt}\frac{dt}{ds}=\frac{d\mathrm{x}}{dt}/\frac{ds}{dt}=\frac{d\mathrm{x}}{dt}/\left\|\frac{d\mathrm{x}}{dt}\right\|$$

$$= (a^2+b^2)^{-1/2}(-a\sin t, a\cos t, b),$$

$$\frac{b}{(a^2+b^2)^{1/2}} = \mathrm{t}\cdot \mathrm{e}_3 = \|\mathrm{t}\| \, \|\mathrm{e}_3\| \cos\theta = \cos\theta$$

이므로, 원기둥나선을 따라 단위접선벡터 t는 z-축과 일정한 각을 이룬다.

만일 정칙곡선 $C: \mathrm{x} = \mathrm{x}(t)$는 그의 자연표현 $\mathrm{x} = \mathrm{x}(s)$와 같은 방향을 가지면,

$$\mathrm{x}' = \frac{d\mathrm{x}}{dt} = \frac{d\mathrm{x}}{ds}\frac{ds}{dt} = \mathrm{t}\left\| \frac{d\mathrm{x}}{dt} \right\| = \mathrm{t}\|\mathrm{x}'\|$$

이므로, $\mathrm{t} = \mathrm{x}'/\|\mathrm{x}'\|$ 이다.

[접선] 정칙곡선 $C: \mathrm{x} = \mathrm{x}(t)$ $(t_1 \leqq t \leqq t_2)$ 위의 한 점 $\mathrm{x}_0 = \mathrm{x}(t_0)$에서의 **접선(tangent line)**은 x_0에서의 접선벡터에 평행인 직선을 말한다. $\mathrm{t}_0 = \mathrm{t}(t_0)$가 x_0에서의 단위접선벡터일 때, x_0에서 곡선 C의 접선의 방정식은

$$\mathrm{y} = \mathrm{x}_0 + k\mathrm{t}_0, -\infty < k < \infty$$

이다.

[법평면] x_0를 지나고 x_0에서의 접선에 수직인 평면은 x_0에서 곡선 C의 **법평면(normal plane)**이라고 한다. 그 법평면의 방정식은 다음과 같다.

$$(\mathrm{y}-\mathrm{x}_0)\cdot \mathrm{t}_0 = 0.$$

(참고) x'가 t와 평행이므로, x_0에서의 접선과 법평면의 방정식은 각각 다음과 같이 나타낼 수도 있다.

$$\mathrm{y} = \mathrm{x}_0 + k\mathrm{x}'(t_0),$$

$$(\mathrm{y}-\mathrm{x}_0)\cdot \mathrm{x}'(t_0) = 0.$$

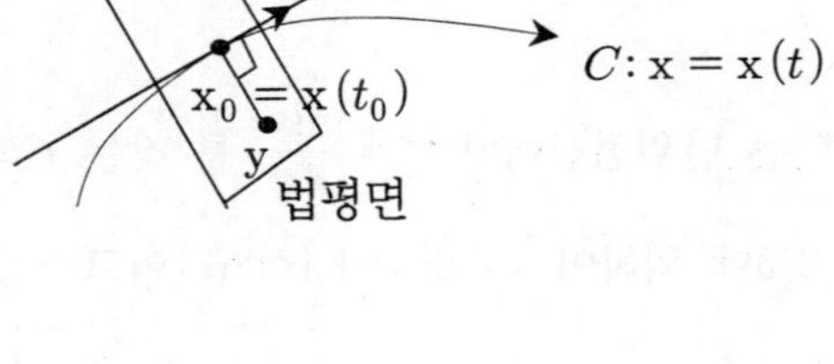

예제 1.2 곡선 $C: \mathrm{x} = \mathrm{x}(t) = (t, t^2, t^3)$에 대하여 $t = 1$에서 C의 접선과 법평면을 구하여라.

풀이 $\mathrm{x}_0 = \mathrm{x}(1) = (1,1,1)$이고, $\mathrm{x}' = (1, 2t, 3t^2)$이므로 $\mathrm{x}'(1) = (1,2,3)$이다. 그러므로 접선은

$$\mathrm{y} = (1,1,1) + k(1,2,3) = (1+k, 1+2k, 1+3k)$$

이고, 법평면은 다음과 같다.

$$(\mathrm{y} - \mathrm{x}_0) \cdot \mathrm{x}'(1) = 0$$

즉, $\mathrm{y} = (y_1, y_2, y_3)$라 놓으면, $(y_1 - 1, y_2 - 1, y_3 - 1) \cdot (1,2,3) = 0$이므로 법평면은 다음과 같다.

$$1 \cdot (y_1 - 1) + 2 \cdot (y_2 - 1) + 3 \cdot (y_3 - 1) = 0,$$
$$y_1 + 2y_2 + 3y_3 = 6.$$

[곡률벡터] C^2급정칙곡선 $C: \mathrm{x} = \mathrm{x}(t) = (x_1(t), x_2(t), x_3(t))\ (t_1 \leqq t \leqq t_2)$의 자연표현은 $\mathrm{x} = \mathrm{x}(s)\ (0 \leqq s \leqq L)$이라 하자. 이때, 단위접선벡터

$$\mathrm{t} = \mathrm{t}(s) = \dot{\mathrm{x}}(s)$$

는 C^1-급임을 알 수 있다. 이 벡터의 호장 s에 관한 도함수

$$\frac{d\mathrm{t}}{ds} = \dot{\mathrm{t}}(s) = \ddot{\mathrm{x}}(s)$$

를 생각하자.

정리 1.3 C^2급정칙곡선 $C: \mathrm{x} = \mathrm{x}(t)$의 자연표현은 $\mathrm{x} = \mathrm{x}(s)$이라 하자. 이때, 단위접선벡터 t의 방향은 정칙곡선 $C: \mathrm{x} = \mathrm{x}(t)$의 방향에 의존하지만 $\dot{\mathrm{t}}$는 C의 방향에 독립이다.

증명 만일 $\mathrm{x} = \mathrm{x}(s^*)$는 단위접선벡터 $\mathrm{t}^* = \dfrac{d\mathrm{x}}{ds^*}$를 갖는 C의 또 다른 자연표현이면, 1.2절의 정리 2.5에 의하여 $s = \pm s^* + (\text{상수})$이고

$$\frac{d\mathrm{t}^*}{ds^*} = \frac{d}{ds^*}\left(\frac{d\mathrm{x}}{ds^*}\right) = \frac{d}{ds^*}\left(\pm\frac{d\mathrm{x}}{ds}\right)$$

$$= \pm\frac{d}{ds}\left(\frac{d\mathrm{x}}{ds}\right)\frac{ds}{ds^*} = (\pm 1)^2\frac{d}{ds}\left(\frac{d\mathrm{x}}{ds}\right) = \frac{d\mathrm{t}}{ds}$$

이다. 따라서 $\dot{\mathrm{t}}$는 곡선 C의 방향에 독립이다.

이러한 벡터 $\dot{\mathrm{t}}(s)$는 점 $\mathrm{x}(s)$에서 곡선 C의 **곡률벡터(curvature vector)**라고 하고,

$$\mathrm{k} = \mathrm{k}(s) = \dot{\mathrm{t}}(s) = \ddot{\mathrm{x}}(s)$$

로 나타낸다.

$\| \mathrm{t} \| = 1$이므로, $\mathrm{t} \cdot \mathrm{t} = 1$이다. 이때, 양변을 호장 s에 관해 미분하면

$$2\mathrm{t} \cdot \dot{\mathrm{t}} = 0$$

이므로, 곡률벡터 $\mathrm{k} = \dot{\mathrm{t}}$와 단위접선벡터 t는 서로 수직임을 알 수 있다. 따라서 곡률벡터 k는 법평면과 평행이다. 만일 $\mathrm{k} \neq \mathrm{O}$이면, 곡률벡터 k는 곡선이 굽은 방향으로 향하게 그린다.

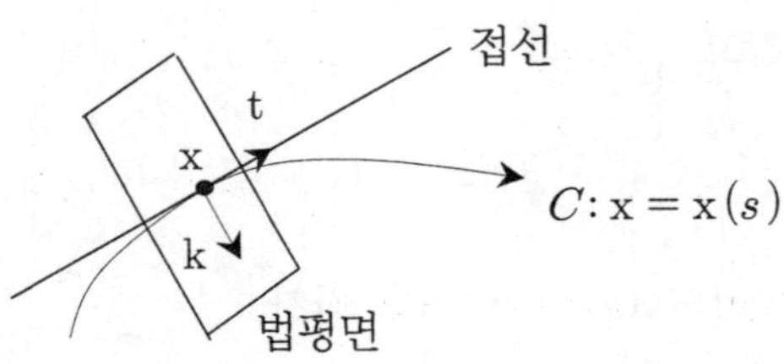

[곡률] 곡률벡터 $\mathrm{k}(s)$의 노름(크기)은 점 $\mathrm{x}(s)$에서 곡선 C의 **곡률(curvature)**이라 하고, 다음과 같이 나타낸다.

$$\kappa = \kappa(s) = \| \mathrm{k}(s) \|$$

[곡률반경] 곡률의 역수, 즉, $\rho = \dfrac{1}{\kappa}$은 점 $\mathrm{x}(s)$에서의 **곡률반경(radius of curvature)**이라 한다.

곡률벡터가 영벡터인 곡선 위의 점을 **변곡점(point of inflection)**이라 한다. 따라서 변곡점에서의 곡률반경은 무한대이다.

[구면사상] 단위속력곡선 $C: \mathrm{x}=\mathrm{x}(s)$ 위의 각 점 $\mathrm{x}(s)$에서 단위접선벡터 $\mathrm{t}(s)$의 출발점을 공간의 원점으로 평행이동시키자. 그러면 $\mathrm{t}(s)$의 종점은 단위구면 위의 곡선을 그린다. 단위법선벡터의 종점을 단위구면 위의 점으로 대응시키는 사상을 곡선 C의 단위접선벡터에 대한 **가우스의 구면사상(Gauss' spherical map)**이라 한다.

▸정리 1.4 단위속력곡선 $C: \mathrm{x}=\mathrm{x}(s)$는 C^m-급$(m \geq 2)$이라고 하자. $\triangle\theta$는 $\mathrm{t}(s)$와 $\mathrm{t}(s+\triangle s)$의 사잇각이라 하자. 이때, $\kappa = \lim_{\triangle s \to 0} \left| \frac{\triangle\theta}{\triangle s} \right|$ 이다. 즉, 곡률 κ는 호장에 관한 접선방향의 변화율이다.

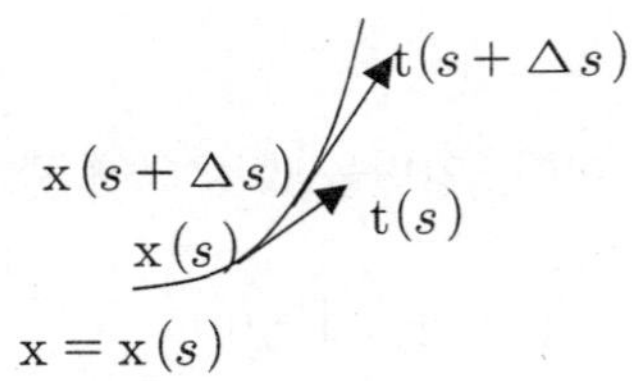

증명 곡선 C의 단위접선벡터 $\mathrm{t}(s)$와 $\mathrm{t}(s+\triangle s)$에 대응하는 가우스의 구면사상의 상을 A, B라고 하자. $\angle AOB = \triangle\theta$라 할 때, $\triangle\theta$는 두 점 A, B를 잇는 대원의 호의 길이와 같고

$$\overline{AB} = \| \mathrm{t}(s+\triangle s) - \mathrm{t}(s) \|$$

이다. $\mathrm{t}(s+\triangle s) - \mathrm{t}(s) = \triangle \mathrm{t}$라고 하자.

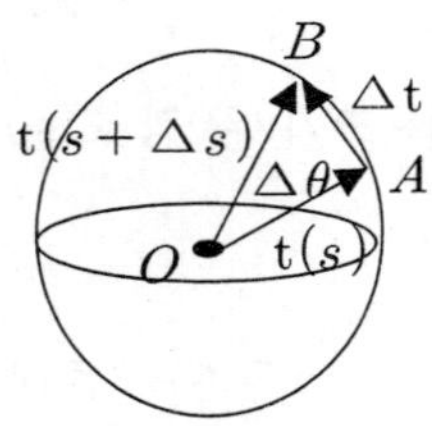

$$\left\| \frac{\triangle \mathrm{t}}{\triangle\theta} \right\|^2 = \frac{\triangle \mathrm{t}}{\triangle\theta} \cdot \frac{\triangle \mathrm{t}}{\triangle\theta} = \frac{\| \triangle \mathrm{t} \|^2}{(\triangle\theta)^2} = \frac{2-2\cos(\triangle\theta)}{(\triangle\theta)^2}$$

이므로, $\lim_{\triangle\theta \to 0} \left\| \frac{\triangle \mathrm{t}}{\triangle\theta} \right\|^2 = \lim_{\triangle\theta \to 0} \frac{2-2\cos(\triangle\theta)}{(\triangle\theta)^2} = \lim_{\triangle\theta \to 0} \frac{2\sin(\triangle\theta)}{2(\triangle\theta)} = 1$이다.

$\triangle s \to 0$ 일 때 $\triangle\theta \to 0$ 이므로,

$$\lim_{\triangle s \to 0} \| \frac{\triangle \mathrm{t}}{\triangle \theta} \| = \lim_{\triangle s \to 0} \frac{\overline{AB}}{\widehat{AB}} = 1$$

이다. 그러므로

$$\begin{aligned}
\lim_{\triangle s \to 0} \left| \frac{\triangle \theta}{\triangle s} \right| &= \lim_{\triangle s \to 0} \frac{|\triangle \theta|}{\| \triangle \mathrm{t} \|} \frac{\| \triangle \mathrm{t} \|}{|\triangle s|} \\
&= \lim_{\triangle s \to 0} \| \frac{\triangle \mathrm{t}}{\triangle s} \| / \| \frac{\triangle \mathrm{t}}{\triangle \theta} \| \\
&= \lim_{\triangle s \to 0} \| \frac{\triangle \mathrm{t}}{\triangle s} \| \\
&= \| \frac{d\mathrm{t}}{ds} \| = \| \dot{\mathrm{t}} \| = \| \mathrm{k} \| = \kappa
\end{aligned}$$

이다.

위의 정리에 의하여 곡률은 호장에 관한 접선방향의 변화율과 같다. 따라서 반지름이 작은 원처럼 호장에 관하여 접선방향이 급격히 변하는 곡선을 따라서는 곡률이 상대적으로 커지고 곡률반경은 작아진다.

만일 곡선 C 위의 점 $\mathrm{x}(s_1), \mathrm{x}(s_2)$에서의 곡률이 각각 κ_1, κ_2이고 $0 < \kappa_1 < \kappa_2$이면, 곡률반경은 각각 $\rho_1 = \frac{1}{\kappa_1} > \rho_2 = \frac{1}{\kappa_2} > 0$이다. 이것은 곡선 C가 점 $\mathrm{x}(s_1)$에서보다 점 $\mathrm{x}(s_2)$에서 더 많이 휘어져있다는 것을 의미한다.

예제 1.5 반지름이 a인 원

$$\mathrm{x} = \mathrm{x}(t) = (a\cos t, a\sin t) \ (0 \leqq t \leqq 2\pi)$$

의 곡률과 곡률반경을 구하여라.

풀이 $\frac{ds}{dt} = \| \mathrm{x}'(t) \| = a$를 풀면 $s = at$이므로 $\mathrm{x} = \mathrm{x}(t)$의 자연표현은

$$\mathrm{x} = \mathrm{x}(s) = (a\cos\frac{s}{a}, a\sin\frac{s}{a})$$

이다. 이때, $\mathrm{t} = \mathrm{t}(s) = \dot{\mathrm{x}}(s) = (-\sin\frac{s}{a}, \cos\frac{s}{a})$이므로, 곡률벡터는

$$k = k(s) = \dot{t}(s) = (-\frac{1}{a}\cos\frac{s}{a}, -\frac{1}{a}\sin\frac{s}{a})$$

이다. 따라서 곡률은 $\kappa = \| k(s) \| = \frac{1}{a}$ 이다. 그러므로 곡률반경은 $\rho = \frac{1}{\kappa} = a$ 이다.

예제 1.6 원기둥나선 $x = x(t) = (a\cos t, a\sin t, bt),\ a > 0, b \neq 0, 0 \leqq t \leqq 2\pi)$의 곡률을 구하여라.

풀이 $\frac{ds}{dt} = \| x'(t) \| = (a^2 + b^2)^{1/2}$을 풀면 $s = (a^2 + b^2)^{1/2} t$ 이므로, 상나선 $x = x(t)$의 자연표현은

$$x = x(s) = (a\cos(a^2 + b^2)^{-1/2}s, a\sin(a^2 + b^2)^{-1/2}s, b(a^2 + b^2)^{-1/2}s)$$

이다. 이때,

$$\begin{aligned} t &= t(s) = \dot{x}(s) \\ &= (-a(a^2 + b^2)^{-1/2}\sin(a^2 + b^2)^{-1/2}s, a(a^2 + b^2)^{-1/2}\cos(a^2 + b^2)^{-1/2}s, \\ &\qquad b(a^2 + b^2)^{-1/2}) \end{aligned}$$

이므로 곡률벡터는 다음과 같다.

$$\begin{aligned} k &= k(s) = \dot{t}(s) \\ &= (-a(a^2 + b^2)^{-1}\cos(a^2 + b^2)^{-1/2}s, -a(a^2 + b^2)^{-1}\sin(a^2 + b^2)^{-1}s, 0). \end{aligned}$$

따라서 곡률은 $\kappa = \| k(s) \| = \frac{a}{a^2 + b^2}$ 이다.

만일 단위속력곡선 $C: x = x(s)$의 곡률이 항등적으로 0이면, 즉, $\kappa = \| k \| = \| \dot{t} \| = 0$ 이면, $\dot{t}(s) = 0$ 이므로, 이를 적분하면,

$$\dot{x}(s) = t = a = (\text{상수}) \neq O$$

이다. 이것을 다시 적분하면,

$$x = sa + b, b = (\text{상수})$$

를 얻는다. 즉, 곡선 C는 b를 지나고 벡터 a에 평행한 직선이다.

역으로, 만일 곡선 C는 직선 $\mathrm{x}=t\mathrm{a}+\mathrm{b}, \mathrm{a}\neq 0$이면,

$$\mathrm{t}=\frac{d\mathrm{x}}{dt}/\left\|\frac{d\mathrm{x}}{dt}\right\|=\frac{\mathrm{a}}{\|\mathrm{a}\|}$$

이므로 $\kappa=\|\mathrm{k}\|=\|\dot{\mathrm{t}}\|=0$이다. 따라서 다음 정리를 얻는다.

▶정리 1.7 C^2-급단위속력곡선 $C: \mathrm{x}=\mathrm{x}(s)$가 직선이 되기 위한 필요충분조건은 그 곡률이 항등적으로 $\kappa=0$인 것이다.

▶정리 1.8 곡률이 0이 아닌 C^2-급정칙곡선 $C: \mathrm{x}=\mathrm{x}(t)$의 곡률 κ는 다음과 같다.

$$\kappa=\kappa(t)=\|\mathrm{x}'\times\mathrm{x}''\|/\|\mathrm{x}'\|^3$$

증명 $\frac{ds}{dt}=\|\mathrm{x}'\|$ 이고, $\mathrm{t}=\mathrm{x}'/\|\mathrm{x}'\|$ 이므로 다음을 얻는다.

$$\begin{aligned}
\mathrm{k}&=\frac{d\mathrm{t}}{ds}=\frac{d\mathrm{t}}{dt}/\frac{ds}{dt}=\frac{1}{\|\mathrm{x}'\|}\frac{d}{dt}((\mathrm{x}'\cdot\mathrm{x}')^{-1/2}\mathrm{x}')\\
&=\frac{1}{\|\mathrm{x}'\|}\{-\frac{1}{2}(\mathrm{x}'\cdot\mathrm{x}')^{-3/2}2(\mathrm{x}'\cdot\mathrm{x}'')\mathrm{x}'+(\mathrm{x}'\cdot\mathrm{x}')^{-1/2}\mathrm{x}''\}\\
&=\frac{1}{\|\mathrm{x}'\|}\{-\|\mathrm{x}'\|^{-3}(\mathrm{x}'\cdot\mathrm{x}'')\mathrm{x}'+\|\mathrm{x}'\|^{-1}\mathrm{x}''\}\\
&=\frac{1}{\|\mathrm{x}'\|^4}\{-(\mathrm{x}'\cdot\mathrm{x}'')\mathrm{x}'+\|\mathrm{x}'\|^2\mathrm{x}''\}.
\end{aligned}$$

그러므로 다음을 알 수 있다.

$$\begin{aligned}
\|\mathrm{k}\|^2&=\frac{1}{\|\mathrm{x}'\|^8}\{-(\mathrm{x}'\cdot\mathrm{x}'')\mathrm{x}'+\|\mathrm{x}'\|^2\mathrm{x}''\}\cdot\{-(\mathrm{x}'\cdot\mathrm{x}'')\mathrm{x}'+\|\mathrm{x}'\|^2\mathrm{x}''\}\\
&=\frac{1}{\|\mathrm{x}'\|^8}\{(\mathrm{x}'\cdot\mathrm{x}'')^2\|\mathrm{x}'\|^2-2(\mathrm{x}'\cdot\mathrm{x}'')^2\|\mathrm{x}'\|^2+\|\mathrm{x}'\|^4\|\mathrm{x}''\|^2\}\\
&=\frac{1}{\|\mathrm{x}'\|^8}\{-(\mathrm{x}'\cdot\mathrm{x}'')^2\|\mathrm{x}'\|^2+\|\mathrm{x}'\|^4\|\mathrm{x}''\|^2\}\\
&=\frac{1}{\|\mathrm{x}'\|^6}\{-(\mathrm{x}'\cdot\mathrm{x}'')^2+\|\mathrm{x}'\|^2\|\mathrm{x}''\|^2\}
\end{aligned}$$

$$= \frac{1}{\| x' \|^6}\{ \| x' \|^2 \| x'' \|^2 - (x' \cdot x'')^2\}$$

$$= \frac{\| x' \times x'' \|^2}{\| x' \|^6}.$$

따라서 $\kappa = \| k \| = \dfrac{\| x' \times x'' \|}{\| x' \|^3}$ 이다.

C^2-급단위속력곡선 $C: x = x(s)$의 곡률벡터 $k = k(s) = \dot{t} = \ddot{x}$는 모든 s에서 연속이다. 그러나 k 방향의 단위벡터

$$u_k = k / \| k \|$$

는 $k(s_0) = O$인 s_0에서는 연속이 아니다.

[단위주법선벡터] $k(s_0) = O$인 s_0에서도 연속이 되도록 임의로 주어진 방향을 가지면서 k에 평행한 단위벡터를 곡선 C의 **단위주법선벡터(principal normal unit vector)**라 하고, 이 벡터를 $n = n(s)$로 나타낸다. 즉, $n = n(s)$는 모든 s에서 연속이고 $n // k$이면서 방향이 일정한 단위벡터이다.

만일 C는 변곡점을 갖지 않으면, 즉, 모든 s에 대하여 $k(s) \neq O$이면, 점 $x(s)$에서 곡선 C의 단위주법선벡터를

$$n = n(s) = k(s) / \| k(s) \|$$

으로 택한다. 그러나 직선 위의 모든 점에서의 곡률 $\kappa = \| k(s) \|$는 0이므로, 직선의 곡률벡터는 $k = O$이다. 따라서 직선의 단위주법선벡터 n은 정의되지 않는다.

단위속력곡선 $C: x = x(s)$의 단위주법선벡터 $n(s)$가 주어지면, C의 곡률벡터 $k(s)$에 대하여

$$k(s) = \kappa(s) n(s)$$

를 만족하는 연속함수 $\kappa(s)$가 존재한다. 이때, n이 k와 같은 방향을 갖는 곡선 위의 점에서는 $\kappa(s) = \| k(s) \|$이고, 반대방향일 때는 $\kappa(s) = -\| k(s) \|$이며, 변곡점에서는 $\kappa(s) = 0$이다. 이와 같이, $k(s) = \kappa(s) n(s)$로 정의되는 $\kappa(s)$도 점 $x(s)$에서 곡선 C의 **곡률(curvature)**이라고 한다. n의 방향은 임의이므로, 함수 $\kappa(s)$는 n과 k의 방향과 $\| k \|$에 의하여 결정된다. $n \cdot n = \| n \|^2 = 1$이므로, $\kappa(s) = k(s) \cdot n(s)$임을 알 수 있다.

예제 1.9 곡선 $C:\mathrm{x}=\mathrm{x}(t)=(t,\frac{1}{3}t^3)$의 단위주법선벡터 n을 하나 구하여라.

풀이 $\mathrm{x}'=(1,t^2)$, $\|\mathrm{x}'\|=(1+t^4)^{1/2}$,

$\mathrm{t}=\mathrm{x}'/\|\mathrm{x}'\|=(1+t^4)^{-1/2}(1,t^2)$

이므로, 곡률벡터는 다음과 같다.

$$\begin{aligned}\mathrm{k}=\dot{\mathrm{t}}&=\frac{d\mathrm{t}}{ds}=\frac{d\mathrm{t}}{dt}/\frac{ds}{dt}=\frac{d\mathrm{t}}{dt}/\|\mathrm{x}'\|\\&=\{-\frac{1}{2}(1+t^4)^{-3/2}4t^3(1,t^2)+(1+t^4)^{-1/2}(0,2t)\}/(1+t^4)^{1/2}\\&=-2t^3(1+t^4)^{-2}(1,t^2)+(1+t^4)^{-1}(0,2t)\\&=-2t(1+t^4)^{-2}\{t^2(1,t^2)-(1+t^4)(0,1)\}\\&=-2t(1+t^4)^{-2}(t^2,-1).\end{aligned}$$

예를 들어, $t=0$일 때, $\mathrm{x}(0)=(0,0)$에서의 곡률벡터는 $\mathrm{k}(0)=(0,0)$이므로 $\mathrm{x}(0)=(0,0)$은 변곡점이다. $t=1$일 때, $\mathrm{x}(1)=(1,\frac{1}{3})$에서의 곡률벡터는 $\mathrm{k}(1)=(-\frac{1}{2},\frac{1}{2})$이다. 또한, $t=-1$일 때, $\mathrm{x}(-1)=(-1,-\frac{1}{3})$에서의 곡률벡터는 $\mathrm{k}(-1)=(\frac{1}{2},-\frac{1}{2})$이다.

두 벡터가 같다는 것은 한 벡터를 평행이동하여 다른 벡터와 일치할 때를 의미하므로 곡률벡터 k의 방향은 그림과 같다.

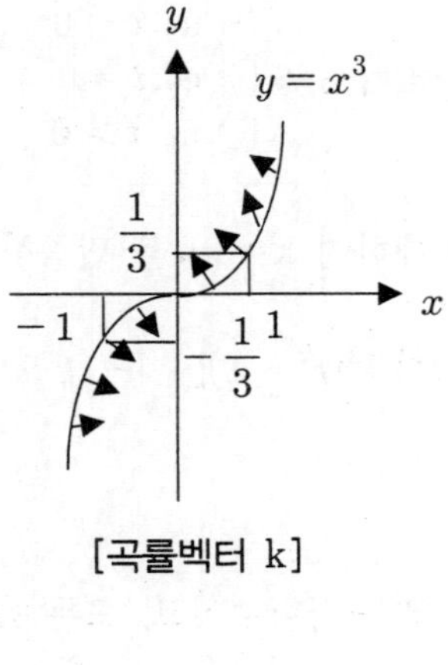

[곡률벡터 k]

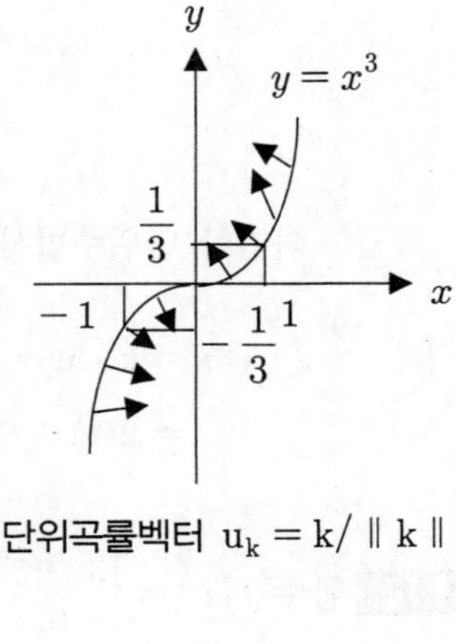

[단위곡률벡터 $\mathrm{u_k}=\mathrm{k}/\|\mathrm{k}\|$]

$$\lim_{t\to 0+} u_k = \lim_{t\to 0+} k/\|k\| = \lim_{t\to 0+} \frac{-t}{|t|(1+t^4)^{1/2}}(t^2,-1) = (0,-1) = e_2,$$

$$\lim_{t\to 0-} u_k = \lim_{t\to 0-} k/\|k\| = \lim_{t\to 0-} \frac{-t}{|t|(1+t^4)^{1/2}}(t^2,-1) = (0,-1) = -e_2$$

이므로 $\lim_{t\to 0+} u_k \neq \lim_{t\to 0-} u_k$ 이다. 그러므로 벡터 u_k는 $t=0$에서 연속이 아니다. 이것은 그림에서 보는 바와 같이 $t=0$일 때, 즉, 원점 $x(0)=(0,0)$의 전후에서 벡터 u_k의 방향이 서로 반대방향이기 때문이다.

이때, $t=0$에서도 연속이고 임의로 주어진 방향을 가지면서 k에 평행한 곡선 C의 단위주법선벡터 n을 다음과 같이 택할 수 있다.

$$n = \begin{cases} -u_k, & t<0 \\ e_2, & t=0 \\ u_k, & t>0 \end{cases}$$
$$= -(1+t^4)^{-1/2}(t^2,-1)$$

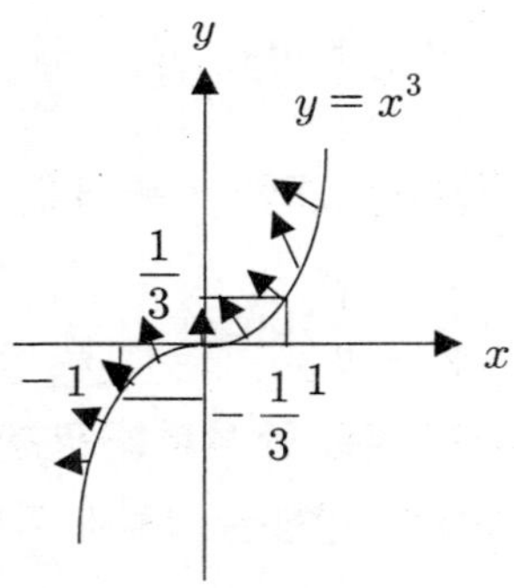

[주법선벡터 $n = \begin{cases} -u_k, & t<0 \\ e_2, & t=0 \\ u_k, & t>0 \end{cases}$]

이러한 단위주법선벡터 n에 대하여 $k=\kappa n$을 만족하는 κ는 다음과 같다.

$$\kappa = k \cdot n = [-2t(1+t^4)^{-2}(t^2,-1)] \cdot [-(1+t^4)^{-1/2}(t^2,-1)]$$
$$= 2t(1+t^4)^{-3/2}.$$

예제 1.10 함수 $f(x) = \begin{cases} e^{-1/x^2}, & x\neq 0 \\ 0, & x=0 \end{cases}$ 는 C^∞-급함수이고, 모든 음이 아닌 자연수 n에 대

하여 $f^{(n)}(0)=0$이다.

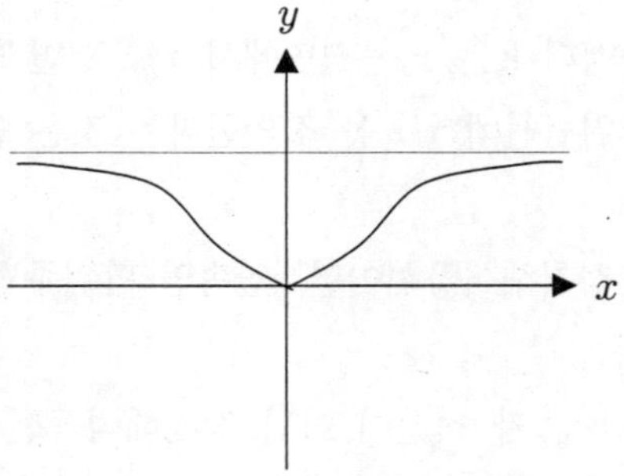

$[f(x)=\begin{cases} e^{-1/x^2}, & x\neq 0 \\ 0, & x=0 \end{cases}$ 의 그래프]

예제 1.11 C^{∞}-급정칙곡선 $C:\mathrm{x}=\mathrm{x}(t)=\begin{cases} (t,0,e^{-1/t^2}), & t<0 \\ (0,0,0), & t=0 \\ (t,e^{-1/t^2},0), & t>0 \end{cases}$ 의 그래프는 다음과 같다.

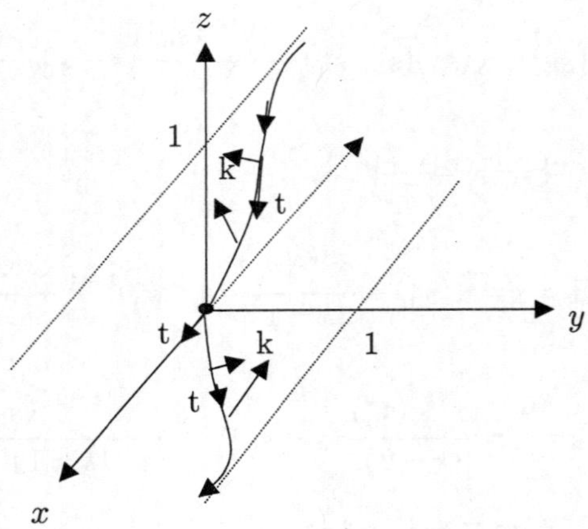

$t<0$일 때 곡선은 xz-평면에 놓여 있고, $t>0$일 때 곡선은 xy-평면에 놓여 있다. 따라서 $t<0$일 때 k는 xz-평면에 놓여 있고, $t>0$일 때 k는 xy-평면에 놓여 있다.

$$\mathrm{x}'(t)=\begin{cases} (1,0,\frac{2}{t^3}e^{-1/t^2}), & t<0 \\ (1,0,0), & t=0 \\ (1,\frac{2}{t^3}e^{-1/t^2},0), & t>0 \end{cases}$$

이므로 $t=0$에서의 단위접선벡터는 $\mathrm{t}(0)=\mathrm{e}_1$임을 알 수 있다. 따라서 곡률벡터 k는 $t<0$일 때는 xz-평면에 있고, $t>0$일 때는 xy-평면에 놓여 있다. 여기서 곡률벡터 k는 xz-평면에서 xy-평면으로 건너뛰므로, $t=0$에서 연속이 되도록 단위법선벡터 n을 정의한다는 것은 불가능하다.

그러나 만일 곡선이 정칙해석곡선이면, 연속인 단위주법선벡터는 항상 존재한다.

▸정리 1.12 만일 점 $\mathrm{x}(s_0)$가 직선이 아닌 정칙해석곡선 $\mathrm{x}=\mathrm{x}(s)$ 위의 변곡점이면, s_0의 근방에서 이 곡선의 연속인 단위주법선벡터 $\mathrm{n}(s)$가 존재한다.

증명 $\mathrm{x}(s)$의 k계 도함수($k>2$) $\mathrm{x}^{(k)}(s_0)$가 s_0에서 처음으로 영벡터가 아니라고 하자. $\mathrm{x}=\mathrm{x}(s)$는 직선이 아니므로 그러한 도함수가 존재한다. $\mathrm{x}=\mathrm{x}(s)$는 s_0에서 해석적이므로 s_0의 근방에서 다음을 얻는다.

$$\mathrm{x}=\mathrm{x}(s_0)+\dot{\mathrm{x}}(s_0)(s-s_0)+\frac{\mathrm{x}^{(k)}(s_0)}{k!}(s-s_0)^k+\frac{\mathrm{x}^{(k+1)}(s_0)}{(k+1)!}(s-s_0)^{k+1}+\cdots$$

따라서 다음을 얻는다.

$$\mathrm{t}=\dot{\mathrm{x}}=\dot{\mathrm{x}}(s_0)+\frac{\mathrm{x}^{(k)}(s_0)}{(k-1)!}(s-s_0)^{k-1}+\frac{\mathrm{x}^{(k+1)}(s_0)}{k!}(s-s_0)^k+\cdots$$

$$\begin{aligned}\mathrm{k}=\dot{\mathrm{t}}&=\frac{\mathrm{x}^{(k)}(s_0)}{(k-2)!}(s-s_0)^{k-2}+\frac{\mathrm{x}^{(k+1)}(s_0)}{(k-1)!}(s-s_0)^{k-1}+\cdots\\&=(s-s_0)^{k-2}\mathrm{w}(s)\end{aligned}$$

여기서 $\mathrm{w}(s)$는 s_0에서 해석적이고 $\mathrm{w}(s_0)=\dfrac{\mathrm{x}^{(k)}(s_0)}{(k-1)!}\neq\mathrm{O}$ 임을 알 수 있다. $\mathrm{w}(s)$는 s_0에서 연속이므로, s_0의 근방 $N_\delta(s_0)$의 모든 s에 대하여 $\mathrm{w}(s)\neq\mathrm{O}$ 인 근방 $N_\delta(s_0)$가 존재한다. 이때, $\mathrm{n}=\dfrac{\mathrm{w}(s)}{\|\mathrm{w}(s)\|}$라 놓으면, n은 $N_\delta(s_0)$에서 연속이고 $\|\mathrm{n}\|=1$이다. 그러므로 $\mathrm{k}=(s-s_0)^{k-2}\|\mathrm{w}(s)\|\mathrm{n}=\kappa(s)\mathrm{n}$이다. 이러한 n에 대하여 $\kappa=\|\mathrm{k}\|$이기 위한 필요충분조건은 k가 짝수인 것이다. 그렇지 않으면,

$$\kappa = \begin{cases} \| \mathrm{k} \|, s \geq s_0 \\ -\| \mathrm{k} \|, s < s_0 \end{cases}$$

이다.

[주법선] C^2-급단위속력곡선 $C: \mathrm{x} = \mathrm{x}(s)$ 위의 한 점 $\mathrm{x}(s)$를 지나고, 단위주법선벡터 $\mathrm{n}(s)$와 평행한 직선은 점 $\mathrm{x}(s)$에서 곡선 C의 **주법선(principal normal line)**이라 한다. 점 $\mathrm{x}(s)$에서 곡선 C의 주법선의 방정식은 다음과 같다.

$$\mathrm{y} = \mathrm{x}(s) + k\mathrm{n}(s), \ -\infty < k < \infty.$$

[접촉평면] 단위속력곡선 $C: \mathrm{x} = \mathrm{x}(s)$의 점 $\mathrm{x}(s)$에서의 단위접선벡터 $\mathrm{t}(s)$와 단위주법선벡터 $\mathrm{n}(s)$에 평행한 평면은 점 $\mathrm{x}(s)$에서 곡선 C의 **접촉평면(osculating plane)**이라 한다. 점 $\mathrm{x}(s)$에서 곡선 C의 접촉평면의 방정식은 다음과 같다.

$$(\mathrm{y} - \mathrm{x}(s)) \cdot (\mathrm{t}(s) \times \mathrm{n}(s)) = 0 \ \text{즉,} \ |\, \mathrm{y} - \mathrm{x}(s) \, \mathrm{t}(s) \, \mathrm{n}(s) \,| = 0.$$

특히, 곡률벡터가 $\mathrm{k} \neq \mathrm{O}$일 때 접촉평면의 방정식은 다음과 같음을 알 수 있다.

$$|\, \mathrm{y} - \mathrm{x}(s) \dot{\mathrm{x}} \ddot{\mathrm{x}} \,| = 0.$$

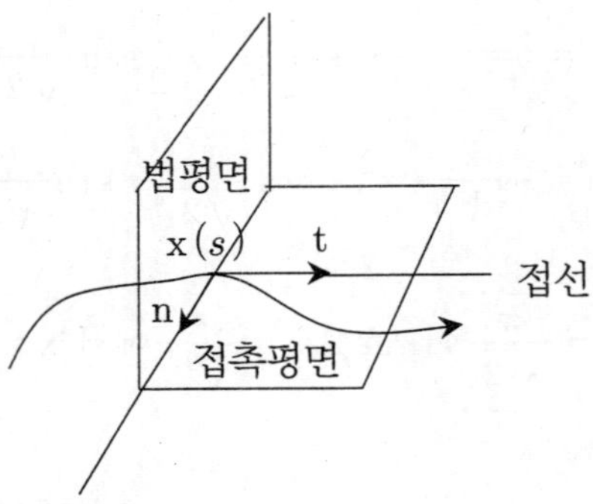

두 점을 지나는 직선과 세 점을 지나는 평면은 꼭 하나 존재한다. 곡선과 그의 접촉평면은 동일한 세 점을 공유한다고 한다. 즉, **2차의 접촉을 이룬다고 한다.** 또한, 곡선과 그의 접선은 동일한 두 점을 공유한다고 한다. 즉, **1차의 접촉을 이룬다고 한다.** 이에 대한 정의는 나중에 3장의 7절에서 구체적으로 다룬다.

직관적으로 곡선 위의 한 점 x_0에서의 접선 l은 곡선 위의 임의의 점 x에 대하여 점 x_0, x를 지나는 직선 l_{x}가 $\mathrm{x} \to \mathrm{x}_0$일 때, $l_{\mathrm{x}} \to l$임을 유의하자.

이와 마찬가지로, 곡선 위의 한 점 x_0에서의 접촉평면 π_{x_0}은 곡선 위의 임의의 두 점 $\mathrm{x}_1, \mathrm{x}_2$에 대하여 세 점 $\mathrm{x}_0, \mathrm{x}_1, \mathrm{x}_2$에 의하여 결정되는 평면 $\pi_{\mathrm{x}_0\mathrm{x}_1\mathrm{x}_2}$는 $\mathrm{x}_1, \mathrm{x}_2 \to \mathrm{x}_0$ 일 때, $\pi_{\mathrm{x}_0\mathrm{x}_1\mathrm{x}_2} \to \pi_{\mathrm{x}_0}$이다.

이것은 접선과 접촉평면이 곡선과 몇 차례의 **접촉(contact)**을 갖는지에 관한 기하학적 도형의 예이다.

예제 1.13 원기둥나선 $\mathrm{x} = \mathrm{x}(t) = (\cos t, \sin t, t)$에 대하여 $t = \frac{\pi}{2}$에서의 주법선의 방정식과 접촉평면의 방정식을 구하여라.

풀이 $\frac{ds}{dt} = \| \mathrm{x}' \| = \sqrt{2}$이므로 $s = \sqrt{2}\,t$이다. 따라서 $\mathrm{x} = \mathrm{x}(t)$의 자연표현은 다음과 같다.

$$\mathrm{x} = \mathrm{x}(s) = (\cos\frac{s}{\sqrt{2}}, \sin\frac{s}{\sqrt{2}}, \frac{s}{\sqrt{2}}).$$

$$\mathrm{t} = \dot{\mathrm{x}} = (-\frac{1}{\sqrt{2}}\sin\frac{s}{\sqrt{2}}, \frac{1}{\sqrt{2}}\cos\frac{s}{\sqrt{2}}, \frac{1}{\sqrt{2}})$$

$$\mathrm{k} = \dot{\mathrm{t}} = (-\frac{1}{2}\cos\frac{s}{\sqrt{2}}, -\frac{1}{2}\sin\frac{s}{\sqrt{2}}, 0)$$

$$\mathrm{n} = \frac{\mathrm{k}}{\| \mathrm{k} \|} = (-\cos\frac{s}{\sqrt{2}}, -\sin\frac{s}{\sqrt{2}}, 0).$$

$t = \frac{\pi}{2}$일 때, $s = \frac{\pi}{\sqrt{2}}$이므로, $s = \frac{\pi}{\sqrt{2}}$에서 $\mathrm{x} = \mathrm{x}(s)$의 주법선의 방정식은 다음과 같다.

$$\begin{aligned} \mathrm{y} &= \mathrm{x}(\frac{\pi}{\sqrt{2}}) + k\mathrm{n}(\frac{\pi}{\sqrt{2}}) \\ &= (0, 1, \frac{\pi}{2}) + k(0, -1, 0) \\ &= (0, 1-k, \frac{\pi}{2}). \end{aligned}$$

$s = \frac{\pi}{\sqrt{2}}$에서 $\mathrm{x} = \mathrm{x}(s)$의 접촉평면의 방정식은 다음과 같다.

$$|\,(\mathrm{y}-\mathrm{x}(\frac{\pi}{\sqrt{2}}))\mathrm{t}(\frac{\pi}{\sqrt{2}})\mathrm{n}(\frac{\pi}{\sqrt{2}})\,|=0$$

즉,

$$\begin{vmatrix} y_1 & y_2-1 & y_3-\frac{\pi}{2} \\ -\frac{1}{\sqrt{2}} & 0 & \frac{1}{\sqrt{2}} \\ 0 & -1 & 0 \end{vmatrix}=0,\ y_1+y_3=\frac{\pi}{2}.$$

[단위종법선벡터] 단위접선벡터 $\mathrm{t}=\mathrm{t}(s)$와 단위주법선벡터 $\mathrm{n}=\mathrm{n}(s)$를 갖는 C^2-급단위속력곡선 $C:\mathrm{x}=\mathrm{x}(s)$에 대하여 단위벡터

$$\mathrm{b}=\mathrm{b}(s)=\mathrm{t}(s)\times\mathrm{n}(s)$$

는 연속임을 알 수 있다. $\mathrm{b}\perp\mathrm{t},\mathrm{b}\perp\mathrm{n}$이고 $\|\mathrm{b}\|=\|\mathrm{t}\|\,\|\mathrm{n}\|\sin\frac{\pi}{2}=1$이다. 또한 $(\mathrm{t},\mathrm{n},\mathrm{b})$는 우수정규직교인 3개의 벡터 쌍을 이룬다. 이러한 벡터 b는 점 $\mathrm{x}(s)$에서 곡선 C의 **단위종법선벡터(unit binormal vector)**라고 한다.

[이동좌표계] 세 벡터 쌍 $\mathrm{t}(s),\mathrm{n}(s),\mathrm{b}(s)$를 점 $\mathrm{x}(s)$에서 곡선 C의 **프레네 좌표계(Frenet frame)**라 한다. 프레네 좌표계는 곡선 C를 따라 변하므로 이것을 **이동좌표계(moving frame)**라 한다. 특히, $\mathrm{e}_1,\mathrm{e}_2,\mathrm{e}_3$를 **고정좌표계(fixed frame)**이라 한다.

[종법선] 점 $\mathrm{x}(s)$를 지나고 단위종법선벡터 $\mathrm{b}=\mathrm{b}(s)$에 평행한 직선은 점 $\mathrm{x}(s)$에서 곡선 C의 **종법선(binormal line)**이라 한다. 점 $\mathrm{x}(s)$에서 단위속력곡선 $C:\mathrm{x}=\mathrm{x}(s)$의 종법선의 방정식은 다음과 같다.

$$\mathrm{y}=\mathrm{x}(s)+k\mathrm{b}(s),-\infty<k<\infty.$$

[전직평면] 단위속력곡선 $C:\mathrm{x}=\mathrm{x}(s)$ 위의 점 $\mathrm{x}(s)$를 지나고, 단위접선벡터 $\mathrm{t}(s)$와 단위종법선벡터 $\mathrm{b}(s)$에 평행한 평면을 점 $\mathrm{x}(s)$에서 곡선 C의 **전직평면(rectifying plane)**이라 한다. 점 $\mathrm{x}(s)$에서 곡선 C의 전직평면의 방정식은 다음과 같다.

$$(\mathrm{y}-\mathrm{x}(s))\cdot\mathrm{n}(s)=0.$$

따라서 C^2-급단위속력곡선 $C:\mathrm{x}=\mathrm{x}(s)$에 대하여 각 점 x에서의 다음과 같은 특수한 세 개

의 직선과 평면을 얻는다.

$$\text{직선}\begin{cases}\text{접 선}: & \mathrm{y}=\mathrm{x}+k\mathrm{t}\\ \text{주법선}: & \mathrm{y}=\mathrm{x}+k\mathrm{n}\\ \text{종법선}: & \mathrm{y}=\mathrm{x}+k\mathrm{b}\end{cases}$$

$$\text{평면}\begin{cases}\text{접 평 면}: (\mathrm{y}-\mathrm{x})\cdot\mathrm{t}=0\\ \text{전직평면}: (\mathrm{y}-\mathrm{x})\cdot\mathrm{n}=0\\ \text{접촉평면}: (\mathrm{y}-\mathrm{x})\cdot\mathrm{b}=0\end{cases}$$

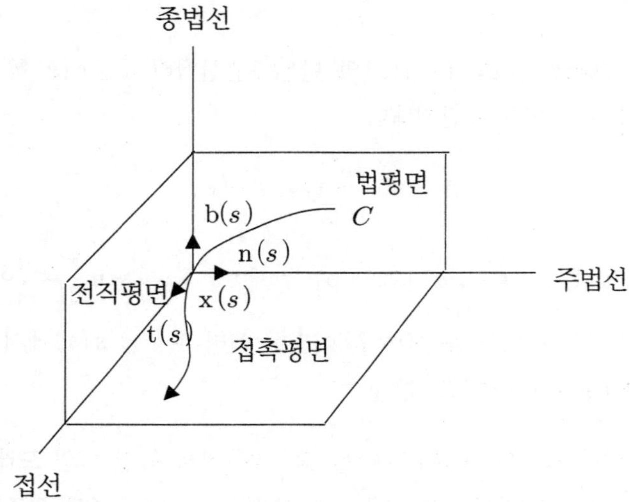

예제 1.14 원기둥나선 $\mathrm{x}=\mathrm{x}(t)=(\cos t,\sin t,t)$에 대하여 $t=\dfrac{\pi}{2}$에서의 종법선의 방정식과 전직평면의 방정식을 구하여라.

풀이 $\dfrac{ds}{dt}=\|\mathrm{x}'\|=\sqrt{2}$이므로 $s=\sqrt{2}t$이다. 따라서 $\mathrm{x}=\mathrm{x}(t)$의 자연표현은 다음과 같다.

$$\mathrm{x}=\mathrm{x}(s)=(\cos\frac{s}{\sqrt{2}},\sin\frac{s}{\sqrt{2}},\frac{s}{\sqrt{2}}).$$

$$\mathrm{t}=\dot{\mathrm{x}}=(-\frac{1}{\sqrt{2}}\sin\frac{s}{\sqrt{2}},\frac{1}{\sqrt{2}}\cos\frac{s}{\sqrt{2}},\frac{1}{\sqrt{2}})$$

$$\mathrm{k}=\dot{\mathrm{t}}=(-\frac{1}{2}\cos\frac{s}{\sqrt{2}},-\frac{1}{2}\sin\frac{s}{\sqrt{2}},0)$$

$$\mathrm{n}=\frac{\mathrm{k}}{\|\mathrm{k}\|}=(-\cos\frac{s}{\sqrt{2}},-\sin\frac{s}{\sqrt{2}},0)$$

$$\mathrm{b}=\mathrm{t}\times\mathrm{n}=\begin{vmatrix}\mathrm{e}_1 & \mathrm{e}_2 & \mathrm{e}_3\\ -\frac{1}{\sqrt{2}}\sin\frac{s}{\sqrt{2}} & \frac{1}{\sqrt{2}}\cos\frac{s}{\sqrt{2}} & \frac{s}{\sqrt{2}}\\ -\cos\frac{s}{\sqrt{2}} & -\sin\frac{s}{\sqrt{2}} & 0\end{vmatrix}$$

$$=(\frac{s}{\sqrt{2}}\sin\frac{s}{\sqrt{2}},-\frac{s}{\sqrt{2}}\cos\frac{s}{\sqrt{2}},\frac{1}{\sqrt{2}}).$$

$t=\frac{\pi}{2}$일 때, $s=\frac{\pi}{\sqrt{2}}$이므로, $s=\frac{\pi}{\sqrt{2}}$에서 $\mathrm{x}=\mathrm{x}(s)$의 종법선의 방정식은 다음과 같다.

$$\begin{aligned}\mathrm{y}&=\mathrm{x}(\frac{\pi}{\sqrt{2}})+k\mathrm{b}(\frac{\pi}{\sqrt{2}})\\ &=(0,1,\frac{\pi}{2})+k(\frac{\pi}{2},0,\frac{1}{\sqrt{2}})\\ &=(\frac{\pi}{2}k,1,\frac{\pi}{2}+\frac{1}{\sqrt{2}}k).\end{aligned}$$

$s=\frac{\pi}{\sqrt{2}}$에서 $\mathrm{x}=\mathrm{x}(s)$의 전직평면의 방정식은 다음과 같다.

$$(\mathrm{y}-\mathrm{x}(\frac{\pi}{\sqrt{2}}))\cdot\mathrm{n}(\frac{\pi}{\sqrt{2}})=0$$

즉,

$$(y_1,y_2-1,y_3-\frac{\pi}{2})\cdot(0,-1,0)=0\ ,\ y_2=1.$$

전직평면은 z-축과 평행이라는 것을 알 수 있다.

2. 열률

[열률] C^3-급단위속력곡선 $C: \mathrm{x}=\mathrm{x}(s)$의 단위주법선벡터 $\mathrm{n}(s)$가 C^1-급이라 하자. 단위종법선벡터 $\mathrm{b}(s)=\mathrm{t}(s)\times\mathrm{n}(s)$를 미분하면 다음을 얻는다.

$$\begin{aligned}\dot{\mathrm{b}}(s) &= \dot{\mathrm{t}}(s)\times\mathrm{n}(s)+\mathrm{t}(s)\times\dot{\mathrm{n}}(s)\\ &=\kappa(s)[\mathrm{n}(s)\times\mathrm{n}(s)]+\mathrm{t}(s)\times\dot{\mathrm{n}}(s)\\ &=\mathrm{t}(s)\times\dot{\mathrm{n}}(s).\end{aligned}$$

$\mathrm{n}(s)\cdot\mathrm{n}(s)=1$을 미분하면 $2\mathrm{n}(s)\cdot\dot{\mathrm{n}}(s)=0$이므로 $\dot{\mathrm{n}}(s)\perp\mathrm{n}(s)$이다. 그러므로 $\dot{\mathrm{n}}$는 t와 b에 의하여 생성된다. 즉,

$$\dot{\mathrm{n}}(s)=\mu(s)\mathrm{t}(s)+\tau(s)\mathrm{b}(s)$$

로 나타낼 수 있다. 따라서 다음을 얻는다.

$$\begin{aligned}\dot{\mathrm{b}}(s) &= \tau(s)[\mathrm{t}(s)\times\mathrm{b}(s)]\\ &=-\tau(s)\mathrm{n}(s).\end{aligned}$$

$\dot{\mathrm{b}}(s)=-\tau(s)\mathrm{n}(s)$를 만족하는 연속함수 $\tau(s)$를 점 $\mathrm{x}(s)$에서 곡선 C의 **제2곡률(second curvature)** 또는 **열률(torsion)**이라 한다. 따라서

$$\tau(s)=-\dot{\mathrm{b}}(s)\cdot\mathrm{n}(s)$$

이다. $\sigma=\dfrac{1}{|\tau|}$는 $\mathrm{x}(s)$에서의 **열률반경(radius of torsion)**이라 한다. $|\tau(s)| = \|\dot{\mathrm{b}}(s)\|$이다.

(참고) 공간곡선 C의 열률은 그 곡선이 각 점에서 어느 정도 비틀어져 있는지를 측정하는 개념이다.

▶정리 2.1 단위속력곡선 $C: \mathrm{x}=\mathrm{x}(s)$는 C^m-급$(m\geq 3)$이라고 하자. 곡선 $C: \mathrm{x}=\mathrm{x}(s)$ 위의 두 점 $\mathrm{x}(s), \mathrm{x}(s+\Delta s)$에서의 단위종법선벡터 $\mathrm{b}(s)$와 $\mathrm{b}(s+\Delta s)$가 이루는 사잇각을 $\Delta\varphi$라고 하자. 그러면 $|\tau| = \lim_{\Delta s\to 0}\left|\dfrac{\Delta\varphi}{\Delta s}\right|$이다. 즉, 열률의

절댓값은 곡선의 종법선방향의 변화율이다.

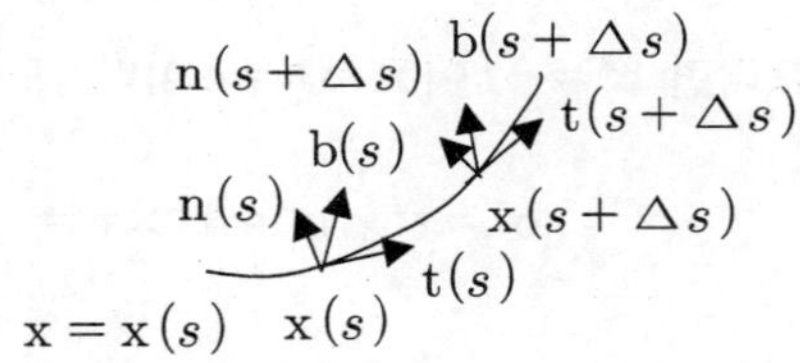

증명 종법선벡터 $\mathrm{b}(s), \mathrm{b}(s+\triangle s)$의 가우스의 구면사상의 상을 각각 A, B라 하고, $\triangle \mathrm{b}=\mathrm{b}(s+\triangle s)-\mathrm{b}(s)$라고 하자. 그러면

$$\overline{AB}=\| \mathrm{b}(s+\triangle s)-\mathrm{b}(s) \| = \| \triangle \mathrm{b} \|$$

이고 호의 길이는 $\widehat{AB}=\triangle \varphi$이다. $\lim_{\triangle s \to 0} \| \frac{\triangle \mathrm{b}}{\triangle \varphi} \| = \lim_{\triangle s \to 0} \frac{\overline{AB}}{\widehat{AB}}=1$(정리 1.4의 증명 참조)이므로

$$\begin{aligned}\lim_{\triangle s \to 0} \left| \frac{\triangle \varphi}{\triangle s} \right| &= \lim_{\triangle s \to 0} \left\| \frac{\triangle \mathrm{b}}{\triangle s} \right\| / \left\| \frac{\triangle \mathrm{b}}{\triangle \varphi} \right\| = \lim_{\triangle s \to 0} \left\| \frac{\triangle \mathrm{b}}{\triangle s} \right\| \\ &= \| \dot{\mathrm{b}} \| = | \tau |\end{aligned}$$

이다.

곡선 C의 곡률벡터 $\mathrm{k}=\dot{\mathrm{t}}$가 C의 방향에 독립이므로(정리 1.3), 곡률 κ는 곡선의 방향에 독립이다.

▶정리 2.2 $C: \mathrm{x}=\mathrm{x}(s)$는 C^3-급단위속력곡선이라 하자. 그러면 곡선 C의 열률 τ의 부호는 단위주법선벡터 n과 곡선 C의 방향에 독립이다.

증명 먼저 n의 방향을 바꾸자. 즉, $\mathrm{n}^*=-\mathrm{n}$이라 하자. 그러면

$$\mathrm{b}^*=\mathrm{t}\times \mathrm{n}^*=\mathrm{t}\times(-\mathrm{n})=-\mathrm{b}$$

이고,

$$\tau^*=-\dot{\mathrm{b}}^* \cdot \mathrm{n}^*=-(-\dot{\mathrm{b}}) \cdot (-\mathrm{n})=-\dot{\mathrm{b}} \cdot \mathrm{n}=\tau$$

이다. 따라서 열률 τ는 단위주법선벡터 n의 방향에 독립이다.

다음에 곡선 C의 방향이 바뀌었다고 가정하자. 즉, $s=-s^*+$(상수)라고 가정하자. 그러면 $\mathrm{t}^*=-\mathrm{t}$이고 $\mathrm{n}^*=\mathrm{n}$이다. 또한,

$$\mathrm{b}^*=\mathrm{t}^*\times\mathrm{n}^*=\mathrm{t}^*\times\mathrm{n}=-(\mathrm{t}\times\mathrm{n})=-\mathrm{b}$$

이고

$$\frac{d\mathrm{b}^*}{ds^*}=\frac{d\mathrm{b}^*}{ds}\frac{ds^*}{ds}=-\frac{d\mathrm{b}}{ds}(-1)=\frac{d\mathrm{b}}{ds}$$

이다.

$$\tau^*=-\frac{d\mathrm{b}^*}{ds^*}\cdot n^*=-\frac{d\mathrm{b}}{ds}\cdot\mathrm{n}=\tau$$

이므로, 열률 τ는 곡선 C의 방향에 독립이다.

예제 2.3 원기둥나선 $\mathrm{x}=\mathrm{x}(t)=(a\cos t, a\sin t, bt),\ a>0,\ b\neq 0$의 열률을 구하여라.

풀이 $\dfrac{ds}{dt}=\|\mathrm{x}'\|=\sqrt{a^2+b^2}:=c$이므로, $s=ct$이다. 따라서 $\mathrm{x}=\mathrm{x}(t)$의 자연표현은 다음과 같다.

$$\mathrm{x}=\mathrm{x}(s)=(a\cos\frac{s}{c}, a\sin\frac{s}{c}, \frac{bs}{c}).$$

$$\mathrm{t}=\dot{\mathrm{x}}=(-\frac{a}{c}\sin\frac{s}{c}, \frac{a}{c}\cos\frac{s}{c}, \frac{b}{c})$$

$$\mathrm{k}=\dot{\mathrm{t}}=(-\frac{1}{c^2}\cos\frac{s}{c}, -\frac{1}{c^2}\sin\frac{s}{c}, 0)$$

$$\mathrm{n}=\frac{\mathrm{k}}{\|\mathrm{k}\|}=(-\cos\frac{s}{c}, -\sin\frac{s}{c}, 0)$$

$$\mathrm{b}=\mathrm{t}\times\mathrm{n}=\begin{vmatrix} \mathrm{e}_1 & \mathrm{e}_2 & \mathrm{e}_3 \\ -\frac{a}{c}\sin\frac{s}{c} & \frac{a}{c}\cos\frac{s}{c} & \frac{b}{c} \\ -\cos\frac{s}{c} & -\sin\frac{s}{c} & 0 \end{vmatrix}$$

$$= (\frac{b}{c}\sin\frac{s}{c}, -\frac{b}{c}\cos\frac{s}{c}, \frac{a}{c})$$

$$\dot{\mathrm{b}} = (\frac{b}{c^2}\cos\frac{s}{c}, \frac{b}{c^2}\sin\frac{s}{c}, 0).$$

그러므로 열률은 $\tau = -\dot{\mathrm{b}} \cdot \mathrm{n} = \frac{b}{c^2}$ 이다.

원기둥나선은 반지름이 a인 원기둥면을 따라 감아 올라가는 곡선인데, 곡률이 양수이면 오른쪽으로부터 감아 올라가는 곡선을 의미하며, 곡률이 음수이면 왼쪽으로부터 감아 올라가는 곡선을 의미한다.

따라서 만일 $b > 0$이면, $\tau > 0$이므로 상나선은 우수곡선(right handed-curve)이고, 만일 $b < 0$이면, $\tau < 0$이므로 상나선은 좌수곡선(left handed-curve)이다.

▶정리 2.4 C^3-급단위속력곡선 $C: \mathrm{x} = \mathrm{x}(s)$의 단위주법선벡터 $\mathrm{n}(s)$는 C^1-급이라 하자. 이때, 곡선 C가 평면곡선이기 위한 필요충분조건은 그의 열률이 항등적으로 0인 것이다.

증명 곡선 C의 열률 $\tau(s)$가 항등적으로 0이라고 하자. 그러면 $\dot{\mathrm{b}} = -\tau(s)\mathrm{n}(s) = \mathrm{O}$이므로 단위종법선벡터 b는 상수벡터이다. 즉, $\mathrm{b} = \mathrm{b}_0$이다.

$$\frac{d}{ds}(\mathrm{x} \cdot \mathrm{b}_0) = \dot{\mathrm{x}} \cdot \mathrm{b}_0 = \mathrm{t} \cdot \mathrm{b}_0 = 0$$

이므로 $\mathrm{x} \cdot \mathrm{b}_0 = (\text{상수})$임을 알 수 있다. 따라서 곡선 $C: \mathrm{x} = \mathrm{x}(s)$는 평면곡선이다.

역으로, 곡선 $C: \mathrm{x} = \mathrm{x}(s)$는 평면곡선이라고 하자. 그러면 C는 일정한 벡터 b_0와 수직이다. 즉, $\mathrm{x} \cdot \mathrm{b}_0 = 0$. 이를 미분하면, $\mathrm{t} \cdot \mathrm{b}_0 = 0$이다. 이를 다시 미분하면, $\kappa\mathrm{n} \cdot \mathrm{b}_0 = 0$이다. 이때, 만일 $\kappa = 0$이면, 정리 1.7에 의하여 C는 직선이다. 즉, $\mathrm{x} = s\mathrm{a} + \mathrm{c}$. 이를 미분하면, $\mathrm{t} = \mathrm{a}$이다. 직선의 단위주법선벡터 n은 일정하므로 $\dot{\mathrm{n}} = \mathrm{O}$이다. $\mathrm{b} = \mathrm{t} \times \mathrm{n} = \mathrm{a} \times \mathrm{n}$이므로 이를 미분하면,

$$-\tau\mathrm{n} = \mathrm{a} \times \dot{\mathrm{n}} = \mathrm{O}$$

이다. 따라서 $\tau=0$이다.

만일 $\kappa\neq 0$이면, C는 접촉평면 안에 놓여 있다. 그러므로 $\mathrm{b}//\mathrm{b}_0$, 즉, $\mathrm{b}=k\mathrm{b}_0$, $\mathbb{R}$ 이다. 이를 미분하면 $-\tau\mathrm{n}=0$이다. 따라서 $\tau=0$이다.

▶정리 2.5 C^3-급정칙곡선 $C:\mathrm{x}=\mathrm{x}(t)$의 단위주법선벡터 n은 C^1-급이라 하자. 곡률이 κ $(\kappa\neq 0)$인 C 위의 점에서의 열률 τ는 다음과 같다.

$$\tau=\frac{|\mathrm{x}'\mathrm{x}''\mathrm{x}'''|}{\|\mathrm{x}'\times\mathrm{x}''\|^2}$$

증명 우선 $\left|\frac{d\mathrm{x}}{ds}\frac{d^2\mathrm{x}}{ds^2}\frac{d^3\mathrm{x}}{ds^3}\right|=\kappa^2\tau$ 임을 보이자. $\frac{d^2\mathrm{x}}{ds^2}=\frac{d\mathrm{t}}{ds}=\mathrm{k}=\kappa\mathrm{n}$이므로 다음을 얻는다.

$$\begin{aligned}\frac{d^3\mathrm{x}}{ds^3}&=\kappa\frac{d\mathrm{n}}{ds}+\frac{d\kappa}{ds}\mathrm{n}=\kappa\frac{d}{ds}(\mathrm{b}\times\mathrm{t})+\frac{d\kappa}{ds}\mathrm{n}\\&=\kappa\left(\frac{d\mathrm{b}}{ds}\times\mathrm{t}+\mathrm{b}\times\frac{d\mathrm{t}}{ds}\right)+\frac{d\kappa}{ds}\mathrm{n}.\end{aligned}$$

$\frac{d\mathrm{t}}{ds}=\kappa\mathrm{n}$, $\frac{d\mathrm{b}}{ds}=-\tau\mathrm{n}$ 이므로 다음을 얻는다.

$$\begin{aligned}\frac{d^3\mathrm{x}}{ds^3}&=\kappa^2(\mathrm{b}\times\mathrm{n})-\kappa\tau(\mathrm{n}\times\mathrm{t})+\frac{d\kappa}{ds}\mathrm{n}\\&=\kappa^2(-\mathrm{t})+\kappa\tau\mathrm{b}+\frac{d\kappa}{ds}\mathrm{n}.\end{aligned}$$

따라서 다음을 얻는다.

$$\begin{aligned}\frac{d^2\mathrm{x}}{ds^2}\times\frac{d^3\mathrm{x}}{ds^3}&=\kappa\mathrm{n}\times\left(-\kappa^2\mathrm{t}+\frac{d\kappa}{ds}\mathrm{n}+\kappa\tau\mathrm{b}\right)\\&=-\kappa^3(\mathrm{n}\times\mathrm{t})+\kappa\frac{d\kappa}{ds}(\mathrm{n}\times\mathrm{n})+\kappa^2\tau(\mathrm{n}\times\mathrm{b})\\&=\kappa^3\mathrm{b}+\kappa^2\tau\mathrm{t}.\end{aligned}$$

그러므로 $\left|\frac{d\mathrm{x}}{ds}\frac{d^2\mathrm{x}}{ds^2}\frac{d^3\mathrm{x}}{ds^3}\right|=\frac{d\mathrm{x}}{ds}\cdot\left(\frac{d^2\mathrm{x}}{ds^2}\times\frac{d^3\mathrm{x}}{ds^3}\right)=\mathrm{t}\cdot(\kappa^3\mathrm{b}+\kappa^2\tau\mathrm{t})=\kappa^2\tau$

이다.

$$\frac{d\mathrm{x}}{ds}=\frac{d\mathrm{x}}{dt}\frac{dt}{ds},\quad \frac{d^2\mathrm{x}}{ds^2}=\frac{d}{ds}\left(\frac{d\mathrm{x}}{dt}\frac{dt}{ds}\right)=\frac{d\mathrm{x}}{dt}\frac{d^2t}{ds^2}+\frac{d^2\mathrm{x}}{dt^2}\left(\frac{dt}{ds}\right)^2$$

$$\begin{aligned}\frac{d^3\mathrm{x}}{ds^3}&=\frac{d}{ds}\left\{\frac{d\mathrm{x}}{dt}\frac{d^2t}{ds^2}+\frac{d^2\mathrm{x}}{dt^2}\left(\frac{dt}{ds}\right)^2\right\}\\&=\frac{d\mathrm{x}}{dt}\frac{d^3t}{ds^3}+3\frac{d^2\mathrm{x}}{dt^2}\frac{dt}{ds}\frac{d^2t}{ds^2}+\frac{d^3\mathrm{x}}{dt^3}\left(\frac{dt}{ds}\right)^3\end{aligned}$$

으로부터 다음을 얻는다.

$$\begin{aligned}\kappa^2\tau&=\left|\frac{d\mathrm{x}}{ds}\frac{d^2\mathrm{x}}{ds^2}\frac{d^3\mathrm{x}}{ds^3}\right|=\frac{d\mathrm{x}}{ds}\cdot\left(\frac{d^2\mathrm{x}}{ds^2}\times\frac{d^3\mathrm{x}}{ds^3}\right)\\&=\left(\frac{d\mathrm{x}}{dt}\frac{dt}{ds}\right)\cdot\left[\left(\frac{d\mathrm{x}}{ds}\frac{d^2t}{ds^2}+\frac{d^2\mathrm{x}}{dt^2}\left(\frac{dt}{ds}\right)^2\right)\times\right.\\&\qquad\left.\left(\frac{d\mathrm{x}}{dt}\frac{d^3t}{ds^3}+3\frac{d^2\mathrm{x}}{dt^2}\frac{dt}{ds}\frac{d^2t}{ds^2}+\frac{d^3\mathrm{x}}{dt^3}\left(\frac{dt}{ds}\right)^3\right)\right]\\&=\left(\frac{dt}{ds}\right)^6\left|\mathrm{x}'\mathrm{x}''\mathrm{x}'''\right|=\frac{\left|\mathrm{x}'\mathrm{x}''\mathrm{x}'''\right|}{\|\mathrm{x}'\|^6}.\end{aligned}$$

$\kappa=\dfrac{\|\mathrm{x}'\times\mathrm{x}''\|}{\|\mathrm{x}'\|^3}$ 이므로 $\tau=\dfrac{\left|\mathrm{x}'\mathrm{x}''\mathrm{x}'''\right|}{\|\mathrm{x}'\times\mathrm{x}''\|^2}$ 이다.

3. 구면곡선

[구면곡선] 정칙곡선 $C: \mathrm{x} = \mathrm{x}(t)$의 단위접선벡터들의 출발점을 원점으로 평행이동시키면 그 단위접선벡터들의 종점들은 반지름이 1인 구면 위의 곡선 Γ를 그린다. 이러한 곡선을 단위접선벡터의 **구면곡선(spherical indicatrix)**이라고 한다.

단위속력곡선 $C: \mathrm{x} = \mathrm{x}(s)$에 대하여 $\mathrm{x}_1 = \mathrm{t}(s) = \dot{\mathrm{x}}(s)$는 구면곡선 Γ이다. 그러나

$$\left\| \frac{d\mathrm{x}_1}{ds} \right\| = \left\| \frac{d\mathrm{t}}{ds} \right\| = \| \mathrm{k} \| = \kappa$$

이므로, 일반적으로 s는 구면곡선 $\Gamma: \mathrm{x}_1 = \mathrm{t}(s)$의 자연매개변수가 아니다. 구면곡선 $\mathrm{x}_1 = \mathrm{t}(s)$가 단위속력곡선이기 위한 필요충분조건은 곡률 κ가 1인 것이다. 같은 방법으로, 단위법선벡터의 구면곡선 $\mathrm{x}_2 = \mathrm{n}(s)$와 단위종법선벡터의 구면곡선 $\mathrm{x}_3 = \mathrm{b}(s)$도 생각할 수 있다.

예제 3.1 원기둥나선 $\mathrm{x} = \mathrm{x}(t) = (a\cos t, a\sin t, bt), a > 0, b \neq 0$의 $\mathrm{t}, \mathrm{n}, \mathrm{b}$에 관한 구면곡선의 곡률반경을 구하여라.

풀이 $\frac{ds}{dt} = \| \mathrm{x}' \| = \sqrt{a^2 + b^2} := c$이므로 $s = ct$이다. 따라서 $\mathrm{x} = \mathrm{x}(t)$의 자연표현은 다음과 같다.

$$\mathrm{x} = \mathrm{x}(s) = \left(a\cos\frac{s}{c}, a\sin\frac{s}{c}, \frac{bs}{c}\right).$$

$$\mathrm{t} = \dot{\mathrm{x}} = \left(-\frac{a}{c}\sin\frac{s}{c}, \frac{a}{c}\cos\frac{s}{c}, \frac{b}{c}\right)$$

$$\mathrm{k} = \dot{\mathrm{t}} = \left(-\frac{1}{c^2}\cos\frac{s}{c}, -\frac{1}{c^2}\sin\frac{s}{c}, 0\right)$$

$$\mathrm{n} = \frac{\mathrm{k}}{\| \mathrm{k} \|} = \left(-\cos\frac{s}{c}, -\sin\frac{s}{c}, 0\right)$$

$$\mathrm{b} = \mathrm{t} \times \mathrm{n} = \begin{vmatrix} \mathrm{e}_1 & \mathrm{e}_2 & \mathrm{e}_3 \\ -\frac{a}{c}\sin\frac{s}{c} & \frac{a}{c}\cos\frac{s}{c} & \frac{b}{c} \\ -\cos\frac{s}{c} & -\sin\frac{s}{c} & 0 \end{vmatrix}$$

$$= \left(\frac{b}{c}\sin\frac{s}{c}, -\frac{b}{c}\cos\frac{s}{c}, \frac{a}{c}\right).$$

t, n, b는 모두 세 번째 성분이 상수이므로, 그들의 구면곡선은 z-축을 중심으로 하는 원이다. 반지름이 r인 원의 곡률반경은 r이므로, t의 구면곡선의 곡률반경은 $\dfrac{a}{(a^2+b^2)^{1/2}}$, n의 구면곡선의 곡률반경은 1, b의 구면곡선의 곡률반경은 $\dfrac{b}{(a^2+b^2)^{1/2}}$이다.

문제 2.1 $2b^2 = 3a$일 때, 곡선 $\mathrm{x} = (at, bt^2, t^3)$의 접선벡터는 벡터 $\mathrm{a} = (1,0,1)$과 일정한 각을 이룸을 보여라.

문제 2.2 곡선 C가 **기둥나선(cylindrical helix)**이라는 것은 그의 접선벡터와 축 사이의 각 α가 일정할 때 말한다. $\alpha = 0$인 경우는 접선벡터가 모두 평행이므로 이러한 곡선은 직선이다. 따라서 이러한 곡선은 제외한다. 기둥나선의 자연표현은

$$\mathrm{x} = (x_1(s^*), x_2(s^*), s^* \cos\alpha)$$

인 모양임을 보여라.

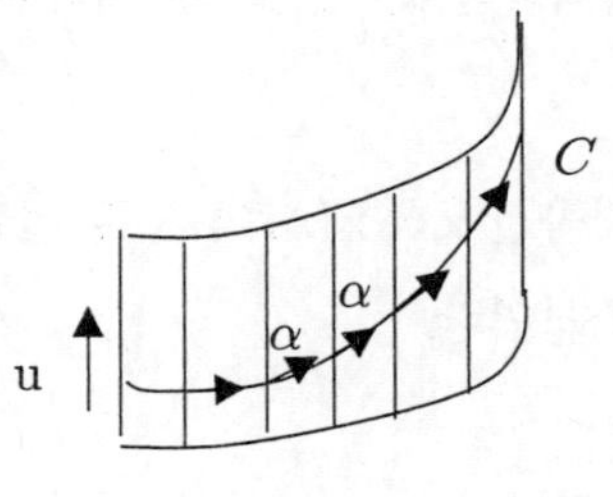

문제 2.3 기둥나선 $\mathrm{x} = \mathrm{x}(s)$을 그의 축에 수직인 평면 위에 내린 정사영 x^*의 곡률 κ^*는 다음과 같음을 보여라.

$$\kappa^* = \frac{\kappa}{\sin^2\alpha}$$

단, $\alpha \neq 0$은 기둥나선의 축과 기둥나선의 접선벡터와의 사잇각이고 κ는 기둥나선의 곡률이다.

문제 2.4 어떤 곡선이 기둥나선이기 위한 필요충분조건은 곡률이 $\kappa \neq 0$일 때는 $\dfrac{\tau}{\kappa} =$ (상수)

이고 곡률이 $\kappa=0$일 때는 $\tau=0$임을 보여라.

문제 2.5 C^2-급정칙곡선 $\mathrm{x}=\mathrm{x}(t)$가 직선이기 위한 필요충분조건은 $\mathrm{x}'(t),\mathrm{x}''(t)$가 일차종속임을 보여라.

문제 2.6 C^2-급단위속력곡선 $\mathrm{x}=\mathrm{x}(s)$의 모든 접선이 한 점에서 만난다면, 그 곡선은 직선임을 보여라.

문제 2.7 C^2-급정칙곡선 $\mathrm{x}=\mathrm{x}(t)$에 대하여 $\mathrm{x}''(t)$는 접촉평면과 평행임을 보이고, 단위접선벡터 t와 주법선벡터 n에 관한 x''의 성분은 각각 $\|\mathrm{x}'\|'$와 $\kappa\|\mathrm{x}'\|^2$임을 보여라. 단, κ는 곡선의 곡률이다.

문제 2.8 원기둥나선 $\mathrm{x}=(a\cos t, a\sin t, bt)$ 위의 점들 중에서 접촉평면들이 고정점을 지나는 원기둥나선 위의 점들은 평면 위에 놓여 있음을 보여라.

문제 2.9 C^3-급단위속력곡선 $\mathrm{x}=\mathrm{x}(s)$에 대하여 $\dfrac{d^3\mathrm{x}}{ds^3}=-\kappa^2\mathrm{t}+\dot{\kappa}\mathrm{n}+\tau\kappa\mathrm{b}$임을 보여라.

문제 2.10 만일 단위속력곡선 $\mathrm{x}=\mathrm{x}(s)$의 모든 접촉평면이 공통교점을 가지면, 그 곡선은 평면곡선임을 보여라.

문제 2.11 C^4-급단위속력곡선 $\mathrm{x}=\mathrm{x}(s)$에 대하여

$$|\ddot{\mathrm{x}},\mathrm{x}^{(3)}\mathrm{x}^{(4)}|=\kappa^5\frac{d}{ds}\left(\frac{\tau}{\kappa}\right)$$

임을 보이고, $\mathrm{x}=\mathrm{x}(s)$가 기둥나선이기 위한 필요충분조건은 $|\ddot{\mathrm{x}}\mathrm{x}^{(3)}\mathrm{x}^{(4)}|=0$임을 보여라.

문제 2.12 단위속력곡선 $C:\mathrm{x}=\mathrm{x}(s)$의 단위접선벡터의 구면곡선에 대한 접선은 그 대응점에서의 C의 주법선과 평행함을 보여라.

문제 2.13 단위속력곡선 $C:\mathrm{x}=\mathrm{x}(s)$의 단위접선벡터의 구면곡선 $\mathrm{x}_1=\mathrm{t}(s)$의 곡률 κ_1은

$\kappa_1^2 = \dfrac{\kappa^2+\tau^2}{\kappa^2}$ 임을 보여라.

문제 2.14 단위속력곡선 $C: \mathrm{x} = \mathrm{x}(s)$의 단위종법선벡터의 구면곡선 $\mathrm{x}_3 = \mathrm{b}(s)$의 열률 τ_3는 $\tau_3 = \dfrac{\tau\dot{\kappa} - \kappa\dot{\tau}}{\tau(\kappa^2+\tau^2)}$ 임을 보여라.

문제 2.15 모든 접선이 평행한 단위속력곡선 $\mathrm{x} = \mathrm{x}(s)$는 직선임을 보여라.

문제 2.16 $\triangle\theta$는 단위속력곡선의 두 단위접선벡터 $\mathrm{t}(s+\triangle s)$와 $\mathrm{t}(s)$와의 사잇각일 때, $\lim\limits_{\triangle s \to 0+} \triangle\theta = 0$ 임을 보여라.

문제 2.17 단위속력곡선 $\mathrm{x} = \mathrm{x}(s)$의 곡률 κ와 열률 τ에 대하여

$$\kappa\,|\,\tau\,| = |\,\dot{\mathrm{t}} \cdot \dot{\mathrm{b}}\,|$$

임을 보여라.

문제 2.18 곡선 $\mathrm{x} = (t, \dfrac{1+t}{t}, \dfrac{1-t^2}{t})$는 평면 위에 놓여 있음을 보여라.

문제 2.19 C^3-급곡선 $\mathrm{x} = (a\cos t, a\sin t, f(t))$가 평면곡선이 되도록 하는 함수 $f(t)$를 구하여라.

문제 2.20 곡선 $\mathrm{x} = (t, \dfrac{1}{2}t^2, \dfrac{1}{3}t^3)$ 위의 어떤 세 점에서의 접촉평면들은 이 세 점에 의하여 결정되는 평면 위에 놓여 있는 한 점에서 만남을 보여라.

문제 2.21 단위속력곡선 $\mathrm{x} = \mathrm{x}(s)$가 기둥나선이기 위한 필요충분조건은 단위접선벡터 $\mathrm{t}(s)$의 구면곡선 $\mathrm{x}_1 = \mathrm{t}(s)$은 원임을 보여라.

문제 2.22 단위속력곡선 $C: \mathrm{x} = \mathrm{x}(s)$의 단위접선벡터의 구면곡선의 접선은 그 대응점에서의 단위종법선벡터의 구면곡선의 접선과 평행함을 보여라.

문제 2.23 단위속력곡선 $\mathrm{x} = \mathrm{x}(s)$에 대하여 단위종법선벡터의 구면곡선의 곡률 κ_3는

$\kappa_3^2 = \dfrac{\kappa^2 + \tau^2}{\tau^2}$ 임을 보여라.

문제 2.24 단위속력곡선 $\mathrm{x} = \mathrm{x}(s)$에 대하여 단위접선벡터의 구면곡선의 열률 τ_1은

$\tau_1 = \dfrac{\kappa\dot{\tau} - \tau\dot{\kappa}}{\kappa(\kappa^2 + \tau^2)}$ 임을 보여라.

미분기하학개론

3장

곡선론

1. 세레-프레네 방정식

▸정리 1.1 $C: \mathrm{x}=\mathrm{x}(s)$는 C^3-급단위속력곡선이라 하고 단위주법선벡터 $\mathrm{n}(s)$는 C^1-급이라 하자. t, b는 각각 단위접선벡터, 단위종법선벡터라 하고 κ, τ는 각각 곡률과 열률이라 하자. 그러면 다음이 성립한다.

$$\begin{cases} \dot{\mathrm{t}}= & \kappa \mathrm{n} \\ \dot{\mathrm{n}}=-\kappa \mathrm{t} & + \quad \tau \mathrm{b} \\ \dot{\mathrm{b}}= & -\tau \mathrm{n} \end{cases}$$

이 방정식을 **세레-프레네 방정식(Serret-Frenet equation)**이라 한다.

증명 첫 번째와 세 번째 방정식은 이미 유도하였다. 두 번째 방정식을 얻기 위하여, 먼저 $\mathrm{n}=\mathrm{b} \times \mathrm{t}$를 미분하고 나머지 방정식을 이용하면 다음을 얻는다.

$$\dot{\mathrm{n}}=\dot{\mathrm{b}} \times \mathrm{t}+\mathrm{b} \times \dot{\mathrm{t}}=-\tau(\mathrm{n} \times \mathrm{t})+\mathrm{b} \times(\kappa \mathrm{n})=-\tau(-\mathrm{b})+\kappa(-\mathrm{t})=-\kappa \mathrm{t}+\tau \mathrm{b}.$$

2. 자연방정식

공간곡선에는 기하학적 불변량으로 곡률과 열률이 있다. 이들은 모두 호장 s의 함수이다. 역으로, 이러한 두 함수가 주어질 때, 이들을 각각 곡률과 열률로 갖는 곡선은 존재할까? 이러한 물음은 긍정적이다.

▶ 정리 2.1 자연매개변수의 함수 $\kappa(s), \tau(s)$를 각각 곡률과 열률로 갖는 단위속력곡선은 오직 하나 결정된다.

증명 단위속력곡선 $C: \mathrm{x} = \mathrm{x}(s)$와 $C^*: \mathrm{x}^* = \mathrm{x}^*(s)$의 곡률과 열률을 각각

$$\kappa(s), \tau(s) \text{ 와 } \kappa^*(s), \tau^*(s)$$

라고 하고 $\kappa(s) = \kappa^*(s), \tau(s) = \tau^*(s)$라고 하자. 이때, 이 두 곡선은 공간상에서 그들의 위치를 제외하고는 일치함을 보이자.

곡선 C^*가 $s = s_0$에 대응하는 점에서 곡선 C와 일치하도록 평행이동을 시키자. 그런 다음에 $s = s_0$에서 $(\mathrm{t}_0{}^*, \mathrm{n}_0{}^*, \mathrm{b}_0{}^*)$와 $(\mathrm{t}_0, \mathrm{n}_0, \mathrm{b}_0)$이 일치하도록 곡선 C^*를 회전운동을 시키자. 그러면 세레-프레네 방정식에 의하여 다음을 얻는다.

$$\frac{d}{ds}(\mathrm{t} \cdot \mathrm{t}^*) = \mathrm{t} \cdot \dot{\mathrm{t}}^* + \dot{\mathrm{t}} \cdot \mathrm{t}^* = \mathrm{t} \cdot (\kappa^* \mathrm{n}^*) + (\kappa \mathrm{n}) \cdot \mathrm{t}^* = \kappa(\mathrm{t} \cdot \mathrm{n}^* + \mathrm{n} \cdot \mathrm{t}^*)$$

$$\begin{aligned}\frac{d}{ds}(\mathrm{n} \cdot \mathrm{n}^*) &= \mathrm{n} \cdot \dot{\mathrm{n}}^* + \dot{\mathrm{n}} \cdot \mathrm{n}^* = \mathrm{n} \cdot (-\kappa^* \mathrm{t}^* + \tau^* \mathrm{b}^*) + (-\kappa \mathrm{t} + \tau \mathrm{b}) \cdot \mathrm{n}^* \\ &= -\kappa(\mathrm{n} \cdot \mathrm{t}^* + \mathrm{t} \cdot \mathrm{n}^*) + \tau(\mathrm{n} \cdot \mathrm{b}^* + \mathrm{b} \cdot \mathrm{n}^*)\end{aligned}$$

$$\begin{aligned}\frac{d}{ds}(\mathrm{b} \cdot \mathrm{b}^*) &= \mathrm{b} \cdot \dot{\mathrm{b}}^* + \dot{\mathrm{b}} \cdot \mathrm{b}^* = \mathrm{b} \cdot (-\tau^* \mathrm{n}^*) + (-\tau \mathrm{n}) \cdot \mathrm{b}^* \\ &= -\tau(\mathrm{b} \cdot \mathrm{n}^* + \mathrm{n} \cdot \mathrm{b}^*).\end{aligned}$$

위의 식들을 모두 더하면

$$\frac{d}{ds}(\mathrm{t} \cdot \mathrm{t}^* + \mathrm{n} \cdot \mathrm{n}^* + \mathrm{b} \cdot \mathrm{b}^*) = 0$$

을 얻는다. 이를 적분하면

$$\mathrm{t} \cdot \mathrm{t}^* + \mathrm{n} \cdot \mathrm{n}^* + \mathrm{b} \cdot \mathrm{b}^* = (\text{상수})$$

이다. 그러나 $s=s_0$에서는 $\mathrm{t}_0=\mathrm{t}_0^*, \mathrm{n}_0=\mathrm{n}_0^*, \mathrm{b}_0=\mathrm{b}_0^*$이므로, $\mathrm{t}_0 \cdot \mathrm{t}_0^*= \mathrm{n}_0 \cdot \mathrm{n}_0^*=\mathrm{b}_0 \cdot \mathrm{b}_0^*=1$이다. 그러므로 모든 s에 대하여

$$\mathrm{t} \cdot \mathrm{t}^*+\mathrm{n} \cdot \mathrm{n}^*+\mathrm{b} \cdot \mathrm{b}^*=3$$

임을 알 수 있다.

만일 $\mathrm{t}=\mathrm{t}^*, \mathrm{n}=\mathrm{n}^*, \mathrm{b}=\mathrm{b}^*$가 아니면, 예를 들어, 만일 $\mathrm{t}\neq\mathrm{t}^*, \mathrm{n}=\mathrm{n}^*, \mathrm{b}=\mathrm{b}^*$이면,

$$-1 \leqq \mathrm{t} \cdot \mathrm{t}^*=\cos(\measuredangle(\mathrm{t},\mathrm{t}^*))<1$$

이므로 $\mathrm{t} \cdot \mathrm{t}^*+\mathrm{n} \cdot \mathrm{n}^*+\mathrm{b} \cdot \mathrm{b}^*\neq 3$이다. 이것은 모순이다. 그러므로 모든 s에 대하여 $\mathrm{t}=\mathrm{t}^*, \mathrm{n}=\mathrm{n}^*, \mathrm{b}=\mathrm{b}^*$ 이다. 한편, $\mathrm{t}=\dfrac{d\mathrm{x}}{ds}=\mathrm{t}^*=\dfrac{d\mathrm{x}^*}{ds}$이므로 $\mathrm{x}(s)=\mathrm{x}^*(s)$ $+(\text{상수})$이다. 그러나 $s=s_0$에서는 $\mathrm{x}(s_0)=\mathrm{x}^*(s_0)$이므로, 모든 s에 대하여 $\mathrm{x}(s)=\mathrm{x}^*(s)$이다. 즉, 두 곡선 C와 C^*는 그들의 위치를 제외하고 일치한다.

이 정리로부터 알 수 있는 바와 같이,

[자연방정식] 곡선의 모양은 곡률 $\kappa(s)$와 열률 $\tau(s)$에 의하여 완전히 결정되기 때문에, 이러한 의미에서

$$\kappa=\kappa(s), \tau=\tau(s)$$

를 곡선의 **자연방정식** 또는 **본질방정식(natural or intrinsic equation)**이라 한다.

예제 2.2 (a) 직선의 자연방정식은 $\kappa\equiv 0$과 $\tau\equiv 0$이다.

(b) 방정식 $\kappa=\dfrac{1}{r}>0, \tau=0$은 반지름이 r인 원의 자연방정식이다.

(c) 원기둥나선 $\mathrm{x}=\mathrm{x}(t)=(a\cos t, a\sin t, bt), a>0, b\neq 0$의 자연방정식은 다음과 같다.

$$\kappa=\frac{a}{a^2+b^2}\neq 0\ ,\ \tau=\frac{b}{a^2+b^2}\neq 0$$

3. 공간곡선에 대한 기본 존재정리와 유일성정리

프레네 방정식은 t, n, b에 관한 3개의 1차 벡터미분방정식계를 이루고 있다는 것을 이미 알았다. 따라서 임의로 주어진 연속함수 $\kappa(s)$와 $\tau(s)$에 대하여 프레네 방정식의 해인 t, n, b가 존재할까? 그리고 $\dot{\mathrm{x}} = \mathrm{t}$이므로 주어진 곡률과 열률을 갖는 곡선은

$$\mathrm{x} = \int \mathrm{t}\, ds + \mathrm{C}$$

일까? 이러한 물음은 긍정적이다.

▶정리 3.1 $\kappa(s)$와 $\tau(s)$는 $0 \leqq s \leqq a$에서 정의된 임의의 연속함수라고 하자. 그러면 공간상에서 위치를 제외하고는 $\kappa(s)$를 곡률, $\tau(s)$를 열률, 그리고 s를 자연매개변수로 갖는 C^2-급단위속력곡선 $C: \mathrm{x} = \mathrm{x}(s)\,(0 \leqq s \leqq a)$는 오직 하나 존재한다.

증명 주어진 곡률을 갖는 곡선의 유일성은 이미 정리 2.1에서 증명하였다. 초기조건

$(t_1(0), t_2(0), t_3(0)) = \mathrm{e}_1,\ (n_1(0), n_2(0), n_3(0)) = \mathrm{e}_2,\ (b_1(0), b_2(0), b_3(0)) = \mathrm{e}_3$

을 만족하는 미분방정식

$$\frac{d}{ds}(t_1(s), t_2(s), t_3(s)) = \kappa(s)(n_1(s), n_2(s), n_3(s))$$

$$\frac{d}{ds}(n_1(s), n_2(s), n_3(s)) = -\kappa(s)(t_1(s), t_2(s), t_3(s)) + \tau(s)(b_1(s), b_2(s), b_3(s))$$

$$\frac{d}{ds}(b_1(s), b_2(s), b_3(s)) = -\tau(s)(n_1(s), n_2(s), n_3(s))$$

의 C^1-급해 $(t_1(s), t_2(s), t_3(s)), (n_1(s), n_2(s), n_3(s)), (b_1(s), b_2(s), b_3(s))$가 유일하게 존재한다는 것은 1차 동차미분방정식의 초깃값 문제에 대한 해의 존재성과 유일성의 정리에 의하여 잘 알려져 있다.

지금 $\mathrm{t} = (t_1, t_2, t_3), \mathrm{n} = (n_1, n_2, n_3), \mathrm{b} = (b_1, b_2, b_3)$에 대하여 (t, n, b)는 모든 s에 대하여 우수계의 정규직교기저임을 보이자.

분명히 $\dot{\mathrm{t}} = \kappa\mathrm{n}, \dot{\mathrm{n}} = -\kappa\mathrm{t} + \tau\mathrm{b}, \dot{\mathrm{b}} = -\tau\mathrm{n}, \mathrm{t}(0) = \mathrm{e}_1, \mathrm{n}(0) = \mathrm{e}_2, \mathrm{b}(0) = \mathrm{e}_3$이다. 이를 사용하면, 함수 t · t, t · n, t · b, n · n, n · b와 b · b는

$$(\mathrm{t}\cdot\mathrm{t})(0)=1,\ (\mathrm{t}\cdot\mathrm{n})(0)=0,\ (\mathrm{t}\cdot\mathrm{b})(0)=0,$$
$$(\mathrm{n}\cdot\mathrm{n})(0)=1,\ (\mathrm{n}\cdot\mathrm{b})(0)=0,\ (\mathrm{b}\cdot\mathrm{b})(0)=1$$

을 초기조건으로 갖는 1차 동차미분방정식

$$\frac{d}{ds}(\mathrm{t}\cdot\mathrm{t})=2\kappa(\mathrm{t}\cdot\mathrm{n}),$$
$$\frac{d}{ds}(\mathrm{n}\cdot\mathrm{n})=-2\kappa(\mathrm{t}\cdot\mathrm{n})+2\tau(\mathrm{b}\cdot\mathrm{n}),$$
$$\frac{d}{ds}(\mathrm{t}\cdot\mathrm{n})=\kappa(\mathrm{n}\cdot\mathrm{n})-\kappa(\mathrm{t}\cdot\mathrm{t})+\tau(\mathrm{t}\cdot\mathrm{b}),$$
$$\frac{d}{ds}(\mathrm{n}\cdot\mathrm{b})=-\kappa(\mathrm{t}\cdot\mathrm{b})+\tau(\mathrm{b}\cdot\mathrm{b})-\tau(\mathrm{n}\cdot\mathrm{n}),$$
$$\frac{d}{ds}(\mathrm{t}\cdot\mathrm{b})=\kappa(\mathrm{n}\cdot\mathrm{b})-\tau(\mathrm{t}\cdot\mathrm{n}),$$
$$\frac{d}{ds}(\mathrm{b}\cdot\mathrm{b})=-2\tau(\mathrm{n}\cdot\mathrm{b})$$

을 만족함을 알 수 있다. 그러므로 이러한 초깃값 문제에 관한 해는 유일하다. 따라서

$$(\mathrm{t}\cdot\mathrm{t})^*\equiv 1,\ (\mathrm{t}\cdot\mathrm{n})^*\equiv 0,\ (\mathrm{t}\cdot\mathrm{b})^*\equiv 0,$$
$$(\mathrm{n}\cdot\mathrm{n})^*\equiv 1,\ (\mathrm{n}\cdot\mathrm{b})^*\equiv 0,\ (\mathrm{b}\cdot\mathrm{b})^*\equiv 1$$

을 초기조건으로 갖는 1차 동차미분방정식

$$\frac{d}{ds}(\mathrm{t}\cdot\mathrm{t})^*=2\kappa(\mathrm{t}\cdot\mathrm{n})^*,$$
$$\frac{d}{ds}(\mathrm{n}\cdot\mathrm{n})^*=-2\kappa(\mathrm{t}\cdot\mathrm{n})^*+2\tau(\mathrm{b}\cdot\mathrm{n})^*$$
$$\frac{d}{ds}(\mathrm{t}\cdot\mathrm{n})^*=\kappa(\mathrm{n}\cdot\mathrm{n})^*-\kappa(\mathrm{t}\cdot\mathrm{t})^*+\tau(\mathrm{t}\cdot\mathrm{b})^*,$$
$$\frac{d}{ds}(\mathrm{n}\cdot\mathrm{b})^*=-\kappa(\mathrm{t}\cdot\mathrm{b})^*+\tau(\mathrm{b}\cdot\mathrm{b})^*-\tau(\mathrm{n}\cdot\mathrm{n})^*$$
$$\frac{d}{ds}(\mathrm{t}\cdot\mathrm{b})^*=\kappa(\mathrm{n}\cdot\mathrm{b})^*-\tau(\mathrm{t}\cdot\mathrm{n})^*,$$
$$\frac{d}{ds}(\mathrm{b}\cdot\mathrm{b})^*=-2\tau(\mathrm{n}\cdot\mathrm{b})^*$$

의 해도 유일하다.

$$(\mathrm{t}\cdot\mathrm{t})(0)=(\mathrm{t}\cdot\mathrm{t})^*(0),(\mathrm{t}\cdot\mathrm{n})(0)=(\mathrm{t}\cdot\mathrm{n})^*(0),(\mathrm{t}\cdot\mathrm{b})(0)=(\mathrm{t}\cdot\mathrm{b})^*(0),$$
$$(\mathrm{n}\cdot\mathrm{n})(0)=(\mathrm{n}\cdot\mathrm{n})^*(0),(\mathrm{n}\cdot\mathrm{b})(0)=(\mathrm{n}\cdot\mathrm{b})^*(0),(\mathrm{b}\cdot\mathrm{b})=(\mathrm{b}\cdot\mathrm{b})^*(0)$$

이므로, 해의 유일성에 의하여 다음을 알 수 있다. 모든 s에 대하여

$$(\mathrm{t}\cdot\mathrm{t})(s)=(\mathrm{t}\cdot\mathrm{t})^*(s)\equiv 1,(\mathrm{t}\cdot\mathrm{n})(s)=(\mathrm{t}\cdot\mathrm{n})^*(s)\equiv 0,$$
$$(\mathrm{t}\cdot\mathrm{b})(s)=(\mathrm{t}\cdot\mathrm{b})^*(s)\equiv 0,$$
$$(\mathrm{n}\cdot\mathrm{n})(s)=(\mathrm{n}\cdot\mathrm{n})^*(s)\equiv 1,(\mathrm{n}\cdot\mathrm{b})(s)=(\mathrm{n}\cdot\mathrm{b})^*(s)\equiv 0,$$
$$(\mathrm{b}\cdot\mathrm{b})(s)=(\mathrm{b}\cdot\mathrm{b})^*(s)\equiv 0$$

이다. 그러므로 (t,n,b)는 모든 s에 대하여 정규직교이다. 한편, t,n,b는 연속이고, $(\mathrm{t}(0),\mathrm{n}(0),\mathrm{b}(0))=(\mathrm{e}_1,\mathrm{e}_2,\mathrm{e}_3)$는 우수계(right handed-system)이므로, (t,n,b)도 우수계이다.

지금 $\mathrm{x}=\mathrm{x}(s)=\int_0^s \mathrm{t}(s)ds$라고 정의하면, $\mathrm{x}=\mathrm{x}(s)$는 C^2-급곡선이다. 또한 $\|\dot{\mathrm{x}}\|=\|\mathrm{t}\|=1$이다. 따라서 s는 자연매개변수이다. 한편, $\dot{\mathrm{t}}=\kappa\mathrm{n}$, $\|\mathrm{n}\|=1$이므로 κ는 곡률이다. 끝으로, $\mathrm{b}=\mathrm{t}\times\mathrm{n}$이고

$$\dot{\mathrm{b}}=\dot{\mathrm{t}}\times\mathrm{n}+\mathrm{t}\times\dot{\mathrm{n}}=\kappa(\mathrm{n}\times\mathrm{n})+(-\kappa(\mathrm{t}\times\mathrm{t})+\tau(\mathrm{t}\times\mathrm{b}))=-\tau\mathrm{n}$$

이다. 단, $\|\mathrm{b}\|=1$이므로 τ는 이 곡선의 열률이다.

일반적으로, 세레-프레네 방정식의 해는 적분으로 구할 수가 없다. 그러나 평면곡선의 경우, 즉, $\tau=0$일 때, 세레-프레네 방정식의 해는 적분으로 항상 구할 수 있다.

$\phi(s)$를 단위접선벡터 $\mathrm{t}(s)$와 x-축이 이루는 사잇각이라고 하자. 그러면

$$\mathrm{t}=(\cos\phi,\sin\phi,0)$$

이고, 또한 n은 t와 수직이므로

$$\mathrm{n}=(-\sin\phi,\cos\phi,0)$$

으로 나타낼 수 있다. 이 두 식을 미분하면 다음을 얻는다.

$$\dot{\mathrm{t}} = \dot{\phi}(-\sin\phi, \cos\phi, 0) = \dot{\phi}\mathrm{n},$$
$$\dot{\mathrm{n}} = -\dot{\phi}(\cos\phi, \sin\phi, 0) = -\dot{\phi}\mathrm{t}.$$

그러나 만일 $\tau = 0$이면, $\dot{\mathrm{n}} = -\kappa\mathrm{t} + \tau\mathrm{b} = -\kappa\mathrm{t}$이므로 $\dot{\phi} = \kappa(s)$를 얻는다. 그러므로 연속함수 $\kappa = \kappa(s), \tau = \tau(s) \equiv 0$가 주어질 때, $\dot{\phi} = \kappa(s)$를 적분하면 연속함수

$$\phi(s) = \int \kappa(s) ds + C_1$$

을 얻는다. 이때, 적분상수가 바뀌면, 이는 곧 ϕ의 평행이동, 즉, 원점을 중심으로 곡선의 회전운동을 의미한다. 따라서 정리 3.1에 의하여 곡률이 $\kappa(s)$이고 열률이 0인 곡선

$$\begin{aligned}\mathrm{x} = \mathrm{x}(s) &= \int \mathrm{t}(s) ds + \mathrm{C}_2 = \int (\cos\phi(s), \sin\phi(s), 0) \frac{ds}{d\phi} d\phi + \mathrm{C}_2 \\ &= \int \frac{1}{\kappa(\phi)} (\cos\phi(s), \sin\phi(s), 0) d\phi + \mathrm{C}_2\end{aligned}$$

을 얻는다. 이때, 적분상수가 바뀌면 곡선이 평행이동한다.

예제 3.2 $s > s_0 (> 0)$에 대하여 $\kappa = \dfrac{1}{s}, \tau = 0$을 자연방정식으로 하는 곡선을 구하여라.

풀이 $\dot{\phi} = \kappa = \dfrac{1}{s}$로부터 다음을 얻는다.

$$\phi = \int \frac{1}{s} ds + C_1 = \ln s + C_1.$$

따라서 $s = e^{\phi - C_1}$이고, $\kappa = \dfrac{1}{s} = e^{-(\phi - C_1)}$이다. 그러므로 다음을 얻는다.

$$\begin{aligned}\mathrm{x} &= \left(\int \frac{1}{\kappa(\phi)} \cos\phi d\phi, \int \frac{1}{\kappa(\phi)} \sin\phi d\phi, 0\right) + \mathrm{C}_2 \\ &= \left(\int e^{\phi - C_1} \cos\phi d\phi, \int e^{\phi - C_1} \sin\phi d\phi, 0\right) + \mathrm{C}_2 \\ &= \left(\frac{1}{2} e^{\phi - C_1} (\cos\phi + \sin\phi), \frac{1}{2} e^{\phi - C_1} (\cos\phi - \sin\phi), 0\right) + \mathrm{C}_2\end{aligned}$$

$$= \frac{1}{2} e^{\phi - C_1} (\sqrt{2} \cos(\phi - \frac{\pi}{4}), \sqrt{2} \sin(\phi - \frac{\pi}{4}), 0) + \mathrm{C}_2 \ .$$

이때, 만일 $C_1 = \frac{\pi}{4}, \mathrm{C}_2 = \mathrm{O}$ 으로 놓고 $\phi - \frac{\pi}{4} = \theta$ 라 하면 다음을 얻는다.

$$\mathrm{x} = \frac{1}{\sqrt{2}} \mathrm{e}^{\theta} (\cos\theta, \sin\theta, 0)$$

이것을 극방정식으로 나타내면 **대수나선** $r = \frac{1}{\sqrt{2}} e^{\theta}$ 가 된다.

4. 곡선의 표준적 표현

C^4-급단위속력곡선 $C: \mathrm{x} = \mathrm{x}(s)$ 위의 점 P를 원점으로 평행이동 시킨 다음, 원점을 중심으로 곡선을 회전운동 시키면 원점에서의 $(\mathrm{t}_0, \mathrm{n}_0, \mathrm{b}_0)$는 $(\mathrm{e}_1, \mathrm{e}_2, \mathrm{e}_3)$와 일치한다. 곡선 $C: \mathrm{x} = \mathrm{x}(s)$는 $\mathrm{x}(0) = \mathrm{O}$이고

$$(\mathrm{t}_0, \mathrm{n}_0, \mathrm{b}_0) = (\mathrm{e}_1, \mathrm{e}_2, \mathrm{e}_3)$$

인 C^4-급단위속력곡선이라 가정하자. 이때,

$$\mathrm{x}(0) = \mathrm{O}, \dot{\mathrm{x}}(0) = \mathrm{t}(0) = \mathrm{t}_0 = \mathrm{e}_1, \ddot{\mathrm{x}}(0) = \dot{\mathrm{t}}(0) = \kappa(0)\mathrm{n}(0) = \kappa_0\mathrm{e}_2$$

가 성립한다. 한편,

$$\frac{d^3\mathrm{x}}{ds^3} = \frac{d}{ds}\dot{\mathrm{t}} = \frac{d}{ds}(\kappa\mathrm{n}) = \kappa\dot{\mathrm{n}} + \dot{\kappa}\mathrm{n} = \kappa(-\kappa\mathrm{t} + \tau\mathrm{b}) + \dot{\kappa}\mathrm{n} = -\kappa^2\mathrm{t} + \dot{\kappa}\mathrm{n} + \kappa\tau\mathrm{b}$$

이므로 다음을 얻는다.

$$\frac{d^3\mathrm{x}}{ds^3}(0) = -\kappa_0^2\mathrm{e}_1 + \dot{\kappa}_0\mathrm{e}_2 + \kappa_0\tau_0\mathrm{e}_3.$$

$s = 0$의 아주 작은 근방에서 $\mathrm{x}(s)$는 다음과 나타낼 수 있다.

$$\begin{aligned}
\mathrm{x}(s) &= \mathrm{x}(0) + s\frac{d\mathrm{x}}{ds}(0) + \frac{s^2}{2!}\frac{d^2\mathrm{x}}{ds^2}(0) + \frac{s^3}{3!}\frac{d^3\mathrm{x}}{ds^3}(0) + \frac{1}{3!}\int_0^s \mathrm{x}^4(t)(s-t)^3 dt \\
&= s\frac{d\mathrm{x}}{ds}(0) + \frac{s^2}{2!}\frac{d^2\mathrm{x}}{ds^2}(0) + \frac{s^3}{3!}\frac{d^3\mathrm{x}}{ds^3}(0) + \frac{s^4}{4!}\mathrm{x}^{(4)}(t)(\xi) \quad (0 < \xi < s) \\
&= s\frac{d\mathrm{x}}{ds}(0) + \frac{s^2}{2!}\frac{d^2\mathrm{x}}{ds^2}(0) + \frac{s^3}{3!}\frac{d^3\mathrm{x}}{ds^3}(0) + o(s^3) \\
&\approx s\frac{d\mathrm{x}}{ds}(0) + \frac{s^2}{2!}\frac{d^2\mathrm{x}}{ds^2}(0) + \frac{s^3}{3!}\frac{d^3\mathrm{x}}{ds^3}(0) \\
&= s\mathrm{e}_1 + \kappa_0\frac{\mathrm{s}^2}{2!}\mathrm{e}_2 + \frac{\mathrm{s}^3}{3!}(-\kappa_0^2\mathrm{e}_1 + \dot{\kappa}_0\mathrm{e}_2 + \kappa_0\tau_0\mathrm{e}_3) \\
&= (s - \frac{\kappa_0^2}{6}s^3)\mathrm{e}_1 + (\frac{\kappa_0}{2}s^2 + \frac{\dot{\kappa}^2}{6}s^3)\mathrm{e}_2 + \frac{\kappa_0\tau_0}{6}s^3\mathrm{e}_3.
\end{aligned}$$

여기서 $\frac{s^4}{4!}\mathrm{x}^{(4)}(\xi)=o(s^3)$이다. 이것은 $\lim_{s\to 0}\frac{s^4}{4!}\mathrm{x}^{(4)}(\xi)/s^3=\mathrm{O}$를 의미한다.

$\mathrm{x}(s)=(x,y,z)$이라면, 다음을 알 수 있다.

$$x\approx s-\frac{1}{6}\kappa_0^2 s^3$$

$$y\approx \frac{1}{2}\kappa_0 s^2+\frac{1}{6}\dot{\kappa}_0 s^3$$

$$z\approx \frac{1}{6}\kappa_0\tau_0 s^3$$

[곡선의 표준적 표현] 위의 근사식을 점 P에서 곡선 C의 **표준적 표현**(canonical representation) 또는 **부케의 공식**(bouquet's formula)이라고 한다. 점 P의 아주 작은 근방에서

$$x\approx s$$

$$y\approx \frac{1}{2}\kappa_0 s^2$$

$$z\approx \frac{1}{6}\kappa_0\tau_0 s^3$$

임을 알 수 있다.

$\mathrm{x}(s)=(x,y,z)$를 접선 위에 내린 정사영 벡터는 $x\mathrm{e}_1$이다. x는 s와 근사이므로 곡선은 대부분 그의 접선에 놓여 있음을 알 수 있다.

$\mathrm{x}(s)=(x,y,z)$를 주법선 위에 내린 정사영 벡터는 $y\mathrm{e}_2$이다. y는 $\frac{1}{2}\kappa_0 s^2$과 근사이므로 y는 $\frac{1}{2}\kappa_0 x^2$과 근사임을 알 수 있다. 그러므로 만일 $\kappa_0\neq 0$이라면 곡선은 전직평면(xz-평면)의 어느 한쪽에만 놓여 있음을 알 수 있다. 왜냐하면, 성분 y는 s^2과 같이 점 P를 지나면서 부호가 바뀌지 않기 때문이다.

$\mathrm{x}(s)=(x,y,z)$를 종법선 위에 내린 정사영 벡터는 $z\mathrm{e}_3$이다. z는 $\frac{1}{6}\kappa_0\tau_0 s^3$과 근사이므로 z는 $\frac{1}{6}\kappa_0\tau_0 x^3$과 근사임을 알 수 있다. 그러므로 만일 $\kappa_0\neq 0, \tau_0\neq 0$ 이면, 곡선은 z가 s^3과 같이 점 P를 지나면서 부호가 바뀌므로, 곡선은 점 P에서 접촉평면(xy-평면)을 관통하게 된다. 만일 $\tau_0>0$이면, $(\mathrm{t}_0,\mathrm{n}_0,\mathrm{b}_0)=(\mathrm{e}_1,\mathrm{e}_2,\mathrm{e}_3)$는 점 P의 둘레로 오른손 나사처럼 회전하고, 만일 $\tau_0<0$이면, $(\mathrm{t}_0,\mathrm{n}_0,\mathrm{b}_0)=(\mathrm{e}_1,\mathrm{e}_2,\mathrm{e}_3)$는 점 P의 둘레로 왼손 나사처럼 회전한다.

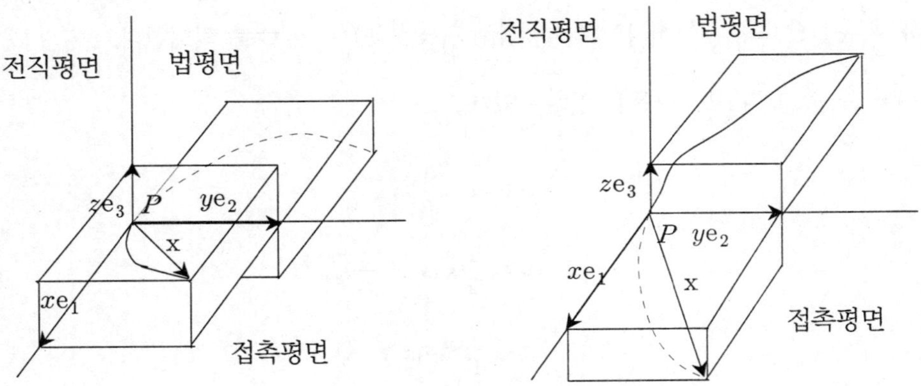

$\tau_0 > 0$　　　　　　　　$\tau_0 < 0$

[점 P의 아주 작은 근방에서 곡선의 모양]

부케의 공식으로부터 곡선 위의 점 P의 아주 작은 근방에서 곡선의 모양을 알 수 있다.

$$x \approx s, y \approx \frac{1}{2}\kappa_0 s^2, z \approx \frac{1}{6}\kappa_0 \tau_0 s^3$$

이므로, $\kappa_0 > 0, \tau_0 > 0$ 일 때, s를 소거하면 다음을 얻는다.

$$y \approx \frac{1}{2}\kappa_0 x^2, z \approx \frac{1}{6}\kappa_0 \tau_0 x^3, z^2 \approx \frac{2\tau_0}{9\kappa_0} y^3$$

따라서 곡선의 모양을 접촉평면($xy-$평면), 전직평면($xz-$평면), 그리고 법평면($yz-$평면)에서 살펴보면, 다음 그림과 같은 모양을 갖는다.

(a) 접촉평면　　　　(b) 전직평면　　　　(c) 법평면

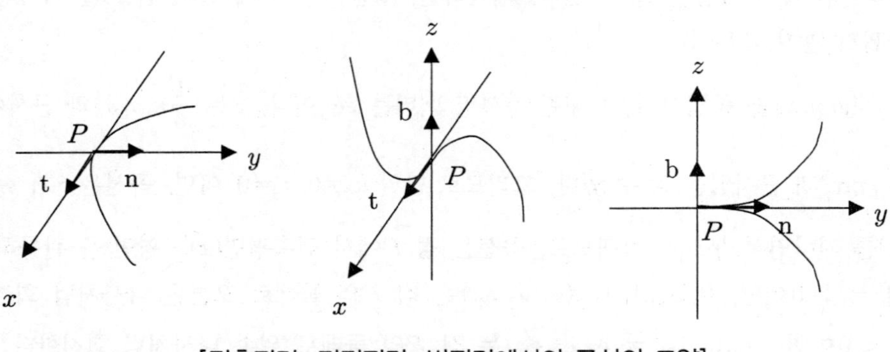

[접촉평면, 전직평면, 법평면에서의 곡선의 모양]

5. 신개선

[신개선] C^3-급단위속력곡선 $C: \mathrm{x} = \mathrm{x}(s)$의 접선들로 이루어진 곡면을 C의 **접선곡면** (tangent surface)이라고 한다. 곡선 $C^*: \mathrm{x}^* = \mathrm{x}^*(s)$가 단위속력곡선 C의 **신개선**(involute)이라는 것은 곡선 C^*가 C의 접선곡면 위에 놓여 있고 C^*의 접선이 C의 접선과 수직으로 만날 때를 말한다.

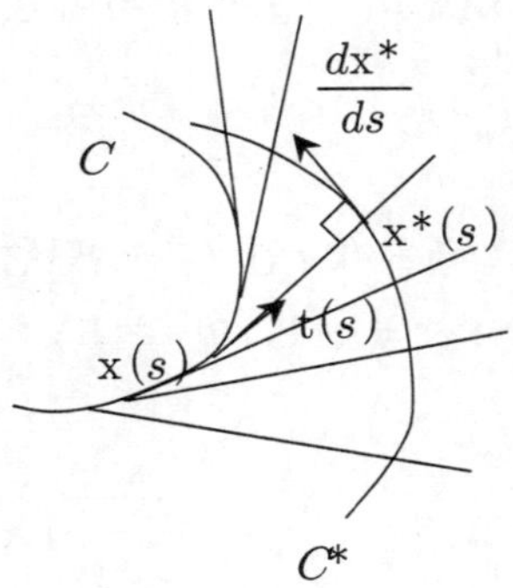

[곡선 C의 신개선 C^*]

그림에서 보는 바와 같이 $\mathrm{x}^* - \mathrm{x}(s)$는 $\mathrm{t}(s)$와 비례함을 알 수 있다. 따라서 신개선 C^*는

$$\mathrm{x}^* - \mathrm{x}(s) = k(s)\mathrm{t}(s)$$

이다. 즉,

$$\mathrm{x}^* = \mathrm{x}(s) - k(s)\mathrm{t}(s)$$

의 모양을 갖는다. $\dfrac{d\mathrm{x}^*}{ds} = \dot{\mathrm{x}} + \dot{k}\mathrm{t} + k\dot{\mathrm{t}} = (1+\dot{k})\mathrm{t} + k\kappa\mathrm{n}$이고 $\dfrac{d\mathrm{x}^*}{ds} \perp \mathrm{t}$이므로 다음을 얻는다.

$$0 = \frac{d\mathrm{x}^*}{ds} \cdot \mathrm{t}(s) = 1 + \dot{k}$$

따라서 $k(s) = -s + (\text{상수})$이다. 이것으로부터 다음 정리를 얻는다.

▸정리 5.1 C^3-급단위속력곡선 $C: \mathrm{x} = \mathrm{x}(s)$의 신개선 C^*는 다음과 같다.

$$C^*: \mathrm{x}^* = \mathrm{x}(s) + (c - s)\mathrm{t}(s).$$

참고 C^3-급단위속력곡선 $C: \mathrm{x} = \mathrm{x}(s)$에 대하여 그 곡선이 변곡점을 갖는 곳에서 즉, $\mathrm{k}(s) = \mathrm{O}$인 s에서 C의 신개선 $C^*: \mathrm{x}^* = \mathrm{x}^*(s)$는 정칙이 아니다. 왜냐하면,

$$\frac{d\mathrm{x}^*}{ds} = \frac{d\mathrm{x}}{ds} + (c-s)\frac{d\mathrm{t}}{ds} - \mathrm{t} = (c-s)\dot{\mathrm{t}} = (c-s)\kappa\mathrm{n}$$

이므로, $\kappa(s) = 0$인 s에서는 $\frac{d\mathrm{x}^*}{ds} = \mathrm{O}$이 되기 때문이다.

만일 곡선 $C: \mathrm{x} = \mathrm{x}(s)$의 곡률이 $\kappa \neq 0$이면, 곡선 C의 신개선 C^*의 곡률도 $\kappa^* \neq 0$이다.

정리 5.2 곡률 κ가 0이 아니고 열률이 τ인 C^3-급단위속력곡선 $C: \mathrm{x} = \mathrm{x}(s)$에 대하여 그 곡선의 신개선 $C^*: \mathrm{x}^* = \mathrm{x}^*(s)$의 곡률 κ^*는 다음과 같다.

$$\kappa^{*2} = \frac{\kappa^2 + \tau^2}{(c-s)^2\kappa^2}.$$

증명 $\frac{ds^*}{ds} = \left\| \frac{d\mathrm{x}^*}{ds} \right\|$에 대하여 $\mathrm{x}^* = \mathrm{x}^*(s)$의 자연표현을 $\mathrm{x}^* = \mathrm{x}^*(s^*)$이라 하자.

$$\frac{d\mathrm{x}^*}{ds} = \dot{\mathrm{x}} - \mathrm{t} + (c-s)\dot{\mathrm{t}} = (c-s)\dot{\mathrm{t}} = (c-s)\kappa\mathrm{n}, \quad \left\| \frac{d\mathrm{x}^*}{ds} \right\| = |(c-s)\kappa|$$

이므로 다음을 얻는다.

$$\mathrm{t}^* = \frac{d\mathrm{x}^*}{ds^*} = \frac{d\mathrm{x}^*}{ds} \Big/ \frac{ds^*}{ds} = \frac{d\mathrm{x}^*}{ds} \Big/ \left\| \frac{d\mathrm{x}^*}{ds} \right\| = \frac{(c-s)\kappa}{|(c-s)\kappa|}\mathrm{n}.$$

$$\frac{d\mathrm{t}^*}{ds} = \frac{(c-s)\kappa}{|(c-s)\kappa|}\dot{\mathrm{n}} = \frac{(c-s)\kappa}{|(c-s)\kappa|}(-\kappa\mathrm{t} + \tau\mathrm{n})$$

이므로

$$\mathrm{k}^* = \frac{d\mathrm{t}^*}{ds^*} = \frac{d\mathrm{t}^*}{ds} \Big/ \frac{ds^*}{ds} = \frac{d\mathrm{t}^*}{ds} \Big/ \left\| \frac{d\mathrm{x}^*}{ds} \right\| = \frac{-\kappa\mathrm{t} + \tau\mathrm{n}}{(c-s)\kappa}$$

이다. 그러므로 $\kappa^{*2} = \| \mathrm{k}^* \| = \frac{\kappa^2 + \tau^2}{(c-s)^2\kappa^2}$을 얻는다.

(참고) 만일 단위속력곡선 $\mathrm{x}=\mathrm{x}(s)$의 곡률 κ가 0이 아니면, 그 곡선의 신개선 $\mathrm{x}^*=\mathrm{x}^*(s)$의 곡률 κ^*도 0이 아님을 알 수 있다.

점 $\mathrm{x}(s)$에서 단위속력곡선 $\mathrm{x}=\mathrm{x}(s)$의 접선은 $\mathrm{x}^*(k)=\mathrm{x}(s)+k\mathrm{t}$, $k\in\mathbb{R}$ 이다. $\left\| \dfrac{d\mathrm{x}^*}{dk} \right\| = \| \mathrm{t} \| = 1$이므로, k는 자연매개변수이다. 또한, $k=0$일 때, $\mathrm{x}^*(s)=\mathrm{x}(s)$이므로, $\| \mathrm{x}^* - \mathrm{x}(s) \| = | k |$ 이다. 그러므로 $| k |$ 는 C의 접선 위의 점 x^*와 곡선 C 위의 점 $\mathrm{x}(s)$ 사이의 거리임을 알 수 있다.

▸정리 5.3 단위속력곡선 $C:\mathrm{x}=\mathrm{x}(s)$의 두 신개선

$$C_1^*: \mathrm{x}_1^* = \mathrm{x}+(c_1-s)\mathrm{t} \text{와 } C_2^*: \mathrm{x}_2^* = \mathrm{x}+(c_1-s)\mathrm{t}$$

사이의 거리는 모든 s에 대하여 항상 일정하고

$$\| (c_1-s)\mathrm{t}-(c_2-s)\mathrm{t} \| = | c_1-c_2 | \ \| \mathrm{t} \| = | c_1-c_2 |$$

와 같다.

위의 사실로부터 신개선은 곡선 C를 따라서 실타래 풀면서 얻어진 것임을 알 수 있다. 특히, 만일 실의 길이가 c_0이고 자연매개변수 s가 C를 따라서 실의 고정된 끝점으로부터의 거리가 되도록 잡는다면, 실을 풀면서 얻어지는 곡선은 곧 신개선 $\mathrm{x}^*=\mathrm{x}+(c_0-s)\mathrm{t}$일 것이다.

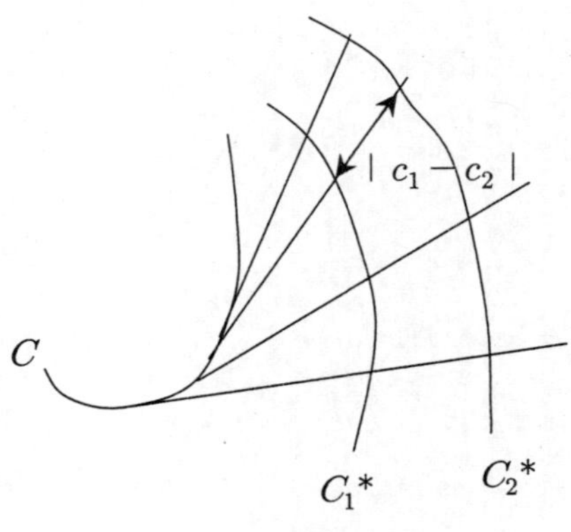

(a) 신개선 사이의 거리

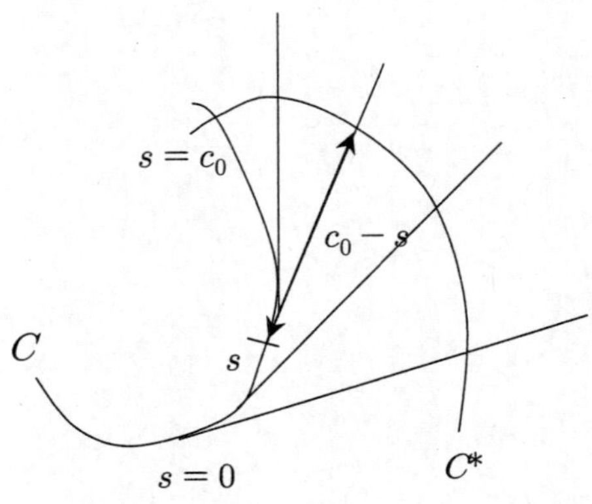

(b) 신개선의 의미

예제 5.4 원기둥나선 $C: \mathrm{x} = (a\cos t, a\sin t, bt)$, $a > 0$의 신개선을 구하여라.

풀이 $\dfrac{ds}{dt} = \|\mathrm{x}'\| = (a^2+b^2)^{1/2} := d$이므로 $s = dt$이다. 그러므로 C의 자연표현은

$$\mathrm{x} = \mathrm{x}(s) = (a\cos\frac{s}{d}, a\sin\frac{s}{d}, \frac{bs}{d})$$

이다. 이때, $\mathrm{t} = (-\dfrac{a}{d}\sin\dfrac{s}{d}, \dfrac{a}{d}\cos\dfrac{s}{d}, \dfrac{b}{d})$ 이므로, C의 신개선 C^*는 다음과 같다.

$$\begin{aligned}\mathrm{x}^* &= \mathrm{x} + (c-s)\mathrm{t} \\ &= (a\cos\frac{s}{d}, a\sin\frac{s}{d}, \frac{bs}{d}) + (c-s)(-\frac{a}{d}\sin\frac{s}{d}, \frac{a}{d}\cos\frac{s}{d}, \frac{b}{d}) \\ &= (a\cos\frac{s}{d} - (c-s)\frac{a}{d}\sin\frac{s}{d}, a\sin\frac{s}{d} - (c-s)\frac{a}{d}\cos\frac{s}{d}, \frac{bc}{d}).\end{aligned}$$

신개선은 평면 $z = \dfrac{bc}{d}$에 놓여 있는 평면곡선임을 알 수 있다.

6. 축폐선

[축폐선] 곡선 C^*가 단위속력곡선 $C: \mathrm{x} = \mathrm{x}(s)$의 **축폐선(evolute)**이라는 것은 곡선 $C: \mathrm{x} = \mathrm{x}(s)$가 곡선 C^*의 신개선일 때를 말한다. 따라서 축폐선 C^*는, 단위속력곡선 $C: \mathrm{x} = \mathrm{x}(s)$가 주어질 때, C^*의 접선이 C의 접선과 수직으로 만나는 곡선이다. 만일 단위속력곡선 $C: \mathrm{x} = \mathrm{x}(s)$가 주어지고, 축폐선 C^*의 점 $\mathrm{x}^*(s)$에서의 접선이 C의 점 $\mathrm{x}(s)$에서 만난다면

$$\mathrm{x}^*(s) = \mathrm{x}(s) + \alpha(s)\mathrm{n}(s) + \beta(s)\mathrm{b}(s)$$

이다. 왜냐하면,

$$(\mathrm{x}^*(s) - \mathrm{x}(s)) \perp \mathrm{t}(\mathrm{s})$$

이므로 $\mathrm{x}^*(s) - \mathrm{x}(s)$는 $\mathrm{n}(s)$와 $\mathrm{b}(s)$의 일차결합으로 나타낼 수 있기 때문이다.

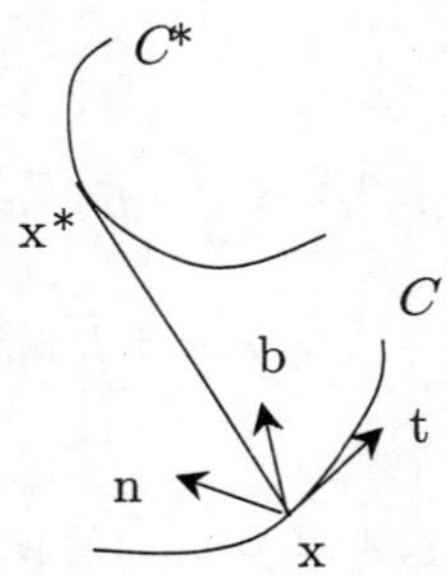

[축폐선 C^*]

그러므로

$$\mathrm{x}^*(s) - \mathrm{x}(s) = \alpha(s)\mathrm{n}(s) + \beta\mathrm{b}(s)$$

와 같이 나타낼 수 있음을 알 수 있다. 이 식을 미분하면 다음을 얻는다.

$$\begin{aligned}\frac{d\mathrm{x}^*}{ds} &= \dot{\mathrm{x}} + \dot{\alpha}\mathrm{n} + \alpha\dot{\mathrm{n}} + \dot{\beta}\mathrm{b} + \beta\dot{\mathrm{b}} \\ &= \mathrm{t} + \dot{\alpha}\mathrm{n} + \alpha(-\kappa\mathrm{t} + \tau\mathrm{b}) + \dot{\beta}\mathrm{b} - \beta\tau\mathrm{n} \\ &= (1 - \alpha\kappa)\mathrm{t} + (\dot{\alpha} - \beta\tau)\mathrm{n} + (\dot{\beta} + \tau\alpha)\mathrm{b}.\end{aligned}$$

$\frac{d\mathrm{x}^*}{ds}$ 는 곡선 C^*의 접선벡터이므로 이 벡터는

$$\mathrm{x}^*(s)-\mathrm{x}(s)=\alpha(s)\mathrm{n}(s)+\beta\mathrm{b}(s)$$

와 비례한다. 따라서

$$1-\alpha\kappa=0, \dot{\alpha}-\beta\tau=k\alpha, \dot{\beta}+\tau\alpha=k\beta \quad , \quad k\in\mathbb{R}$$

를 만족하는 k가 존재한다. 뒤의 두 식에서 k를 소거하면 다음을 얻는다.

$$\beta(\dot{\alpha}-\beta\tau)-\alpha(\dot{\beta}+\tau\alpha)=0.$$

그러므로

$$\tau=\frac{\beta\dot{\alpha}-\alpha\dot{\beta}}{\alpha^2+\beta^2}=\frac{d}{ds}\cot^{-1}\frac{\beta}{\alpha}$$

이다. 이를 적분하면, 다음을 얻는다.

$$\cot^{-1}\frac{\beta}{\alpha}=\int\tau ds+c,$$

$$\beta=\alpha\cot\left[\int\tau ds+c\right].$$

한편, $\alpha=\frac{1}{\kappa}$ 이므로 $\beta=\frac{1}{\kappa}\cot\left[\int\tau ds+c\right]$ 이다. 따라서 무수히 많은 C의 축폐선 C^*가 존재한다. 이때, c를 하나 선택하면 C의 축폐선 C^*는 다음과 같다.

$$\mathrm{x}^*=\mathrm{x}(s)+\frac{1}{\kappa}\mathrm{n}+\frac{1}{\kappa}\cot\left[\int\tau ds+c\right]\mathrm{b}.$$

▸정리 6.1 단위속력곡선 $C:\mathrm{x}=\mathrm{x}(s)$의 축폐선 C^*는 다음과 같다.

$$\mathrm{x}^*=\mathrm{x}(s)+\frac{1}{\kappa}\mathrm{n}+\frac{1}{\kappa}\cot\left[\int\tau ds+c\right]\mathrm{b},\ c\in\mathbb{R}.$$

주의 곡선 C를 따라서 $(\dot{\alpha}-\beta\tau)^2+(\dot{\beta}+\tau\alpha)^2\neq 0$임을 가정한다. 왜냐하면, $(\dot{\alpha}-\beta\tau)^2+(\dot{\beta}+\tau\alpha)^2=0$인 곳에서는

$$\frac{d\mathrm{x}^*}{ds}=(\dot{\alpha}-\beta\tau)\mathrm{n}+(\dot{\beta}+\tau\alpha)\mathrm{b}=\mathrm{O}$$

이므로 C^*가 정칙곡선이 아니기 때문이다. 특히, 만일 C가 평면곡선이면 $\tau=0$이고

$$1-\alpha\kappa=0,\ \dot{\alpha}-\beta\tau=k\alpha,\ \dot{\beta}+\tau\alpha=k\beta\quad,\ \tau=\frac{\beta\dot{\alpha}-\alpha\dot{\beta}}{\alpha^2+\beta^2}=\frac{d}{ds}\cot^{-1}\frac{\beta}{\alpha}$$

이므로

$$\tau=0,\ \beta=\gamma\alpha\,(\gamma\text{는 상수}),\ (\dot{\alpha}-\beta\tau)^2+(\dot{\beta}+\tau\alpha)^2=\frac{\dot{\kappa}^2}{\kappa^4}(1+\gamma^2)$$

을 얻는다. 평면곡선 C에 대해서는 $\dot{\kappa}\neq 0$이라 가정한다. 따라서 평면곡선 C 의 축폐선 C^*는 다음과 같다.

$$\mathrm{x}^*=\mathrm{x}+\frac{1}{\kappa}\mathrm{n}+\frac{\gamma}{\kappa}\mathrm{b},\ \gamma=(\text{상수}).$$

$\gamma=0$일 때, C의 축폐선은 곡선 C가 놓여 있는 평면과 동일한 평면(C의 접촉평면) 위에 놓여 있다. 이러한 축폐선을 C의 **평면축폐선(plane evolute)**이라 한다.

$\gamma\neq 0$일 때, b가 상수벡터이므로, C의 축폐선은 모선이 곡선 C가 놓여 있는 평면에 수직이고 C의 평면축폐선을 지나는 기둥면 위에 놓여 있음을 알 수 있다.

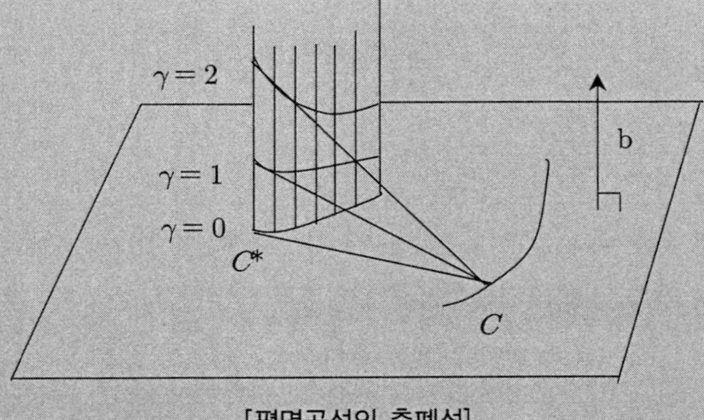

[평면곡선의 축폐선]

7. 접촉이론

직관적으로, 점 x에서 단위속력곡선 C와 만나는 평면 중에서 접선을 포함하는 평면은 접선을 포함하지 않은 평면보다 점 x에서 곡선 C와 더 많은 **접촉(contact)**을 하고 있다고 볼 수 있다.

점 x에서 단위속력곡선 C의 접선을 포함하는 모든 평면 중에서 곡선 C와 가장 많이 접촉하는 평면은 점 x에서 곡선 C의 접촉평면일 것이다.

곡선 C와 곡면 S와의 접촉도를 알아보기로 하자. 충분히 높은 급의 곡선 $C: \mathrm{x} = \mathrm{x}(t) = (x(t), y(t), z(t))$와 곡면 $S: F(x,y,z) = 0$에 대하여 점 $\mathrm{x}(t_0) = \mathrm{x}_0$에서 곡선 C와 곡면 S가 만날 뿐만 아니라 x_0의 근방에 속하는 다른 $n-1$개의 점

$$\mathrm{x}_1 = \mathrm{x}(t_1), \mathrm{x}_2 = \mathrm{x}(t_2), \ldots, \mathrm{x}_{n-1} = \mathrm{x}(t_{n-1})$$

에서도 만난다고 가정하자. 그러면 함수 $f(t) = F(x(t), y(t), z(t))$에 대하여 다음을 알 수 있다.

$$f(t_0) = f(t_1) = \cdots = f(t_{n-1}) = 0.$$

롤의 정리(Rolle's theorem)에 의하여 다음을 만족하는 $t'_1, t'_2, \ldots, t'_{n-1}$이 존재한다.

$$f'(t'_1) = f'(t'_2) = \cdots = f'(t'_{n-1}) = 0,\ t'_1 \in [t_0, t_1], t'_2 \in [t_1, t_2], \ldots, t'_{n-1} \in [t_{n-2}, t_{n-1}].$$

다시 롤의 정리를 이용하면, 다음을 만족하는 $t''_2, t''_3, \ldots, t''_{n-1}$이 존재한다.

$$f''(t''_2) = f''(t''_3) = \cdots = f''(t''_{n-1}) = 0\ ,$$
$$t''_2 \in [t'_1, t'_2], t''_3 \in [t'_2, t'_3], \ldots, t''_{n-1} \in [t'_{n-2}, t'_{n-1}].$$

이러한 방법을 계속하면, t_0의 근방에서 다음을 만족하는 $t_0, t'_1, t''_2, \ldots, t_{n-1}^{(n-1)}$이 존재한다.

$$f(t_0) = f'(t'_1) = f''(t''_2) = \cdots = f^{(n-1)}(t_{n-1}^{(n-1)}) = 0.$$

지금 곡면 S를 $\mathrm{x}_1, \mathrm{x}_2, \ldots, \mathrm{x}_{n-1}$이 x_0에 접근할 때, x_0와 x_0의 근방에 속하는 $n-1$개의 점에서 곡선 C와 만나는 곡면족의 극한위치라고 가정하자. $\mathrm{x}_1, \mathrm{x}_2, \ldots, \mathrm{x}_{n-1}$이 x_0에 접근할 때, $t'_1, t''_2, \ldots, t_{n-1}^{(n-1)}$은 t_0에 가까워진다. 따라서

$$f(t_0)=f'(t_0)=f''(t_0)=\cdots=f^{(n-1)}(t_0)=0$$

이다. 그러므로 다음과 같은 정의를 내릴 수가 있게 된다.

[접촉] 충분히 높은 급의 곡선 $C: \mathrm{x}=\mathrm{x}(t)=(x(t),y(t),z(t))$와 곡면 $S: F(x,y,z)=0$에 대하여 함수 $f(t)=F(x(t),y(t),z(t))$가

$$f(t_0)=f'(t_0)=\cdots=f^{(n-1)}(t_0)=0, f^{(n)}(t_0)\neq 0$$

을 만족할 때, 곡선 C 는 $t=t_0$에 대응하는 점 $\mathrm{x}(t_0)$에서 곡면 S와 **n-점 접촉(n-point contact)**을 갖는다고 한다.

(참고) 위의 정의는 곡선 C의 매개변수표현에 독립이다. 왜냐하면, 만일 $\mathrm{x}=(x^*(\theta), y^*(\theta), z^*(\theta))$가 곡선 C의 또 다른 표현이라면, 매개변수교환가능 $t=t(\theta)$가 존재하여

$$x^*(\theta)=x(t(\theta)), y^*(\theta)=y(t(\theta)), z^*(\theta)=z(t(\theta))$$

이다.

$$\begin{aligned} g(\theta) &= F(x^*(\theta),y^*(\theta),z^*(\theta)) \\ &= F(x(t(\theta)),y(t(\theta)),z(t(\theta))) \\ &= f(t(\theta)) \end{aligned}$$

이므로

$$\begin{aligned} g'(\theta) &= \frac{dt}{d\theta}\frac{df}{dt} \\ g''(\theta) &= \frac{d}{d\theta}\left(\frac{dt}{d\theta}\frac{df}{dt}\right)=\frac{d^2t}{d\theta^2}\frac{df}{dt}+\left(\frac{dt}{d\theta}\right)^2\frac{d^2f}{dt^2} \end{aligned}$$

이다. 일반적으로, $g^{(i)}(\theta)$는 $f^{(k)}(t(\theta))$, $1\leq k\leq i$들의 일차결합이다. 즉,

$$g^{(i)}(\theta)=\left(\frac{dt}{d\theta}\right)^i f^{(i)}(t(\theta))+C_1 f^{(i-1)}(t(\theta))+\cdots+\frac{d^i t}{d\theta^i}f'(t(\theta)).$$

그러나 만일 $f^{(i)}(t_0)=f^{(i)}(t(\theta_0))=0, i=1, 2, \ldots, n-1$이고 $f^{(n)}(t_0)=$

3장 곡선론

$f^{(n)}(t(\theta_0))\neq 0$이면, $g^{(i)}(\theta_0)=0, i=1,2,...,n-1$이고, $\frac{dt}{d\theta}\mid_{\theta=\theta_0}\neq 0$이므로 $g^{(n)}(\theta_0)\neq 0$이기 때문이다.

단위속력곡선 $C: \mathrm{x}=\mathrm{x}(s)$ 위에서 단위법선벡터 N을 갖고 점 $\mathrm{x}_0=\mathrm{x}(s_0)$을 지나는 평면의 방정식은 $(\mathrm{y}-\mathrm{x}_0)\cdot \mathrm{N}=0$이다. 이때, 함수

$$f(s)=(\mathrm{x}(s)-\mathrm{x}_0)\cdot \mathrm{N}$$

의 도함수는

$$\dot{f}(s)=\dot{\mathrm{x}}(s)\cdot \mathrm{N}=\mathrm{t}(s)\cdot \mathrm{N}$$
$$\ddot{f}(s)=\dot{\mathrm{t}}(s)\cdot \mathrm{N}=\kappa(s)(\mathrm{n}(s)\cdot \mathrm{N})$$

이다. 분명히 $f(s_0)=0$이다. $\dot{f}(s_0)=\mathrm{t}(s_0)\cdot \mathrm{N}=0$이기 위한 필요충분조건은 $\mathrm{t}(s_0)\perp \mathrm{N}$인 것이다. 따라서 평면이 점 x_0에서 곡선 C와 적어도 2-점 접촉을 갖기 위한 필요충분조건은 평면이 접선을 포함하는 것이다.

더욱이 $\kappa(s_0)\neq 0$일 때, $\ddot{f}(s_0)=0$이기 위한 필요충분조건은 $\mathrm{n}(s_0)\perp \mathrm{N}$인 것이다. 따라서 만일 $\kappa(s_0)\neq 0$이면, 평면이 점 x_0에서 곡선 C와 적어도 3-점 접촉을 갖기 위한 필요충분조건은 N이 $\mathrm{t}(s_0)$와 $\mathrm{n}(s_0)$에 수직인 것이 된다. 즉, 평면이 점 x_0에서 접촉평면

$$(\mathrm{y}-\mathrm{x}_0)\cdot \mathrm{b}(s_0)=0$$

인 것이다. 또한 $\kappa(s_0)=0$인 변곡점에서는 접선을 포함하는 모든 평면은 적어도 곡선과 3-점 접촉을 갖는다는 것을 알 수 있다.

충분히 높은 급의 두 공간곡선의 접촉도도 비슷한 방법으로 정의할 수 있다.

충분히 높은 급의 곡선 $C: \mathrm{x}=\mathrm{x}(t)=(x(t),y(t),z(t))$와 곡면

$$S_1: F(x,y,z)=0,\ S_2: G(x,y,z)=0$$

의 교선 Γ에 대하여 함수

$$f(t)=F(x(t),y(t),z(t))\text{와 } g(t)=G(x(t),y(t),z(t))$$

가

$$f(t_0)=f'(t_0)=\cdots=f^{(n-1)}(t_0)=0$$
$$g(t_0)=g'(t_0)=\cdots=g^{(n-1)}(t_0)=0$$

을 만족하지만 $f^{(n)}(t_0)\neq 0$ 또는 $g^{(n)}(t_0)\neq 0$일 때, $t=t_0$에 대응하는 점 $\mathrm{x}(t_0)$ 에서 곡선 C가 교선 Γ와 **n-점 접촉(n-point contact)**을 갖는다고 한다. 따라서 곡선 C가 점 $\mathrm{x}(t_0)$에서 교선 Γ와 n-점 접촉을 갖기 위한 필요충분조건은 곡선 C가 곡면 S_1, S_2 중에서 어느 한 곡면과 n-점 접촉을 갖고 다른 곡면과는 적어도 n-점 접촉을 갖는 것이다.

단위속력곡선 $C:\mathrm{x}=\mathrm{x}(s)$ 위의 점 $\mathrm{x}_0=\mathrm{x}(s_0)$에서 곡선 C와 적어도 3-점 접촉을 갖는 원 Γ를 구해보자.

점 x_0에서 곡선 C와 적어도 3-점 접촉을 갖는 구면과 평면과의 교선을 Γ라고 정의하면 된다.

점 x_0을 지나고 y_0을 중심으로 하는 구면의 방정식은

$$\|\mathrm{y}-\mathrm{y}_0\|^2=\|\mathrm{x}_0-\mathrm{y}_0\|^2$$

이다. 이때, 함수

$$f(s)=\|\mathrm{x}(s)-\mathrm{y}_0\|^2-\|\mathrm{x}_0-\mathrm{y}_0\|^2=(\mathrm{x}(s)-\mathrm{y}_0)\cdot(\mathrm{x}(s)-\mathrm{y}_0)-\|\mathrm{x}_0-\mathrm{y}_0\|^2$$

에 대하여 다음을 얻는다.

$$\dot{f}(s)=2(\mathrm{x}(s)-\mathrm{y}_0)\cdot\dot{\mathrm{x}}(s)=2(\mathrm{x}(s)-\mathrm{y}_0)\cdot\mathrm{t}(s)$$
$$\ddot{f}(s)=2(\mathrm{x}(s)-\mathrm{y}_0)\cdot\dot{\mathrm{t}}(s)+2(\mathrm{t}(s)\cdot\mathrm{t}(s))=2\kappa(s)(\mathrm{x}(s)-\mathrm{y}_0)\cdot\mathrm{n}(s)+2.$$

분명히 $f(s_0)=0$이다. $\dot{f}(s_0)=0$이기 위한 필요충분조건은 $(\mathrm{x}_0-\mathrm{y}_0)\perp\mathrm{t}_0$이다. 즉, 점 x_0에서 곡선 C가 구면과 적어도 2-점 접촉이기 위한 필요충분조건은 구면의 중심 y_0가 점 x_0에서 C의 법평면 위에 있는 것이다. 또한 $\ddot{f}(s_0)=0$이기 위한 필요충분조건은

$$\kappa(s_0)(\mathrm{y}_0-\mathrm{x}_0)\cdot\mathrm{n}(s_0)=1$$

이다. 즉, $\kappa(s_0)\neq 0$일 때, 점 x_0에서 곡선 C가 구면과 3-점 접촉이기 위한 필요충분조건은 구면의 중심 y_0가 점 x_0에서 C의 법평면 위에 있고 벡터 $\mathrm{y}_0-\mathrm{x}_0$을 점 x_0에서 C의 단위법벡

터 $\mathrm{n}(s_0)$에 내린 정사영 벡터의 길이가 $\dfrac{1}{\kappa(s_0)}$인 것이다.

> **주의** 곡률 $\kappa(s)=0$인 변곡점에서 곡선 C와 3-점 접촉을 갖는 구면은 존재하지 않음을 유의하여라.

따라서 $\kappa(s_0)\neq 0$일 때, 점 x_0에서 적어도 3-점 접촉을 갖는 C의 접촉평면과 구면과의 공통부분은 점 x_0에서 적어도 3-점 접촉을 갖는 원 Γ이다. 이러한 원은 오직 하나뿐이다. 왜냐하면, 비록 점 x_0에서 적어도 3-점 접촉을 갖는 구면이 무수히 많이 존재한다고 하더라도, 벡터 $\mathrm{y}_0-\mathrm{x}_0$은 모두 점 x_0에서 곡선 C의 법평면 위에 놓여 있고, 벡터 $\mathrm{y}_0-\mathrm{x}_0$의 단위법선 벡터 $\mathrm{n}(s_0)$ 위로의 정사영 벡터의 길이는 항상 $\dfrac{1}{\kappa(s_0)}$으로 일정하기 때문이다. 이와 같이,

[곡률원과 곡률중심] 점 x_0에서 단위속력곡선 C와 3-점 접촉을 갖는 원을 점 x_0에서 곡선 C의 **접촉원**(osculating circle) 또는 **곡률원**(circle of curvature)이라 하고, 이 원의 중심을 **곡률중심**(center of curvature)이라 한다. 곡률원은 점 x_0에서 C의 접촉평면 위에 놓여 있으며, 곡률중심은 점 x_0에서 곡선 C의 곡률벡터 $\mathrm{k}(s_0)$를 방향벡터로 갖는 직선 위에 놓여 있다. 점 x_0에서 곡선 C의 곡률원의 반지름은 곡률반경 $\rho=\dfrac{1}{\kappa(s_0)}$와 같다. 따라서 곡률중심의 위치벡터는 $\mathrm{y}_0=\mathrm{x}_0+\dfrac{1}{\kappa(s_0)}\mathrm{n}(s_0)$ 이다.

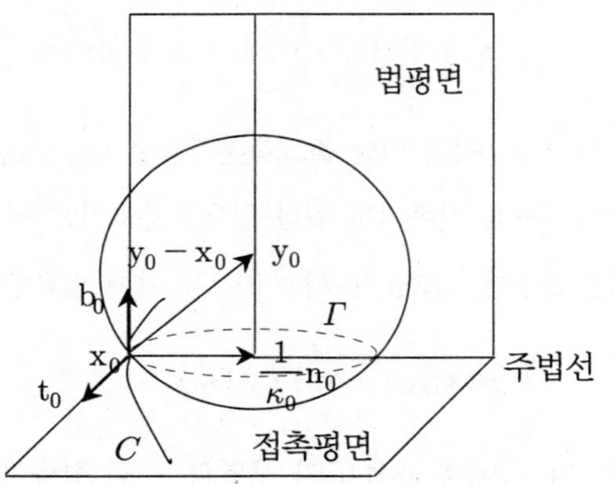

[곡률원]

8. 접촉곡선과 접촉곡면

점 x_0에서 정칙곡선 $C: \mathrm{x} = \mathrm{x}(t)$와 만나는 모든 평면 중에서 가장 많은 접촉을 갖는 평면은 점 x_0에서 곡선 C의 접촉평면임을 유의하자.

[접촉곡면] 일반적으로, 점 x_0에서 곡선 $C: \mathrm{x} = \mathrm{x}(t)$와 만나는 곡면족 $\{S_\lambda\}_{\lambda \in I}$ 에 대하여 점 x_0에서 한 곡면 S_{λ_0}가 만나는 곡선 C의 접촉도가 다른 곡면들과 C와의 접촉도보다 크거나 같을 때, S_{λ_0}를 C에 대한 곡면족 $\{S_\lambda\}_{\lambda \in I}$의 **접촉곡면(osculating surface)**이라고 한다. 비슷한 방법으로,

[접촉곡선] 점 x_0에서 곡선 $C: \mathrm{x} = \mathrm{x}(t)$와 만나는 곡선족$\{\Gamma_\lambda\}_{\lambda \in I}$에 대하여 점 x_0에서 한 곡선 Γ_{λ_0}와 곡선 C의 접촉도가 다른 곡선들과 C와의 접촉도가 크거나 같을 때, Γ_{λ_0}를 곡선 C에 대한 곡선족 $\{\Gamma_\lambda\}_{\lambda \in I}$의 **접촉곡선(osculating curve)**이라고 한다.

좀 더 상세하게 접촉곡면에 대하여 알아보자.

충분히 높은 급의 곡선 $C: \mathrm{x} = \mathrm{x}(t) = (x(t), y(t), z(t))$와 $n-1$개 매개변수의 곡면족 $F_{a_1, a_2, \ldots, a_{n-1}}(x, y, z) = 0$은 $t = t_0$에 대응하는 점 $\mathrm{x}(t_0)$에서 만난다고 가정하자. 이때, 함수

$$f_{a_1, a_2, \ldots, a_{n-1}}(t) = F_{a_1, a_2, \ldots, a_{n-1}}(x(t), y(t), z(t))$$

에 대하여 $f_{a_1, a_2, \ldots, a_{n-1}}(t_0) = 0$이다. 그러면

$$f'_{a_1, a_2, \ldots, a_{n-1}}(t_0) = f''_{a_1, a_2, \ldots, a_{n-1}}(t_0) = \cdots f^{(n-1)}_{a_1, a_2, \ldots, a_{n-1}}(t_0) = 0$$

을 만족하는 $a_i = \alpha_i (i = 1, 2, \ldots, n-1)$ 가 존재할 것이다. 분명히 곡면 $F_{\alpha_1, \alpha_2, \ldots, \alpha_{n-1}}(x, y, z) = 0$은 점 $\mathrm{x}(t_0)$에서 곡선 C와 적어도 n-점 접촉을 가질 것이다. 그러나 곡선 C에 대한 곡면족의 접촉곡면은 점 $\mathrm{x}(t_0)$에서 곡선 C와 다른 곡면들과의 접촉도보다 크거나 같다.

이것은 접촉곡선에 대해서도 성립한다. 따라서, 일반적으로 점 $\mathrm{x}(t_0)$에서 곡선 C와 만나는 매개변수가 $n-1$개인 곡면족(또는 곡선족)은 점 $\mathrm{x}(t_0)$에서 곡선 C와 적어도 n-점 접촉을 갖는다.

예제 8.1 평면은 한 점 $\mathrm{x}_0 = (x_0, y_0, z_0)$와 단위법선벡터 $\mathrm{N} = (l, m, n)$이 주어지면 결정된

3장 곡선론

다. 즉, $(\mathrm{y}-\mathrm{x}_0)\cdot \mathrm{N}=0$ 이다. $\|\mathrm{N}\|=(l^2+m^2+n^2)^{1/2}=1$이므로 점 x_0를 지나는 평면족은 2개의 매개변수를 갖는 곡면족이다. 따라서 곡선 $C:\mathrm{x}=\mathrm{x}(s)$ 위의 점 $\mathrm{x}(s_0)$을 지나는 모든 평면족은 2개의 매개변수를 갖는 곡면족 $(\mathrm{y}-\mathrm{x}(s_0))\cdot\mathrm{N}=0$이다.

만일 $\kappa(s_0)\neq 0$이라면, 점 $\mathrm{x}(s_0)$에서 곡선 C의 접촉평면은 이러한 평면족의 유일한 접촉평면이다. 그것은 점 $\mathrm{x}(s_0)$에서 곡선 C와 적어도 3-점 접촉을 갖고, 다른 평면은 점 $\mathrm{x}(s_0)$에서 3-점 이하의 접촉을 갖는다.

예제 8.2 단위속력곡선 $C:\mathrm{x}=\mathrm{x}(s)$ 위의 점 $\mathrm{x}_0=\mathrm{x}(s_0)$을 지나는 모든 구면

$$\|\mathrm{y}-\mathrm{y}_0\|^2=\|\mathrm{x}_0-\mathrm{y}_0\|^2=r^2$$

은 구면의 중심 y_0에 의하여 결정되므로, 점 $\mathrm{x}_0=\mathrm{x}(s_0)$을 지나는 모든 구면족은 3개의 매개변수를 갖는 곡면족이다. 만일 $\kappa(s_0)\neq 0, \tau(s_0)\neq 0$이라면, 이러한 구면족의 접촉구는 하나이고, 점 x_0에서 곡선 C와 적어도 4-점 접촉을 갖는다. 이러한 접촉구의 중심과 반지름은 다음과 같이 결정된다. 함수

$$\begin{aligned} f(s) &= \|\mathrm{x}(s)-\mathrm{y}_0\|^2-\|\mathrm{x}_0-\mathrm{y}_0\|^2 \\ &= (\mathrm{x}(s)-\mathrm{y}_0)\cdot(\mathrm{x}(s)-\mathrm{y}_0)-\|\mathrm{x}_0-\mathrm{y}_0\|^2 \end{aligned}$$

에 대하여 다음을 얻는다.

$$\frac{df}{ds}=2(\mathrm{x}(s)-\mathrm{y}_0)\cdot\dot{\mathrm{x}}(s)=(\mathrm{x}(s)-\mathrm{y}_0)\cdot\mathrm{t}(s)$$

$$\frac{d^2f}{ds^2}=2(\mathrm{x}(s)-\mathrm{y}_0)\cdot\dot{\mathrm{t}}(s)+2(\mathrm{t}(s)\cdot\mathrm{t}(s))=2\kappa(s)(\mathrm{x}(s)-\mathrm{y}_0)\cdot\mathrm{n}(s)+2$$

$$\begin{aligned} \frac{d^3f}{ds^3} &= 2\dot{\kappa}(s)(\mathrm{x}(s)-\mathrm{y}_0)\cdot\mathrm{n}(s)+2\kappa(s)\mathrm{t}(s)\cdot\mathrm{n}(s)+2\kappa(s)(\mathrm{x}(s)-\mathrm{y}_0)\cdot\dot{\mathrm{n}}(s) \\ &= 2\dot{\kappa}(s)(\mathrm{x}(s)-\mathrm{y}_0)\cdot\mathrm{n}(s)+2\kappa(s)(\mathrm{x}(s)-\mathrm{y}_0)\cdot[-\kappa(s)\mathrm{t}(s)+\tau(s)\mathrm{b}(s)] \\ &= 2\dot{\kappa}(s)(\mathrm{x}(s)-\mathrm{y}_0)\cdot\mathrm{n}(s)-2\kappa(s)^2(\mathrm{x}(s)-\mathrm{y}_0)\cdot\mathrm{t}(s) \\ &\qquad +2\kappa(s)\tau(s)(\mathrm{x}(s)-\mathrm{y}_0)\cdot\mathrm{b}(s). \end{aligned}$$

분명히 $f(s_0)=0$이다. $\dot{f}(s_0)=0$이기 위한 필요충분조건은 $(\mathrm{x}_0-\mathrm{y}_0)\perp\mathrm{t}_0$이다.

또한 $\kappa(s_0)\neq 0$일 때, $\ddot{f}(s_0)=0$이기 위한 필요충분조건은

$$(\mathrm{y}_0-\mathrm{x}_0)\cdot \mathrm{n}(s_0)=\frac{1}{\kappa(s_0)}$$

이다. $\dot{f}(s_0)=0$이고, $\kappa(s_0)\neq 0$일 때, $\ddot{f}(s_0)=0$이라고 가정하자. 그러면 $\tau(s_0)\neq 0$일 때, $\dfrac{d^3f}{ds^3}(s_0)=0$이기 위한 필요충분조건은

$$-2\dot{\kappa}(s_0)/\kappa(s_0)-2\kappa(s_0)\tau(s_0)(\mathrm{y}_0-\mathrm{x}_0)\cdot \mathrm{b}(s_0)=0,$$

즉, $(\mathrm{y}_0-\mathrm{x}_0)\cdot \mathrm{b}(s_0)=-\dot{\kappa}(s_0)/\kappa(s_0)^2\tau(s_0)$이다. 따라서 단위속력곡선 C: $\mathrm{x}=\mathrm{x}(s)$ 위의 점 $\mathrm{x}(s_0)=\mathrm{x}_0$에서 $\kappa(s_0)\neq 0, \tau(s_0)\neq 0$일 때, 곡선 C와 적어도 4-점 접촉을 갖는 유일한 접촉구가 존재하는데, 정규직교벡터 $\mathrm{t}(s_0), \mathrm{n}(s_0)$, $\mathrm{b}(s_0)$에 관한 벡터 $\mathrm{y}_0-\mathrm{x}_0$의 성분이

$$0,\ 1/\kappa(s_0),\ -\dot{\kappa}(s_0)/\kappa(s_0)^2\tau(s_0)$$

인 벡터 y_0가 그 접촉구의 중심이다. 그러므로 그 접촉구의 반지름은

$$\|\mathrm{y}_0-\mathrm{x}_0\|=\{(\frac{1}{\kappa(s_0)})^2+(\frac{\dot{\kappa}(s_0)}{\kappa(s_0)^2\tau(s_0)})^2\}^{1/2}$$

이다.

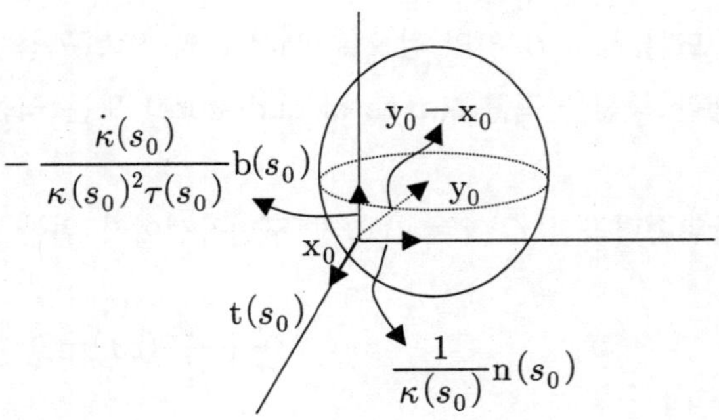

위의 예제에서 결정된 구면과 같이,

[접촉구면과 구면곡률중심] 단위속력곡선 C 위의 점 x_0을 포함하여 4점을 지나는 구면족에

서 3점이 점 x_0에 한없이 접근할 때, 극한의 위치에 있는 구면을 점 x_0에서 곡선 C의 **접촉구면**(osculating sphere)이라 한다. 이 구면의 중심을 **구면곡률중심**(center of spherical curvature)이라 하고, 구면곡률중심 y_0는 다음과 같다.

$$y_0 = x_0 + \frac{1}{\kappa(s_0)} n(s_0) - \frac{\dot{\kappa}(s_0)}{\kappa(s_0)^2 \tau(s_0)} b(s_0).$$

곡선 C의 열률 τ에 대하여 $\sigma = \dfrac{1}{\tau}$을 **열률반경**(radius of torsion)이라 한다. 곡선 C의 곡률 κ에 대하여 $\kappa \neq 0$일 때, C의 곡률반경은 $\rho = \dfrac{1}{\kappa}$이다. 이때, 곡선 C 위의 각 점 x에서 C의 구면곡률중심은 다음과 같다.

$$y = x + \rho n + \dot{\rho} \sigma b.$$

따라서 곡선 C 위의 각 점 x에서 C의 접촉구면의 반지름은

$$r = (\rho^2 + (\dot{\rho}\sigma)^2)^{1/2}$$

이다. 한편, x_0을 포함하여 세 점을 지나는 평면족에서 두 점이 점 x_0에 한없이 접근할 때, 극한의 위치에 있는 평면은 점 x_0에서 곡선 C의 접촉평면이므로 접촉원은 접촉평면 위에 있다. 따라서 접촉원은 접촉평면과 접촉구면과의 교선이다.

[곡률축] 곡선 C 위의 한 점에서 C의 접촉구면은 곡선 C와 **동일한 4점을 공유한다** 또는 **3차의 접촉을 이룬다**고 하고, 접촉원은 곡선 C와 **동일한 3점을 공유한다** 또는 **2차의 접촉을 이룬다**고 한다. 또한 곡선 C 위의 점 $x(s)$에서 C의 접촉구면의 중심을 지나고 단위종법선벡터 $b(s)$에 평행한 직선을 **곡률축**(axes of curvature) 또는 **극선**(polar line)이라고 한다.

▶정리 8.3 단위속력곡선 $C: x = x(s)$가 구면곡선이기 위한 필요충분조건은

$$\frac{\rho}{\sigma} + \frac{d}{ds}(\dot{\rho}\sigma) = 0$$

이다.

증명 구면곡선 위의 각 점에서의 접촉구면은 동일하므로, 그 접촉구면의 중심과 반지

름은 일정함을 알 수 있다. 접촉구면의 중심 y와 반지름 r은 각각 다음과 같다.

$$\mathrm{y} = \mathrm{x} + \rho\mathrm{n} + \dot{\rho}\sigma\mathrm{b},$$
$$r^2 = \rho^2 + (\dot{\rho}\sigma)^2.$$

이를 s로 미분하면 다음을 얻는다.

$$\begin{aligned}\frac{d\mathrm{y}}{ds} &= \dot{\mathrm{x}} + \dot{\rho}\mathrm{n} + \rho\dot{\mathrm{n}} + \frac{d}{ds}(\dot{\rho}\sigma)\mathrm{b} + (\dot{\rho}\sigma)\dot{\mathrm{b}} \\ &= \mathrm{t} + \dot{\rho}\mathrm{n} + \rho(-\kappa\mathrm{t} + \tau\mathrm{b}) + \frac{d}{ds}(\dot{\rho}\sigma)\mathrm{b} + (\dot{\rho}\sigma)(-\tau\mathrm{n}) \\ &= \mathrm{t} + \dot{\rho}\mathrm{n} - \mathrm{t} + \rho\tau\mathrm{b} + \frac{d}{ds}(\dot{\rho}\sigma)\mathrm{b} - \dot{\rho}\mathrm{n} \\ &= [\frac{\rho}{\sigma} + \frac{d}{ds}(\dot{\rho}\sigma)]\mathrm{b}\end{aligned}$$

$$2r\frac{dr}{ds} = 2\rho\dot{\rho} + 2(\dot{\rho}\sigma)\frac{d}{ds}(\dot{\rho}\sigma),$$
$$r\frac{dr}{ds} = \dot{\rho}\sigma[\frac{\rho}{\sigma} + \frac{d}{ds}(\dot{\rho}\sigma)].$$

y는 상수벡터이고, r은 상수이므로, $\frac{\rho}{\sigma} + \frac{d}{ds}(\dot{\rho}\sigma) = 0$임을 알 수 있다.

역으로, $\frac{\rho}{\sigma} + \frac{d}{ds}(\dot{\rho}\sigma) = 0$이 성립한다고 가정하자. 그러면 y는 상수벡터이고, r도 상수임을 알 수 있다. 그러므로 곡선 위의 각 점의 접촉구면은 동일하다. 따라서 곡선은 접촉구면 위에 놓여 있게 된다.

문제 3.1 **현수선(catenary)** $\mathrm{x} = (a\cosh\frac{t}{a}, t, 0)$의 자연방정식을 구하여라.

문제 3.2 자연방정식이 $\kappa = (\frac{1}{2as})^{1/2}, \tau = 0, a > 0, s > 0$인 곡선을 결정하여라.

문제 3.3 자연방정식이 $\kappa = \frac{1}{as+b}, \tau = 0, s > 0, a > 0$인 곡선은 대수나선임을 보여라.

문제 3.4 자연방정식이 $\kappa=\dfrac{\sqrt{2}}{s^2+4}, \tau=\dfrac{\sqrt{2}}{s^2+4}$ 인 곡선은 횡단면이 현수선인 기둥면 위의 기둥나선임을 보여라.

문제 3.5 반지름이 a인 구면 위에 놓여 있는 단위속력곡선 $\mathrm{x}=\mathrm{x}(s)$에 대하여, $\tau\neq 0$일 때,

$$\left(\frac{1}{\kappa}\right)^2+\left(\frac{\dot{\kappa}}{\kappa^2\tau}\right)^2=a^2$$

이 성립함을 보여라.

문제 3.6 단위속력평면곡선 $\mathrm{x}=\mathrm{x}(s)$의 위치벡터 x가 단위접선벡터 $\mathrm{t}(s)$와 일정한 각 α를 이루면, 그 곡선은 대수나선임을 보여라.

문제 3.7 $\mathrm{g}(t)$는 $\|\mathrm{g}(t)\|=1$과 $|\mathrm{g}(t)\mathrm{g}'(t)\mathrm{g}''(t)|\neq 0$을 만족할 때,

$$\mathrm{x}=a\int \mathrm{g}(t)\times \mathrm{g}'(t)dt,\ a=(\text{상수})\neq 0$$

로 주어지는 곡선 C의 곡률과 열률은 각각 $\kappa\neq 0, \tau=\dfrac{1}{a}$임을 보여라.

문제 3.8 충분히 작은 단위속력곡선 $\mathrm{x}=\mathrm{x}(s)$에 대하여 $s=0$에 대응하는 점을 원점이라 하고 s에 대응하는 점을 P라 하자. 원점에서의 곡률과 열률을 각각 κ_0, τ_0라고 하자. 원점에서의 $(\mathrm{t},\mathrm{n},\mathrm{b})$는 $(\mathrm{e}_1,\mathrm{e}_2,\mathrm{e}_3)$와 일치한다고 하자. 이때, 호의 길이 s와 대응하는 현의 길이 $\overline{OP}$와의 차는

$$\overline{OP}-s=-\frac{\kappa_0^2}{24}s^3+o(s^3)$$

임을 보여라.

문제 3.9 만일 단위속력곡선 $C:\mathrm{x}=\mathrm{x}(s)$의 주법선이 곡선 C^*의 종법선과 같을 때, 곡선 C를 따라서 다음을 성립함을 보여라.

$$\alpha(\kappa^2+\tau^2)=\kappa, \alpha=(\text{상수})$$

문제 3.10 두 곡선이 **베르트랑(Bertrand)곡선**이라는 것은 공통인 주법선을 가질 때를 말한다.

(a) 두 베르트랑곡선 위에 대응하는 점들 사이의 거리는 일정함을 보여라.
(b) 두 베르트랑곡선 위에 대응하는 접선들의 사잇각은 일정함을 보여라.

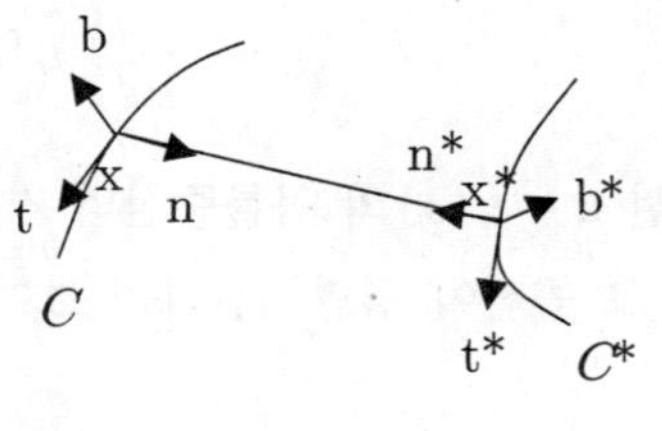

문제 3.11 열률이 0이 아닌 곡선 C가 **베르트랑곡선**이라는 것은 C와 베르트랑곡선을 이루는 곡선 C^*가 존재할 때를 말한다. 만일 곡선 C의 열률이 $\tau \neq 0$이면, C가 베르트랑곡선이기 위한 필요충분조건은 $\kappa + \gamma\tau = \frac{1}{\alpha}$를 만족하는 상수 γ, α가 존재하는 것임을 보여라.

문제 3.12 단위속력곡선 C의 열률은 $\tau \neq 0$이라 하자. C와 C^*가 베르트랑곡선인 곡선 C^*가 두 개 이상 존재하기 위한 필요충분조건은 C가 기둥나선임을 보여라.

문제 3.13 원 $\mathrm{x} = (a\cos\theta, a\sin\theta), a > 0$의 신개선을 구하여라. 신개선은 $\theta = 0$에서 출발하는 실타래를 풀면서 얻어지는 곡선이다.

문제 3.14 단위속력곡선 $\mathrm{x} = \mathrm{x}(s)$의 신개선 $\mathrm{x}^* = \mathrm{x}(s) + (c - s)\mathrm{t}$의 곡률과 열률은 각각 다음과 같음을 보여라.

$$\kappa^{*2} = \frac{\kappa^2 + \tau^2}{(c-s)^2\kappa^2}, \tau^* = \frac{\dot{\kappa}\tau - \kappa\dot{\tau}}{(c-s)\kappa(\kappa^2 + \tau^2)}$$

문제 3.15 단위속력평면곡선 $\mathrm{x} = \mathrm{x}(s)$의 두 신개선은 베르트랑곡선임을 보여라.

문제 3.16 단위속력곡선 C의 축폐선 C^*의 주법선은 C의 법선과 평행함을 보여라.

문제 3.17 곡선 $\mathrm{x}=(t,t^2,t^3)$은 $t=0$일 때, 즉, 원점에서 포물면 $x^2+z^2-y=0$과 6-점 접촉을 가짐을 보여라.

문제 3.18 단위속력곡선 $C:\mathrm{x}=\mathrm{x}(s)$ 위의 점 P에서의 접촉평면이 곡선 C와 점 P에서 4-점접촉을 갖기 위한 필요충분조건은 점 P에서의 곡선 C의 곡률이나 열률이 0임을 보여라.

문제 3.19 단위속력곡선 $\mathrm{x}=\mathrm{x}(s)$의 곡률중심의 자취가 그 곡선의 축폐선이기 위한 필요충분조건은 그 곡선이 평면곡선임을 보여라.

문제 3.20 단위속력평면곡선 $\mathrm{x}=\mathrm{x}(s)$의 곡률 κ에 대하여 $\dot{\kappa}$는 곡선 위의 두 점 사이에서 부호가 바뀌지 않는다고 하자. 그러면 그 두 점에서의 곡률반경의 차는 그 곡선의 곡률중심의 자취 위에 대응하는 점들 사이의 호의 길이와 같음을 보여라.

문제 3.21 단위속력곡선 $\mathrm{x}=\mathrm{x}(s)$의 구면곡률중심의 자취의 접선은 대응점에서 곡선의 종법선과 평행임을 보여라.

문제 3.22 만일 $C:\mathrm{x}=\mathrm{x}(s)$가 단위속력평면곡선이면, C와 C^*가 베르트랑곡선인 곡선 C^*가 항상 존재함을 보여라.

문제 3.23 곡선 $\mathrm{x}=(t,t^2,t^3)$의 접선곡면의 방정식을 구하여라.

문제 3.24 만일 단위속력곡선 C가 곡선 C^*와 대응점에서 같은 종법선을 가지면, 곡선 C는 평면곡선임을 보여라.

문제 3.25 만일 단위속력곡선 $\mathrm{x}=\mathrm{x}(s)$가 구면 위에 있으면, $\dfrac{d}{ds}\left(\dfrac{\dot{\kappa}}{\kappa^2\tau}\right)-\dfrac{\tau}{\kappa}=0$임을 보여라.

문제 3.26 원기둥나선의 곡률중심의 자취는 같은 경사도를 갖는 동축나선이며, 곡률중심의 자취에 대한 곡률중심의 자취는 원래의 원기둥나선임을 보여라.

문제 3.27 원기둥나선의 열률과 곡률중심의 자취의 열률의 곱은 κ^2임을 보여라.

문제 3.28 두 베르트랑곡선의 열률의 곱은 일정함을 보여라.

문제 3.29 단위속력곡선 C의 주법선이 다른 단위속력곡선 $\overline{C}$의 종법선과 같을 때, 곡선 C를 **만하임(Mannheim)곡선**이라고 한다. 곡선 C가 만하임곡선이 되기 위한 필요충분조건은 $\kappa = c(\kappa^2 + \tau^2), c = (\text{상수})$임을 보여라.

문제 3.30 원기둥나선 $\mathrm{x}(t) = (a\cos t, a\sin t, bt)$의 접촉구면의 중심과 곡률중심을 구하여라.

문제 3.31 접촉구면의 반경이 일정한 곡선 $\mathrm{x} = \mathrm{x}(s)$는 구면곡선 또는 곡률이 일정한 곡선(정곡률곡선)임을 보여라.

문제 3.32 법평면이 항상 일정한 점을 지나는 단위속력곡선 $\mathrm{x} = \mathrm{x}(s)$는 구면곡선임을 보여라.

4장

곡면론

곡면은 직관적으로 그 위의 각 점의 근방들이 평면의 일부와 근사를 이루는 점들의 집합이라고 생각할 수 있다. 곡면은 두 개의 매개변수를 사용하여 다음과 같이 나타낸다.

$$\mathrm{x}(u,v)=(x(u,v),y(u,v),z(u,v))$$

해석적 방법을 적용하기 위하여 곡면 $\mathrm{x}=\mathrm{x}(u,v)$는 최소한 C^1-급함수이라 하자. 또한, 곡면은 각 점에서 접평면을 갖기 위해서 야코비행렬의 계수(rank)는 2라고 가정하자. 즉,

$$rank\begin{pmatrix} x_u & x_v \\ y_u & y_v \\ z_u & z_v \end{pmatrix}=2.$$

1. 정칙매개변수표현

[곡면의 매개변수표현] 열린집합 $U(\subset \mathbb{R}^2)$에 대하여 곡면 S의 매개변수표현

$$\mathrm{x}: U\rightarrow R^3 : (u,v)\mapsto \mathrm{x}(u,v)=(x_1(u,v),x_2(u,v),x_3(u,v))$$

가 **C^m ($m \geq 1$)-급정칙매개변수표현(regular parametric representation)**이라는 것은 다음을 만족할 때를 말한다.

(i) 성분함수 $x_i(u,v)$가 U에서 C^m-급함수이다. 즉, $x_i(u,v)$의 m계 편도함수가 연속이다.

(ii) U의 모든 점에 대하여 u,v에 대한 $x_1(u,v),x_2(u,v),x_3(u,v)$의 야코비행렬

$$\begin{pmatrix} \frac{\partial x_1}{\partial u} & \frac{\partial x_1}{\partial v} \\ \frac{\partial x_2}{\partial u} & \frac{\partial x_2}{\partial v} \\ \frac{\partial x_3}{\partial u} & \frac{\partial x_3}{\partial v} \end{pmatrix}$$

의 계수(rank)가 2이다. 즉, 다음 중 적어도 하나가 성립한다.

$$\begin{vmatrix} \frac{\partial x_1}{\partial u} & \frac{\partial x_1}{\partial v} \\ \frac{\partial x_3}{\partial u} & \frac{\partial x_3}{\partial v} \end{vmatrix}\neq 0,\quad \begin{vmatrix} \frac{\partial x_2}{\partial u} & \frac{\partial x_2}{\partial v} \\ \frac{\partial x_3}{\partial u} & \frac{\partial x_3}{\partial v} \end{vmatrix}\neq 0,\quad \begin{vmatrix} \frac{\partial x_1}{\partial u} & \frac{\partial x_1}{\partial v} \\ \frac{\partial x_2}{\partial u} & \frac{\partial x_2}{\partial v} \end{vmatrix}\neq 0$$

(참고) (a) 벡터함수 $\mathrm{x} = \mathrm{x}(u,v) = (x_1(u,v), x_2(u,v), x_3(u,v))$가 C^m-급함수이기 위한 필요충분조건은 각 성분함수 $x_i(u,v)$가 C^m-급함수임을 유의하자. 또한, 2변수함수 $z = f(x,y)$가 C^1-급이면 $z = f(x,y)$는 미분가능한 함수임을 유의하자.

(b) 만일 야코비행렬의 계수가 2이면, 벡터 $\mathrm{x}_u, \mathrm{x}_v$는 일차독립이므로, 벡터 x_u와 x_v는 평행이 아니다. 그러므로 야코비행렬의 계수가 2이기 위한 필요충분조건은 곡면 위의 각 점에서의 법선벡터가 $\mathrm{x}_u \times \mathrm{x}_v \neq \mathrm{O}$인 것이다. 따라서 곡면 위의 각 점에서 접평면이 존재한다.

[곡면] 열린집합 $U(\subset \mathbb{R}^2)$ 위에서 정의된 정칙매개변수표현 $\mathrm{x} = \mathrm{x}(u,v)$의 상(image)을 **곡면(surface)**이라 하고, $S : \mathrm{x} = \mathrm{x}(u,v)$로 나타낸다. 이때, 변수 u와 v를 **매개변수(parameter)**라고 한다.

[매개변수곡선] U 안에서 좌표선(coordinate line) $v = v_0$의 상(image) $\mathrm{x}(u,v_0)$은 곡면 S 위에 놓여 있는 하나의 곡선이다. 이 곡선을 **u-매개변수곡선(u-parameter curve)** 또는 간단히 **u-곡선(u-curve)**이라고 하고, U 안에서 좌표선(coordinate line) $u = u_0$의 상(image) $\mathrm{x}(u_0,v)$는 곡면 S 위에 놓여 있는 하나의 곡선이다. 이 곡선을 **v-매개변수곡선(v-parameter curve)** 또는 간단히 **v-곡선(v-curve)**이라고 한다.

따라서 곡면은 이러한 2개의 곡선군으로 구성되어 있고, 곡면 위의 각 점을 지나는 u-곡선과 v-곡선은 하나씩 존재한다. 이러한 u-곡선과 v-곡선을 합쳐서 **매개변수곡선(parameter curve)**이라고 한다.

u와 v의 값이 정해지면, 곡면 위에 한 점 P가 정해지므로, (u,v)를 점 P의 **곡선좌표(curvilinear coordinate)**라고 한다. 이때, 점 P를 점 $\mathrm{x}(u,v)$라고 한다.

$\mathrm{x}_u(u_0,v_0)$는 점 (u_0,v_0)에서 u-축방향으로 x의 편도함수이므로, 이 벡터는 점 $\mathrm{x}(u_0,v_0)$에서 u-곡선 $\mathrm{x}(u,v_0)$의 접선벡터이다. 또한, $\mathrm{x}_v(u_0,v_0)$는 점 (u_0,v_0)에서 v-축방향으로 x의 편도함수이므로, 이 벡터는 점 $\mathrm{x}(u_0,v_0)$에서 v-곡선 $\mathrm{x}(u_0,v)$의 접선벡터이다. 두 벡터 $\mathrm{x}_u, \mathrm{x}_v$는 일차독립이므로 $\mathrm{x}_u, \mathrm{x}_v$는 같은 방향의 벡터가 아님을 알 수 있다.

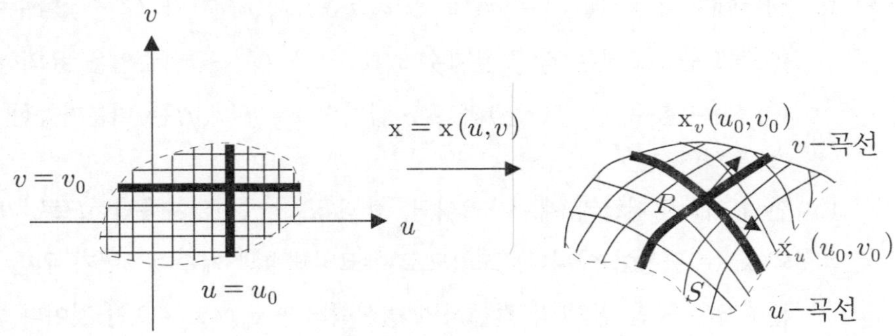

예제 1.1 (a) 벡터함수 $\mathrm{x}=(u+v, u-v, u^2+v^2)$는 타원포물면 $z=\frac{1}{2}(x^2+y^2)$의 C^∞-급정칙매개변수표현이다. 왜냐하면, $x=u+v, y=u-v, z=u^2+v^2$은 C^∞-급이고

$$\mathrm{x}_u=(1,1,2u),\ \mathrm{x}_v=(1,-1,2v)$$
$$\mathrm{x}_u\times\mathrm{x}_v=(2u+2v, 2u-2v, -2)$$
$$\|\mathrm{x}_u\times\mathrm{x}_v\|=2(1+2u^2+2v^2)^{1/2}\neq 0$$

이기 때문이다. $v=v_0$일 때, u-곡선은 $\mathrm{x}(u,v_0)=(u+v_0, u-v_0, u^2+v_0^2)$이다.

$$x=u+v_0, y=u-v_0$$

이므로 $x-y=2v_0$이다. 따라서 u-곡선은 타원포물면과 평면 $x-y=2v_0$의 교선이다. 같은 방법으로, $u=u_0$일 때, v-곡선은

$$\mathrm{x}(u_0,v)=(u_0+v, u_0-v, u_0^2+v^2)$$

이다.

$$x=u_0+v, y=u_0-v$$

이므로 $x+y=2u_0$이다. 따라서 v-곡선은 타원포물면과 평면 $x+y=2u_0$의 교선이다.

(b) 벡터함수 $\mathrm{x} = (\sin\phi\cos\theta, \sin\phi\sin\theta, \cos\phi)$는 단위구면 $x^2+y^2+z^2=1$의 구면좌표계에 관한 매개변수표현이다.

$$x = \sin\phi\cos\theta, y = \sin\phi\sin\theta, z = \cos\phi$$

는 모두 C^∞-급이다.

$$\mathrm{x}_\theta = (-\sin\phi\sin\theta, \sin\phi\cos\theta, 0),\ \mathrm{x}_\phi = (\cos\phi\cos\theta, \cos\phi\sin\theta, -\sin\phi)$$

$$\mathrm{x}_\theta \times \mathrm{x}_\phi = (-\sin^2\phi\cos\theta, -\sin^2\phi\sin\theta, -\sin\phi\cos\phi)$$

$$\| \mathrm{x}_\theta \times \mathrm{x}_\phi \| = | \sin\phi |$$

이므로 좌표선 $\phi = n\pi, n \in \mathbb{Z}$을 따라서는 $\| \mathrm{x}_\theta \times \mathrm{x}_\phi \| = 0$이다. 그러므로 $-\infty < \theta < \infty, 0 < \phi < \pi$에서 단위구면의 매개변수표현은 C^∞-급의 정칙 매개변수표현이다. 이것은 남극점과 북극점들이 제외된 구면의 C^∞-급의 정칙매개변수표현이다.

[위선과 경선] $\phi = \phi_0$일 때, θ-곡선 $\mathrm{x} = \mathrm{x}(\theta, \phi_0)$을 **위선(parallels of latitude)**이라 한다. 이것은 구면과 평면 $z = \cos\phi_0$와의 교선이다. 반면에, $\theta = \theta_0$일 때, ϕ-곡선 $\mathrm{x} = \mathrm{x}(\theta_0, \phi)$을 **경선(meridians of longitude)**이라고 한다. 이것은 구면과 평면 $x\sin\theta_0 - y\cos\theta_0 = 0$과의 교선이다. 한편,

$$\mathrm{x}_\theta \cdot \mathrm{x}_\phi = (-\sin\phi\sin\theta, \sin\phi\cos\theta, 0) \cdot (\cos\phi\cos\theta, \cos\phi\sin\theta, -\sin\phi) = 0$$

이므로 경선과 위선은 서로 직교한다.

(c) **기둥면(cylinder)**은 한 직선 l이 어떤 곡선 C를 따라서 평행하게 움직일 때, 그 직선 l이 만드는 곡면을 말한다. 만일 곡선 $C: \mathrm{y} = \mathrm{y}(u)$와 직선 l 위의 단위벡터 g가 주어지면, 기둥면은 다음과 같다.

$$\mathrm{x} = \mathrm{x}(u,v) = \mathrm{y}(u) + v\mathrm{g}.$$

이때, 만일 $\mathrm{y} = \mathrm{y}(u)$가 C^m-급인 곡선이고, $\mathrm{x}_u \times \mathrm{x}_v = \mathrm{y}_u \times \mathrm{g} \neq \mathrm{O}$이면, 분명히 $\mathrm{x} = \mathrm{x}(u,v)$는 기둥면의 C^m-급 정칙매개변수표현이다. 이때, $v = v_0$일 때, u-곡선 $\mathrm{x}(u, v_0) = \mathrm{y}(u) + v_0\mathrm{g}$는 곡선 C를 $v_0\mathrm{g}$만큼 평행이동한 곡선이고, $u = u_0$일 때, v-곡선 $\mathrm{x}(u_0, v) = \mathrm{y}(u_0) + v\mathrm{g}$는 직선 l과 평행한 모든

직선들이다. 이 직선들을 기둥면의 **모선**(rulings, generators)이라고 한다.

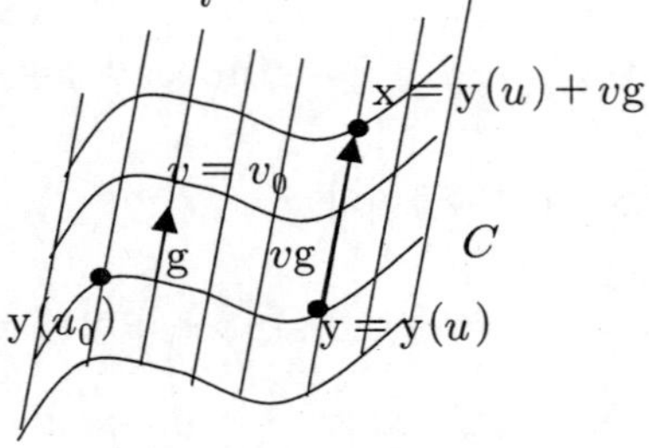

[기둥면 $\mathrm{x} = \mathrm{y}(u) + v\mathrm{g}$]

2. 좌표조각사상

열린집합 $U(\subset \mathbb{R}^2)$에서 정의된 곡면 S의 C^m-급정칙매개변수표현을 $\mathrm{x}=\mathrm{x}(u,v)$라고 하자. $\begin{cases}\theta=\theta(u,v)\\ \phi=\phi(u,v)\end{cases}$는 U에서 정의된 C^m-급함수이고, 각 점 $(u,v)\in U$에서의 야코비행렬식이 0이 아니라고 하자. 즉,

$$\frac{\partial(\theta,\phi)}{\partial(u,v)}=\begin{vmatrix}\theta_u & \theta_v\\ \phi_u & \phi_v\end{vmatrix}\neq 0 \ .$$

일반적으로 함수 $\begin{cases}\theta=\theta(u,v)\\ \phi=\phi(u,v)\end{cases}$는 단사함수가 아니다. 그러나 역함수의 정리에 의하여 함수 $\begin{cases}\theta=\theta(u,v)\\ \phi=\phi(u,v)\end{cases}$는 국소적으로 단사이다. 즉, 각 점 $(u_0,v_0)\in U$에 대하여 (u_0,v_0)를 포함하는 열린집합 $W\subset U$와 (θ_0,ϕ_0)를 포함하는 열린집합 W^*이 존재하여 $\begin{cases}\theta=\theta(u,v)\\ \phi=\phi(u,v)\end{cases}$는 W에서 W^* 위로의 전단사이고, 역함수 $\begin{cases}u=u(\theta,\phi)\\ v=v(\theta,\phi)\end{cases}$는 W^*에서 C^m-급이다. 여기서 $\begin{cases}\theta_0=\theta(u_0,v_0)\\ \phi_0=\phi(u_0,v_0)\end{cases}$이다. 이때,

$$\mathrm{x}=\mathrm{x}(u,v)=\mathrm{x}(u(\theta,\phi),u(\theta,\phi))=\mathrm{x}^*(\theta,\phi)$$

는 W^*에서 C^m-급임을 알 수 있다. $\mathrm{x}_u\times\mathrm{x}_v\neq\mathrm{O}$이고, $\dfrac{\partial(\theta,\phi)}{\partial(u,v)}\neq 0$이므로

$$\frac{\partial(u,v)}{\partial(\theta,\phi)}=[\frac{\partial(\theta,\phi)}{\partial(u,v)}]^{-1}\neq 0$$

이다. 또한,

$$\begin{aligned}\mathrm{x}_\theta{}^*\times\mathrm{x}_\phi{}^*&=(\mathrm{x}_u u_\theta+\mathrm{x}_v v_\theta)\times(\mathrm{x}_u u_\phi+\mathrm{x}_v v_\phi)\\&=(u_\theta v_\phi-v_\theta u_\phi)(\mathrm{x}_u\times\mathrm{x}_v)\\&=\frac{\partial(u,v)}{\partial(\theta,\phi)}(\mathrm{x}_u\times\mathrm{x}_v)\neq\mathrm{O}\end{aligned}$$

이므로 $\mathrm{x}=\mathrm{x}^*(\theta,\phi)$는 W^*에서 정의된 곡면 S의 C^m-급정칙매개변수표현이다. 그러나 이것은 곡면 S의 일부분이다. 이때 함수 $\begin{cases}u=u(\theta,\phi)\\ v=v(\theta,\phi)\end{cases}$는 W^*에서 W 위로 **C^m-급매개변수교**

환가능(allowable change of parameters)이라고 한다.

(참고) 열린집합 U에서 정의된 곡면 S의 C^m-급정칙매개변수표현 $\mathrm{x}=\mathrm{x}(u,v)$에 대하여 C^m-급매개변수교환가능 함수 $\begin{cases} u=u(\theta,\phi) \\ v=v(\theta,\phi) \end{cases}$가 U 전체에서 단사인 경우는 너무 제한적이므로 곡면 S를 하나의 매개변수표현으로 나타내기보다는 부분적으로 나타내는 것이 효율적이다.

[좌표조각사상] 열린집합 $U(\subset \mathbb{R}^2)$에서 정의된 곡면 $S(\subset \mathbb{R}^3)$에 대하여 열린집합 $W\subset U$에서 S로의 사상 $\mathrm{x}=\mathrm{x}(u,v)$가 S 안의 **C^m-급 ($m \geqq 1$) 좌표조각사상(coordinate patches)**이라는 것은 다음을 만족할 때를 말한다.

(i) $\mathrm{x}=\mathrm{x}(u,v)$는 W에서 C^m-급이다.

(ii) 모든 점 $(u,v)\in W$에서 $\mathrm{x}_u \times \mathrm{x}_v \neq O$이다.

(iii) W는 $\mathrm{x}(W)$와 위상동형(homeomorphic)이다.

예제 2.1 (a) 사상 $\mathrm{x}=\mathrm{x}(u,v)=(u,v,\sqrt{1-u^2-v^2}),\ u^2+v^2<1$은 단위원판 $u^2+v^2<1$에서 단위구면 $\|\mathrm{x}\|=1$의 상반구면 위로의 C^∞-급좌표조각사상임을 보여라.

증명 $\mathrm{x}=\mathrm{x}(u,v)$는 C^∞-급임을 쉽게 알 수 있다.

$$\mathrm{x}_u=(1,0,-\frac{u}{\sqrt{1-u^2-v^2}})$$

$$\mathrm{x}_v=(0,1,-\frac{v}{\sqrt{1-u^2-v^2}})$$

이므로, 야코비행렬의 계수가 2임을 알 수 있다. 따라서 $\mathrm{x}=\mathrm{x}(u,v)$는 상반단위구면의 C^∞-급정칙매개변수표현이다. 만일 $\mathrm{x}(u,v)=\mathrm{x}(u',v')$이라면, 분명히 $(u,v)=(u',v')$이므로 $\mathrm{x}=\mathrm{x}(u,v)$는 단사이다. 또한, 이 사상은 분명히 연속이다.

사영(projection) $\pi:(u,v,\sqrt{1-u^2-v^2})\to(u,v)$는 상반단위구면(upper half-unit sphere)에서 열린 단위원판 위로의 단사이고 $\mathrm{x}^{-1}=\pi$는 연속이므로

$x = x(u,v)$는 열린단위원판에서 상반단위구면 위로의 위상동형사상이다. 따라서 $x = x(u,v)$는 열린단위원판에서의 C^∞-급 좌표조각사상이다.

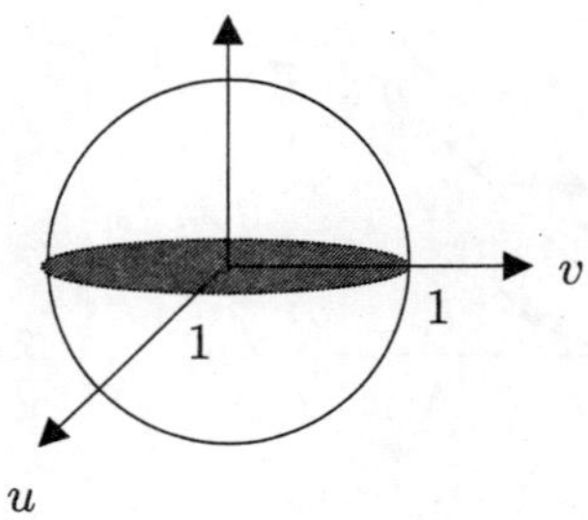

[상반단위구면]

(b) 구간 $0 < \theta < \frac{3\pi}{4}$에서 정의된 극방정식 $r = \sin 2\theta$으로 주어지는 xy-평면 위의 곡선 C에 대하여 한 수직선이 곡선 C를 따라서 만들어지는 기둥면은 다음과 같다.

$$\begin{aligned} x(\theta,u) &= (\sin 2\theta\cos\theta, \sin 2\theta\sin\theta, 0) + u \cdot (0,0,1) \\ &= (\sin 2\theta\cos\theta, \sin 2\theta\sin\theta, u). \end{aligned}$$

분명히 $x = x(\theta,u)$는 C^∞-급이다.

$$x_\theta = (2\cos 2\theta\cos\theta - \sin 2\theta\sin\theta, 2\cos 2\theta\sin\theta + \sin 2\theta\cos\theta, 0),$$
$$x_u = (0,0,1)$$

이므로,

$$x_\theta \times x_u = (2\cos 2\theta\sin\theta + \sin 2\theta\cos\theta, -2\cos 2\theta\cos\theta + \sin 2\theta\sin\theta, 0)$$
$$\| x_\theta \times x_u \| = \sqrt{4\cos^2 2\theta + \sin^2 2\theta} = \sqrt{1 + 3\cos^2 2\theta} \neq 0$$

이므로, $x = x(\theta,u)$는 기둥면의 C^∞-급 정칙매개변수표현이다.

$0 < \theta < \frac{3\pi}{4}$이므로 기둥면은 2중점을 갖지 않는다. 따라서 $x = x(\theta,u)$는 단사이다. 그러나 y-축, 즉, $\theta = \frac{\pi}{2}$ 위의 한 점의 근방은 x-축, 즉, $\theta = 0$에 가까이 있는 기둥면의 점을 포함하므로 역사상은 연속이 아니다.

따라서 이 매개변수표현은 기둥면 위의 좌표조각사상이 아니다.

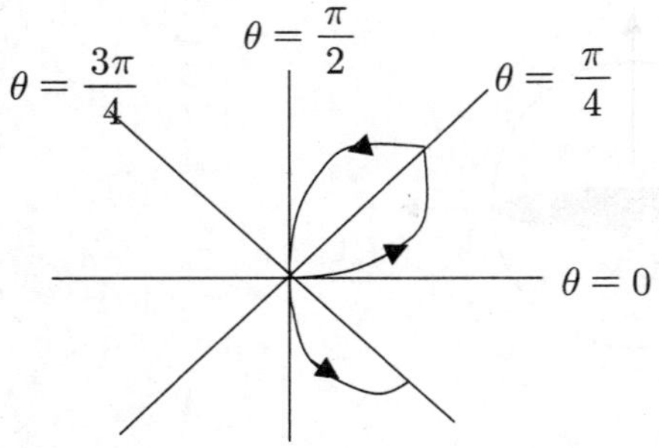

[$r = \sin 2\theta$의 그래프]

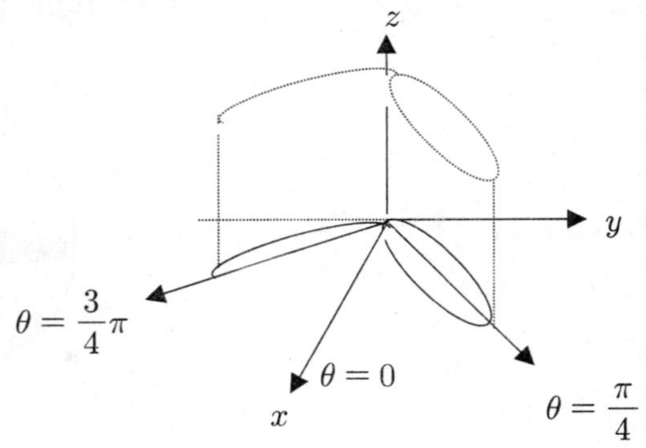

[$r = \sin 2\theta$의 기둥면]

그러나

(i) $0 < \theta < \frac{\pi}{2}, -\infty < u < \infty$

(ii) $\frac{\pi}{4} < \theta < \frac{3\pi}{4}, -\infty < u < \infty$

에 제한하면, 이 기둥면의 좌표조각사상들이다. 이들은 이 기둥면을 덮는다.

예제 2.2 $f(x,y)$가 열린집합 $U(\subset \mathbb{R}^2)$에서 정의된 C^m-급함수일 때, $\mathrm{x} = (u,v,f(u,v))$는 C^m-급 좌표조각사상이다.

증명 분명히 x는 C^m-급이다. $\mathrm{x}_u = (1,0,f_u), \mathrm{x}_v = (0,1,f_v)$이고

$$\mathrm{x}_u \times \mathrm{x}_v = (-f_u, -f_v, 1)$$
$$\| \mathrm{x}_u \times \mathrm{x}_v \| = (f_u^2 + f_v^2 + 1)^{1/2} \neq 0$$

이므로, x는 C^m-급정칙매개표현이다. 분명히 x는 단사이다. 사영

$$\pi : (u,v,f(u,v)) \to (u,v)$$

은 연속이다. 따라서 $\mathrm{x}^{-1} = \pi$는 연속이다. 그러므로 x는 위상동형사상이다. 따라서 x는 C^m-급 좌표조각사상이다.

참고 $f(x,y)$가 C^m-급함수일 때,

$$\mathrm{x}=(u,v,f(u,v))\ \text{또는}\ \mathrm{x}=(u,f(u,v),v)\ \text{또는}\ \mathrm{x}=(f(u,v),u,v)$$

를 **몽주(Monge)좌표조각사상**이라 한다.

정리 2.3 곡면 S의 열린집합 $U\subset \mathbb{R}^2$ 에서 정의된 C^m-급정칙매개변수표현을

$$\mathrm{x}=\mathrm{x}(u,v)=(x(u,v),y(u,v),z(u,v))$$

이라 할 때, S의 각 점 P에 대하여 P를 포함하는 S 안의 C^m-급몽주좌표조각사상이 존재한다.

증명 $(u_0,v_0)\in U$에 대하여 $\mathrm{x}(u_0,v_0)$을 P_0라고 하자. $\mathrm{x}=\mathrm{x}(u,v)$는 곡면 S의 정칙매개변수표현이므로, u,v에 대한 x,y,z의 야코비행렬의 2×2 소행렬식 중에서 최소한 한 개는 (u_0,v_0)에서 0이 아니다. 따라서 일반성을 잃지 않고, (u_0,v_0)에서

$$\begin{vmatrix} \dfrac{\partial x}{\partial u} & \dfrac{\partial x}{\partial v} \\ \dfrac{\partial y}{\partial u} & \dfrac{\partial y}{\partial v} \end{vmatrix} \neq 0$$

라고 가정해도 좋다. 이때, U에서 xy-평면 위로의 사상

$$\mathrm{f}:(u,v)\mapsto (x(u,v),y(u,v))$$

은 분명히 C^m-급이다. u,v에 대한 x,y의 야코비행렬식이 (u_0,v_0)에서 0이 아니므로, 역함수의 정리에 의하여 다음을 만족하는 (u_0,v_0)의 근방 $W(\subset U)$ 가 존재한다.

(i) W에 f의 축소 $\mathrm{f}|_W:(u,v)\mapsto (x,y)$는 1-1이고

(ii) $\mathrm{f}(W)=W^*$은 열린집합이며

(iii) $\mathrm{f}:W\to W^*$ 의 역함수 $\mathrm{f}^{-1}:(x,y)\mapsto(u,v)$는 W^*에서 C^m-급이다.

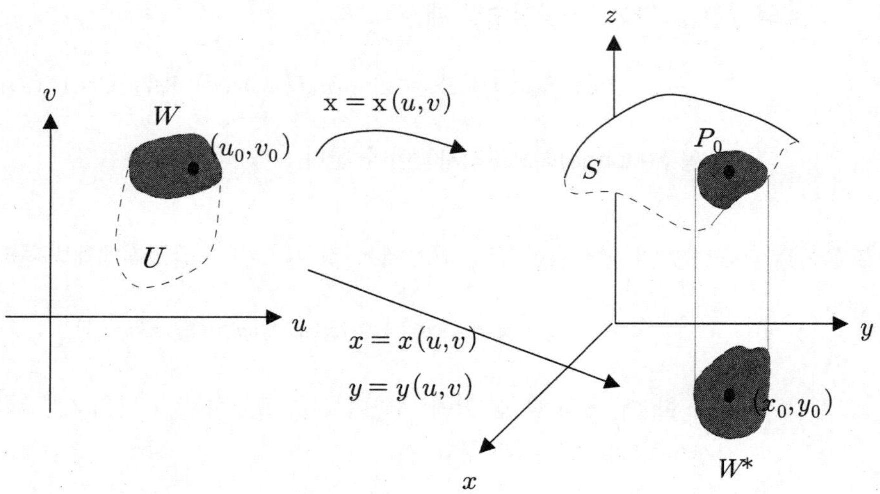

따라서 $(x,y) \in W^*$ 에 대하여 다음을 얻는다.

$$\begin{aligned} \mathrm{x}(\mathrm{f}^{-1}(x,y)) &= \mathrm{x}(u,v) \\ &= (x(u,v), y(u,v), z(u,v)) \\ &= (x(u(x,y),v(x,y)), y(u(x,y),v(x,y)), z(u(x,y),v(x,y))) \\ &= (x, y, z(u(x,y),v(x,y))). \end{aligned}$$

그러므로 $\mathrm{x} \circ \mathrm{f}^{-1} : W^* \rightarrow S$ 의 상(image)은 점 P_0을 포함하는 S 안의 C^m-급 몽주좌표조각사상이다.

3. 단순곡면

[단순곡면] 곡면 $S(\subset \mathbb{R}^3)$가 **C^m-급단순곡면(simple surface)**이라는 것은 S의 각 점 P에 대하여 열린집합 $U(\subset \mathbb{R}^2)$에서 정의된 P를 포함하는 S 안의 C^m-급 좌표조각사상 $\mathrm{x} = \mathrm{x}(u,v)$와 P를 포함하는 열린집합 $O(\subset \mathbb{R}^3)$가 존재하여 $S \cap O = \mathrm{x}(U)$이고, S는 이러한 좌표조각사상의 상(image)들의 합집합일 때를 말한다. 이러한 좌표조각사상들의 집합 Γ를 S의 **C^m-급기저(basis)**하고 한다.

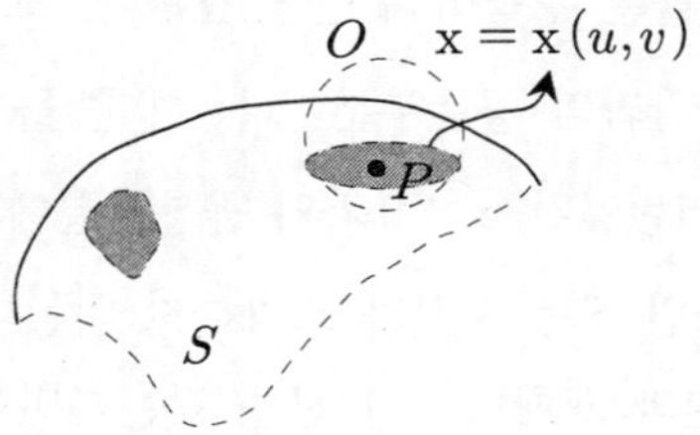

$j \leqq m$일 때, C^m-급함수는 당연히 C^j-급이기 때문에, C^m-급 단순곡면 S의 C^m-급기저는 S의 C^j-급기저이기도 하다. 따라서 모든 C^j-급좌표조각사상들을 붙임으로써 C^m-급 단순곡면 S는 항상 C^j-급단순곡면으로 확장될 수 있다.

예제 3.1 (a) 단위구면 $x^2+y^2+z^2=1$의 적도를 포함하지 않는 상반구면은 C^∞-급단순곡면이다. 왜냐하면, 하나의 C^∞-급몽주좌표조각사상으로만 구성된 C^∞-기저를 택할 수 있기 때문이다. 이때, $O = \mathbb{R}^3$를 택하면 된다.

(b) C^m-급단순곡면 S는 그의 경계점들의 일부 또는 전부를 포함하지 않는다. 예를 들면, 단위구면 $x^2+y^2+z^2=1$의 적도를 포함하는 상반구면 S는 단순곡면이 아니다. 왜냐하면, S가 단순곡면이라 가정하자. 그러면 적도 위의 점 $P(x_0, y_0, 0)$에 대하여 열린집합 $U(\subset \mathbb{R}^2)$에서 정의되는 상반구면 안의 P를 포함하는 좌표조각사상 $\mathrm{x} = \mathrm{x}(u,v)$가 존재한다. 정리 2.3에 의하여 열린집합 $W(\subset U)$에서 정의되는 P를 포함하는 몽주좌표조각사상

$$\mathrm{x} = (x, y, \sqrt{1-x^2-y^2})$$

이 존재한다. 그러나 점 $(x_0, y_0) \in W$의 모든 근방은 W에는 포함되지 않는 점들을 포함한다. W는 열린집합이므로 이것은 모순이다. 따라서 단순곡면

을 경계를 갖지 않는다.

(c) 단위구면 $x^2+y^2+z^2=1$은 C^∞-급단순곡면이다. 왜냐하면, 기저로서 다음과 같은 6개의 몽주좌표조각사상을 잡을 수 있기 때문이다.

$$\mathrm{x}_1^{\pm}=(x,y,\pm\sqrt{1-x^2-y^2}),$$
$$\mathrm{x}_2^{\pm}=(x,\pm\sqrt{1-x^2-y^2},z),$$
$$\mathrm{x}_3^{\pm}=(\pm\sqrt{1-y^2-z^2},y,z).$$

이 6개의 반구들은 분명히 구면을 덮는다. 또한, 각각은 구면과 적당한 $\mathbb{R}^3$의 반열린반공간과의 공통부분이다. 예를 들어, $\mathrm{x}_1^{+}=(x,y,\sqrt{1-x^2-y^2})$은 구면과 반열린공간 $z>0$과의 공통부분이다.

(d) C^m-급단순곡면 S는 자신과 교차하지 않는다.

만일 S가 자신과 교차하는 교선을 갖는다면, 교선 위의 점 P를 포함하는 C^m-급 좌표조각사상 $\mathrm{x}=\mathrm{x}(u,v)$가 존재한다. 이 좌표조각사상은 열린집합 $U(\subset\mathbb{R}^2)$에서 정의된다고 하자. 그러면 U는 $\mathrm{x}(U)$와 위상동형이므로, 그 상은 교선의 어느 한 쪽 부분에만 오게 할 수 있다. 그런데 점 P를 포함하는 모든 열린집합 $O(\subset\mathbb{R}^3)$는 그 교선의 양쪽 부분에 있는 점들을 포함하여야 한다. 따라서 자신과 교차하는 단순곡면과 $\mathbb{R}^3$에서의 열린집합과의 공통부분을 상으로 갖는 P를 포함하는 좌표조각사상은 존재할 수 없다. 이것은 모순이다.

▶정리 3.2 C^m-급단순곡면 S의 모든 점 P에 대하여 P를 포함하는 S 안의 C^m-급 좌표조각사상의 상(image)이 연결집합인 좌표조각사상이 존재한다.

증명 $\mathrm{x}=\mathrm{x}(u,v)$는 열린집합 $U(\subset\mathbb{R}^2)$에서 정의된 P를 포함하는 S 안의 C^m-급 좌표조각사상이라고 하자. U와 $\mathrm{x}(U)$는 위상동형이므로, 만일 U가 연결집합이 아니면, $\mathrm{x}(U)$도 R^3 안에서 연결집합이 아니다. $(u_0,v_0)\in U$에 대하여 $\mathrm{x}(u_0,v_0)$를 P라고 하면, U가 열린집합이므로, (u_0,v_0)의 근방 $N_\delta(u_0,v_0)(\subset U)$가 존재한다. 이때, $N_\delta(u_0,v_0)$에 제한된 $\mathrm{x}=\mathrm{x}(u,v)$는 P를 포함하는 S 안의 C^m-급 좌표조각사상이고, $N_\delta(u_0,v_0)$가 연결집합이며, $N_\delta(u_0,v_0)$는 $\mathrm{x}((N_\delta(u_0,v_0))$와 위상동형이므로, $\mathrm{x}((N_\delta(u_0,v_0))$는 $\mathbb{R}^3$ 안에서 연결집합이다. 따라서 P를 포함

하는 S 안의 C^m-급좌표조각사상의 상(image)이 연결집합인 좌표조각사상이 존재한다.

정리 3.3 $\mathrm{x}=\mathrm{x}(u,v)$와 $\mathrm{x}=\mathrm{x}^*(\theta,\phi)$는 각각 열린집합 $U, U^*(\subset \mathbb{R}^2)$에서 정의된 C^m-급단순곡면 S 안의 C^m-급좌표조각사상이라 하자. 이때, $W\subset U$, $W^*\subset U^*$에 대하여

$$\mathrm{x}(W)=\mathrm{x}(U)\bigcap \mathrm{x}(U^*)=\mathrm{x}^*(W^*)$$

이라면, W, W^*는 $\mathbb{R}^2$에서 열린집합이다.

증명 W, W^*가 열린집합임을 보이기 위하여 W, W^*에 속하는 모든 점이 내점임을 보이면 된다. W가 열린집합임을 보이면, 같은 방법으로 W^*도 열린집합임을 보일 수 있다. 그러므로 $(u_0,v_0)\in W$에 대하여 다음을 만족하는 (u_0,v_0)의 δ-근방 $N_\delta(u_0,v_0)$이 존재함을 보이면 된다.

$$N_\delta(u_0,v_0)\subset W.$$

$(u_0,v_0)\in W$이라 하고, $\mathrm{x}(u_0,v_0)=P_0\in \mathrm{x}(U)\bigcap \mathrm{x}^*(U^*)$라고 하자. $N_\epsilon(P_0)$와 $N_\delta(P_0)$는 다음을 만족하는 $\mathbb{R}^3$에서 P_0의 근방들이라 하자.

$$N_\epsilon(P_0)\bigcap S\subset \mathrm{x}(U),\ N_\delta(P_0)\bigcap S\subset \mathrm{x}^*(U^*)$$

$\epsilon\leqq\delta$라고 가정하면 $N_\epsilon(P_0)\bigcap S\subset \mathrm{x}(U)\bigcap \mathrm{x}^*(U^*)$이다. $\mathrm{x}=\mathrm{x}(u,v)$가 $(u_0,v_0)\in U$에서 연속이므로, 다음을 만족하는 (u_0,v_0)의 근방 $N_{\delta_1}(u_0,v_0)(\subset \mathbb{R}^2)$가 존재한다.

$$\mathrm{x}(N_{\delta_1}(u_0,v_0)\bigcap U)\subset \mathrm{x}(U)\bigcap \mathrm{x}^*(U^*).$$

U는 열린집합이므로, $N_{\delta_1}(u_0,v_0)\subset U$를 만족하는 δ_1을 충분히 작게 잡을 수 있다. 그러한 δ_1을 δ라 놓자. 그러면

$$\mathrm{x}(N_\delta(u_0,v_0))\subset \mathrm{x}(U)\bigcap \mathrm{x}^*(U^*)=\mathrm{x}(W)$$

이다. U와 $\mathrm{x}(U)$는 위상동형이므로, $N_\delta(u_0,v_0) \subset W$임을 알 수 있다. 즉, (u_0,v_0)는 W의 내점이다. (u_0,v_0)는 W에 속하는 임의의 점이므로, W는 열린 집합이다.

▶정리 3.4 열린집합 $U(\subset \mathbb{R}^2)$에서 정의된 C^m-급좌표조각사상

$$\mathrm{x} = \mathrm{x}(u,v) = (x(u,v), y(u,v), z(u,v))$$

은 C^m-급단순곡면 S 안의 좌표조각사상이라 하고, 열린집합 $V^*(\subset \mathbb{R}^2)$에서 정의된 S 안의 C^m-급몽주좌표조각사상 $\mathrm{x} = \mathrm{x}^*(x,y) = (x, y, z^*(x,y))$에 대하여

$$\mathrm{x}^*(V^*) \subset \mathrm{x}(U)$$

이라 하자. 이때, 열린집합 $W \subset U$와 W에서 $\mathrm{x}(u,v) = \mathrm{x}^*(x(u,v), y(u,v))$를 만족하는 C^m-급 1-1 사상

$$F: W \to V^*: (u,v) \mapsto F(u,v) = (x(u,v), y(u,v))$$

이 존재한다. 단, 모든 $(u,v) \in U^*$에 대하여 $\begin{vmatrix} \frac{\partial x}{\partial u} & \frac{\partial x}{\partial v} \\ \frac{\partial y}{\partial u} & \frac{\partial y}{\partial v} \end{vmatrix} \neq 0$이다.

증명 정리 3.3에 의하여 $\mathrm{x}(W) = \mathrm{x}(U) \cap \mathrm{x}^*(V^*) = \mathrm{x}^*(V^*)$를 만족하는 열린집합 $W(\subset U)$가 존재함을 알 수 있다. U는 $\mathrm{x}(U)$와 위상동형이고, V^*는 $\mathrm{x}^*(V^*)$와 위상동형이므로, 1-1 사상

$$F: W \to \mathrm{x}(W) = \mathrm{x}^*(V^*) \to V^*$$
$$(u,v) \mapsto (x(u,v), y(u,v), z(u,v)) = (x, y, z^*(x,y)) \mapsto (x,y)$$

가 존재함을 알 수 있다. 따라서 $x = x(u,v), y = y(u,v)$가 C^m-급이고, $\begin{vmatrix} \frac{\partial x}{\partial u} & \frac{\partial x}{\partial v} \\ \frac{\partial y}{\partial u} & \frac{\partial y}{\partial v} \end{vmatrix} \neq 0$임을 보이면 된다.

$\mathrm{x}(W) = \mathrm{x}^*(V^*)$이므로, $x = x(u,v),\ y = y(u,v),\ z^*(x,y) = z(u,v)$이다. $\mathrm{x} = \mathrm{x}(u,v)$는 C^m-급이므로, $x = x(u,v), y = y(u,v)$도 C^m-급이다. 각 점에서 $\mathrm{x} = \mathrm{x}(u,v)$와 $\mathrm{x} = \mathrm{x}^*(x,y)$의 야코비행렬들의 계수가 2이므로, 각 점에서 두 함수들의 미분은 그들의 좌표평면에서 $\mathbb{R}^3$ 안의 한 평면(접평면) 위로의 벡터들의 1-1 선형사상이다. 합성함수의 미분은 각 선형사상들의 합성선형사상이므로, 각 점에서 $\begin{cases} x = x(u,v) \\ y = y(u,v) \end{cases}$의 미분은 uv-평면에서 xy-평면 위로의 벡터들의 1-1 선형사상이다. 따라서 $(u,v) \in W$에서 $\begin{cases} x = x(u,v) \\ y = y(u,v) \end{cases}$의 야코비행렬의 계수는 2이다. 즉, $(u,v) \in W$에서

$$\begin{vmatrix} \dfrac{\partial x}{\partial u} & \dfrac{\partial x}{\partial v} \\ \dfrac{\partial y}{\partial u} & \dfrac{\partial y}{\partial v} \end{vmatrix} \neq 0$$

이다.

▸정리 3.5 열린집합 $U, U^*(\subset \mathbb{R}^2)$에서 각각 정의된 C^m-급단순곡면 안의 두 C^m-급 좌표조각사상 $\mathrm{x} = \mathrm{x}(u,v), \mathrm{x} = \mathrm{x}^*(\theta,\phi)$에 대하여

$$\mathrm{x}(W) = \mathrm{x}(U) \cap \mathrm{x}^*(U^*) = \mathrm{x}^*(W^*)$$

이라면, $(u,v) \in W$에 대하여 다음을 만족하는 C^m-급함수

$$G: W^* \to W: (\theta,\phi) \mapsto (u(\theta,\phi), v(\theta,\phi))$$

가 존재한다.

(i) $$\det(dG) = \begin{vmatrix} \dfrac{\partial u}{\partial \theta} & \dfrac{\partial u}{\partial \phi} \\ \dfrac{\partial v}{\partial \theta} & \dfrac{\partial v}{\partial \phi} \end{vmatrix} \neq 0 ,$$

(ii) $$\mathrm{x}^* = \mathrm{x} \circ G.$$

증명 정리 2.3에 의하여 $\mathrm{x} = \mathrm{x}^*(\theta,\varphi)$는 몽주좌표조각사상이라 가정해도 좋다. 정리 3.3에 의하여 W는 열린집합이다. 정리 3.4에 의하여 다음을 만족하는 C^m-급함수 $F: W \to W^*: (u,v) \mapsto (\theta(u,v), \phi(u,v))$가 존재한다.

$$\begin{vmatrix} \frac{\partial\theta}{\partial u} & \frac{\partial\theta}{\partial v} \\ \frac{\partial\phi}{\partial u} & \frac{\partial\phi}{\partial v} \end{vmatrix} \neq 0 \quad .$$

역함수의 정리에 의하여

$$F: W \to W^*: (u,v) \mapsto (\theta(u,v), \phi(u,v))$$

의 C^m -급역함수

$$G: W^* \to W: (\theta,\phi) \mapsto (u(\theta,\phi), v(\theta,\phi))$$

가 존재하여

$$F \circ G = id_{W^*},\ G \circ F = id_W$$

이다.

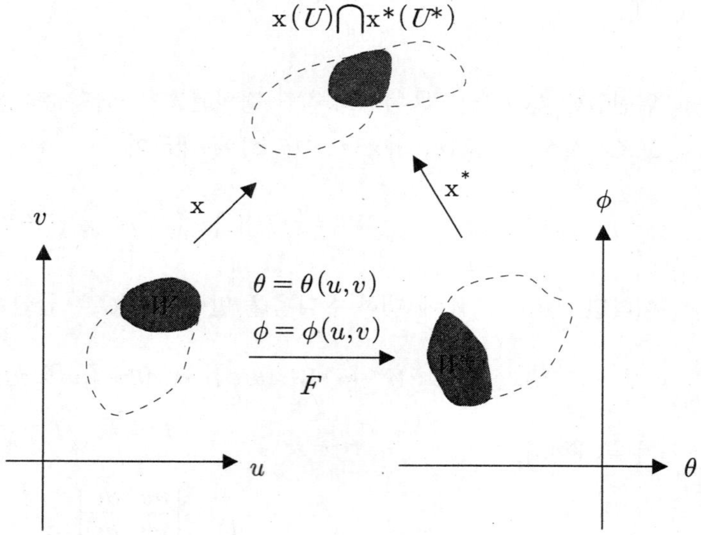

[매개변수변환이 가능한 좌표조각사상]

$d(F \circ G) = dF \circ dG = I$이므로,

$$\begin{vmatrix} \frac{\partial u}{\partial\theta} & \frac{\partial u}{\partial\phi} \\ \frac{\partial v}{\partial\theta} & \frac{\partial v}{\partial\phi} \end{vmatrix} = \det(dG) = (\det dF)^{-1} = \begin{vmatrix} \frac{\partial\theta}{\partial u} & \frac{\partial\theta}{\partial v} \\ \frac{\partial\phi}{\partial u} & \frac{\partial\phi}{\partial v} \end{vmatrix}^{-1} \neq 0$$

이다. $\mathrm{x}(W)=\mathrm{x}^*(W^*)=\mathrm{x}^*(F(W))$이므로, $\mathrm{x}=\mathrm{x}^*\circ F$이다.
그러므로 $\mathrm{x}^*=\mathrm{x}\circ G$ 이다.

예제 3.6 C^∞-급단순곡면 $S: x^2+y^2+z^2=1$ 안의 두 C^∞-급좌표조각사상

$$\mathrm{x}_1=(u,v,\sqrt{1-u^2-v^2}),\ u^2+v^2<1,\ v>0$$
$$\mathrm{x}_2=(\cos\theta\sin\phi,\sin\theta\sin\phi,\cos\phi),\ 0<\theta<\pi,\ 0<\phi<\pi$$

의 상(image)들의 공통부분은 상반구의 반이다. 매개변수변환 $\begin{cases}u=\cos\theta\sin\phi\\ v=\sin\theta\sin\phi\end{cases}$,

$0<\theta<\pi$ $0<\phi<\dfrac{\pi}{2}$은 1-1이고 C^∞-급이다. 또한, $0<\phi<\dfrac{\pi}{2}$에서

$$\begin{vmatrix}\dfrac{\partial u}{\partial\theta} & \dfrac{\partial u}{\partial\phi}\\ \dfrac{\partial v}{\partial\theta} & \dfrac{\partial v}{\partial\phi}\end{vmatrix}=\sin\phi\cos\phi\neq0$$

이다.

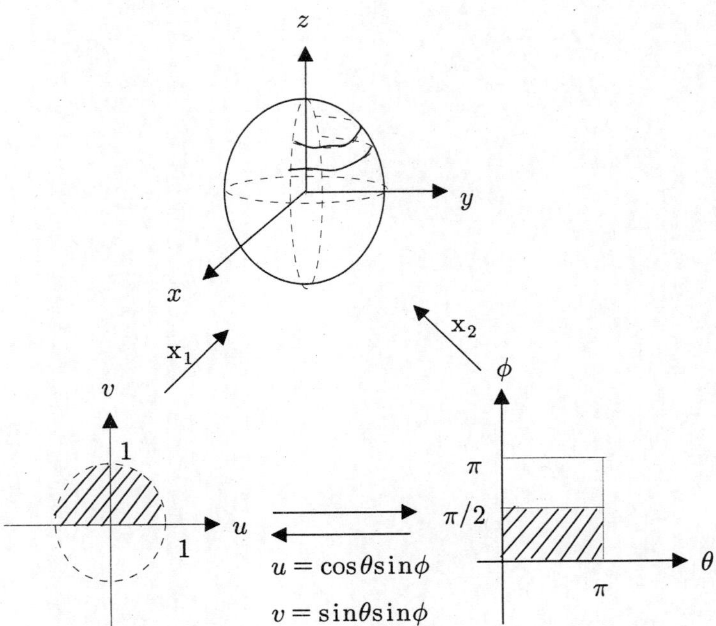

그러므로 역변환은 다음과 같다.

$$\phi = \cos^{-1}\sqrt{1-u^2-v^2}\,, \theta = \cos^{-1}u/(u^2+v^2)^{1/2} \quad , \; u^2+v^2 < 1, v > 0 \; .$$

(참고) 단순곡면의 주어진 기저에 관하여 정의되는 성질은 다른 기저에 관해서 독립이거나 종속이다. 만일 임의의 기저에 관하여 단순곡면의 성질이 독립적이면, 그 성질은 그 곡면의 성질이라고 한다. 특히, 국소적 성질이 그 곡면의 성질이기 위한 필요충분조건은 그 성질이 매개변수교환가능 함수에 독립인 것이다.

4. 접평면과 법선

▶정리 4.1 열린집합 $U(\subset \mathbb{R}^2)$에서 정의된 C^m-급단순곡면 S 안의 C^m-급좌표조각사상 $\mathrm{x} = \mathrm{x}(u,v)$에 대하여 U 안의 C^m-급정칙곡선 C를

$$\mathrm{r}(t) = (u(t), v(t))$$

이라 하자. 그러면

$$\mathrm{x} = \mathrm{y}(t) = \mathrm{x}(\mathrm{r}(t)) = \mathrm{x}(u(t), v(t))$$

는 C^m-급정칙곡선이다.

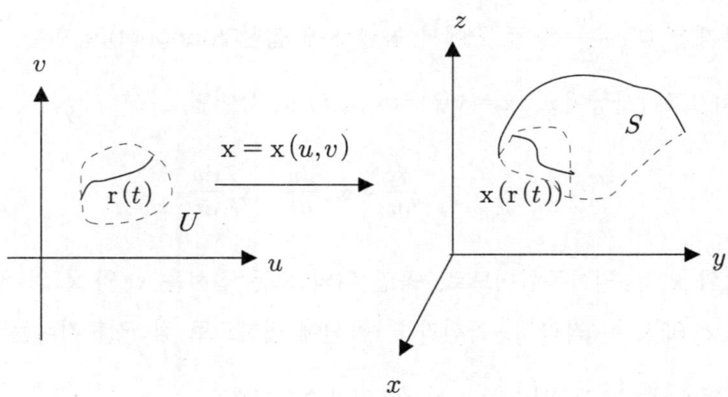

증명 $\mathrm{y}(t)$는 C^m-급 함수들의 합성함수이므로, C^m-급이다. $\frac{d\mathrm{y}}{dt} = \mathrm{O}$라고 가정하자. $\mathrm{O} = \frac{d\mathrm{y}}{dt} = \mathrm{x}_u \frac{du}{dt} + \mathrm{x}_v \frac{dv}{dt}$에서 $\mathrm{x}_u \times \mathrm{x}_v \neq \mathrm{O}$이므로 x_u와 x_v는 일차독립이다. 그러므로 $\frac{du}{dt} = 0, \frac{dv}{dt} = 0$, 즉, $\frac{d\mathrm{r}}{dt} = \mathrm{O}$이다. 그러나 C는 정칙곡선이므로 이것은 모순이다. 따라서 $\frac{d\mathrm{y}}{dt} \neq \mathrm{O}$이다. 그러므로 $\mathrm{x} = \mathrm{y}(t)$는 C^m-급정칙곡선이다.

참고 C^m-급단순곡면 S 위의 C^m-급정칙곡선 $\mathrm{x} = \mathrm{y}(t)$에 대하여 그 곡선 전체를

포함하는 하나의 C^m-급좌표조각사상을 찾기란 아마도 불가능할 것이다. 그러나 한 C^m-급좌표조각사상 $\mathrm{x} = \mathrm{x}(u,v)$에 포함되는 그 곡선의 일부분을 생각하자. $\mathrm{x} = \mathrm{x}(u,v)$는 1-1이므로, 곡면 위의 곡선

$$\mathrm{y}(t) = \mathrm{x}(u(t), v(t))$$

로 사상하는 좌표평면 안의 곡선 $C : \mathrm{r}(t) = (u(t), v(t))$가 유일하게 존재한다. 이 곡선 C도 또한 정칙곡선이고 C^m-급임을 알 수 있다. 따라서 C^m-급단순곡면 S 위의 모든 C^m-급정칙곡선 $\mathrm{x} = \mathrm{y}(t)$는 국소적으로 좌표평면에서 유일한 C^m-급정칙곡선의 C^m-급 좌표조각사상 $\mathrm{x} = \mathrm{x}(u,v)$에 관한 상(image)이다.

C^m-급단순곡면 S의 점 P를 지나는 C^m-급정칙곡선 $\mathrm{x} = \mathrm{y}(t)$에 대하여 영벡터가 아닌 $\dfrac{d\mathrm{y}}{dt}$가 존재할 때, $\dfrac{d\mathrm{y}}{dt}$를 점 P에서 곡면 S에 **접한다(tangent)**고 한다. 만일 $\mathrm{x} = \mathrm{x}(u,v)$가 C^m-급좌표조각사상이고, $\mathrm{x} = \mathrm{y}(t) = \mathrm{x}(u(t), v(t))$이면,

$$\frac{d\mathrm{y}}{dt} = \mathrm{x}_u \frac{du}{dt} + \mathrm{x}_v \frac{dv}{dt}$$

이다. x_u와 x_v는 일차독립이므로, 곡면 위의 모든 접선은 x_u와 x_v의 일차결합으로 나타난다. 벡터 x_u와 x_v는 각각 u-곡선과 v-곡선에 접하므로 점 P를 지나는 어떤 곡선의 영벡터가 아닌 접벡터 $\dfrac{d\mathrm{y}}{dt}$는 벡터 x_u, x_v와 일차종속이다.

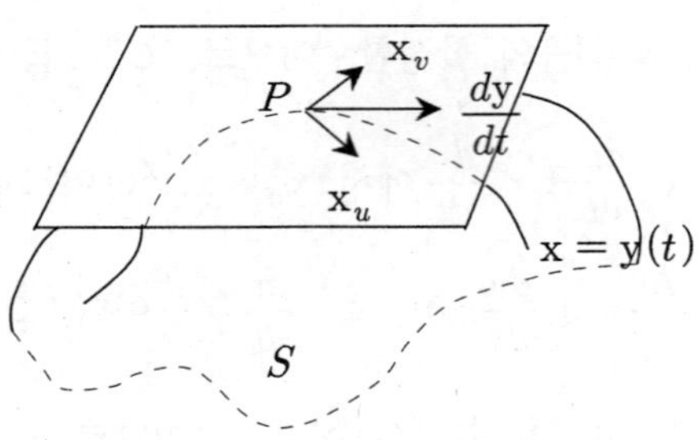

[접평면과 단위법선벡터] 점 P에서 벡터 $\mathrm{x}_u, \mathrm{x}_v$에 평행하고, 점 P를 지나는 평면을 점 P에서 곡면 S의 **접평면(tangent plane)**이라 한다. $\mathrm{x} = \mathrm{x}(u,v)$ 위의 점 x에서의 접평면은 다음과 같다.

$$y = x + hx_u + kx_v, -\infty < h, k < \infty.$$

곡면 S 위의 각 점 P에서의 접평면에 수직이고 방향이 서로 반대인 2개의 단위벡터(법선벡터)가 존재한다. 그들 중에서 항상 곡면 전체에 걸쳐서 연속적으로 변하도록 하나를 선택할 수 있는 것은 아니다. 그러나 한 좌표조각사상 $x = x(u,v)$ 위의 점 P에서 벡터 $x_u \times x_v$를 선택하면

$$| x_u x_v x_u \times x_v | = (x_u \times x_v) \cdot (x_u \times x_v) = \| x_u \times x_v \|^2 > 0$$

이므로, 벡터 $x_u, x_v, x_u \times x_v$는 우수계(right handed-system)이다.

$$N = \frac{x_u \times x_v}{\| x_u \times x_v \|}$$

으로 놓자. 그러면 이 벡터 N은 점 P에서 접평면에 수직인 단위벡터이다. 벡터 x_u, x_v는 적어도 C^0-급이고 $x_u \times x_v \neq O$이므로, N은 좌표조각사상 위에서 연속적으로 변한다. 이러한 벡터 N을 그 곡면에 관한 **단위법선벡터(unit normal vector)**라고 한다.

만일 $x = x^*(\theta, \varphi)$, $\begin{cases} u = u(\theta,\varphi) \\ v = v(\theta,\varphi) \end{cases}$가 점 P를 포함하는 다른 좌표조각사상이면, 공통부분에서는

$$\begin{aligned} x_\theta^* \times x_\varphi^* &= (x_u u_\theta + x_v v_\theta) \times (x_u u_\varphi + x_v v_\varphi) \\ &= (u_\theta v_\varphi - v_\theta u_\varphi) \cdot (x_u \times x_v) \\ &= \frac{\partial(u,v)}{\partial(\theta,\varphi)} \cdot (x_u \times x_v) \end{aligned}$$

이다. 여기서 $\begin{cases} u = u(\theta,\varphi) \\ v = v(\theta,\varphi) \end{cases}$는 매개변수교환가능 함수이다. 따라서

$$\begin{aligned} N^* &= \frac{x_\theta^* \times x_\varphi^*}{\| x_\theta^* \times x_\varphi^* \|} = \frac{x_u \times x_v}{\| x_u \times x_v \|} \cdot \frac{\partial(u,v)}{\partial(\theta,\varphi)} / \mathrm{abs}\left(\frac{\partial(u,v)}{\partial(\theta,\varphi)}\right) \\ &= N \cdot \mathrm{sign}\left(\frac{\partial(u,v)}{\partial(\theta,\varphi)}\right) \end{aligned}$$

이다. 그러므로 N^*가 점 P에서 N과 같은 방향이기 위한 필요충분조건은 점 P에서 $\frac{\partial(u,v)}{\partial(\theta,\varphi)} > 0$인 것이다.

[법선] 어느 경우든지 간에 점 P를 지나고 P에서 접평면에 수직인 직선은 좌표조각사상에 독립이다. 이러한 직선을 점 P에서 그 곡면의 **법선(normal line)**이라 한다. 점 x에서의 법선과 접평면의 방정식은 각각 다음과 같다.

$$\text{법선: } \mathrm{y} = \mathrm{x} + k\mathrm{N}, -\infty < k < \infty$$
$$\text{접평면: } \mathrm{N} \cdot (\mathrm{y} - \mathrm{x}(u,v)) = 0 \text{ 또는}$$
$$(\mathrm{y} - \mathrm{x}(u,v)) \cdot (\mathrm{x}_u \times \mathrm{x}_v) = 0 \text{ 또는 } |\,\mathrm{y} - \mathrm{x}(u,v)\,\mathrm{x}_u\,\mathrm{x}_v\,| = 0 .$$

예제 4.2 곡면 $S: \mathrm{x} = (u, v, u^2 - v^2)$에 대하여 점 $(1,1,0)$에서 S의 접평면과 법선을 구하여라.

풀이 $\mathrm{x}_u = (1,0,2u), \mathrm{x}_v = (0,1,-2v)$이므로,

$$\mathrm{x}_u(1,1) = (1,0,2), \mathrm{x}_v(1,1) = (0,1,-2)$$

이다. 따라서 $\mathrm{x}_u(1,1) \times \mathrm{x}_v(1,1) = (-2,2,1)$이다. 그러므로 다음을 얻는다.

$$\mathrm{N}(1,1) = \frac{\mathrm{x}_u(1,1) \times \mathrm{x}_v(1,1)}{\| \mathrm{x}_u(1,1) \times \mathrm{x}_v(1,1) \|} = \frac{1}{3}(-2,2,1)$$

점 $(1,1,0)$에서 S의 접평면의 방정식은 다음과 같다.

$$\frac{1}{3}(-2,2,1) \cdot (x-1, y-1, z) = 0,$$
$$-2(x-1) + 2(y-1) + z = 0,$$
$$-2x + 2y + z = 0.$$

점 $(1,1,0)$에서 S의 법선의 방정식은 다음과 같다.

$$\frac{x-1}{-2} = \frac{y-1}{2} = \frac{z}{1}.$$

예제 4.3 xz-평면 위의 C^1-급정칙곡선 $C: \mathrm{y}(u) = (p(u), q(u))$를 z-축을 중심으로 각 v만큼 1회전하여 얻어진 **회전면(surface of revolution)**

$$\mathrm{x}(u,v) = (p(u)\cos v, p(u)\sin v, q(u))$$

의 단위법선벡터와 접평면의 방정식을 구하여라. 단, $p(u) > 0$이다.

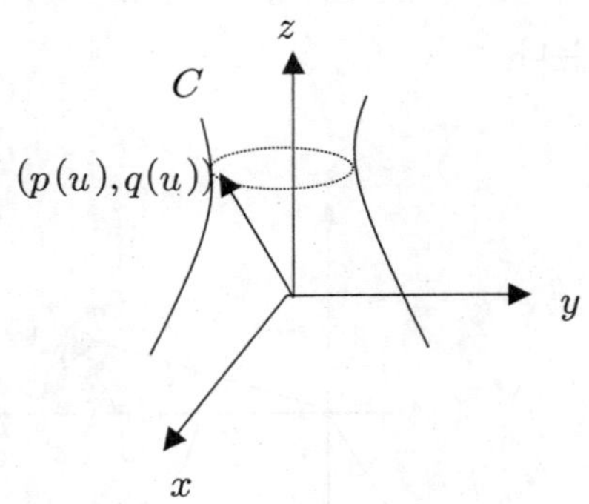

[회전면]

풀이 $\mathrm{x}_u = (p'\cos v, p'\sin v, q')$, $\mathrm{x}_v = (-p\sin v, p\cos v, 0)$이므로

$$\mathrm{x}_u \times \mathrm{x}_v = (-pq'\cos v, -pq'\sin v, pp')$$
$$\| \mathrm{x}_u \times \mathrm{x}_v \| = p(p'^2 + q'^2)^{1/2}$$

이다. 그러므로 다음을 얻는다.

$$\mathrm{N} = \frac{\mathrm{x}_u \times \mathrm{x}_v}{\| \mathrm{x}_u \times \mathrm{x}_v \|} = \frac{1}{\sqrt{p'^2 + q'^2}}(-q'\cos v, -q'\sin v, p').$$

$\mathrm{y} = (y_1, y_2, y_3)$라 놓으면, 접평면의 방정식은 $\mathrm{N} \cdot (\mathrm{y} - \mathrm{x}) = 0$이므로

$$-q'\cos v(y_1 - p\cos v) - q'\sin v(y_2 - p\sin v) + p'(y_3 - q) = 0,$$
$$(q'\cos v)y_1 + (q'\sin v)y_2 - p'y_3 = pq' - p'q.$$

예제 4.4 원환면(Torus)을 구해보자.

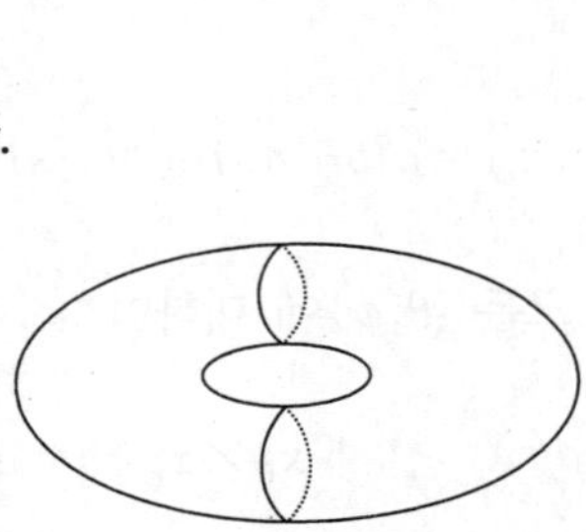

[원환면(torus)]

xz-평면 위의 원은 반지름이 a이고 중심이 x-축에 놓여 있고, 원점과 중심과의 거리가 $b(a < b)$일 때, 그 원을 z-축 둘레로 각 θ만큼 1회전시키면, 원환면을 얻는다.

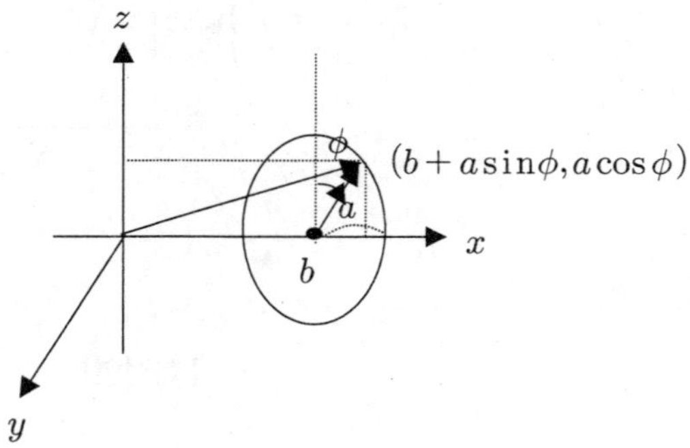

위의 그림에서와 같이, xz-평면 위의 원은

$$C : \mathrm{y}(\phi) = (b + a\sin\phi, a\cos\phi) = (p(\phi), q(\phi))$$

이므로, 이 원 C를 z-축 둘레로 각 θ만큼 회전시켜 얻어진 회전면은 다음과 같다.

$$\mathrm{x}(\theta,\phi) = ((b + a\sin\phi)\cos\theta, (b + a\sin\phi)\sin\theta, a\cos\phi).$$

이때, $\mathrm{x} = \mathrm{x}(\theta,\phi)$는 C^{∞}-급임을 알 수 있고,

$$\mathrm{x}_{\theta} = (-(b + a\sin\phi)\sin\theta, (b + a\sin\phi)\cos\theta, 0)$$
$$\mathrm{x}_{\phi} = (a\cos\phi\cos\theta, a\cos\phi\sin\theta, -a\sin\phi)$$

이므로,

$$\mathrm{x}_{\theta} \times \mathrm{x}_{\phi} = a(b + a\sin\phi)(-\sin\phi\cos\theta, -\sin\phi\sin\theta, -\sin\phi)$$

이다. 따라서 모든 (θ,ϕ)에 대하여

$$\| \mathrm{x}_{\theta} \times \mathrm{x}_{\phi} \| = a(b + a\sin\phi) \neq 0$$

이다. 그러므로 원환면은 C^{∞}-급 정칙매개변수표현이다.

다음 세 가지 C^{∞}-급 좌표조각사상

$$\mathrm{x}_1 = \mathrm{x}(\theta,\phi),\ 0<\theta<2\pi,\ 0<\phi<2\pi \quad ,$$
$$\mathrm{x}_2 = \mathrm{x}(\theta,\phi),\ -\pi<\theta<\pi,\ -\pi<\phi<\pi \quad ,$$
$$\mathrm{x}_3 = \mathrm{x}(\theta,\phi),\ -\frac{\pi}{2}<\theta<\frac{3\pi}{2},\ -\frac{\pi}{2}<\phi<\frac{3\pi}{2}$$

의 상(image)들은 원환면을 덮는다. 그러므로 원환면은 C^{∞}-급단순곡면이다.

$\theta\phi$-매개변수평면 위에 있는 모든 정칙곡선은 원환면 안의 C^{∞}-급좌표조각사상에 의하여 원환면 위의 정칙곡선으로 사상된다. 예를 들어, 좌표선 $\theta=\theta_0$은 C^{∞}-급좌표조각사상에 의하여 ϕ-곡선인 원환면 위의 세로 원으로 사상되고, 좌표선 $\phi=\phi_0$는 C^{∞}-급좌표조각사상에 의하여 θ-곡선인 원환면 위의 가로 원으로 사상된다. $\mathrm{x}_\theta \cdot \mathrm{x}_\phi = 0$이므로, θ-곡선과 ϕ-곡선은 원환면 위에서 서로 수직으로 만난다.

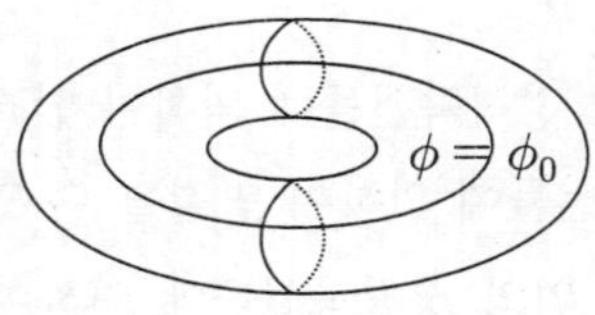

[좌표선의 좌표조각사상의 상]

$\theta\phi$-매개변수평면 위에서 직선군 $\theta=t, \phi=kt$ (k는 자연수)의 C^{∞}-급좌표조각사상 $\mathrm{x}=\mathrm{x}(\theta,\phi)$의 상(image)은 곡선

$$\mathrm{x} = ((b+a\sin kt)\cos t, (b+a\sin kt)\sin t, a\cos kt)$$

이다. 이 곡선은 원환면을 k번 감아 도는 원환면 위의 나선이다.

한편, 원환면 위의 단위법선벡터는

$$\mathrm{N} = \frac{\mathrm{x}_\theta \times \mathrm{x}_\phi}{\| \mathrm{x}_\theta \times \mathrm{x}_\phi \|} = (-\sin\phi\cos\theta, -\sin\phi\sin\theta, -\cos\phi)$$

이고 N은 곡면 위에서 연속적으로 변한다. 이 벡터는 모원의 반지름 벡터

$$\mathrm{r} = (a\sin\phi\cos\theta, a\sin\phi\sin\theta, a\cos\phi)$$

과 방향이 반대이므로 N은 원환면의 안쪽 방향을 가리킨다.

5. 단순곡면의 위상적 성질

[(호상)연결단순곡면] 단순곡면 S가 **연결단순곡면(connected simple surface)**이라는 것은 다음을 만족하는 열린집합 $O_1, O_2(\subset \mathbb{R}^3)$가 존재하지 않을 때를 말한다.

(i) $S = (S \cap O_1) \cup (S \cap O_2)$

(ii) $(S \cap O_1) \cap (S \cap O_2) = \varnothing,\ S \cap O_1 \neq \varnothing,\ S \cap O_2 \neq \varnothing$

단순곡면 S가 **호상연결단순곡면(arcwise connected simple surface)**이라는 것은 S 위의 임의의 두 점 P, Q에 대하여 그 점들을 잇는 연속곡선이 S 위에 존재할 때를 말한다.

▶정리 5.1 만일 S가 연결단순곡면이면, S 위의 임의의 두 점은 S 위의 정칙곡선들에 의하여 연결되어 있다. 따라서 S는 호상연결곡면이다.

증명 점 P와 Q는 S 위의 정칙곡선들에 의하여 연결될 수 없는 점들이라고 하자. 점 P와 S 위의 정칙곡선들에 의하여 연결될 수 있는 S 위의 점들의 집합을 M_1이라 하고, 점 P와 S 위의 정칙곡선들에 의하여 연결될 수 없는 S 위의 점들의 집합을 M_2라 하자. 이때, $Q \in M_2$이므로 $M_2 \neq \varnothing$이다. 만일 $P^* \in M_1$이면, P와 P^*를 연결하는 S 위의 정칙곡선을 C라 하자. S가 단순곡면이므로, C에 대응하는 정칙곡선이 연결된 곡선 C'가 uv-평면에서 존재함을 알 수 있다. 또한, 다음을 만족하는 열린집합 $U(\subset \mathbb{R}^2)$에서 정의된 P^*를 포함하는 S 안의 좌표조각사상 $\mathrm{x} = \mathrm{x}(u,v)$와 P^*를 포함하는 열린집합 $O_{P^*}(\subset \mathbb{R}^3)$가 존재한다.

$$S \cap O_{P^*} = \mathrm{x}(U).$$

이때, $(u_0, v_0) \in U$에 대하여 $\mathrm{x}(u_0, v_0) = P^*$라고 하자. U가 (u_0, v_0)을 포함하는 열린집합이므로, (u_0, v_0)의 근방 $N(u_0, v_0)(\subset U)$이 존재한다. 점 (u_0, v_0)은 임의의 점 $(u,v) \in N(u_0, v_0)$와 $N(u_0, v_0)$ 안의 정칙곡선으로 연결될 수 있다. 따라서 점 P는 $\mathrm{x}(N(u_0, v_0))$에 속하는 모든 점들과 S 위의 정칙곡선에 의하여 연결될 수 있다. 그러므로 다음을 알 수 있다.

$$S \cap O_{P^*} \subset M_1.$$

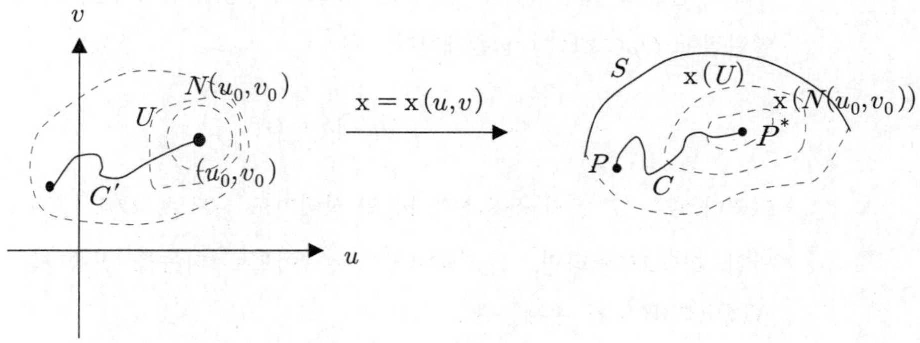

마찬가지로, 각 $Q^* \in M_2$에 대하여 다음을 만족하는 Q^*를 포함하는 열린집합 O_{Q^*}이 존재한다.

$$S \bigcap O_{Q^*} \subset M_2.$$

$O_1 = \bigcup_{P^* \in M_1} O_{P^*}, O_2 = \bigcup_{Q^* \in M_2} O_{Q^*}$ 로 놓으면, O_1과 O_2는 모두 열린집합이다.

$$(S \bigcap O_1) \bigcup (S \bigcap O_2) = S$$
$$(S \bigcap O_1) \bigcap (S \bigcap O_2) = \varnothing, S \bigcap O_1 \neq \varnothing, S \bigcap O_2 \neq \varnothing$$

이므로, 이것은 S가 연결집합이라는 사실에 모순이다.

▸정리 5.2 만일 단순곡면 S, T $(S \subset T)$에 대하여 S는 닫힌집합이고 T는 연결단순곡면이면, $S = T$이다.

증명 $S \neq T$라고 가정하고, $M^* = T - S$로 놓으면,

$$M^* \neq \varnothing, M^* \bigcup S = T \text{ 이고 } M^* \bigcap S = \varnothing$$

이다. 점 P가 S 위의 임의의 점일 때, 다음을 만족하는 P를 포함하는 열린집합 $O_P(\subset \mathbb{R}^3)$가 존재함을 보이자.

$$O_P \bigcap T \subset S.$$

G가 점 P를 포함하는 S 안의 한 좌표조각사상의 상이라면, 다음을 만족하는 열린집합 $O_P(\subset \mathbb{R}^3)$가 존재한다.

$$O_P \cap S = G.$$

그러나 G는 T 안의 좌표조각사상의 상이기도 하므로, $O_P \cap T = G \subset S$이다. 만일 $Q \in M^*$이라면, $Q \notin S$이다. $\bar{S} = S$이므로 다음을 만족하는 Q의 근방 $N(Q)(\subset \mathbb{R}^3)$가 존재한다.

$$N(Q) \cap S = \varnothing .$$

그러므로 $N(Q) \cap T \subset M^*$이다. $O_1 = \bigcup_{P \in S} O_P,\ O_2 = \bigcup_{Q \in M^*} N(Q)$로 놓으면, O_1과 O_2는 모두 열린집합이다. $O_1 \cap T = S,\ O_2 \cap T = M^*$이므로 다음을 알 수 있다.

$$(O_1 \cap T) \cup (O_2 \cap T) = S \cup (T - S) = T$$

$$(T \cap O_1) \cap (T \cap O_2) = \varnothing,\ T \cap O_1 \neq \varnothing,\ T \cap O_2 \neq \varnothing \quad .$$

T가 연결단순곡면이므로, 이것은 불가능하다. 따라서 $S = T$이다.

(참고) 정리 5.2는 닫힌 단순곡면은 연결단순곡면의 진부분집합이 될 수 없다는 것을 의미한다.

긴밀단순곡면(compact simple surface)은 열린변(open edges)을 갖지 않는다. 즉, 닫힌집합이고 유계인 곡면이다. 예를 들어, 구면이나 원환면은 모두 긴밀 단순곡면이다.

[가향곡면] 곡면 S 위에서 유향성(orientability)을 정의할 때, 미분구조(좌표조각사상)를 사용한다. C^m-급 단순곡면 S가 **가향(orientable)**이라는 것은 다음 조건 (∗)을 만족하는 S의 기저 Γ가 존재할 때를 말한다. 이러한 곡면을 **가향곡면(orientable surface)**이라 한다.

(∗) "Γ에 속하는 열린집합 $U, V(\subset \mathbb{R}^2)$에서 정의된 S 안의 임의의 두 C^m-급 좌표조각사상 $\mathrm{x} = \mathrm{x}(u,v), \mathrm{x} = \mathrm{x}^*(\theta,\phi)$에 대하여 만일 열린집합 $W(\subset U), W^*(\subset V)$가 존재하여 $\mathrm{x}(W) = \mathrm{x}(U) \cap \mathrm{x}^*(V) = \mathrm{x}^*(W^*)$일 때, $u = u(\theta,\phi), v = v(\theta,\phi)$이면, 모든 $(\theta,\phi) \in W^*$에

대하여

$$\begin{vmatrix} \dfrac{\partial u}{\partial \theta} & \dfrac{\partial u}{\partial \phi} \\ \dfrac{\partial v}{\partial \theta} & \dfrac{\partial v}{\partial \phi} \end{vmatrix} > 0$$

이다. 여기서 $\begin{cases} u = u(\theta, \varphi) \\ v = v(\theta, \varphi) \end{cases}$는 매개변수교환가능 함수이다."

S 위의 한 점에서 S의 두 단위법선벡터 N, N^* 가 같은 방향하기 위한 필요충분조건은

$$\begin{vmatrix} \dfrac{\partial u}{\partial \theta} & \dfrac{\partial u}{\partial \phi} \\ \dfrac{\partial v}{\partial \theta} & \dfrac{\partial v}{\partial \phi} \end{vmatrix} > 0$$

이므로, S가 가향(orientable)이라는 것은 S 위에서 연속적으로 변하는 단위법선벡터를 정의할 수 있다는 사실과 서로 동치이다.

[유향단순곡면] S가 **C^m-급 유향단순곡면(oriented simple surface)**이라는 것은 그 위의 두 개의 법선벡터 중 하나를 연속적으로 변할 수 있도록 지정할 수 있는 가향곡면을 말한다. 다시 말해, 다음 조건 (i), (ii)를 만족하는 S의 기저 Γ가 존재할 때를 말한다.

(i) 열린집합 $U, V(\subset \mathbb{R}^2)$에서 각각 정의된 Γ에 속하는 임의의 두 C^m-급좌표조각사상 $\mathrm{x} = \mathrm{x}(u, v), \mathrm{x} = \mathrm{x}^*(\theta, \phi)$에 대하여 만일

$$\mathrm{x}(W) = \mathrm{x}(U) \cap \mathrm{x}^*(V) = \mathrm{x}(W^*)$$

일 때, $u = u(\theta, \phi), v = v(\theta, \phi)$이면, 모든 $(\theta, \phi) \in W^*$에 대하여

$$\begin{vmatrix} \dfrac{\partial u}{\partial \theta} & \dfrac{\partial u}{\partial \phi} \\ \dfrac{\partial v}{\partial \theta} & \dfrac{\partial v}{\partial \phi} \end{vmatrix} > 0$$

이다.

(ii) Γ는 극대(maximal)이다. 즉, Γ에 속하지 않는 S 안의 한 좌표조각사상이 Γ에 첨가된 S의 기저 Γ'는 (i)을 만족하지 않는다.

단순곡면 S가 가향이면, S는 (i)을 만족하는 기저 Γ에 (i)을 유지하는 모든 좌표조각사상을 Γ에 첨가시킴으로써 S가 가향이 되도록 할 수 있다. 또한, 가향연결단순곡면 S는 S 안의 좌표조각사상들이 (i)과 (ii)를 만족하는 S의 기저 Γ_1, Γ_2 중에 어느 하나에 속함으로써 S가 가향이 되도록 할 수 있다.

[초등곡면] 하나의 좌표조각사상으로 이루어진 기저를 갖는 단순곡면을 **초등곡면(elementary surface)**이라고 한다. 이러한 곡면은 평면에서의 열린집합과 위상적으로 동형이므로 가향곡면이다.

예제 5.3 구면과 원환면은 연결이고 긴밀인 유향단순곡면이다.

타원적 포물면 $\dfrac{x^2}{a^2}+\dfrac{y^2}{b^2}-z=0$과 평면 $Ax+By+Cz+D=0$은 연결초등곡면이다. 그러나 **뫼비우스 띠**(Möbius strip)는 다음 그림과 같은 직사각형 $ABCD$의 변 AC와 변 DB를 서로 붙인 곡면을 말하는 데, 선분 EF에 대응하는 뫼비우스 띠 위의 곡선을 따라 법선벡터를 연속적으로 구해보면, 점 E에서의 법선벡터와 점 F에서의 접선벡터는 방향이 반대임을 알 수 있다. 그러므로 뫼비우스 띠는 가향곡면이 아니다.

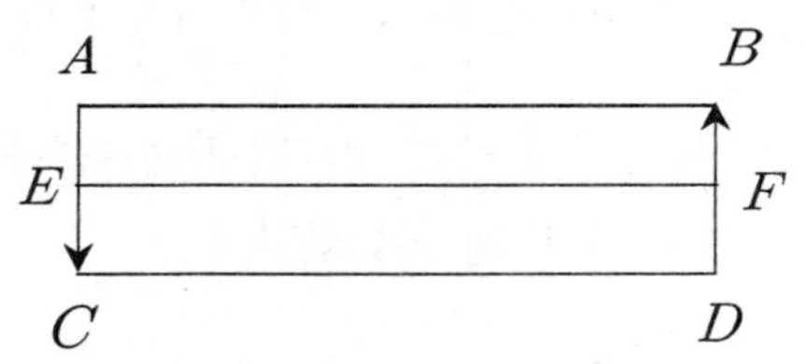

[뫼비우스 띠]

(참고) 특별한 언급이 없는 한, 곡면은 C^m-급연결단순곡면을 말한다.

문제 4.1

$$\mathrm{x}=(a\sin\phi\cos\theta, b\sin\phi\sin\theta, c\cos\phi)$$
$$0<a\leq b\leq c, -\infty<\theta<\infty, 0<\phi<\pi$$

는 점 $(0,0,c),(0,0,-c)$에서 구멍이 난 타원면 $\dfrac{x^2}{a^2}+\dfrac{y^2}{b^2}+\dfrac{z^2}{c^2}=1$의 C^∞-급정칙매개변수표현임을 증명하여라. 또한, θ-곡선과 ϕ-곡선을 그려라.

문제 4.2 **회전면(surface of revolution)** S는 평면곡선 C를 그 평면 안에 있는 직선 l의 둘레로 회전하여 얻어진 곡면을 말한다. 이때, 평면곡선 C를 **종단면곡선(profile curve)**이라 하고, 직선 l을 회전면 S의 축이라 한다. 곡선 C의 서로 다른 지점을 **경선(meridians of longitude)**이라 하고, C 위의 각 점에 의하여 생성되는 원을 S의 **위선(parallels of latitude)**이라 한다.

만일 $\begin{cases} x = f(t) \\ z = g(t) \end{cases}$, $a < t < b$가 xz-평면 위에서 C^m-급정칙곡선 C이고 $f > 0$ 이면,

$$\mathrm{x} = (f(t)\cos\theta, f(t)\sin\theta, g(t))$$

는 곡선 C를 z-축 둘레로 회전하여 얻어진 회전면의 C^m-급 정칙매개변수표현임을 보여라. 이때, t-곡선(경선)과 θ-곡선(위선)은 서로 수직임을 보여라.

문제 4.3 **선직면(ruled surface)**이란 1-매개변수 직선족에 의하여 생성되는 곡면을 말한다. 각 생성직선을 그 곡면의 **모선(rulings)**이라 한다. $\mathrm{y} = \mathrm{y}(u)$는 C^m-급정칙곡선이라 하자. $\mathrm{g}(u)$는 각 점 $\mathrm{y}(u)$에서 곡선 $\mathrm{y} = \mathrm{y}(u)$를 따라 영벡터가 아닌 모선의 C^m-급방향벡터라고 하자. 그러면

$$\mathrm{x} = \mathrm{y}(u) + v\mathrm{g}(\mathrm{u})$$

는 선직면의 C^m-급매개변수표현이다.

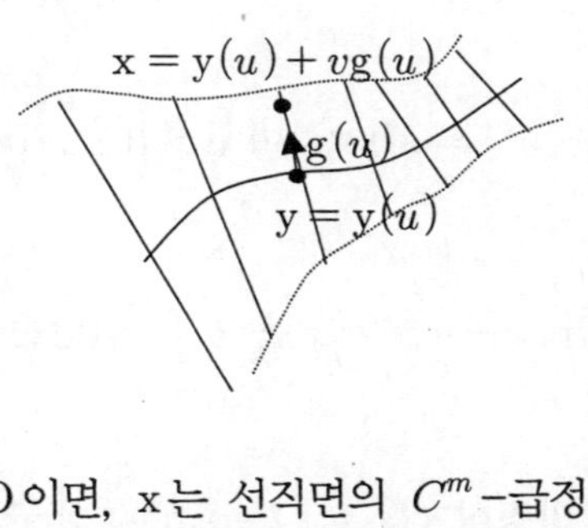

만일 $(\mathrm{y}' + v\mathrm{g}') \times \mathrm{g} \neq \mathrm{O}$ 이면, x는 선직면의 C^m-급정칙매개변수표현임을 보여라. 이때, 곡선 $\mathrm{y} = \mathrm{y}(u)$는 **기저곡선(base curve)**이라 한다. 기둥면(cylinder)은 모선이 평행한 선직면이다. 즉, $\mathrm{g} = (상수)$일 때이다.

문제 4.4 쌍곡포물면(hyperbolic paraboloid) $z = x^2 - y^2$은 2중선직면(doubly ruled surface)임을 보여라. 즉, 이 곡면은 서로 다른 두 개의 직선족에 의하여 생성되는 곡면이다. 이 곡면의 매개변수표현을 두 개의 모선을 나타내는 선직형식으로 나타내어라.

문제 4.5 **직원뿔곡선면(right conoid)**이란 평면 π에 평행한 모선을 갖고 그 평면 π에 수직인 직선 l을 지나는 선직면을 말한다. 이때, 직선 l을 직원뿔곡선면의 축이라고 한다. 만일 직선 l이 z-축이라면, 직원뿔곡선면의 매개변수표현은 다음과 같음을 보여라.

$$\mathrm{x} = (v\cos\theta(u), v\sin\theta(u), u)$$

단, θ는 모선이 xz-평면과 이루는 각이다. 또한, $\theta(u)$가 C^m-급일 때, $\mathrm{x} = \mathrm{x}(u,v)$는 직원뿔곡선면의 C^m-급정칙매개변수표현임을 보여라.

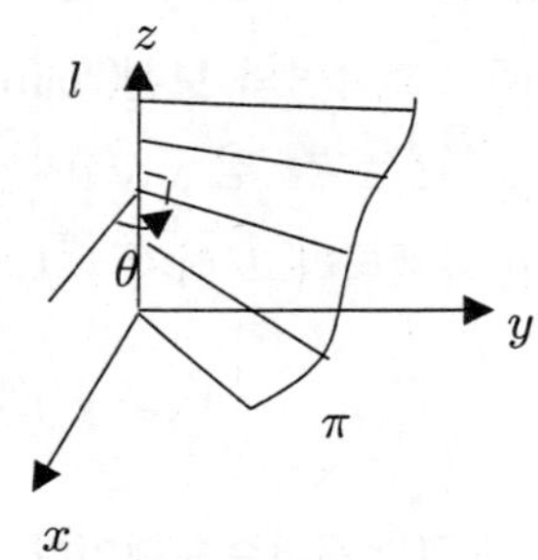

[직원뿔곡선면]

문제 4.6 $\mathrm{x} = (u^2, uv, v^2)$은 제1사분면 $u > 0, v > 0$에서 C^∞-급좌표조각사상임을 보여라.

문제 4.7 쌍곡포물면 $z = \dfrac{x^2}{a^2} - \dfrac{y^2}{b^2}$은 C^∞-급단순곡면임을 보여라.

문제 4.8 곡면 S는 방정식 $f(x,y,z) = c, c = (상수)$를 만족하는 음함수로 나타내기도 한다. 만일 f가 C^m-급이고 편도함수 f_x, f_y, f_z 중 적어도 하나가 S의 각 점에서 0이 아니면, 예를 들어, $f_z \neq 0$이면, 음함수 정리에 의하여 $z = z(x,y)$로 나타낼 수 있다. 이것은 S안의 C^m-급몽주좌표조각사상이다. S와 S 안의 C^m-급몽주좌표조각사상들은 S의 기저를 이룬다. 그러므로 S는 단순곡면이다. 이를 이용하여 $f(x,y,z) \equiv x^2 - 2x + yz = c$가 단순곡면이기 위한 c의 값을 구하여라.

문제 4.9 2차곡면(quadratic surface)은 다음과 같이 표현된다.

$$f(x_1, x_2 x_3) \equiv \sum_{i=1}^{3} a_{ij} x_i x_j + \sum_{i=1}^{3} b_i x_i + c = 0.$$

이때, 좌표축의 평행이동과 회전이동에 의하여 2차곡면은 다음과 같은 기본형 중의 하나로 나타낼 수 있다.

(1) **타원면:** $\dfrac{x_1^2}{a^2} + \dfrac{x_2^2}{b^2} + \dfrac{x_3^2}{c^2} = 1$

(2) **1엽쌍곡면:** $\dfrac{x_1^2}{a^2} + \dfrac{x_2^2}{b^2} - \dfrac{x_3^2}{c^2} = 1$

(3) **2엽쌍곡면:** $\dfrac{x_1^2}{a^2} - \dfrac{x_2^2}{b^2} - \dfrac{x_3^2}{c^2} = 1$

(4) **타원포물면:** $\dfrac{x_1^2}{a^2} + \dfrac{x_2^2}{b^2} - x_3 = 0$

(5) **쌍곡포물면:** $\dfrac{x_1^2}{a^2} - \dfrac{x_2^2}{b^2} - x_3 = 0$

(6) **타원뿔면:** $\dfrac{x_1^2}{a^2} + \dfrac{x_2^2}{b^2} - \dfrac{x_3^2}{c^2} = 0$

$(x_1, x_2, x_3) \neq (0,0,0)$일 때, 문제 4.8을 이용하여 위의 모든 곡면들은 단순곡면임을 보여라.

문제 4.10 곡면 S의 C^m-급정칙매개변수표현은 국소적으로 위상동형사상임을 보여라.

문제 4.11 $\mathrm{x} = \mathrm{x}(u,v)$는 단순곡면 S 안의 한 좌표조각사상이라 하자. 만일 점 P는 $\mathrm{x} = \mathrm{x}(u,v)$ 위의 점이면, P의 근방 $N(P) \subset \mathbb{R}^3$가 존재하여

$$S \bigcap N(P) \subset \mathrm{x}(u,v)$$

4장 곡면론

임을 알 수 있다. 이 사실을 이용하여 S 안의 모든 좌표조각사상은 S와 $\mathbb{R}^3$에서의 열린집합과의 공통부분임을 보여라. 따라서 단순곡면 S를 덮는 모든 좌표조각사상들의 집합은 S의 기저이다.

문제 4.12 곡선 $\begin{cases}\theta = \ln t \\ \phi = 2\tan^{-1}t\end{cases}, t > 0$의 구면 $\mathrm{x} = (\sin\phi\cos\theta, \sin\phi\sin\theta, \cos\phi)$로의 상은 $\theta = \dfrac{\pi}{4}$일 때, ϕ-곡선인 경선과 교차함을 보여라. t가 $0 \to 1 \to \infty$로 변할 때, θ는 $0 \to \dfrac{\pi}{2} \to \pi$로 변한다. 따라서 곡선은 남극점과 북극점 둘레를 나선으로 움직이다.

문제 4.13 (a) 기둥면의 모선 위의 모든 점에서 접평면은 같음을 보여라.

(b) 어떤 곡선의 접선곡면의 모선을 두 부분으로 나누었을 때, 각 부분 위의 모든 점에서 접평면은 같음을 보여라.

문제 4.14 함수 $f : \mathbb{R}^3 \to \mathbb{R}$가 연속일 때, $M = \{\mathrm{x} \in \mathbb{R}^3 \mid f(\mathrm{x}) = c\}$는 닫힌집합임을 보여라.

문제 4.15 문제 4.14를 이용하여 다음 곡면 중에서 어떤 것이 긴밀곡면인지 판별하여라.

(a) $x^2 + y^2 z^2 = 1$

(b) $x^2 + y^4 + z^6 = 1$

(c) $x^2 - y^4 + z^6 = 1$

(d) $x^2 - 2x + y^2 + z^4 = 1$

문제 4.16 $\mathrm{x}(u,v) = (au\cos v, au\sin v, bu)$는 직원뿔의 매개변수표현임을 보이고 u-곡선과 v-곡선을 구하여라.

문제 4.17 $\mathrm{x} = (\frac{1}{2}u + \frac{1}{2}v, \frac{1}{2}u - \frac{1}{2}v, uv)$는 쌍곡포물면 $z = x^2 - y^2$의 C^∞-급정칙매개변수표현임을 보이고 u-곡선과 v-곡선을 그려라.

문제 4.18 xy-평면에서 타원 $\frac{x^2}{a^2}+\frac{y^2}{b^2}=1$을 지나는 타원기둥면의 정칙매개변수표현을 구하여라.

문제 4.19 타원면 $\frac{x^2}{a^2}+\frac{y^2}{b^2}+\frac{z^2}{c^2}=1$에 대한 좌표조각사상의 기저를 구하여라.

문제 4.20 $\mathrm{x}=\mathrm{x}(u,v), \mathrm{x}^*=\mathrm{x}^*(\theta,\phi)$는 단순곡면 S 안의 두 좌표조각사상이라 하고, 그의 상을 각각 G, G^*라고 하자. S 안의 또 다른 좌표조각사상이 존재하여 그의 상이 $G\bigcap G^*$임을 보여라.

문제 4.21 회전면 $\mathrm{x}=(f(u)\cos\theta, f(u)\sin\theta, g(u)), f>0$의 단위법선벡터는 다음과 같음을 보여라.

$$\mathrm{N}=\frac{1}{(f'^2+g'^2)^{1/2}}\cdot(-g'\cos\theta, -g'\sin\theta, f')$$

문제 4.22 1엽쌍곡면 $x^2+y^2-z^2=1$은 2중선직면임을 보여라.

문제 4.23 $\mathrm{y}=\mathrm{y}(u)=(u,u^2,u^3), u>0$이 기저곡선이고 점 $\mathrm{y}(u)$에서 모선의 방향벡터가 $\mathrm{g}(u)=(\cos u, \sin u, 0)$인 선직면의 선직형식으로서의 매개변수표현을 구하여라. 또한, 이 표현은 C^∞-급정칙매개변수표현임을 보여라.

문제 4.24 **원뿔면**이란 모선이 정점(vertex) p를 지나는 선직면을 말한다. 만일 $\mathrm{g}(u)$가 모선의 영백터가 아닌 방향벡터라면, g가 C^m이고 $\mathrm{g}\times\mathrm{g}'\neq\mathrm{O}$일 때, $v\neq0$에 대하여 $\mathrm{x}=\mathrm{p}+v\mathrm{g}(u)$는 원뿔면의 C^m-급정칙매개변수표현임을 보여라.

문제 4.25 **수직나선면(right helicoid)**이란 모선이 축의 둘레를 일정한 속도로 회전하는 직원뿔곡선면을 말한다. z를 축으로 갖는 수직나선면의 매개변수표현은

$$\mathrm{x}=(v\cos\theta, v\sin\theta, a+b\theta),\ b\neq0$$

임을 보여라.

문제 4.26 한 단위속력곡선 $\mathrm{y}=\mathrm{y}(s)$의 접선곡면의 모선 위에서의 접평면은 모선이 지나는 곡선 위의 점에서 그 곡선의 접촉평면과 일치함을 보여라.

문제 4.27 뫼비우스 띠는 선직형식으로 다음과 같이 나타낼 수 있다.

$$\mathrm{x}(\theta,v)=\mathrm{y}(\theta)+v\mathrm{g}(\theta), -\pi<\theta<\pi, -\frac{1}{2}<v<\frac{1}{2}$$

$$\mathrm{y}(\theta)=(\cos\theta,\sin\theta,0), \mathrm{g}(\theta)=(\sin\frac{\theta}{2}\cos\theta,\sin\frac{\theta}{2}\sin\theta,\cos\frac{\theta}{2}).$$

뫼비우스 띠의 단위법선벡터 $\mathrm{N}(\theta,v)$는 점 (θ,v)가 원 $\mathrm{y}(\theta)=(\cos\theta,\sin\theta,0)$의 둘레를 한 바퀴 돌 때, 방향이 바뀜을 보여라. 즉,

$$\lim_{\theta\to\pi}\mathrm{x}(\theta,0)=\lim_{\theta\to-\pi}\mathrm{x}(\theta,0) \text{이지만, } \lim_{\theta\to\pi}\mathrm{N}(\theta,0)=-\lim_{\theta\to-\pi}\mathrm{N}(\theta,0)$$

임을 보여라.

문제 4.28 문제 4.27의 뫼비우스 띠에서 원 $\mathrm{y}(\theta)=(\cos\theta,\sin\theta,0)$을 제외시킨 곡면은 가향연결곡면임을 보여라.

문제 4.29 곡선 $\mathrm{y}(t)$는 C^m-급좌표조각사상 $\mathrm{x}=\mathrm{x}(u,v)$ 위에서의 C^m-급정칙곡선이라 하자. 즉, $\mathrm{y}(t)=\mathrm{x}(u(t),v(t))$. 그러면 매개변수평면 안에서의 곡선 $\begin{cases}u=u(t)\\v=v(t)\end{cases}$는 C^m-급정칙곡선임을 보여라.

문제 4.30 $\mathrm{T}\neq\mathrm{O}$는 단순곡면 S 위의 점 P에서의 접평면에 평행한 벡터라고 하자. 그러면 P를 지나는 단순곡면 S 위의 곡선 $\mathrm{y}=\mathrm{y}(t)$가 존재하여 점 P에서 $\frac{d\mathrm{y}}{dt}=\mathrm{T}$임을 보여라.

문제 4.31 uv-평면에서 C^1-급정칙호 C의 종점을 (u_1,v_1)라고 하자. 이때, C는 (u_1,v_1)의 임의의 근방 $N(u_1,v_1)$에 속하는 임의의 점 (u^*,v^*)에 대하여 $N(u_1,v_1)$에 포함되는 C^1-급정칙호와 연장될 수 있음을 보여라.

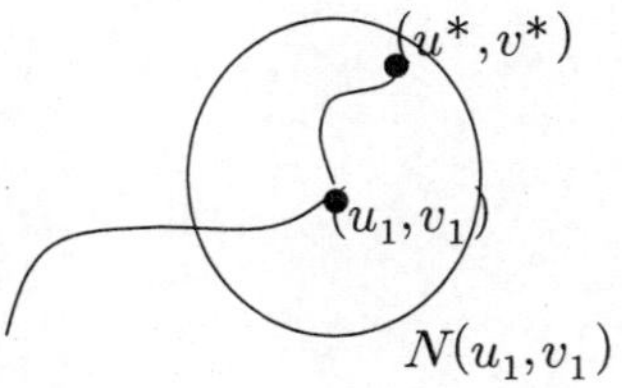

문제 4.32 $\mathrm{x}(u,v) = (u^2, v^2, uv)$는 단순곡면인지를 밝히고, 만일 단순곡면이 아니면 단순곡면이 되는 정의역 U를 구하여라.

문제 4.33 $\mathrm{x}(u,v) = (u^2+v^2, u^2-v^2, uv)$는 단순곡면임을 밝히고 $(u,v) = (1,2)$에서 단위법선벡터와 접평면의 방정식을 구하여라.

문제 4.34 $S^2 = \{(x,y,z) \in \mathbb{R}^3 \mid x^2+y^2+z^2 = 1\}, R^2 = \{(x,y,0) \in \mathbb{R}^3 \mid x,y \in \mathbb{R}\}$이라 하자. 점 $(u,v,0)$와 $(0,0,1)$을 지나는 직선은 점 $(0,0,1)$이 아닌 S^2 위의 다른 점과 만난다. 이 점을 $\mathrm{x}(u,v)$라고 하자. 이때, $\mathrm{x}(u,v)$를 구하고, 이 곡면은 단순곡면임을 보여라.

5장

제1, 2기본형식

앞에서 $\mathbb{R}^3$ 안의 한 곡선은 국소적으로 불변인 두 개의 호장(arc length)함수 곡률 $\kappa = \kappa(s)$와 열률 $\tau = \tau(s)$에 의하여 완전히 결정된다는 사실을 알았다. 마찬가지로, $\mathbb{R}^3$ 안의 한 곡면도 어떤 국소적으로 불변인 제1,2기본형식에 의하여 완전히 결정된다.

1. 제1기본형식

$\mathrm{x} = \mathrm{x}(u,v)$는 곡면 안의 C^m-급좌표조각사상이라 하자. 점 (u,v)에서 $\mathrm{x} = \mathrm{x}(u,v)$의 미분 $d\mathrm{x}$는 정의에 의하여 다음을 만족하는 선형사상이다.

$$\lim_{(du,dv)\to(0,0)} \frac{\mathrm{x}((u,v)+(du,dv)) - \mathrm{x}(u,v) - d\mathrm{x}(du,dv)}{\|(du,dv)\|} = \mathrm{O}.$$

이때, $\mathrm{x}(u,v) = (x(u,v), y(u,v), z(u,v))$이라 놓으면, $d\mathrm{x}$의 표현행렬은

$$\begin{pmatrix} \dfrac{\partial x}{\partial u} & \dfrac{\partial x}{\partial v} \\ \dfrac{\partial y}{\partial u} & \dfrac{\partial y}{\partial v} \\ \dfrac{\partial z}{\partial u} & \dfrac{\partial z}{\partial v} \end{pmatrix}$$

이다. 그러므로 다음을 얻는다.

$$d\mathrm{x}(du,dv) = \begin{pmatrix} \dfrac{\partial x}{\partial u} & \dfrac{\partial x}{\partial v} \\ \dfrac{\partial y}{\partial u} & \dfrac{\partial y}{\partial v} \\ \dfrac{\partial z}{\partial u} & \dfrac{\partial z}{\partial v} \end{pmatrix} \begin{pmatrix} du \\ dv \end{pmatrix} = \begin{pmatrix} \dfrac{\partial x}{\partial u}du + \dfrac{\partial x}{\partial v}dv \\ \dfrac{\partial y}{\partial u}du + \dfrac{\partial y}{\partial v}dv \\ \dfrac{\partial z}{\partial u}du + \dfrac{\partial z}{\partial v}dv \end{pmatrix} = \mathrm{x}_u du + \mathrm{x}_v dv.$$

$\mathrm{x} = \mathrm{x}(u,v)$의 야코비행렬의 계수가 2이므로, x_u와 x_v는 일차독립이다. 따라서 선형사상 $d\mathrm{x}$는 1-1임을 알 수 있다. 또한, $d\mathrm{x}(du,dv)$는 점 $\mathrm{x}(u,v)$에서 $\mathrm{x} = \mathrm{x}(u,v)$의 접평면에 평행한 벡터임을 알 수 있다.

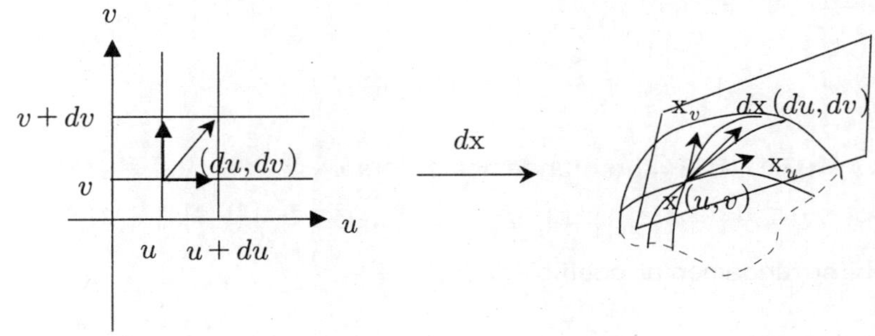

$d\mathrm{x}(du,dv)$를 그냥 $d\mathrm{x}$로 나타낸다. 이때, $d\mathrm{x}$는 다음을 만족하므로

$$\lim_{(du,dv)\to(0,0)} \frac{\mathrm{x}((u,v)+(du,dv))-\mathrm{x}(u,v)-d\mathrm{x}(du,dv)}{\|(du,dv)\|}=\mathrm{O}$$

이를 다음과 같이 나타내기도 한다.

$$\mathrm{x}((u,v)+(du,dv))-\mathrm{x}(u,v)-d\mathrm{x}=\mathrm{o}(\|(du,dv)\|)$$

즉,

$$\mathrm{x}(u+du,v+dv)=\mathrm{x}(u,v)+d\mathrm{x}+\mathrm{o}(\sqrt{(du)^2+(dv)^2}).$$

이것은 $(du,dv)\to(0,0)$일 때, 벡터 $d\mathrm{x}$는 좌표조각사상 위의 점 $\mathrm{x}(u,v)$에서 그 근방의 점 $\mathrm{x}(u+du,v+dv)$로의 벡터 $\mathrm{x}(u+du,v+dv)-\mathrm{x}(u,v)$와 근사임을 의미한다. 즉,

$$d\mathrm{x}\approx\mathrm{x}(u+du,v+dv)-\mathrm{x}(u,v).$$

지금 좌표조각사상 $\mathrm{x}=\mathrm{x}(u,v)$ 위의 인접한 두 점

$$\mathrm{x}(u,v)\text{와 }\mathrm{x}(u+du,v+dv)$$

사이의 거리를 ds라고 하면, 다음을 얻는다.

$$\begin{aligned}\mathrm{I}=ds^2=d\mathrm{x}\cdot d\mathrm{x}&=(\mathrm{x}_u du+\mathrm{x}_v dv)\cdot(\mathrm{x}_u du+\mathrm{x}_v dv)\\&=(\mathrm{x}_u\cdot\mathrm{x}_u)du^2+2(\mathrm{x}_u\cdot\mathrm{x}_v)dudv+(\mathrm{x}_v\cdot\mathrm{x}_v)dv^2\\&=Edu^2+2Fdudv+Gdv^2\end{aligned}$$

단, $E=\mathrm{x}_u\cdot\mathrm{x}_u$, $F=\mathrm{x}_u\cdot\mathrm{x}_v$, $G=\mathrm{x}_v\cdot\mathrm{x}_v$이다.

[제1기본형식과 제1기본계수] 함수

$$\mathrm{I} = ds^2 = d\mathrm{x} \cdot d\mathrm{x} = Edu^2 + 2Fdudv + Gdv^2$$

은 $\mathrm{x} = \mathrm{x}(u,v)$의 **제1기본형식(first fundamental form)**이라 한다. 이것은 u와 v의 함수이며, du, dv에 관한 2차동차함수이다. 이때, E, F, G는 좌표조각사상 위에서 점에 따라서 변하는 **제1기본계수(first fundamental coefficients)**라고 한다.

따라서 제1기본형식 I는 $uv-$평면 위의 점 (u,v)에서 벡터 (du,dv)에 대하여

$$\mathrm{I}(du,dv) = Edu^2 + 2Fdudv + Gdv^2$$

으로 표현되는 2차형식이다.

한편, ds는 곡면의 **선소(line element)**라고 한다. 곡면 위의 곡선의 길이는 선소를 이용하여 구할 수 있다. 곡면의 기하학적 성질은 이러한 제1기본형식에 의하여 특징지을 수 있으므로 이것은 곡면의 미분기하학의 기본이다. $d\mathrm{x}$는 점 $\mathrm{x}(u,v)$에서 $\mathrm{x}(u+du, v+dv)$까지를 나타내는 벡터의 **주부(principal part)**이다.

▶정리 1.1 제1기본형식 I은 곡면에만 의존하고 곡면의 매개표현에 독립이다.

증명 좌표조각사상 $\mathrm{x} = \mathrm{x}(u,v)$에 대하여 $\mathrm{x} = \mathrm{x}^*(\theta(u,v), \varphi(u,v))$는 점 $\mathrm{x}(u,v)$의 근방에 포함되는 다른 좌표조각사상이라 하자. 여기서 $\begin{cases} u = u(\theta,\varphi) \\ v = v(\theta,\varphi) \end{cases}$는 매개변수교환가능 함수이다. 이때,

$$\mathrm{I}^*(d\theta, d\varphi) = \| d\mathrm{x}^* \|^2 = I(du,dv) = \| d\mathrm{x} \|^2$$

임을 보이자.

$$\begin{aligned}
\mathrm{I}^*(d\theta, d\varphi) &= \| d\mathrm{x}^* \|^2 = \| \mathrm{x}_\theta{}^* d\theta + \mathrm{x}^*{}_\varphi d\varphi \|^2 \\
&= \| \mathrm{x}_\theta{}^*(\theta_u du + \theta_v dv) + \mathrm{x}_\varphi{}^*(\varphi_u du + \varphi_v dv) \|^2 \\
&= \| (\mathrm{x}_\theta{}^* \theta_u + \mathrm{x}_\varphi{}^* \varphi_u) du + (\mathrm{x}_\theta{}^* \theta_v + \mathrm{x}_\varphi{}^* \varphi_v) dv \|^2 \\
&= \| \mathrm{x}_u du + \mathrm{x}_v dv \|^2 \\
&= \| d\mathrm{x} \|^2 = \mathrm{I}(du,dv).
\end{aligned}$$

그러므로 매개변수변환가능 함수 $\begin{cases}\theta=\theta(u,v)\\ \varphi=\varphi(u,v)\end{cases}$에 의하여 좌표조각사상의 제1기본형식은 불변이다.

참고1 그러나 매개변수변환가능 함수 $\begin{cases}\theta=\theta(u,v)\\ \varphi=\varphi(u,v)\end{cases}$에 의하여 제1기본계수는 다음과 같이 변한다.

$$\begin{aligned}E&=\mathrm{x}_u\cdot\mathrm{x}_u=(\mathrm{x}_\theta{}^*\theta_u+\mathrm{x}_\varphi{}^*\varphi_u)\cdot(\mathrm{x}_\theta{}^*\theta_u+\mathrm{x}_\varphi{}^*\varphi_u)\\&=(\mathrm{x}_\theta{}^*\cdot\mathrm{x}_\theta{}^*)\theta_u^2+2(\mathrm{x}_\theta{}^*\cdot\mathrm{x}_{\varphi^*})\theta_u\varphi_u+(\mathrm{x}_\varphi{}^*\cdot\mathrm{x}_\varphi{}^*)\varphi_u^2\\&=E^*\theta_u^2+2F^*\theta_u\varphi_u+G^*\varphi_u^2\\F&=E^*\theta_u\theta_v+F^*(\theta_u\varphi_v+\theta_v\varphi_u)+G^*\varphi_u\varphi_v\\G&=E^*\theta_v^2+2F^*\theta_v\varphi_v+G^*\varphi_v^2.\end{aligned}$$

참고2 좌표조각사상의 제1기본형식은 항상 $\mathrm{I}=\|d\mathrm{x}\|^2\geq 0$이다. 이때, $\mathrm{I}=\|d\mathrm{x}\|^2=0$이기 위한 필요충분조건은 $d\mathrm{x}=\mathrm{x}_u du+\mathrm{x}_v dv=\mathrm{O}$이다. x_u와 x_v는 일차독립이므로, $\mathrm{I}=\|d\mathrm{x}\|^2=0$이기 위한 필요충분조건은 $du=dv=0$이다. 그러므로 $(du,dv)\neq(0,0)$이기 위한 필요충분조건은 $\mathrm{I}>0$이다. 만일 $(du,dv)\neq(0,0)$이면, $\mathrm{I}=\|d\mathrm{x}\|^2>0$이므로 $d\mathrm{x}=\mathrm{x}_u du+\mathrm{x}_v dv\neq\mathrm{O}$이다. 그러므로 $E>0, G>0$, $EG-F^2>0$을 만족해야 한다. 왜냐하면, x_u와 x_v는 일차독립이므로, $\mathrm{x}_u\neq\mathrm{O}$, $\mathrm{x}_v\neq\mathrm{O}$이다. 따라서

$$E=\|\mathrm{x}_u\|^2>0, G=\|\mathrm{x}_v\|^2>0$$

이다. 또한, $\mathrm{x}_u\times\mathrm{x}_v\neq\mathrm{O}$이므로

$$\begin{aligned}EG-F^2&=(\mathrm{x}_u\cdot\mathrm{x}_u)(\mathrm{x}_v\cdot\mathrm{x}_v)-(\mathrm{x}_u\cdot\mathrm{x}_v)(\mathrm{x}_u\cdot\mathrm{x}_v)\\&=\|\mathrm{x}_u\times\mathrm{x}_v\|^2>0\end{aligned}$$

이다.

예제 1.2 구면 $\mathrm{x}(u,v)=(a\sin u\cos v, a\sin u\sin v, a\cos u)$의 제1기본계수와 제1기본형식을 구하여라.

풀이 $x_u = (a\cos u\cos v, a\cos u\sin v, -a\sin u)$

$x_v = (-a\sin u\sin v, a\sin u\cos v, 0)$

이므로 $E = x_u \cdot x_u = a^2$, $F = x_u \cdot x_v = 0$, $G = x_v \cdot x_v = a^2\sin^2 u$이고,

$$\mathrm{I} = ds^2 = a^2 du^2 + a^2\sin^2 u dv^2$$

이다.

예제 1.3 곡면 $x(u,v) = (u+v, u-v, uv)$에 대하여

$$x_u = (1,1,v),\ x_v = (1,-1,u)$$

이므로 제1기본계수는 다음과 같다.

$$E = x_u \cdot x_u = 2 + v^2$$
$$F = x_u \cdot x_v = uv$$
$$G = x_v \cdot x_v = 2 + u^2.$$

그리고 제1기본형식은 다음과 같다.

$$\begin{aligned}\mathrm{I} &= Edu^2 + 2Fdudv + Gdv^2 \\ &= (2+v^2)du^2 + 2uvdudv + (2+u^2)dv^2.\end{aligned}$$

이때, $E > 0, G > 0, EG - F^2 = 4 + 2u^2 + 2v^2 > 0$임을 알 수 있다. 매개변수교환가능 함수 $\begin{cases}\theta = u+v \\ \varphi = u-v\end{cases}$에 대하여

$$x(u,v) = x^*(\theta,\varphi) = (\theta, \varphi, \frac{1}{4}(\theta^2 - \varphi^2))$$

이다. 이때,

$$x_\theta = (1,0,\frac{1}{2}\theta), x_\varphi = (0,1,-\frac{1}{2}\varphi)$$

이므로

$$E^* = \mathrm{x}_\theta \cdot \mathrm{x}_\theta = 1 + \frac{1}{4}\theta^2$$

$$F^* = \mathrm{x}_\theta \cdot \mathrm{x}_\varphi = -\frac{1}{4}\theta\varphi$$

$$G^* = \mathrm{x}_\varphi \cdot \mathrm{x}_\varphi = 1 + \frac{1}{4}\varphi^2$$

이다. $(u,v) = (1,1)$일 때, $(\theta,\varphi) = (2,0)$이다. 따라서

$$\begin{cases} E(1,1) = 3 \\ F(1,1) = 1 \\ G(1,1) = 3 \end{cases}$$

이지만

$$\begin{cases} E^*(2,0) = 2 \\ F^*(2,0) = 0 \\ G^*(2,0) = 1 \end{cases}$$

이다. 그러므로 제1기본계수는 매개변수교환가능 함수에 대하여 불변량이 아니다.

2. 호장과 곡면의 겉넓이

좌표조각사상 $\mathrm{x} = \mathrm{x}(u,v)$의 제1기본계수는 좌표조각사상 위의 호의 길이와 곡면의 겉넓이를 구하는 데 사용된다.

$C: \mathrm{x} = \mathrm{x}(u(t), v(t)), a \leqq t \leqq b$를 좌표조각사상 $\mathrm{x} = \mathrm{x}(u,v)$ 위의 정칙곡선이라 하자. 이때, 곡선 C의 길이 L은 다음과 같다.

$$\begin{aligned} L &= \int_a^b \left\| \frac{d\mathrm{x}}{dt} \right\| dt = \int_a^b \left(\frac{d\mathrm{x}}{dt} \cdot \frac{d\mathrm{x}}{dt}\right)^{1/2} dt \\ &= \int_a^b \left[\left(\mathrm{x}_u \frac{du}{dt} + \mathrm{x}_v \frac{dv}{dt}\right) \cdot \left(\mathrm{x}_u \frac{du}{dt} + \mathrm{x}_v \frac{dv}{dt}\right)\right]^{1/2} dt \\ &= \int_a^b \left[E\left(\frac{du}{dt}\right)^2 + 2F\frac{du}{dt}\frac{dv}{dt} + G\left(\frac{dv}{dt}\right)^2\right]^{1/2} dt. \end{aligned}$$

▶정리 2.1 (a) 접선벡터

$$d\mathrm{x}(du, dv) = d\mathrm{x} = \mathrm{x}_u du + \mathrm{x}_v dv \text{ 와 } \delta\mathrm{x}(\delta u, \delta v) = \delta\mathrm{x} = \mathrm{x}_u \delta u + \mathrm{x}_v \delta v$$

가 수직이기 위한 필요충분조건은

$$E du \delta u + F(du \delta v + dv \delta u) + G dv \delta v = 0$$

이다.

(b) 한 점에서 u-곡선과 v-곡선이 서로 수직이기 위한 필요충분조건은 $F = 0$ 이다.

증명 (a) $d\mathrm{x} \cdot \delta\mathrm{x} = 0$으로부터 자명하다.

(b) x_u와 x_v의 사잇각을 θ라고 하면,

$$\cos\theta = \frac{\mathrm{x}_u \cdot \mathrm{x}_v}{\|\mathrm{x}_u\| \|\mathrm{x}_v\|} = \frac{F}{\sqrt{E}\sqrt{G}}$$

으로부터 자명하다.

예제 2.2 단위구면 $\mathrm{x}(\theta,\varphi)=(\sin\phi\cos\theta,\sin\phi\sin\theta,\cos\phi)$ 위의 곡선

$$\mathrm{x}=\mathrm{x}(\ln\cot(\frac{\pi}{4}-\frac{t}{2}),\frac{\pi}{2}-t),0\leqq t\leqq\frac{\pi}{2}$$

의 길이를 구하여라.

풀이 $\theta=\ln\cot(\frac{\pi}{4}-\frac{t}{2}),\phi=\frac{\pi}{2}-t.$

$$\mathrm{x}_\theta=(-\sin\phi\sin\theta,\sin\phi\cos\theta,0),\ \ \mathrm{x}_\phi=(\cos\phi\cos\theta,\cos\phi\sin\theta,-\sin\phi)$$

$$E=\mathrm{x}_\theta\cdot\mathrm{x}_\theta=\sin^2\phi=\cos^2t,F=\mathrm{x}_\theta\cdot\mathrm{x}_\phi=0,G=\mathrm{x}_\phi\cdot\mathrm{x}_\phi=1$$

$$\frac{d\theta}{dt}=\frac{\operatorname{cosec}^2(\frac{\pi}{4}-\frac{t}{2})}{2\cot(\frac{\pi}{4}-\frac{t}{2})}=\frac{1}{2\sin(\frac{\pi}{4}-\frac{t}{2})\cos(\frac{\pi}{4}-\frac{t}{2})}=\frac{1}{\sin(\frac{\pi}{2}-t)}$$

$$=\frac{1}{\cos t}=\sec t,$$

$$\frac{d\phi}{dt}=-1.$$

$$\mathrm{I}=E(\frac{d\theta}{dt})^2+2F\frac{d\theta}{dt}\frac{d\phi}{dt}+G(\frac{d\phi}{dt})^2=\cos^2t\sec^2t+1=2.$$

따라서 곡선의 길이는 다음과 같다.

$$L=\int_0^{\pi/2}\sqrt{\mathrm{I}}\,dt=\int_0^{\pi/2}\sqrt{2}\,dt=\frac{\pi}{\sqrt{2}}.$$

이 곡선은 위선(θ-곡선)과 항상 일정한 각을 이룬다. 왜냐하면,

$\angle(\frac{d\mathrm{x}}{dt},\mathrm{x}_\theta)=\alpha$라 놓으면,

$$\cos\alpha=\frac{\frac{d\mathrm{x}}{dt}\cdot\mathrm{x}_\theta}{\|\frac{d\mathrm{x}}{dt}\|\ \|\mathrm{x}_\theta\|}$$

5장 제1, 2기본형식

이다. $\frac{d\mathrm{x}}{dt} = \mathrm{x}_\theta \frac{d\theta}{dt} + \mathrm{x}_\phi \frac{d\phi}{dt}$ 이고 $\mathrm{x}_\theta \cdot \mathrm{x}_\phi = 0$ 이므로 $\frac{d\mathrm{x}}{dt} \cdot \mathrm{x}_\theta = E\frac{d\theta}{dt} = \cos t$

이고,

$$\| \frac{d\mathrm{x}}{dt} \| = [E(\frac{d\theta}{dt})^2 + G(\frac{d\phi}{dt})^2]^{1/2} = \sqrt{2}$$
$$\| \mathrm{x}_\theta \| = \sin\phi = \cos t$$

이다. 그러므로 $\cos\alpha = \frac{1}{\sqrt{2}}$ 이다. 따라서 $\alpha = \frac{\pi}{4}$ 이다. 그러므로 이 곡선은 위선과 항상 일정한 각 $\frac{\pi}{4}$ 를 이룬다.

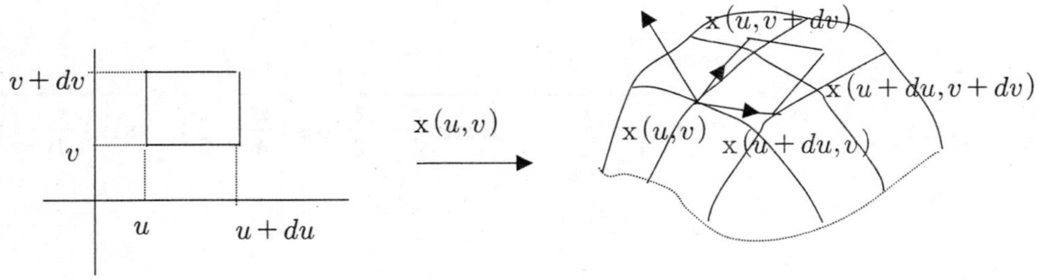

곡면 S 위의 네 점 $\mathrm{x}(u,v), \mathrm{x}(u+du,v), \mathrm{x}(u,v+dv), \mathrm{x}(u+du,v+dv)$을 지나는 매개변수곡선들에 의하여 둘러싸인 도형의 넓이 dS를 구해보자.

곡면 S 위의 네 점 $\mathrm{x}(u,v), \mathrm{x}(u+du,v), \mathrm{x}(u,v+dv), \mathrm{x}(u+du,v+dv)$에 대하여 평균값의 정리에 의하여

$$\mathrm{x}(u+du,v) - \mathrm{x}(u,v) = \mathrm{x}_u(\xi,v)du,\ u < \xi < u+du\ (\text{또는 } u > \xi > u+du)$$
$$\mathrm{x}(u,v+dv) - \mathrm{x}(u,v) = \mathrm{x}_v(u,\eta)dv,\ v < \eta < v+dv\ (\text{또는 } v > \eta > v+dv)$$

임을 알 수 있다. 이때, $\mathrm{x}_u(\xi,v)du$는 점 $\mathrm{x}(u,v)$에서 u-곡선의 접선벡터이고, $\mathrm{x}_v(u,\eta)dv$는 점 $\mathrm{x}(u,v)$에서 v-곡선의 접선벡터이다.
$(du,dv) \to (0,0)$ 일 때 $\xi \to u$ 이고, $\eta \to v$ 이므로,

$$\| \mathrm{x}_u(\xi,v) \times \mathrm{x}_v(u,\eta) \| \to \| \mathrm{x}_u(u,v) \times \mathrm{x}_v(u,v) \|$$

이다. 그러므로 점 $\mathrm{x}(u,v)$와 $\mathrm{x}(u+du,v+dv)$를 지나는 매개변수곡선으로 둘러싸인 도형의 넓이 dS는 벡터 $\mathrm{x}_u du$와 $\mathrm{x}_v dv$를 두 변으로 하는 평행사변형의 넓이

$$\| \mathrm{x}_u du \times \mathrm{x}_v dv \| = \| \mathrm{x}_u \times \mathrm{x}_v \| dudv$$

와 근사를 이룬다. 즉,

$$dS \approx \| \mathrm{x}_u du \times \mathrm{x}_v dv \| = \| \mathrm{x}_u \times \mathrm{x}_v \| dudv = \sqrt{EG - F^2}\, dudv.$$

이때, 이것을 곡면 S의 **면적소(area element)**라고 한다.

(참고) $\| \mathrm{x}_u \times \mathrm{x}_v \|^2 = \| \mathrm{x}_u \|^2 \| \mathrm{x}_v \|^2 - (\mathrm{x}_u \cdot \mathrm{x}_v)^2$
$\qquad = EG - F^2$

이므로 $\| \mathrm{x}_u \times \mathrm{x}_v \| = \sqrt{EG - F^2}$ 이다.

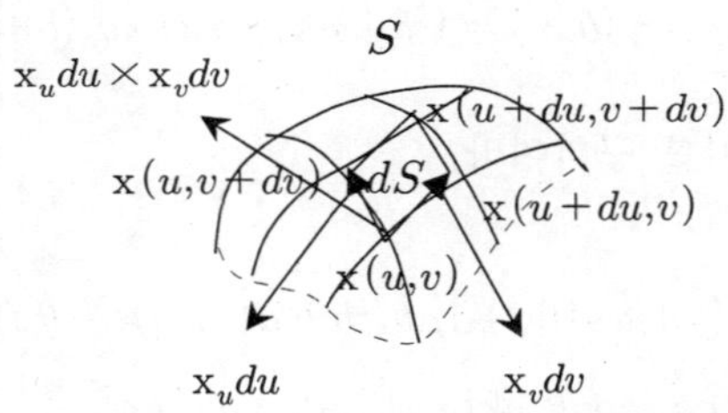

따라서 다음 정리를 얻는다.

▶정리 2.3 uv-평면 위의 영역 W에서 정의된 곡면 $\mathrm{x} = \mathrm{x}(u,v)$의 겉넓이 A는 다음과 같다.

$$A = \iint_W \sqrt{EG - F^2}\, dudv$$

▶정리 2.4 유향곡면 S의 겉넓이는 곡면의 매개변수표현에 관하여 독립이다.

(증명) W에서 정의된 좌표조각사상을 $\mathrm{x} = \mathrm{x}(u,v)$이라 하자. 매개변수교환가능 함수 $\begin{cases} \theta = \theta(u,v) \\ \varphi = \varphi(u,v) \end{cases}$에 대하여 $\mathrm{x} = \mathrm{x}^*(\theta, \varphi)$는 다른 좌표조각사상이라고 하자. S는 유향곡면이므로 $(u,v) \in W$에 대하여 $\dfrac{\partial(\theta,\varphi)}{\partial(u,v)} > 0$이고

$$EG-F^2=(E^*G^*-F^{*2})[\frac{\partial(\theta,\varphi)}{\partial(u,v)}]^2$$

임을 알 수 있다. 따라서 이중적분에 관한 변환정리에 의하여

$$A=\int\int_W \sqrt{EG-F^2}\,dudv=\int\int_W \sqrt{E^*G^*-F^*}\,\frac{\partial(\theta,\varphi)}{\partial(u,v)}dudv$$

$$=\int\int_{W^*}\sqrt{E^*G^*-F^*}\,d\theta d\varphi=A^*$$

이다. 단, W^*는 매개변수교환가능 함수 $\begin{cases}\theta=\theta(u,v)\\ \varphi=\varphi(u,v)\end{cases}$에 대한 W의 상이다.

예제 2.5 $W=(\theta,\phi) \mid 0\leq\theta\leq 2\pi, 0\leq\phi\leq 2\pi$에서 정의된 원환면

$$\mathrm{x}(\theta,\phi)=((b+a\sin\phi)\cos\theta,(b+a\sin\phi)\sin\theta,a\cos\phi)$$

의 겉넓이를 구하여라.

풀이 $\mathrm{x}_\theta=(-(b+a\sin\phi)\sin\theta,(b+a\sin\phi)\cos\theta,0)$

$\mathrm{x}_\phi=(a\cos\phi\cos\theta,a\cos\phi\sin\theta,-a\sin\phi)$

이므로, $E=\mathrm{x}_\theta\cdot\mathrm{x}_\theta=(b+a\sin\phi)^2$, $F=\mathrm{x}_\theta\cdot\mathrm{x}_\phi=0$, $G=\mathrm{x}_\phi\cdot\mathrm{x}_\phi=a^2$이다.
따라서 원환면의 겉넓이는 다음과 같다.

$$A=\int\int_W\sqrt{EG-F^2}\,d\theta d\phi=\int_0^{2\pi}\int_0^{2\pi}a(b+a\sin\phi)d\phi d\theta=4\pi^2ab.$$

3. 제2기본형식

$\mathbf{x}=\mathbf{x}(u,v)$는 곡면 S 안의 C^2-급좌표조각사상이라 하자. 이때, 좌표조각사상의 각 점에서의 단위법선벡터는

$$\mathrm{N}=\frac{\mathbf{x}_u\times\mathbf{x}_v}{\|\mathbf{x}_u\times\mathbf{x}_v\|}$$

이다. $d\mathrm{N}=\mathrm{N}_u du+\mathrm{N}_v dv$는 u와 v에 관한 연속함수이다. $\|\mathrm{N}\|=1$이므로 $\mathrm{N}\cdot\mathrm{N}=1$이다. 이를 미분하면, $2(d\mathrm{N}\cdot\mathrm{N})=0$이므로 $d\mathrm{N}$는 N과 서로 수직이다. 따라서 $d\mathrm{N}$은 점 $\mathbf{x}(u,v)$에서의 접평면에 평행한 벡터이다.

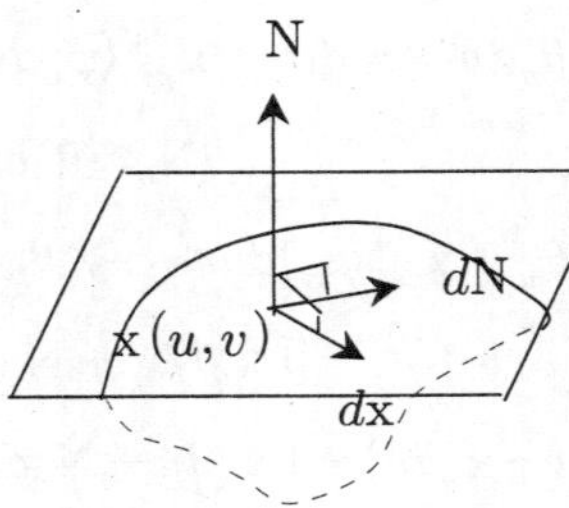

다음 함수를 생각해 보자.

$$\begin{aligned}\mathrm{II}&=-d\mathbf{x}\cdot d\mathrm{N}=-(\mathbf{x}_u du+\mathbf{x}_v dv)\cdot(\mathrm{N}_u du+\mathrm{N}_v dv)\\&=-\mathbf{x}_u\cdot\mathrm{N}_u du^2-(\mathbf{x}_u\cdot\mathrm{N}_v+\mathbf{x}_v\cdot\mathrm{N}_u)dudv-\mathbf{x}_v\cdot\mathrm{N}_v dv^2\\&=Ldu^2+2Mdudv+Ndv^2\end{aligned}$$

단, $L=-\mathbf{x}_u\cdot\mathrm{N}_u,\ M=-\frac{1}{2}(\mathbf{x}_u\cdot\mathrm{N}_v+\mathbf{x}_v\cdot\mathrm{N}_u),\ N=-\mathbf{x}_v\cdot\mathrm{N}_v$이다. 이때,

[제2기본형식과 제2기본계수] 함수

$$\mathrm{II}=-d\mathbf{x}\cdot d\mathrm{N}=Ldu^2+2Mdudv+Ndv^2$$

는 $\mathbf{x}=\mathbf{x}(u,v)$의 **제2기본형식(second fundamental form)**이라 하고, L,M,N은 u와 v에 관한 연속함수인 **제2기본계수(second fundamental coefficients)**라 한다.

▶정리 3.1 좌표조각사상 $\mathrm{x}=\mathrm{x}(u,v)$의 제1기본형식 I은 매개변수교환가능 함수 $\begin{cases}\theta=\theta(u,v)\\ \varphi=\varphi(u,v)\end{cases}$ 에 의하여 불변인 것처럼, 제2기본형식 II는 단위법선벡터 N의 방향을 보존하는 매개변수교환가능 함수 $\begin{cases}\theta=\theta(u,v)\\ \varphi=\varphi(u,v)\end{cases}$ 에 의하여 불변이다. 그러나 제2기본계수는 제1기본계수처럼 같은 방법으로 변한다.

증명 $\mathrm{x}=\mathrm{x}^*(\theta,\varphi)$는 그 곡면 위의 다른 좌표조각사상이라 하자. $\dfrac{\partial(\theta,\varphi)}{\partial(u,v)}>0$인 공통부분 위의 점에서

$$\begin{aligned}
\mathrm{II}^*(d\theta,d\varphi) &= -d\mathrm{x}^*\cdot d\mathrm{N}^*\\
&= -(\mathrm{x}_\theta{}^*d\theta+\mathrm{x}_\varphi{}^*d\varphi)\cdot(\mathrm{N}_\theta{}^*d\theta+\mathrm{N}_\varphi{}^*d\varphi)\\
&= -[\mathrm{x}_\theta{}^*(\theta_u du+\theta_v dv)+\mathrm{x}_\varphi{}^*(\varphi_u du+\varphi_v dv)]\cdot\\
&\qquad [\mathrm{N}_\theta{}^*(\theta_u du+\theta_v dv)+\mathrm{N}_\varphi{}^*(\varphi_u du+\varphi_v dv)]\\
&= -[(\mathrm{x}_\theta{}^*\theta_u+\mathrm{x}_\varphi{}^*\varphi_u)du+(\mathrm{x}_\theta{}^*\theta_v+\mathrm{x}_\varphi{}^*\varphi_v)dv]\cdot\\
&\qquad [(\mathrm{N}_\theta{}^*\theta_u+\mathrm{N}_\varphi{}^*\varphi_u)du+(\mathrm{N}_\theta{}^*\theta_v+\mathrm{N}_\varphi{}^*\varphi_v)dv]\\
&= -(\mathrm{x}_u du+\mathrm{x}_v dv)\cdot(\mathrm{N}_u du+\mathrm{N}_v dv)\\
&= -d\mathrm{x}\cdot d\mathrm{N}=\mathrm{II}(du,dv)
\end{aligned}$$

$$\begin{aligned}
L &= -\mathrm{x}_u\cdot\mathrm{N}_u\\
&= -(\mathrm{x}_\theta{}^*\theta_u+\mathrm{x}_\varphi{}^*\varphi_u)\cdot(\mathrm{N}_\theta{}^*\theta_u+\mathrm{N}_\varphi{}^*\varphi_u)\\
&= L^*\theta_u^2+2M^*\theta_u\varphi_u+N^*\varphi_u^2\\
M &= -\frac{1}{2}(\mathrm{x}_u\cdot\mathrm{N}_v+\mathrm{x}_v\cdot\mathrm{N}_u)\\
&= L^*\theta_u\theta_v+M^*(\theta_u\varphi_v+\theta_v\varphi_u)+N^*\varphi_u\varphi_v\\
N &= -\mathrm{x}_v\cdot\mathrm{N}_v\\
&= L^*\theta_v^2+2M^*\theta_v\varphi_v+N^*\varphi_v^2
\end{aligned}$$

이다.

▶정리 3.2 $\mathrm{x}=\mathrm{x}(u,v)$는 곡면 S 안의 C^2-급좌표조각사상이라 하자. 그러면 다음이 성립한다.

$$\mathrm{x}_{uu} \cdot \mathrm{N} = -\mathrm{x}_u \cdot \mathrm{N}_u$$
$$\mathrm{x}_{uv} \cdot \mathrm{N} = -\mathrm{x}_u \cdot \mathrm{N}_v = -\mathrm{x}_v \cdot \mathrm{N}_u$$
$$\mathrm{x}_{vv} \cdot \mathrm{N} = -\mathrm{x}_v \cdot \mathrm{N}_v.$$

증명 모든 (u,v)에 대하여 N은 x_u와 x_v에 수직이므로, 다음을 얻는다.

$$0 = (\mathrm{x}_u \cdot \mathrm{N})_u = \mathrm{x}_{uu} \cdot \mathrm{N} + \mathrm{x}_u \cdot \mathrm{N}_u, 0 = (\mathrm{x}_u \cdot \mathrm{N})_v = \mathrm{x}_{uv} \cdot \mathrm{N} + \mathrm{x}_u \cdot \mathrm{N}_v$$
$$0 = (\mathrm{x}_v \cdot \mathrm{N})_u = \mathrm{x}_{vu} \cdot \mathrm{N} + \mathrm{x}_v \cdot \mathrm{N}_u, 0 = (\mathrm{x}_v \cdot \mathrm{N})_v = \mathrm{x}_{vv} \cdot \mathrm{N} + \mathrm{x}_v \cdot \mathrm{N}_v .$$

그러므로 결과가 나온다.

따름정리 3.3 $\mathrm{x} = \mathrm{x}(u,v)$는 곡면 S 안의 C^2-급좌표조각사상이라 하자. 그러면 다음이 성립한다.

$$L = \mathrm{x}_{uu} \cdot \mathrm{N}, M = \mathrm{x}_{uv} \cdot \mathrm{N}, N = \mathrm{x}_{vv} \cdot \mathrm{N}.$$

그러므로

$$\begin{aligned} \mathrm{II} &= L du^2 + 2M du dv + N dv^2 \\ &= (\mathrm{x}_{uu} \cdot \mathrm{N}) du^2 + 2(\mathrm{x}_{uv} \cdot \mathrm{N}) du dv + (\mathrm{x}_{vv} \cdot \mathrm{N}) dv^2 \\ &= d^2\mathrm{x} \cdot \mathrm{N}. \end{aligned}$$

참고 $d^2\mathrm{x} = d(d\mathrm{x}) = d(\mathrm{x}_u du + \mathrm{x}_v dv) = (\mathrm{x}_{uu} du + \mathrm{x}_{uv} dv) du + (\mathrm{x}_{vu} du + \mathrm{x}_{vv} dv) dv$
$= \mathrm{x}_{uu} du^2 + 2\mathrm{x}_{uv} du dv + \mathrm{x}_{vv} dv^2$

예제 3.4 곡면 $\mathrm{x} = \mathrm{x}(u,v) = (u, v, u^2 - v^2)$의 제2기본계수와 제2기본형식을 구하여라.

풀이 $\mathrm{x}_u = (1,0,2u), \mathrm{x}_v = (0,1,-2v), \mathrm{x}_{uu} = (0,0,2), \mathrm{x}_{uv} = (0,0,0), \mathrm{x}_{vv} = (0,0,-2)$

이므로 $\mathrm{x}_u \times \mathrm{x}_v = (-2u, 2v, 1)$이다. 그러므로

$$\mathrm{N} = \frac{\mathrm{x}_u \times \mathrm{x}_v}{\| \mathrm{x}_u \times \mathrm{x}_v \|} = (4u^2 + 4v^2 + 1)^{-1/2}(-2u, 2v, 1)$$

이다. 따라서 제2기본계수는

$$L = \mathrm{x}_{uu} \cdot \mathrm{N} = 2(4u^2 + 4v^2 + 1)^{-1/2}$$
$$M = \mathrm{x}_{uv} \cdot \mathrm{N} = 0$$
$$N = \mathrm{x}_{vv} \cdot \mathrm{N} = -2(4u^2 + 4v^2 + 1)^{-1/2}$$

이고, 제2기본형식은

$$\mathrm{II} = Ldu^2 + 2Mdudv + Ndv^2 = 2(4u^2 + 4v^2 + 1)^{-1/2}(du^2 - dv^2)$$

이다.

▶정리 3.5 곡면 S가 평면이 되기 위한 필요충분조건은 제2기본계수가 모두 0임을 보여라.

증명 ($\Rightarrow$) $S : \mathrm{x} = \mathrm{x}(u,v)$가 평면이라 하자. 그러면 S에 수직인 단위법선벡터 $\mathrm{N} = (상수)$가 존재한다. 이때, $\mathrm{N}_u = \mathrm{N}_v = 0$이므로 $L = M = N = 0$임을 알 수 있다.

($\Leftarrow$) $L = M = N = 0$라고 하자. $\mathrm{N} = \dfrac{\mathrm{x}_u \times \mathrm{x}_v}{\| \mathrm{x}_u \times \mathrm{x}_v \|} \neq \mathrm{O}$, $d\mathrm{N} \cdot \mathrm{N} = 0$이므로 $d\mathrm{N} = a\mathrm{x}_u + b\mathrm{x}_v, \mathrm{x}_u \neq \mathrm{O}, \mathrm{x}_v \neq \mathrm{O}$이다.

$$L = -\mathrm{x}_u \cdot \mathrm{N}_u = \mathrm{x}_{uu} \cdot \mathrm{N} = 0, M = -\frac{1}{2}(\mathrm{x}_u \cdot \mathrm{N}_v + \mathrm{x}_v \cdot \mathrm{N}_u) = 0,$$
$$N = -\mathrm{x}_v \cdot \mathrm{N}_v = 0$$
$$\mathrm{x}_{uv} \cdot \mathrm{N} = -\mathrm{x}_u \cdot \mathrm{N}_v = -\mathrm{x}_v \cdot \mathrm{N}_u, \quad M = \mathrm{x}_{uv} \cdot \mathrm{N} = 0$$

이므로 $\mathrm{x}_u \cdot \mathrm{N}_v = \mathrm{x}_v \cdot \mathrm{N}_u = 0$이다. 따라서

$$0 = \mathrm{x}_u \cdot d\mathrm{N} = a(\mathrm{x}_u \cdot \mathrm{x}_u) + b(\mathrm{x}_u \cdot \mathrm{x}_v)$$
$$0 = \mathrm{x}_v \cdot d\mathrm{N} = a(\mathrm{x}_u \cdot \mathrm{x}_v) + b(\mathrm{x}_v \cdot \mathrm{x}_v)$$

이다. $0 \neq \| \mathrm{x}_u \times \mathrm{x}_v \|^2 = (\mathrm{x}_u \cdot \mathrm{x}_u)(\mathrm{x}_v \cdot \mathrm{x}_v) - (\mathrm{x}_u \cdot \mathrm{x}_v)^2$이므로 $a = b = 0$이다. 따라서 $d\mathrm{N} = \mathrm{O}$이다. 그러므로 $\mathrm{N} = (상수)$이다. 따라서 $S : \mathrm{x} = \mathrm{x}(u,v)$는 평면이다.

[제2기본형식의 기하학적 의미] C^2-급 곡면 S 위의 점 P와 P의 근방 안의 점 Q를 포함하는 S 안의 좌표조각사상을 $\mathrm{x} = \mathrm{x}(u,v)$라고 하자.

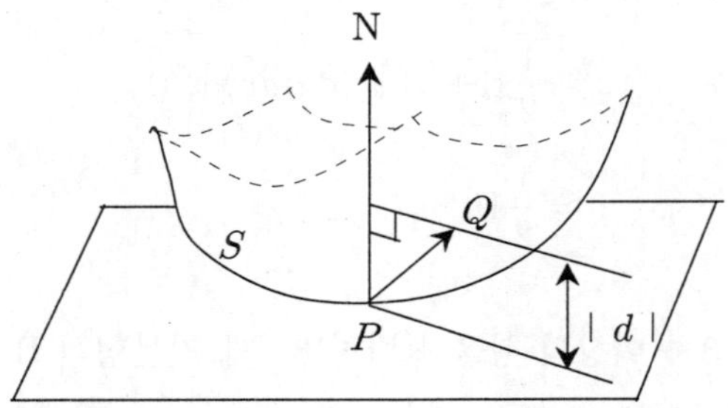

이때, 벡터 $\overrightarrow{PQ}$를 점 P에서의 단위접선벡터 N에 내린 정사영 벡터

$$\mathrm{Proj}_{\mathrm{N}}(\overrightarrow{PQ}) = (\frac{\overrightarrow{PQ}\cdot \mathrm{N}}{\mathrm{N}\cdot\mathrm{N}})\mathrm{N} = (\overrightarrow{PQ}\cdot\mathrm{N})\mathrm{N}$$

에 대하여 $d = \overrightarrow{PQ}\cdot\mathrm{N}$이라 놓으면, d는 점 Q가 점 P에서의 접평면의 어느 쪽에 있는가에 따라 양수 또는 음수가 됨을 알 수 있다. $|d|$는 점 Q에서 접평면까지의 거리이다.

지금 $\mathrm{x}(u,v)$를 P라 하고, $\mathrm{x}(u+du, v+dv)$를 Q라 하자. 그러면 테일러의 정리로부터 다음을 얻는다.

$$\mathrm{x}(u+du, v+dv) = \mathrm{x}(u,v) + d\mathrm{x} + \frac{1}{2!}d^2\mathrm{x} + \mathrm{o}(\|(du,dv)\|^2)$$

즉,

$$\lim_{(du,dv)\to(0,0)} \frac{\mathrm{x}(u+du,v+dv) - \mathrm{x}(u,v) - d\mathrm{x} - \frac{1}{2!}d^2\mathrm{x}}{\|(du,dv)\|^2} = \mathrm{O}.$$

따라서 다음이 성립함을 알 수 있다.

$$\begin{aligned} d = \overrightarrow{PQ}\cdot\mathrm{N} &= (\mathrm{x}(u+du,v+dv) - \mathrm{x}(u,v))\cdot\mathrm{N} \\ &= [d\mathrm{x} + \frac{1}{2!}d^2\mathrm{x} + o(\|(du,dv)\|^2)]\cdot\mathrm{N} \\ &= d\mathrm{x}\cdot\mathrm{N} + \frac{1}{2!}d^2\mathrm{x}\cdot\mathrm{N} + o(\|(du,dv)\|^2). \end{aligned}$$

그러나 $d\mathrm{x} \cdot \mathrm{N} = 0$이므로

$$\begin{aligned} d &= \frac{1}{2!} d^2\mathrm{x} \cdot \mathrm{N} + o(\| (du, dv) \|^2) \\ &= \frac{1}{2}\mathrm{II} + o(\| (du, dv) \|^2) \\ &\approx \frac{1}{2}\mathrm{II} \end{aligned}$$

이다. 즉, du, dv에 관한 3차 이상의 항을 생략하면, 제2기본형식 II는 벡터 $\overrightarrow{PQ}$를 단위법선 벡터 N에 내린 정사영의 성분 $\overrightarrow{PQ} \cdot \mathrm{N}$의 2배이고, $|\mathrm{II}|$는 Q에서 점 P에서의 접평면까지의 수직거리의 2배이다.

[접촉포물면] du와 dv의 함수

$$\delta = \frac{1}{2}\mathrm{II} = \frac{1}{2}(Ldu^2 + 2Mdudv + Ndv^2)$$

을 점 P에서의 **접촉포물면**(osculating paraboloid)이라 한다. 이 곡면의 특성은 점 P의 근방에서 이 포물면의 특성에 의하여 결정된다. 판별식 $LN - M^2$에 따라 다음 네 가지로 구분된다.

[곡면 위의 점의 분류] (i) $LN - M^2 > 0$인 경우: 이 경우를 만족하는 점 P를 **타원점**(elliptic point)이라고 한다. 이때, du와 dv의 함수로서 δ는 타원포물면이다. 점 P의 근방에서 $L > 0$일 때 δ는 항상 양수이고, $L < 0$일 때 δ는 항상 음수이므로, 타원점의 근방 안의 곡면은 그 점에서의 접평면의 어느 한쪽에만 놓여 있다.

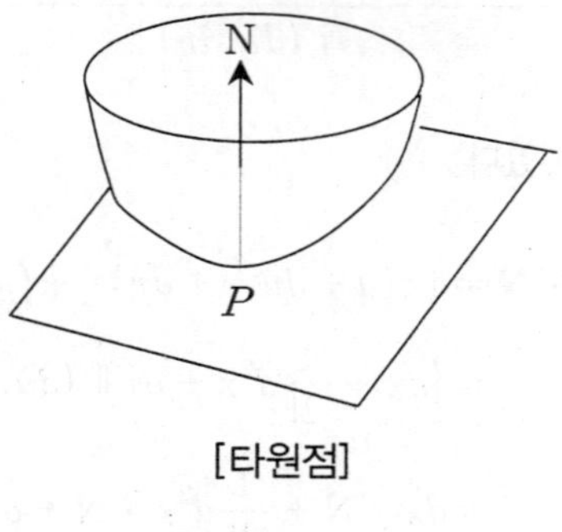

[타원점]

(ii) $LN - M^2 < 0$인 경우: 이 경우를 만족하는 점 P를 **쌍곡점**(hyperbolic point)이라고

한다. 이때, δ는 쌍곡포물면이다. 점 P의 근방에서 δ가 항상 양수이거나 음수가 아니므로, 쌍곡점 P의 근방 안의 곡면이 그 점에서의 접평면과 교차하는 부분은 P를 지나는 두 개의 서로 다른 직선이다. 이 두 직선 위에서는 $\delta = 0$이다. 따라서 쌍곡점의 근방 안의 곡면은 접평면의 양쪽에 놓여 있다.

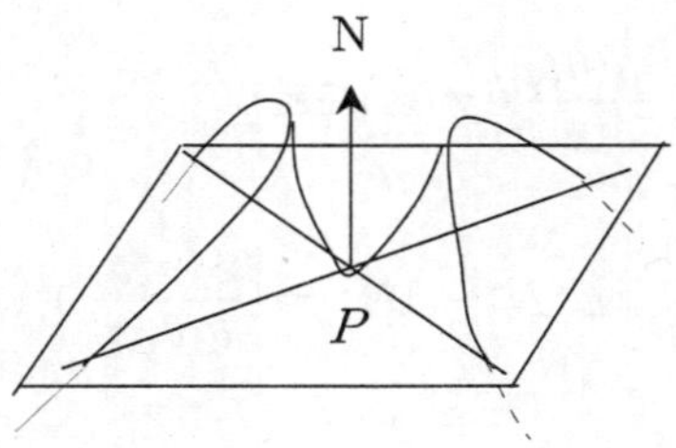

[쌍곡점]

(iii) $LN - M^2 = 0, L^2 + M^2 + N^2 \neq 0$인 경우: 이 경우를 만족하는 점 P를 **포물점(parabolic point)**이라고 한다. 이때, δ는 포물주면(parabolic cylinder)이다. 점 P의 근방에서 δ가 항상 음이 아니거나 양이 아니므로, 포물점 P의 근방 안의 곡면이 그 점에서의 접평면과 교차하는 부분은 P를 지나는 오직 한 개의 직선이다. 이때, $\delta = 0$이다. 이 직선 위에 있지 않는 (du, dv)에 대해서 δ는 항상 같은 부호이다. 그러므로 포물점 P의 근방 안의 곡면은 접평면의 양쪽에 놓여 있다.

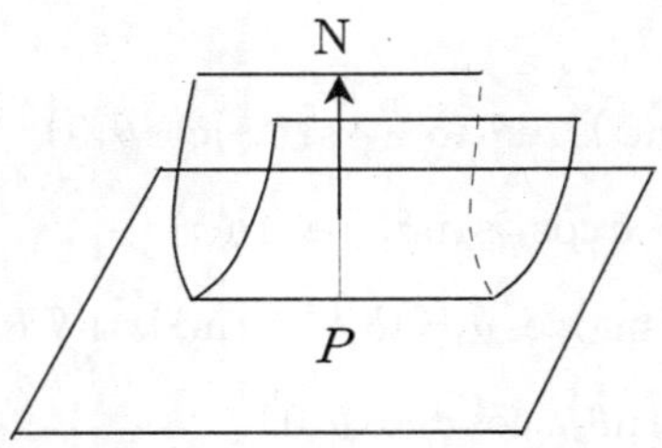

[포물점]

(iv) $LN - M^2 = 0, L = M = N = 0$인 경우: 이 경우를 만족하는 점 P를 **평탄점(planar point)**이라고 한다. 이때, 모든 (du, dv)에 대하여 $\delta = 0$이다. 이 경우의 곡면은 점 P에서의 접평면과의 **접촉도(degree of contact)**가 앞의 경우의 곡면들보다 높다.

▸정리 3.6 곡면 S 위의 점이 타원점, 쌍곡점, 포물점, 평탄점이라는 것은 곡면의 매개변수 표현과 독립이다.

증명 $\mathrm{x}=\mathrm{x}(u,v)$는 곡면 S의 좌표조각사상이고, 매개변수교환가능 함수 $\begin{cases}\theta=\theta(u,v)\\ \varphi=\varphi(u,v)\end{cases}$ 에 의하여 $\mathrm{x}=\mathrm{x}^*(\theta,\varphi)$는 S의 다른 좌표조각사상이라 하자. 그러면

$$LN-M^2=\left(\frac{\partial(\theta,\varphi)}{\partial(u,v)}\right)^2(L^*N^*-M^{*2})$$

임을 알 수 있다. $\frac{\partial(\theta,\varphi)}{\partial(u,v)}\neq 0$이므로

$$L^*N^*-M^{*2}=\left(\frac{\partial(u,v)}{\partial(\theta,\varphi)}\right)^2(LN-M^2)$$

임을 알 수 있다. $\frac{\partial(\theta,\varphi)}{\partial(u,v)}\neq 0$이므로 $LN-M^2$이 양수, 음수, 0이면, $L^*N^*-M^{*2}$도 각각 양수, 음수, 0이다. 또한, $L=M=N=0$이기 위한 필요충분조건은 $L^*=M^*=N^*=0$임을 알 수 있다.

예제 3.7 원환면

$$\mathrm{x}(\theta,\phi)=((b+a\sin\phi)\cos\theta,(b+\sin\phi)\sin\theta,a\cos\phi),\ b>a>0$$

은 타원점, 쌍곡점, 포물점을 모두 가지고 있음을 보여라.

풀이 $\mathrm{x}_\theta=(-(b+a\sin\phi)\sin\theta,(b+a\sin\phi)\cos\theta,0)$

$\mathrm{x}_\phi=(a\cos\phi\cos\theta,a\cos\phi\sin\theta,-a\sin\phi)$

$\mathrm{x}_{\theta\theta}=(-(b+a\sin\phi)\cos\theta,-(b+a\sin\phi)\sin\theta,0)$

$\mathrm{x}_{\theta\phi}=(-a\cos\phi\sin\theta,a\cos\phi\cos\theta,0)$

$\mathrm{x}_{\phi\phi}=(-a\sin\phi\cos\theta,-a\sin\phi\sin\theta,-a\cos\phi)$

$$\mathrm{x}_\theta\times\mathrm{x}_\phi=(a(b+a\sin\phi)\sin\phi\cos\theta,-a(b+a\sin\phi)\sin\phi\sin\theta,\\ -a(b+a\sin\phi)\cos\phi)$$

$$\|\mathrm{x}_\theta\times\mathrm{x}_\phi\|=a(b+a\sin\phi)$$

$$\mathrm{N}=\frac{\mathrm{x}_\theta\times\mathrm{x}_\phi}{\|\mathrm{x}_\theta\times\mathrm{x}_\phi\|}=(-\sin\phi\cos\theta,-\sin\phi\sin\theta,-\cos\phi)$$

$$L=\mathrm{x}_{\theta\theta}\cdot\mathrm{N}=(b+a\sin\phi)\sin\phi,\ M=\mathrm{x}_{\theta\phi}\cdot\mathrm{N}=0,\ N=\mathrm{x}_{\phi\phi}\cdot\mathrm{N}=a$$

$$LN - M^2 = a(b + a\sin\phi)\sin\phi$$

이므로, 다음을 알 수 있다.

(i) $0 < \phi < \pi$일 때, $LN - M^2 > 0$이므로, 원환면의 바깥부분의 모든 점은 타원점이다.

(ii) $\phi = 0$ 또는 π일 때, $LN - M^2 = 0$이다. $L^2 + M^2 + N^2 \neq 0$이므로, $\phi = 0$ 또는 π에 대응하는 모든 점은 포물점이다.

(iii) $\pi < \phi < 2\pi$일 때, $LN - M^2 < 0$이므로, 원환면의 안쪽부분의 모든 점은 쌍곡점이다.

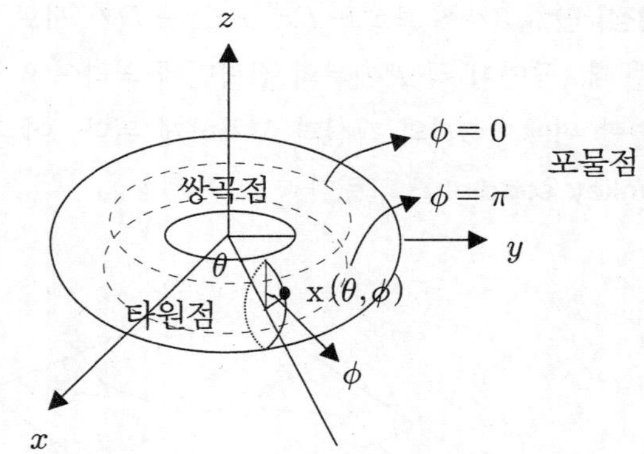

평탄점에서의 곡면 $x = x(u,v)$의 모양은 $x(u,v)$의 테일러 전개식의 고차항들에 의하여 알 수 있다. $x = x(u,v)$는 C^3-급이라 하고, 점 $x(u,v)$는 평탄점이라 하자. 그러면

$$x(u+du, v+dv) = x(u,v) + dx + \frac{1}{2!}d^2x + \frac{1}{3!}d^3x + o(\| (du,dv) \|^3)$$

이고

$$\begin{aligned} d &= (x(u+du, v+dv) - x(u,v)) \cdot N \\ &= dx \cdot N + \frac{1}{2!}d^2x \cdot N + \frac{1}{3!}d^3x \cdot N + o(\| (du,dv) \|^3) \\ &= \frac{1}{2}\mathrm{II} + \frac{1}{3!}d^3x \cdot N + o(\| (du,dv) \|^3) \end{aligned}$$

이다. 점 $x(u,v)$는 평탄점 P이므로, $L = M = N = 0$이다. 따라서 $\mathrm{II} = 0$이다. 그러므로 d는

$$\delta = \frac{1}{6} d^3 \mathrm{x} \cdot \mathrm{N}$$

으로 근사된다. 여기서 d는 평탄점 P의 근방 안의 점 Q에 대하여 $d = \overrightarrow{PQ} \cdot \mathrm{N}$이다.

$$\begin{aligned}\delta &= \frac{1}{6} d^3 \mathrm{x} \cdot \mathrm{N} \\ &= \frac{1}{6}[x_{uuu} \cdot N du^3 + 3\mathrm{x}_{uuv} \cdot \mathrm{N} du^2 dv + 3\mathrm{x}_{uvv} \cdot \mathrm{N} du dv^2 + \mathrm{x}_{vvv} \cdot \mathrm{N} dv^3] \\ &= \frac{1}{6}[A du^3 + B du^2 dv + C du dv^2 + D dv^3).\end{aligned}$$

[원숭이 안장점] 만일 3차식 $Ax^3 + Bx^2 + Cx + D$가 서로 다른 3개의 근을 가지면, δ가 음과 양으로 바뀔 때, 곡면이 점 P에서의 접평면에 의하여 6개 부분으로 나뉘게 된다. 그러므로 곡면은 접평면 위에서 3개의 직선과 교차하게 된다. 이 경우에 (du, dv)의 함수로서 δ는 **원숭이안장(monkey saddle)**을 그린다.

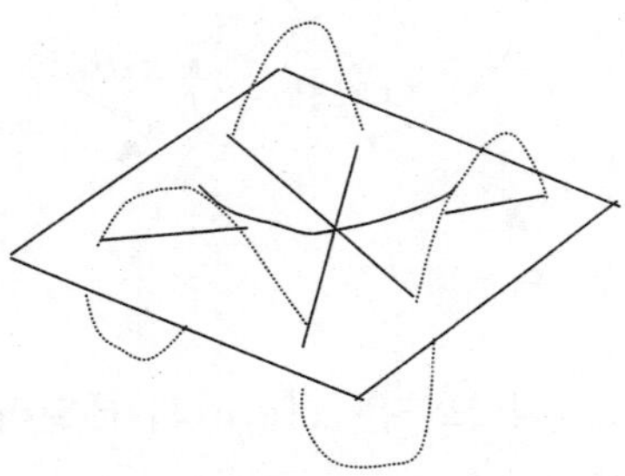

[원숭이안장]

$Ax^3 + Bx^2 + Cx + D$의 근의 성질에 따라 곡면의 모양은 여러 가지 형태를 갖는다.

예제 3.8 곡면 $\mathrm{x} = (u, v, u^3 + v^3 + u^4)$의 평탄점을 구하여 곡면의 모양을 판별하여라.

풀이 $\mathrm{x}_u = (1, 0, 3u^2 + 4u^3)$, $\mathrm{x}_v = (0, 1, 3v^2)$

$$\mathrm{x}_u \times \mathrm{x}_v = (-3u^2 - 4u^3, -3v^2, 1)$$

$$\| \mathrm{x}_u \times \mathrm{x}_v \| = [(3u^2 + 4u^3)^2 + 9v^4 + 1]^{1/2} := a$$

$$\mathrm{N} = [(3u^2 + 4u^3)^2 + 9v^2 + 1]^{-1/2}(-3u^2 - 4u^3, -3v^2, 1)$$

$$\mathrm{x}_{uu}=(0,0,6u+12u^2),\mathrm{x}_{uv}=(0,0,0),\mathrm{x}_{vv}=(0,0,6v)$$

$$\mathrm{x}_{uuu}=(0,0,6+24u),\mathrm{x}_{uuv}=(0,0,0),\mathrm{x}_{uuv}=(0,0,0),$$

$$x_{uvv}=(0,0,0),x_{vvv}=(0,0,6)$$

$$L=\mathrm{x}_{uu}\cdot\mathrm{N}=a^{-1}(6u+12u^2),M=\mathrm{x}_{uv}\cdot\mathrm{N}=0,N=\mathrm{x}_{vv}\cdot\mathrm{N}=a^{-1}6v$$

$$LN-M^2=a^{-2}(6u+12u^2)6v$$

이므로 $LN-M^2=0,L=M=N=0$인 점 (u,v)는 $(0,0)$이다. 그러므로 평탄점은 $(0,0,0)$이다. 이 점에서

$$\mathrm{x}_{uuu}\cdot\mathrm{N}=6,\mathrm{x}_{uuv}\cdot\mathrm{N}=\mathrm{x}_{uvv}\cdot\mathrm{N}=(0,0,0),\mathrm{x}_{vvv}\cdot\mathrm{N}=6$$

이므로

$$\begin{aligned}\delta&=\frac{1}{6}[\mathrm{x}_{uuu}\cdot\mathrm{N}du^3+3\mathrm{x}_{uuv}\cdot\mathrm{N}du^2dv+3\mathrm{x}_{uvv}\cdot\mathrm{N}dudv^2+\mathrm{x}_{vvv}\cdot\mathrm{N}dv^3]\\&=du^3+dv^3\\&=(du+dv)(du^2-dudv+dv^2)\end{aligned}$$

이다. 그러므로 $\delta=0$을 따라 접평면 안에는 한 개의 직선 $du+dv=0$이 존재한다. 그러므로 원점의 근방에서의 곡면은 다음 모양이다.

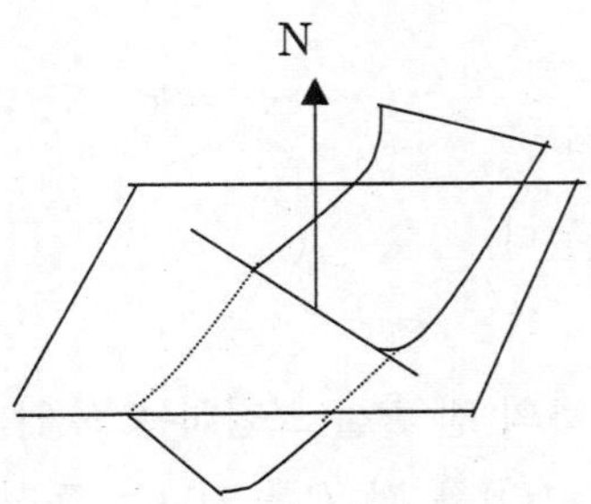

4. 법곡률

[법곡률벡터와 법곡률] C^2-급곡면 S의 점 P를 포함하는 S 안의 좌표조각사상 $\mathrm{x}=\mathrm{x}(u,v)$에 대하여 $\mathrm{x}=\mathrm{x}(u(t),v(t))$를 점 P를 지나는 정칙곡선 C라고 하자. 이때, 점 P에서 곡선 C의 곡률벡터 k를 점 P에서 곡면 S의 단위법선벡터 N에 내린 정사영 벡터 k_n을 점 P에서 곡선 C의 **법곡률벡터(normal curvature vector)**라고 한다. 즉,

$$\mathrm{k}_n = Proj_{\mathrm{N}}(\mathrm{k}) = (\frac{\mathrm{k}\cdot\mathrm{N}}{\mathrm{N}\cdot\mathrm{N}})\mathrm{N} = (\mathrm{k}\cdot\mathrm{N})\mathrm{N}.$$

그러므로 다음 정리를 얻는다.

▸정리 4.1 C^2-급곡면 S의 점 P를 포함하는 S 안의 좌표조각사상 $\mathrm{x}=\mathrm{x}(u,v)$에 대하여 $\mathrm{x}=\mathrm{x}(u(t),v(t))$를 점 P를 지나는 정칙곡선 C라고 하자. 이때, 점 P에서 곡선 C의 법곡률벡터 k_n은 단위법선벡터 N의 방향에 독립이다. 한편, 2.1절의 정리 1.3에 의하여 C의 곡률벡터 k는 곡선 C의 방향에 독립이므로 법곡률벡터 k_n은 C의 방향에도 독립이다.

단위법선벡터 N 방향으로의 k_n의 성분을 점 P에서 곡선 C의 **법곡률(normal curvature)**이라고 하고, κ_n으로 나타낸다. 즉,

$$\kappa_n = \mathrm{k}\cdot\mathrm{N}.$$

그러므로 다음 정리를 얻는다.

따름정리 4.2 C^2-급곡면 S의 점 P를 포함하는 S 안의 좌표조각사상 $\mathrm{x}=\mathrm{x}(u,v)$에 대하여 $\mathrm{x}=\mathrm{x}(u(t),v(t))$를 점 P를 지나는 정칙곡선 C라고 하자. 이때, 점 P에서 곡선 C의 법곡률 κ_n의 부호는 단위법선벡터 N의 방향에 종속하지만, 곡선 C의 방향에는 독립이다.

예제 4.3 곡면 $\mathrm{x}=(u,v,u^2+v^2)$ 위의 곡선 $\begin{cases} u=t^2 \\ v=t \end{cases}$에 대하여 $t=1$인 점에서의 법곡률벡터 k_n과 법곡률 κ_n을 구하여라.

풀이 $\mathrm{x}_u = (1,0,2u)$, $\mathrm{x}_v = (0,1,2v)$

$$E = 1+4u^2, F = 4uv, G = 1+4v^2$$
$$\mathrm{x}_u \times \mathrm{x}_v = (-2u, -2v, 1)$$
$$\| \mathrm{x}_u \times \mathrm{x}_v \| = (4u^2+4v^2+1)^{1/2}$$
$$\mathrm{x}_{uu} = (0,0,2), \mathrm{x}_{uv} = (0,0,0), \mathrm{x}_{vv} = (0,0,2)$$
$$\mathrm{N} = (4u^2+4v^2+1)^{-1/2}(-2u, -2v, 1)$$
$$L = \mathrm{x}_{uu} \cdot \mathrm{N} = 2(4u^2+4v^2+1)^{-1/2}, M = \mathrm{x}_{uv} \cdot \mathrm{N} = 0,$$
$$N = \mathrm{x}_{vv} \cdot \mathrm{N} = 2(4u^2+4v^2+1)^{-1/2}$$
$$\frac{du}{dt} = 2t, \frac{dv}{dt} = 1.$$

$t=1$일 때, $u=1, v=1, E=5, F=4, G=5, \mathrm{N} = -\dfrac{1}{3}(2,2,-1)$,

$$L = \frac{2}{3}, M = 0, N = \frac{2}{3}, \frac{du}{dt} = 2, \frac{dv}{dt} = 1.$$

따라서

$$\kappa_n = \frac{L(\frac{du}{dt})^2 + 2M\frac{du}{dt}\frac{dv}{dt} + N(\frac{dv}{dt})^2}{E(\frac{du}{dt})^2 + 2F\frac{du}{dt}\frac{dv}{dt} + G(\frac{dv}{dt})^2} = \frac{10}{123}$$
$$\mathrm{k}_n = \kappa_{\mathrm{n}}\mathrm{N} = -\frac{10}{369}(2,2,-1).$$

점 P에서 곡선 C의 단위접선벡터는 $\mathrm{t} = \dfrac{d\mathrm{x}}{ds} = \dfrac{d\mathrm{x}}{dt} / \| \dfrac{d\mathrm{x}}{dt} \|$ 이고, 곡률벡터는

$$\mathrm{k} = \frac{d\mathrm{t}}{ds} = \frac{d\mathrm{t}}{dt} / \frac{ds}{dt} = \frac{d\mathrm{t}}{dt} / \| \frac{d\mathrm{x}}{dt} \|$$

임을 이미 알고 있다.

▶정리 4.4 곡면 S 위의 점 P를 포함하는 S 안의 좌표조각사상 $\mathrm{x} = \mathrm{x}(u,v)$에 대하여 점 P를 지나는 모든 정칙곡선 $C: \mathrm{x} = \mathrm{x}(u(t), v(t))$가 동일한 직선에 접하면, 그

곡선은 P에서 같은 법곡률을 갖는다.

증명 곡선 C를 따라 단위접선벡터 t는 단위법선벡터 N과 서로 수직이므로 다음을 얻는다.

$$0=\frac{d}{dt}(\mathrm{t}\cdot\mathrm{N})=\frac{d\mathrm{t}}{dt}\cdot\mathrm{N}+\mathrm{t}\cdot\frac{d\mathrm{N}}{dt}$$

그러므로 다음을 알 수 있다.

$$\begin{aligned}\kappa_n&=\mathrm{k}\cdot\mathrm{N}=\frac{d\mathrm{t}}{dt}\cdot\mathrm{N}/\left\|\frac{d\mathrm{x}}{dt}\right\|\\&=-\mathrm{t}\cdot\frac{d\mathrm{N}}{dt}/\left\|\frac{d\mathrm{x}}{dt}\right\|\\&=-\frac{d\mathrm{x}}{dt}\cdot\frac{d\mathrm{N}}{dt}/\left\|\frac{d\mathrm{x}}{dt}\right\|^2\\&=-\frac{d\mathrm{x}}{dt}\cdot\frac{d\mathrm{N}}{dt}/\frac{d\mathrm{x}}{dt}\cdot\frac{d\mathrm{x}}{dt}\\&=-(\mathrm{x}_u\frac{du}{dt}+\mathrm{x}_v\frac{dv}{dt})\cdot(\mathrm{N}_u\frac{du}{dt}+\mathrm{N}_v\frac{dv}{dt})/(\mathrm{x}_u\frac{du}{dt}+\mathrm{x}_v\frac{dv}{dt})\cdot(\mathrm{x}_u\frac{du}{dt}+\mathrm{x}_v\frac{dv}{dt})\\&=\frac{L(\frac{du}{dt})^2+2M(\frac{du}{dt})(\frac{dv}{dt})+N(\frac{dv}{dt})^2}{E(\frac{du}{dt})^2+2F(\frac{du}{dt})(\frac{dv}{dt})+G(\frac{dv}{dt})^2}=\frac{\mathrm{II}}{\mathrm{I}}.\end{aligned}$$

$\frac{du}{dt}$와 $\frac{dv}{dt}$의 함수로서의 법곡률 κ_n은 곡면 S 위의 점 P의 곡선좌표 (u,v)와 점 P에서 곡선 C의 접선벡터의 방향 $du:dv$에만 의존하고 있음을 위의 사실로부터 알 수 있다. 그렇지 않다면, κ_n은 점 P에만 의존하는 제1기본계수와 제 2기본계수의 함수임을 알 수 있다.

이 접방향을 $d\mathrm{x}$로 나타내면, 곡면 위의 점 $\mathrm{x}(u,v)$에서 곡면의 접방향 $d\mathrm{x}$에 접하는 모든 곡면 위의 곡선에 대하여 κ_n의 값은 모두 같다.

▶정리 4.5 곡면 S 위의 점 P에서 동일한 접촉평면을 갖는 S 위의 모든 곡선 C에 대하여 그 접촉평면이 점 P에서 곡면 S에 접하지 않으면, 점 P에서 C의 곡률은 모두 같다.

증명 점 P에서 곡선 C의 단위주법선벡터를 n이라고 하고, 점 P에서 곡면 S의 단위법선벡터를 N이라고 하자. 그리고 점 P에서

$$0 \leqq \measuredangle(\mathrm{n}, \mathrm{N}) = \alpha \leqq \frac{\pi}{2}$$

이라고 하자.

$$\begin{aligned}\kappa_n &= \mathrm{k} \cdot \mathrm{N} = \frac{d\mathrm{t}}{ds} \cdot \mathrm{N} = \kappa(\mathrm{n} \cdot \mathrm{N}) = \kappa \| \mathrm{n} \| \, \| \mathrm{N} \| \cos(\measuredangle(\mathrm{n}, \mathrm{N})) \\ &= \kappa \cos\alpha\end{aligned}$$

이다. 이때, 정리 4.4에 의하여 법곡률 κ_n은 곡선 C의 접선방향에만 의존한다. 또한, $\cos\alpha$는 곡선 C의 주법선방향에 의존한다. 그러므로 곡률 κ는 곡선 C의 접선방향과 주법선방향에 의존한다. 즉, 접촉평면에 의존한다. 그러므로 점 P를 지나는 모든 곡선이 같은 접촉평면을 갖고, 그 접촉평면이 곡면에 접하지 않으면, 즉, $\cos\alpha \neq 0$이면, 점 P에서 곡선 C의 곡률은 모두 같다.

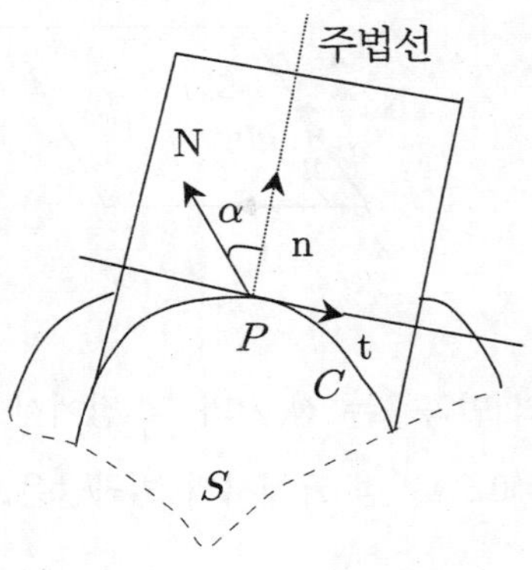

참고 $\cos\alpha = 0$이기 위한 필요충분조건은 점 P에서 곡선 C의 접촉평면과 곡면 S의 접평면은 일치하는 것이다. 즉, $\kappa_n = 0$이다.

위의 정리로부터 알 수 있듯이, 접촉평면이 곡면에 접하는 곡선을 제외하고, 점 P를 지나는 평면이 곡면과 만나는 곡선의 곡률을 알 수 있다.

[법단면] 특히, t와 단위법선벡터 $\mathrm{N}(= \mathrm{n})$을 포함하는 평면과 좌표조각사상의 상이 만나는

곡선을 이 좌표조각사상의 **법단면(normal section)**이라고 한다. 이때, $\alpha=0$이므로 법단면의 법곡률은 법단면의 곡률과 일치한다. 즉, $\kappa_n=\kappa$이다.

▸정리 4.6 점 P에서 좌표조각사상의 법단면 C의 곡률은 점 P에서 C의 법곡률과 같다.

▸정리 4.7 **(무니에(Meusnier)정리)** 곡면 위의 곡선 C의 한 점 P에서의 곡률중심은 P에서 곡선 C에 접하는 법단면의 곡률중심에서 P에서 C의 접촉평면에 내린 수선의 발이다.

증명 P에서 C의 곡률중심은 $\mathrm{x}+\rho\mathrm{n}$, $\rho=\dfrac{1}{\kappa}$이고, 법단면의 곡률중심은 $\mathrm{x}+\dfrac{1}{\kappa_{\mathrm{n}}}\mathrm{n}$이다. $\kappa_n=\kappa\cos\alpha, \alpha=\angle(\mathrm{n},\mathrm{N})$이므로 $\rho=\dfrac{1}{\kappa_n}\cos\alpha$이다. 그러므로 결과가 나온다.

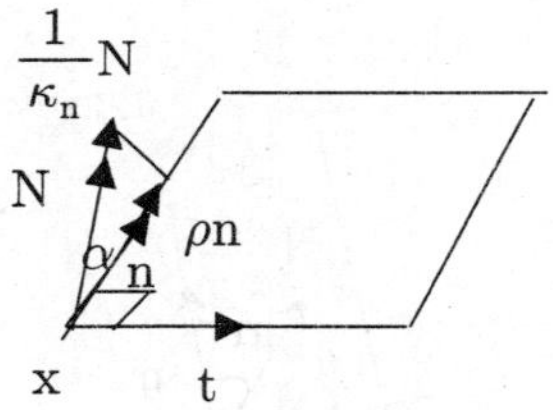

한편, 점 P에서 곡선 C의 법곡률는 점 P와 그 점에서 곡선 C의 접선방향에만 의존하므로, 방향 $du:dv, du^2+dv^2\neq 0$으로 점 P에서의 법곡률은

$$\begin{aligned}\kappa_n &= \mathrm{k}\cdot\mathrm{N}\\ &= \frac{Ldu^2+2Mdudv+Ndv^2}{Edu^2+2Fdudv+Gdv^2}\\ &= \frac{\mathrm{II}}{\mathrm{I}}\end{aligned}$$

이다.

[방향수] 미분 dx는 1-1 선형사상이고,

$$dx = dx(du, dv) = x_u du + x_v dv$$

이므로, dx는 uv-평면의 벡터 (du, dv)를 접평면의 벡터

$$dx = dx(du, dv) = x_u du + x_v dv$$

로 사상한다. 이때, $du : dv$를 벡터 $dx = x_u du + x_v dv$의 **방향수(direction numbers)**라고 한다.

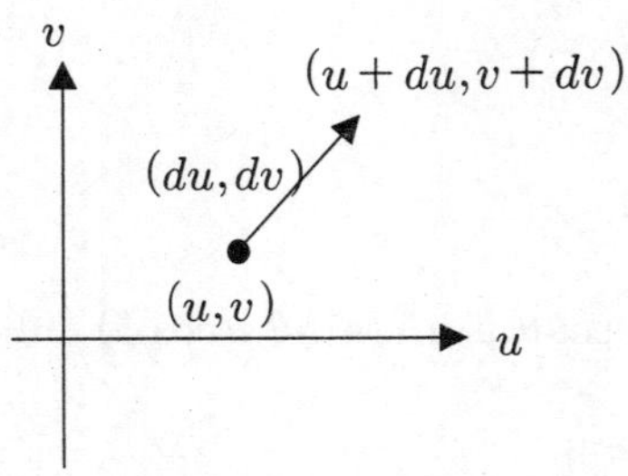

[방향수 $du : dv$]

κ_n은 단위법선벡터 N의 방향을 보존하는 매개변수변환에서는 불변이고, N의 방향이 바뀌는 매개변수변환에서는 부호가 바뀜을 알 수 있다. 또한, $\mathrm{I} > 0$(I는 정정치)이므로, κ_n의 양, 음 또는 0은 II의 부호에 의하여 결정됨을 알 수 있다.

만일 P가 타원점이면, $\kappa_n \neq 0$이고, 모든 방향 $du : dv$에 대하여 κ_n은 II와 같은 부호를 유지한다.

만일 P가 쌍곡점이면, κ_n은 방향 $du : dv$에 따라 양, 음 또는 0이다.

만일 P가 포물점이면, $\mathrm{II} = 0$인 한 방향에 대하여 $\kappa_n = 0$이다.

만일 P가 평탄점이면, 모든 방향 $du : dv$에 대하여 $\kappa_n = 0$이다.

곡면 위의 한 점에서 법곡률은 일반적으로 방향수 $du : dv$에 의하여 정해지는 접방향에 의하여 결정된다. 특히, 법곡률이 접방향과 무관한 경우를 생각해 보자.

▶정리 4.8 곡면 위의 한 점에서 법곡률이 접방향과 독립이기 위한 필요충분조건은 그 점에서 제1기본계수와 제2기본계수가 비례하는 것이다.

증명 (⇒) 곡면 위의 한 점에서 법곡률 κ_n이 접방향 $du : dv$에 독립이면

$$(L-\kappa_n E)du^2+2(M-\kappa_n F)dudv+(N-\kappa_n G)dv^2=0$$

이다. 이 식은 임의의 $du:dv$에 대하여 성립하므로 계수가 모두 0이다. 즉,

$$L=\kappa_n E, M=\kappa_n F, N=\kappa_n G$$
$$\frac{L}{E}=\frac{M}{F}=\frac{N}{G}(=\kappa_n).$$

($\Leftarrow$) $\frac{L}{E}=\frac{M}{F}=\frac{N}{G}=\lambda$라고 하자. 그러면 $\kappa_n=\frac{\mathrm{II}}{\mathrm{I}}=\lambda$이다. 따라서 법곡률은 접방향과 독립이다.

예제 4.9 반지름이 a인 구면

$$\mathrm{x}=(a\sin\phi\cos\theta, a\sin\phi\sin\theta, a\cos\phi)\ ,\ 0<\theta<2\pi, 0<\phi<\pi$$

의 법곡률을 구하여라.

풀이 $\mathrm{x}_\theta=(-a\sin\phi\sin\theta, a\sin\phi\cos\theta, 0)$, $\mathrm{x}_\phi=(a\cos\phi\cos\theta, a\cos\phi\sin\theta, -a\sin\phi)$

$$\mathrm{x}_{\theta\theta}=(-a\sin\phi\cos\theta,-a\sin\phi\sin\theta,0),\ \mathrm{x}_{\theta\phi}=(-a\cos\phi\sin\theta, a\cos\phi\cos\theta, 0)$$
$$\mathrm{x}_{\phi\phi}=(-a\sin\phi\cos\theta,-a\sin\phi\sin\theta,-a\cos\phi)$$
$$\mathrm{x}_\theta\times\mathrm{x}_\phi=(-a^2\sin^2\phi\cos\theta,-a^2\sin^2\phi\sin\theta,-a^2\sin\phi\cos\phi)$$
$$\|\mathrm{x}_\theta\times\mathrm{x}_\phi\|=a^2\sin\phi$$
$$\mathrm{N}=\frac{\mathrm{x}_\theta\times\mathrm{x}_\phi}{\|\mathrm{x}_\theta\times\mathrm{x}_\phi\|}=(-\sin\phi\cos\theta,-\sin\phi\sin\theta,-\cos\phi)$$
$$E=\mathrm{x}_\theta\cdot\mathrm{x}_\theta=a^2\sin^2\phi, F=\mathrm{x}_\theta\cdot\mathrm{x}_\phi=0, G=\mathrm{x}_\phi\cdot\mathrm{x}_\phi=a^2$$
$$L=\mathrm{x}_{\theta\theta}\cdot\mathrm{N}=a\sin^2\phi, M=\mathrm{x}_{\theta\phi}\cdot\mathrm{N}=0, N=\mathrm{x}_{\phi\phi}\cdot\mathrm{N}=a$$

이므로, 다음을 얻는다.

$$\kappa_n=\frac{Ld\theta^2+2Md\theta d\phi+Nd\phi^2}{Ed\theta^2+2Fd\theta d\phi+Gd\phi^2}=\frac{a\sin^2\phi d\theta^2+ad\phi^2}{a^2\sin\phi d\theta^2+a^2d\phi^2}=\frac{1}{a}$$

구면 위의 모든 점과 모든 방향으로의 법곡률 κ_n은 $\frac{1}{a}$로 일정하다. 이것은 각 점에서 구면

의 법단면은 반지름이 a인 대원이다. 이 대원의 곡률 κ는 $\frac{1}{a}$이므로, $\kappa_n = \kappa = \frac{1}{a}$이다.

예제 4.10 곡면 $\mathrm{x} = (u, v, u^2 - v^2)$의 법곡률을 구하여라.

풀이 $\mathrm{x}_u = (1,0,2u)$, $\mathrm{x}_v = (0,1,-2v)$

$$\mathrm{x}_{uu} = (0,0,2),\ \mathrm{x}_{uv} = (0,0,0),\ \mathrm{x}_{vv} = (0,0,-2)$$

$$\mathrm{x}_u \times \mathrm{x}_v = (-2u, 2v, 1),\ \ \| \mathrm{x}_u \times \mathrm{x}_v \| = (4u^2 + 4v^2 + 1)^{1/2}$$

$$\mathrm{N} = \frac{\mathrm{x}_u \times \mathrm{x}_v}{\| \mathrm{x}_u \times \mathrm{x}_v \|} = (4u^2 + 4v^2 + 1)^{-1/2}(-2u, 2v, 1)$$

$$E = \mathrm{x}_u \cdot \mathrm{x}_v = 1 + 4u^2, F = \mathrm{x}_u \cdot \mathrm{x}_v = -4uv, G = \mathrm{x}_v \cdot \mathrm{x}_v = 1 + 4v^2$$

$$L = \mathrm{x}_{uu} \cdot \mathrm{N} = 2(4u^2 + 4v^2 + 1)^{-1/2}, M = \mathrm{x}_{uv} \cdot \mathrm{N} = 0,$$

$$N = \mathrm{x}_{vv} \cdot \mathrm{N} \equiv -2(4u^2 + 4v^2 + 1)^{-1/2}$$

으로부터 다음을 얻는다.

$$LN - M^2 = -4(4u^2 + 4v^2 + 1)^{-1} < 0$$

그러므로 곡면 위의 모든 점은 쌍곡점이다. 특히, $(u,v) = (0,0)$에서 제1기본계수와 제2기본계수는

$$E = 1, F = 0, G = 1$$

$$L = 2, M = 0, N = -2$$

이므로, 원점에서의 법곡률은

$$\kappa_n = \frac{2(du^2 - dv^2)}{du^2 + dv^2}$$

이다. 이때, 만일 $\| (du, dv) \| = 1$이면, $du = \cos\theta, dv = \sin\theta$ 라고 하자. 그러면 다음을 얻는다.

$$\kappa_n = 2(\cos^2\theta - \sin^2\theta) = 2\cos 2\theta$$

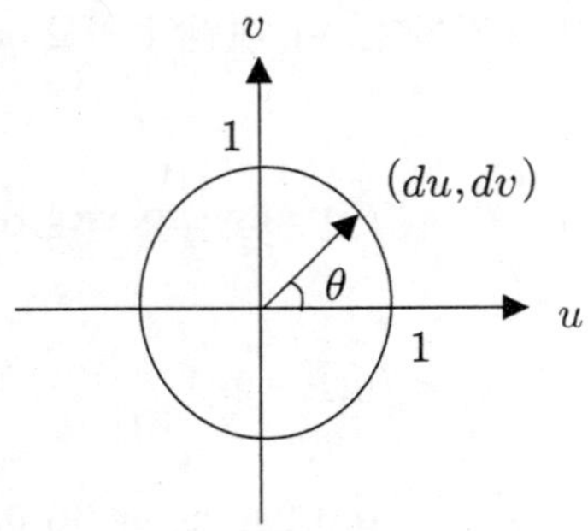

[단위벡터 (du, dv)]

그러므로 다음을 알 수 있다.

(i) $0 \leqq \theta < \dfrac{\pi}{4}$ 일 때, $\kappa_n > 0$ 이다.

(ii) $\dfrac{\pi}{4} < \theta < \dfrac{3\pi}{4}$ 일 때, $\kappa_n < 0$ 이고, $\theta = \dfrac{\pi}{4}$ 일 때, $\kappa_n = 0$ 이다.

(iii) $\dfrac{3\pi}{4} < \theta < \dfrac{5\pi}{4}$ 일 때, $\kappa_n > 0$ 이고, $\theta = \dfrac{3\pi}{4}$ 일 때, $\kappa_n = 0$ 이다.

(iv) $\dfrac{5\pi}{4} < \theta < \dfrac{7\pi}{4}$ 일 때, $\kappa_n < 0$ 이고, $\theta = \dfrac{5\pi}{4}$ 일 때, $\kappa_n = 0$ 이다

(v) $\dfrac{7\pi}{4} < \theta \leqq 2\pi$ 일 때, $\kappa_n > 0$ 이고, $\theta = \dfrac{7\pi}{4}$ 일 때, $\kappa_n = 0$ 이다.

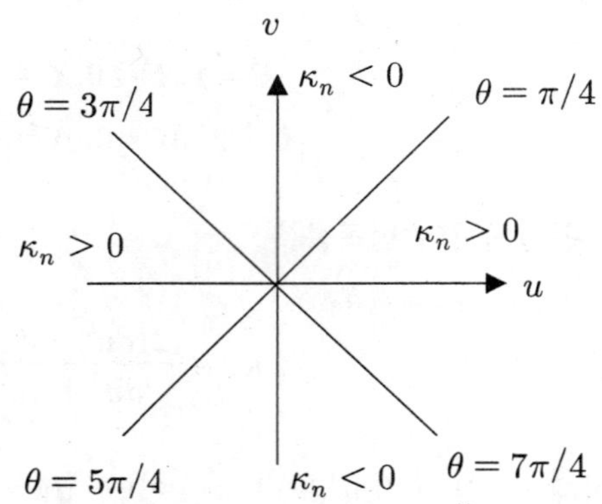

$N(0,0) = (0,0,1)$ 을 포함하는 평면과 곡면과의 교선, 즉, 법단면의 곡률 κ 는 κ_n 처럼 -2 에서 2 사이에서 변한다.

5. 주곡률과 주방향

곡면 S 위의 한 점 P에서의 법곡률을 구체적으로 조사해보자. 정리 4.4에 의하여 법곡률 κ_n은 불변성을 갖고 있으므로, 점 P의 근방은 점 P에서 $\mathrm{x}_u=(1,0,0)$, $x_v=(0,1,0)$인 몽주좌표조각사상 $\mathrm{x}=\mathrm{x}(u,v,f(u,v))$의 모양으로 표현된다고 가정해도 좋다. 이것은 점 P를 원점에, 접평면을 xy-평면과 일치하도록 곡면 S를 적당히 평행이동과 회전운동 시키면 되기 때문이다.

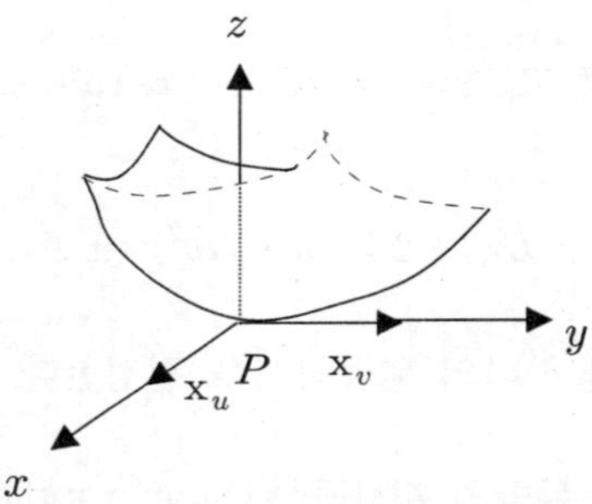

이때,

$$E=\mathrm{x}_u\cdot\mathrm{x}_u=1,\ F=\mathrm{x}_u\cdot\mathrm{x}_v=0,\ G=\mathrm{x}_v\cdot\mathrm{x}_v=1$$

이므로, 다음을 얻는다.

$$\kappa_n=\frac{Ldu^2+2Mdudv+Ndv^2}{Edu^2+2Fdudv+Gdv^2}=\frac{Ldu^2+2Mdudv+Ndv^2}{du^2+dv^2}$$

한편, κ_n은 $du:dv$에만 의존하므로, $\|(du,dv)\|=1$, 즉, $du^2+dv^2=1$이라 가정해도 좋다. 이때, $du=\cos\theta, dv=\sin\theta$ 라 놓으면, 다음을 얻는다.

$$\kappa_n=L\cos^2\theta+2M\cos\theta\sin\theta+N\sin^2\theta.$$

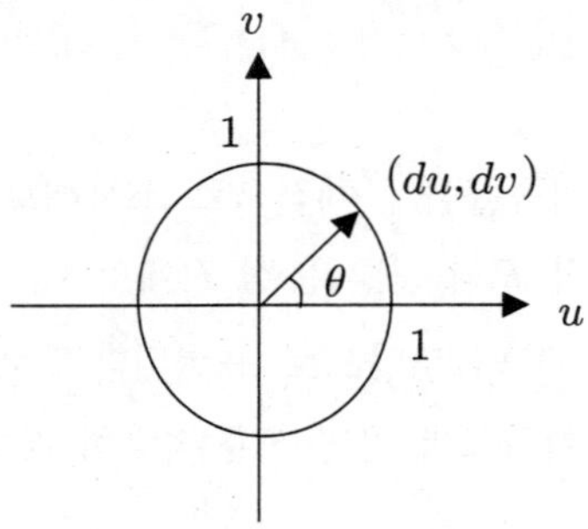

[단위벡터 (du, dv)]

끝으로, $|\kappa_n| = \dfrac{1}{r^2}$ 이라 하고, $x = r\cos\theta, y = r\sin\theta$ 로 놓으면, 다음을 얻는다.

$$Lx^2 + 2Mxy + Ny^2 = \pm 1$$

위의 방정식은 xy−평면에서 하나의 원뿔곡선을 결정한다.

[듀팡의 지시곡선] 이 곡선을 **듀팡의 지시곡선(Dupin's indicatrix)**이라 한다. 점 (x, y)에서 원점까지의 거리 r은 $\cos\theta : \sin\theta$의 방향으로 $|\kappa_n|$의 제곱근의 역수이다.

만일 P가 타원점($LN - M^2 > 0$)이면, 지시곡선은 타원이다.

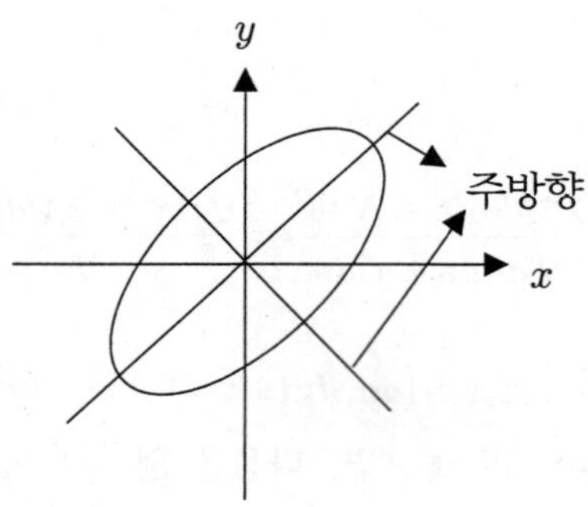

[$LN - M^2 > 0$]

만일 P가 쌍곡점($LN - M^2 < 0$)이면, 지시곡선은 한 쌍의 **공액쌍곡선(conjugate hyperbolas)**으로 되어 있다. 어느 한 쌍곡선을 따라서는 $\kappa_n > 0$이고, 다른 한 쌍곡선을 따라서는 $\kappa_n < 0$이다. 공통점근선의 방향으로는 $\kappa_n = 0$이다.

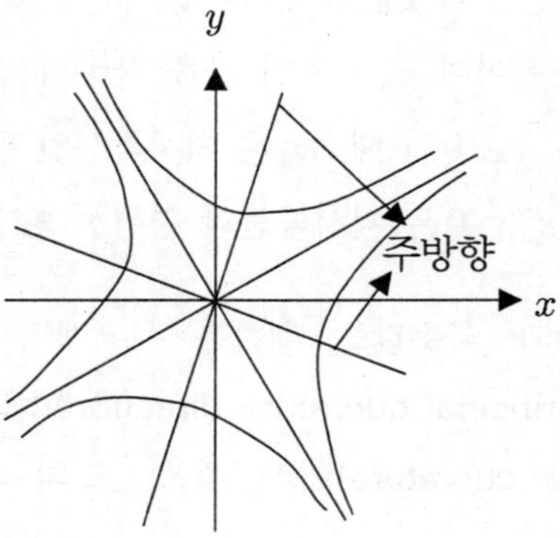

$[LN-M^2<0]$

만일 P가 포물점$(LN-M^2=0, L^2+M^2+N^2\neq 0)$이면,

$$M(Lx^2+2Mxy+Ny^2)=(Mx+Ny)(Lx+My)$$

이므로 지시곡선은 평행인 두 직선이고, 그 평행인 직선의 방향으로 $\kappa_n=0$이다.

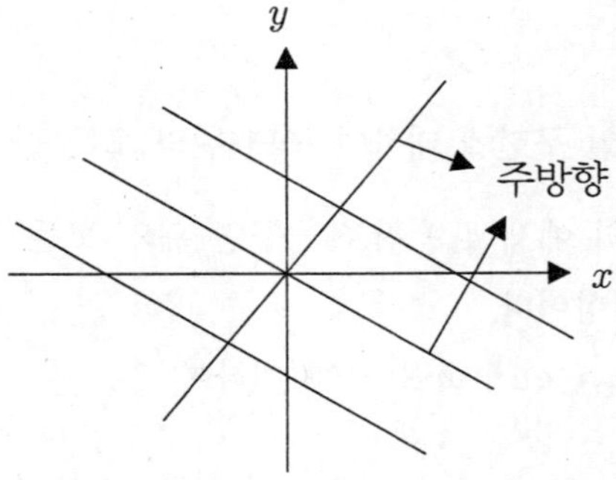

$[LN-M^2=0, L^2+M^2+N^2\neq 0\ ]$

만일 P가 평탄점$(LN-M^2=0, L=M=N=0)$이면, 지시곡선은 존재하지 않는다. $|\kappa_n|=\dfrac{1}{r^2}$에서 $x=r\cos\theta, y=r\sin\theta$ 일 때, r은 $\cos\theta:\sin\theta$의 방향으로 지시곡선 $Lx^2+2Mxy+Ny^2=\pm 1$ 위의 점 (x,y)에서 원점까지의 거리이므로, 만일 점 P가 타원점이고, 그 지시곡선이 원이 아니면, κ_n은 그 지시곡선의 직교축 방향으로 서로 다른 극댓값과 극솟값을 갖는다. 특히, 만일 $\kappa_n>0$이면, 지시곡선의 단축방향에서 극댓값 κ_1을 갖는다. 즉, 원점까지의 거리가 최소이다. 그리고 지시곡선의 장축방향에서 극솟값 κ_2를 갖는다. 즉, 원점까지의 거리가 최대이다.

만일 점 P가 쌍곡점이면, κ_n의 극댓값 κ_1은 양이며 $\kappa_n > 0$인 곳을 따라서 쌍곡선의 축방향에서 갖고, κ_n의 극솟값은 음이며 $\kappa_n < 0$인 곳을 따라서 쌍곡선의 축방향에서 갖는다.

만일 점 P가 포물점이면, $\kappa_n \geqq 0$일 때, κ_n은 지시곡선인 평행선에 수직인 방향에서 극댓값 κ_1을 갖고, κ_n의 극솟값 $\kappa_2 = 0$은 지시곡선의 평행선 방향에서 갖는다.

[주곡률] 법곡률이 극댓값과 극솟값을 취하는 두 개의 수직방향을 **주방향**(principal direction) 또는 **주곡률방향**(principal curvature direction)이라 한다. 이에 대응하는 법곡률 κ_1과 κ_2를 **주곡률**(principal curvature)이라 하고, 그의 역수를 **주곡률반경**(radius of principal curvature)이라 한다.

만일 점 P가 타원점이고 지시곡선이 원이면, κ_n은 0이 아닌 상수이고 모든 방향이 주방향이다.

[제점] 만일 점 P가 평탄점이면, $\kappa_n \equiv 0$이고 모든 방향이 주방향이다. κ_n이 상수인 곡면 위의 점 P는 **제점**(umbilical point)이라고 한다. 특히, 점 P가 타원점이면, 점 P를 **타원적 제점**(elliptic umbilical point)이라고 하고, 점 P가 평탄점이면 점 P를 **포물적 제점**(parabolic umbilical point)이라고 한다.

예제 5.1 (a) 반지름이 a인 구면에 대하여 구면 위의 모든 점에서의 법곡률은 $\kappa_n = \dfrac{1}{a}$이므로(5.4절의 예제 4.9 참조), 구면 위의 모든 점은 타원적 제점이고 모든 방향이 주방향이다.

(b) 평면 $\mathrm{x} = (u, v, au + bv + c)$에 대하여,

$$\mathrm{x}_u = (1, 0, a),\ \mathrm{x}_v = (0, 1, b)$$
$$\mathrm{x}_{uu} = \mathrm{x}_{uv} = \mathrm{x}_{vv} = (0, 0, 0)$$
$$\mathrm{x}_u \times \mathrm{x}_v = (-a, -b, 1)$$
$$\mathrm{N} = \frac{\mathrm{x}_u \times \mathrm{x}_v}{\| \mathrm{x}_u \times \mathrm{x}_v \|} = (a^2 + b^2 + 1)^{1/2}(-a, -b, 1)$$

이므로, $L = \mathrm{x}_{uu} \cdot \mathrm{N} = 0,\ M = \mathrm{x}_{uv} \cdot \mathrm{N} = 0,\ N = \mathrm{x}_{vv} \cdot \mathrm{N} = 0$이다. 그러므로 다음을 얻는다.

$$\kappa_n = \frac{Ldu^2 + 2Mdudv + Ndv^2}{Edu^2 + 2Fdudv + Gdv^2} = 0$$

따라서 $LN-M^2=0, L=M=F=0$이므로 평면 위의 모든 점은 평탄점이고, 또한 포물적 제점이다. 평면 위의 모든 방향 $du:dv$는 주방향이다.

(c) 곡면 $\mathrm{x}=(u,v,u^2-v^2)$에 대하여, 원점에서 곡면의 법곡률은 다음과 같다 (5.4절의 예제 4.10 참조).

$$\kappa_n = \frac{2(du^2-dv^2)}{du^2+dv^2}.$$

이때, 만일 $\|(du,dv)\|=1$이면, $du=\cos\theta, dv=\sin\theta$ 라고 하자. 그러면 다음을 얻는다.

$$\kappa_n = 2(\cos^2\theta-\sin^2\theta).$$

$|\kappa_n| = \dfrac{1}{r^2}$, $x=r\cos\theta, y=r\sin\theta$ 이므로, 지시곡선은 $2(x^2-y^2)=\pm 1$ 이다.

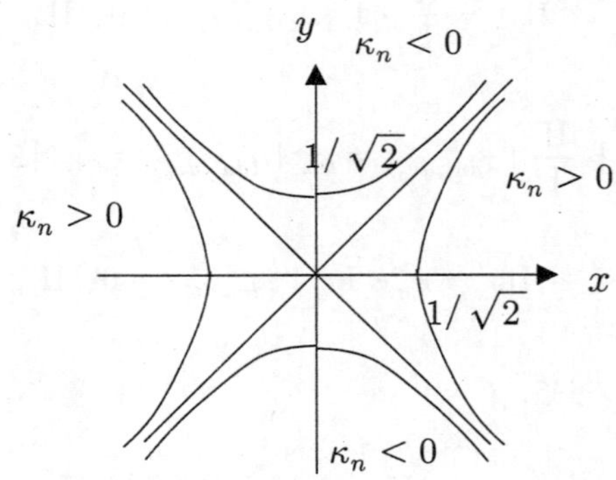

따라서 κ_n의 극댓값은 2로서 x-축 방향에서 갖는다. κ_n의 극솟값은 -2로서 y-축 방향에서 갖는다. x-축과 y-축 방향은 모두 주방향이다.

▶정리 5.2 $\mathrm{x}=\mathrm{x}(u,v)$가 점 P를 포함하는 곡면 S 안의 좌표조각사상일 때, 실수 κ가 방향 $du:dv(du^2+dv^2\neq 0)$에서 점 P에서의 주곡률이기 위한 필요충분조건은 κ가 다음을 만족하는 것이다.

$$(L-\kappa E)du+(M-\kappa F)dv=0$$

$$(M-\kappa F)du+(N-\kappa G)dv=0$$

증명 κ_0는 주방향 $du_0 : dv_0$를 갖는 주곡률이라 하자. 주곡률은 법곡률 κ_n의 극댓값 또는 극솟값이므로,

$$\kappa_n=\frac{\mathrm{II}}{\mathrm{I}}=\frac{Ldu^2+2Mdudv+Ndv^2}{Edu^2+2Fdudv+Gdv^2}$$

은 du와 dv의 2변수함수로서 $\frac{\partial\kappa_n}{\partial du}\mid_{(du_0,dv_0)}=0$, $\frac{\partial\kappa_n}{\partial dv}\mid_{(du_0,dv_0)}=0$을 만족한다. 그러므로 다음을 얻는다.

$$\frac{\mathrm{I}\cdot\mathrm{II}_{du}-\mathrm{II}\cdot\mathrm{I}_{du}}{\mathrm{I}^2}\mid_{(du_0,dv_0)}=0,\ \frac{\mathrm{I}\cdot\mathrm{II}_{dv}-\mathrm{II}\cdot\mathrm{I}_{v}}{\mathrm{I}^2}\mid_{(du_0,dv_0)}=0.$$

위의 식에 I를 곱하면, 다음을 알 수 있다.

$$\mathrm{II}_{du}-\frac{\mathrm{II}}{\mathrm{I}}\cdot\mathrm{I}_{du}\mid_{(du_0,dv_0)}=0,\ \mathrm{II}_{dv}-\frac{\mathrm{II}}{\mathrm{I}}\cdot\mathrm{I}_{dv}\mid_{(du_0,dv_0)}=0.$$

그러나 $\frac{\mathrm{II}}{\mathrm{I}}\mid_{(du_0,dv_0)}=\kappa_n\mid_{(du_0,dv_0)}=\kappa_0$이므로,

$$\mathrm{II}_{du}-\kappa_0\cdot\mathrm{I}_{du}\mid_{(du_0,dv_0)}=0,\ \mathrm{II}_{dv}-\kappa_0\cdot\mathrm{I}_{dv}\mid_{(du_0,dv_0)}=0$$

이다. 한편,

$$\mathrm{II}_{du}=2Ldu+2Mdv,\mathrm{I}_{du}=2Edu+2Fdv$$
$$\mathrm{II}_{dv}=2Mdu+2Ndv,\mathrm{I}_{dv}=2Fdu+2Gdv$$

이므로, 다음을 알 수 있다.

$$(Ldu_0+Mdv_0)-\kappa_0(Edu_0+Fdv_0)=0$$
$$(Mdu_0+Ndv_0)-\kappa_0(Fdu_0+Gdv_0)=0.$$

역으로,

$$(*) \qquad \begin{cases}(Ldu+Mdv)-\kappa(Edu+Fdv)=0 \\ (Mdu+Ndv)-\kappa(Fdu+Gdv)=0\end{cases}$$

을 만족하는 κ_0와 방향 $du_0 : dv_0, du_0^2+dv_0^2 \neq 0$이 존재한다고 하자. 그러면 κ_0와 주곡률 κ는 다음을 만족함을 알 수 있다.

$$\begin{vmatrix} L-\kappa E & M-\kappa F \\ M-\kappa F & N-\kappa G \end{vmatrix}=0,$$

$$(**) \qquad (EG-F^2)\kappa^2-(EN-2FM+GL)\kappa+(LN-M^2)=0.$$

만일 점 P가 주곡률 κ인 제점이면, κ는 모든 방향 $du : dv$이 주방향인 상수이므로, $(*)$에서 du, dv의 모든 계수는 0이다. 그러므로

$$L-\kappa E=M-\kappa F=0$$
$$M-\kappa F=N-\kappa G=0.$$

즉,

$$\kappa=\frac{L}{E}=\frac{M}{F}=\frac{N}{G}.$$

$(**)$의 판별식은 다음과 같다.

$$D=(EN-2FM+GL)^2-4(EG-F^2)(LN-M^2)$$

이때, $L=\kappa E, M=\kappa F, N=\kappa G$이므로, $D=0$임을 알 수 있다. 그러므로 $(**)$은 중근을 갖는다. 따라서 $\kappa=\kappa_0$이다. 그러므로 κ_0은 주곡률이고 $du_0 : dv_0$를 포함하는 모든 방향이 주방향이다.

만일 점 P가 제점이 아니면, κ_0은 $(**)$의 서로 다른 두 근 중의 하나이어야 한다. 즉, 주방향 $du_0 : dv_0$을 갖는 비제점에서 두 개의 주곡률 중의 하나이어야 한다.

따름정리 5.3 실수 κ가 주곡률이기 위한 필요충분조건은 κ가 방정식

$$\begin{vmatrix} L-\kappa E & M-\kappa F \\ M-\kappa F & N-\kappa G \end{vmatrix}=0,$$

즉,

$$(EG-F^2)\kappa^2-(EN-2FM+GL)\kappa+(LN-M^2)=0$$

의 해인 것이다.

증명 정리 5.2의 동차식계가 비자명한 해 $(du,dv)\neq(0,0)$를 갖기 위한 필요충분조건은

$$\begin{vmatrix} L-\kappa E & M-\kappa F \\ M-\kappa F & N-\kappa G \end{vmatrix}=0,$$

$$(EG-F^2)\kappa^2-(EN-2FM+GL)\kappa+(LN-M^2)=0.$$

이다. 위의 방정식은 판별식은 다음과 같다.

$$\begin{aligned}
D &= (EN-2FM+GL)^2-4(EG-F^2)(LN-M^2) \\
&= [EN-GL-\frac{2F}{E}(EM-FL)+\frac{2F}{E}(EM-FL) \\
&\qquad\qquad +2(GL-FM)]^2-4(EG-F^2)(LN-M^2) \\
&= [EN-GL-\frac{2F}{E}(EM-FL)+\frac{2F}{E}(-FL)+2(GL)]^2 \\
&\qquad\qquad -4(EG-F^2)(LN-M^2) \\
&= [EN-GL-\frac{2F}{E}(EM-FL)]^2+4(G-\frac{F^2}{E})^2L^2 \\
&\qquad\qquad +4(G-\frac{F^2}{E})L[EN-GL-\frac{2F}{E}(EM-FL)] \\
&\qquad\qquad -4(EG-F^2)(LN-M^2) \\
&= [EN-GL-\frac{2F}{E}(EM-FL)]^2 \\
&\qquad +4(\frac{EG-F^2}{E^2})[(EG-F^2)L^2+ELEN-GL-\frac{2F}{E}(EM-FL) \\
&\qquad\qquad -E^2(LN-M^2)] \\
&= 4(\frac{EG-F^2}{E^2})(EM-FL)^2+[EN-GL-\frac{2F}{E}(EM-FL)]^2.
\end{aligned}$$

그러므로 $D \geqq 0$이다. 정리 5.2에 의하여 $D>0$일 때, 제점이 아닌 곳에서 주

곡률인 서로 다는 실근 κ_1, κ_2을 갖고, $D=0$일 때, 제점인 곳에서 주곡률인 중근 κ를 갖는다.

따름정리 5.4 점 P가 제점이기 위한 필요충분조건은 $L:M:N=E:F:G$이다. 이때, 법곡률 κ는 다음과 같다.

$$\kappa=\frac{L}{E}=\frac{M}{F}=\frac{N}{G}$$

증명 제점에서는 모든 방향이 주방향임을 유의하자. 이 경우는 정리 5.2의 방정식의 모든 계수가 0일 때에 한한다. 그러므로 결과가 나온다.

이것은 이미 정리 4.8에서도 증명하였다.

6. 가우스곡률과 평균곡률

따름정리 5.3의 방정식

$$(EG-F^2)\kappa^2-(EN-2FM+GL)\kappa+(LN-M^2)=0$$

을 $EG-F^2(>0)$로 나누면, $\kappa^2-2H\kappa+K=0$으로 나타낼 수 있다. 여기서

$$H=\frac{EN-2FM+GL}{2(EG-F^2)},\ K=\frac{LN-M^2}{EG-F^2}$$

이다. 방정식의 두 근 κ_1과 κ_2는 법곡률의 극값인 주곡률이다. 근과 계수와의 관계에 의하여 다음을 알 수 있다.

$$H=\frac{1}{2}(\kappa_1+\kappa_2), K=\kappa_1\kappa_2$$

이때,

[평균곡률과 가우스곡률] H를 점 P에서의 **평균곡률(mean curvature)**이라 하고, K를 점 P에서의 **가우스곡률(Gauss curvature)** 또는 **전곡률(total curvature)**이라고 한다.

곡면 S 위의 곡선에 대한 법곡률 $\kappa_n=\mathrm{k}\cdot\mathrm{N}$은 곡면 S의 단위법선벡터 N의 방향이 바뀌면, 기껏해야 법곡률의 부호만 바뀌므로, κ_n의 극값은 둘 다 부호만 바뀐다. 즉, 극댓값 κ_1 (또는 극솟값 κ_2)은 극솟값 $-\kappa_1$(또는 극댓값 $-\kappa_2$)으로 바뀐다. 그러나 가우스곡률 $K=\kappa_1\kappa_2$는 곡면 S의 단위법선벡터 N의 방향이 바뀌더라도 변하지 않는다. 그러므로 가우스곡률은 곡면의 방향 N에 독립이다. 따라서 가우스곡률은 곡면의 불변적인 성질이다. $EG-F^2>0$이므로, 가우스곡률 K의 부호는 $LN-M^2$의 부호와 같다. 그러므로 다음의 정리가 성립한다.

정리 6.1 곡면 S 위의 점 P가 타원점(또는 쌍곡점)이기 위한 필요충분조건은 $K>0$ (또는 $K<0$)이다. 곡면 S 위의 점 P가 포물점 또는 평탄점이기 위한 필요충분조건은 $K=0$이다.

예제 6.2 (a) 반지름이 a인 구면

$$\mathrm{x}=(a\sin\phi\cos\theta, a\sin\phi\sin\theta, a\cos\phi), 0<\theta<2\pi, 0<\phi<\pi$$

위의 각 점에서의 가우스곡률은 $K=\frac{1}{a^2}$ 이다. 평균곡률은 구면의 방향에 따라, 즉, 구면 위의 단위법선벡터 N의 방향에 따라 $H=\pm\frac{1}{a}$ 이다(5.4절의 예제 4.9 참조).

(b) 평면 $\mathrm{x}=(u,v,au+bv+c)$ 위의 각 점에서 가우스곡률은 $K=0$ 이고 평균곡률은 $H=0$ 이다(5.5절의 예제 5.1 참조).

(c) 원환면 $\mathrm{x}=((b+a\sin\phi)\cos\theta,(b+a\sin\phi)\sin\theta,a\cos\phi)$ 에 대하여

$$E=(b+a\sin\phi)^2,\ F=0,\ G=a^2$$
$$L=(b+a\sin\phi)\sin\phi,\ M=0,\ N=a$$

이다(5.3절의 예제 3.7의 풀이 참조).

$$EG-F^2=a^2(b+a\sin\phi)^2,$$
$$EN-2FM+GL=a(b+a\sin\phi)^2+a^2(b+a\sin\phi)\sin\phi,$$
$$LN-M^2=a(b+a\sin\phi)\sin\phi$$

이므로, 따름정리 5.3에 의하여 주곡률은 방정식

$$a^2(b+a\sin\phi)^2\kappa^2-[a(b+a\sin\phi)^2+a^2(b+a\sin\phi)\sin\phi]\kappa + a(b+a\sin\phi)\sin\phi=0$$

의 두 근이다. 따라서 다음을 얻는다.

$$\kappa=\frac{(b+2a\sin\phi)\pm b}{2a(b+a\sin\phi)}.$$

그러므로 법곡률의 극댓값은 $\kappa_1=\frac{2(b+a\sin\phi)}{2a(b+a\sin\phi)}=\frac{1}{a}$ 이고, 극솟값은 $\kappa_2=\frac{\sin\phi}{b+a\sin\phi}$ 이다. 이때, κ_1 은 모든 점에서 같고, 또한, 원환면을 생성하는 반지름이 a 인 원의 곡률과 같음을 알 수 있다. 그러나 κ_2 는 ϕ-곡선(경선)을 따라서 변한다. 특히, 외부위선 $\phi=\frac{\pi}{2}$ 위에서는 $\kappa_2=\frac{1}{b+a}$ 이고, 위선 $\phi=0$ 또는 π 위에서는 $\kappa_2=0$ 이다. 그리고 내부위선 $\phi=-\frac{\pi}{2}$ 에서는

$\kappa_2 = -\dfrac{1}{b-a}$ 이다. 가우스곡률은 $K = \kappa_1\kappa_2 = \dfrac{\sin\phi}{a(b+a\sin\phi)}$ 이다.

(d) 타원면 $\mathrm{x} = (a\sin v\cos u, b\sin v\sin u, c\cos v)$에 대하여

$$\mathrm{x}_u = (-a\sin v\sin u, b\sin v\cos u, 0),$$
$$\mathrm{x}_v = (a\cos v\cos u, b\cos v\sin u, -c\sin v)$$

$$E = (a^2\sin^2 u + b^2\cos^2 u)\sin^2 v,\ F = (b^2 - a^2)\sin u\cos u\sin v\cos v,$$
$$G = (a^2\cos^2 u + b^2\sin^2 u)\cos^2 v + c^2\sin^2 v$$

$$\mathrm{x}_u \times \mathrm{x}_v = (-bc\sin^2 v\cos u, -ac\sin^2 v\sin u, -ab\sin v\cos v)$$
$$\| \mathrm{x}_u \times \mathrm{x}_v \| = \sin v(b^2c^2\sin^2 v\cos^2 u + a^2c^2\sin^2 v\sin^2 u + a^2b^2\cos^2 v)^{1/2}$$
$$= \sin v\Delta.$$

$$\mathrm{N} = \frac{\mathrm{x}_u \times \mathrm{x}_v}{\| \mathrm{x}_u \times \mathrm{x}_v \|}$$

$$EG - F^2 = \| \mathrm{x}_u \times \mathrm{x}_v \|^2 = \sin^2 v\Delta^2$$

$$\mathrm{x}_{uu} = (-a\sin v\cos u, -b\sin v\sin u, 0)$$
$$\mathrm{x}_{uv} = (-a\cos v\sin u, b\cos v\cos u, 0)$$
$$\mathrm{x}_{vv} = (-a\sin v\cos u, -b\sin v\sin u, -c\cos v).$$

$$L = \frac{abc\sin^2 v}{\Delta}, M = 0, N = \frac{abc}{\Delta}$$

$$LN - M^2 = \frac{a^2b^2c^2\sin^2 v}{\Delta^2},\ EG - F^2 = \Delta^2\sin^2 v.$$

$$EN = (a^2\sin^2 u + b^2\cos^2 u)\sin^2 v \cdot \frac{abc}{\Delta}$$

$$GL = (a^2\cos^2 u + b^2\sin^2 u)\cos^2 v + c^2\sin^2 v \cdot \frac{abc\sin^2 v}{\Delta}.$$

$$EN + GL = \frac{abc}{\Delta} \cdot \sin^2 v[a^2\sin^2 u + b^2\cos^2 u + c^2\sin^2 v$$
$$+ a^2\cos^2 u\cos^2 v + b^2\sin^2 u\cos^2 v].$$

가우스곡률은 $K=\dfrac{LN-M^2}{EG-F^2}=\dfrac{a^2b^2c^2}{\triangle^4}$ 이고 평균곡률은

$$\begin{aligned}H&=\frac{EN-2FM+GL}{2(EG-F^2)}\\&=\frac{abc}{2\triangle^3}[a^2\sin^2u+b^2\cos^2u+c^2\sin^2v+a^2\cos^2u\cos^2v+b^2\sin^2u\cos^2v]\\&=\frac{abc}{2\triangle^3}[a^2+b^2+c^2-a^2\cos^2u(1-\cos^2v)-b^2\sin^2u(1-\cos^2v)-c^2\cos^2v]\\&=\frac{abc}{2\triangle^3}[a^2+b^2+c^2-(a^2\cos^2u\sin^2v+b^2\sin^2u\sin^2v+c^2\cos^2v)]\end{aligned}$$

이다. 특히, 반지름이 a인 구면의 가우스곡률과 평균곡률은 각각 $K=\dfrac{1}{a^2}$,

$H=\dfrac{1}{a}$ 이다.

7. 곡률선

▸정리 7.1 곡면 S 위의 점 P를 포함하는 S 안의 좌표조각사상 $\mathrm{x}=\mathrm{x}(u,v)$에 대하여 방향 $du:dv$가 점 P에서 주방향이기 위한 필요충분조건은 du와 dv가 다음을 만족하는 것이다.

$$\begin{vmatrix} Ldu+Mdv & Edu+Fdv \\ Mdu+Ndv & Fdu+Gdv \end{vmatrix}=0,$$

즉,

$$(EM-LF)du^2+(EN-LG)dudv+(FN-MG)dv^2=0,$$

즉,

$$\begin{vmatrix} E & F \\ L & M \end{vmatrix}du^2+\begin{vmatrix} E & G \\ L & N \end{vmatrix}dudv+\begin{vmatrix} F & G \\ M & N \end{vmatrix}dv^2=0.$$

증명 정리 5.2에 의하여 κ가 방향 $du:dv(du^2+dv^2\neq 0)$으로 점 P에서의 주곡률이기 위한 필요충분조건은 κ가 다음을 만족하는 것이다.

$$(L-\kappa E)du+(M-\kappa F)dv=0$$
$$(M-\kappa F)du+(N-\kappa G)dv=0$$

즉,

$$(Ldu+Mdv)-\kappa(Edu+Fdv)=0$$
$$(Mdu+Ndv)-\kappa(Fdu+Gdv)=0$$

이다. 위의 방정식이 비자명한 해 $(1,-\kappa)$를 갖기 위한 필요충분조건은

$$\begin{vmatrix} Ldu+Mdv & Edu+Fdv \\ Mdu+Ndv & Fdu+Gdv \end{vmatrix}=0$$

이다. 위의 행렬식을 전개하면 다음을 얻는다.

$$(EM-LF)du^2+(EN-LG)dudv+(FN-MG)dv^2=0.$$

만일 점 P가 제점이 아니라면, 위의 방정식은 서로 수직인 주방향들을 나타내는 $Adu+Bdv=0$ 모양의 일차방정식들로 인수분해될 수 있다.

곡면 S 위의 곡선에 대한 법곡률 $\kappa_n = \mathrm{k} \cdot \mathrm{N}$은 단위법선벡터 N의 방향을 보존하는 매개변수변환에서는 불변이고, N의 방향이 바뀌는 매개변수변환에서는 κ_n의 부호가 바뀐다. 그러므로 κ_n이 극값을 갖는 방향, 즉, 주방향은 불변임을 유의하자. 특히, 점 P를 포함하는 다른 좌표조각사상 $\mathrm{x}=\mathrm{x}^*(\theta,\phi)$에 대하여, $\begin{cases}\theta=\theta(u,v)\\ \phi=\phi(u,v)\end{cases}$가 매개변수교환가능 함수일 때, $d\theta : d\phi$가 주방향이기 위한 필요충분조건은

$$\begin{cases} d\theta = \theta_u du + \theta_v dv \\ d\phi = \phi_u du + \phi_v dv \end{cases}$$

이다. 단, $du : dv$는 $\mathrm{x}=\mathrm{x}(u,v)$에 관한 점 P에서의 주방향이다.

[곡률선] 곡면 위의 곡선이 **곡률선(line of curvature)**이라는 것은 그 곡선의 각 점에서의 접선방향이 주방향일 때를 말한다.

곡면 위의 어떤 곡선이 곡률선이기 위한 필요충분조건은 각 점에서 그의 접선방향이 그 점을 포함하는 어떤 좌표조각사상 $\mathrm{x}=\mathrm{x}(u,v)$에 대하여 다음을 만족하는 것이다.

$$\begin{vmatrix} E & F \\ L & M \end{vmatrix} du^2 + \begin{vmatrix} E & G \\ L & N \end{vmatrix} du dv + \begin{vmatrix} F & G \\ M & N \end{vmatrix} dv^2 = 0,$$

즉,

$$(EM-LF)du^2 + (EN-LG)dudv + (FN-MG)dv^2 = 0.$$

따라서 위의 방정식은 **곡률선의 미분방정식**으로 간주할 수 있다.

곡면 위의 비제점을 지나는 곡률선은 두 개 존재한다. 미분방정식의 해에 대한 존재정리와 유일성 정리로부터 계수가 C^1-급이면 위의 방정식의 해는 존재한다. 그러므로 다음 정리를 얻는다.

▸정리 7.2 C^3-급인 곡면 위의 비제점의 근방에서는 두 개의 서로 수직인 곡률선이 존재한다.

예제 7.3 곡면 $\mathrm{x}=(u,v,u^2+v^2)$에 대하여 곡률선을 구하고, 원점은 제점임을 보여라.

풀이 $\mathrm{x}_u=(1,0,2u),\ \mathrm{x}_v=(0,1,2v)$

$$\mathrm{x}_{uu}=(0,0,2), \mathrm{x}_{uv}=(0,0,0), \mathrm{x}_{vv}=(0,0,2)$$
$$\mathrm{x}_u\times\mathrm{x}_v=(-2u,-2v,1)$$
$$\|\mathrm{x}_u\times\mathrm{x}_v\|=(4u^2+4v^2+1)^{1/2}$$
$$\mathrm{N}=\frac{\mathrm{x}_u\times\mathrm{x}_v}{\|\mathrm{x}_u\times\mathrm{x}_v\|}=(4u^2+4v^2+1)^{-1/2}(-2u,-2v,1)$$
$$E=\mathrm{x}_u\cdot\mathrm{x}_u=1+4u^2,\ F=\mathrm{x}_u\cdot\mathrm{x}_v=4uv,\ G=\mathrm{x}_v\cdot\mathrm{x}_v=1+4v^2$$
$$L=\mathrm{x}_{uu}\cdot\mathrm{N}=2(4u^2+4v^2+1)^{-1/2},\ M=\mathrm{x}_{uv}\cdot\mathrm{N}=0,$$
$$N=\mathrm{x}_{vv}\cdot\mathrm{N}=2(4u^2+4v^2+1)^{-1/2}$$

이므로, 다음을 얻는다.

$$EM-LF=-8uv(4u^2+4v^2+1)^{-1/2},$$
$$EN-LG=8(u^2-v^2)(4u^2+4v^2+1)^{-1/2}$$
$$FN-MG=8uv(4u^2+4v^2+1)^{-1/2},$$

따라서 방정식 $(EM-LF)du^2+(EN-LG)dudv+(FN-MG)dv^2=0$을 간단히 하면,

$$uvdu^2+(v^2-u^2)dudv-uvdv^2=0,$$
$$(udu+vdv)(vdu-udv)=0,$$
$$udu+vdv=0,\ \ vdu-udv=0$$

이다. 위의 두 미분방정식을 풀면, 다음을 얻는다.

$$u^2+v^2=r^2, u=bv$$

이 곡선들에 대응하는 곡면 위의 곡선들이 곡률선이다.

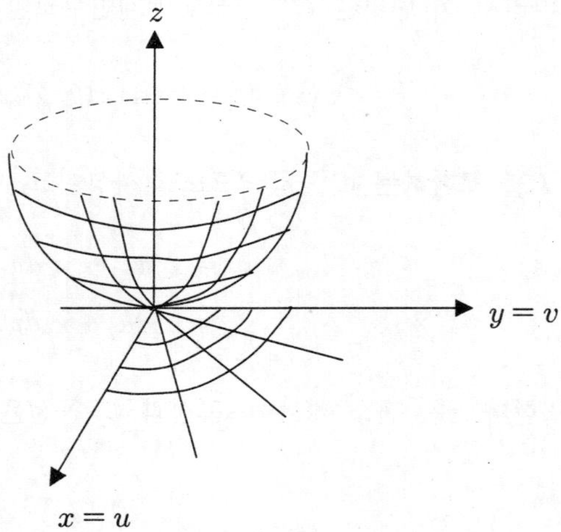

[곡률선]

특히, $(u,v)=(0,0)$일 때, $E=1, F=0, G=1, L=2, M=0, N=2$이다. 즉, $L:M:N=E:F:G$이므로, 따름정리 5.4에 의하여 원점은 모든 방향을 주방향을 갖는 제점이다.

정리 7.4 C^2-급인 곡면 S 위의 모든 점 P에서 u-곡선과 v-곡선의 방향이 주방향인 점 P를 포함하는 S 안의 좌표조각사상이 존재한다.

증명 점 P가 비제점인 경우를 생각하면 충분하다. 왜냐하면, 그렇지 않을 때, 모든 방향이 주방향이고, 점 P를 포함하는 어떠한 좌표조각사상도 만족시키기 때문이다.

지금 $\mathrm{x}=\mathrm{x}(u,v)$는 비제점인 P를 포함하는 임의의 좌표조각사상이라 하고, $du_1:dv_1$과 $du_2:dv_2$는 점 P에서의 주방향이라 하자. 일차매개변수변환

$$\begin{cases} u = du_1\theta + du_2\phi \\ v = dv_1\theta + dv_2\phi \end{cases}$$

을 생각하자. 방향 $du_1:dv_1$과 $du_2:dv_2$는 서로 다르므로,

$$\frac{\partial(u,v)}{\partial(\theta,\phi)} = \begin{vmatrix} du_1 & du_2 \\ dv_1 & dv_2 \end{vmatrix} \neq 0$$

이다. 따라서 이 변환은 C^∞-급의 매개변수교환가능이다. 그러므로

$$\mathrm{x} = \mathrm{x}^*(\theta,\phi) = \mathrm{x}(u(\theta,\phi), v(\theta,\phi))$$

는 점 P를 포함하는 C^2-급 좌표조각사상이고,

$$\mathrm{x}_\theta = \mathrm{x}_u du_1 + \mathrm{x}_v dv_1$$
$$\mathrm{x}_\phi = \mathrm{x}_u du_2 + \mathrm{x}_v dv_2$$

가 성립한다. 즉, 점 P에서 θ-곡선과 ϕ-곡선은 주방향의 방향에 있다.

▸정리 7.5 좌표조각사상 위의 비제점에서 u-곡선과 v-곡선들의 방향이 주방향이기 위한 필요충분조건은 그 점에서 $F = M = 0$인 것이다.

증명 좌표조각사상 $\mathrm{x} = \mathrm{x}(u,v)$ 위의 비제점 P에서 u-곡선과 v-곡선들의 방향이 주방향이라고 가정하자. 그러면 $\mathrm{x}_u = 1 \cdot \mathrm{x}_u + 0 \cdot \mathrm{x}_v$는 u-곡선에 접하고, $\mathrm{x}_v = 0 \cdot \mathrm{x}_u + 1 \cdot \mathrm{x}_v$는 v-곡선에 접하므로, 정리 7.1의 방정식

$$(EM - LF)du^2 + (EN - LG)dudv + (FN - MG)dv^2 = 0$$

은 점 P에서 $(du,dv) = (1,0)$과 $(du,dv) = (0,1)$에 대하여 성립해야 한다. 즉,

$$EM - LF = 0, \; FN - MG = 0.$$

비제점에서 주방향은 서로 수직이므로, 정리 2.1에 의하여 점 P에서 $F = 0$이다. 그러므로 $MG = EM = 0$이다. 한편, $\mathrm{I} > 0$이고 $E > 0$이므로, $M = 0$이다. 따라서 점 P에서 $F = M = 0$이다.

역으로, $F = M = 0$이라 가정하자. 그러면 정리 7.1의 방정식

$$(EN - LG)dudv = 0$$

은 점 P에서 $(du,dv) = (1,0)$과 $(du,dv) = (0,1)$에 대하여 성립하므로, $(du,dv) = (1,0)$과 $(du,dv) = (0,1)$는 점 P에서 주방향이다. 이 방향은 서로 수직이다. $\mathrm{x}_u = 1 \cdot \mathrm{x}_u + 0 \cdot \mathrm{x}_v$는 u-곡선에 접하고, $\mathrm{x}_v = 0 \cdot \mathrm{x}_u + 1 \cdot \mathrm{x}_v$는 v-곡선에 접하므로 점 P에서 u-곡선과 v-곡선들의 방향이 주방향이다.

따름정리 7.6 제점이 없는 좌표조각사상 위의 u-곡선과 v-곡선이 곡률선이기 위한 필요충분 조건은 좌표조각사상 위의 각 점에서 $F=M=0$이다.

정리 7.7 좌표조각사상 위의 점 P에서 u-곡선과 v-곡선의 방향이 주방향이라면, 점 P에서의 주곡률은 $\kappa_1 = \dfrac{L}{E}$이고 $\kappa_2 = \dfrac{N}{G}$이다.

증명 좌표조각사상 위의 점 P에서 u-곡선과 v-곡선의 방향이 주방향이라고 하자. 만일 P가 비제점이면, 정리 7.5에 의하여 점 P에서 $F=M=0$이므로, 정리 5.2에 의하여 점 P에서 주곡률 κ와 주방향 $du:dv$에 대하여 다음을 만족함을 알 수 있다.

$$(L-\kappa E)du=0,\ (N-\kappa G)dv=0$$

한편, 방향수 $du:dv=1:0$은 점 P를 지나는 u-곡선에 대한 방향수이므로, 이 방향에서의 주곡률은 $\kappa_1 = \dfrac{L}{E}$이다. 방향수 $du:dv=0:1$은 점 P를 지나는 v-곡선에 대한 방향수이므로, 이 방향에서의 주곡률은 $\kappa_2 = \dfrac{N}{G}$이다. 만일 P가 제점이면, 따름정리 5.4에 의하여 $\kappa=\kappa_1=\kappa_2=\dfrac{L}{E}=\dfrac{M}{F}=\dfrac{N}{G}$이다.

따름정리 7.8 만일 좌표조각사상 위의 u-곡선과 v-곡선이 곡률선이면, 각 점에서의 주곡률은 $\kappa_1 = \dfrac{L}{E}, \kappa_2 = \dfrac{N}{G}$으로 주어진다.

예제 7.9 곡면 $\mathrm{x}=\mathrm{x}(u,v)=(u,v,u^2+v^2)$의 곡률선과 주곡률을 구하여라.

풀이 예제 7.3에 의하여 곡률선은 원 $u^2+v^2=r^2$과 직선 $u=bv$의 상들이다. 곡률선은 매개변수변환 $u=r\cos\theta, v=r\sin\theta$에 의하여 다음과 같이 나타낼 수 있다.

$$\mathrm{x}=(r\cos\theta, r\sin\theta, r^2).$$

$$\mathrm{x}_r=(\cos\theta,\sin\theta,2r),\ \mathrm{x}_\theta=(-r\sin\theta, r\cos\theta,0)$$
$$\mathrm{x}_{rr}=(0,0,2),\ \mathrm{x}_{r\theta}=(-\sin\theta,\cos\theta,0),\ \mathrm{x}_{\theta\theta}=(-r\cos\theta,-r\sin\theta,0)$$

5장 제1, 2기본형식

$$\mathrm{x}_r \times \mathrm{x}_\theta = (-2r^2\cos\theta, -2r^2\sin\theta, r)$$

$$\mathrm{N} = \frac{\mathrm{x}_r \times \mathrm{x}_\theta}{\| \mathrm{x}_r \times \mathrm{x}_\theta \|} = (4r^4 + r^2)^{-1/2}(-2r^2\cos\theta, -2r^2\sin\theta, r)$$

$$E = \mathrm{x}_r \cdot \mathrm{x}_r = 1 + 4r^2, F = \mathrm{x}_r \cdot \mathrm{x}_\theta = 0, G = \mathrm{x}_\theta \cdot \mathrm{x}_\theta = r^2$$

$$L = \mathrm{x}_{rr} \cdot \mathrm{N} = 2(4r^2+1)^{-1/2}, M = \mathrm{x}_{r\theta} \cdot \mathrm{N} = 0,$$

$$N = \mathrm{x}_{\theta\theta} \cdot \mathrm{N} = 2r^2(4r^2+1)^{-1/2}$$

이므로, 주곡률은 다음과 같다.

$$\kappa_1 = \frac{L}{E} = 2(1+4r^2)^{-3/2}, \kappa_2 = \frac{N}{G} = 2(1+4r^2)^{-1/2}.$$

8. 로드리게스의 공식

▶정리 8.1 방향 $du:dv$가 좌표조각사상 위의 점 P에서 주방향이기 위한 필요충분조건은 어떤 실수 κ에 대하여 벡터 $d\mathrm{N}=\mathrm{N}_u du+\mathrm{N}_v dv$와 $d\mathrm{x}=\mathrm{x}_u du+\mathrm{x}_v dv$는

$$d\mathrm{N}=-\kappa d\mathrm{x}$$

를 만족하는 것이다.

증명 $du:dv$는 좌표조각사상 위의 점 P에서의 주방향이라 하고, κ를 그의 주곡률이라 하자. 그러면 정리 5.2에 의하여 다음이 성립한다.

$$(L-\kappa E)du+(M-\kappa F)dv=0$$
$$(M-\kappa F)du+(N-\kappa G)dv=0.$$

$$L=-\mathrm{x}_u\cdot\mathrm{N}_u=\mathrm{x}_{uu}\cdot\mathrm{N},\ M=-\frac{1}{2}(\mathrm{x}_u\cdot\mathrm{N}_v+\mathrm{x}_v\cdot\mathrm{N}_u)=\mathrm{x}_{uv}\cdot\mathrm{N},$$
$$N=-\mathrm{x}_v\cdot\mathrm{N}_v=\mathrm{x}_{vv}\cdot\mathrm{N}$$

이므로, 다음을 알 수 있다.

$$(-\mathrm{x}_u\cdot\mathrm{N}_u-\kappa\mathrm{x}_u\cdot\mathrm{x}_u)du+(-\frac{1}{2}(\mathrm{x}_u\cdot\mathrm{N}_v+\mathrm{x}_v\cdot\mathrm{N}_u)-\kappa\mathrm{x}_u\cdot\mathrm{x}_v)dv=0$$
$$(-\frac{1}{2}(\mathrm{x}_u\cdot\mathrm{N}_v+\mathrm{x}_v\cdot\mathrm{N}_u)-\kappa\mathrm{x}_u\cdot\mathrm{x}_v)du+(-\mathrm{x}_v\cdot\mathrm{N}_v-\kappa\mathrm{x}_v\cdot\mathrm{x}_v)dv=0.$$

$\mathrm{x}_{uv}\cdot\mathrm{N}=-\mathrm{x}_u\cdot\mathrm{N}_v=-\mathrm{x}_v\cdot\mathrm{N}_u$이므로, 다음을 얻는다.

$$(-\mathrm{x}_u\cdot\mathrm{N}_u-\kappa\mathrm{x}_u\cdot\mathrm{x}_u)du+(-\mathrm{x}_u\cdot\mathrm{N}_v-\kappa\mathrm{x}_u\cdot\mathrm{x}_v)dv=0$$
$$(-\mathrm{x}_v\cdot\mathrm{N}_u-\kappa\mathrm{x}_u\cdot\mathrm{x}_v)du+(-\mathrm{x}_v\cdot\mathrm{N}_v-\kappa\mathrm{x}_v\cdot\mathrm{x}_v)dv=0.$$

이 식은 다시 고쳐 쓰면 다음과 같다.

$$[(\mathrm{N}_u du+\mathrm{N}_v dv)+\kappa(\mathrm{x}_u du+\mathrm{x}_v dv)]\cdot\mathrm{x}_u=0$$
$$[(\mathrm{N}_u du+\mathrm{N}_v dv)+\kappa(\mathrm{x}_u du+\mathrm{x}_v dv)]\cdot\mathrm{x}_v=0.$$

즉,

$$(d\mathrm{N}+\kappa d\mathrm{x})\cdot \mathrm{x}_u=0$$
$$(d\mathrm{N}+\kappa d\mathrm{x})\cdot \mathrm{x}_v=0.$$

한편, 점 P에서 $d\mathrm{N}$과 $d\mathrm{x}$는 접평면에 평행하므로, $d\mathrm{N}+\kappa d\mathrm{x}$도 접평면과 평행하다. x_u와 x_v는 일차독립이므로, $d\mathrm{N}+\kappa d\mathrm{x}=0$임을 알 수 있다. 그러므로 $d\mathrm{N}=-\kappa d\mathrm{x}$이다.

역으로, 어떤 실수 κ에 대하여 방향 $du:dv$에서 $d\mathrm{N}=-\kappa d\mathrm{x}$이라고 하자. 그러면 다음이 성립한다.

$$(d\mathrm{N}+\kappa d\mathrm{x})\cdot \mathrm{x}_u=0$$
$$(d\mathrm{N}+\kappa d\mathrm{x})\cdot \mathrm{x}_v=0.$$

즉,

$$[(\mathrm{N}_u du+\mathrm{N}_v dv)+\kappa(\mathrm{x}_u du+\mathrm{x}_v dv)]\cdot \mathrm{x}_u=0$$
$$[(\mathrm{N}_u du+\mathrm{N}_v dv)+\kappa(\mathrm{x}_u du+\mathrm{x}_v dv)]\cdot \mathrm{x}_v=0.$$

이 식을 다시 고쳐 쓰면, 다음과 같다.

$$(-\mathrm{x}_u\cdot \mathrm{N}_u-\kappa \mathrm{x}_u\cdot \mathrm{x}_u)du+(-\mathrm{x}_u\cdot \mathrm{N}_v-\kappa \mathrm{x}_u\cdot \mathrm{x}_v)dv=0$$
$$(-\mathrm{x}_v\cdot \mathrm{N}_u-\kappa \mathrm{x}_u\cdot \mathrm{x}_v)du+(-\mathrm{x}_v\cdot \mathrm{N}_v-\kappa \mathrm{x}_v\cdot \mathrm{x}_v)dv=0.$$

즉,

$$(M-\kappa F)du+(N-\kappa G)dv=0$$
$$(L-\kappa E)du+(M-\kappa F)dv=0.$$

그러므로 정리 5.2에 의하여 κ는 주곡률이고, $du:dv$는 그에 대응하는 주방향이다.

주방향을 완전히 결정짓는 식 $d\mathrm{N}=-\kappa d\mathrm{x}$를 **로드리게스의 공식(Rodrigues' formula)**이라고 한다.

예제 8.2 $(u,v)=(1,1)$에서 곡면 $\mathrm{x}=(u,v,u^2+v^2)$의 주방향을 결정하고, 각 방향에서 로드리게스의 공식을 확인하여라.

풀이 $\mathrm{x}_u = (1,0,2u), \mathrm{x}_v = (0,1,2v)$

$$E = 1+4u^2, F = 4uv, G = 1+4v^2$$
$$\mathrm{x}_u \times \mathrm{x}_v = (-2u,-2v,1),\quad \| \mathrm{x}_u \times \mathrm{x}_v \| = (4u^2+4v^2+1)^{1/2}$$
$$\mathrm{N} = (4u^2+4v^2+1)^{-1/2}(-2u,-2v,1)$$
$$\mathrm{N}_u = 8u(4u^2+4v^2+1)^{-3/2}(-2u,-2v,1) + (4u^2+4v^2+1)^{-1/2}(-2,0,0)$$
$$\mathrm{N}_v = 8v(4u^2+4v^2+1)^{-3/2}(-2u,-2v,1) + (4u^2+4v^2+1)^{-1/2}(0,-2,0)$$
$$\mathrm{x}_{uu} = (0,0,2), \mathrm{x}_{uv} = (0,0,0), \mathrm{x}_{vv} = (0,0,2).$$

$(u,v) = (1,1)$일 때, $E = 5, F = 4, G = 5, L = \frac{2}{3}, M = 0, N = \frac{2}{3}$이다. $du : dv$가 좌표조각사상 위의 한 점에서 주방향이기 위한 필요충분조건은

$$(EM-LF)du^2 + (EN-LG)dudv + (FN-MG)dv^2 = 0$$

임을 유의하자. 그러므로 $(u,v) = (1,1)$에서의 주방향은

$$-\frac{8}{3}du^2 + \frac{8}{3}dv^2 = 0,\ (du+dv)(du-dv) = 0$$

의 해이다. 따라서 주방향은 $du_1 : dv_1 = 1 : -1, du_2 : dv_2 = 1 : 1$이다. $(u,v) = (1,1)$에서는

$$\mathrm{x}_u = (1,0,2), \mathrm{x}_v = (0,1,2)$$
$$\mathrm{N}_u = \frac{1}{27}(-10,8,-4), \mathrm{N}_v = \frac{1}{27}(8,-10,-4)$$
$$d\mathrm{N}_1 = \mathrm{N}_u du_1 + \mathrm{N}_v dv_1 = \frac{1}{27}(-18,18,0) = -\frac{18}{27}(1,-1,0)$$
$$d\mathrm{x}_1 = \mathrm{x}_u du_1 + \mathrm{x}_v dv_1 = (1,-1,0)$$

이다. 따라서 $d\mathrm{N}_1 = -\frac{18}{27}d\mathrm{x}_2$이다. 또한,

$$d\mathrm{N}_2 = \mathrm{N}_u du_2 + \mathrm{N}_v dv_2 = \frac{1}{27}(-2,-2,-8) = -\frac{2}{27}(1,1,4)$$
$$d\mathrm{x}_2 = \mathrm{x}_u du_2 + \mathrm{x}_v dv_2 = (1,1,4)$$

이므로 $d\mathrm{N}_2 = -\frac{2}{27}d\mathrm{x}_2$이다. 이 경우에 $\frac{18}{27}, \frac{2}{27}$는 주곡률이다.

9. 점근선과 공액 곡선족

[점근방향] 좌표조각사상 위의 한 점에서

$$\mathrm{II} = Ldu^2 + 2Mdudv + Ndv^2 = 0$$

을 만족하는 방향을 **점근방향**(asymptotic direction) 또는 **주접선방향**(principal tangential direction)이라 한다. $\kappa_n = \dfrac{\mathrm{II}}{\mathrm{I}}$이고, $\mathrm{I} > 0$이므로, 점근방향 $du : dv$는 $\kappa_n = 0$인 방향이다.

타원점은 점근방향이 없고, 쌍곡점에서는 두 개의 서로 다른 점근방향이 있으며, 포물점에서는 한 개 있다. 평탄점에서는 모든 방향이 점근방향이다.

[점근선] 곡면 위에 있는 곡선의 접선방향이 모두 점근방향일 때, 이러한 곡선을 **점근선**(asymptotic line) 또는 **주접선곡선**(principal tangential curve)이라 한다. 따라서 곡면 위에 있는 곡선이 점근선이기 위한 필요충분조건은 각 점에서 곡선의 접선방향이 그 점을 포함하는 어떤 좌표조각사상 $\mathrm{x} = \mathrm{x}(u,v)$에 대하여

$$\mathrm{II} = Ldu^2 + 2Mdudv + Ndv^2 = 0$$

을 만족하는 것이다.

쌍곡점에서 위의 방정식은 $Adu + Bdv = 0$ 모양의 서로 다른 두 개의 인수를 갖는데, 이것은 점근선에 대한 일차미분방정식으로 간주할 수 있다. 곡률선의 경우처럼 다음 정리를 얻는다.

▶정리 9.1 C^3-급곡면 S 위의 점 P가 쌍곡점일 때, P의 근방에서는 서로 다른 두 개의 점근선이 존재한다. 또한, 포물점에서는 단 한 개의 점근방향이 존재하지만, 타원점에서는 점근방향이 존재하지 않는다.

▶정리 9.2 좌표조각사상 위의 u-곡선과 v-곡선이 점근선이기 위한 필요충분조건은 각 점에서 $L = N = 0$인 것이다.

증명 좌표조각사상 위의 u-곡선과 v-곡선이 점근선이라 하자. 그러면, 각 점에서 방향 $(du,dv) = (1,0)$과 $(du,dv) = (0,1)$에 대하여

$$\mathrm{II} = Ldu^2 + 2Mdudv + Ndv^2 = 0$$

이 만족되어야 한다. 그러므로 $L = N = 0$이다.

역으로, 만일 $L = N = 0$이라면, 각 점에서 방향 $(du, dv) = (1,0)$과 $(du, dv) = (0,1)$에 대하여 $\mathrm{II} = 0$이다. 그러므로 u-곡선과 v-곡선은 점근선이다.

예제 9.3 곡면 $\mathrm{x} = (r\cos\theta, r\sin\theta, \log r)$의 점근선을 구하여라.

풀이 $\mathrm{x}_r = (\cos\theta, \sin\theta, \frac{1}{r}),\ \mathrm{x}_\theta = (-r\sin\theta, r\cos\theta, 0)$

$$\mathrm{x}_{rr} = (0,0,-\frac{1}{r^2}), \mathrm{x}_{r\theta} = (-\sin\theta, \cos\theta, 0), \mathrm{x}_{\theta\theta} = (-r\cos\theta, -r\sin\theta, 0)$$

$$\mathrm{x}_r \times \mathrm{x}_\theta = (-\cos\theta, -\sin\theta, r)$$

$$\mathrm{N} = \frac{\mathrm{x}_r \times \mathrm{x}_\theta}{\| \mathrm{x}_r \times \mathrm{x}_\theta \|} = (1+r^2)^{-1/2}(-\cos\theta, -\sin\theta, r)$$

$$L = \mathrm{x}_{rr} \cdot \mathrm{N} = -\frac{1}{r(1+r^2)^{1/2}}, M = \mathrm{x}_{r\theta} \cdot \mathrm{N} = 0, N = \frac{r}{(1+r^2)^{1/2}}$$

이므로, 곡면의 점근선은 다음 방정식을 만족한다.

$$Ldr^2 + 2Mdrd\theta + Nd\theta^2 = -\frac{1}{r(1+r^2)^{1/2}}dr^2 + \frac{r}{(1+r^2)^{1/2}}d\theta^2 = 0$$

따라서 다음을 얻는다.

$$-\frac{1}{r}dr^2 + rd\theta^2 = 0.$$

즉,

$$d\theta + \frac{1}{r}dr = 0,\ d\theta - \frac{1}{r}dr = 0.$$

이 미분방정식을 풀면, $\theta + \log r = C_1, \theta - \log r = C_2$이다. 따라서 이 곡선들의 상은 곡면 위의 두 개의 점근선족이다. 즉,

$$x = (r\cos(C_1 - \log r), r\sin(C_1 - \log r), \log r)$$
$$x = (r\cos(C_2 + \log r), r\sin(C_2 + \log r), \log r).$$

$$\theta = \frac{1}{2}(C_1 + C_2), r = \exp(\frac{1}{2}(C_1 - C_2)),\ \ C_1 = u, C_2 = v$$

이 점근선에 의한 이 곡면의 매개변수표현은 다음과 같다.

$$x = (e^{\frac{u-v}{2}}\cos\frac{1}{2}(u+v), e^{\frac{u-v}{2}}\sin\frac{1}{2}(u+v), \frac{1}{2}(u-v)).$$

▶정리 9.4 곡면 위의 곡선이 점근선이기 위한 필요충분조건은 곡선 위의 모든 점이 변곡점 $(k = 0)$이거나 그 점에서의 접촉평면이 곡면에 접하는 것이다.

증명 곡선이 점근선이기 위한 필요충분조건은 각 점에서

$$\kappa_n = \frac{\mathrm{II}}{\mathrm{I}} = k \cdot N = 0$$

이다. 즉, $k = 0$이거나 곡률벡터 k가 단위법선벡터 N에 수직이다. 따라서 만일 $k = 0$이면, 모든 점이 변곡점이다.

만일 k가 단위법선벡터 N에 수직이면, 접촉평면이 곡면에 접한다.

직선을 따라서는 곡률벡터가 $k = O$이므로, 다음 정리가 성립한다.

▶정리 9.5 곡면 위의 직선은 점근선이다.

▶정리 9.6 $\mathrm{III} = dN \cdot dN$을 **제3기본형식(third fundamental form)**이라고 한다. 이때, $\mathrm{III} - 2H \cdot \mathrm{II} + K \cdot \mathrm{I} = 0$이다. 단, H는 평균곡률이고, K는 가우스곡률이다.

증명 N의 방향이 바뀌면, II와 H는 부호가 바뀌지만, III는 $\mathrm{I}(> 0)$와 마찬가지로 불변이다. 점 P에서 u-곡선과 v-곡선이 주방향

$$(du, dv) = (1,0),\ \ (du, dv) = (0,1)$$

에 대하여 P를 포함하는 좌표조각사상을 생각하면 충분하다.

로드리게스의 공식으로부터 주곡률 κ_1과 κ_2에 대하여 다음을 알 수 있다.

$$\mathrm{N}_u = -\kappa_1 \mathrm{x}_u, \mathrm{N}_v = -\kappa_2 \mathrm{x}_v$$

따라서 임의의 방향 $du : dv$에 대하여 다음을 얻는다.

$$\begin{aligned} d\mathrm{N} &= \mathrm{N}_u du + \mathrm{N}_v dv = -\kappa_1 \mathrm{x}_u du - \kappa_2 \mathrm{x}_v dv \\ &= -\kappa_1 \mathrm{x}_u du - \kappa_1 \mathrm{x}_v dv + \kappa_1 \mathrm{x}_v dv - \kappa_2 \mathrm{x}_v dv \\ &= -\kappa_1 d\mathrm{x} + (\kappa_1 - \kappa_2)\mathrm{x}_v dv. \end{aligned}$$

즉,

$$d\mathrm{N} + \kappa_1 d\mathrm{x} = (\kappa_1 - \kappa_2)\mathrm{x}_v dv.$$

또한, 임의의 방향 $du : dv$에 대하여 다음을 얻는다.

$$\begin{aligned} d\mathrm{N} &= \mathrm{N}_u du + \mathrm{N}_v dv = -\kappa_1 \mathrm{x}_u du - \kappa_2 \mathrm{x}_v dv \\ &= -\kappa_1 \mathrm{x}_u du - \kappa_2 \mathrm{x}_u du + \kappa_2 \mathrm{x}_u du - \kappa_2 \mathrm{x}_v dv \\ &= -\kappa_2 d\mathrm{x} + (\kappa_2 - \kappa_1)\mathrm{x}_u du. \end{aligned}$$

즉,

$$d\mathrm{N} + \kappa_2 d\mathrm{x} = (\kappa_2 - \kappa_1)\mathrm{x}_u du.$$

따라서 다음이 성립한다.

$$(d\mathrm{N} + \kappa_1 d\mathrm{x}) \cdot (d\mathrm{N} + \kappa_2 d\mathrm{x}) = (\kappa_1 - \kappa_2)(\kappa_2 - \kappa_1) du dv \mathrm{x}_u \cdot \mathrm{x}_v.$$

곡률선들은 점 P에서 수직이므로, $\mathrm{x}_u \cdot \mathrm{x}_v = 0$이다. 그러므로 다음을 알 수 있다.

$$(d\mathrm{N} + \kappa_1 d\mathrm{x}) \cdot (d\mathrm{N} + \kappa_2 d\mathrm{x}) = 0.$$

즉,

$$d\mathrm{N} \cdot d\mathrm{N} + (\kappa_1 + \kappa_2) d\mathrm{N} \cdot d\mathrm{x} + \kappa_1 \kappa_2 d\mathrm{x} \cdot d\mathrm{x} = 0.$$

따라서 다음을 얻는다.

$$III - 2H \cdot II + K \cdot I = 0.$$

▶정리 9.7 **(벨트라미-에네퍼(Beltrami-Enneper)의 정리)** 직선이 아닌 점근선 위의 각 점에서의 열률 τ는 다음과 같다.

$$\tau^2 = -K$$

단, K는 그 점에서의 가우스곡률이다.

증명 정리 9.4에 의하여 점근선 위의 각 점에서의 접촉평면은 그 곡면에 접한다. 그 곡선을 따라서 종법선벡터는 $\mathrm{b} = \pm \mathrm{N}$ 이다. 그러므로 다음을 얻는다.

$$\dot{\mathrm{b}} = \pm \frac{d\mathrm{N}}{ds} = -\tau \mathrm{n}$$

$$\frac{d\mathrm{N}}{ds} \cdot \frac{d\mathrm{N}}{ds} = \tau^2 (\mathrm{n} \cdot \mathrm{n}) = \tau^2.$$

정리 9.6에 의하여 $III - 2H \cdot II + K \cdot I = 0$이다. 그러나 점근선을 따라서

$$II = 0, \ \frac{d\mathrm{N}}{ds} \cdot \frac{d\mathrm{N}}{ds} = \tau^2$$

이고,

$$\frac{d\mathrm{x}}{ds} \cdot \frac{d\mathrm{x}}{ds} = 1$$

이므로, 다음을 얻는다.

$$\tau^2 = -K.$$

[공액 방향수] 좌표조각사상 위의 한 점에서 방향 $du : dv$와 $\delta u : \delta v$에 대하여

$$d\mathrm{x} \cdot \delta \mathrm{N} = 0$$

즉,

$$(\mathrm{x}_u du + \mathrm{x}_v dv) \cdot (\mathrm{N}_u \delta u + \mathrm{N}_v \delta v) = 0$$

을 만족할 때, 방향 $\delta u : \delta v$를 방향 $du : dv$에 **공액(conjugate)**이라 한다.

$d\mathrm{x} \cdot \delta \mathrm{N} = 0$은 $Ldu\delta u + M(du\delta v + dv\delta u) + Ndv\delta v = 0$와 동치임을 알 수 있다.

> **주의** 대칭성 때문에 방향 $du : dv$는 방향 $\delta u : \delta v$에 공액이다. 그러므로 공액 방향 $du : dv$와 $\delta u : \delta v$라는 말을 쓸 수 있다. 또한, 점근방향은 **자기공액(self-conjugate)**이다.

▶정리 9.8 곡면 위의 타원점과 쌍곡점에서 모든 방향은 오직 하나의 공액방향을 갖는다.

증명 $\delta u : \delta v$가 방향 $du : dv$에 공액이라면, 정의에 의하여 다음이 성립하여야 한다.

$$(Ldu + Mdv)\delta u + (Mdu + Ndv)\delta v = 0.$$

이 방정식이 유일한 해 $\delta u : \delta v, \delta u^2 + \delta v^2 \neq 0$를 갖기 위해서는 계수가 0이 아니어야 한다. 그러므로 다음을 알 수 있다.

$$(Ldu + Mdv)^2 + (Mdu + Ndv)^2 \neq 0.$$

즉,

$$(L^2 + M^2)du^2 + 2(LM + MN)dudv + (M^2 + N^2)dv^2 \neq 0.$$

모든 방향 $du : dv, du^2 + dv^2 \neq 0$에 대하여 이 식이 성립하기 위한 필요충분조건은 판별식이 $D < 0$인 것이다. 즉,

$$D/4 = (LM + MN)^2 - (L^2 + M^2)(M^2 + N^2) < 0$$
$$M^4 + L^2N^2 - 2LM^2N > 0$$
$$(LN - M^2)^2 > 0.$$

따라서 모든 방향 $du : dv, du^2 + dv^2 \neq 0$이 유일한 공액방향 $\delta u : \delta v$를 갖기 위한 필요충분조건은 $LN - M^2 \neq 0$이다.

[공액곡선족] 곡면 위의 두 곡선족은, 그들의 접선방향이 각 점에서 공액일 때, **공액곡선족**

(conjugate families of curves)이라 한다. 1-매개변수 곡선족 $f(u,v)=C_1$이 좌표평면에 주어질 때, 방정식

$$Ldu\delta u + M(du\delta v + dv\delta u) + Ndv\delta v = 0$$

은 공액곡선족 $g(u,v)=C_2$에 관한 1차미분방정식이다.

좌표조각사상 위의 u-곡선과 v-곡선 자신들이 공액곡선족이라면, 위의 미분방정식은 $(du,dv)=(1,0)$와 $(\delta u,\delta v)=(0,1)$에 의하여 만족된다. 즉, $M=0$이다. 그 역도 성립한다. 따라서 다음 정리를 얻는다.

▶정리 9.9 좌표조각사상 위의 u-곡선과 v-곡선이 공액곡선족이기 위한 필요충분조건은 각 점에서 $M=0$인 것이다.

위의 정리와 따름정리 7.6에 의하여 다음을 얻는다.

▶따름정리 9.10 제점이 없는 좌표조각사상 위의 u-곡선과 v-곡선이 서로 수직이고 공액곡선족이기 위한 필요충분조건은 그들이 곡률선인 것이다.

예제 9.11 곡면 $\mathrm{x}=(u,v,u^2+v^2)$의 공액곡선족을 구하여라.

풀이 $L=N=2(4u^2+4v^2+1)^{-1/2}$, $M=0$이다. 그러므로 정리 9.9에 의하여 곡면 위의 곡선들은 공액매개변수 곡선족으로 나타낼 수 있다. 매개변수 평면 위에서의 곡선족

$$f(u,v)\equiv u^2+v^2=C_1^2$$

에 대하여

$$df \equiv f_u du + f_v dv = 2udu + 2vdv = 0$$

이므로, $du:dv = f_v : -f_u = -v:u$이다.

$$0 = Ldu\delta u + M(du\delta v + dv\delta u) + Ndv\delta v = 2(4u^2+4v^2+1)^{-1/2}(du\delta v + dv\delta v)$$

으로부터 다음을 얻는다.

$$-v\delta u + u\delta v = 0.$$

이것은 직선족 $u = C_2 v$를 해로 갖는다. 따라서 두 곡선족 $u^2 + v^2 = C_1^2$과 $u = C_2 v$는 둘 다 곡률선인 곡면 위의 공액곡선족이다.

문제 5.1 C^1-급함수 f, g에 대하여 회전면 $\mathrm{x}(\theta,t) = (f(t)\cos\theta, f(t)\sin\theta, g(t))$의 제1기본형식은 다음과 같음을 보여라.

$$\mathrm{I} = f^2 d\theta^2 + (f'^2 + g'^2)dt^2.$$

문제 5.2 원뿔면 $\mathrm{x}(\theta,u) = (u\cos\theta, u\sin\theta, u)$ 위의 호

$$\mathrm{x}(\theta) = \mathrm{x}(e^{\frac{\theta}{\sqrt{2}}\cot\beta}, \theta), 0 \leqq \theta \leqq \pi$$

의 길이를 구하여라.

문제 5.3 문제 5.2에서의 곡선은 원뿔면의 모선 $\theta =$(상수)와 상수각 β로 만남을 보여라.

문제 5.4 어떤 좌표조각사상 위의 제1기본형식이 $\mathrm{I} = du^2 + f(u,v)dv^2$이라면, v-곡선들은 모든 u-곡선으로부터 같은 길이의 선분을 자른다는 것을 보여라.
$F = 0$이기 때문에 매개변수곡선들은 서로 수직이다. 이때, v-곡선들은 평행하다고 한다.

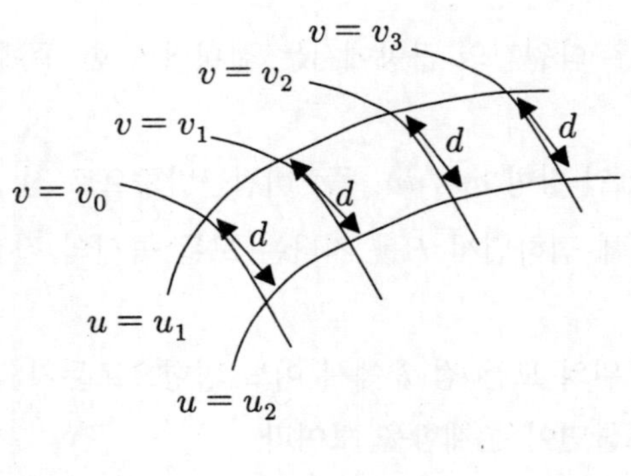

문제 5.5 곡면 $f(x,y,z)=C$에 대하여 $f_x dx+f_y dy+f_z dz=0$임을 보여라. 단, $d\mathrm{x}=(dx,dy,dz)$는 점 $P(x,y,z)$에서 곡면의 임의의 접벡터이다.

문제 5.6 회전면 $M_1 : \mathrm{x}=(\cosh t\cos\theta, \cosh t\sin\theta, t)$, $0<\theta<2\pi$의 매개변수평면 안의 점과 직원뿔곡선면 $M_2 : \mathrm{y}=(u\cos\phi, u\sin\phi, \phi)$, $0<\phi<2\pi$의 매개변수평면 안의 점 사이의 매개변수변환 $\begin{cases} u=\sinh t \\ \phi=\theta \end{cases}$, $-\infty<t<\infty, 0<\theta<2\pi$는 대응하는 벡터 위에서 제1기본형식이 일치하는 곡면 위의 점들 사이에 1-1 대응관계가 있음을 보여라.

문제 5.7 곡면 $\mathrm{x}=(u,v,u^2+v^3)$에 대하여 $v>0$일 때는 타원적이고 $v<0$일 때는 쌍곡적이며, $v=0$일 때는 포물적임을 보여라.

문제 5.8 문제 5.7의 곡면은 포물점 $P(0,0)$의 모든 근방에서는 접평면의 양쪽에 놓여 있음을 보여라.

문제 5.9 어떤 단위속력곡선 $\mathrm{y}=\mathrm{y}(s)$의 접선곡면 위에 있는 모든 점은 포물점임을 보여라.

문제 5.10 C^2-급함수 f에 대하여 회전면 $\mathrm{x}=(f(t)\cos\theta, f(t)\sin\theta, t)$, $f(t)>0$ 위의 모든 점이 포물점이기 위한 필요충분조건은 곡면이 직원기둥면 $f=a$이거나 뿔면

$$f=at+b, a, b\text{는 상수}, a\neq 0$$

임을 보여라.

문제 5.11 곡면은 타원점의 근방에서는 접평면의 한 쪽에 놓여 있음을 보여라.

문제 5.12 $\kappa_n\neq 0$인 방향 $du:dv$, 즉, 비점근방향으로 점 P에서의 곡면의 접선은 l이라 하자. l에 접하면서 P를 지나는 모든 곡선의 접촉원은 구면 위에 있음을 보여라.

문제 5.13 곡면 위의 모든 점 P에서 어느 방향으로든지 점 P에서 그 곡면의 법곡률과 같은 포물면이 존재함을 보여라.

문제 5.14 두 곡면의 공통부분인 곡선 C 위의 한 점 P에서의 곡률 κ는 다음을 만족함을 보여라.

$$\kappa^2\sin^2\alpha = \kappa_1^2 + \kappa_2^2 - 2\kappa_1\kappa_2\cos\alpha.$$

단, κ_1, κ_2는 각각 점 P에서 C방향으로 두 곡면의 법곡률이고, α는 점 P에서 두 곡면의 단위법선벡터 $\mathrm{N}_1, \mathrm{N}_2$의 사잇각이다.

문제 5.15 좌표조각사상 $\mathrm{x} = \mathrm{x}(u,v)$ 위의 각 점에서 다음이 성립함을 보여라.

$$\mathrm{N}_u \times \mathrm{N}_v = K(\mathrm{x}_u \times \mathrm{x}_v).$$

단, K는 곡면의 가우스곡률이고, N은 곡면의 단위법선벡터이다.

문제 5.16 $Adu^2 + 2Bdudv + Cdv^2 = 0$의 해가 좌표조각사상 위의 수직곡선족을 만들기 위한 필요충분조건은 $EC - 2FB + GA = 0$임을 보여라. 단, E, F, G는 제1기본계수이다.

문제 5.17 **(오일러의 정리)** C^2-급곡면에 놓여 있는 곡선 위의 점에서 그 접선 l의 방향으로의 법곡률은 다음과 같음을 보여라.

$$\kappa_n = \kappa_1\cos^2\alpha + \kappa_2\sin^2\alpha.$$

단, κ_1, κ_2는 점 P에서의 주곡률이고, α는 l과 κ_1에 대응하는 주방향에서의 접선과의 사잇각이다.

문제 5.18 만일 두 개의 곡면이 일정한 각으로 만나고 그의 공통부분으로 생긴 곡선이 어느 한 곡면의 곡률선이면, 그 곡선은 나머지 곡면에서도 곡률선임을 보여라.

문제 5.19 곡면 $f(x,y,z) = C$ 위의 주방향은

$$\begin{vmatrix} dx & dy & dz \\ f_x & f_y & f_z \\ df_x & df_y & df_z \end{vmatrix} = 0, \quad f_x dx + f_y dy + f_z dz = 0$$

5장 제1, 2기본형식

의 해임을 보여라.

문제 5.20 임의의 벡터 $\mathrm{x}_1, \mathrm{x}_2$에 대하여 곡면 $\mathrm{x} = \mathrm{x}_1(u) + \mathrm{x}_2(v)$ 위의 매개변수곡선은 공액곡선족임을 보여라.

문제 5.21 곡면 $f(x,y,z) = C$의 점근방향은

$$dxdf_x + dydf_y + dzdf_z = 0, f_x dx + f_y dy + f_z dz = 0$$

의 해임을 보여라.

문제 5.22 문제 5.21을 이용하여 곡면

$$f(x,y,z) \equiv z - x\sin y = 0, -\frac{\pi}{2} < y < \frac{\pi}{2}, x > 0$$

위에서의 점근선을 구하여라.

문제 5.23 의구면 $\begin{cases} x = a\sin t\cos\theta \\ y = a\sin t\sin\theta \\ z = a[\log\tan(\frac{t}{2}) + \cos t] \end{cases}$, $a > 0$의 제1기본계수는 다음과 같음을 보여라.

$$E = a^2\cot^2 t, F = 0, G = a^2\sin^2 t$$

문제 5.24 곡면 $\mathrm{x} = (x, y, f(x,y))$의 제1기본계수는 다음과 같음을 보여라.

$$E = 1 + p^2, F = pq, G = 1 + q^2.$$

단, $p = f_x, q = f_y$이다. 또한, 곡면 $F(x,y,z) = 0$의 제1기본계수를 x, y를 매개변수로 하여 구하여라.

문제 5.25 몽주좌표조각사상 $\mathrm{x} = (u, v, f(u,v))$ 위에서의 매개변수곡선들이 서로 수직인 곡선족이기 위한 필요충분조건은 $f_u f_v = 0$임을 보여라.

문제 5.26 곡면 $\mathrm{x}=(u,v,\frac{1}{uv})$, $u,v>0$의 선소 ds를 구하여라.

문제 5.27 단위속력곡선 $\mathrm{y}=\mathrm{y}(s)$의 종법선벡터 $\mathrm{b}(s)$에 의하여 생성되는 곡면 $\mathrm{x}=\mathrm{y}(s)+u\mathrm{b}(s)$의 제1기본형식은 $\mathrm{I}=(1+u^2\tau^2)ds^2+du^2$임을 보여라.

문제 5.28 구면 $\mathrm{x}=(\sin\phi\cos\theta,\sin\phi\sin\theta,\cos\phi)$ 위의 호

$$\theta=\int_{\pi/4}^{t}\frac{1}{\sin\tau}d\tau,\phi=t,\frac{\pi}{4}\leqq t\leqq\frac{\pi}{2}$$

의 길이를 구하여라.

문제 5.29 $(u^2+a^2)d\theta^2-du^2=0$을 만족하는 곡면 $\mathrm{x}=(u\cos\theta,u\sin\theta,a\theta+b)$ 위의 곡선들은 직교곡선족임을 보여라.

문제 5.30 곡면 $\mathrm{x}=(r\cos\theta,r\sin\theta,f(\theta))$ 위의 θ-곡선은 평행함을 보여라.

문제 5.31 몽주좌표조각사상 $\mathrm{x}=(u,v,f(u,v))$의 제2기본형식은 다음과 같음을 보여라.

$$\mathrm{II}=(f_u^2+f_v^2+1)^{-1/2}[f_{uu}du^2+2f_{uv}dudv+f_{vv}dv^2].$$

문제 5.32 기둥면 $\mathrm{x}=\mathrm{y}(s)+u\mathrm{g},\mathrm{g}=$(상수)위의 모든 점은 포물점이거나 평탄점임을 보여라.

문제 5.33 $(u,v)=(1,1)$에서 곡면 $\mathrm{x}=(u+v,u-v,uv)$의 가우스곡률과 평균곡률은 각각 $K=-\frac{1}{16},H=\frac{1}{8\sqrt{2}}$임을 보여라.

문제 5.34 회전면 $\mathrm{x}=(\cosh u\cos\theta,\cosh u\sin\theta,u)$ 위의 각 점에서의 평균곡률은 0임을 보여라.

문제 5.35 곡면 $\mathrm{x}=(u\cos\theta,u\sin\theta,\theta)$ 위의 곡률선은 $\log(u+\sqrt{u^2+1})-\theta=C$와 $\log(u+$

$\sqrt{u^2+1})+\theta=K$의 상임을 보여라.

문제 5.36 듀팡의 지시곡선을 이용하여 곡면 $\mathrm{x}=(u,v,4u^2+v^2)$에 대하여 $(u,v)=(0,0)$에서의 주곡률과 주방향을 구하여라.

문제 5.37 $Adu+Bdv=0$으로 주어지는 곡선족에 수직인 좌표조각사상 위의 곡선족은

$$(EB-FA)du+(FB-GA)dv=0$$

의 해로 주어짐을 보여라. 단, E,F,G는 제1기본계수이다.

문제 5.38 곡면 $\mathrm{x}=(e^{(u-v)/2}\cos\dfrac{u+v}{2},e^{(u-v)/2}\sin\dfrac{u+v}{2},\dfrac{u-v}{2})$ 위의 매개변수곡선은 점근선이다. 이때, u-곡선 $v=0$를 따라서 열률은 $\tau^2=-K$를 만족함을 보여라.

문제 5.39 곡면 $z-x^4+y^4=0$ 위의 점근선은 이 곡면과 기둥면족 $x^2+y^2=C$와 $x^2-y^2=K$의 공통부분임을 보여라.

문제 5.40 점근선이 직교곡선족인 곡면 위에서는 평균곡률이 0임을 보여라.

6장

곡면론의 텐서해석

1. 기호

곡면론에서는 텐서와 텐서기호를 사용하여 여러 가지 수식을 간단히 나타낼 수 있다. 텐서해석에서는 벡터의 성분을 아래첨자 대신에 윗첨자를 붙여서 나타낸다. 따라서 $\mathbb{R}^3$에서의 벡터 $\mathrm{x}=(x_1,x_2,x_3)$는 $\mathrm{x}=(x^1,x^2,x^3)$와 같이 나타낸다. 또한, 매개변수평면의 점 (u,v)는 (u^1,u^2)로 나타내고, 좌표조각사상은

$$\mathrm{x}=\mathrm{x}(u^1,u^2)=(x^1(u^1,u^2),x^2(u^1,u^2),x^3(u^1,u^2))$$

로 나타낸다. 이때, x의 편도함수는 다음과 같이 나타낸다.

$$\mathrm{x}_1=\frac{\partial \mathrm{x}}{\partial u^1},\mathrm{x}_2=\frac{\partial \mathrm{x}}{\partial u^2},\mathrm{x}_{12}=\frac{\partial^2 \mathrm{x}}{\partial u^2\partial u^1},\mathrm{x}_{22}=\frac{\partial^2 \mathrm{x}}{\partial u^2\partial u^2},\cdots$$

등으로 나타낸다.

곡면 $S:\mathrm{x}=\mathrm{x}(u^1,u^2)$ 위의 접선벡터는 $d\mathrm{x}=\mathrm{x}_1du^1+\mathrm{x}_2du^2=\sum_{i=1}^{2}\mathrm{x}_idu^i$이고, 제1기본형식은

$$\begin{aligned}\mathrm{I}&=d\mathrm{x}\cdot d\mathrm{x}=\mathrm{x}_1\cdot\mathrm{x}_1du^1du^1+2\mathrm{x}_1\cdot\mathrm{x}_2du^1du^2+\mathrm{x}_2\cdot\mathrm{x}_2du^2du^2\\&=g_{11}du^1du^1+g_{12}du^1du^2+g_{21}du^2du^1+g_{22}du^2du^2\\&=\sum_{i,j=1}^{2}g_{ij}du^idu^j\end{aligned}$$

으로 나타낸다. 단,

$$g_{11}=\mathrm{x}_1\cdot\mathrm{x}_2=E,g_{12}=g_{21}=\mathrm{x}_1\cdot\mathrm{x}_2=F,g_{22}=\mathrm{x}_2\cdot\mathrm{x}_2=G$$

이다.

[리만계량계수] 함수 g_{ij}를 **계량계수(metric coefficient)**, **계량텐서의 계수** 또는 **리만계량계수(coefficients of Riemann metric)**라고 한다.

$$g=\begin{vmatrix}g_{11}&g_{12}\\g_{21}&g_{22}\end{vmatrix}=g_{11}g_{22}-g_{12}g_{21}=EG-F^2$$

에 대하여

$$\begin{pmatrix} g_{11}\, g_{12} \\ g_{21}\, g_{22} \end{pmatrix}^{-1} := \begin{pmatrix} g^{11}\; g^{12} \\ g^{21}\; g^{22} \end{pmatrix} = \frac{1}{g}\begin{pmatrix} g_{22} & -g_{12} \\ -g_{21} & g_{11} \end{pmatrix}$$

이라 놓으면, $\begin{pmatrix} g_{11}\, g_{12} \\ g_{21}\, g_{22} \end{pmatrix}\begin{pmatrix} g^{11}\; g^{12} \\ g^{21}\; g^{22} \end{pmatrix} = \begin{pmatrix} 1\, 0 \\ 0\, 1 \end{pmatrix}$이므로

$$\sum_{k=1}^{2} g_{ik} g^{kj} = \delta_i^j = \begin{cases} 1, i = j \\ 0, i \neq j \end{cases}$$

임을 알 수 있다.

단위법선벡터의 미분은 $d\mathrm{N} = \mathrm{N}_1 du^1 + \mathrm{N}_2 du^2$ 이고, 제2기본형식은

$$\begin{aligned} \mathrm{II} &= -d\mathrm{x} \cdot d\mathrm{N} = -(\mathrm{x}_1 du^1 + \mathrm{x}_2 du^2) \cdot (\mathrm{N}_1 du^2 + \mathrm{N}_2 du^2) \\ &= -\mathrm{x}_1 \cdot \mathrm{N}_1 du^1 du^1 - \mathrm{x}_1 \cdot \mathrm{N}_2 du^1 du^2 - \mathrm{x}_2 \cdot \mathrm{N}_1 du^2 du^1 - \mathrm{x}_2 \cdot \mathrm{N}_2 du^2 du^2 \\ &= b_{11} du^1 du^1 + b_{12} du^1 du^2 + b_{21} du^2 du^1 + b_{22} du^2 du^2 \\ &= \sum_{i,j=1}^{2} b_{ij} du^i du^j \end{aligned}$$

로 나타낸다. 단,

$$\begin{aligned} b_{11} &= -\mathrm{x}_1 \cdot \mathrm{N}_1 = \mathrm{x}_{11} \cdot \mathrm{N} = L \\ b_{12} &= b_{21} = -\mathrm{x}_1 \cdot \mathrm{N}_2 = -\mathrm{x}_2 \cdot \mathrm{N}_1 = \mathrm{x}_{12} \cdot \mathrm{N} = \mathrm{x}_{21} \cdot \mathrm{N} = M \\ b_{22} &= -\mathrm{x}_2 \cdot \mathrm{N}_2 = \mathrm{x}_{22} \cdot \mathrm{N} = N \end{aligned}$$

이다. 또한, $b = \begin{vmatrix} b_{11}\, b_{12} \\ b_{21}\, b_{22} \end{vmatrix} = b_{11} b_{22} - b_{12} b_{21} = LN - M^2$ 으로 정의한다.

$\sum_{\alpha=1}^{3} a_{i\alpha} b^\alpha = a_{i1} b^1 + a_{i2} b^2 + a_{i3} b^3$와 같이 동일한 항 $a_{i\alpha} b^\alpha$에서 같은 첨자 α가 아래와 위에서 각각 나타날 때, 이 합을 그냥 $a_{i\alpha} b^\alpha$로 쓰기로 한다. 즉,

$$\sum_{\alpha=1}^{3} a_{i\alpha} b^\alpha := a_{i\alpha} b^\alpha.$$

이러한 약속을 **아인슈타인의 규약(Einstein's Convention)**이라고 한다. 또한, 총합에 사용되

는 첨자 α를 **무효첨자**(summation or dummy index)라고 한다. 무효첨자는 다른 첨자를 사용해도 무방하다. 즉,

$$a_{i\alpha}b^{\alpha} = a_{i\beta}b^{\beta} = a_{i\gamma}b^{\gamma} = \cdots .$$

한편, 첨자 i는 **자유첨자**(free index)라고 한다.

미분 $\dfrac{\partial\theta^i}{\partial u^j}$와 $\mathrm{x}_j = \dfrac{\partial \mathrm{x}}{\partial u^j}$에서, 첨자 i는 윗첨자로, j는 아래첨자로 간주한다.

예제 1.1 (a) $f = f(x^1, x^2, x^3), x^i = x^i(u^1, u^2), i = 1,2,3$에 대하여

$$\frac{\partial f}{\partial u^i} = \sum_{\alpha=1}^{3} \frac{\partial f}{\partial x^{\alpha}}\frac{\partial x^{\alpha}}{\partial u^i} := \frac{\partial f}{\partial x^{\alpha}}\frac{\partial x^{\alpha}}{\partial u^i}, i = 1,2$$

(b) $S = a_{\alpha\beta}x^{\alpha}x^{\beta}, \alpha, \beta = 1,2,3$는 다음을 의미하는 것이다.

$$\begin{aligned} S &= \sum_{\alpha,\beta=1}^{3} a_{\alpha\beta}x^{\alpha}x^{\beta} = \sum_{\alpha=1}^{3}\sum_{\beta=1}^{3} a_{\alpha\beta}x^{\alpha}x^{\beta} \\ &= \sum_{\beta=1}^{3} a_{1\beta}x^1x^{\beta} + \sum_{\beta=1}^{3} a_{2\beta}x^2x^{\beta} + \sum_{\beta=1}^{3} a_{3\beta}x^3x^{\beta} \\ &= a_{11}x^1x^1 + a_{12}x^1x^2 + a_{13}x^1x^3 + a_{21}x^2x^1 + a_{22}x^2x^2 + a_{23}x^2x^3 \\ &\quad + a_{31}x^3x^1 + a_{32}x^3x^2 + a_{33}x^3x^3 . \end{aligned}$$

예제 1.2 아인슈타인의 규약을 이용하여 접선벡터 $d\mathrm{x}$는 다음과 같이 나타낼 수 있다.

$$d\mathrm{x} = \mathrm{x}_1 du^1 + \mathrm{x}_2 du^2 := \mathrm{x}_{\alpha} du^{\alpha}, \alpha = 1,2$$

단위법선벡터 N의 미분 $d\mathrm{N}$은 $d\mathrm{N} = \mathrm{N}_{\alpha}du^{\alpha}, \alpha = 1,2$이고, 제2기본형식은

$$\mathrm{II} = -\mathrm{x}_{\alpha}\cdot \mathrm{N}_{\beta}du^{\alpha}du^{\beta} = \mathrm{x}_{\alpha\beta}\cdot \mathrm{N}du^{\alpha}du^{\beta} = b_{\alpha\beta}du^{\alpha}du^{\beta}, \alpha,\beta = 1,2$$

으로 나타낼 수 있다.

2. 기본다양체(elementary manifolds)

텐서는 $\mathbb{R}^3$의 곡면에서 폭넓게 이용되므로, 초등곡면의 개념을 다음과 같이 일반화할 것이다. 추상적인 집합 M은 집합 $S\subset\mathbb{R}^n$과 1-1 대응한다고 가정하고, 각 점 $P\in M$는 $(u^1,u^2,\dots,u^n)\in\mathbb{R}^n$과 1-1 대응된다고 가정하자. 이때, $(u^1,u^2,\dots,u^n)$는 P의 **좌표(coordinate)** 라고 한다. 이러한 대응

$$M\to S: P\to P(u^1,u^2,\dots,u^n)$$

을 M 위에서의 **좌표계(coordinate system)** 라고 한다. M 위에서의 좌표계 $P(u^1,u^2,\dots,u^n)$는 곡면 위에서의 한 좌표조각사상 $\mathrm{x}=\mathrm{x}(u^1,u^2)$와 유사하다. 또 다른 좌표계

$$M\to\overline{S}: P\to P(\overline{u}^1,\overline{u}^2,\dots\overline{u}^n)$$

은 1-1 대응 $S\leftrightarrow\overline{S}: (u^1,u^2,\dots,u^n)\leftrightarrow(\overline{u}^1,\overline{u}^2,\dots,\overline{u}^n)$을 결정한다. 이러한 대응은 **좌표변환(coordinate transformation)** 이라 한다. 이 좌표변환은 $u^i=u^i(\overline{u}^1,\overline{u}^2,\dots,\overline{u}^n)$으로 나타낼 수 있다. 이 좌표변환은 곡면 위의 두 좌표조각사상의 공통부분에서의 좌표변환에 대응한다.

$S\subset\mathbb{R}^n$는 열린집합이라 가정한다. 또한, 좌표변환 $\overline{u}^i=\overline{u}^i(u^1,u^2,\dots,u^n)$과 그의 역변환 $u^i=u^i(\overline{u}^1,\overline{u}^2,\dots,\overline{u}^n)$은 연속인 편도함수 $\dfrac{\partial\overline{u}^i}{\partial u^j},\dfrac{\partial u^i}{\partial\overline{u}^j}$를 갖고

$$\frac{\partial(\overline{u}^1,\overline{u}^2,\dots,\overline{u}^n)}{\partial(u^1,u^2,\dots,u^n)}\neq 0,\ \frac{\partial(u^1,u^2,\dots,u^n)}{\partial(\overline{u}^1,\overline{u}^2,\dots,\overline{u}^n)}\neq 0$$

이라 가정한다. 이때, $\overline{u}^i,u^i$는 서로 역인 함수이므로

$$\sum_{\alpha=1}^{n}\frac{\partial\overline{u}^j}{\partial u^\alpha}\frac{\partial u^\alpha}{\partial\overline{u}^i}=\frac{\partial\overline{u}^j}{\partial u^\alpha}\frac{\partial u^\alpha}{\partial\overline{u}^i}=\delta_i^j$$

임을 알 수 있다.

[기본좌표다양체] 이와 같은 성질을 갖는 점들의 집합 M을 n차원 **기본좌표다양체(elementary coordinate manifold of dimension n)** 라 한다.

예제 2.1 (a) $\mathbb{R}^3$에서 교차하지 않는 정칙단순곡선은 1차원 기본좌표다양체이다.

(b) $\mathbb{R}^3$에서 초등곡면은 2차원 기본다양체이다.

(c) $\mathbb{R}^3$에서 정의된 좌표계 $P(x^1, x^2, x^3)$를 갖고, 좌표변환 $\overline{x}^i = \overline{x}^i(x^1, x^2, x^3)$, $i = 1, 2, 3$과 그의 역함수 $x^i = x^i(\overline{x}^1, \overline{x}^2, \overline{x}^3)$은 C^1-급이고 $\dfrac{\partial(\overline{x}^1, \overline{x}^2, \overline{x}^3)}{\partial(x^1, x^2, x^3)} \neq 0$, $\dfrac{\partial(x^1, x^2, x^3)}{\partial(\overline{x}^1, \overline{x}^2, \overline{x}^3)} \neq 0$인 $\mathbb{R}^3$은 3차원 기본좌표다양체이다.

3. 텐서

n차원 기본좌표다양체 M 위의 점 P에서의 텐서 T는 다음 성질을 만족하는 점 P에 따른 어떤 기하학적 "대상"을 생각할 수 있다.

(i) 기본좌표다양체 위에서의 각 좌표계 $P(u^1, u^2, \ldots, u^n)$에 대하여 T는 "좌표계 $P(u^1, u^2, \ldots, u^n)$에 관한 T의 성분"이라 불리는 어떤 스칼라들의 집합 C에 의하여 표현된다.

(ii) 만일 $P(\bar{u}^1, \bar{u}^2, \ldots, \bar{u}^n)$가 기본좌표다양체 위에서의 또 다른 좌표계이면, $P(\bar{u}^1, \bar{u}^2, \ldots, \bar{u}^n)$에 관한 T의 성분 $\bar{C}$는 좌표변환 $\bar{u}^i = \bar{u}^i(u^1, u^2, \ldots, u^n)$과 그의 역변환 $u^i = u^i(\bar{u}^1, \bar{u}^2, \ldots, \bar{u}^n)$에 의존하는 어떤 변환법칙에 의하여 성분 C와 관련되어 있다.

$\mathbb{R}^3$의 곡면 위의 점 P에서 텐서에 관한 중요한 한 예는 점 P를 포함하는 좌표조각사상 $\mathrm{x} = \mathrm{x}(u^1, u^2)$에 대하여 성분이 제1기본계수 $g_{ij}, i = 1, 2$인 텐서이다. 만일 $\mathrm{x} = \mathrm{x}^*(\bar{u}^1, \bar{u}^2)$가 제1기본계수 $\bar{g}_{ij}$를 갖는 점 P를 포함하는 또 다른 좌표조각사상이면,

$$u^i = u^i(\bar{u}^1, \bar{u}^2), \bar{u}^i = \bar{u}^i(u^1, u^2),\ \ \mathrm{x} = \mathrm{x}(u^1, u^2) = \mathrm{x}^*(\bar{u}^1, \bar{u}^2)$$

이므로

$$\begin{aligned}\bar{g}_{ij} = \mathrm{x}_i^* \cdot \mathrm{x}_j^* &= \mathrm{x}_\alpha \frac{\partial u^\alpha}{\partial \bar{u}^i} \cdot \mathrm{x}_\beta \frac{\partial u^\beta}{\partial \bar{u}^j} \\ &= \mathrm{x}_\alpha \cdot \mathrm{x}_\beta \frac{\partial u^\alpha}{\partial \bar{u}^i} \frac{\partial u^\beta}{\partial \bar{u}^j} \\ &= g_{\alpha\beta} \frac{\partial u^\alpha}{\partial \bar{u}^i} \frac{\partial u^\beta}{\partial \bar{u}^j}\end{aligned}$$

이다. 이때, g_{ij}는 위와 같은 변환법칙에 의하여 $\bar{g}_{ij}$와 관계를 맺고 있다.

[공변계량텐서] 이러한 텐서 $\{g_{ij}\}$는 점 P에서 곡면의 **공변계량텐서(covariant metric tensor)**라고 한다.

위에서 생각한 공변계량텐서와 같이, 텐서 T는 항상 n차원 기본 좌표다양체 위의 점 P에 의존하고 있다. 그러므로 텐서 $T(P)$는 P의 좌표$(u^1, u^2, \ldots, u^n)$의 함수에 의하여 주어진다.

[텐서장] n차원 기본좌표다양체 위의 각 점 P에 대응하는 텐서 $T(P)$를 **텐서장**(tensor field)이라고 한다.

[텐서의 분류] 텐서는 다음과 같은 변환법칙에 따라 분류한다.

(i) 텐서 $\{A^i\}$, $i=1,2,\ldots,n$가

$$\overline{A}^i = A^\alpha \frac{\partial \overline{u}^i}{\partial u^\alpha}, \alpha = 1,2,\ldots,n$$

을 따라 변환할 때, 이 텐서를 **계수 1의 반변텐서**(contravariant tensor of rank 1) 또는 **반변텐서**(contravariant tensor)라고 한다.

(ii) 텐서 $\{A_i\}$, $i=1,2,\ldots,n$가

$$\overline{A}_i = A_\alpha \frac{\partial u^\alpha}{\partial \overline{u}^i}, \alpha = 1,2,\ldots,n$$

을 따라 변환할 때, 이러한 텐서를 **계수 1의 공변텐서**(covariant tensor of rank 1) 또는 **공변텐서**(covariant tensor)라고 한다.

(iii) 텐서 $\{A^{ij}\}$, $i,j=1,2,\ldots,n$가

$$\overline{A}^{ij} = A^{\alpha\beta} \frac{\partial \overline{u}^i}{\partial u^\alpha} \frac{\partial \overline{u}^j}{\partial u^\beta}, \alpha,\beta = 1,2,\ldots,n$$

을 따라 변환할 때, 이러한 텐서를 **계수 2의 반변텐서**(contravariant tensor of rank 2)라고 한다.

(iv) 텐서 $\{A_{ij}\}$, $i,j=1,2,\ldots,n$가

$$\overline{A}_{ij} = A_{\alpha\beta} \frac{\partial u^\alpha}{\partial \overline{u}^i} \frac{\partial u^\beta}{\partial \overline{u}^j}, \alpha,\beta = 1,2,\ldots,n$$

을 따라 변환할 때, 이러한 텐서를 **계수 2의 공변텐서**(covariant tensor of rank 2)라고 한다.

위의 4가지의 텐서는 다음의 특수한 경우이다.

(v) 텐서 $\{A^{i_1\cdots i_r}_{j_1\cdots j_s}\}, i_k, j_m = 1,2,\ldots,n$가

$$\bar{A}^{i_1 \cdots i_r}_{j_1 \cdots j_s} = [\det(\frac{\partial u^i}{\partial \bar{u}^j})]^N A^{\alpha_1 \cdots \alpha_r}_{\beta_1 \cdots \beta_s} \frac{\partial \bar{u}^{i_1}}{\partial u^{\alpha_1}} \cdots \frac{\partial \bar{u}^{i_r}}{\partial u^{\alpha_r}} \frac{\partial u^{\beta_1}}{\partial \bar{u}^{j_1}} \cdots \frac{\partial u^{\beta_s}}{\partial \bar{u}^{j_s}}$$

따라 변환할 때, 이러한 텐서를 **가중치 N을 갖는 r차의 반변, s차의 공변인 혼합텐서(mixed tensor, contravariant of order r and covariant of order s with weight N)** 라고 한다. 특히, $N=0$인 텐서를 **절대텐서(absolute tensor)**라고 한다. 위에서 (i)~(iv)의 텐서는 모두 절대텐서이다.

$s=0$인 텐서는 순수반변텐서라 하고, $r=0$인 텐서는 순수공변텐서라 한다. 합 $r+s$를 텐서의 **계수(rank)**라고 한다.

(v) 스칼라는 계수 0인 텐서라고 정의한다.

일반텐서의 변환법칙은 추이적(transitive)이다. 예를 들어, 좌표계 $P(\bar{\bar{u}}^1, \ldots \bar{\bar{u}}^n)$과 $P(\bar{u}^1, \ldots, \bar{u}^n)$에서 반변벡터의 성분들 사이의 관계를 나타내는 변환법칙

$$\bar{\bar{A}}^i = \bar{A}^\alpha \frac{\partial \bar{\bar{u}}^i}{\partial \bar{u}^\alpha}$$

를 생각해 보자. 좌표계 $P(\bar{u}^1, \ldots, \bar{u}^n)$과 $P(u^1, \ldots u^n)$에서 반변벡터의 성분들 사이의 관계를 나타내는 변환법칙은 $\bar{A}^\alpha = A^\beta \frac{\partial \bar{u}^i}{\partial u^\beta}$이므로 연쇄법칙에 의하여

$$\bar{\bar{A}}^i = \bar{A}^\alpha \frac{\partial \bar{\bar{u}}^i}{\partial \bar{u}^\alpha} = (A^\beta \frac{\partial \bar{u}^\alpha}{\partial u^\beta}) \frac{\partial \bar{\bar{u}}^i}{\partial \bar{u}^\alpha} = A^\beta \frac{\partial \bar{\bar{u}}^i}{\partial u^\beta}$$

이다. 이것은 좌표계 $P(\bar{\bar{u}}^1, \ldots \bar{\bar{u}}^n)$과 $P(u^1, \ldots u^n)$에서 반변벡터들 사이의 관계를 나타내는 변환법칙이다. 그러므로 반변벡터의 변환법칙은 추이적이다.

예제 3.1 (a) 함수 $f(x^1, x^2, x^3)$는 $\mathbb{R}^3$의 열린집합 U에서 정의된 C^1-급 실가함수라고 하자. 만일 $x^i = x^i(\bar{x}^1, \bar{x}^2, \bar{x}^3), i=1,2,3$은 매개변수교환가능이면, 연쇄법칙에 의하여 각 점에서

$$\frac{\partial f}{\partial \bar{x}^i} = \frac{\partial f}{\partial x^\alpha} \frac{\partial x^\alpha}{\partial \bar{x}^i}$$

이 성립한다. 따라서 $\{\frac{\partial f}{\partial x^i}\}$는 f의 **물매(gradient)** ∇f라 불리는 U 위에서의 공변벡터장이다.

(b) $\mathbb{R}^3$의 곡면 위에서 성분이 제1기본계수인 공변계량텐서 $\{g_{ij}\}$는 계수 2의 절대공변텐서장이다.

(c) 제2기본계수 $b_{ij}, i,j=1,2$는 g_{ij}와 같이 변환한다. 즉, 두 좌표조각사상 $\mathrm{x}=\mathrm{x}(u^1,u^2)$와 $\mathrm{x}=\mathrm{x}^*(\bar{u}^1,\bar{u}^2)$의 공통부분에서는

$$\bar{b}_{ij}=b_{\alpha\beta}\frac{\partial u^\alpha}{\partial \bar{u}^i}\frac{\partial u^\beta}{\partial \bar{u}^j}$$

가 성립한다. 따라서 제2기본계수는 곡면 위에서 계수 2의 절대공변텐서장의 성분이다.

(d) $\bar{u}^i=\bar{u}^i(u^1,\dots,u^n)$은 n차원 기본좌표다양체 위에서 매개변수변환가능이라 하자. 그리고 한 점에서 합 $\delta_\alpha^\beta\frac{\partial \bar{u}^j}{\partial u^\beta}\frac{\partial u^\alpha}{\partial \bar{u}^i}$를 생각해 보자. 이것은 오직 $\alpha=\beta$일 때만 의미가 있으므로

$$\delta_\alpha^\beta\frac{\partial \bar{u}^j}{\partial u^\beta}\frac{\partial u^\alpha}{\partial \bar{u}^i}=\frac{\partial \bar{u}^j}{\partial u^\alpha}\frac{\partial u^\alpha}{\partial \bar{u}^i}=\bar{\delta}_i^j$$

이다. 따라서 크로네커(Kronecker)의 델타 $\delta_i^j=\begin{cases}1, & i=j\\ 0, & i\neq j\end{cases}$는 1차의 공변, 1차의 반변인 계수 2의 혼합절대텐서이다. 이것은 기본좌표다양체 위에서의 모든 좌표계에 관하여 성분들이 같은 텐서이다.

(f) $\mathbb{R}^3$의 곡면 위의 두 좌표조각사상의 공통부분에 있는 점에서

$$A^{ij}=g^{\alpha\beta}\frac{\partial \bar{u}^i}{\partial u^\alpha}\frac{\partial \bar{u}^j}{\partial u^\beta}$$

이라 하고, 합

$$\bar{g}_{ik}A^{kj}=g_{\gamma\sigma}\frac{\partial u^\gamma}{\partial \bar{u}^i}\frac{\partial u^\sigma}{\partial \bar{u}^k}g^{\alpha\beta}\frac{\partial \bar{u}^k}{\partial u^\alpha}\frac{\partial \bar{u}^j}{\partial u^\beta}$$

$$= (\frac{\partial u^\sigma}{\partial \overline{u}^k} \frac{\partial \overline{u}^k}{\partial u^\alpha}) g_{\gamma\sigma} g^{\alpha\beta} \frac{\partial u^\gamma}{\partial \overline{u}^i} \frac{\partial \overline{u}^j}{\partial u^\beta}$$

$$= \delta^\sigma_\alpha g_{\gamma\sigma} g^{\alpha\beta} \frac{\partial u^\gamma}{\partial \overline{u}^i} \frac{\partial \overline{u}^j}{\partial u^\beta}$$

$$= g_{\gamma\alpha} g^{\alpha\beta} \frac{\partial u^\gamma}{\partial \overline{u}^i} \frac{\partial \overline{u}^j}{\partial u^\beta}$$

$$= \delta^\beta_\gamma \frac{\partial u^\gamma}{\partial \overline{u}^i} \frac{\partial \overline{u}^j}{\partial u^\beta}$$

$$= \frac{\partial u^\beta}{\partial \overline{u}^i} \frac{\partial \overline{u}^j}{\partial u^\beta} = \overline{\delta}^j_i$$

을 생각해 보자. $\overline{g}_{ik} A^{kj} = \overline{\delta}^j_i$이므로

$$\overline{g}^{ij} = A^{ij} = g^{\alpha\beta} \frac{\partial \overline{u}^i}{\partial u^\alpha} \frac{\partial \overline{u}^j}{\partial u^\beta}$$

이다. 따라서 g^{ij}는 반변계량텐서라 불리는 곡면 위의 계수 2의 절대반변텐서장의 성분임을 알 수 있다.

(f) $e^{ijk} := \begin{cases} 0, & i,j,k\text{중 두 개가 같을 때} \\ 1, & i,j,k\text{가 } 1,2,3\text{의 우치환일 때} \\ -1, & i,j,k\text{가 } 1,2,3\text{의 기치환일 때} \end{cases}$ 라고 정의하자. 이러한 27개의 스칼라 e^{ijk}, $i,j,k = 1,2,3$을 생각해 보자. 그러면

$$\det(a^j_i) = \sum_{\alpha,\beta,\gamma=1}^{3} e^{\alpha\beta\gamma} a^1_\alpha a^2_\beta a^3_\gamma := e^{\alpha\beta\gamma} a^1_\alpha a^2_\beta a^3_\gamma$$

임을 알 수 있다. 더욱이

$$e^{\alpha\beta\gamma} a^p_\alpha a^q_\beta a^r_\gamma = \begin{cases} \det(a^j_i), & p,q,r\text{이 } 1,2,3\text{의 우치환일 때} \\ -\det(a^j_i), & p,q,r\text{이 } 1,2,3\text{의 기치환일 때} \end{cases}$$

이다. 그러므로

$$e^{pqr} \det(a^j_i) = e^{\alpha\beta\gamma} a^p_\alpha a^q_\beta a^r_\gamma$$

임을 알 수 있다.

지금 $\overline{u}^i = \overline{u}^i(u^1, u^2, u^3)$는 3차원 기본좌표다양체에서의 좌표변환이라 하자. 그러면

$$e^{pqr}\det(\frac{\partial \overline{u}^j}{\partial u^i}) = e^{\alpha\beta\gamma}\frac{\partial \overline{u}^p}{\partial u^\alpha}\frac{\partial \overline{u}^q}{\partial u^\beta}\frac{\partial \overline{u}^r}{\partial u^\gamma}$$

이다. 따라서

$$\begin{aligned}\overline{e}^{pqr} = e^{pqr} &= [\det(\frac{\partial \overline{u}^j}{\partial u^i})]^{-1} e^{\alpha\beta\gamma}\frac{\partial \overline{u}^p}{\partial u^\alpha}\frac{\partial \overline{u}^q}{\partial u^\beta}\frac{\partial \overline{u}^r}{\partial u^\gamma} \\ &= \det(\frac{\partial u^j}{\partial \overline{u}^i}) e^{\alpha\beta\gamma}\frac{\partial \overline{u}^p}{\partial u^\alpha}\frac{\partial \overline{u}^q}{\partial u^\beta}\frac{\partial \overline{u}^r}{\partial u^\gamma}\end{aligned}$$

이다. 그러므로 e^{ijk}는 가중치 1인 계수 3의 반변벡터의 성분이다. 한편, $e_{ijk} := e^{ijk}$이라 정의하면, $e_{ijk}, i, j, k = 1,2,3$는 가중치 -1인 계수 3의 공변텐서의 성분임을 알 수 있다.

텐서의 성분들의 집합이 두 반변첨자(윗 첨자)나 두 공변첨자(아래첨자)에 관하여 **대칭적(symmetric)**이라는 것은 첨자가 바뀌어도 성분이 같을 때를 말한다. 예를 들어, 만일 모든 i, k에 대하여 $A_{pq}^{ijk} = A_{pq}^{kji}$이면, A_{pq}^{ijk}는 첫째와 셋째 반변첨자에 관하여 대칭이다.

텐서의 성분들의 집합이 두 반변첨자(윗 첨자)나 두 공변첨자(아래첨자)에 관하여 **교대적** 또는 **비대칭적(skew-symmetric)**이라는 것은 첨자가 바뀌면 성분의 대수적 부호가 바뀔 때를 말한다. 예를 들어, 만일 모든 i, k에 대하여 $A_{pq}^{ijk} = -A_{pq}^{kji}$이면, A_{pq}^{ijk}는 첫째와 셋째 반변첨자에 관하여 교대적이다.

[대칭텐서와 교대텐서] 어떤 텐서가 모든 반변과 공변첨자에 관하여 대칭일 때, 그 텐서를 그냥 **대칭텐서(symmetric tensor)**라고 한다. 마찬가지로, 어떤 텐서가 모든 반변과 공변첨자에 관하여 교대적일 때, 그 텐서를 **교대텐서(skew-symmetric tensor)**라고 한다.

한 좌표계에 관하여 텐서의 성분이 한 쌍의 첨자에 관하여 대칭(교대적)이면, 그 텐서의 성분은 다른 좌표계에서 같은 첨자에 관하여 대칭(교대적)이다. 예를 들어, 만일 어떤 텐서의 성분 $A_{j_1 \cdots j_s}^{i_1 \cdots i_r}$이 i_1과 i_2에 관하여 대칭이면,

$$\overline{A}^{i_2 i_1 \cdots i_r}_{j_1 j_2 \cdots j_s} = [\det(\frac{\partial u^i}{\partial \overline{u}^j})]^N A^{\alpha_1 \cdots \alpha_r}_{\beta_1 \cdots \beta_s} \frac{\partial \overline{u}^{i_2}}{\partial u^{\alpha_1}} \frac{\partial \overline{u}^{i_1}}{\partial u^{\alpha_2}} \cdots \frac{\partial \overline{u}^{i_r}}{\partial u^{\alpha_r}} \frac{\partial u^{\beta_1}}{\partial \overline{u}^{j_1}} \cdots \frac{\partial u^{\beta_s}}{\partial \overline{u}^{j_s}}$$

$$= [\det(\frac{\partial u^i}{\partial \overline{u}^j})]^N A^{\alpha_2 \alpha_1 \cdots \alpha_r}_{\beta_1 \beta_2 \cdots \beta_s} \frac{\partial \overline{u}^{i_1}}{\partial u^{\alpha_2}} \frac{\partial \overline{u}^{i_2}}{\partial u^{\alpha_1}} \cdots \frac{\partial \overline{u}^{i_r}}{\partial u^{\alpha_r}} \frac{\partial u^{\beta_1}}{\partial \overline{u}^{j_1}} \cdots \frac{\partial u^{\beta_s}}{\partial \overline{u}^{j_s}}$$

$$= \overline{A}^{i_1 i_2 \cdots i_r}_{j_1 j_2 \cdots j_s}$$

이므로 변환된 성분 $\overline{A}^{i_1 i_2 \cdots i_r}_{j_1 j_2 \cdots j_s}$ 도 i_1과 i_2에 관하여 대칭이다.

따라서 텐서가 한 쌍의 첨자에 관하여 대칭(교대적)이라는 성질은 텐서의 한 성질이다.

예제 3.2 (a) 공변계량텐서 $\{g_{ij}\}$와 반변계량텐서 $\{g^{ij}\}$는 둘 다 대칭텐서이다.

(b) 크로네커의 델타는 다음과 같이 확장될 수 있다.

$$\delta^{pq}_{ij} = \begin{cases} 1, & i = p, j = q, i \neq j \\ -1, & i = q, j = p, i \neq j \\ 0, & (\text{그 이외의 경우}) \end{cases}, \quad i,j,p,q = 1,2,\ldots,n.$$

이때, $\delta^{pq}_{ij} = \delta^p_i \delta^q_j - \delta^p_j \delta^q_i$이다. 왜냐하면, $A^{pq}_{ij} = \delta^p_i \delta^q_j - \delta^p_j \delta^q_i$라 놓으면,

$$A^{pq}_{ij} = \begin{cases} 1, & i = p, j = q, i \neq j \\ -1, & i = q, j = p, i \neq j \\ 0, & (\text{그 이외의 경우}) \end{cases}$$

이므로 $A^{pq}_{ij} = \delta^{pq}_{ij}$이다.

δ^{pq}_{ij}는 계수 4인 2차 반변, 2차 공변의 절대텐서의 성분이다. 왜냐하면,

$$\delta^{\gamma\sigma}_{\alpha\beta} \frac{\partial \overline{u}^p}{\partial u^\gamma} \frac{\partial \overline{u}^q}{\partial u^\sigma} \frac{\partial u^\alpha}{\partial \overline{u}^i} \frac{\partial u^\beta}{\partial \overline{u}^j}$$

$$= (\delta^\gamma_\alpha \delta^\sigma_\beta - \delta^\gamma_\beta \delta^\sigma_\alpha) \frac{\partial \overline{u}^p}{\partial u^\gamma} \frac{\partial \overline{u}^q}{\partial u^\sigma} \frac{\partial u^\alpha}{\partial \overline{u}^i} \frac{\partial u^\beta}{\partial \overline{u}^j}$$

$$= \delta^\gamma_\alpha \delta^\sigma_\beta \frac{\partial \overline{u}^p}{\partial u^\gamma} \frac{\partial \overline{u}^q}{\partial u^\sigma} \frac{\partial u^\alpha}{\partial \overline{u}^i} \frac{\partial u^\beta}{\partial \overline{u}^j} - \delta^\gamma_\beta \delta^\sigma_\alpha \frac{\partial \overline{u}^p}{\partial u^\gamma} \frac{\partial \overline{u}^q}{\partial u^\sigma} \frac{\partial u^\alpha}{\partial \overline{u}^i} \frac{\partial u^\beta}{\partial \overline{u}^j}$$

$$= \frac{\partial \overline{u}^p}{\partial u^\alpha} \frac{\partial \overline{u}^q}{\partial u^\beta} \frac{\partial u^\alpha}{\partial \overline{u}^i} \frac{\partial u^\beta}{\partial \overline{u}^j} - \frac{\partial \overline{u}^p}{\partial u^\beta} \frac{\partial \overline{u}^q}{\partial u^\alpha} \frac{\partial u^\alpha}{\partial \overline{u}^i} \frac{\partial u^\beta}{\partial \overline{u}^j}$$

$$= \delta^p_i \delta^q_j - \delta^p_j \delta^q_i = \delta^{pq}_{ij} = \overline{\delta^{pq}_{ij}}$$

이므로 δ_{ij}^{pq}는 계수 4인 2차 반변, 2차 공변의 절대텐서의 성분이다. δ_{ij}^{pq}는 반변첨자에 관하여 교대적이다. 왜냐하면, $\delta_{ij}^{pq} = \delta_i^p \delta_j^q - \delta_j^p \delta_i^q$이므로 $\delta_{ij}^{pq} = -\delta_{ij}^{qp}$이기 때문이다.

(c) δ_{ij}^{pq}를 다음과 같이 일반화할 수 있다.

$$\delta_{i_1 \cdots i_m}^{j_1 \cdots j_m} = \begin{cases} 1, & i_1, \ldots, i_m \text{이 서로 다르고, } j_1, \ldots, j_m \text{이 } i_1, \ldots, i_m \text{의 우치환일 때} \\ -1, & i_1, \ldots, i_m \text{이 서로 다르고, } j_1, \ldots, j_m \text{이 } i_1, \ldots, i_m \text{의 기치환일 때.} \\ 0, & (\text{그 이외의 경우}) \end{cases}$$

예를 들어,

$$\delta_{1122}^{1245} = 0, \delta_{1234}^{1134} = 0, \delta_{1224}^{5678} = 0, \delta_{1234}^{2134} = -1, \delta_{1234}^{2314} = 1, \delta_{3456}^{3465} = -1, \delta_{4356}^{4356} = 1.$$

$\delta_{i_1 \cdots i_m}^{j_1 \cdots j_m}$은 m차 반변, m차 공변의 교대절대텐서의 성분임을 알 수 있다.

4. 텐서대수

(a) 텐서의 덧셈

$A^{j_1\cdots j_r}_{i_1\cdots i_s}$과 $B^{j_1\cdots j_r}_{i_1\cdots i_s}$은 공변과 반변의 차수가 같고, 가중치도 같은 두 개의 텐서 A,B의 성분이라 하자. 이때, A,B의 대응하는 성분의 합

$$C^{j_1\cdots j_r}_{i_1\cdots i_s} = A^{j_1\cdots j_r}_{i_1\cdots i_s} + B^{j_1\cdots j_r}_{i_1\cdots i_s}$$

은 A,B와 같이 공변과 반변의 차수가 같고 가중치도 같은 텐서 C의 성분이다. 이 텐서 C를 **텐서 A,B의 합(sum)**이라 한다.

$$\begin{aligned}
\overline{C}^{j_1\cdots j_r}_{i_1\cdots i_s} &= \overline{A}^{j_1\cdots j_r}_{i_1\cdots i_s} + \overline{B}^{j_1\cdots j_r}_{i_1\cdots i_s} \\
&= [\det(\frac{\partial u^i}{\partial \overline{u}^j})]^N A^{\alpha_1\cdots\alpha_r}_{\beta_1\cdots\beta_s} \frac{\partial \overline{u}^{i_1}}{\partial u^{\alpha_1}}\cdots \frac{\partial \overline{u}^{i_r}}{\partial u^{\alpha_r}} \frac{\partial u^{\beta_1}}{\partial \overline{u}^{j_1}}\cdots \frac{\partial u^{\beta_s}}{\partial \overline{u}^{j_s}} \\
&\qquad + [\det(\frac{\partial u^i}{\partial \overline{u}^j})]^N B^{\alpha_1\cdots\alpha_r}_{\beta_1\cdots\beta_s} \frac{\partial \overline{u}^{i_1}}{\partial u^{\alpha_1}}\cdots \frac{\partial \overline{u}^{i_r}}{\partial u^{\alpha_r}} \frac{\partial u^{\beta_1}}{\partial \overline{u}^{j_1}}\cdots \frac{\partial u^{\beta_s}}{\partial \overline{u}^{j_s}} \\
&= [\det(\frac{\partial u^i}{\partial \overline{u}^j})]^N [A^{\alpha_1\cdots\alpha_r}_{\beta_1\cdots\beta_s} + B^{\alpha_1\cdots\alpha_r}_{\beta_1\cdots\beta_s}] \frac{\partial \overline{u}^{i_1}}{\partial u^{\alpha_1}}\cdots \frac{\partial \overline{u}^{i_r}}{\partial u^{\alpha_r}} \frac{\partial u^{\beta_1}}{\partial \overline{u}^{j_1}}\cdots \frac{\partial u^{\beta_s}}{\partial \overline{u}^{j_s}} \\
&= [\det(\frac{\partial u^i}{\partial \overline{u}^j})]^N C^{\alpha_1\cdots\alpha_r}_{\beta_1\cdots\beta_s} \frac{\partial \overline{u}^{i_1}}{\partial u^{\alpha_1}}\cdots \frac{\partial \overline{u}^{i_r}}{\partial u^{\alpha_r}} \frac{\partial u^{\beta_1}}{\partial \overline{u}^{j_1}}\cdots \frac{\partial u^{\beta_s}}{\partial \overline{u}^{j_s}}.
\end{aligned}$$

(b) 텐서의 외적

만일 가중치가 N_1이고 계수 $p+q$의 텐서 B의 성분 $B^{\alpha_1\cdots\alpha_p}_{\beta_1\cdots\beta_q}$를 가중치가 N_2이고 계수 $r+s$의 텐서 A의 성분 $A^{i_1\cdots i_r}_{j_1\cdots j_s}$과 곱하면, 그 결과는 $n^{r+s+p+q}$개의 수의 집합

$$C^{i_1\cdots i_r\alpha_1\cdots\alpha_p}_{j_1\cdots j_s\beta_1\cdots\beta_q} = A^{i_1\cdots i_r}_{j_1\cdots j_s} B^{\alpha_1\cdots\alpha_p}_{\beta_1\cdots\beta_q}$$

을 얻는다. 이때, $C^{i_1\cdots i_r\alpha_1\cdots\alpha_p}_{j_1\cdots j_s\beta_1\cdots\beta_q}$는 가중치가 N_1+N_2이고, $r+p$차의 반변, $s+q$차의 공변의 텐서 C의 성분임을 쉽게 알 수 있다. 이 텐서 C를 **텐서 A,B의 외적(outer product)**이라고 한다. 특히, A는 계수 0인 텐서, 즉, 스칼라가 될 수도 있다.

(c) 축약

$A^{i_1\cdots i_r}_{j_1\cdots j_s}$는 가중치가 N이고, r차의 반변, s차의 공변의 텐서 A의 성분이라 하자. 첫째 반변첨자와 첫째 공변첨자를 동일시하고 합을 취하여 얻어지는 n^{r+s-2}개의 스칼라

$$B^{i_2\cdots i_r}_{j_1\cdots j_s} = A^{\alpha i_2\cdots i_r}_{\alpha j_2\cdots j_s}$$

은 가중치가 N이고 $r-1$차의 반변, $s-1$차의 공변의 텐서 B의 성분임을 알 수 있다. 이 텐서 B를 **텐서 A의 축약(contraction)**이라 한다. 이러한 축약된 텐서는 하나의 반변첨자와 하나의 공변첨자를 어떻게 택하더라도 만들어질 수 있다.

예제 4.1 (a) A^{ij}를 계수 2인 임의의 반변텐서의 성분이라 하고, $B^{ij}=A^{ji}$라고 하자. 이때, B^{ij}도 계수 2인 반변텐서의 성분이다. 왜냐하면,

$$\begin{aligned} B^{\alpha\beta}\det\left(\frac{\partial u^i}{\partial \bar{u}^j}\right)\frac{\partial \bar{u}^i}{\partial u^\alpha}\frac{\partial \bar{u}^j}{\partial u^\beta} &= A^{\beta\alpha}\det\left(\frac{\partial u^i}{\partial \bar{u}^j}\right)\frac{\partial \bar{u}^i}{\partial u^\alpha}\frac{\partial \bar{u}^j}{\partial u^\beta} \\ &= A^{\beta\alpha}\det\left(\frac{\partial u^i}{\partial \bar{u}^j}\right)\frac{\partial \bar{u}^j}{\partial u^\beta}\frac{\partial \bar{u}^i}{\partial u^\alpha} \\ &= \bar{A}^{ji} = \bar{B}^{ij} \end{aligned}$$

이기 때문이다. 지금 텐서

$$C^{ij} = \frac{1}{2}(A^{ij}+B^{ij})$$

$$D^{ij} = \frac{1}{2}(A^{ij}-B^{ij})$$

를 생각해 보자. 이때, $C^{ij}=C^{ji}, D^{ij}=-D^{ji}$이므로 C^{ij}는 대칭텐서이고 D^{ij}는 교대텐서이다. 그러나 $C^{ij}+D^{ij}=A^{ij}$이다. 따라서 모든 계수 2의 반변텐서는 계수 2의 대칭반변텐서와 계수 2의 교대반변텐서의 합으로 나타낼 수 있다.

(b) $e^{11}=e_{11}=0, e^{12}=e_{12}=1, e^{21}=e_{21}=-1, e^{22}=e_{22}=0$이라 하자. 여기서 e^{ij}와 e_{ij}는 6.3절의 예제 3.1 (f)의 e^{ijk}와 e_{ijk}에 대한 2차원 모형이다. 지금 외적

$$A_{pq}^{ij} := e^{ij}e_{pq}$$

를 생각해 보자. 그러면

$$A_{pq}^{ij} = \begin{cases} 1, p \neq q, i = p, j = q \\ -1, \ p \neq q, i = q, j = p \\ 0, \ (\text{그 이외의 경우}) \end{cases}$$

이다. 6.3절의 예제 3.2 (b)에 의하여 $e^{ij}e_{pq} = A_{pq}^{ij} = \delta_{pq}^{ij}$이다. 더욱이 축약은

$$\begin{aligned} \delta_{\alpha q}^{\alpha j} = e^{\alpha j}e_{\alpha q} = e^{1j}e_{1q} + e^{2j}e_{2q} &= \begin{cases} 1, \ j = q \\ 0, j \neq q \end{cases} \\ &= \delta_q^j \end{aligned}$$

임을 알 수 있다.

5. 가우스-바인가르텐의 공식

곡면에 대한 가우스-바인가르텐(Gauss-Weingarten)의 공식은 곡선에 있어서 프레네의 방정식과 유사하다. 프레네의 방정식은 벡터 $\dot{\mathrm{t}},\dot{\mathrm{n}},\dot{\mathrm{b}}$가 곡률 κ와 열률 τ에 의존하는 t,n,b의 일차결합으로 나타낼 수 있다는 것을 이미 알고 있다. 즉,

$$\begin{cases}\dot{\mathrm{t}} = \kappa \mathrm{n} \\ \dot{\mathrm{n}} = -\kappa \mathrm{t} + \tau \mathrm{b}. \\ \dot{\mathrm{b}} = -\tau \mathrm{n}\end{cases}$$

같은 방법으로, C^2-급 좌표조각사상 $\mathrm{x} = \mathrm{x}(u,v)$에 대하여 벡터 $\mathrm{x}_u,\mathrm{x}_v,\mathrm{N}$의 편도함수들은 제1,2기본계수의 함수들의 일차결합으로 나타낼 수 있다. 벡터 $\mathrm{x}_u,\mathrm{x}_v,\mathrm{N}$는 일차독립이므로

$$\mathrm{x}_{uu} = \Gamma_{11}^1 \mathrm{x}_u + \Gamma_{11}^2 \mathrm{x}_v + \alpha_{11}\mathrm{N}$$

$$\mathrm{x}_{uv} = \Gamma_{12}^1 \mathrm{x}_u + \Gamma_{12}^2 \mathrm{x}_v + \alpha_{12}\mathrm{N}$$

$$\mathrm{x}_{vv} = \Gamma_{22}^1 \mathrm{x}_u + \Gamma_{22}^2 \mathrm{x}_v + \alpha_{22}\mathrm{N}$$

$$\mathrm{N}_u = \beta_1^1 \mathrm{x}_u + \beta_1^2 \mathrm{x}_v + \gamma_1 \mathrm{N}$$

$$\mathrm{N}_v = \beta_2^1 \mathrm{x}_u + \beta_2^2 \mathrm{x}_v + \gamma_2 \mathrm{N}$$

와 같이 나타낼 수 있다. N은 단위벡터이므로, N_u와 N_v는 N에 수직이다.

$\mathrm{x}_u \cdot \mathrm{N} = \mathrm{x}_v \cdot \mathrm{N} = 0, \mathrm{N} \cdot \mathrm{N} = 1$이므로 $\gamma_1 = \gamma_2 = 0$임을 알 수 있다. 그러므로

$$-L = \mathrm{x}_u \cdot \mathrm{N}_u = \beta_1^1 E + \beta_1^2 F$$

$$-M = \mathrm{x}_v \cdot \mathrm{N}_u = \beta_1^1 F + \beta_1^2 G$$

를 얻는다. 이를 β_1^1과 β_1^2에 관하여 풀면,

$$\begin{cases}\beta_1^1 = \dfrac{\begin{vmatrix} -L & F \\ -M & G \end{vmatrix}}{\begin{vmatrix} E & F \\ F & G \end{vmatrix}} = \dfrac{MF - LG}{EG - F^2} \\ \beta_1^2 = \dfrac{\begin{vmatrix} E & -L \\ F & -M \end{vmatrix}}{\begin{vmatrix} E & F \\ F & G \end{vmatrix}} = \dfrac{LF - ME}{EG - F^2}\end{cases}$$

을 얻는다. 또한,

$$-M = \mathrm{x}_u \cdot \mathrm{N}_v = \beta_2^1 E + \beta_2^2 F$$
$$-N = \mathrm{x}_u \cdot \mathrm{N}_v = \beta_2^1 F + \beta_2^2 G$$

를 얻는다. 이를 β_2^1과 β_2^2에 관하여 풀면,

$$\begin{cases} \beta_2^1 = \dfrac{\begin{vmatrix} -M & F \\ -N & G \end{vmatrix}}{\begin{vmatrix} E & F \\ F & G \end{vmatrix}} = \dfrac{NF - MG}{EG - F^2} \\ \beta_2^2 = \dfrac{\begin{vmatrix} E & -M \\ F & -N \end{vmatrix}}{\begin{vmatrix} E & F \\ F & G \end{vmatrix}} = \dfrac{MF - NE}{EG - F^2} \end{cases}$$

를 얻는다. 같은 방법으로 하면,

$$\begin{cases} L = \mathrm{x}_{uu} \cdot \mathrm{N} = \alpha_{11} \\ M = \mathrm{x}_{uv} \cdot \mathrm{N} = \alpha_{12} \\ N = \mathrm{x}_{vv} \cdot \mathrm{N} = \alpha_{22} \end{cases}$$

이다.

$$\begin{cases} \mathrm{x}_u \cdot \mathrm{x}_{uu} = \dfrac{1}{2}(\mathrm{x}_u \cdot \mathrm{x}_u)_u = \dfrac{1}{2}E_u \\ \mathrm{x}_u \cdot \mathrm{x}_{uv} = \dfrac{1}{2}(\mathrm{x}_u \cdot \mathrm{x}_u)_v = \dfrac{1}{2}E_v \\ \mathrm{x}_v \cdot \mathrm{x}_{vv} = \dfrac{1}{2}(\mathrm{x}_v \cdot \mathrm{x}_v)_v = \dfrac{1}{2}G_v \\ \mathrm{x}_v \cdot \mathrm{x}_{uv} = \dfrac{1}{2}(\mathrm{x}_v \cdot \mathrm{x}_v)_u = \dfrac{1}{2}G_u \end{cases}$$

이므로

$$\begin{cases} F_u = (\mathrm{x}_u \cdot \mathrm{x}_v)_u = \mathrm{x}_{uu} \cdot \mathrm{x}_v + \mathrm{x}_u \cdot \mathrm{x}_{uv} = \mathrm{x}_{uu} \cdot \mathrm{x}_v + \dfrac{1}{2}E_v \\ F_v = (\mathrm{x}_u \cdot \mathrm{x}_v)_v = \mathrm{x}_{uv} \cdot \mathrm{x}_v + \mathrm{x}_u \cdot \mathrm{x}_{vv} = \dfrac{1}{2}G_u + \mathrm{x}_u \cdot \mathrm{x}_{vv} \end{cases}$$

이다. 따라서

$$\begin{cases} \mathrm{x}_v \cdot \mathrm{x}_{uu} = F_u - \dfrac{1}{2}E_v \\ \mathrm{x}_u \cdot \mathrm{x}_{vv} = F_v - \dfrac{1}{2}G_u \end{cases}$$

이다. 한편,

$$\begin{cases} \dfrac{1}{2}E_u = \mathrm{x}_u \cdot \mathrm{x}_{uu} = \Gamma_{11}^1 E + \Gamma_{11}^2 F \\ F_u - \dfrac{1}{2}E_v = \mathrm{x}_v \cdot \mathrm{x}_{uu} = \Gamma_{11}^1 F + \Gamma_{11}^2 G \end{cases}$$

이므로 이를 Γ_{11}^1 과 Γ_{11}^2 에 관하여 풀면,

$$\begin{cases} \Gamma_{11}^1 = \dfrac{\begin{vmatrix} \frac{1}{2}E_u & F \\ F_u - \frac{1}{2}E_v & G \end{vmatrix}}{\begin{vmatrix} E & F \\ F & G \end{vmatrix}} = \dfrac{GE_u - 2FF_u + FE_v}{2(EG - F^2)} \\ \Gamma_{11}^2 = \dfrac{\begin{vmatrix} E & \frac{1}{2}E_u \\ F & F_u - \frac{1}{2}E_v \end{vmatrix}}{\begin{vmatrix} E & F \\ F & G \end{vmatrix}} = \dfrac{2EF_u - EE_v - FE_u}{2(EG - F^2)} \end{cases}$$

이다. 또한,

$$\begin{cases} \dfrac{1}{2}E_v = \mathrm{x}_u \cdot \mathrm{x}_{uv} = \Gamma_{12}^1 E + \Gamma_{12}^2 F \\ \dfrac{1}{2}G_u = \mathrm{x}_v \cdot \mathrm{x}_{uv} = \Gamma_{12}^1 F + \Gamma_{12}^2 G \end{cases}$$

이므로

$$\begin{cases} \Gamma_{12}^1 = \dfrac{\begin{vmatrix} \frac{1}{2}E_v & F \\ \frac{1}{2}G_u & G \end{vmatrix}}{\begin{vmatrix} E & F \\ F & G \end{vmatrix}} = \dfrac{GE_v - FG_u}{2(EG - F^2)} \\ \Gamma_{12}^2 = \dfrac{\begin{vmatrix} E & \frac{1}{2}E_v \\ F & \frac{1}{2}G_u \end{vmatrix}}{\begin{vmatrix} E & F \\ F & G \end{vmatrix}} = \dfrac{EG_u - FE_v}{2(EG - F^2)} \end{cases}$$

이다. 그리고

$$\begin{cases} F_v - \dfrac{1}{2}G_u = \mathrm{x}_u \cdot \mathrm{x}_{vv} = \Gamma^1_{22}E + \Gamma^2_{22}F \\ \dfrac{1}{2}G_v = \mathrm{x}_v \cdot \mathrm{x}_{vv} = \Gamma^1_{22}F + \Gamma^2_{22}G \end{cases}$$

이므로

$$\begin{cases} \Gamma^1_{22} = \dfrac{\begin{vmatrix} F_v - \frac{1}{2}G_u & F \\ \frac{1}{2}G_v & G \end{vmatrix}}{\begin{vmatrix} E & F \\ F & G \end{vmatrix}} = \dfrac{2GF_v - GG_u - FG_v}{2(EG - F^2)} \\ \Gamma^2_{22} = \dfrac{\begin{vmatrix} E & F_v - \frac{1}{2}G_u \\ F & \frac{1}{2}G_v \end{vmatrix}}{\begin{vmatrix} E & F \\ F & G \end{vmatrix}} = \dfrac{EG_v - 2FF_v + FG_u}{2(EG - F^2)} \end{cases}$$

이다.

▶정리 5.1 C^2-급곡면 위에 있는 좌표조각사상 $\mathrm{x} = \mathrm{x}(u,v)$에 대하여 벡터 $\mathrm{x}_u, \mathrm{x}_v, \mathrm{N}$의 편도함수들은 다음을 만족한다.

$$\begin{cases} \mathrm{x}_{uu} = \Gamma^1_{11}\mathrm{x}_u + \Gamma^2_{11}\mathrm{x}_v + L\mathrm{N} \\ \mathrm{x}_{uv} = \Gamma^1_{12}\mathrm{x}_u + \Gamma^2_{12}\mathrm{x}_v + M\mathrm{N} \\ \mathrm{x}_{vv} = \Gamma^1_{22}\mathrm{x}_u + \Gamma^2_{22}\mathrm{x}_v + N\mathrm{N} \end{cases} \quad \textbf{(가우스의 공식)}$$

$$\begin{cases} \mathrm{N}_u = \beta^1_1\mathrm{x}_u + \beta^2_1\mathrm{x}_v \\ \mathrm{N}_v = \beta^1_2\mathrm{x}_u + \beta^2_2\mathrm{x}_v \end{cases} \quad \textbf{(바인가르텐의 공식).}$$

여기서 Γ^k_{ij}는 **제2종 크리스토펠(Christoffel)의 기호**라고 한다. β^j_i는 제1, 2기본계수에 의존하고 있지만, Γ^k_{ij}는 제1기본계수와 그의 편도함수들에 의존하고 있음을 알 수 있다. $\mathrm{x}_{uv} = \mathrm{x}_{vu}$이므로 $\mathrm{x}_{vu} = \Gamma^1_{21}\mathrm{x}_u + \Gamma^2_{21}\mathrm{x}_v + M\mathrm{N}$으로부터 $\Gamma^1_{21} = \Gamma^1_{12}, \Gamma^2_{21} = \Gamma^2_{12}$임을 알 수 있다. 그러므로 $\Gamma^k_{ij} = \Gamma^k_{ji}, i,j,k = 1,2$가 성립한다.

6. 곡면론의 방정식에 텐서의 응용

가우스의 공식

$$\mathrm{x}_{ij} = \Gamma^{\alpha}_{\mathrm{ij}}\mathrm{x}_{\alpha} + b_{ij}\mathrm{N}, \alpha, i, j = 1, 2$$

을 생각해 보자. 가우스의 공식에 x_k를 내적하면,

$$\mathrm{x}_{ij} \cdot \mathrm{x}_k = \Gamma^{\alpha}_{ij}(\mathrm{x}_{\alpha} \cdot \mathrm{x}_k) = \Gamma^{\alpha}_{ij} g_{\alpha k}$$

를 얻는다. 여기서 $\Gamma_{ijk} := \mathrm{x}_{ij} \cdot \mathrm{x}_k$를 **제1종의 크리스토펠의 기호**(Christoffel symbols of the first kind)라고 한다. $g_{i\alpha}g^{\alpha j} = \delta^j_i$이므로

$$\Gamma_{ij\beta}g^{\beta k} = \Gamma^{\alpha}_{ij} g_{\alpha\beta} g^{\beta k} = \Gamma^{\alpha}_{ij}\delta^k_{\alpha} = \Gamma^k_{ij}$$

이다. 따라서 제1종의 크리스토펠의 기호는 방정식

$$\Gamma_{ijk} = g_{k\alpha}\Gamma^{\alpha}_{ij} \text{와 } \Gamma^k_{ij} = g^{k\alpha}\Gamma_{ij\alpha}$$

에 의하여 제2종의 크리스토펠의 기호와 연관되어 있다.
$g_{ij} := \mathrm{x}_i \cdot \mathrm{x}_j$를 u^k에 관하여 미분하면,

$$\frac{\partial g_{ij}}{\partial u^k} = \mathrm{x}_{ik} \cdot \mathrm{x}_j + \mathrm{x}_i \cdot \mathrm{x}_{jk} = \Gamma_{ikj} + \Gamma_{jki}$$

를 얻는다. $\Gamma_{ijk} = \Gamma_{jik}$이므로 다음을 얻는다.

$$\frac{\partial g_{jk}}{\partial u^i} = \Gamma_{jik} + \Gamma_{kij} = \Gamma_{ijk} + \Gamma_{ikj}$$

$$\frac{\partial g_{ki}}{\partial u^j} = \Gamma_{kji} + \Gamma_{ijk} = \Gamma_{jki} + \Gamma_{ijk}$$

$$-\frac{\partial g_{ij}}{\partial u^k} = -\Gamma_{ikj} - \Gamma_{jki}.$$

이를 더하면 다음을 얻는다.

$$\Gamma_{ijk} = \frac{1}{2}\left[\frac{\partial g_{jk}}{\partial u^i} + \frac{\partial g_{ki}}{\partial u^j} - \frac{\partial g_{ij}}{\partial u^k}\right].$$

$\Gamma^k_{ij} := \Gamma_{ij\alpha} g^{\alpha k}$ 이므로

$$\Gamma^k_{ij} = \frac{1}{2} g^{k\alpha}\left[\frac{\partial g_{\alpha j}}{\partial u^i} + \frac{\partial g_{i\alpha}}{\partial u^j} - \frac{\partial g_{ij}}{\partial u^\alpha}\right].$$

이다. 다음 정리에 의하여 제1, 2종 크리스토펠의 기호는 텐서의 성분이 아님을 알 수 있다. 이들의 변환법칙은 매개변수변환의 2계 편도함수를 포함한다.

▶정리 6.1 제1, 2종 크리스토펠의 기호는 법칙

$$\bar{\Gamma}^k_{ij} = \left[\Gamma^\gamma_{\alpha\beta}\frac{\partial u^\alpha}{\partial \bar{u}^i}\frac{\partial u^\beta}{\partial \bar{u}^j} + \frac{\partial^2 u^\gamma}{\partial \bar{u}^i \partial \bar{u}^j}\right]\frac{\partial \bar{u}^k}{\partial u^\gamma}$$

$$\bar{\Gamma}_{ijk} = \left[\Gamma_{\alpha\beta\gamma}\frac{\partial u^\alpha}{\partial \bar{u}^i}\frac{\partial u^\beta}{\partial \bar{u}^j} + g_{\alpha\gamma}\frac{\partial^2 u^\alpha}{\partial \bar{u}^i \partial \bar{u}^j}\right]\frac{\partial u^\gamma}{\partial \bar{u}^k}$$

를 따라서 변환된다.

증명 g_{ik}는 계수 2인 공변텐서의 성분이므로, $\bar{g}_{jk} = g_{\beta\gamma}\frac{\partial u^\beta}{\partial \bar{u}^j}\frac{\partial u^\gamma}{\partial \bar{u}^k}$ 이다. 이것을 $\bar{u}^i$에 관하여 미분하여 연쇄법칙 $\frac{\partial g_{\beta\gamma}}{\partial \bar{u}^i} = \frac{\partial g_{\beta\gamma}}{\partial u^\alpha}\frac{\partial u^\alpha}{\partial \bar{u}^i}$ 와 약간의 무효첨자를 바꾸고 $g_{\alpha\beta} = g_{\beta\alpha}$를 사용하면,

$$\frac{\partial \bar{g}_{jk}}{\partial \bar{u}^i} = \frac{\partial g_{\beta\gamma}}{\partial \bar{u}^i}\frac{\partial u^\beta}{\partial \bar{u}^j}\frac{\partial u^\gamma}{\partial \bar{u}^k} + g_{\beta\gamma}\frac{\partial^2 u^\beta}{\partial \bar{u}^i \partial \bar{u}^j}\frac{\partial u^\gamma}{\partial \bar{u}^k} + g_{\beta\gamma}\frac{\partial u^\beta}{\partial \bar{u}^j}\frac{\partial^2 u^\gamma}{\partial \bar{u}^i \partial \bar{u}^k}$$

$$= \frac{\partial g_{\beta\gamma}}{\partial u^\alpha}\frac{\partial u^\alpha}{\partial \bar{u}^i}\frac{\partial u^\beta}{\partial \bar{u}^j}\frac{\partial u^\gamma}{\partial \bar{u}^k} + g_{\alpha\gamma}\frac{\partial^2 u^\alpha}{\partial \bar{u}^i \partial \bar{u}^j}\frac{\partial u^\gamma}{\partial \bar{u}^k} + g_{\alpha\gamma}\frac{\partial^2 u^\alpha}{\partial \bar{u}^i \partial \bar{u}^k}\frac{\partial u^\gamma}{\partial \bar{u}^j}$$

를 얻는다. 같은 방법으로 하면,

$$\frac{\partial \bar{g}_{ki}}{\partial \bar{u}^j} = \frac{\partial g_{\gamma\alpha}}{\partial u^\beta}\frac{\partial u^\beta}{\partial \bar{u}^j}\frac{\partial u^\gamma}{\partial \bar{u}^k}\frac{\partial u^\alpha}{\partial \bar{u}^i} + g_{\alpha\gamma}\frac{\partial^2 u^\alpha}{\partial \bar{u}^j \partial \bar{u}^k}\frac{\partial u^\gamma}{\partial \bar{u}^i} + g_{\alpha\gamma}\frac{\partial^2 u^\alpha}{\partial \bar{u}^j \partial \bar{u}^i}\frac{\partial u^\gamma}{\partial \bar{u}^k},$$

$$\frac{\partial \overline{g}_{ij}}{\partial \overline{u}^k} = \frac{\partial g_{\gamma\alpha}}{\partial u^\beta}\frac{\partial u^\beta}{\partial \overline{u}^k}\frac{\partial u^\gamma}{\partial \overline{u}^i}\frac{\partial u^\alpha}{\partial \overline{u}^j} + g_{\alpha\gamma}\frac{\partial^2 u^\alpha}{\partial \overline{u}^k \partial \overline{u}^i}\frac{\partial u^\gamma}{\partial \overline{u}^j} + g_{\alpha\gamma}\frac{\partial^2 u^\alpha}{\partial \overline{u}^k \partial \overline{u}^j}\frac{\partial u^\gamma}{\partial \overline{u}^i}$$

을 얻는다. 따라서

$$\begin{aligned}\overline{\Gamma}_{ijk} &= \frac{1}{2}[\frac{\partial \overline{g}_{jk}}{\partial \overline{u}^i} + \frac{\partial \overline{g}_{ki}}{\partial \overline{u}^j} - \frac{\partial \overline{g}_{ij}}{\partial \overline{u}^k}] \\ &= \frac{1}{2}[\frac{\partial g_{\beta\gamma}}{\partial u^\alpha} + \frac{\partial g_{\gamma\alpha}}{\partial u^\beta} - \frac{\partial g_{\alpha\beta}}{\partial u^\gamma}]\frac{\partial u^\alpha}{\partial \overline{u}^i}\frac{\partial u^\beta}{\partial \overline{u}^j}\frac{\partial u^\gamma}{\partial \overline{u}^k} + g_{\alpha\gamma}\frac{\partial^2 u^\alpha}{\partial \overline{u}^i \partial \overline{u}^j}\frac{\partial u^\gamma}{\partial \overline{u}^k} \\ &= [\Gamma_{\alpha\beta\gamma}\frac{\partial u^\alpha}{\partial \overline{u}^i}\frac{\partial u^\beta}{\partial \overline{u}^j} + g_{\alpha\gamma}\frac{\partial^2 u^\alpha}{\partial \overline{u}^i \partial \overline{u}^j}]\frac{\partial u^\gamma}{\partial \overline{u}^k}\end{aligned}$$

가 성립한다.

$$\Gamma^\delta_{\alpha\beta} = g^{\delta\gamma}\Gamma_{\alpha\beta\gamma}.$$

$$\begin{aligned}g^{\delta\gamma}\overline{\Gamma}_{ijk} &= [\Gamma^\delta_{\alpha\beta}\frac{\partial u^\alpha}{\partial \overline{u}^i}\frac{\partial u^\beta}{\partial \overline{u}^j} + \delta^\delta_\alpha\frac{\partial^2 u^\alpha}{\partial \overline{u}^i \partial \overline{u}^j}]\frac{\partial u^\gamma}{\partial \overline{u}^k} \\ &= [\Gamma^\delta_{\alpha\beta}\frac{\partial u^\alpha}{\partial \overline{u}^i}\frac{\partial u^\beta}{\partial \overline{u}^j} + \frac{\partial^2 u^\delta}{\partial \overline{u}^i \partial \overline{u}^j}]\frac{\partial u^\gamma}{\partial \overline{u}^k}.\end{aligned}$$

$$\begin{aligned}\overline{\Gamma}^l_{ij} &= \overline{g}^{lk}\overline{\Gamma}_{ijk} = g^{\delta\gamma}\frac{\partial \overline{u}^l}{\partial u^\delta}\frac{\partial \overline{u}^k}{\partial u^\gamma}\overline{\Gamma}_{ijk} \\ &= [\Gamma^\delta_{\alpha\beta}\frac{\partial u^\alpha}{\partial \overline{u}^i}\frac{\partial u^\beta}{\partial \overline{u}^j} + \frac{\partial^2 u^\delta}{\partial \overline{u}^i \partial \overline{u}^j}]\frac{\partial u^\gamma}{\partial \overline{u}^k}\frac{\partial \overline{u}^l}{\partial u^\delta}\frac{\partial \overline{u}^k}{\partial u^\gamma} \\ &= [\Gamma^\delta_{\alpha\beta}\frac{\partial u^\alpha}{\partial \overline{u}^i}\frac{\partial u^\beta}{\partial \overline{u}^j} + \frac{\partial^2 u^\delta}{\partial \overline{u}^i \partial \overline{u}^j}]\frac{\partial \overline{u}^l}{\partial u^\delta}.\end{aligned}$$

따라서 $\overline{\Gamma}^k_{ij} = [\Gamma^\gamma_{\alpha\beta}\frac{\partial u^\alpha}{\partial \overline{u}^i}\frac{\partial u^\beta}{\partial \overline{u}^j} + \frac{\partial^2 u^\gamma}{\partial \overline{u}^i \partial \overline{u}^j}]\frac{\partial \overline{u}^k}{\partial u^\gamma}$ 이다.

바인가르텐의 공식

$$\mathrm{N}_i = \beta^\alpha_i \mathrm{x}_\alpha, \alpha, i = 1,2$$

을 생각해 보자. 이 공식에 x_j를 내적하면, 제2기본계수 b_{ij}는

$$-b_{ij} = \mathrm{N}_i \cdot \mathrm{x}_j = \beta_i^\alpha \mathrm{x}_\alpha \cdot \mathrm{x}_j = \beta_i^\alpha g_{\alpha j}$$

임을 알 수 있다. $b_i^j := b_{i\alpha} g^{\alpha j}$로 정의하면,

$$b_i^j = b_{i\gamma} g^{\gamma j} = -\beta_i^\alpha g_{\alpha\gamma} g^{\gamma j} = -\beta_i^\alpha \delta_\alpha^j = -\beta_i^j$$

이다. 따라서 바인가르텡의 공식은 다음과 같이 나타낼 수 있다.

$$\mathrm{N}_i = -b_i^\alpha \mathrm{x}_\alpha, i = 1, 2.$$

단, $b_i^j = g^{\alpha j} b_{i\alpha}, b_{ij} = g_{\alpha j} b_i^\alpha$이다. 여기서 b_{ij}는 계수 2의 절대공변텐서의 성분이고, b_i^j는 계수 2인 1차 반변, 1차 공변의 절대텐서의 성분이다.

$$R_{mijk} := b_{ik} b_{jm} - b_{ij} b_{km}$$

은 **제2종의 리만기호(Riemann symbols of the second kind)**라 하고,

$$R_{ijk}^p := g^{\alpha p} R_{\alpha ijk}$$

는 **제1종의 리만기호(Riemann symbols of the first kind)**라 한다.

R_{mijk}는 계수 4의 절대공변텐서의 성분이고, R_{ijk}^p는 계수 4인 3차 공변, 1차 반변의 절대텐서의 성분이다. 이들을 각각 **공변 리만곡률텐서(covariant Riemann curvature tensor)**, **혼합 리만곡률텐서(mixed Riemann curvature tensor)**라고 한다. $b_i^j = g^{\alpha j} b_{i\alpha}, b_{ij} = g_{\alpha j} b_i^\alpha$와 $R_{ijk}^p := g^{\alpha p} R_{\alpha ijk}$에 의하여 다음을 얻는다.

$$R_{ijk}^p = g^{\alpha p}(b_{ik} b_{j\alpha} - b_{ij} b_{k\alpha}) = b_{ik} b_j^p - b_{ij} b_k^p.$$

R_{mijk}는 처음의 두 개의 첨자와 끝의 두 개의 첨자에 관하여 교대임을 알 수 있다. 즉,

$$R_{imjk} = -R_{mijk}, R_{mikj} = -R_{mijk}.$$

따라서 처음의 두 개의 첨자와 끝의 두 개의 첨자가 같으면, 항상 $R_{mijk} = 0$이다. 그러므로 성분이 0이 아닌 것은 오직 4개뿐이다.

$$R_{1212} = R_{2121} = b_{22}b_{11} - b_{12}b_{21} = LN - M^2 = b$$
$$R_{1221} = R_{2112} = b_{12}b_{21} - b_{22}b_{11} = -(LN - M^2) = -b.$$

비록 곡률텐서는 제2기본형식의 계수로써 정의되지만, 다음 정리에 의하여 곡률텐서는 제1기본계수, 즉, 계량텐서와 그들의 편도함수로 나타낼 수 있음을 알 수 있다.

정리 6.2 $R_{imjk} = \dfrac{\partial}{\partial u^j}\Gamma_{ikm} - \dfrac{\partial}{\partial u^k}\Gamma_{ijm} + \Gamma^{\alpha}_{ij}\Gamma_{mk\alpha} - \Gamma^{\alpha}_{ik}\Gamma_{mj\alpha}$

증명 $R^p_{ijk} := g^{\alpha p}R_{\alpha ijk}$이므로 $g_{\alpha m}R^{\alpha}_{ijk} = g_{\alpha m}g^{\beta\alpha}R_{\beta ijk} = \delta^{\beta}_{m}R_{\beta ijk} = R_{mijk}$이다. $\dfrac{\partial g_{ij}}{\partial u^k} = \Gamma_{ikj} + \Gamma_{jki}$이다. 가우스의 공식 $\mathrm{x}_{ij} = \Gamma^{\alpha}_{ij}\mathrm{x}_{\alpha} + b_{ij}\mathrm{N}$의 계수가 C^1-급이고, $\mathrm{N}_i = -b^{\alpha}_{i}\mathrm{x}_{\alpha}$이므로

$$\begin{aligned}\mathrm{x}_{ijk} &= (\Gamma^{\alpha}_{ij})_k\mathrm{x}_{\alpha} + \Gamma^{\alpha}_{ij}\mathrm{x}_{\alpha k} + (b_{ij})_k\mathrm{N} + b_{ij}\mathrm{N}_k \\ &= (\Gamma^{\alpha}_{ij})_k x_{\alpha} + \Gamma^{\alpha}_{ij}[\Gamma^{\beta}_{\alpha k}\mathrm{x}_{\beta} + b_{\alpha k}\mathrm{N}] + (b_{ij})_k\mathrm{N} + b_{ij}(-b^{\alpha}_{k}\mathrm{x}_{\alpha}) \\ &= [(\Gamma^{\alpha}_{ij})_k + \Gamma^{\alpha}_{ij}\Gamma^{\alpha}_{\beta k} - b_{ij}b^{\alpha}_{k}]\mathrm{x}_{\alpha} + [\Gamma^{\alpha}_{ij}b_{\alpha k} + (b_{ij})_k]\mathrm{N}\end{aligned}$$

이다. 같은 방법으로 하면,

$$\mathrm{x}_{ikj} = [(\Gamma^{\alpha}_{ik})_j + \Gamma^{\beta}_{ik}\Gamma^{\alpha}_{\beta j} - b_{ik}b^{\alpha}_{j}]\mathrm{x}_{\alpha} + [\Gamma^{\beta}_{ik}b_{\alpha j} + (b_{ik})_j]\mathrm{N}$$

을 얻는다. 3계 편도함수가 미분순서와 무관하기 위한 필요충분조건은 $\mathrm{x}_{ijk} = \mathrm{x}_{ikj}$이다. 따라서

$$\begin{aligned}\mathrm{x}_{ijk} - \mathrm{x}_{ikj} = [(\Gamma^{\alpha}_{ij})_k - (\Gamma^{\alpha}_{ik})_j + \Gamma^{\beta}_{ik}\Gamma^{\alpha}_{\beta k} - \Gamma^{\beta}_{ik}\Gamma^{\alpha}_{\beta j} - b_{ij}b^{\alpha}_{k} + b_{ik}b^{\alpha}_{j}]\mathrm{x}_{\alpha} \\ + [\Gamma^{\alpha}_{ij}b_{\alpha k} + (b_{ij})_k - \Gamma^{\alpha}_{ik}b_{\alpha j} - (b_{ik})_j]\mathrm{N} = 0.\end{aligned}$$

한편, $\mathrm{x}_1, \mathrm{x}_2, \mathrm{N}$은 일차독립이므로

$$(\Gamma^{\alpha}_{ij})_k - (\Gamma^{\alpha}_{ik})_j + \Gamma^{\beta}_{ik}\Gamma^{\alpha}_{\beta k} - \Gamma^{\beta}_{ik}\Gamma^{\alpha}_{\beta j} - b_{ij}b^{\alpha}_{k} + b_{ik}b^{\alpha}_{j} = 0$$

이다. $R^p_{ijk} = g^{\alpha p}(b_{ik}b_{j\alpha} - b_{ij}b_{k\alpha}) = b_{ik}b^p_j - b_{ij}b^p_k$이므로

$$R^\alpha_{ijk} = (\Gamma^\alpha_{ik})_j - (\Gamma^\alpha_{ij})_k + \Gamma^\beta_{ik}\Gamma^\alpha_{\beta j} - \Gamma^\beta_{ij}\Gamma^\alpha_{\beta k}$$

이다. $g_{\alpha m}R^\alpha_{ijk} = R_{mijk}$ 이므로

$$R_{mijk} = g_{\alpha m}R^\alpha_{ijk} = g_{\alpha m}(\Gamma^\alpha_{ik})_j - g_{\alpha m}(\Gamma^\alpha_{ij})_k + g_{\alpha m}\Gamma^\beta_{ik}\Gamma^\alpha_{\beta j} - g_{\alpha m}\Gamma^\beta_{ij}\Gamma^\alpha_{\beta k}$$

이다.

$$\Gamma_{ijk} = g_{k\alpha}\Gamma^\alpha_{ij},\ \ \Gamma^k_{ij} = g^{k\alpha}\Gamma_{ij\alpha},\ \ \frac{\partial g_{ij}}{\partial u^k} = \Gamma_{ikj} + \Gamma_{jki}$$

이므로

$$g_{\alpha m}(\Gamma^\alpha_{ik})_j = (g_{\alpha m}\Gamma^\alpha_{ik})_j - (g_{\alpha m})_j\Gamma^\alpha_{ik} = (\Gamma_{ikm})_j - (\Gamma_{\alpha jm} + \Gamma_{mj\alpha})\Gamma^\alpha_{ik}$$

이다. 같은 방법으로 하면,

$$g_{\alpha m}(\Gamma^\alpha_{ij})_k = (\Gamma_{ijm})_k - (\Gamma_{\alpha km} + \Gamma_{mk\alpha})\Gamma^\alpha_{ij}$$

를 얻는다. 또한,

$$g_{\alpha m}\Gamma^\beta_{ik}\Gamma^\alpha_{\beta j} = \Gamma^\beta_{ik}g_{\alpha m}\Gamma^\alpha_{\beta j} = \Gamma^\alpha_{ik}\Gamma_{\beta jm}$$
$$g_{\alpha m}\Gamma^\beta_{ij}\Gamma^\alpha_{\beta k} = \Gamma^\beta_{ik}\Gamma_{\beta km}$$

이 성립한다. 따라서

$$\begin{aligned} R_{mijk} &= (\Gamma_{ikm})_j - \Gamma^\alpha_{ik}\Gamma_{\alpha jm} - \Gamma^\alpha_{ik}\Gamma_{mj\alpha} - (\Gamma_{ijm})_k + \Gamma^\alpha_{ij}\Gamma_{\alpha km} + \Gamma^\alpha_{ij}\Gamma_{mk\alpha} \\ &\qquad + \Gamma^\beta_{ik}\Gamma_{\beta jm} - \Gamma^\beta_{ij}\Gamma_{\beta km} \\ &= \frac{\partial}{\partial u^j}\Gamma_{ikm} - \frac{\partial}{\partial u^k}\Gamma_{ijm} + \Gamma^\alpha_{ij}\Gamma_{mk\alpha} - \Gamma^\alpha_{ik}\Gamma_{mj\alpha}. \end{aligned}$$

크리스토펠의 기호는 단지 계량텐서와 그들의 편도함수에만 의존하기 때문에 곡률텐서도 단지 계량텐서와 그들의 편도함수에만 의존함을 유의하자.

$$R_{1212} = b_{22}b_{11} - b_{12}b_{21} = LN - M^2 = b$$

이므로 가우스의 곡률은 $K=\dfrac{LN-M^2}{EG-F^2}=\dfrac{b}{g}=\dfrac{R_{1212}}{g}$ 이다.

▸**정리 6.3** 만일 곡면 위의 각 점 P가 제점이면, 이 곡면은 구면 또는 평면이다.

증명 점 P가 제점이라면, 5.5절의 따름정리 5.4에 의하여 $b_{ij}=\alpha g_{ij}, \alpha\neq 0$ 이다.

$b_i^j=g^{ik}b_{kj}=\alpha\delta_j^i$ 이므로 바인가르텐의 공식

$$\mathrm{N}_i=\beta_i^\alpha \mathrm{x}_\alpha$$

와 x_j를 내적하면,

$$-b_{ij}=\mathrm{N}_i\cdot\mathrm{x}_j=\beta_i^\alpha\mathrm{x}_\alpha\cdot\mathrm{x}_j=\beta_i^\alpha g_{\alpha j}$$

이다. 따라서 $b_i^j=b_{i\gamma}g^{\gamma j}=-\beta_i^\alpha g_{\alpha\gamma}g^{\gamma j}=-\beta_i^\alpha\delta_\alpha^j=-\beta_i^j$ 이다. 그러므로

$$\mathrm{N}_i=-b_i^\alpha\mathrm{x}_\alpha=-\alpha\delta_i^k\mathrm{x}_k=-\alpha\mathrm{x}_i$$

이다. α는 일반적으로 u^i의 함수이므로 $\mathrm{N}_k=-\alpha\mathrm{x}_k$를 u^j에 관하여 편미분하면,

$$\mathrm{N}_{kj}=-\alpha_j\mathrm{x}_k-\alpha\mathrm{x}_{kj}$$

이다. 한편 충분히 높은 급의 곡면이므로 $\mathrm{N}_{kj}=\mathrm{N}_{jk}, \mathrm{x}_{kj}=\mathrm{x}_{jk}$ 이기 때문에

$$\alpha_j\mathrm{x}_k=\alpha_k\mathrm{x}_j$$

이다. 따라서 $\alpha_j=0, j=1,2$ 이다. 그러므로 $\alpha=$(상수)이다. 이때, $\mathrm{N}_k=-\alpha\mathrm{x}_k$를 적분하면,

$$\mathrm{N}=-\alpha\mathrm{x}+\mathrm{c}, \mathrm{c}=(\text{상수벡터}),$$

즉, $\mathrm{x}=-\dfrac{1}{\alpha}\mathrm{N}+\dfrac{1}{\alpha}\mathrm{c}$를 얻는다.

$$(\mathrm{x}-\frac{1}{\alpha}\mathrm{c})\cdot(\mathrm{x}-\frac{1}{\alpha}\mathrm{c})=\frac{1}{\alpha^2}$$

이므로 곡면은 중심이 $\frac{1}{\alpha}c$이고 반경이 $\frac{1}{|\alpha|}$인 구면이다. 만일 $b_{ij}=0$이면, 바인가르텐의 공식에 의하여 $N_k=0$이다. 따라서 N = (상수벡터)이다. N은 일정한 단위법선벡터이므로 곡면은 평면이다.

7. 양립방정식과 가우스의 정리

충분히 높은 급의 u,v에 관한 함수 $E,F,G;\ L,M,N$이 주어져 있을 때, 이들을 제1,2기본계수로 갖는 곡면 $\mathrm{x}=\mathrm{x}(u,v)$가 존재하는지의 여부를 조사해 보자.

$\mathrm{x}=\mathrm{x}(u,v)$가 어떤 **"양립조건(compatibility condition)"**을 만족하지 않으면 부정적이다. 이러한 양립조건은 C^3-급좌표조각사상 $\mathrm{x}=\mathrm{x}(u,v)$에 대하여 x의 3계 혼합편도함수가 미분순서에는 무관하다는 사실로부터 나온다. 즉,

$$(\mathrm{x}_u)_{uv}=(\mathrm{x}_u)_{vu},(\mathrm{x}_v)_{uv}=(\mathrm{x}_v)_{vu}.$$

▶정리 7.1 C^2-급 좌표조각사상 $\mathrm{x}=\mathrm{x}(u,v)$에 대하여 가우스-바인가르텡의 공식의 계수가 C^1-급이라 하자. 이때, 3계 편도함수

$$\mathrm{x}_{uuv},\mathrm{x}_{uvu},\mathrm{x}_{vuv},\mathrm{x}_{vvu}$$

가 존재하고 $(\mathrm{x}_u)_{uv}=(\mathrm{x}_u)_{vu},(\mathrm{x}_v)_{uv}=(\mathrm{x}_v)_{vu}$이기 위한 필요충분조건은 제 1,2 기본계수가 다음 두 개의 **양립방정식(compatibility equations)**을 만족하는 것이다.

$$\begin{cases} L_v-M_u=L\Gamma^1_{12}+M(\Gamma^2_{12}-\Gamma^1_{11})-N\Gamma^2_{11} \\ M_v-N_u=L\Gamma^1_{22}+M(\Gamma^2_{22}-\Gamma^1_{12})-N\Gamma^2_{12} \end{cases}$$

(마이나르디-코다찌(Mainardi-Codarzzi)의 방정식)

$$\begin{aligned} LN-M^2=F[(\Gamma^2_{22})_u-(\Gamma^2_{12})_v+\Gamma^1_{22}\Gamma^2_{11}-\Gamma^1_{12}\Gamma^2_{12}]+E[(\Gamma^1_{22})_u-(\Gamma^1_{12})_v \\ +\Gamma^1_{22}\Gamma^1_{11}+\Gamma^2_{22}\Gamma^1_{12}-\Gamma^1_{12}\Gamma^1_{12}-\Gamma^2_{12}\Gamma^1_{22}] \end{aligned}$$

증명 가우스의 공식 $\mathrm{x}_{ij}=\Gamma^\alpha_{ij}\mathrm{x}_\alpha+b_{ij}\mathrm{N}$의 계수가 C^1-급이고, $\mathrm{N}_i=-b^\alpha_i\mathrm{x}_\alpha$이므로

$$\begin{aligned} \mathrm{x}_{ijk} &= (\Gamma^\alpha_{ij})_k\mathrm{x}_\alpha+\Gamma^\alpha_{ij}\mathrm{x}_{\alpha k}+(b_{ij})_k\mathrm{N}+b_{ij}\mathrm{N}_k \\ &= (\Gamma^\alpha_{ij})_k x_\alpha+\Gamma^\alpha_{ij}[\Gamma^\beta_{\alpha k}\mathrm{x}_\beta+b_{\alpha k}\mathrm{N}]+(b_{ij})_k\mathrm{N}+b_{ij}(-b^\alpha_k\mathrm{x}_\alpha) \\ &= [(\Gamma^\alpha_{ij})_k+\Gamma^\alpha_{ij}\Gamma^\alpha_{\beta k}-b_{ij}b^\alpha_k]\mathrm{x}_\alpha+[\Gamma^\alpha_{ij}b_{\alpha k}+(b_{ij})_k]\mathrm{N} \end{aligned}$$

이다. 같은 방법으로 하면,

$$\mathrm{x}_{ikj} = [(\Gamma^{\alpha}_{ik})_j + \Gamma^{\beta}_{ik}\Gamma^{\alpha}_{\beta j} - b_{ik}b^{\alpha}_j]\mathrm{x}_{\alpha} + [\Gamma^{\beta}_{ik}b_{\alpha j} + (b_{ik})_j]\mathrm{N}$$

을 얻는다. 3계 편도함수가 미분순서와 무관하기 위한 필요충분조건은 $\mathrm{x}_{ijk} = \mathrm{x}_{ikj}$ 이다. 즉,

$$\begin{aligned}\mathrm{x}_{ijk} - \mathrm{x}_{ikj} = &[(\Gamma^{\alpha}_{ij})_k - (\Gamma^{\alpha}_{ik})_j + \Gamma^{\beta}_{ik}\Gamma^{\alpha}_{\beta k} - \Gamma^{\beta}_{ik}\Gamma^{\alpha}_{\beta j} - b_{ij}b^{\alpha}_k + b_{ik}b^{\alpha}_j]\mathrm{x}_{\alpha} \\ &+ [\Gamma^{\alpha}_{ij}b_{\alpha k} + (b_{ij})_k - \Gamma^{\alpha}_{ik}b_{\alpha j} - (b_{ik})_j]\mathrm{N} = 0.\end{aligned}$$

한편, $\mathrm{x}_1, \mathrm{x}_2, \mathrm{N}$ 은 일차독립이므로 이 방정식은 다음과 동치이다.

(a) $$(\Gamma^{\alpha}_{ij})_k - (\Gamma^{\alpha}_{ik})_j + \Gamma^{\beta}_{ik}\Gamma^{\alpha}_{\beta k} - \Gamma^{\beta}_{ik}\Gamma^{\alpha}_{\beta j} - b_{ij}b^{\alpha}_k + b_{ik}b^{\alpha}_j = 0$$

(b) $$\Gamma^{\alpha}_{ij}b_{\alpha k} + (b_{ij})_k - \Gamma^{\alpha}_{ik}b_{\alpha j} - (b_{ik})_j = 0.$$

먼저 방정식 (b)를 살펴보자. 이 방정식은 $j = k$이면, 분명히 만족된다. 또, 좌변은 j와 k가 서로 바뀌면, 부호가 바뀐다. 따라서 (b)는 $i = 1, j = 1, k = 2$와 $i = 2, j = 1, k = 2$일 때의 다음 두 방정식과 동치이다.

$$\begin{cases}(b_{11})_2 - (b_{12})_1 = \Gamma^{\alpha}_{12}b_{\alpha 1} - \Gamma^{\alpha}_{11}b_{\alpha 2} \\ (b_{21})_2 - (b_{22})_1 = \Gamma^{\alpha}_{22}b_{\alpha 1} - \Gamma^{\alpha}_{21}b_{\alpha 2}.\end{cases}$$

$b_{11} = L, b_{12} = b_{21} = M, b_{22} = N, u = u^1, v = u^2$이므로 다음의 마이나르디-코다찌의 방정식을 얻는다.

$$\begin{cases}L_v - M_u = \Gamma^1_{12}L + (\Gamma^2_{12} - \Gamma^1_{11})M - \Gamma^2_{11}N \\ M_v - N_u = \Gamma^1_{22}L + (\Gamma^2_{22} - \Gamma^1_{12})M - \Gamma^1_{12}N.\end{cases}$$

$R^p_{ijk} = g^{\alpha p}(b_{ik}b_{j\alpha} - b_{ij}b_{k\alpha}) = b_{ik}b^p_j - b_{ij}b^p_k$이므로 방정식 (a)는 다음과 같이 나타낼 수 있다.

(c) $$R^{\alpha}_{ijk} = (\Gamma^{\alpha}_{ik})_j - (\Gamma^{\alpha}_{ij})_k + \Gamma^{\beta}_{ik}\Gamma^{\alpha}_{\beta j} - \Gamma^{\beta}_{ij}\Gamma^{\alpha}_{\beta k}.$$

$R^p_{ijk} = g^{\alpha p}R_{\alpha ijk}$이고 $R_{mijk} = g_{\alpha m}R^{\alpha}_{ijk}$ 이므로 방정식 (c)는 다음과 동치이다.

$$R_{pijk} = g_{\alpha p}R^{\alpha}_{ijk} = g_{\alpha p}(\Gamma^{\alpha}_{ik})_j - g_{\alpha p}(\Gamma^{\alpha}_{ij})_k + g_{\alpha p}\Gamma^{\beta}_{ik}\Gamma^{\alpha}_{\beta j} - g_{\alpha p}\Gamma^{\beta}_{ij}\Gamma^{\alpha}_{\beta k}.$$

R_{pijk}의 교대성과 $R_{1212} = R_{2121} = b, R_{1221} = R_{2112} = -b$에 의하여 위의 식은 다음과 동치이다.

$$R_{1212} = g_{\alpha 1}(\Gamma_{22}^{\alpha})_1 - g_{\alpha 1}(\Gamma_{21}^{\alpha})_2 + g_{\alpha 1}\Gamma_{22}^{\beta}\Gamma_{\beta 1}^{\alpha} - g_{\alpha 1}\Gamma_{21}^{\beta}\Gamma_{\beta 2}^{\alpha}.$$

따라서

$$\begin{aligned} R_{1212} = g_{11}&[(\Gamma_{22}^1)_1 - (\Gamma_{21}^1)_2 + \Gamma_{22}^1\Gamma_{11}^1 + \Gamma_{22}^2\Gamma_{21}^1 - \Gamma_{21}^1\Gamma_{12}^1 - \Gamma_{21}^2\Gamma_{22}^1] \\ &+ g_{21}[(\Gamma_{22}^2)_1 - (\Gamma_{21}^2)_2 + \Gamma_{22}^1\Gamma_{11}^2 - \Gamma_{21}^2\Gamma_{12}^1]. \end{aligned}$$

$g_{11} = E, g_{12} = g_{21} = F, g_{22} = G, u = u^1, v = u^2, \Gamma_{12}^j = \Gamma_{21}^j$이고 $R_{1212} = LN - M^2$이므로

$$\begin{aligned} LN - M^2 = F[(\Gamma_{22}^2)_u - (\Gamma_{12}^2)_v + \Gamma_{22}^1\Gamma_{11}^2 - \Gamma_{12}^1\Gamma_{12}^2] + E[(\Gamma_{22}^1)_u - (\Gamma_{12}^1)_v \\ + \Gamma_{22}^1\Gamma_{11}^1 + \Gamma_{22}^2\Gamma_{12}^1 - \Gamma_{12}^1\Gamma_{12}^1 - \Gamma_{12}^2\Gamma_{22}^1] \end{aligned}$$

을 얻는다.

Γ_{ij}^k는 제1기본계수와 그들의 편도함수에만 의존하므로, 정리 7.1의 양립방정식에 의하여 $LN - M^2$도 E, F, G와 그들의 편도함수들에만 의존함을 알 수 있다. 그러므로 가우스곡률 $K = \dfrac{LN - M^2}{EG - F^2}$도 제1기본계수와 그들의 편도함수에만 의존한다. 따라서 다음 정리를 얻는다.

▶정리 7.2 **(가우스의 정리)** C^3-급 곡면 위에서의 가우스의 곡률은 제1기본계수와 그들의 편도함수들에만 의존하는 함수이다.

8. 곡면의 기본정리

지금까지 곡면 $S: \mathrm{x} = \mathrm{x}(u, v)$가 주어지면, S의 제1, 2기본계수를 u, v의 함수로써 구할 수 있었다. 역으로, u, v에 관한 함수 E, F, G와 L, M, N이 주어지면, 이들을 각각 제1, 2기본계수로 갖는 곡면이 존재할까? 이와 같은 물음에 대한 해답으로 다음의 중요한 **보네(Bonnet)의 정리**가 있다.

정리 8.1 **(곡면론의 기본정리)** E, F, G는 u, v에 관한 C^2-급함수라 하고, L, M, N을 u, v에 관한 C^1-급함수라 하자. 이때, 이들은 (u_0, v_0)의 열린집합 U에서 다음 두 조건을 만족한다고 하자.

(i) $EG - F^2 > 0, E, G > 0$

(ii) E, F, G와 L, M, N은 정리 7.1의 양립방정식을 만족한다.

그러면 E, F, G와 L, M, N를 제1, 2기본계수로 갖는 (u_0, v_0)의 근방에서 정의된 C^3-급 좌표조각사상 $\mathrm{x} = \mathrm{x}(u, v)$가 존재한다. 이때, $\mathrm{x} = \mathrm{x}(u, v)$로 표현되는 곡면은 공간에서 위치를 제외하고는 유일하다.

증명 **(존재성)** $E_0 = E(u_0, v_0), F_0 = F(u_0, v_0), G_0 = G(u_0, v_0)$이고 크리스토펠의 기호 Γ_{ij}^k와 β_i^j가 6.5절에서와 같이 주어질 때, 초기조건

$$\begin{cases} U_1(u_0, v_0) = \sqrt{E_0} \\ U_2(u_0, v_0) = 0 \\ U_3(u_0, v_0) = 0 \end{cases} \quad \begin{cases} V_1(u_0, v_0) = \dfrac{F_0}{\sqrt{E_0}} \\ V_2(u_0, v_0) = \dfrac{\sqrt{E_0 G_0 - F_0}}{\sqrt{E_0}} \\ V_3(u_0, v_0) = 0 \end{cases} \quad \begin{cases} N_1(u_0, v_0) = 0 \\ N_2(u_0, v_0) = 0 \\ N_3(u_0, v_0) = 1 \end{cases}$$

을 만족하는 스칼라 편미분방정식계

$$\begin{cases} (U_i)_u = \Gamma_{11}^1 U_i + \Gamma_{11}^2 V_i + LN_i \\ (U_i)_v = \Gamma_{12}^1 U_i + \Gamma_{12}^2 V_i + MN_i \end{cases}$$

$$\begin{cases} (V_i)_u = \Gamma_{12}^1 U_i + \Gamma_{12}^2 V_i + MN_i \\ (V_i)_v = \Gamma_{22}^1 U_i + \Gamma_{22}^2 V_i + NN_i \end{cases}$$

$$\begin{cases}(N_i)_u = \beta_1^1 U_i + \beta_1^2 V_i \\ (N_i)_v = \beta_2^1 U_i + \beta_2^2 V_i\end{cases},\ i = 1,2,3$$

를 생각해 보자. 이것은 9개의 함수 $U_i(u,v), V_i(u,v), N_i(u,v), i = 1,2,3$에 대한 C^1-급계수(coefficient)를 갖는 18개의 1계 동차편미분방정식계이다. 그 이외에 이들 편미분방정식들에 대한 양립조건이 만족되므로, 이런 유형의 편미분방정계에 관한 해의 존재정리와 유일성 정리로부터 주어진 초기조건을 만족하는 (u_0,v_0)의 근방에서 유일한 해

$$U_i(u,v), V_i(u,v), N_i(u,v), i = 1,2,3$$

이 존재한다.

$$\begin{cases}\mathrm{U} = (U_1, U_2, U_3) \\ \mathrm{V} = (V_1, V_2, V_3) \\ \mathrm{N} = (N_1, N_2, N_3)\end{cases}$$

이라 하자. 이때, 초기조건으로부터 (u_0,v_0)에서

$$\begin{cases}\mathrm{U}\cdot\mathrm{U} = E \\ \mathrm{U}\cdot\mathrm{V} = F, \\ \mathrm{V}\cdot\mathrm{V} = G\end{cases}\quad \begin{cases}\mathrm{U}\cdot\mathrm{N} = 0 \\ \mathrm{V}\cdot\mathrm{N} = 0 \\ \mathrm{N}\cdot\mathrm{N} = 1\end{cases}$$

임을 알 수 있다. 이것이 (u_0,v_0)의 근방 안의 모든 (u,v)에 대하여 성립함을 보이려고 한다. 곡선의 존재정리의 경우와 같이

$$\mathrm{U}\cdot\mathrm{U},\ \mathrm{U}\cdot\mathrm{V},\ \mathrm{V}\cdot\mathrm{V},\ \mathrm{U}\cdot\mathrm{N},\ \mathrm{V}\cdot\mathrm{N},\ \mathrm{N}\cdot\mathrm{N}$$

에 관한 미분방정식계를 생각하자. 위의 미분방정식계로부터 이 함수들은 초기조건

$$\begin{cases}(\mathrm{U}\cdot\mathrm{U})(u_0,v_0) = E_0 \\ (\mathrm{U}\cdot\mathrm{V})(u_0,v_0) = F_0 \\ (\mathrm{V}\cdot\mathrm{V})(u_0,v_0) = G_0\end{cases}$$

$$\begin{cases}(\mathrm{U}\cdot\mathrm{N})(u_0,v_0) = 0 \\ (\mathrm{V}\cdot\mathrm{N})(u_0,v_0) = 0 \\ (\mathrm{N}\cdot\mathrm{N})(u_0,v_0) = 1\end{cases}$$

을 만족하고 다음의 편미분방정식계를 만족함을 알 수 있다.

$$(\mathrm{U}\cdot\mathrm{U})_u = 2\Gamma_{11}^1(\mathrm{U}\cdot\mathrm{U}) + 2\Gamma_{11}^2(\mathrm{U}\cdot\mathrm{V}) + 2L(\mathrm{U}\cdot\mathrm{N})$$

$$(\mathrm{U}\cdot\mathrm{U})_v = 2\Gamma_{12}^1(\mathrm{U}\cdot\mathrm{U}) + 2\Gamma_{12}^2(\mathrm{U}\cdot\mathrm{V}) + 2M(\mathrm{U}\cdot\mathrm{N})$$

$$(\mathrm{U}\cdot\mathrm{V})_u = 2\Gamma_{12}^1(\mathrm{U}\cdot\mathrm{U}) + (\Gamma_{11}^1+\Gamma_{12}^2)(\mathrm{U}\cdot\mathrm{V}) + \Gamma_{11}^2(\mathrm{V}\cdot\mathrm{V}) + M(\mathrm{U}\cdot\mathrm{N}) + L(\mathrm{V}\cdot\mathrm{N})$$

$$(\mathrm{U}\cdot\mathrm{V})_v = 2\Gamma_{22}^1(\mathrm{U}\cdot\mathrm{U}) + (\Gamma_{12}^1+\Gamma_{22}^2)(\mathrm{U}\cdot\mathrm{V}) + \Gamma_{12}^2(\mathrm{V}\cdot\mathrm{V}) + N(\mathrm{U}\cdot\mathrm{N}) + M(\mathrm{V}\cdot\mathrm{N})$$

$$(\mathrm{V}\cdot\mathrm{V})_u = 2\Gamma_{12}^1(\mathrm{U}\cdot\mathrm{V}) + 2\Gamma_{12}^2(\mathrm{V}\cdot\mathrm{V}) + 2M(\mathrm{V}\cdot\mathrm{N})$$

$$(\mathrm{V}\cdot\mathrm{V})_v = 2\Gamma_{22}^1(\mathrm{U}\cdot\mathrm{V}) + 2\Gamma_{22}^2(\mathrm{V}\cdot\mathrm{V}) + 2N(\mathrm{V}\cdot\mathrm{N})$$

$$(\mathrm{V}\cdot\mathrm{N})_u = \beta_1^1(\mathrm{U}\cdot\mathrm{V}) + \beta_1^2(\mathrm{V}\cdot\mathrm{V}) + \Gamma_{12}^1(\mathrm{U}\cdot\mathrm{N}) + \Gamma_{12}^2(\mathrm{V}\cdot\mathrm{N}) + M(\mathrm{N}\cdot\mathrm{N})$$

$$(\mathrm{V}\cdot\mathrm{N})_v = \beta_2^1(\mathrm{U}\cdot\mathrm{V}) + \beta_2^2(\mathrm{V}\cdot\mathrm{V}) + \Gamma_{22}^1(\mathrm{U}\cdot\mathrm{N}) + \Gamma_{22}^2(\mathrm{V}\cdot\mathrm{N}) + N(\mathrm{N}\cdot\mathrm{N})$$

$$(\mathrm{U}\cdot\mathrm{N})_u = \beta_1^1(\mathrm{U}\cdot\mathrm{U}) + \beta_1^2(\mathrm{U}\cdot\mathrm{V}) + \Gamma_{11}^1(\mathrm{U}\cdot\mathrm{N}) + \Gamma_{11}^2(\mathrm{V}\cdot\mathrm{N}) + L(\mathrm{N}\cdot\mathrm{N})$$

$$(\mathrm{U}\cdot\mathrm{N})_v = \beta_2^1(\mathrm{U}\cdot\mathrm{U}) + \beta_2^2(\mathrm{U}\cdot\mathrm{V}) + \Gamma_{12}^1(\mathrm{U}\cdot\mathrm{N}) + \Gamma_{12}^2(\mathrm{V}\cdot\mathrm{N}) + M(\mathrm{N}\cdot\mathrm{N})$$

$$(\mathrm{N}\cdot\mathrm{N})_u = 2\beta_1^1(\mathrm{U}\cdot\mathrm{N}) + 2\beta_1^2(\mathrm{V}\cdot\mathrm{N})$$

$$(\mathrm{N}\cdot\mathrm{N})_v = 2\beta_2^1(\mathrm{U}\cdot\mathrm{N}) + 2\beta_2^2(\mathrm{V}\cdot\mathrm{N}).$$

이것은 또 다시 1계 동차편미분방정식계이다. 이 방정식들은 C^2-급해를 가지므로 이 미분방정식계에 대한 양립조건도 만족된다. 따라서 이러한 유형의 초깃값 문제에 관한 존재정리와 유일성 정리로부터 초기조건을 만족하는 해는 유일하다는 것을 알 수 있다. 그러나 초기조건을 만족하는 위의 편미분방정식계의 해는 함수

$$\begin{cases}(\mathrm{U}\cdot\mathrm{U})^* = E\\(\mathrm{U}\cdot\mathrm{V})^* = F,\\(\mathrm{V}\cdot\mathrm{V})^* = G\end{cases}\quad\begin{cases}(\mathrm{U}\cdot\mathrm{N})^* = 0\\(\mathrm{V}\cdot\mathrm{N})^* = 0\\(\mathrm{N}\cdot\mathrm{N})^* = 1\end{cases}$$

이다. 따라서 (u_0, v_0)의 근방의 모든 (u,v)에 대하여

$$\begin{cases}\mathrm{U}\cdot\mathrm{U} = E\\\mathrm{U}\cdot\mathrm{V} = F,\\\mathrm{V}\cdot\mathrm{V} = G\end{cases}\quad\begin{cases}\mathrm{U}\cdot\mathrm{N} = 0\\\mathrm{V}\cdot\mathrm{N} = 0\\\mathrm{N}\cdot\mathrm{N} = 1\end{cases}$$

이다. 지금 편미분방정식 $\mathrm{x}_u = \mathrm{U}, \mathrm{x}_v = \mathrm{V}$의 해에 의하여 그 곡면이 될 후보를

정의한다. 한편, $U_v = V_u$ 이므로 C^3-급의 해 $x = x(u,v)$가 존재한다. 실제로, 이것은

$$x = x(u,v) = \int_{u_0}^{u} U(\xi,v)d\xi + \int_{v_0}^{v} V(u_0,\eta)d\eta$$

이다. 이때, $x = x(u,v)$는 정칙곡면이고, 제1,2기본계수는 E,F,G와 L,M,N 임을 보이자. $x_u \times x_v = U \times V$는 연속이고

$$\begin{aligned}(x_u \times x_v)(u_0,v_0) &= (U \times V)(u_0,v_0) \\ &= (U_2V_3 - U_3V_3, U_3V_1 - U_1V_3, U_1V_2 - U_2V_1)(u_0,v_0) \\ &= (0,0,\sqrt{E_0G_0 - F_0^2}) \neq (0,0,0)\end{aligned}$$

이므로 (u_0,v_0)의 근방에서 $x_u \times x_v \neq O$ 이다. 그러므로 $x = x(u,v)$는 정칙이다. 또한,

$$\begin{cases} x_u \cdot x_u = U \cdot U = E \\ x_u \cdot x_v = U \cdot V = F \\ x_v \cdot x_v = V \cdot V = G \end{cases}$$

는 명백하다. $\begin{cases} U \cdot N = 0 \\ V \cdot N = 0 \\ N \cdot N = 1 \end{cases}$ 이므로

$$\begin{cases} x_{uu} \cdot N = U_u \cdot N = L \\ x_{uv} \cdot N = V_u \cdot N = M \\ x_{vv} \cdot N = x_v \cdot N = N \end{cases}$$

을 얻을 수 있다. 따라서 $x = x(u,v)$의 제2기본계수는 L,M,N이다.

(유일성) 모든 $(u,v) \in U$에 대하여 $E = E^*, F = F^*, G = G^*$와 $L = L^*$, $M = M^*, N = N^*$를 만족하고, (u_0,v_0)의 근방에서 정의된 두 개의 C^3-급좌표조각사상 $x = x(u,v)$와 $x = x^*(u,v)$가 존재한다고 가정하자. $x = x^*(u,v)$로 표현되는 곡면을 평행이동과 회전이동시켜 $x^*(u_0,v_0)$에 대응하는 점이 점 $x(u_0,v_0)$과 일치하고, 접선벡터 $x_u^*(u_0,v_0)$와 $x_v^*(u_0,v_0)$이 각각 접선벡터 $x_u(u_0,v_0)$와 $x_v(u_0,v_0)$이 일치한다고 가정하자. 지금 곡선 $\begin{cases} u = u(t) \\ v = v(t) \end{cases}$는 점

(u_0,v_0)와 임의의 점 $(u,v) \in U$을 연결하는 U에 포함되는 정칙호라 하자. 그리고 함수

$$\mathrm{x}(t) = \mathrm{x}(u(t),v(t)), \mathrm{x}_u(t) = \mathrm{x}_u(u(t),v(t)), \mathrm{x}_v(t) = \mathrm{x}_v(u(t),v(t))$$

를 생각하자. 이들을 미분하면,

$$\frac{d\mathrm{x}}{dt} = \mathrm{x}_u \frac{du}{dt} + \mathrm{x}_v \frac{dv}{dt}$$

$$\begin{cases} \dfrac{d\mathrm{x}_u}{dt} = \mathrm{x}_{uu} \dfrac{du}{dt} + \mathrm{x}_{uv} \dfrac{dv}{dt} \\ \dfrac{d\mathrm{x}_v}{dt} = \mathrm{x}_{vu} \dfrac{du}{dt} + \mathrm{x}_{vv} \dfrac{dv}{dt} \end{cases}$$

이다. 가우스의 공식과 $\mathrm{N} = \dfrac{\mathrm{x}_u \times \mathrm{x}_v}{\| \mathrm{x}_u \times \mathrm{x}_v \|} = \dfrac{\mathrm{x}_u \times \mathrm{x}_v}{\sqrt{EG-F^2}}$을 이용하면,

$$\begin{aligned}
\frac{d\mathrm{x}}{dt} &= \mathrm{x}_u \frac{du}{dt} + \mathrm{x}_v \frac{dv}{dt} := a(t)\mathrm{x}_u + b(t)\mathrm{x}_v \\
\frac{d\mathrm{x}_u}{dt} &= (\Gamma_{11}^1 \frac{du}{dt} + \Gamma_{12}^1 \frac{dv}{dt})\mathrm{x}_u + (\Gamma_{11}^2 \frac{du}{dt} + \Gamma_{12}^2 \frac{dv}{dt})\mathrm{x}_v \\
&\qquad + (L\frac{du}{dt} + M\frac{dv}{dt})(\mathrm{x}_u \times \mathrm{x}_v)(EG-F^2)^{-1/2} \\
&:= c(t)\mathrm{x}_u + d(t)\mathrm{x}_v + e(t)\mathrm{x}_u \times \mathrm{x}_v \\
\frac{d\mathrm{x}_v}{dt} &= (\Gamma_{12}^1 \frac{du}{dt} + \Gamma_{22}^1 \frac{dv}{dt})\mathrm{x}_u + (\Gamma_{12}^2 \frac{du}{dt} + \Gamma_{22}^2 \frac{dv}{dt})\mathrm{x}_v \\
&\qquad + (M\frac{du}{dt} + N\frac{dv}{dt})(\mathrm{x}_u \times \mathrm{x}_v)(EG-F^2)^{-1/2} \\
&:= f(t)\mathrm{x}_u + g(t)\mathrm{x}_v + h(t)\mathrm{x}_u \times \mathrm{x}_v
\end{aligned}$$

를 얻는다. 이때, 위의 방정식은 함수 $\mathrm{x}(t), \mathrm{x}_u(t), \mathrm{x}_v(t)$에 관한 1계 상미분방정식계이다. 계수 $a(t), b(t)$는 곡선 $u = u(t), v = v(t)$에만 의존하고, 나머지 계수들은 곡선 $\begin{cases} u = u(t) \\ v = v(t) \end{cases}$, 제1, 2기본계수, 그리고 곡선 $\begin{cases} u = u(t) \\ v = v(t) \end{cases}$ 위에서의 E, F, G의 미분에만 의존하고 있음을 유의하자. $E = E^*, F = F^*, G = G^*$와 $L = L^*, M = M^*, N = N^*$이므로 좌표조각사상 $\mathrm{x} = \mathrm{x}^*(u,v)$를 따라서 대응하는 함수들

$$x^*(t)=x^*(u(t),v(t)), x_u^*(t)=x_u^*(u(t),v(t)), x_v^*(t)=x_v^*(u(t),v(t))$$

도 위의 상미분방정식계를 만족한다. 이 상미분방정식계는 초기조건

$$\begin{cases} x(t_0)=x(u_0,v_0)=x^*(u_0,v_0)=x^*(t_0) \\ x_u(t_0)=x_u(u_0,v_0)=x_u^*(u_0,v_0)=x_u^*(t_0) \\ x_v(t_0)=x_v(u_0,v_0)=x_v^*(u_0,v_0)=x_v^*(t_0) \end{cases}$$

을 만족하므로, 상미분방정식의 해의 유일성정리에 의하여 곡선 $\begin{cases} u=u(t) \\ v=v(t) \end{cases}$ 위의 모든 곳에서 $x(t)=x^*(t)$이다. 곡선 $\begin{cases} u=u(t) \\ v=v(t) \end{cases}$는 임의이므로 $x=x(u,v)$와 $x^*=x^*(u,v)$는 일치한다.

예제 8.2 u,v의 함수

$$E=1, F=0, G=\sin^2 u \text{와 } L=1, M=0, N=\sin^2 u, 0<u<\pi,\ 0\leqq v\leqq 2\pi$$

를 각각 제1,2기본계수로 갖는 곡면을 구하여라.

풀이 $\beta_1^1=-1, \beta_1^2=\beta_2^1=0, \beta_2^2=-1,$

$$\Gamma_{11}^1=\Gamma_{11}^2=\Gamma_{22}^2=0, \Gamma_{12}^2=\cot u, \Gamma_{22}^1=-\sin u\cos u$$

이므로 가우스-바인가르텐의 공식은

$$\begin{cases} x_{uu}=N \\ x_{uv}=(\cot u)x_v \\ x_{vv}=-(\sin u\cos u)x_u+(\sin^2 u)N \end{cases}$$

$$\begin{cases} N_u=-x_u \\ N_v=-x_v \end{cases}$$

이다. 첫째와 넷째 식으로부터 $x_{uuu}=-x_u$를 얻는다. 이 미분방정식을 풀면,

$$x=a(v)\sin u+b(v)\cos v+c(v)$$

이다. 이를 둘째 식에 대입하면,

$$a'\cos u - b'\sin u = a'\cos u + b'\cos u \cot u + c'\cot u$$

를 얻는다. 따라서

$$b'(\sin u + \cos u \cot u) = -c'\cot u$$
$$b' = -c'\cos u$$

이다. b', c'는 단지 v만의 함수이므로 $b' = c' = 0$임을 알 수 있다. 따라서 $b =$ (상수), $c =$ (상수)이다. 더욱이, 첫째와 셋째 식으로부터

$$\begin{aligned} a''\sin u = x_{vv} &= -(\sin u \cos u)x_u + (\sin^2 u)x_{uu} \\ &= -(\sin u \cos u)(a\cos u - b\sin u) + (\sin^2 u)(-a\sin u - b\cos u) \\ &= -a\sin u \end{aligned}$$

를 얻는다. 따라서 $a'' = -a$이다. 이 미분방정식을 풀면,

$$a = d\cos v + e\sin v, d = (\text{상수}), e = (\text{상수})$$

이다. 그러므로

$$x = d\cos v \sin u + e\sin v \sin u + b\cos u + c$$

이다. 이때, d, e, b, c는 정규직교벡터임을 보이면, x는 중심이 c이고 반경이 1인 구면 위에 있다. 왜냐하면,

$$\begin{aligned} \| x - c \|^2 &= (d \cdot d)\cos^2 v \sin^2 u + (e \cdot e)\sin^2 v \sin^2 u + (b \cdot b)\cos^2 u \\ &+ 2(d \cdot c)\cos v \sin u \cos u + 2(d \cdot b)\cos v \sin u \cos u + 2(e \cdot b)\sin v \sin u \cos u \\ &= \cos^2 v \sin^2 u + \sin^2 v \sin^2 u + \cos^2 u = 1 \end{aligned}$$

이기 때문이다. d, e, b, c는 정규직교벡터임을 보이자.

$$\begin{aligned} \sin^2 u = G = x_v \cdot x_v \\ &= (d \cdot d)\sin^2 v \sin^2 u - 2(d \cdot e)\sin v \cos v \sin^2 u + (e \cdot e)\cos^2 v \sin^2 u \end{aligned}$$

이므로 $(d \cdot d)\sin^2 v - 2(d \cdot e)\sin v \cos v + (e \cdot e)\cos^2 v = 1$이다. $v = \frac{\pi}{2}$일 때, $d \cdot d = 1$이고, $v = 0$일 때, $e \cdot e = 1$이다. 따라서 $d \cdot e = 0$이다.

6장 곡면론의 텐서해석

$$0 = F = \mathrm{x}_u \cdot \mathrm{x}_v = (\mathrm{b} \cdot \mathrm{d})\sin v \sin^2 u - (\mathrm{e} \cdot \mathrm{b})\cos v \sin^2 u$$

이므로 $(\mathrm{b} \cdot \mathrm{d})\sin v - (\mathrm{e} \cdot \mathrm{b})\cos v = 0$이다. $v = \frac{\pi}{2}$일 때, $\mathrm{b} \cdot \mathrm{d} = 0$이고 $v = 0$일 때, $\mathrm{e} \cdot \mathrm{b} = 0$이다.

$$\begin{aligned} 1 = E = \mathrm{x}_u \cdot \mathrm{x}_u &= \cos^2 v \cos^2 u + \sin^2 v \cos^2 u + (\mathrm{b} \cdot \mathrm{b})\sin^2 u \\ &= \cos^2 u + (\mathrm{b} \cdot \mathrm{b})\sin^2 u \end{aligned}$$

이므로 $u = \frac{\pi}{2}$일 때, $\mathrm{b} \cdot \mathrm{b} = 1$이다. 그러므로 d,e,b,c는 정규직교벡터이다. 따라서 주어진 함수를 제1,2기본계수로 갖는 곡면은 북극점과 남극점을 제외한 단위구면이다.

9. 곡면 위의 대역적 정리

모든 점이 제점인 C^3-급닫힌연결곡면은 구면뿐임을 보이고자 한다.

S는 그 위의 모든 점이 제점인 C^3-급닫힌연결곡면이라 가정하자. 이때, P는 S 위의 임의의 점이라 하고, $\mathrm{x} = \mathrm{x}(u,v)$는 점 P를 포함하는 S 안의 연결좌표조각사상이라 하자.

구면제점에서는 모든 방향으로 법곡률 κ는 0이 아닌 상수이므로 모든 방향이 주방향이다. 따라서 좌표조각사상 위의 모든 곡선, 특히, 매개변수곡선은 곡률선이다. 그러므로 로드리게스의 공식으로부터

$$\begin{cases} \mathrm{N}_u = -\kappa \mathrm{x}_u \\ \mathrm{N}_v = -\kappa \mathrm{x}_v \end{cases}$$

이다. 고정된 점에서 모든 방향으로 법곡률 κ는 일정하지만, 좌표조각사상 위의 각 점에서 모든 방향으로 법곡률 κ가 일정하다는 것은 아직 밝혀지지 않았다. 이 사실을 증명하기 위하여 $\mathrm{x} = \mathrm{x}(u,v)$가 C^3-급이라는 사실을 이용하면,

$$\begin{cases} \mathrm{N}_{uv} = -\kappa \mathrm{x}_{uv} - \kappa_v \mathrm{x}_u \\ \mathrm{N}_{vu} = -\kappa \mathrm{x}_{vu} - \kappa_u \mathrm{x}_v \end{cases}$$

이다. 이 두 식을 빼면, $\kappa_v \mathrm{x}_u - \kappa_u \mathrm{x}_v = 0$이다. 그러나 $\mathrm{x}_u, \mathrm{x}_v$는 일차독립이므로 $\kappa_v = \kappa_u = 0$이다. 그러므로 좌표조각사상 위에서 법곡률 κ는 상수이다. 즉, S 위의 모든 점은 법곡률이 0이 아닌 상수인 좌표조각사상에 속한다. 점 P는 고정시키고, Q는 S 위의 다른 점이라 하자. S는 연결집합이므로 P와 Q를 잇는 정칙호 $\Gamma : \mathrm{x} = \mathrm{x}(t)$가 S 위에 존재한다. S 위의 모든 점이 제점이므로, S 위의 모든 곡선은 곡률선이다. 따라서 로드리게스의 공식으로부터 정칙호 Γ를 따라서 $\dfrac{d\mathrm{N}}{dt} = -\kappa \dfrac{d\mathrm{x}}{dt}$이다. Γ 위의 각 점에서 $\kappa =$(상수)이므로 그 점을 포함하는 좌표조각사상 위에서 $\kappa =$(상수)이다. 위의 식을 적분하면,

$$\mathrm{N} = -\kappa \mathrm{x} + \mathrm{c}$$

를 얻는다. 그러므로 $\left\| \mathrm{x} - \dfrac{1}{\kappa}\mathrm{c} \right\| = \dfrac{1}{|\kappa|}$이다. 따라서 x, 특히 점 Q는 중심이 $\dfrac{1}{\kappa}\mathrm{c}$이고 반경이 $\dfrac{1}{|\kappa|}$인 구면 S^2 위에 있다. 즉, $S \subset S^2$. 구면 S^2는 연결집합이고, S는 닫힌집합이므로 4.5절의 정리 5.2에 의하여 $S = S^2$이다. 따라서 다음 정리를 얻는다.

▶정리 9.1 모든 점이 제점인 C^3-급연결닫힌곡면은 구면뿐이다.

같은 방법으로 하면, 다음 정리를 증명할 수 있다.

▶정리 9.2 모든 점이 평탄점인 C^2-급연결닫힌곡면은 평면뿐이다.

▶정리 9.3 가우스곡률이 양수가 아닌 C^2-급긴밀곡면은 $\mathbb{R}^3$에서 존재하지 않는다.

증명 가우스곡률이 양수가 아닌 C^2-급긴밀곡면 S가 존재한다고 가정하자. 이때, 함수 $f: S \to \mathbb{R} : \mathrm{x} \to \| \mathrm{x} \|^2$는 연속이다. S를 긴밀집합이므로 f는 최댓값을 갖는다. $f(\mathrm{x}_0) = \| \mathrm{x}_0 \|^2 = r^2, \mathrm{x}_0 \in S$를 최댓값이라 하자. 이때, $f \geqq 0$이므로 $r^2 > 0$임을 알 수 있다. x_0를 P_0라고 하자. 지금 $\mathrm{x} = \mathrm{x}(u,v)$는 u,v-곡선이 점 P_0에서 주방향을 갖는 P_0를 포함하는 S 안의 좌표조각사상이라 하자. $f(\mathrm{x}(u,v))$는 점 P_0에서 최댓값을 가지므로 P_0에서

$$\frac{\partial f}{\partial u} = 2\mathrm{x} \cdot \mathrm{x}_u = 0, \frac{\partial f}{\partial v} = 2\mathrm{x} \cdot \mathrm{x}_v = 0$$

이다. 또한, 점 P_0에서

$$\frac{\partial^2 f}{\partial u^2} = 2\mathrm{x}_u \cdot \mathrm{x}_u + 2\mathrm{x} \cdot \mathrm{x}_{uu} \leqq 0, \frac{\partial^2 f}{\partial v^2} = 2\mathrm{x}_v \cdot \mathrm{x}_v + 2\mathrm{x} \cdot \mathrm{x}_{vv} \leqq 0$$

이 성립한다. 처음 두 식에 의하여 점 P_0에서 x는 x_u와 x_v에 수직이므로 점 P_0에서 $\mathrm{N} = \pm \frac{\mathrm{x}}{\| \mathrm{x} \|} = \pm \frac{\mathrm{x}}{r}$이다. $\mathrm{N} = \frac{\mathrm{x}}{r}$이라 가정하자. 이것을 둘째 식에 대입하면, 점 P_0에서

$$\mathrm{x}_u \cdot \mathrm{x}_u + r\mathrm{N} \cdot \mathrm{x}_{uu} \leqq 0, \mathrm{x}_v \cdot \mathrm{x}_v + r\mathrm{N} \cdot \mathrm{x}_{vv} \leqq 0,$$
$$E + rL \leqq 0, G + rN \leqq 0,$$
$$\frac{L}{E} \leqq -\frac{1}{r} < 0, \frac{N}{G} \leqq -\frac{1}{r} < 0$$

을 얻는다. 한편, u,v-곡선은 점 P_0에서 주방향을 가지므로 5.7절의 정리 7.7

미분기하학개론

에 의하여 $\kappa_1 = \dfrac{L}{E}, \kappa_2 = \dfrac{N}{G}$이다. 따라서 점 P_0에서 가우스곡률은

$$K = \kappa_1 \kappa_2 = \frac{LN}{EG} \geqq \frac{1}{r^2} > 0$$

이다. 이것은 모순이다.

▶정리 9.4 $f(P) = [\kappa_1(P) - \kappa_2(P)]^2$은 곡면 위에서 연속함수이다.

증명 곡면 S 위의 점 P에서 주곡률은 점 P를 포함하는 좌표조각사상의 방향에 의존하고 단위법선벡터 N의 방향이 바뀌면 부호가 바뀐다는 사실을 유의하여라. S가 가향이 아니라면, S 전체에서 연속함수로써 $\kappa_1(P)$와 $\kappa_2(P)$는 정의할 수 없다. 그러나 f는 κ_1과 κ_2의 어느 쪽의 부호의 변화에도 독립이므로, 이러한 성질은 S의 본질적인 성질이고 또한 점 P를 포함하는 좌표조각사상에도 독립이다. f가 점 P_0에서 연속임을 보이기 위하여 $\mathrm{x} = \mathrm{x}(u,v)$는 P_0를 포함하는 좌표조각사상이라 하자. κ_1과 κ_2는 제1, 2기본계수의 연속함수이므로 $f(P) = f(\mathrm{x}(u,v))$는 u와 v의 연속함수이다. 따라서 임의의 $\epsilon > 0$에 대하여 (u_0, v_0)의 근방 $N_{\delta_1}(u_0, v_0)$가 존재하여 모든 $(u,v) \in N_{\delta_1}(u_0, v_0)$에 대하여

$$| f(\mathrm{x}(u,v)) - f(\mathrm{x}(u_0, v_0)) | < \epsilon$$

이다. $N_{\delta_1}(u_0, v_0)$의 상 $M \subset S$은 열린집합 $O \subset \mathbb{R}^3$와 S의 공통부분이다. 그러므로 $N_\delta(\mathrm{x}_0) \bigcap S$가 M에 포함되는 x_0의 근방 $N_\delta(\mathrm{x}_0) \subset \mathbb{R}^3$가 존재한다. 따라서 모든 $\mathrm{x} \in N_\delta(\mathrm{x}_0) \bigcap S$에 대하여 $| f(\mathrm{x}) - f(\mathrm{x}_0) | < \epsilon$이다. 그러므로 f는 P_0에서 연속이다.

▶정리 9.5 **(힐베르트(Hilbert))** 충분히 높은 급의 곡면 위의 한 점 P_0에서 다음을 만족한다고 하자.

(i) κ_1은 P_0에서 극댓값을 갖고
(ii) κ_2은 P_0에서 극솟값을 가지며

(iii) P_0에서 $\kappa_1 > \kappa_2$이다.

그러면 P_0에서의 가우스 곡률은 $K(P_0) \leqq 0$이다.

증명 $\kappa_1(P_0) \neq \kappa_2(P_0)$이므로, P_0는 제점이 아니다. 따라서 5.7절의 정리 7.4에 의하여 매개변수곡선이 곡률선인 P_0를 포함하는 좌표조각사상 $\mathrm{x} = \mathrm{x}(u, v)$가 존재한다. 매개변수곡선이 곡률선이므로 5.7절의 따름정리 7.6에 의하여 $F = M = 0$이다. 따라서 마이나르디-코다찌의 방정식은

$$\begin{cases} L_v = L\Gamma_{12}^1 - N\Gamma_{11}^2 = \dfrac{LGE_v}{2EG} + \dfrac{NEE_v}{2EG} = \dfrac{1}{2}E_v\left(\dfrac{L}{E} + \dfrac{N}{G}\right) \\ N_u = -L\Gamma_{22}^1 + N\Gamma_{12}^2 = \dfrac{LGG_u}{2EG} + \dfrac{NEG_u}{2EG} = \dfrac{1}{2}G_u\left(\dfrac{L}{E} + \dfrac{N}{G}\right) \end{cases}$$

이므로

$$\begin{cases} \left(\dfrac{L}{E}\right)_v = \dfrac{EL_v - E_vL}{E^2} = \dfrac{1}{2}\dfrac{E_v}{E}\left(\dfrac{L}{E} + \dfrac{N}{G}\right) - \dfrac{E_vL}{E^2} = \dfrac{E_v}{2E}\left(\dfrac{N}{G} - \dfrac{L}{E}\right) \\ \left(\dfrac{N}{G}\right)_u = \dfrac{GN_u - G_uN}{G^2} = \dfrac{1}{2}\dfrac{G_u}{G}\left(\dfrac{L}{E} + \dfrac{N}{G}\right) - \dfrac{G_uN}{G^2} = \dfrac{G_u}{2G}\left(\dfrac{L}{E} - \dfrac{N}{G}\right) \end{cases}$$

이다. 5.7절의 정리 7.7에 의하여 $\kappa_1 = \dfrac{L}{E}, \kappa_2 = \dfrac{N}{G}$이므로

$$\begin{cases} \dfrac{\partial \kappa_1}{\partial v} = \dfrac{1}{2}\dfrac{E_v}{E}(\kappa_2 - \kappa_1) \\ \dfrac{\partial \kappa_2}{\partial u} = \dfrac{1}{2}\dfrac{G_u}{G}(\kappa_1 - \kappa_2) \end{cases}$$

를 얻는다. 이것을 미분하면,

$$\begin{cases} \dfrac{\partial^2 \kappa_1}{\partial v^2} = \dfrac{1}{2}\left(\dfrac{EE_{vv} - E_v^2}{E^2}\right)(\kappa_2 - \kappa_1) + \dfrac{1}{2}\dfrac{E_v}{E}(\kappa_2 - \kappa_1)_v \\ \dfrac{\partial^2 \kappa_2}{\partial u^2} = \dfrac{1}{2}\left(\dfrac{GG_{uu} - G_u^2}{G^2}\right)(\kappa_1 - \kappa_2) + \dfrac{1}{2}\dfrac{G_u}{G}(\kappa_1 - \kappa_2)_u \end{cases}$$

이다. 한편, κ_1과 κ_2는 점 P_0에서 극값을 가지므로, P_0에서 $\dfrac{\partial \kappa_1}{\partial v} = \dfrac{\partial \kappa_2}{\partial u} = 0$이

다. 또한, P_0에서 $\kappa_1 \neq \kappa_2$이므로 세 번째의 두 식으로부터 점 P_0에서 $E_v = G_u = 0$임을 알 수 있다. 이것을 네 번째 식에 대입하면, 점 P_0에서

$$\begin{cases} \dfrac{\partial^2 \kappa_1}{\partial v^2} = \dfrac{1}{2}\dfrac{E_{vv}}{E}(\kappa_2 - \kappa_1) \\ \dfrac{\partial^2 \kappa_2}{\partial u^2} = \dfrac{1}{2}\dfrac{G_{uu}}{G}(\kappa_1 - \kappa_2) \end{cases}$$

를 얻는다. 한편, κ_1은 P_0에서 극대이므로 P_0에서 $\dfrac{\partial^2 \kappa_1}{\partial v^2} \leqq 0$이고, 또한, 점 P_0에서 $\kappa_1 > \kappa_2$이고 $E > 0$이므로 위의 첫 식으로부터 P_0에서 $E_{vv} \geqq 0$임을 알 수 있다. 한편, κ_2는 P_0에서 극소이므로 P_0에서 $\dfrac{\partial^2 \kappa_2}{\partial v^2} \geqq 0$이고, 또한, 점 P_0에서 $G > 0$이므로 위의 둘째 식으로부터 P_0에서 $G_{uu} \geqq 0$임을 알 수 있다. 매개변수곡선이 곡률선이므로 5.7절의 따름정리 7.6에 의하여 $F = M = 0$이다. 또한 P_0에서 $E_v = G_u = 0$이다.

$$K(EG - F^2)^2 = (F_{uv} - \frac{1}{2}E_{vv} - \frac{1}{2}G_{uu})(EG - F^2) + \begin{vmatrix} 0 & F_v - \frac{1}{2}G_v & \frac{1}{2}G_v \\ \frac{1}{2}E_v & E & F \\ F_u - \frac{1}{2}E_v & F & G \end{vmatrix} - \begin{vmatrix} 0 & \frac{1}{2}E_v & \frac{1}{2}G_u \\ \frac{1}{2}E_v & E & F \\ \frac{1}{2}G_u & F & G \end{vmatrix}$$

임을 유의하자(문제 6.2 참조). 이것으로부터 점 P_0에서

$$K = -\frac{1}{2}\frac{E_{vv} + G_{uu}}{EG}$$

임을 알 수 있다. $E_{vv} \geqq 0, G_{uu} \geqq 0$이므로 P_0에서 $K \leqq 0$이다.

▶정리 9.6 (리프만(Liebmann)) 가우스곡률이 상수인 충분히 높은 급의 연결긴밀곡면은 구면뿐이다.

증명 S는 가우스곡률 K가 상수인 연결긴밀곡면이라 하자. 정리 9.3에 의하여 $K>0$임을 알 수 있다. 만일 S 위의 모든 점이 제점임을 보일 수 있다면, 정리 9.1에 의하여 S는 구면이다.

S 위의 모든 점이 제점임을 보이기 위하여 정리 9.4의 함수

$$f(P)=[\kappa_1(P)-\kappa_2(P)]^2$$

를 생각하자. 정리 9.4에 의하여 $f(P)$는 S에서 연속이다. S는 긴밀집합이므로 f는 어떤 점 $P_0 \in S$에서 최댓값을 갖는다. $f(P_0)>0$이라 가정하자. f는 점 P_0에서 연속이므로 어떤 근방 $N(P_0)$에서 $f>0$이다. 그러므로 $N(P_0)$에서 $\kappa_1 \neq \kappa_2$이다. 또한, $N(P_0)$에서 $K=\kappa_1\kappa_2>0$이므로 κ_1과 κ_2는 $N(P_0)$에서 같은 부호이다. 따라서 $N(P_0)$에서 $\kappa_1>\kappa_2>0$이라 가정할 수 있다. 한편, $N(P_0)$에서 $\kappa_1-\kappa_2>0$이고, $(\kappa_1-\kappa_2)^2$은 P_0에서 최댓값을 가지므로 $\kappa_1-\kappa_2$는 P_0에서 극댓값을 갖는다. 또한, $K=\kappa_1\kappa_2=(\text{상수})>0$이므로 κ_1이 증가할 때, κ_2는 감소한다. 그러므로 κ_1은 P_0에서 극댓값을 갖고, κ_2는 P_0에서 극솟값을 갖는다. 따라서 $f(P_0)>0$이면,

(i) κ_1은 P_0에서 극댓값을 갖고
(ii) κ_2은 P_0에서 극솟값을 가지며
(iii) P_0에서 $\kappa_1>\kappa_2$이다.

그러므로 정리 9.5에 의하여 $K \leqq 0$이다. 이것은 모순이다. 따라서 f는 P_0에서 양수가 아니다. 그러나 f는 P_0에서 극댓값을 갖고, 모든 P에 대하여 $f(P) \geqq 0$이므로 S에서 $f \equiv 0$이다. 그러므로 S 위의 각 점에서 $\kappa_1=\kappa_2$이다. 한편, 주곡률은 법곡률의 극값이고 $K>0$이므로 법곡률은 0이 아닌 상수이다. 즉, S 위의 모든 점은 제점이다.

문제 6.1 $K(EG-F^2)^2=|\mathrm{x}_{uu}\mathrm{x}_u\mathrm{x}_v|\,|\mathrm{x}_{vv}\mathrm{x}_u\mathrm{x}_v|-|\mathrm{x}_{uv}\mathrm{x}_u\mathrm{x}_v|^2$임을 보여라, 단, K는 좌표조각사상 $\mathrm{x}=\mathrm{x}(u,v)$의 가우스 곡률이다.

문제 6.2 문제 6.1을 이용하여

$$K(EG-F^2)^2=(F_{uu}-\frac{1}{2}E_{vv}-\frac{1}{2}G_{uu})(EG-F^2)$$

$$+\begin{vmatrix} 0 & F_v-\frac{1}{2}G_u & \frac{1}{2}G_v \\ \frac{1}{2}E_u & E & F \\ F_u-\frac{1}{2}E_v & F & G \end{vmatrix} - \begin{vmatrix} 0 & \frac{1}{2}E_v & \frac{1}{2}G_u \\ \frac{1}{2}E_v & E & F \\ \frac{1}{2}G_u & F & G \end{vmatrix}$$

임을 보여라.

문제 6.3 만일 $v^i=a^i_\alpha u^\alpha, w^i=b^i_\alpha v^\alpha$이면, $w^i=b^i_\alpha a^\alpha_\beta u^\beta$임을 보여라.

문제 6.4 만일 $J=C^{ij}A_iB_j$가 임의의 공변텐서의 성분 A_i와 B_j에 관하여 스칼라불변이라면, C^{ij}는 계수 2의 절대반변텐서의 성분임을 보여라.

문제 6.5 만일 A_{ij}와 B_{ij}는 대칭텐서의 성분이고, x^i와 y^i는

$$(A_{ij}-\kappa_1 B_{ij})x^i=0, (A_{ij}-\kappa_2 B_{ij})y^i=0, i,j=1,2,\ldots,n, \kappa_1\neq\kappa_2$$

를 만족하는 반변텐서의 성분이면, $A_{ij}x^iy^j=B_{ij}x^iy^j=0$이고, κ_1은 불변임을 보여라.

문제 6.6 접선벡터 $d\mathrm{x}=\mathrm{x}_\alpha du^\alpha$의 성분 $du^i, i=1,2$는 반변벡터의 성분처럼 변환함을 보여라. 그들을 $d\mathrm{x}$의 **반변성분(contravariant component)**이라고 한다.

문제 6.7 $\dfrac{\partial g}{\partial u^i}=2g\Gamma^\alpha_{\alpha i}$임을 보여라. 여기서 $g=g_{11}g_{22}-(g_{12})^2$이다.

문제 6.8 기둥면 $\mathrm{x}=\mathrm{y}(u)+v\mathrm{g}, \mathrm{g}=$ (상수), $\|\mathrm{g}\|=1$에 대한 크리스토펠의 기호 Γ^k_{ij}를 구하여라.

문제 6.9 바인가르텐의 공식을 이용하여 $\mathrm{N}_u\times\mathrm{N}_v=(EG-F^2)^{1/2}K\mathrm{N}$임을 보여라. 단, K는 가우스 곡률이다.

문제 6.10 $E=1, F=0, G=1$과 $L=-1, M=0, N=0$를 제1,2기본계수로 갖는 곡면을 구하여라.

문제 6.11 좌표조각사상 위의 매개변수곡선들이 서로 수직이면, 가우스곡률은

$$K=-\frac{1}{\sqrt{EG}}\left[\frac{\partial}{\partial u}\left(\frac{1}{\sqrt{E}}\frac{\partial\sqrt{G}}{\partial u}\right)+\frac{\partial}{\partial v}\left(\frac{1}{\sqrt{G}}\frac{\partial\sqrt{E}}{\partial v}\right)\right]$$

임을 보여라.

문제 6.12 문제 6.11을 이용하여 원기둥나선면 $\mathrm{x}(r,\theta)=(r\cos\theta, r\sin\theta, a\theta)$의 가우스곡률을 구하여라.

문제 6.13 가우스곡률이 양수이고 평균곡률이 상수인 연결긴밀곡면은 구면뿐임을 보여라.

문제 6.14 만일 A_i와 B_i가 두 공변텐서의 성분이면, 외적 $C_{ij}=A_iB_j$는 계수 2의 공변텐서의 성분임을 보여라.

문제 6.15 만일 A^{ij}가 절대반변텐서의 성분이고, $A_{i\alpha}A^{\alpha j}=\delta_i^j$이면, A_{ij}는 절대공변텐서의 성분임을 보여라. 이 두 텐서를 **상반(reciprocal)텐서**라고 한다.

문제 6.16 만일 A^{ij}와 A_{ij}가 상반대칭텐서의 성분이고, x_i가 공변텐서의 성분이면, $A_{ij}x^ix^j=A^{ij}x_ix_j$임을 보여라. 단, $x^i=A^{i\alpha}x_\alpha$이다.

문제 6.17 $\epsilon_{11}=0, \epsilon_{12}=\sqrt{g}, \epsilon_{21}=-\sqrt{g}, \epsilon_{22}=0$이라 하자. 단, $g=g_{11}g_{22}-(g_{12})^2$이다. 이때, ϵ_{ij}는 $\bar{\epsilon}_{11}=0, \bar{\epsilon}_{12}=\sqrt{\bar{g}}, \bar{\epsilon}_{21}=-\sqrt{\bar{g}}, \bar{\epsilon}_{22}=0$인 교대공변텐서의 성분임을 보여라.

문제 6.18 $\epsilon^{ij}=\epsilon_{\alpha\beta}g^{i\alpha}g^{j\beta}$라 할 때, $\epsilon^{11}=0, \epsilon^{12}=\frac{1}{\sqrt{g}}, \epsilon^{21}=-\frac{1}{\sqrt{g}}, \epsilon^{22}=0$임을 보여라. 단, ϵ_{ij}는 문제 6.17에서와 같이 정의한다.

문제 6.19 $\frac{\partial g^{ij}}{\partial u^k} = - g^{\alpha j}\Gamma^i_{\alpha k} - g^{\alpha i}\Gamma^j_{\alpha k}$ 임을 보여라.

문제 6.20 다음을 증명하여라.

(a) $R^1_{112} = R^2_{221} = - R^1_{121} = - R^2_{212} = F \cdot \frac{LN - M^2}{EG - F^2}$

(b) $R^1_{212} = - R^1_{221} = G \cdot \frac{LN - M^2}{EG - F^2}$

(c) $R^2_{121} = - R^2_{112} = E \cdot \frac{LN - M^2}{EG - F^2}$

(d) $R^p_{ijk} = 0$(그 이외의 경우)

문제 6.21 $\frac{1}{2}\frac{\partial \log g}{\partial u^1} = \Gamma^1_{11} + \Gamma^2_{12}$, $\frac{1}{2}\frac{\partial \log g}{\partial u^2} = \Gamma^1_{12} + \Gamma^2_{22}$ 임을 보여라.

7장

본질적 기하학

1. 곡면의 사상
2. 등장사상과 본질적 기하학
3. 측지곡률
4. 측지선
5. 측지좌표
6. 측지적 극좌표
7. 최소길이의 호
8. 정곡률곡면
9. 가우스-보네의 정리
10. 야코비의 정리

1. 곡면의 사상

[정칙미분가능사상] S, S^*를 각각 C^m-급, C^n-급곡면이라 하고 사상 $\mathrm{f}: S \to S^*$ 를 생각하자. 만일 S 안의 모든 좌표조각사상 $\mathrm{x} = \mathrm{x}(u,v)$에 대하여 합성사상

$$\mathrm{x}^* = \mathrm{x}^*(u,v) = \mathrm{f}(\mathrm{x}(u,v))$$

가 C^r-급 $(r \leqq \min m,n)$ 정칙매개변수표현이면, f는 S에서 S^*로의 C^r-급 **정칙미분가능사상(regular differentiable mapping)**이라 한다.

▶정리 1.1 $\mathcal{B} = \{\mathrm{x}_\alpha(u,v)\}_{\alpha \in I}$를 곡면 S의 좌표조각사상들의 기저라고 하자. f는 곡면 S에서 곡면 S^*로의 사상이라 하자. 만일 모든 $\mathrm{x}_\alpha(u,v) \in \mathcal{B}$에 대하여 $\mathrm{x}_\alpha{}^* = \mathrm{f}(\mathrm{x}_\alpha(u,v))$가 C^r-급정칙매개변수표현이면, S 위의 임의의 좌표조각사상 $\mathrm{x} = \mathrm{x}(u,v)$에 대하여 $\mathrm{x}^* = \mathrm{f}(\mathrm{x}(u,v))$는 C^r-급정칙매개변수표현이다. 그러므로 f는 C^r-급정칙미분가능사상이다.

증명 $\mathrm{x} = \mathrm{x}(u,v)$는 열린집합 U에서 정의된 S 위의 임의의 좌표조각사상이라 하자. 이때, $\mathrm{x}^* = \mathrm{f}(\mathrm{x}(u,v))$가 C^r-급정칙매개변수표현임을 보이면 된다. 임의의 $(u,v) \in U$에 대응하는 $\mathrm{x} = \mathrm{x}(u,v)$ 위의 점을 P라고 하자. $\mathrm{x} = \mathrm{y}(\theta,\phi)$는 점 P를 포함하는 기저의 좌표조각사상이라 하자. 그러면 $\mathrm{x} = \mathrm{x}(u,v)$와 $\mathrm{x} = \mathrm{y}(\theta,\phi)$의 공통부분은 S 위의 좌표조각사상이다. 이 좌표조각사상은 (u,v)를 포함하는 열린집합 W에서 정의되고, $\begin{cases} \theta = \theta(u,v) \\ \phi = \phi(u,v) \end{cases}$는 매개변수교환가능이다. $\mathrm{f}(\mathrm{y}(\theta,\phi))$는 C^r-급정칙매개변수표현이고 W에서는

$$\mathrm{x}^* = \mathrm{f}(\mathrm{x}(u,v)) = \mathrm{f}(\mathrm{y}(\theta(u,v),\phi(u,v))$$

이다. $(u,v) \in U$는 임의이므로 $\mathrm{x}^* = \mathrm{f}(\mathrm{x}(u,v))$는 U에서 정의된 C^r-급정칙매개변수표현이다.

(참고) 사상 $\mathrm{f}: S \to S^*$가 정칙미분가능사상임을 보이려면, S 위의 좌표조각사상들의 기저에 대하여 f가 정칙미분가능임을 증명하면 충분하다.

예제 1.2 (a) 중심이 $(1,0,0)$이고 반지름이 1인 구면에 대하여 곡면 S는 북극점 $(0,0,2)$가 빠진 구면이라 하자. S^*는 남극점(원점)에서의 접평면이라 하자. f는 각 점 $\mathrm{x}\in S$에 대하여 x와 북극점을 지나는 직선이 접평면 S^*와 만나는 점 x^*으로 사영하는 입체사영이라 하자. 이때, $\mathrm{x}=(x_1,x_2,x_3)\in S$에 대하여

$\mathrm{x}^*=\dfrac{2}{2-x_3}(x_1,x_2,0)$임을 알 수 있다.

$$S:\mathrm{x}=(\sin\phi\cos\theta,\sin\phi\sin\theta,\cos\phi),\ 0\leqq\theta\leqq 2\pi,\ 0<\phi\leqq\pi$$

에서 $0<\theta<\dfrac{3\pi}{2}, 0<\phi<\pi$와 $\dfrac{\pi}{2}<\theta<\dfrac{5\pi}{2}, 0<\phi<\pi$에서 정의된 두 좌표조각사상 $\mathrm{x}_1,\mathrm{x}_2$과 몽주좌표조각사상 $\mathrm{x}_3=(x_1,x_2,1-\sqrt{1-x_1^2-x_2^2})$을 택하면, $\{\mathrm{x}_1,\mathrm{x}_2,\mathrm{x}_3\}$는 S의 기저이다.

$$\mathrm{x}_i^*=\mathrm{f}(\mathrm{x}_i(\theta,\phi))=\frac{2}{1-\cos\phi}(\cos\theta\sin\phi,\sin\phi\sin\theta,0),\ i=1,2$$

이므로, x_i^*는 분명히 C^∞-급이고,

$$\left\| \frac{\partial \mathrm{x}_i^*}{\partial\theta}\times\frac{\partial \mathrm{x}_i^*}{\partial\phi}\right\| = \frac{4\sin\phi}{(1-\cos\phi)^2}\neq 0$$

이다. 한편, $\mathrm{x}_3^*=\mathrm{f}(\mathrm{x}_3(u,v))=\dfrac{2}{1+(1-x_1^2-x_2^2)^{1/2}}(x_1,x_2,0)$이므로, x_3^*는 분명히 C^∞-급이고,

$$\left\| \frac{\partial \mathrm{x}_3^*}{\partial x_1}\times\frac{\partial \mathrm{x}_3^*}{\partial x_2}\right\| = \frac{4}{(1-x_1^2-x_2^2)^{1/2}}[1+(1-x_1^2-x_2^2)^{1/2}]^2\neq 0$$

이다. 그러므로 $\mathrm{f}:S\to S^*$는 C^∞-급정칙미분가능사상이다.

(b) S는 x_1x_2-평면이라 하고, S^*는 x_3-축을 회전축으로 하고 반지름이 1인 원기둥면이라 하자. $\mathrm{f}:S\to S^*:(x_1,x_2)\to(\cos x_1,\sin x_1,x_2)$ 이라 하자. 단 하나의 좌표조각사상 $\mathrm{x}=\mathrm{x}(\theta,\phi)=(\theta,\phi)$는 S의 기저를 이룬다. 이때,

$$\mathrm{x}^*=\mathrm{f}(\mathrm{x}(\theta,\phi))=(\cos\theta,\sin\theta,\phi)$$

는 분명히 C^{∞}-급이고,

$$\| x_{\theta}^{*} \times x_{\phi}^{*} \| = 1 \neq 0$$

이므로 f는 C^{∞}-급정칙미분가능사상이다.

정칙매개변수표현 $x = x(u,v)$는 국소적으로 위상동형사상임을 이미 알고 있다. $f: S \to S^{*}$ 는 정칙미분가능사상이라 하자. 열린집합 U에서 정의되고 $(u,v) \in U$에 대응하는 점 $P \in S$를 포함하는 S 안의 좌표조각사상 $x = x(u,v)$에 대하여 $x^{*} = f(x(u,v))$는 정칙매개변수표현이므로, x^{*}는 국소적으로 위상동형사상이다. 그러므로 $x^{*} = f(x(u,v))$가 $f(P) \in S^{*}$를 포함하는 좌표조각사상인 (u,v)의 근방 $N(u,v) \subset U$가 존재한다. 한편, $N(u,v)$에 제한된 $x = x(u,v)$는 좌표조각사상이므로 다음 정리를 얻는다.

정리 1.3 만일 $f: S \to S^{*}$가 정칙미분가능사상이면, 각 점 $P \in S$에 대하여 P를 포함하는 S 안의 좌표조각사상 $x = x(u,v)$가 존재하여 $x^{*} = f(x(u,v))$는 $f(P)$를 포함하는 S^{*} 안의 좌표조각사상이다.

위의 정리에서 x와 x^{*}는 국소적으로 위상동형사상이고, $x^{*} = f \circ x$이므로 $f = x^{*} \circ x^{-1}$이다. 그러므로 다음 따름정리를 얻는다.

따름정리 1.4 만일 $f: S \to S^{*}$가 정칙미분가능사상이면, f는 국소적으로 위상동형사상이다. 즉, 모든 점 $P \in S$에 대하여 P를 포함하는 S 안의 좌표조각사상 $x = x(u,v)$가 존재하여 f는 $x = x(u,v)$에서 $f(x(u,v))$ 위로의 위상동형사상이다.

정리 1.5 만일 $f: S \to S^{*}$가 C^{r}-급정칙미분가능사상이고, $x = x(t)$는 S에서 C^{r}-급정칙곡선이면, $x^{*} = x^{*}(t) = f(x(t))$는 S^{*}에서 C^{r}-급정칙곡선이다.

증명 S 안의 임의의 좌표조각사상 $x = x(u,v)$에 대하여

$$x = x(t) = x(u(t), v(v(t))$$

는 S 위의 C^{r}-급 정칙곡선이라 하자. 그러면 $x^{*} = f(x(u,v))$는 S^{*} 안의 C^{r}-급 좌표조각사상이므로, 분명히 $x^{*} = x^{*}(t) = f(x(u(t), v(t)))$는 C^{r}-급이다.

$x = x(t)$는 S 위의 정칙곡선이므로, $\frac{dx}{dt} = x_u \frac{du}{dt} + x_v \frac{dv}{dt} \neq 0$ 이다. x_u, x_v는 일차독립이므로 $(\frac{du}{dt}, \frac{dv}{dt}) \neq (0,0)$이다.

$x^* = f(x(u,v))$는 S^* 안의 C^r-급 좌표조각사상이므로, x^*_u, x^*_v는 일차독립이다. 그러므로 $\frac{dx^*}{dt} = x^*_u \frac{du}{dt} + x^*_v \frac{dv}{dt} \neq 0$ 이다. 따라서 $x^* = x^*(t)$는 S^*에서 C^r-급정칙곡선이다.

주의 특별한 언급이 없는 한, 곡면 S에서 곡면 T로의 C^r-급사상은 C^r-급 정칙미분가능사상을 말한다.

정리 1.6 정칙미분가능사상 $f : S \to S^*$ 는 연속사상이다.

증명 $P_0 \in S$에 대하여 $f(P_0) = P_0^*$라 하고 $N_\epsilon(P_0^*)$는 P_0^*의 임의의 근방이라 하자. 따름정리 1.4에 의하여 P_0를 포함하는 S 안의 좌표조각사상 $x = x(u,v)$가 존재하여 f는 $x = x(u,v)$에서 $f(x(u,v))$ 위로의 위상동형사상이다. 따라서 P_0의 근방 $N_{\delta_1}(P_0)$이 존재하여 모든

$$P \in N_{\delta_1}(P_0) \cap x(u,v)$$

에 대하여 $f(P) \in N_\epsilon(P_0^*)$이다. $x = x(u,v)$는 좌표조각사상이므로 P_0의 근방 $N_{\delta_2}(P_0)$이 존재하여 $N_{\delta_2}(P_0) \cap S \subset x(u,v)$이다. $\delta = \min \delta_1, \delta_2$이라 놓으면, 모든 $P \in N_\delta(P_0) \cap S$에 대하여 $f(P) \in N_\epsilon(P_0^*)$이다. 그러므로 f는 점 P_0에서 연속이다.

정리 1.7 만일 $f : S \to S^*, g : S^* \to S^{**}$가 정칙미분가능사상이면, 합성함수 $g \circ f : S \to S^{**}$도 정칙미분가능사상이다.

증명 $x = x(u,v)$는 열린집합 U에서 정의된 S 안의 좌표조각사상이라 하자. $f : S \to S^*$ 는 정칙미분가능사상이므로, 정리 1.3에 의하여 각 점 $(u,v) \in U$에 대하여 (u,v)의 근방 $N(u,v) \subset U$가 존재하여 $x^* = f(x(u,v))$는 $N(u,v)$에서

정의된 S^* 안의 좌표조각사상이다. 한편, $\mathrm{g}: S^* \to S^{**}$는 정칙미분가능사상이므로 모든 $(u,v) \in N(u,v)$에 대하여

$$\mathrm{x}^{**} = \mathrm{g}(\mathrm{x}^*(u,v)) = \mathrm{g}(\mathrm{f}(u,v)) = (\mathrm{g} \circ \mathrm{f})(\mathrm{x}(u,v))$$

는 S^{**} 위에서 정칙매개변수표현이다. $(u,v) \in U$는 임의의 점이므로, $\mathrm{x}^{**} = (\mathrm{g} \circ \mathrm{f})(\mathrm{x}(u,v))$는 U에서 정의된 S^{**} 위의 정칙매개변수표현이다.

▶정리 1.8 만일 $\mathrm{f}: S \to S^*$는 전단사이고 정칙미분가능사상이면, $\mathrm{f}^{-1}: S^* \to S$도 정칙미분가능사상이다.

증명 $\mathrm{x}^* = \mathrm{x}^*(u,v)$는 열린집합 U에서 정의된 S^* 안의 좌표조각사상이라 하자. $P^* \in \mathrm{x}^*(u,v)$는 점 (u,v)에 대응하는 점이라 하고, $P = \mathrm{f}^{-1}(P^*)$라고 하자. $\mathrm{x} = \mathrm{x}(\theta,\phi)$는 점 P를 포함하는 S 안의 좌표조각사상이라 하자. $\mathrm{f}: S \to S^*$는 정칙미분가능사상이므로, $\mathrm{x}^* = \mathrm{x}^*(\theta,\phi) = \mathrm{f}(\mathrm{x}(\theta,\phi))$는 P^*를 포함하는 S^* 위에서의 정칙매개변수표현이다. 정리 1.3에 의하여 $\mathrm{x}^* = \mathrm{x}^*(\theta,\phi)$는 S^* 안의 좌표조각사상이라 가정해도 무방하다. S^* 안의 좌표조각사상 $\mathrm{x}^* = \mathrm{x}^*(u,v), \mathrm{x}^* = \mathrm{x}^*(\theta,\phi)$의 공통부분은 P^*를 포함하고 매개변수교환가능 $\begin{cases}\theta = \theta(u,v) \\ \phi = \phi(u,v)\end{cases}$과 연결되어 있다. 그러므로 공통부분 위에서

$$\mathrm{x} = \mathrm{f}^{-1}(\mathrm{x}^*(u,v)) = \mathrm{x}(\theta(u,v), \phi(u,v))$$

는 S 위의 정칙매개변수표현이다.

2. 등장사상과 본질적 기하학

[등장사상] 정칙미분가능사상 $f: S \to S^*$가 **등장사상(isometry)**이라는 것은 f가 전단사이고 정칙호의 길이를 보존할 때를 말한다. 즉, 만일 S 위의 임의의 정칙호 $x = x(t)$에 대하여 그의 상을

$$x^* = x^*(t) = f(x(t))$$

이라 하면, 그 두 곡선의 길이가 같을 때를 말한다. S와 S^*가 **등장적(isometric)**이라는 것은 등장사상 $f: S \to S^*$가 존재할 때를 말한다. 이때, S와 S^*는 서로 **전개가능하다(developable)**고 한다.

(참고) 종이조각을 잡아당기지 않고 부드럽게 굽혀서 만든 것과 같은 여러 가지 곡면들은 모두 등장적이다.

▶정리 2.1 만일 $f: S \to S^*$가 등장사상이면, 역함수 $f^{-1}: S^* \to S$도 등장사상이다.

증명 정리 1.8에 의하여 $f^{-1}: S^* \to S$는 정칙미분가능사상이다. 따라서 S^* 위의 임의의 정칙호 C^*에 대하여 $f^{-1}(C^*)$는 S 위의 정칙호이다. $f: S \to S^*$가 등장사상이므로

$$L(f^{-1}(C^*)) = L(f(f^{-1}(C^*))) = L(C^*)$$

이다. 그러므로 $f^{-1}: S^* \to S$는 등장사상이다.

▶정리 2.2 $f: S \to S^*$는 전단사이고 정칙미분가능사상이라 하자. S 안의 모든 좌표조각사상 $x = x(u,v)$에서의 제1기본계수 E, F, G와 $x^* = x^*(u,v) = f(x(u,v))$에서의 제1기본계수 E^*, F^*, G^*가 같으면, f는 등장사상이다. 그 역도 성립한다.

증명 $C: x = x(t), a \leq t \leq b$는 S 위의 임의의 정칙호라 하자. 일반적으로 C는 S 안의 한 좌표조각사상 위에 있지 않다. 그러나 C는 긴밀집합이므로 C는 유한개의 정칙호 C_i, $t_i \leq t \leq t_{i+1}, i = 0, 1, 2, \ldots, n-1$로 분할할 수 있는데 각 C_i는 어떤

좌표조각사상 $\mathrm{x}_i = \mathrm{x}_i(u,v)$에 포함된다.

$$L(C) = \sum_{i=0}^{n-1} L(C_i) = \sum_{i=0}^{n-1} \int_{t_i}^{t_{i+1}} [E_i(\frac{du}{dt})^2 + 2F_i(\frac{du}{dt})(\frac{dv}{dt}) + G_i(\frac{dv}{dt})^2]^{1/2} dt$$

이다. 그러나 모든 i에 대하여 E_i^*, F_i^*, G_i^*가 $\mathrm{x}_i^* = \mathrm{f}(\mathrm{x}_i(u,v))$에서의 제1기본계수라면, $E_i = E_i^*, F_i = F_i^*, G_i = G_i^*$이므로

$$\begin{aligned} L(C) &= \sum_{i=0}^{n-1} \int_{t_i}^{t_{i+1}} [E_i^*(\frac{du}{dt})^2 + 2F_i^*(\frac{du}{dt})(\frac{dv}{dt}) + G_i^*(\frac{dv}{dt})^2]^{1/2} dt \\ &= \sum_{i=0}^{n-1} L(C_i^*) = L(C^*) \end{aligned}$$

이다. 따라서 S 위의 정칙호 C의 길이는 S^* 위의 정칙호 $C^* = \mathrm{f}(C)$의 길이는 같다. 그러므로 f는 등장사상이다.

역으로, $\mathrm{x} = \mathrm{x}(u,v)$는 열린집합 U에서 정의된 S 안의 좌표조각사상이라 하자. $\begin{cases} u = u(t) \\ v = v(t) \end{cases}$, $a \leqq t \leqq b$는 임의의 점 $(u,v) \in U$를 지나는 U 안의 호라 하자. C_τ와 C_τ^*는 각각 구간 $a \leqq t \leqq \tau$에서의 호 $\begin{cases} u = u(t) \\ v = v(t) \end{cases}$의 S와 S^* 위에서의 상이라 하자. 즉,

$$\begin{aligned} &C_\tau : \mathrm{x} = \mathrm{x}(u(t), v(t)), a \leqq t \leqq \tau \\ &C_\tau^* : \mathrm{x}^* = \mathrm{f}(\mathrm{x}(u(t), v(t))), a \leqq t \leqq \tau. \end{aligned}$$

f는 등장사상이므로

$$\begin{aligned} L(C_\tau) &= \int_a^\tau [E(\frac{du}{dt})^2 + 2F\frac{du}{dt}\frac{dv}{dt} + G(\frac{dv}{dt})^2]^{1/2} dt \\ &= \int_a^\tau [E^*(\frac{du}{dt})^2 + 2F^*\frac{du}{dt}\frac{dv}{dt} + G^*(\frac{dv}{dt})^2]^{1/2} dt = L(C_\tau^*) \end{aligned}$$

이다. 위의 식은 모든 τ에 대하여 성립하므로 모든 t에 대하여

$$E(\frac{du}{dt})^2 + 2F\frac{du}{dt}\frac{dv}{dt} + G(\frac{dv}{dt})^2 = E^*(\frac{du}{dt})^2 + 2F^*\frac{du}{dt}\frac{dv}{dt} + G^*(\frac{dv}{dt})^2$$

이다. 그러나 (u,v)를 지나는 곡선 $\begin{cases} u = u(t) \\ v = v(t) \end{cases}$는 임의이므로, 위의 식은 모든 $\dfrac{du}{dt}, \dfrac{dv}{dt}$에 대하여 성립한다. 그러므로 $E = E^*, F = F^*, G = G^*$이다.

가우스의 정리에 의하여 곡면의 가우스곡률은 제1기본계수와 그들의 편도함수들로 나타낼 수 있으므로 다음의 정리를 얻는다.

▶정리 2.3 두 개의 곡면이 서로 전개가능하면, 대응하는 점에서의 가우스곡률은 같다. 즉, 곡면의 가우스곡률은 곡면의 등장사상에 의하여 불변이다.

[가전면] 평면에 전개가 가능한 모든 곡면을 **가전면(developable surface)**이라고 한다.

이러한 의미에서 가전면과 평면은 서로 전개가능하고, 둘 다 가우스 곡률은 0이다. **전개**라는 것은 곡면이 굽혀지기 쉬운 물질로 되어 있다고 생각할 때, 이 곡면을 신축함이 없이 변형하는 것을 말한다.

예제 2.4 S는 회전면

$$\mathrm{x}(\theta,v) = (\cos\theta\cosh v, \sin\theta\cosh v, v), 0 < \theta < 2\pi, -\infty < v < \infty$$

라 하고, S^*는 직원뿔면

$$\mathrm{x}^*(\phi,u) = (u\cos\phi, u\sin\phi, \phi), 0 < \phi < 2\pi, -\infty < u < \infty$$

라 하자.

$$\mathrm{f}: S \to S^*: \mathrm{x}(\theta,v) \to \mathrm{x}^*(\phi,u) = \mathrm{x}^*(\theta, \sinh v)$$

를 생각하자. 이때, f는 전단사이다. x는 띠 $0 < \theta < 2\pi, -\infty < v < \infty$의 일부분에서 좌표조각사상이고, S^* 위에서 그의 상

$$\begin{aligned} \mathrm{x}^* = \mathrm{x}^{**}(\theta,v) &= \mathrm{f}(\mathrm{x}(\theta,v)) = \mathrm{x}^*(\theta,\sinh v) \\ &= (\sinh v\cos\theta,, \sinh v\sin\theta, \theta) \end{aligned}$$

는 분명히 C^∞-급이며 $\| \mathrm{x}_\theta^{**} \times \mathrm{x}_v^{**} \| = \cosh^2 v \neq 0$이다. 따라서 f는 C^∞-급정칙미분가능사상이다.

$$E = x_\theta \cdot x_\theta = \cosh^2 v = x_\theta^{**} \cdot x_\theta^{**} = E^{**}$$
$$F = x_\theta \cdot x_v = 0 = x_\theta^{**} \cdot x_v^{**} = F^{**}$$
$$G = x_v \cdot x_v = \cosh^2 v = x_v^{**} \cdot x_v^{**} = G^{**}$$

이므로 정리 2.2에 의하여 $f: S \to S^*$는 등장사상이다.

7.1절의 예제 1.2 (b)의 평면에서 원기둥면 위로의 사상을 생각해 보자. 직관적으로 평면 위의 모든 직선 $x_1 =$ (상수)의 상은 원기둥면 위에서 같은 길이의 곡선임을 알 수 있다. 그러나 이 사상은 단사가 아니므로 등장사상이 아니다. 그렇지만, 평면과 원기둥면은 **국소적으로 등장적(locally isometric)**이다.

기하학의 중요한 관점은 주어진 1-1사상들 아래에서 불변인 곡면의 성질을 연구하는 것이다. 예를 들면, 곡면의 위상적 성질이란 위상동형사상 아래에서 불변인 성질을 말한다. 긴밀성과 연결성은 곡면의 위상적 성질의 예이다. 곡면의 등장사상 아래에서 불변인 곡면의 성질을 그 곡면의 **본질적(intrinsic)성질**이라 한다. 이러한 곡면의 본질적 성질의 총합을 그 곡면의 **본질적 기하학(intrinsic geometry)**이라 한다.

정리 2.2에 의하여 곡면의 한 성질이 본질적이기 위한 필요충분조건은 그것이 제1기본계수에만 의존하는 것이라는 것을 알 수 있다. 따라서 가우스곡률은 곡면의 본질적 성질이다.

점 P, Q는 곡면 S 위의 두 점이라 하자. 이때, 점 P에서 점 Q까지의 **본질적 거리(intrinsic distance)** $d(P, Q)$는 P와 Q를 잇는 S 위의 모든 가능한 정칙호 C의 길이 $L(C)$의 하한이라 정의한다. 곡면 위의 본질적 거리는 곡면의 본질적 성질이다.

정리 2.5 점 P, Q, R은 곡면 S 위의 세 점이라 하자. 이때, 다음이 성립한다.

(i) $d(P, Q) \geqq 0, d(P, Q) = 0 \Leftrightarrow P = Q$
(ii) $d(P, Q) = d(Q, P)$
(iii) $d(P, R) \leqq d(P, Q) + d(Q, R)$

증명 (i) 점 P에서 점 Q까지 S 위의 가능한 모든 정칙호 C에 대하여 $L(C) \geqq 0$이므로 $d(P, Q) \geqq 0$이다. 만일 $P = Q$라면, 점 P에서 점 Q까지 S 위의 가능한 모든 정칙호 C에 대하여 $L(C) = 0$이므로 $d(P, Q) = 0$이다. 역으로, 만일 $d(P, Q) = 0$이라면, 본질적 거리의 정의에 의하여 임의의 $\epsilon > 0$에 대하여 $0 \leqq L(C) < \epsilon$을 만족하는 점 P에서 점 Q까지 S 위의 정칙호 C가 존재한

다. 그러나 $\| P-Q \| \leq L(C) < \epsilon$이고 $\epsilon > 0$은 임의이므로 $P=Q$이다.

(ii) 점 P에서 점 Q까지 S 위의 모든 정칙호 C의 길이 $L(C)$는 C의 방향에 독립이므로 $L(C)$도 C의 방향에 독립이다. 따라서 $L(C)$의 하한인 $d(P,Q)$도 C의 방향에 독립이다. 그러므로 $d(P,Q)=d(Q,P)$이다.

(iii) 본질적 거리의 정의에 의하여 임의의 $\epsilon > 0$에 대하여

$$d(P,Q) \leqq L(C_1) < L(P,Q)+\epsilon$$

을 만족하는 점 P에서 점 Q까지 S 위의 정칙호 C_1이 존재한다. 또한,

$$d(Q,R) \leqq L(C_2) < L(Q,R)+\epsilon$$

을 만족하는 점 Q에서 점 R까지 S 위의 정칙호 C_2가 존재한다. C_2를 C_1에 연결하여 얻어지는 호는 일반적으로 점 Q에서 모서리(corner)를 가지므로, 이 호의 길이보다 조금 더 긴 P에서 R까지의 정칙호가 존재한다. 즉, P에서 R까지의 정칙호 C가 존재하여 $L(C) \leqq L(C_1)+L(C_2)+\epsilon$이다. 한편,

$$d(P,R) \leqq L(C) \leqq L(C_1)+L(C_2)+\epsilon \leqq d(P,Q)+d(Q,R)+3\epsilon$$

이다. $\epsilon > 0$은 임의이므로 $d(P,R) \leqq d(P,Q)+d(Q,R)$이다.

지금 곡면 S 위에 주어진 두 점 P,Q에 대하여 P에서 Q까지의 정칙호 C가 존재하여 $L(C)=d(P,Q)$일 때, 정칙호 C를 P와 Q 사이의 **최소길이의 호**(arc of minimum length)라 한다.

만일 정칙호 C는 P와 Q 사이의 최소길이의 호라면, 다음 성질을 만족한다.

(i) P와 Q를 잇는 임의의 정칙호 C'에 대하여 $L(C) \leqq L(C')$이다.

(ii) 임의의 $\epsilon > 0$에 대하여 $L(C) \leqq L(C') < L(C)+\epsilon$을 만족하는 P와 Q를 잇는 정칙호 C'가 존재한다.

따라서 점들 사이의 최소길이의 호는 분명히 곡면의 본질적 기하학이다. 평면에서 $d(P,Q)$는 유클리드 거리 $\| P-Q \|$이고, 최소길이의 호는 항상 유일하게 존재하며, 이것은 두 점 P,Q 사이의 선분이다. 그러나 일반적으로 곡면 위의 두 점 사이의 최소길이의 호는 존재하지 않는다. 그러나 최소길이의 호가 존재하더라도 일반적으로 그 호는 유일하지 않다.

예제 2.6 (a) S는 원점을 제외한 xy-평면이라 하고 $P=(0,1)$, $Q=(0,-1)$이라 하자. 분명히 임의의 $\epsilon>0$에 대하여 길이가 $2-\epsilon$보다 작은 P와 Q를 잇는 S 위의 호가 존재하지 않는다. 충분히 큰 모든 $R>0$에 대하여 $(R,0)$을 중심으로 하는 P와 Q 사이의 원의 일부를 잡을 수 있다. 이때, P와 Q 사이의 어떠한 호의 길이도 2보다 크거나 같다. 따라서 $d(P,Q)=2$이다. 그러나 길이가 2인 P와 Q를 잇는 S 위의 호는 존재하지 않는다. 왜냐하면, 원점이 빠져 있기 때문이다. 그러므로 S 위에 P와 Q 사이의 최소길이의 호는 존재하지 않는다.

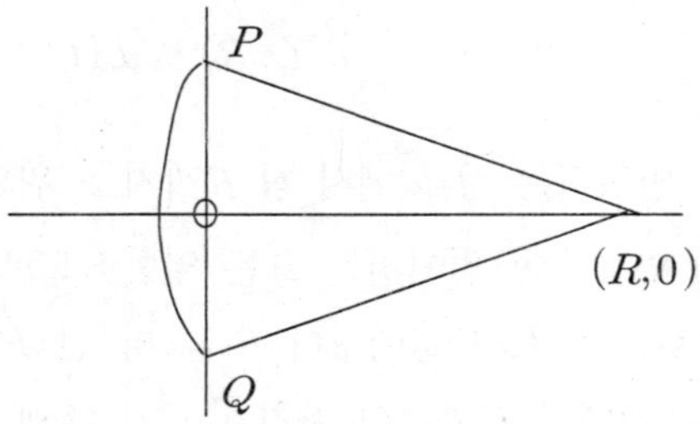

(b) S는 구면이라 하자. 직관적으로 북극점과 남극점을 연결하는 모든 대원은 극점 사이의 최소길이의 호임을 알 수 있다. 따라서 이 곡면의 극점 사이의 서로 다른 최소길이의 호는 무수히 많이 존재한다는 것을 알 수 있다.

3. 측지곡률

C는 곡면 S 위의 두 점 사이의 최소길이의 호라고 하자. P는 C 위의 점이라 하고 Q는 C 위의 P의 근방점이라 하자. 그러면 C의 일부인 P와 Q 사이의 호는 P, Q 사이의 최소길이의 호이다. P와 Q 사이의 호를 점 P에서의 곡면 S의 접평면 위로 내린 정사영 C^*는 접평면 위에서 점 P와 Q의 접평면 위로의 사영점 Q^* 사이의 최소길이의 호이다. 이때 C^*는 직선 또는 곡률이 0인 곡선임에 틀림없다. 따라서 최소길이의 호에 관한 후보로서 그 곡선의 접평면 위로의 정사영의 곡률벡터가 영벡터인 곡선을 생각하게 된다.

[측지적 곡률벡터] C^2-급 곡면 S 위의 두 점 P, Q를 잇는 S 위의 호를 C라고 하자. 이때, 호 C를 점 P에서의 접평면에 내린 정사영 C^*에 대한 점 P에서의 곡률벡터를 점 P에서 C의 **측지적 곡률벡터(geodesic curvature vector)**라고 하고, k_g로 나타낸다.

$\mathrm{x} = \mathrm{x}(u, v)$는 점 P를 포함하는 좌표조각사상이라 하고,

$$\mathrm{x} = \mathrm{x}(s) = \mathrm{x}(u(s), v(s))$$

는 곡선 C의 자연표현이라 하자. T는 점 P에서 C의 단위접선벡터라고 하고, N은 점 P에서 S의 단위법선벡터라고 하자. 이때, U는 $(\mathrm{T}, \mathrm{U}, \mathrm{N})$이 우수정규직교계인 점 P에서의 접평면 안의 벡터라고 하자. 점 P는 원점이라 가정해도 일반성을 잃지 않는다. 따라서 C의 P에서의 접평면 위로의 정사영 C^*는

$$\mathrm{x}^* = \left(\frac{\mathrm{x} \cdot \mathrm{T}}{\mathrm{T} \cdot \mathrm{T}}\right)\mathrm{T} + \left(\frac{\mathrm{x} \cdot \mathrm{U}}{\mathrm{U} \cdot \mathrm{U}}\right)\mathrm{U} = (\mathrm{x} \cdot \mathrm{T})\mathrm{T} + (\mathrm{x} \cdot \mathrm{U})\mathrm{U}$$

으로 주어진다.

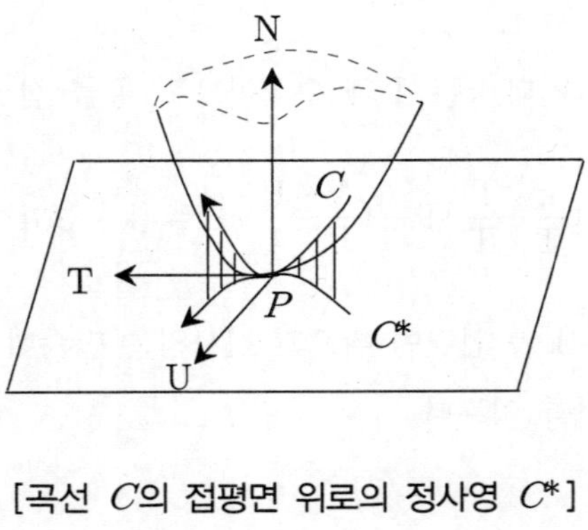

[곡선 C의 접평면 위로의 정사영 C^*]

이것을 미분하면, 다음을 얻는다.

$$\frac{dx^*}{ds} = (\dot{x} \cdot T)T + (\dot{x} \cdot U)U = (t \cdot T)T + (t \cdot U)U$$

$$\frac{d^2x^*}{ds^2} = (\dot{t} \cdot T)T + (\dot{t} \cdot U)U = (k \cdot T)T + (k \cdot U)U.$$

그리고 $\frac{ds^*}{ds} = \| \frac{dx^*}{ds} \|$ 이므로 $k^* = \frac{dt^*}{ds^*} = \frac{dt^*}{ds} / \frac{ds^*}{ds} = \frac{dt^*}{ds} / \| \frac{dx^*}{ds} \|$ 이다. 따라서 C^* 의 곡률벡터 k^*는 다음과 같다.

$$k^* = \frac{dt^*}{ds^*} = \frac{dt^*}{ds} / \frac{ds^*}{ds} = \frac{dt^*}{ds} / \| \frac{dx^*}{ds} \|$$

$$= \frac{(\frac{dx^*}{ds} \cdot \frac{dx^*}{ds})\frac{d^2x^*}{ds^2} - (\frac{dx^*}{ds} \cdot \frac{d^2x^*}{ds^2})\frac{dx^*}{ds}}{\| \frac{dx^*}{ds} \|^4}$$

점 P에서는 $t = T$이므로, 다음을 알 수 있다.

$$\frac{dx^*}{ds} = (T \cdot T)T + (T \cdot U)U = T, \quad \| \frac{dx^*}{ds} \| = 1$$

$$\frac{d^2x^*}{ds^2} = (k \cdot U)U.$$

U는 T와 수직이므로, C^*의 곡률벡터 $k_g = k^*$는 다음과 같다.

$$k_g = k^* = (k \cdot U)U - (k \cdot U)(U \cdot T)T$$
$$= (k \cdot U)U.$$

점 P에서 곡선 C의 곡률벡터 k는 T와 수직이므로, k를 접평면 위로의 정사영은

$$(\frac{k \cdot T}{T \cdot T})T + (\frac{k \cdot U}{U \cdot U})U = (k \cdot U)U$$

이다. 따라서 곡률벡터 k_g는 k를 접평면 위로의 정사영은 단순히 U 위로의 정사영임을 알 수 있다. 그러므로 다음의 정리를 얻는다.

▸정리 3.1 곡면 S 위의 곡선 C 위의 점 P에서 C의 측지적 곡률벡터 k_g는 점 P에서 C의 곡률벡터 k를 점 P에서 S의 접평면 위에 내린 정사영벡터이다.

$\mathrm{k}\cdot\mathrm{T}=0$이므로 k는 U,N의 일차결합으로 나타난다. 즉, $\mathrm{k}=a\mathrm{U}+b\mathrm{N}$. 그러므로

$$\mathrm{k}=(\mathrm{k}\cdot\mathrm{U})\mathrm{U}+(\mathrm{k}\cdot\mathrm{N})\mathrm{N}=\mathrm{k}_g+\mathrm{k}_n$$

이다. 측지적 곡률벡터 k_g는 곡률벡터 k와 법곡률벡터 k_n과 마찬가지로 곡면 S의 방향과 곡선 C의 방향에 독립이다.

[측지곡률] $\mathrm{k}_g=\kappa_g\mathrm{U}$로 정의되는 스칼라함수 $\kappa_g=\mathrm{k}\cdot\mathrm{U}$를 점 P에서 곡선 C의 **측지곡률** (geodesic curvature)이라 한다. 한편, $(\mathrm{T},\mathrm{U},\mathrm{N})$은 우수정규직교계이고, $\mathrm{t}=\mathrm{T}$이므로, $\mathrm{U}=\mathrm{N}\times\mathrm{t}$이다. 따라서 측지적 곡률 κ_g는 다음과 같다.

$$\begin{aligned}\kappa_g&=\mathrm{k}\cdot\mathrm{U}=\mathrm{k}\cdot(\mathrm{N}\times\mathrm{t})\\&=|\,\mathrm{t}\ \mathrm{k}\ \mathrm{N}\,|\\&=\left|\,\frac{d\mathrm{x}}{ds}\ \frac{d^2\mathrm{x}}{ds^2}\ \mathrm{N}\,\right|.\end{aligned}$$

이때, 측지곡률 κ_g는 곡면 S의 방향, 즉, N의 방향과 곡선 C의 방향, 즉, t의 방향에 의존함을 알 수 있다.

▸정리 3.2 C^2-급 좌표조각사상 $\mathrm{x}=\mathrm{x}(u,v)$ 위의 C^2-급곡선 $\mathrm{x}(s)=\mathrm{x}(u(s),v(s))$의 측지곡률은 다음과 같다.

$$\begin{aligned}\kappa_g=\Big[&\Gamma_{11}^2\Big(\frac{du}{ds}\Big)^3+(2\Gamma_{12}^2-\Gamma_{11}^1)\Big(\frac{du}{ds}\Big)^2\Big(\frac{du}{ds}\Big)+(\Gamma_{22}^2-2\Gamma_{12}^2)\Big(\frac{du}{ds}\Big)\Big(\frac{dv}{ds}\Big)^2\\&-\Gamma_{22}^1\Big(\frac{dv}{ds}\Big)^3+\frac{du}{ds}\frac{d^2v}{ds^2}-\frac{d^2u}{ds^2}\frac{dv}{ds}\Big]\cdot\sqrt{EG-F^2}\end{aligned}$$

증명 $\kappa_g=\left|\,\dfrac{d\mathrm{x}}{ds}\ \dfrac{d^2\mathrm{x}}{ds^2}\ \mathrm{N}\,\right|$

$$\mathrm{t}=\frac{d\mathrm{x}}{ds}=\mathrm{x}_u\frac{du}{ds}+\mathrm{x}_v\frac{dv}{ds}$$

$$\frac{dt}{ds} = k = \frac{d^2x}{ds} = x_{uu}\left(\frac{du}{ds}\right)^2 + 2x_{uv}\left(\frac{du}{ds}\right)\left(\frac{du}{ds}\right) + x_{vv}\left(\frac{dv}{ds}\right)^2 + x_u\frac{d^2u}{ds^2} + x_v\frac{d^2v}{ds^2}$$

이므로

$$\begin{aligned}\kappa_g = &\mid x_u x_{uu} N \mid \left(\frac{du}{ds}\right)^3 + (2 \mid x_u x_{uv} N \mid + \mid x_v x_{uu} N \mid)\left(\frac{du}{ds}\right)^2\left(\frac{dv}{ds}\right)\\ &+ (\mid x_u x_{vv} N \mid + 2 \mid x_v x_{uv} N \mid)\left(\frac{du}{ds}\right)\left(\frac{dv}{ds}\right)^2 + \mid x_v x_{vv} N \mid \left(\frac{dv}{ds}\right)^3\\ &+ \mid x_u x_v N \mid \left(\frac{du}{ds}\frac{d^2v}{ds^2} - \frac{d^2u}{ds^2}\frac{dv}{ds}\right)\end{aligned}$$

이다. 가우스의 공식에 의하여 $\begin{cases} x_{uu} = \Gamma_{11}^1 x_u + \Gamma_{11}^2 x_v + LN \\ x_{uv} = \Gamma_{12}^1 x_u + \Gamma_{12}^2 x_v + MN \\ x_{vv} = \Gamma_{22}^1 x_u + \Gamma_{22}^2 x_v + NN \end{cases}$ 이다.

$$\begin{aligned}\mid x_u x_{uv} N \mid &= \Gamma_{11}^1 \mid x_u x_u N \mid + \Gamma_{11}^2 \mid x_u x_v N \mid + L \mid x_u N N \mid\\ &= \Gamma_{11}^2 \mid x_u x_v N \mid\end{aligned}$$

$$\mid x_u x_v N \mid = (x_u \times x_v) \cdot \frac{x_u \times x_v}{\| x_u \times x_v \|} = \| x_u \times x_v \| = \sqrt{EG - F^2}$$

이므로 $\mid x_u x_{uv} N \mid = \Gamma_{11}^2 \mid x_u x_v N \mid = \Gamma_{11}^2 \sqrt{EG-F^2}$ 이다. 같은 방법으로 하면, 다음을 얻는다.

$$\begin{aligned}&\mid x_v x_{uu} N \mid = -\Gamma_{11}^1 \sqrt{EG-F^2}, \quad \mid x_u x_{uv} N \mid = \Gamma_{12}^2 \sqrt{EG-F^2}\\ &\mid x_v x_{uv} N \mid = -\Gamma_{12}^1 \sqrt{EG-F^2}, \quad \mid x_u x_{vv} N \mid = \Gamma_{22}^2 \sqrt{EG-F^2}\\ &\mid x_v x_{vv} N \mid = -\Gamma_{22}^1 \sqrt{EG-F^2}\end{aligned}$$

이것을 위의 κ_g의 식에 대입하면, 결과를 얻는다.

법곡률 κ_n은 제1,2기본계수에 의존하지만, 정리 3.2에 의하여 측지곡률 κ_g는 제1기본계수와 그의 편도함수에만 의존함을 알 수 있다. 따라서 다음의 정리를 얻는다.

▸정리 3.3 곡면 위의 곡선의 측지곡률은 그 곡면의 본질적 성질이다.

$x(s)=x(u(s),v(s))$에 대하여 $t=\frac{dx}{ds}=x_u\frac{du}{ds}+x_v\frac{dv}{ds}$이다. 이때, u-곡선($v=$(상수)) 에 대하여 $\frac{dv}{ds}=0$이므로 $t=x_u\frac{du}{ds}$이다. 그러므로 $1=t\cdot t=E(\frac{du}{ds})^2$이다. 따라서 $\frac{du}{ds}=\frac{1}{\sqrt{E}}$이다. 마찬가지로 하면, v-곡선($u=$(상수))를 따라서 $\frac{du}{ds}=0, \frac{dv}{ds}=\frac{1}{\sqrt{G}}$임을 알 수 있다. 그러므로 매개변수곡선의 측지곡률은 정리 3.2에 의하여 다음과 같음을 알 수 있다.

$$(\kappa_g)_{v=(\text{상수})}=\Gamma_{11}^2(\frac{du}{ds})^3\sqrt{EG-F^2}=\Gamma_{11}^2\frac{\sqrt{EG-F^2}}{E\sqrt{E}}$$

$$(\kappa_g)_{u=(\text{상수})}=-\Gamma_{22}^1(\frac{dv}{ds})^3\sqrt{EG-F^2}=-\Gamma_{22}^1\frac{\sqrt{EG-F^2}}{G\sqrt{G}}.$$

이때, 매개변수곡선이 서로 수직이면,

$$F=0, \Gamma_{11}^2=-\frac{1}{2}\frac{E_v}{G}, \Gamma_{22}^1=-\frac{1}{2}\frac{G_u}{E}$$

이므로 곡면 위의 서로 수직인 매개변수곡선의 측지곡률은 다음과 같다.

$$(\kappa_g)_{v=(\text{상수})}=-\frac{E_v}{2E\sqrt{G}},$$

$$(\kappa_g)_{u=(\text{상수})}=\frac{G_u}{2G\sqrt{E}}.$$

예제 3.4 포물면 $x=(r\cos\theta, r\sin\theta, r^2), 0<r<\infty, -\infty<\theta<\infty$의 측지곡률을 구하여라.

풀이

$$x_r=(cos\theta, \sin\theta, 2r)$$

$$x_\theta=(-r\sin\theta, r\cos\theta, 0)$$

$$x_r\times x_\theta=(-2r^2\cos\theta, -2r^2\sin\theta, r)$$

$$\| x_r\times x_\theta \| = r(4r^2+1)^{1/2}$$

$$N=\frac{x_r\times x_\theta}{\| x_r\times x_\theta \|}=(1+4r^2)^{-1/2}(-2r\cos\theta, -2r\sin\theta, 1)$$

$r = r_0$일 때, θ-곡선은 $\mathrm{x} = (r_0\cos\theta, r_0\sin\theta, r_0^2)$이므로, 이 곡선을 따라서 다음을 얻는다.

$$\frac{d\mathrm{x}}{d\theta} = \mathrm{x}' = (-r_0\sin\theta, r_0\cos\theta, 0),\ \frac{ds}{d\theta} = \| \mathrm{x}' \| = r_0$$

$$\mathrm{t} = \frac{d\mathrm{x}}{ds} = \frac{d\mathrm{x}}{d\theta} / \frac{ds}{d\theta} = \mathrm{x}' / \| \mathrm{x}' \| = (-\sin\theta, \cos\theta, 0),\ \mathrm{t}' = (-\cos\theta, -\sin\theta, 0)$$

$$\mathrm{k} = \frac{d\mathrm{t}}{ds} = \frac{d\mathrm{t}}{d\theta} / \frac{ds}{d\theta} = \mathrm{t}' / \| \mathrm{x}' \| = r_0^{-1}(-\cos\theta, -\sin\theta, 0)$$

$$\mathrm{N} = (1 + 4r_0^2)^{-1/2}(-2r_0\cos\theta, -2r_0\sin\theta, 1)$$

$$\mathrm{U} = \mathrm{N} \times \mathrm{t} = (1 + 4r_0^2)^{-1/2}(-\cos\theta, -\sin\theta, -2r_0)$$

$$\mathrm{k}_g = (\mathrm{k} \cdot \mathrm{U})\mathrm{U} = r_0^{-1}(1 + 4r_0^2)^{-1}(-\cos\theta, -\sin\theta, -2r_0)$$

$$\kappa_g = \mathrm{k} \cdot \mathrm{U} = r_0^{-1}(1 + 4r_0^2)^{-1/2}$$

매개변수곡선은 서로 수직임을 알 수 있다. 위의 측지곡률 κ_g는 θ에 독립이다.

$$E = \mathrm{x}_r \cdot \mathrm{x}_r = 1 + 4r^2, F = 0, G = \mathrm{x}_\theta \cdot \mathrm{x}_\theta = r^2,\ G_r = 2r$$

이므로 κ_g는 $(\kappa_g)_{r=r_0} = \frac{G_r}{2G\sqrt{E}} \mid_{r=r_0} = \frac{2r_0}{2r_0^2\sqrt{1+4r_0^2}} = \frac{1}{r_0\sqrt{1+4r_0^2}}$와 일치한다.

▸정리 3.5 곡면 S 위의 곡선 C에 대하여 C 위의 점 P에서 C의 측지적 곡률 κ_g는 C를 점 P에서 S의 접평면 위에 정사영하여 얻어진 평면곡선 C^*의 곡률 κ^*와 같다.

증명 곡선 C 위의 각 점을 지나고 점 P에서 S의 접평면에 수직인 직선들은 기둥면을 이룬다. 이때, 곡선 C^*는 접평면에 의한 기둥면의 법단면이다. η는 기둥면 위의 점 P에서의 단위법선벡터라고 하자. 기둥면 위에서 생각하면, P에서 C의 법곡률은 $\mathrm{k} \cdot \eta$이다. 즉, κ_g이다. 이것은 C^* 위의 점 P에서의 곡률과 같다.

4. 측지선

최소길이의 호에 대한 후보는 그 곡선의 측지적 곡률벡터가 0벡터인 곡선이라는 사실을 유의하여라.

[측지선] 곡면 S 위의 두 점 P, Q를 잇는 호 C의 길이가 최소인 경우는 C의 측지적 곡률벡터가 $\mathrm{k}_g = \mathrm{O}$일 때이다. $\mathrm{k}_g = \mathrm{O}$인 곡선을 **측지선(geodesic line)**이라고 한다.

직선의 곡률벡터는 $\mathrm{k} = \mathrm{O}$이므로, 측지적 곡률벡터는

$$\mathrm{k}_g = (\mathrm{k} \cdot \mathrm{U})\mathrm{U} = \mathrm{O}$$

이다. 만일 C가 직선이 아니라면, $\mathrm{k} = \mathrm{k}_g + \mathrm{k}_n$이므로, C가 측지선이기 위한 필요충분조건은 $\mathrm{k} = \mathrm{k}_n = (\mathrm{k} \cdot \mathrm{N})\mathrm{N}$이다. 즉, C의 접촉평면(k와 t에 평행한 평면)이 S의 법선을 포함하는 것이다. 따라서 다음의 정리를 얻는다.

▸정리 4.1 곡면 위의 모든 직선은 측지선이다. 직선이 아닌 곡선이 측지선이기 위한 필요충분조건은 그 곡선의 접촉평면이 곡면의 접평면에 수직인 것이다.

점근선($\kappa_n = 0$)은 자신을 따라서 접촉평면이 그 곡면의 접평면과 일치하는 직선 또는 곡선이고, 측지선은 자신을 따라서 접촉평면과 접평면이 서로 수직인 직선 또는 곡선이다. 또한, $\mathrm{k}_n = \mathrm{O}$인 곡선은 점근선이고, $\mathrm{k}_g = \mathrm{O}$인 곡선은 측지선이다.

▸정리 4.2 C^2-급 좌표조각사상 $\mathrm{x} = \mathrm{x}(u, v)$ 위의 C^2-급자연표현곡선

$$\mathrm{x} = \mathrm{x}(s) = \mathrm{x}(u(s), v(s))$$

가 측지선이기 위한 필요충분조건은 다음 **측지선의 방정식**을 만족하는 것이다.

$$\begin{cases} \dfrac{d^2u}{ds^2} + \Gamma_{11}^1\left(\dfrac{du}{ds}\right)^2 + 2\Gamma_{12}^1\dfrac{du}{ds}\dfrac{dv}{ds} + \Gamma_{22}^1\left(\dfrac{dv}{ds}\right)^2 = 0 \\ \dfrac{d^2v}{ds^2} + \Gamma_{11}^2\left(\dfrac{du}{ds}\right)^2 + 2\Gamma_{12}^2\dfrac{du}{ds}\dfrac{dv}{ds} + \Gamma_{22}^2\left(\dfrac{dv}{ds}\right)^2 = 0 \end{cases}$$

이다. 즉, $\dfrac{d^2u^i}{ds^2} + \Gamma_{jk}^i\dfrac{du^j}{ds}\dfrac{du^k}{ds} = 0, u = u^1, v = u^2$.

증명 $(\mathrm{t},\mathrm{U},\mathrm{N})$이 우수정규직교계일 때, 측지곡률은 $\kappa_g = \mathrm{k}\cdot\mathrm{U}$임을 유의하자. $\mathrm{x}=\mathrm{x}(s)$가 측지선이기 위한 필요충분조건은 $\mathrm{k}\cdot\mathrm{U}=0$이다. 한편, 곡률벡터 k는 항상 단위접선벡터 t와 수직이므로 $\mathrm{x}=\mathrm{x}(s)$가 측지선이기 위한 필요충분조건은

$$\begin{cases}\mathrm{k}\cdot\mathrm{x}_u = 0 \\ \mathrm{k}\cdot\mathrm{x}_v = 0\end{cases}$$

이다. $\mathrm{t}=\mathrm{x}_u\dfrac{du}{ds}+\mathrm{x}_v\dfrac{dv}{ds}$이므로

$$\mathrm{k}=\frac{d\mathrm{t}}{ds}=\mathrm{x}_{uu}\left(\frac{du}{ds}\right)^2+2\mathrm{x}_{uv}\frac{du}{ds}\frac{dv}{ds}+\mathrm{x}_{vv}\left(\frac{dv}{ds}\right)^2+\mathrm{x}_u\frac{d^2u}{ds^2}+\mathrm{x}_v\frac{d^2v}{ds^2}$$

이다.

$$\begin{aligned}0&=\mathrm{k}\cdot\mathrm{x}_u\\&=(\mathrm{x}_{uu}\cdot\mathrm{x}_u)\left(\frac{du}{ds}\right)^2+2(\mathrm{x}_{uv}\cdot\mathrm{x}_u)\frac{du}{ds}\frac{dv}{ds}+(\mathrm{x}_{vv}\cdot\mathrm{x}_u)\left(\frac{dv}{ds}\right)^2\\&\qquad+(\mathrm{x}_u\cdot\mathrm{x}_u)\frac{d^2u}{ds^2}+(\mathrm{x}_v\cdot\mathrm{x}_u)\frac{d^2v}{ds^2}\end{aligned}$$

$$\begin{aligned}0&=\mathrm{k}\cdot\mathrm{x}_v\\&=(\mathrm{x}_{uu}\cdot\mathrm{x}_v)\left(\frac{du}{ds}\right)^2+2(\mathrm{x}_{uv}\cdot\mathrm{x}_v)\frac{du}{ds}\frac{dv}{ds}+(\mathrm{x}_{vv}\cdot\mathrm{x}_v)\left(\frac{dv}{ds}\right)^2\\&\quad+(\mathrm{x}_u\cdot\mathrm{x}_v)\frac{d^2u}{ds^2}+(\mathrm{x}_v\cdot\mathrm{x}_v)\frac{d^2v}{ds^2}\end{aligned}$$

이다. 이 식을 $\dfrac{d^2u}{ds^2},\dfrac{d^2v}{ds^2}$에 관하여 풀고, 항등식

$$(\mathrm{a}\times\mathrm{b})\cdot(\mathrm{c}\times\mathrm{d})=(\mathrm{a}\cdot\mathrm{c})(\mathrm{b}\cdot\mathrm{d})-(\mathrm{a}\cdot\mathrm{d})(\mathrm{c}\cdot\mathrm{d})$$

를 사용하면, 다음을 얻는다.

$$(EG-F^2)\frac{d^2u}{ds^2}=(\mathrm{x}_v\times\mathrm{x}_{uu})\cdot(\mathrm{x}_u\times\mathrm{x}_v)\left(\frac{du}{ds}\right)^2$$

$$+2(\mathrm{x}_v\times\mathrm{x}_{uv})\cdot(\mathrm{x}_u\times\mathrm{x}_v)\frac{du}{ds}\frac{dv}{ds}+(\mathrm{x}_v\times\mathrm{x}_{vv})\cdot(\mathrm{x}_u\times\mathrm{x}_v)(\frac{dv}{ds})^2$$

$$(EG-F^2)\frac{d^2v}{ds^2}=(\mathrm{x}_v\times\mathrm{x}_{uv})\cdot(\mathrm{x}_v\times\mathrm{x}_u)(\frac{du}{ds})^2$$

$$+2(\mathrm{x}_u\times\mathrm{x}_{uv})\cdot(\mathrm{x}_v\times\mathrm{x}_u)\frac{du}{ds}\frac{dv}{ds}+(\mathrm{x}_u\times\mathrm{x}_{vv})\cdot(\mathrm{x}_v\times\mathrm{x}_u)(\frac{dv}{ds})^2.$$

$\mathrm{x}_u\times\mathrm{x}_v=-\mathrm{x}_v\times\mathrm{x}_u$와

$$(\mathrm{x}_v\times\mathrm{x}_{uu})\cdot(\mathrm{x}_u\times\mathrm{x}_v)=\sqrt{EG-F^2}(\mathrm{x}_v\times\mathrm{x}_{uu})\cdot\mathrm{N}=\sqrt{EG-F^2}\mid\mathrm{x}_v\mathrm{x}_{uu}\mathrm{N}\mid$$

임을 유의하자. $\mathrm{N}=\dfrac{\mathrm{x}_u\times\mathrm{x}_v}{\|\mathrm{x}_u\times\mathrm{x}_v\|}=\dfrac{\mathrm{x}_u\times\mathrm{x}_v}{\sqrt{EG-F^2}}$와 정리 3.2의 증명에서의

$$\mid\mathrm{x}_v\mathrm{x}_{uu}\mathrm{N}\mid=-\Gamma_{11}^1\sqrt{EG-F^2},\quad\mid\mathrm{x}_u\mathrm{x}_{uv}\mathrm{N}\mid=\Gamma_{12}^2\sqrt{EG-F^2}$$
$$\mid\mathrm{x}_v\mathrm{x}_{uv}\mathrm{N}\mid=-\Gamma_{12}^1\sqrt{EG-F^2},\quad\mid\mathrm{x}_u\mathrm{x}_{vv}\mathrm{N}\mid=\Gamma_{22}^2\sqrt{EG-F^2}$$
$$\mid\mathrm{x}_v\mathrm{x}_{vv}\mathrm{N}\mid=-\Gamma_{22}^1\sqrt{EG-F^2},\quad\mid\mathrm{x}_u\mathrm{x}_{uv}\mathrm{N}\mid=\Gamma_{11}^2\sqrt{EG-F^2}$$

을 사용하면, 결과를 얻는다.

만일 Γ_{jk}^i가 C^1-급이면, 초기조건

$$u(0)=u_0, v(0)=v_0, \frac{du}{ds}\mid_{s=0}=(\frac{du}{ds})_0, \frac{dv}{ds}\mid_{s=0}=(\frac{dv}{ds})_0$$

을 만족하는 측지선의 방정식 $\dfrac{d^2u^i}{ds^2}+\Gamma_{jk}^i\dfrac{du^j}{ds}\dfrac{du^k}{ds}=0$은 $s=0$의 근방에서 유일한 해 $\begin{cases}u=u(s)\\v=v(s)\end{cases}$를 갖는다. 이때, $\mathrm{x}=\mathrm{x}(s)=\mathrm{x}(u(s),v(s))$는 점 $\mathrm{x}(u_0,v_0)$를 지나는 측지선이다. 그러나 일반적으로, s는 곡선 $\mathrm{x}=\mathrm{x}(u(s),v(s))$의 호장이 아니다.

▶정리 4.3 측지선의 방정식 $\dfrac{d^2u^i}{ds^2}+\Gamma_{jk}^i\dfrac{du^j}{ds}\dfrac{du^k}{ds}=0$에서 $u(s),v(s)$가 $s=0$일 때,

$$E_0(\frac{du}{ds})_0^2+2F_0(\frac{du}{ds})_0(\frac{dv}{ds})_0+G_0(\frac{dv}{ds})_0=1$$

을 만족하는 해라면, s는 곡선 $\mathrm{x} = \mathrm{x}(u(s),\ v(s))$의 자연매개변수이다. 여기서 $E|_{s=0} = E_0,\ F|_{s=0} = F_0,\ G|_{s=0} = G_0$이고, $\frac{du}{ds}|_{s=0} = (\frac{du}{ds})_0$, $\frac{dv}{ds}|_{s=0} = (\frac{dv}{ds})_0$이다.

증명 $\mathrm{t} = \frac{d\mathrm{x}}{ds} = \mathrm{x}_u \frac{du}{dt} + \mathrm{x}_v \frac{dv}{dt}$는 접선벡터이다. 정리 4.2의 증명에서 $u(s), v(s)$가 미분방정식 $\frac{d^2u^i}{ds^2} + \Gamma^i_{jk}\frac{du^j}{ds}\frac{du^k}{ds} = 0$의 해이기 위한 필요충분조건은 $\begin{cases} \frac{d\mathrm{t}}{ds} \cdot \mathrm{x}_u = 0 \\ \frac{d\mathrm{t}}{ds} \cdot \mathrm{x}_v = 0 \end{cases}$이다. 이때,

$$\frac{d}{ds}\|\mathrm{t}\|^2 = \frac{d}{ds}(\mathrm{t}\cdot\mathrm{t}) = 2\frac{d\mathrm{t}}{ds}\cdot\mathrm{t} = 2\frac{d\mathrm{t}}{ds}\cdot(\mathrm{x}_u\frac{du}{ds} + \mathrm{x}_v\frac{dv}{ds}) = 0$$

이므로 $\|\mathrm{t}\|^2 = $(상수)이다. 그러나 $s = 0$일 때,

$$\|\mathrm{t}_0\|^2 = E_0(\frac{du}{ds})_0^2 + 2F_0(\frac{du}{ds})_0(\frac{dv}{ds})_0 + G_0(\frac{dv}{ds})_0^2 = 1$$

이므로 모든 s에 대하여 $\|\mathrm{t}\|^2 = 1$, 즉, $\|\mathrm{t}\| = 1$이다. 그러므로 s는 곡선 $\mathrm{x} = \mathrm{x}(u(s), v(s))$의 자연매개변수이다.

만일 미분방정식 $\frac{d^2u^i}{ds^2} + \Gamma^i_{jk}\frac{du^j}{ds}\frac{du^k}{ds} = 0$의 해 $u(s), v(s)$가 $s = 0$일 때,

$$E_0(\frac{du}{ds})_0^2 + 2F_0(\frac{du}{ds})_0(\frac{dv}{ds})_0 + G_0(\frac{dv}{ds})_0 = 1$$

을 만족한다면, 정리 4.3에 의하여 s는 $\mathrm{x} = \mathrm{x}(s) = \mathrm{x}(u(s), v(s))$의 호장이고,

$$\mathrm{x} = \mathrm{x}(s) = \mathrm{x}(u(s), v(s))$$

는 주어진 방향 $(\frac{du}{ds})_0 : (\frac{dv}{ds})_0$에서 점 $\mathrm{x}(u_0, v_0)$를 지나는 유일한 측지선이다.

$\lambda = E_0 du_0^2 + 2F_0 du_0 dv_0 + G_0 dv_0^2$일 때,

$$E_0(\frac{du}{ds})_0^2 + 2F_0(\frac{du}{ds})_0(\frac{dv}{ds})_0 + G_0(\frac{dv}{ds})_0 = 1$$

을 만족하는 방향수 $(\frac{du}{ds})_0 : (\frac{dv}{ds})_0$는

$$(\frac{du}{ds})_0 = \frac{du_0}{\lambda}, (\frac{dv}{ds})_0 = \frac{dv_0}{\lambda}$$

라 놓음으로써 구할 수 있다.

끝으로, 만일 $\mathrm{x} = \mathrm{x}(u,v)$가 C^3-급이면, 분명히 Γ_{jk}^i는 C^1-급이다. 따라서 다음의 정리를 얻는다.

정리 4.4 C^3-급곡면 위의 점 P의 근방에서 임의로 주어진 방향으로 점 P를 지나는 측지선을 오직 하나 존재한다. 이 측지선은 C^3-급이다.

예제 4.5 (a) **평면.** 평면 위의 모든 곡선의 법곡률벡터는 영벡터이므로 곡률벡터 k는 측지적 곡률벡터 k_g와 일치한다. 즉, $\mathrm{k} = \mathrm{k}_n + \mathrm{k}_g = \mathrm{k}_g$. 따라서 평면 위의 곡선이 측지선이기 위한 필요충분조건은 그 곡선이 직선인 것이다. 그러므로 평면 위의 각 점은 모든 방향에서 측지선을 갖는다.

(b) **구면.** 정리 4.1에 의하여 측지선의 접촉평면은 단위법선벡터 N과 평행하므로 이 접촉평면은 구면의 중심을 지나야 한다. 그러나 만일 곡선의 모든 접촉평면이 한 정점을 지나면, 그 곡선은 평면곡선임을 알 수 있다. 따라서 구면 위의 측지선은 대원이다. 그 역도 성립한다. 또한, 어떤 점을 지나는 측지선은 모든 방향으로 나아간다.

(c) **일반기둥면.** $\mathrm{x} = \mathrm{x}(u, v) = \mathrm{y}(u) + v\mathrm{g}$, $\mathrm{g} =$ (상수)에 대하여 $\mathrm{x}_u = \mathrm{y}'$, $\mathrm{x}_v = \mathrm{g}$이므로 단위법선벡터는 $\mathrm{N} = \frac{\mathrm{x}_u \times \mathrm{x}_v}{\| \mathrm{x}_u \times \mathrm{x}_v \|} = \frac{\mathrm{y}' \times \mathrm{g}}{\| \mathrm{y}' \times \mathrm{g} \|}$이다. 한편, $C: \mathrm{x} = \mathrm{x}(s) = \mathrm{x}(u(s), v(s))$가 측지선이기 위한 필요충분조건은 측지적 곡률벡터 k_g가 영벡터인 것이다. $\mathrm{k} = \mathrm{k}_n + \mathrm{k}_g$이므로 $\mathrm{k} = \mathrm{k}_n = (\mathrm{k} \cdot \mathrm{N})\mathrm{N}$이다. 기둥면 위에서는 $\mathrm{N} \cdot \mathrm{g} = 0$이므로 곡선 C가 측지선이기 위한 필요충분조건은 $\mathrm{k} \cdot \mathrm{g} = 0$이다. $\mathrm{k} \cdot \mathrm{g} = \dot{\mathrm{t}} \cdot \mathrm{g} = 0$이므로 $\mathrm{t} \cdot \mathrm{g} =$ (상수)이다. 따라서 기둥면 위의 측지선은 상나선이다. $\mathrm{t} \cdot \mathrm{g} = \pm 1$인 곳에서는 측지선은 모선을

포함하고, t · g = 0인 곳에서는 측지선은 기둥면의 횡단면으로 이루어진 곡선을 포함한다.

끝으로, 곡면 위의 좌표조각사상 x = x(u,v)에 대하여 u-곡선과 v-곡선이 서로 수직이고 제1기본계수가 오직 한 매개변수에만 의존한다고 하자. 그러면 다음의 정리를 얻는다.

▶정리 4.6 C^2-급 곡면 위의 좌표조각사상 x = x(u,v)는 $E=E(u)$, $F=0, G=G(u)$를 만족한다고 하자. 이러한 x를 **클레로(clairaut) 매개변수표현**이라 한다. 이때,

(i) u-곡선($(v=v_0)$은 측지선이다.

(ii) v-곡선($(u=u_0)$이 측지선이기 위한 필요충분조건은 $G_u(u_0)=0$이다.

(iii) 곡선 x(u) = x$(u,v(u))$가 측지선이기 위한 필요충분조건은

$$v=\pm\int\frac{C\sqrt{E}}{\sqrt{G}\sqrt{EG-C^2}}du,\ C=(상수)$$

이다. 상수 C는 x의 **비탈(slant)**을 나타낸다.

증명 (i) $(\kappa_g)_{v=(상수)}=-\dfrac{E_v}{2E\sqrt{G}}$이고 $E_v=0$이므로 $(\kappa_g)_{v=(상수)}=0$이다. 따라서 u-곡선$(v=v_0)$은 측지선이다.

(ii) $(\kappa_g)_{u=u_0}=\dfrac{G_u(u_0)}{2G(u_0)\sqrt{E(u_0)}}$이므로, v-곡선$(u=u_0)$이 측지선이기 위한 필요충분조건은 $G_u(u_0)=0$이다.

(iii) $\Gamma_{11}^2=\dfrac{2EF_u-EE_v+FE_u}{2(EG-F^2)}=0, \Gamma_{12}^2=\dfrac{EG_u-FE_v}{2(EG-F^2)}=\dfrac{G_u}{2G}$,

$\Gamma_{22}^2=\dfrac{EG_v-2FF_v+FG_v}{2(EG-F^2)}=0$

이므로, 정리 4.2의 둘째 식으로부터

$$\frac{1}{G}\frac{d}{ds}(G\frac{dv}{ds})=\frac{d^2v}{ds^2}+\frac{G_u}{G}\frac{du}{ds}\frac{dv}{ds}=0$$

을 얻는다. 따라서 $G\frac{dv}{ds}=C=$ (상수)이다.

$$1=\|\frac{d\mathrm{x}}{ds}\|^2=\|\mathrm{x}_u\frac{du}{ds}+\mathrm{x}_v\frac{dv}{ds}\|^2=E(\frac{du}{ds})^2+G(\frac{dv}{ds})^2$$

이므로

$$E(\frac{du}{ds})^2+\frac{C^2}{G}=1,\ \frac{du}{ds}=\pm\frac{\sqrt{G-C^2}}{\sqrt{E}\sqrt{G}}$$

이다. 따라서 다음을 얻는다.

$$\frac{dv}{du}=\frac{dv}{ds}/\frac{du}{ds}=\pm\frac{C\sqrt{E}}{\sqrt{G}\sqrt{G-C^2}}.$$

5. 측지좌표

[측지좌표] 특수한 성질을 갖는 매개변수곡선에 대한 곡면 위의 좌표를 알면, 종종 편리할 때가 있다. 매개변수곡선이 서로 수직이고, 그 중 하나는 측지선인 좌표조각사상을 **측지좌표 집합**(set of geodesic coordinates)이라 한다.

▶정리 5.1 $C: \mathrm{x} = \mathrm{x}(t), a \leqq t \leqq b$는 C^3-급곡면 위의 C^2-급곡선이라 하자. $\mathrm{x} = \mathrm{x}(s,t)$는 곡선 C로부터 생기면서 C에 수직인 자연표현된 측지선들의 집합이라 하자, 즉,

$$\mathrm{x}(0,t) = \mathrm{x}(t), \mathrm{x}_s(0,t) \cdot \mathrm{x}'(t) = 0$$

이라 하자. 그러면 $\epsilon > 0$이 존재하여 $\mathrm{x}(s,t), -\epsilon < s < \epsilon, a < t < b$는 C^2-급정칙매개변수표현이다.

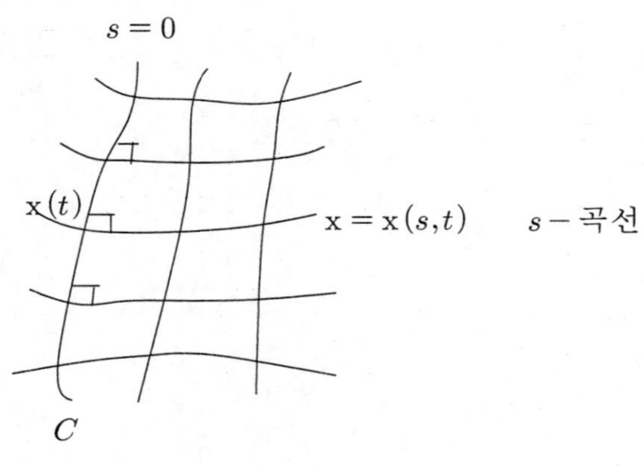

증명 점 P는 곡선 C 위의 임의의 점이고, $\mathrm{x} = \mathrm{x}(u,v)$는 점 P를 포함하는 좌표조각사상이라 하자. $\begin{cases} u = u_0(t) \\ v = v_0(t) \end{cases}$는 P의 근방에서 C 위로 사상하는 매개변수평면에 있는 곡선이라 하고, $\begin{cases} u = u(s,t) \\ v = v(s,t) \end{cases}$는 측지선 $\mathrm{x} = \mathrm{x}(s,t)$ 위로 사상하는 곡선족이라 하자. 정리 4.2에 의하여 모든 t에 대하여 $u(s,t)$, $v(s,t)$는 초기조건

$$u(0,t) = u_0(t), v(0,t) = v_0(t), u_s(0,t) = \xi(t), v_s(0,t) = \eta(t)$$

를 만족하는 측지선의 방정식의 유일한 해이다. 단, $\xi(t), \eta(t)$는 C^1-급이고, 방정식

(i) $E\xi^2 + 2F\xi\eta + G\eta^2 = 1$

(ii) $E\xi\frac{du_0}{dt} + F(\xi\frac{dv_0}{dt} + \eta\frac{du_0}{dt}) + G\eta\frac{dv_0}{dt} = 0$

(iii) $\begin{vmatrix} \xi & \frac{du_0}{dt} \\ \eta & \frac{dv_0}{dt} \end{vmatrix} > 0$

에 의하여 오직 하나로 결정된다. $\mathrm{x}(s,t) = \mathrm{x}(u(s,t), v(s,t))$이므로 $\mathrm{x}_s = \mathrm{x}_u u_s + \mathrm{x}_v v_s$이다. 그러므로

$$\begin{aligned} \mathrm{x}_s(0,t) &= \mathrm{x}_s(u(0,t), v(0,t)) \\ &= \mathrm{x}_u(u(0,t), v(0,t))u_s(0,t) + \mathrm{x}_v(u(0,t), v(0,t))v_s(0,t) \\ &= \mathrm{x}_u(u_0(t), v_0(t))\xi(t) + \mathrm{x}_v(u_0(t), v_0(t))\eta(t) \end{aligned}$$

이다. 따라서 방정식 (i)은 $\| \mathrm{x}_s(0,t) \| = 1$을 의미한다,

$$\mathrm{x}(0,t) = \mathrm{x}(u(0,t), v(0,t)) = \mathrm{x}(u_0(t), v_0(t))$$

$$\frac{d\mathrm{x}}{dt} = \mathrm{x}_u(u_0(t), v_0(t))\frac{du_0}{dt} + \mathrm{x}_v(u_0(t), v_0(t))\frac{dv_0}{dt}$$

$$\mathrm{x}_s(0,t) \cdot \frac{d\mathrm{x}}{dt} = E\xi\frac{du_0}{dt} + F(\xi\frac{dv_0}{dt} + \eta\frac{du_0}{dt}) + G\eta\frac{dv_0}{dt} = 0$$

이므로, (ii)는 $\cos(\angle(\mathrm{x}_s(0,t), \frac{d\mathrm{x}}{dt})) = 0$의미한다. (iii)은 측지선 $\mathrm{x} = \mathrm{x}(s,t)$의 방향을 결정한다. 측지선이 C를 수직으로 자르기 때문에 $\begin{vmatrix} \xi & \frac{du_0}{dt} \\ \eta & \frac{dv_0}{dt} \end{vmatrix} \neq 0$ 임을 유의하자. $\mathrm{x}(u(s,t), v(s,t))$가 초기조건을 만족하는 측지선이므로 $u(s,t), v(s,t)$는 측지선의 미분방정식의 C의 근방에서 C^2-급인 유일한 해이다. 또한, 야코비행렬식 $\frac{\partial(u,v)}{\partial(s,t)}$는 연속이고 $(0,t)$에서

$$\frac{\partial(u,v)}{\partial(s,t)}\mid_{(0,t)} = \begin{vmatrix} u_s(0,t) & u_t(0,t) \\ v_s(0,t) & v_t(0,t) \end{vmatrix} = \begin{vmatrix} \xi & \dfrac{du_0}{dt} \\ \eta & \dfrac{dv_0}{dt} \end{vmatrix} \neq 0$$

이므로 야코비행렬식은 $(0,t)$의 근방에서 0이 아니다. 따라서 점 P의 근방에서 함수 $\mathrm{x}=\mathrm{x}(s,t)=\mathrm{x}(u(s,t),v(s,t))$는 C^2-급정칙매개변수표현이다. C는 긴밀집합이므로 $\epsilon>0$이 존재하여 함수

$$\mathrm{x}=\mathrm{x}(s,t)=\mathrm{x}(u(s,t),v(s,t))$$

는 $-\epsilon<s<\epsilon, a<t<b$에서 C^2-급정칙매개변수표현이다.

곡면 위의 측지좌표는 수많은 방법으로 생각할 수 있다. 왜냐하면, $C_0:\mathrm{x}=\mathrm{x}(v), a\leqq v\leqq b$는 C^3-급곡면 위의 임의의 C^2-급호라고 하자. 정리 4.4에 의하여 C_0 위의 각 점 $\mathrm{x}(v_0)$을 지나고 그 점에서 C_0와 수직방향으로 $\mathrm{x}(0,v_0)=\mathrm{x}(v_0)$를 만족하는 측지선 $\mathrm{x}=\mathrm{x}(u,v_0)$는 오직 하나 존재한다. 이때, u는 $\mathrm{x}=\mathrm{x}(u)=\mathrm{x}(u,v_0)$의 호장이다.

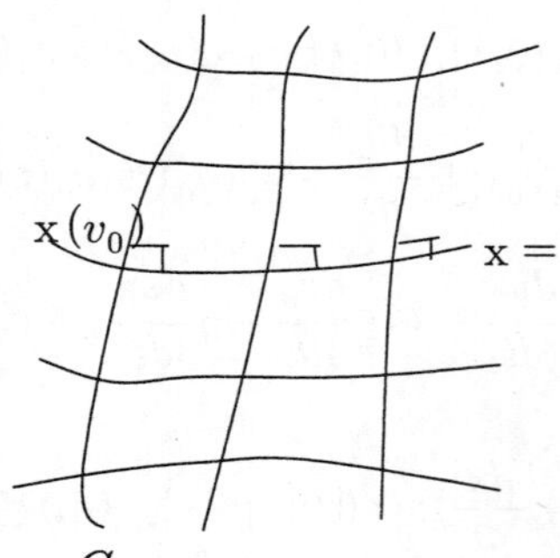

정리 5.1에 의하여 충분히 작은 $\epsilon>0$에 대하여

$$\mathrm{x}=\mathrm{x}(u,v), -\epsilon<u<\epsilon, a<v<b$$

는 C^2-급정칙매개변수표현이다. u-곡선과 v-곡선은 서로 수직임을 보이자.

$$F_u=(\mathrm{x}_u\cdot\mathrm{x}_v)_u=\mathrm{x}_{uu}\cdot\mathrm{x}_v+\mathrm{x}_u\cdot\mathrm{x}_{uv}.$$

u는 호장이므로 $E=\mathrm{x}_u \cdot \mathrm{x}_u = 1$이다. 따라서 $E_v = 2\mathrm{x}_{uv} \cdot \mathrm{x}_u = 0$이다. 또한, u는 호장이므로 x_u는 u-곡선의 단위접선벡터이고, x_{uu}는 u-곡선의 곡률벡터이다. 그러나 측지선의 곡률벡터 x_{uu}는 곡면의 법선방향이므로 $\mathrm{x}_{uu} \cdot \mathrm{x}_v = 0$이다. 따라서 $F_u = 0$이다. 그러므로 측지선 $v=$(상수) 위의 모든 점에서 $F=$(상수)이다. 그러나 측지선 $v=$(상수)는 C_0와 수직이다. 즉, $u=0$와 모든 $v=$(상수)에 대하여 $F=0$이다. 따라서 $F=0$이다. 그러므로 u-곡선과 v-곡선은 서로 수직이다. 따라서 $\mathrm{x}=\mathrm{x}(u,v)$는 측지좌표집합이다. 그러므로 다음의 정리를 얻는다.

▶정리 5.2 $C: \mathrm{x}=\mathrm{x}(v), a \leqq v \leqq b$는 C^3-급곡면 S 위의 C^2-급호라 하자. 이때, $\mathrm{x}(0,v) = \mathrm{x}(v)$이고 u-곡선이 측지선의 자연표현인 S 위의 C^2-급 측지좌표집합 $\mathrm{x}=\mathrm{x}(u,v)$, $-\epsilon < u < \epsilon, a < v < b$가 존재한다.

위의 과정에서 각 측지선의 매개변수 u는 자연매개변수이므로 어떤 두 개의 수직인 궤도(trajectory)들 사이에 포함되는 측지선의 거리는 항상 같음을 유의하여라.

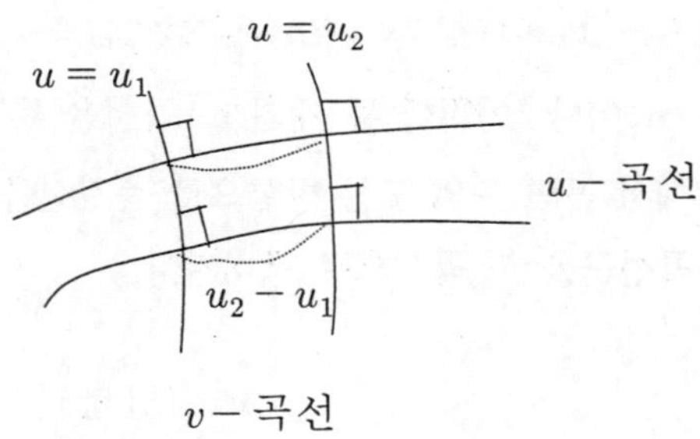

$$L = \int_{u_1}^{u_2} \| \mathrm{x}_u \| \, dy = \int_{u_1}^{u_2} du = u_2 - u_1 .$$

이것은 측지좌표집합의 경우이다. 왜냐하면, $\mathrm{x}=\mathrm{x}(u,v)$는 u-곡선이 측지선인 측지좌표집합이라 하자. 이때, u-곡선과 v-곡선은 서로 수직이므로 $F=0$이다. 따라서

$$(\kappa_g)_{v=(\text{상수})} = -\frac{E_v}{2E\sqrt{G}} = 0$$

이다. 그러므로 $E_v = 0$이다. 즉, $E=E(u)$이다. 따라서 제1기본형식은 다음과 같다.

$$\mathrm{I} = ds^2 = E(u)du^2 + G(u,v)dv^2.$$

u-곡선은 측지선의 자연표현이므로 $E = E(u) = \mathrm{x}_u \cdot \mathrm{x}_u = 1$이다. 따라서

$$\mathrm{I} = ds^2 = du^2 + G(u,v)dv^2$$

이다. 측지선 $v =$ (상수)에 대하여 $dv = 0$이므로 두 개의 수직인 궤도 $u = u_1, u = u_2$ 사이의 측지선의 길이는

$$s = \int_{u_1}^{u_2} \sqrt{\mathrm{I}}\, du = \int_{u_1}^{u_2} \sqrt{E(u)}\, du = u_2 - u_1$$

이다. 이것은 v에 독립이므로 측지선의 길이는 측지선에 독립이다. 이때,

[측지적 좌표] u, v를 **측지적 좌표(geodesic coordinate)**라고 한다. 즉, u-곡선은 측지선이고, 이것과 직교하는 곡선군이 v-곡선이라면,

$$\mathrm{I} = ds^2 = du^2 + G(u,v)dv^2$$

이 성립한다. u-곡선의 선소는 du이므로 두 개의 v-곡선 $u = u_1$과 $u = u_2$에 의하여 잘리는 곡선의 길이는 모두 $u_2 - u_1$이다. 이러한 두 개의 v-곡선을 **측지적으로 평행하다**고 한다.

한편, 곡면 위의 한 점 P에서 곡면 위의 모든 방향으로 측지선을 그어 이것을 u-곡선이라 하고, 이 곡선과 직교하는 곡선군을 v-곡선으로 택하자.

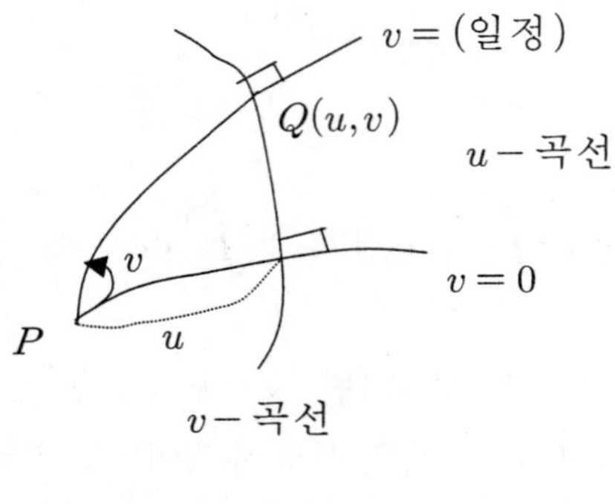

곡면 위에서 점 P의 근방을 충분히 작게 잡으면, 그 근방의 임의의 점과 P를 잇는 측지선은 오직 하나 존재한다. 이때, u를 자연매개변수로 나타낼 수 있으므로, u를 호장으로 가정하면, $\mathrm{I} = du^2 + G(u,v)dv^2$이 성립한다. 이때,

[측지적 원] 두 점을 잇는 측지선의 길이 u를 **측지적 거리(geodesic distance)**라고 한다. 측지적 거리가 일정한 v-곡선을 **측지적 원(geodesic circle)**이라 한다. 점 P에서 나오는 한 일정한 측지선 $v=0$과 또 다른 측지선 $v=$(일정)의 사잇각이 v일 때, (u,v)를 점 Q의 **측지적 극좌표(geodesic polar coordinate)**라고 한다. 이때 u는 **측지적 반지름(gedesic radius)**이라 한다.

끝으로, 매개변수곡선이 서로 수직일 때, 즉, $F=0$일 때, 문제 6.11에 의하여 가우스곡률은

$$K=-\frac{1}{\sqrt{EG}}\left[\frac{\partial}{\partial u}\left(\frac{1}{\sqrt{E}}\frac{\partial\sqrt{G}}{\partial u}\right)+\frac{\partial}{\partial v}\left(\frac{1}{\sqrt{G}}\frac{\partial\sqrt{E}}{\partial v}\right)\right]$$

이다. 따라서 다음의 정리를 얻는다.

정리 5.3 만일 $\mathrm{x}=\mathrm{x}(u,v)$는 C^3-급곡면 위의 측지좌표집합이고 u-곡선은 u가 자연매개변수인 측지선이면, 가우스곡률은 다음과 같다.

$$K=-\frac{1}{\sqrt{G}}\frac{\partial^2\sqrt{G}}{\partial u^2}.$$

증명 $E=1$이므로 결과가 나온다.

예제 5.4 $\mathrm{x}=\mathrm{x}(r,\theta)=(r\cos\theta, r\sin\theta, r^2), 1<r<3, -\infty<\theta<\infty$는 포물면 $z=x^2+y^2$ 위의 측지적 좌표집합이다.

증명 $\mathrm{x}_r=(\cos\theta,\sin\theta,2r), \mathrm{x}_\theta=(-r\sin\theta, r\cos\theta, 0)$

$E=\mathrm{x}_r\cdot\mathrm{x}_r=1+4r^2, F=0, G=r^2$이므로 매개변수곡선은 서로 수직이다.

$$(\kappa_g)_{\theta=(\text{상수})}=-\frac{E_\theta}{2E\sqrt{G}}=0$$

이므로 r-곡선($\theta=$(상수))는 측지선이다. 한편,

$$\frac{dr^*}{dr}=\sqrt{E}=\sqrt{1+4r^2}$$

으로부터 $r=r(r^*)$로 나타내면, 좌표조각사상

$$\mathrm{x}^*=\mathrm{x}^*(r^*,\theta^*)=\mathrm{x}(r(r^*),\theta)$$

는 r^*를 자연매개변수로 갖는 측지적 좌표집합이다. 이때,

$$E^*=\mathrm{x}_{r^*}{}^*\cdot\mathrm{x}_{r^*}{}^*=(\mathrm{x}_r\cdot\mathrm{x}_r)(\frac{dr}{dr^*})^2=1$$

$$F^*=\mathrm{x}_{r^*}{}^*\cdot\mathrm{x}_{\theta}{}^*=(\mathrm{x}_r\cdot\mathrm{x}_{\theta})\frac{dr}{dr^*}=0$$

$$G^*=\mathrm{x}_{\theta}{}^*\cdot\mathrm{x}_{\theta}{}^*=\mathrm{x}_{\theta}\cdot\mathrm{x}_{\theta}=r^2$$

이므로, 가우스곡률은 다음과 같다.

$$K=-\frac{1}{\sqrt{G^*}}\frac{\partial^2\sqrt{G^*}}{\partial r^{*2}}=-\frac{1}{r}\frac{d^2r}{dr^{*2}}=\frac{4}{1+4r^2}.$$

6. 측지적 극좌표

점 P는 C^3-급곡면 위의 점이라 하고, 벡터 g_1, g_2는 점 P에서의 접평면에 평행한 임의로 주어진 정규직교벡터라고 하자. 정리 4.4에 의하여 각 실수 θ_0에 대하여 접선벡터

$$\cos\theta_0 g_1 + \sin\theta_0 g_2$$

방향으로 점 P를 지나는 유일한 자연표현의 측지선 $x = x(r, \theta_0)$가 존재한다.

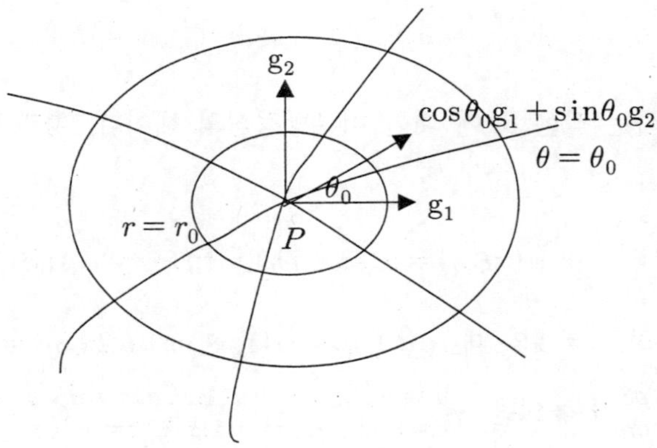

▸정리 6.1 C^3-급곡면 위의 점 P에서의 측지적 극좌표계

$$x = x(r, \theta), r > 0, -\infty < \theta < \infty$$

에 대하여 $\epsilon > 0$이 존재하여 $x = x(r, \theta)$는 $0 < r < \epsilon, 0 \leqq \theta < 2\pi$를 P가 빠진 근방 위로 전단사사상하는 C^2-급정칙매개변수표현이다.

증명 좌표조각사상 $x = x(u, v)$는 $(0,0)$을 점 P로 사상하고, 점 P에서 $g_1 = x_u$, $g_2 = x_v$라고 하자. 단, g_1, g_2는 θ에 의존하는 정규직교 접선벡터이다. 이때, $E = 1, F = 0, G = 1$이다. 지금 좌표조각사상 $x = x(u, v)$에 관하여 초기조건

$$u(0) = v(0) = 0, u'(0) = \xi, v'(0) = \eta$$

를 만족하는 측지선의 미분방정식

$$\begin{cases} u'' + \Gamma_{11}^1 (u')^2 + 2\Gamma_{12}^1 u'v' + \Gamma_{22}^1 (v')^2 = 0 \\ v'' + \Gamma_{11}^2 (u')^2 + 2\Gamma_{12}^2 u'v' + \Gamma_{22}^2 (v')^2 = 0 \end{cases}$$

은 $t=0$의 근방에서 t,ξ,η에 관한 C^2-급의 유일한 해 $\begin{cases} u(t;\xi,\eta) \\ v(t;\xi,\eta) \end{cases}$를 갖는다. 한편, 이 미분방정식은 2계 도함수와 두 개의 1계 도함수의 곱에 관하여 동차이므로, 어떤 해 $\begin{cases} u(t;\xi,\eta) \\ v(t;\xi,\eta) \end{cases}$에 대하여 $t=\rho s$일 때, $\begin{cases} u(s;\rho\xi,\rho\eta) \\ v(s;\rho\xi,\rho\eta) \end{cases}$는 초기조건

$$u \mid_{s=0} = u \mid_{t=0} = 0, v \mid_{s=0} = v \mid_{t=0} = 0,$$
$$u_s \mid_{s=0} = u_t \mid_{t=0} = \rho\xi, v_s \mid_{s=0} = v_t \mid_{t=0} = \rho\eta$$

을 만족하는 작은 ρs에 대한 미분방정식의 해이다. 따라서 해의 유일성에 의하여

$$u(t;\xi,\eta) = u(s;\rho\xi,\rho\eta), v(t;\xi,\eta) = v(s;\rho\xi,\rho\eta)$$

이다. 특히, $s=1$일 때, $u(t;\xi,\eta) = u(1;\rho\xi,\rho\eta), v(t;\xi,\eta) = v(1;\rho\xi,\rho\eta)$이다. 지금 $\begin{cases} x = \rho\xi \\ y = \rho\eta \end{cases}$라 놓으면, $\begin{cases} u = u(t;\xi,\eta) = u(1;x,y) := u^*(x,y) \\ v = v(t;\xi,\eta) = v(1;x,y) := v^*(x,y) \end{cases}$이다. 이것은 xy-평면 위에서의 원점 근방을 uv-평면 위에서의 원점 근방으로 사상한다. 미분방정식과 초기조건으로부터 $u^*(0,0) = v^*(0,0) = 0$임을 알 수 있다. 또한, $t=0$일 때, $x=y=0$이고 모든 ξ,η에 대하여

$$\xi = u_t = u^*{}_x x_t + u^*{}_y y_t = u^*{}_x \xi + u^*{}_y \eta$$
$$\eta = v_t = v^*{}_x x_t + v^*{}_y y_t = v^*{}_x \xi + v^*{}_u \eta$$

이다. 따라서 $u^*{}_x = 1, u^*{}_y = 0, v^*{}_x = 0, v^*{}_y = 1$이다. 그리고 야코비행렬식

$$\frac{\partial(u^*, v^*)}{\partial(x,y)} = \begin{vmatrix} u^*{}_x & u^*{}_y \\ v^*{}_x & v^*{}_y \end{vmatrix} = 1 \neq 0$$

이다. 야코비행렬식은 연속이므로 $(0,0)$의 근방에서 0이 아니다. 따라서 매개변수변환 $\begin{cases} u = u^*(x,y) \\ v = v^*(x,y) \end{cases}$는 xy-평면 위에서의 원점 근방을 uv-평면 위에서의 원점 근방으로 사상하는 C^2-급매개변수교환가능 변환이다. 지금 사상

$$\mathrm{x} = \mathrm{x}^*(x,y) = \mathrm{x}(u^*(x,y), v^*(x,y))$$

을 생각하자. 이것은 $(0,0)$을 곡면 위의 점 P로 사상하는 C^2-급좌표조각사상이다. 이때, 이것을 점 P에서 **리만법선좌표집합**(set of Riemann normal coordinates)이라 한다. 점 P에서

$$\mathrm{x}_x{}^* = \mathrm{x}_{u^*}u^*{}_x + \mathrm{x}_{v^*}v^*{}_x = \mathrm{x}_u \cdot 1 + \mathrm{x}_v \cdot 0 = \mathrm{x}_u$$
$$\mathrm{x}_y{}^* = \mathrm{x}_{u^*}u^*{}_y + \mathrm{x}_{v^*}v^*{}_y = \mathrm{x}_u \cdot 0 + \mathrm{x}_v \cdot 1 = \mathrm{x}_v$$

이므로, 점 P에서 $E^* = 1, F^* = 0, G^* = 1$이다.

끝으로, $\xi = \cos\phi, \eta = \sin\phi$라 놓으면, $\begin{cases} x = \rho\xi = \rho\cos\phi \\ y = \rho\eta = \rho\sin\phi \end{cases}$이다. 이때,

$$\mathrm{x} = \mathrm{x}^{**}(\rho,\phi) = \mathrm{x}^*(\rho\cos\phi, \rho\sin\phi)$$

는 분명히 $0 < \rho < \epsilon, -\infty < \phi < \infty$에서 C^2-급정칙매개변수표현이고, $0 < \rho < \epsilon, 0 \leqq \phi < 2\pi$를 점 P가 빠진 근방 위로 전단사사상한다. 왜냐하면, 이러한 ρ,ϕ에 대하여 $\begin{cases} x = \rho\cos\phi \\ y = \rho\sin\phi \end{cases}$는 xy-평면의 원점이 빠진 근방에서 단사이기 때문이다. 이제 남은 것은 $\mathrm{x} = \mathrm{x}^{**}(\rho,\phi)$가 주어진 측지적 극좌표라는 것을 보이는 것이다. 즉, $\mathrm{x}^{**}(r,\theta) = \mathrm{x}(r,\theta)$. 고정된 ϕ_0에 대하여

$$u^*(\rho\cos\phi_0, \rho\sin\phi_0) = u(1;\rho\cos\phi_0, \rho\sin\phi_0) = u(\rho;\cos\phi_0, \sin\phi_0)$$
$$v^*(\rho\cos\phi_0, \rho\sin\phi_0) = v(1;\rho\cos\phi_0, \rho\sin\phi_0) = v(\rho;\cos\phi_0, \sin\phi_0)$$

일 때, $\mathrm{x} = \mathrm{x}^{**}(\rho,\phi_0) = \mathrm{x}(u^*(\rho\cos\phi_0, \rho\sin\phi_0), v^*(\rho\cos\phi_0, \rho\sin\phi_0))$이다. 그러나 u,v가 최초로

$$E(u')^2 + 2Fu'v' + G(v')^2 = \xi^2 + \eta^2 = \cos^2\phi_0 + \sin^2\phi_0 = 1$$

일 때 u,v는 초기조건을 만족하는 측지선의 미분방정식의 해이다. 따라서 $\mathrm{x} = \mathrm{x}^{**}(\rho,\phi_0)$는 접선벡터

$$\mathrm{x}_u\cos\phi_0 + x_v\sin\phi_0 = \mathrm{g}_1\cos\phi_0 + g_2\sin\phi_0$$

방향으로 점 P를 지나는 자연표현된 측지선이다. 이러한 측지선은 유일하므로 $\mathrm{x}^{**}(r,\theta) = \mathrm{x}(r,\theta)$이다.

▶정리 6.2 $\mathrm{x}=\mathrm{x}(x,y)$는 점 P에서 리만법선좌표집합이라 하자. 그러면 제1기본계수의 모든 편도함수는 점 P에서 0이다.

증명 각 θ_0와 $\begin{cases} x = r\cos\theta_0 \\ y = r\sin\theta_0 \end{cases}$에 대하여 곡선

$$\mathrm{x}=\mathrm{x}(r)=\mathrm{x}(x(r,\theta_0),y(r,\theta_0))$$

은 점 P를 지나는 자연표현된 측지선이다. 따라서 $x(r,\theta_0),y(r,\theta_0)$은 측지선의 미분방정식

$$\ddot{x}+\Gamma_{11}^1(\dot{x})^2+2\Gamma_{12}^1\dot{x}\dot{y}+\Gamma_{22}^1(\dot{y})^2=0$$
$$\ddot{y}+\Gamma_{11}^2(\dot{x})^2+2\Gamma_{12}^2\dot{x}\dot{y}+\Gamma_{22}^2(\dot{y})^2=0$$

을 만족한다. 한편, $\dot{x}=\frac{d}{dr}(r\cos\theta_0)=\cos\theta_0, \ddot{x}=0, \dot{y}=\sin\theta_0, \ddot{y}=0$이므로

$$\Gamma_{11}^1\cos^2\theta_0+2\Gamma_{12}^1\cos\theta_0\sin\theta_0+\Gamma_{22}^1\sin^2\theta_0=0$$
$$\Gamma_{11}^2\cos^2\theta_0+2\Gamma_{12}^2\cos\theta_0\sin\theta_0+\Gamma_{22}^2\sin^2\theta_0=0$$

이다. 그러나 이 방정식은 점 P에서 모든 θ_0에 대하여 성립하므로, 점 P에서 모든 $i,j,k=1,2$에 대하여 $\Gamma_{jk}^i=0$이다. 더욱이, 점 P에서 $E=G=1$, $F=0$이므로, 점 P에서

$$\Gamma_{11}^1=\frac{1}{2}E_x=0, \Gamma_{12}^1=\frac{1}{2}E_y=0, \Gamma_{22}^1=\frac{1}{2}(2F_y-G_x)=0$$
$$\Gamma_{11}^2=\frac{1}{2}(2F_x-E_y)=0, \Gamma_{12}^2=\frac{1}{2}G_x=0, \Gamma_{22}^2=\frac{1}{2}G_y=0$$

을 얻는다. 그러므로 결과가 나온다.

정리 6.1에 의하여 C^3-급곡면 위의 점 P에서의 측지적 극좌표계

$$\mathrm{x}=\mathrm{x}(r,\theta), r>0, -\infty<\theta<\infty$$

에 대하여 $\epsilon>0$이 존재하여 $\mathrm{x}=\mathrm{x}(r,\theta)$는 $0<r<\epsilon, 0\leqq\theta<2\pi$를 P가 빠진 근방 위로 전

단사사상하는 C^2-급 정칙매개변수표현이다. 이때,

$$\mathrm{x} = \mathrm{x}(r,\theta), 0 < r < \epsilon, 0 \leqq \theta < 2\pi$$

를 점 P에서 **측지적 극좌표집합(set of geodesic polar coordinates)**이라 한다. 따라서 점 P와 P의 근방의 각 점을 연결하는 측지선은 오직 하나 있다. θ-곡선($r=$(상수))은 **측지적 원(geodesic circle)**이라 하고, 대응하는 r의 값은 **측지적 원의 반지름**이라 한다. 점 P는 **극(pole)**이라 한다.

측지적 좌표의 경우와 마찬가지로, 측지적 극좌표 $\mathrm{x} = \mathrm{x}(r,\theta), r > 0$에 대한 제1기본형식은

$$\mathrm{I} = dr^2 + G(r,\theta)d\theta^2$$

이다. 측지적 극좌표의 간단한 예는 xy-평면 위의 원점에서의 극좌표계이다. 그것은

$$\mathrm{x} = (r\cos\theta, r\sin\theta), r > 0, -\infty < \theta < \infty$$

로 주어진다. 여기서 분명히

$$E = \mathrm{x}_r \cdot \mathrm{x}_r = 1, F = \mathrm{x}_r \cdot \mathrm{x}_\theta = 0, G = \mathrm{x}_\theta \cdot \mathrm{x}_\theta = r^2$$

이다. 따라서 $\mathrm{I} = dr^2 + r^2 d\theta^2$이다.

일반적으로, 충분히 작은 r에 대하여 $G(r,\theta)$의 움직임은 평면에서의 극좌표와 유사하다는 것은 다음의 정리에서 알 수 있다.

정리 6.3 만일 $\mathrm{x} = \mathrm{x}(r,\theta)$가 충분히 높은 급의 곡면 위의 한 점 P에서 측지적 좌표집합이면,

$$\sqrt{G(r,\theta)} = r - \frac{1}{6}K(P)r^3 + o(r^3)$$

이다. 단, $K(P)$는 점 P에서 곡면의 가우스곡률이다.

증명 $\mathrm{x} = \mathrm{x}^*(x,y)$는 점 P에서 리만법선좌표라 하자. 그러면 $r > 0$과 어떤 쐐기모양 $\theta_1 < \theta < \theta_2$, 가령, $\theta_2 - \theta_1 \leqq \frac{3\pi}{2}$에 대하여 $\begin{cases} x = r\cos\theta \\ y = r\sin\theta \end{cases}$는 매개변수교환가능

좌표변환이라 하자. 그러면 이 변환에 의하여

$$\begin{aligned} 1 = E &= E^*(x_r)^2 + 2F^* x_r y_r + G^*(y_r)^2 \\ &= E^*\cos^2\theta + 2F^*\cos\theta\sin\theta + G^*\sin^2\theta \\ 0 = F &= E^* x_r x_\theta + F^*(x_r y_\theta + x_\theta y_r) + G^* y_r y_\theta \\ &= r[-E^*\cos\theta\sin\theta + F^*(\cos^2\theta - \sin^2\theta) + G^*\cos\theta\sin\theta] \\ G &= E^*(x_\theta)^2 + 2F^* x_\theta y_\theta + G^*(y_\theta)^2 \\ &= r^2(E^*\sin^2\theta - 2F^*\sin\theta\cos\theta + G^*\cos^2\theta) \end{aligned}$$

으로 변환된다. 정리 6.1의 증명에 의하여 점 P에서 $E^* = G^* = 1, F^* = 0$이고, 정리 6.2에 의하여 $E_x{}^* = E_y{}^* = F_x{}^* = F_y{}^* = G_x{}^* = G_y{}^* = 0$이다. 따라서

$$\lim_{r\to 0}\sqrt{G} = 0, \lim_{r\to 0}\frac{\partial\sqrt{G}}{\partial r} = 1$$

임을 알 수 있다. 또한, 정리 5.3에 의하여 $\frac{\partial^2\sqrt{G}}{\partial r^2} = -K\sqrt{G}$을 얻는다. 한 번 더 미분하면,

$$\frac{\partial^3\sqrt{G}}{\partial r^3} = -K\frac{\partial\sqrt{G}}{\partial r} - \frac{\partial K}{\partial r}\sqrt{G}$$

를 얻는다. 따라서

$$\lim_{r\to 0}\frac{\partial^2\sqrt{G}}{\partial r^2} = 0, \lim_{r\to 0}\frac{\partial^3\sqrt{G}}{\partial r^3} = -K(P)$$

이다. 테일러 공식에 의하여 각 θ에 대하여

$$\sqrt{G} = (\sqrt{G})_0 + \left(\frac{\partial\sqrt{G}}{\partial r}\right)_0 r + \frac{1}{2!}\left(\frac{\partial^2\sqrt{G}}{\partial r^2}\right)_0 r^2 + \frac{1}{3!}\left(\frac{\partial^3\sqrt{G}}{\partial r^3}\right)_0 r^3 + o(r^3)$$

이다. 따라서

$$\sqrt{G} = r - \frac{1}{6}K(P)r^3 + o(r^3)$$

이 성립한다.

예제 6.4 매개변수표현

$$\mathrm{x} = (a\sin\frac{r}{a}\cos\theta, a\sin\frac{r}{a}\sin\theta, a\cos\frac{r}{a}),\ a > 0, 0 < r < \frac{\pi a}{2}, -\infty < \theta < \infty$$

는 원점을 중심으로 하고 반지름이 a인 구면의 북극점에서의 측지적 극좌표집합이다. r-곡선 $\theta = \theta_0$은 북극점의 둘레의 대원들이고, θ-곡선 $r = r_0$은 북극점 근방에서의 위선이다.

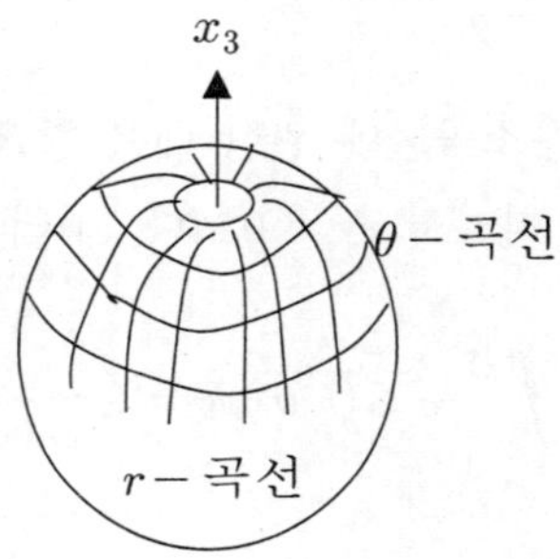

$$\mathrm{x}_r = (\cos\frac{r}{a}\cos\theta, \cos\frac{r}{a}\sin\theta, -\sin\frac{r}{a})$$

$$\mathrm{x}_\theta = (-a\sin\frac{r}{a}\sin\theta, a\sin\frac{r}{a}\cos\theta, 0)$$

$$\mathrm{x}_r \times \mathrm{x}_\theta = (a\sin^2\frac{r}{a}\cos\theta, a\sin^2\frac{r}{a}\sin\theta, a\sin\frac{r}{a}\cos\frac{r}{a})$$

$$\| \mathrm{x}_r \times \mathrm{x}_\theta \| = a\sin\frac{r}{a} \neq 0, a > 0, 0 < r < \frac{\pi a}{2}$$

이므로 $\mathrm{x} = \mathrm{x}(r,\theta)$는 정칙매개표현이다. $(\kappa_g)_{\theta = (\text{상수})} = -\dfrac{E_\theta}{2E\sqrt{G}} = 0$이므로 r-곡선은 측지선이다. $\| \mathrm{x}_r \| = 1$이므로, r는 측지선 $\mathrm{x} = \mathrm{x}(r,\theta)$의 자연매개변수이다. 그러므로 $\mathrm{x} = \mathrm{x}(r,\theta)$는 측지적 극좌표집합이다.

$$E = \mathrm{x}_r \cdot \mathrm{x}_r = 1, F = \mathrm{x}_r \cdot \mathrm{x}_\theta = 0, G = \mathrm{x}_\theta \cdot \mathrm{x}_\theta = a^2\sin^2\frac{r}{a}$$

이므로

$$\mathrm{I} = dr^2 + a^2 \sin^2 \frac{r}{a} d\theta^2$$

이다. 한편, 테일러 공식에 의하여 $\sin x = x - \frac{1}{6}x^3 + o(x^3)$이므로

$$\sqrt{G} = a \sin \frac{r}{a} = r - \frac{r^3}{6a^2} + o(r^3)$$

이다. 이것은 정리 6.3의 식과 일치한다.

정리 6.3의 결과로서 가우스곡률에 관한 매우 중요한 사실을 얻을 수 있다.
측지적 원 $r =$ (상수)를 따라서 $dr = 0$이다. 따라서 그의 원주는

$$C(r) = \int_0^{2\pi} \sqrt{G(r,\theta)}\, d\theta = 2\pi r - \frac{1}{3} K(P) \pi r^3 + o(r^3)$$

이다. 따라서

$$K(P) = \frac{3}{\pi} \left(\frac{2\pi r - C(r)}{r^3} \right) + o(1)$$

이다. $K(P)$는 r에 독립이므로

$$K(P) = \lim_{r \to 0} \frac{3}{\pi} \left(\frac{2\pi r - C(r)}{r^3} \right)$$

이다. 따라서 가우스곡률은 곡면의 본질적 성질에 관하여 다시 표현할 수 있다는 사실을 알 수 있다.

끝으로, 곡면의 겉넓이에 관한 공식은 $\int\int_R \sqrt{EG - F^2}\, du dv$이므로, 측지적 원으로 둘러 싸인 곡면의 겉넓이는

$$A(r) = \int_0^r \int_0^{2\pi} \sqrt{G(r,\theta)}\, d\theta dr = \pi r^2 - \frac{\pi}{12} K(P) r^4 + o(r^4)$$

임을 알 수 있다, 따라서

$$K(P) = \lim_{r \to 0} \frac{12}{\pi} \left(\frac{\pi r^2 - A(r)}{r^4} \right)$$

이다. 그러므로 다음의 정리를 얻는다.

▶정리 6.5 C^3-급곡면 위의 점 P에서의 가우스곡률은

$$K(P) = \lim_{r \to 0} \frac{3}{\pi} \left(\frac{2\pi r - C(r)}{r^3} \right) \text{ 또는 } K(P) = \lim_{r \to 0} \frac{12}{\pi} \left(\frac{\pi r^2 - A(r)}{r^4} \right)$$

이다. 단, $r, C(r), A(r)$은 각각 점 P를 중심으로 하는 측지적 원의 반지름, 원주, 측지적 원으로 둘러싸인 곡면의 겉넓이이다.

7. 최소길이의 호

점 P, Q는 점 Q를 포함하는 점 P에서의 측지적 극좌표집합 $\mathrm{x} = \mathrm{x}(r,\theta)$가 존재하는 곡면 S 위의 매우 가까운 두 점이라 하자.

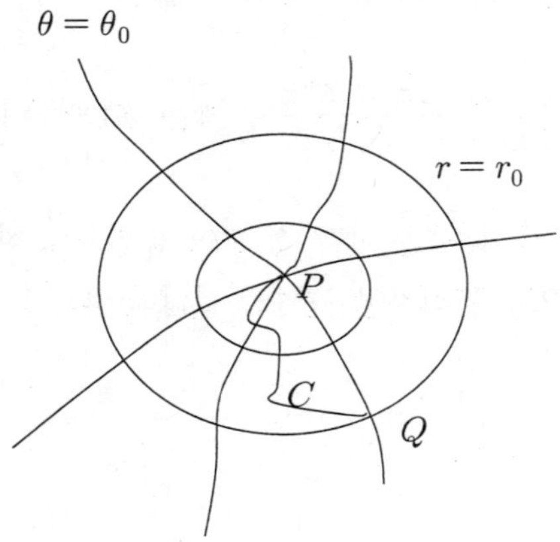

이때, Q를 포함하는 측지선 $\theta = $(상수)는 P와 Q 사이의 유일한 최소길이의 호임을 보이자. 점 Q가 측지적 원 $r = r_0$과 측지선 $\theta = \theta_0$ 위에 있고,

$$C: \mathrm{x} = \mathrm{x}(t), a \leqq t \leqq b$$

는 P와 Q를 연결하는 곡면 S 위의 호라고 가정하자. 이때, 호 C는 측지적 극좌표집합 $\mathrm{x} = \mathrm{x}(r,\theta)$에 포함되어 있다고 가정하자. 그러면 C의 길이는

$$L(C) = \int_a^b \sqrt{(\frac{dr}{dt})^2 + G(r,\theta)(\frac{d\theta}{dt})^2}\, dt$$

이다. 한편, $G > 0$이므로

$$L(C) \geqq \int_a^b \sqrt{(\frac{dr}{dt})^2}\, dt = \int_a^b \frac{dr}{dt} dt = \int_0^{r_0} dr = r_0$$

이다. 그러나 r_0는 P와 Q 사이의 측지선 $\theta = \theta_0$의 길이이다. 위의 식에서 등호가 성립하기 위한 필요충분조건은 $\frac{d\theta}{dt} = 0$이다. 즉, $\theta = $(상수)이다. 따라서 측지선 $\theta = \theta_0$은 $\mathrm{x} = \mathrm{x}(r,\theta)$에 포함되어 있는 호 가운데 P와 Q 사이의 최소길이의 유일한 호이다. 그러나 이 호는 곡면

S 위의 P와 Q 사이의 모든 정칙호 중에서 최단길이의 호이다. 왜냐하면, $C: \mathrm{x} = \mathrm{x}(t)$,

$a \leqq t \leqq b$는 $\mathrm{x} = \mathrm{x}(r,\theta)$에서 출발하는 P에서 Q까지의 호라고 하자. 그러면 $t^* < t$인 어떤 점 $\mathrm{x}(t^*)$에서 C는 θ^*에서의 측지적 원 $r = r_0$과 만나고, $a \leqq t \leqq t^*$일 때, $\mathrm{x} = \mathrm{x}(r,\theta)$에 포함된다.

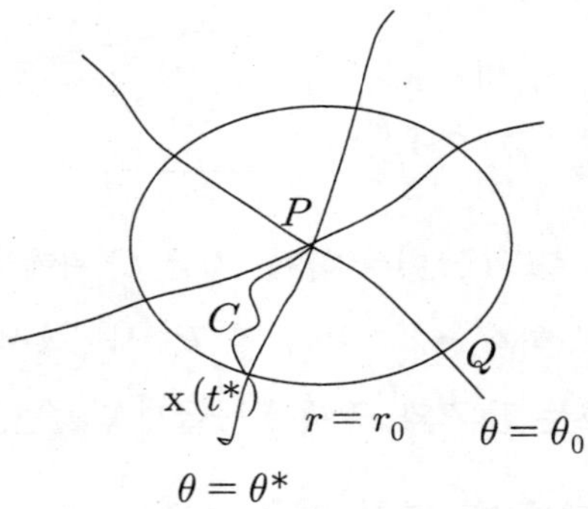

지금 C^*는 구간 $a \leqq t \leqq t^*$에서 C의 일부라고 하자. 그러면 C^*는 점 P와 (r_0, θ^*)에 대응하는 점 P^*를 연결하는 $\mathrm{x} = \mathrm{x}(r,\theta)$ 안에서의 정칙호이다. 따라서 $L(C^*) \geqq r_0$이다. 그러나 $L(C) > L(C^*)$이다. 그러므로

$$L(C) > r_0 = (P\text{와 } Q\text{를 연결하는 측지선 } \theta = \theta_0\text{의 길이})$$

이다. 따라서 다음의 정리를 얻는다.

▸정리 7.1 P, Q는 점 P에서 Q를 포함하는 측지적 극좌표집합이 존재하는 곡면 위의 두 점이라 할 때, P와 Q 사이에 P와 Q를 잇는 측지선으로 주어지는 유일한 최소길이의 호가 존재한다.

▸정리 7.2 만일 C는 C^3-급곡면 S 위의 두 점 P_1, P_2 사이의 최소길이의 호이면, C는 측지선이다.

증명 C가 $\mathrm{x} = \mathrm{x}(t), a \leqq t \leqq b$로 주어지고, 점 P는 P_1, P_2가 아닌 C 위의 임의의 점이라 하자. S는 C^3-급이므로 점 P에서 측지적 극좌표집합 $\mathrm{x} = \mathrm{x}(r,\theta)$가 존재한다. 충분히 작은 $\epsilon > 0$에 대하여 $t+\epsilon$과 $t-\epsilon$에 대응하는 점 P_ϵ과 $P_{-\epsilon}$이 $\mathrm{x} = \mathrm{x}(r,\theta)$ 안에 놓여 있다. C_ϵ은 P와 P_ϵ 사이의 C의 일부분이라 하자. 이때,

C_ϵ은 P와 P_ϵ 사이의 최소길이의 호임을 보이자. C_ϵ은 P와 P_ϵ 사이의 최소길이의 호가 아니라고 가정하자. 즉, P와 P_ϵ 사이의 정칙호 Γ_ϵ의 길이 $L(\Gamma_\epsilon)$는 $L(C_\epsilon)$보다 작다고 가정하자.

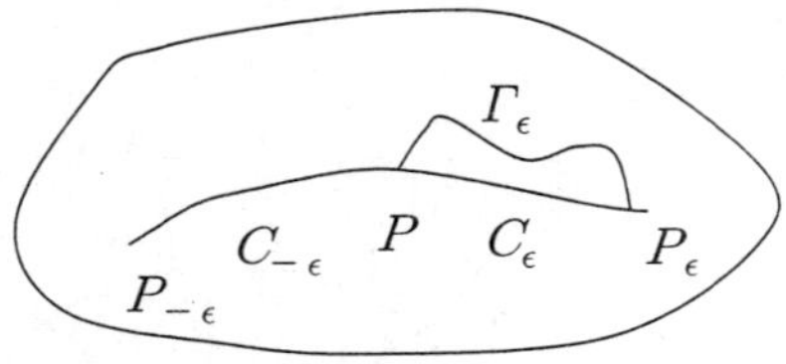

특히, $L(\Gamma_\epsilon)+\delta=L(C_\epsilon)$이라 하자. 지금 C 위에서 C_ϵ을 Γ_ϵ으로 바꿀 때 얻어지는 호를 Γ라고 하자. 이 호는 P와 P_ϵ 사이에서 정칙이 아님을 유의하여라. 그러나 그러한 호는 점 P와 P_ϵ에서 둥글게 만들면, 그의 길이가 Γ의 길이와 기껏해야 $\frac{\delta}{2}$만큼 다른 호 C^*를 얻을 수 있다. $L(\Gamma)+\delta=L(C)$이므로, C^*는

$$L(C^*)+\frac{\delta}{2}\leqq L(C) \text{ 또는 } L(C^*)<L(C)$$

를 만족하는 P_1과 P_2 사이의 정칙호이다.

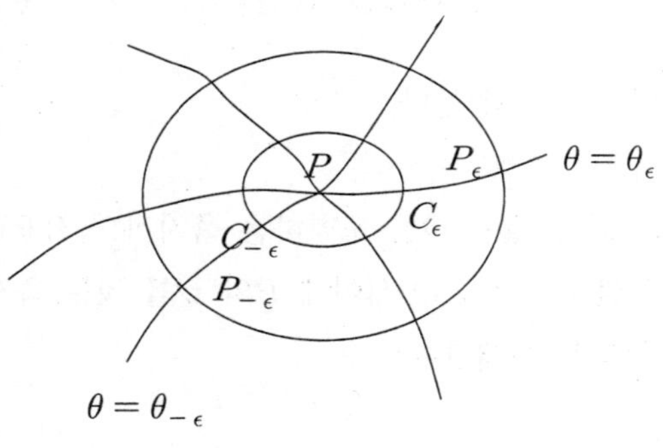

그런데 C는 P_1과 P_2 사이의 최소길이의 정칙호이므로 이것은 모순이다. 따라서 C_ϵ은 P와 P_ϵ 사이의 최소길이의 호이다. 같은 방법으로 하면, $C_{-\epsilon}$도 $P_{-\epsilon}$과 P 사이의 최소길이의 호임을 알 수 있다. 그러나 정리 7.1에 의하여 $C_{-\epsilon}$과 C_ϵ은 각각 P에서 $P_{-\epsilon}$까지와 P에서 P_ϵ까지의 측지선이다. 즉, $\theta=\theta_{-\epsilon}$과 $\theta=\theta_\epsilon$이다. 그러나 C는 점 P를 지나고 θ 방향으로의 유일한 측지선이다. 한편, P는 C 위의 임의의 점이므로 정리가 성립한다.

8. 정곡률곡면

가우스곡률 K는 등장사상 아래에서 불변임을 유의하여라. 따라서 등장적인 두 곡면의 대응하는 점에서 가우스곡률은 서로 같다. 그러나 이의 역은 일반적으로 성립하지 않는다.

예제 8.1 곡면 $\mathrm{x} = (u\cos\theta, u\sin\theta, \log u), u > 0$와 곡면

$$\mathrm{x}^* = (u^*\cos\theta^*, u^*\sin\theta^*, \theta^*), u^* > 0$$

은 $u^* = u, \theta^* = \theta$에서의 가우스곡률은 같지만, 등장적이 아니다.

증명 $\mathrm{x}_u = (\cos\theta, \sin\theta, \frac{1}{u}), \mathrm{x}_\theta = (-u\sin\theta, u\cos\theta, 0)$

$$E = 1 + \frac{1}{u^2}, F = 0, G = u^2,\ EG - F^2 = 1 + u^2$$

$$\mathrm{x}_u \times \mathrm{x}_\theta = (-\cos\theta, -\sin\theta, u),\ \ \| \mathrm{x}_u \times \mathrm{x}_\theta \| = (1+u^2)^{1/2}$$

$$\mathrm{x}_{uu} = (0, 0, -\frac{1}{u^2}), \mathrm{x}_{u\theta} = (-\sin\theta, \cos\theta, 0), \mathrm{x}_{\theta\theta} = (-u\cos\theta, -u\sin\theta, 0)$$

$$\mathrm{N} = (1+u^2)^{-1/2}(-\cos\theta, -\sin\theta, u)$$

$$L = -\frac{1}{u(1+u^2)^{1/2}}, M = 0, N = \frac{u}{(1+u^2)^{1/2}},\ LN - M^2 = -\frac{1}{1+u^2}$$

$$K = \frac{LN - M^2}{EG - F^2} = -\frac{1}{(1+u^2)^2}$$

같은 방법으로 하면,

$$E^* = 1, F^* = 0, G^* = 1 + (u^*)^2, K^* = -\frac{1}{(1+(u^*)^2)^2}$$

을 얻는다. 따라서 곡면들은 대응되는 점에서 같은 가우스곡률을 갖는다.

두 곡면이 서로 등장적이라 가정하자. 그러면 대응하는 점에서는 $E = E^*$, $F = F^*, G = G^*$을 만족하는 매개변수변환 $\begin{cases}\theta^* = \theta^*(u,\theta) \\ u^* = u^*(u,\theta)\end{cases}$가 존재한다. $K = K^*$이므로

$$(1+(u^*)^2)^2=(1+u^2)^2$$

을 얻는다. 따라서 $u^*=\pm u$ 또는 $u^*=\sqrt{-2-u^2}$ 이다. $u^*=\pm u$ 라고 가정하자. 매개변수변환에 의하여 제1기본계수 E, F, G는 다음과 같이 변환된다.

(a) $1+\dfrac{1}{u^2}=E=\mathrm{x}_u\cdot\mathrm{x}_u=(\mathrm{x}^*_{u^*}u^*_u+\mathrm{x}^*_{\theta^*}\theta^*_u)\cdot(\mathrm{x}^*_{u^*}u^*_u+\mathrm{x}^*_{\theta^*}\theta^*_u)$

$\quad = E^*(u^*_u)^2+2F^*u^*_u\theta^*_u+G^*(\theta^*_u)^2$

$\quad = 1+u^2(\theta^*_u)^2$

(b) $0=F=\theta^*_u\theta^*_\theta$

(c) $u^2=G=(1+u^2)(\theta^*_\theta)^2$

한편, u^*는 θ와 독립이므로 $u^*_\theta=0$이다. $\dfrac{\partial(\theta^*,u^*)}{\partial(\theta,u)}\neq 0$이어야 하므로 $\theta^*_\theta\neq 0$이어야 한다. 따라서 (b)에 의하여 $\theta^*_u=0$이다. 이것은 (a)에 모순이다. 그러므로 두 곡면이 서로 등장적이 아니다.

▶정리 8.2 (Minding) C^3-급인 두 곡면에 대하여 같은 상수의 가우스 곡률을 갖는 대응하는 두 점의 충분히 작은 근방들은 서로 등장적이다.

증명 $\mathrm{x}=\mathrm{x}(r,\theta)$는 상수의 가우스 곡률 K를 갖는 곡면 위의 점에서 측지적 극좌표집합이라 가정하자. 그러면 정리 5.3과 정리 6.3에 의하여 $\sqrt{G}=\sqrt{\mathrm{x}_\theta\cdot\mathrm{x}_\theta}$ 는 초기조건

$$\lim_{r\to 0}\sqrt{G}=0,\ \lim_{r\to 0}\frac{\partial\sqrt{G}}{\partial r}=1$$

을 만족하는 미분방정식

$$\frac{\partial^2\sqrt{G}}{\partial r^2}+K\sqrt{G}=0$$

의 해이다.

만일 $K=0$이면, 미분방정식의 일반해는 $\sqrt{G}=rC_1(\theta)+C_2(\theta)$이다. 이때,

초기조건에 의하여 $C_1(\theta)=1, C_2(\theta)=0$이다. 따라서 $G=r^2$이다. 그러므로 $\mathrm{x}=\mathrm{x}(r,\theta)$의 제1기본계수는 $E=1, F=0, G=r^2$이다. 만일 $K>0$이면, 미분방정식의 일반해는

$$\sqrt{G}=C_1(\theta)\sin(r\sqrt{K})+C_2(\theta)\cos(r\sqrt{K})$$

이다. 이때, 초기조건에 의하여 $C_1(\theta)=\dfrac{1}{\sqrt{K}}, C_2(\theta)=0$이다. 따라서 $\mathrm{x}=\mathrm{x}(r,\theta)$의 제1기본계수는 $E=1, F=0, G=\dfrac{1}{K}\sin^2(r\sqrt{K})$이다.

만일 $K<0$이면, 미분방정식의 일반해는

$$\sqrt{G}=C_1(\theta)\sinh(r\sqrt{-K})+C_2(\theta)\cosh(r\sqrt{-K})$$

이다. 이때, 초기조건에 의하여 $C_1(\theta)=\dfrac{1}{\sqrt{-K}}, C_2(\theta)=0$이므로 $\mathrm{x}=\mathrm{x}(r,\theta)$의 제1기본계수는 $E=1, F=0, G=-\dfrac{1}{K}\sinh^2(r\sqrt{-K})$이다. 따라서 가우스 곡률 K가 상수인 곡면 위의 임의의 점 P에서 측지적 극좌표집합의 제1기본계수는 유일하게 결정되고, 그 계수들은 오직 K에만 의존함을 알 수 있다. 그러나 만일 점 P^*는 상수의 가우스 곡률 K와 같은 다른 곡면 위의 점이고, $\mathrm{x}^*=\mathrm{x}^*(r,\theta)$가 점 P^*에서 측지적 극좌표집합이면, 정리 2.3에 의하여 분명히 $\mathrm{f}(\mathrm{x}(r,\theta))=\mathrm{x}^*(r,\theta)$로 정의되는 사상 f는 점 P의 근방에서 점 P^*의 근방 위로의 등장사상이다.

[정곡률곡면] 가우스곡률 K가 일정한 곡면을 **정곡률곡면(surface of constant curvature)**이라 한다. 여기서 상수 K가 0, 양수, 음수인 세 가지 경우에 대하여 각각 측지적 극좌표를 택했을 때, 그의 제1기본형식

$$ds^2=dr^2+G(r)d\theta^2$$

에 대하여 구체적으로 알아보자.

(i) $K=0$인 경우: 정리 5.3에서 $K=0$이므로 $\dfrac{\partial^2\sqrt{G}}{\partial r^2}=0$이다. 이 미분방정식을 풀면, $\sqrt{G}=f(\theta)r+g(\theta)$이다. 측지적 극좌표에서는

$$\lim_{r\to 0} G(r,\theta)=0, \lim_{r\to 0}\frac{\partial\sqrt{G}}{\partial r}=1$$

이므로 $g(\theta)=0, f(\theta)=1$이다. 따라서 $\sqrt{G}=r$이다. 즉, $G=r^2$. 그러므로 제1기본형식은 $ds^2=dr^2+r^2d\theta^2$이다. 이 식은 평면 위의 극좌표에서의 선소와 같다.

$$\mathrm{x}=(r\cos\theta, r\sin\theta, 0)$$
$$\mathrm{x}_r=(\cos\theta,\sin\theta,0), \mathrm{x}_\theta=(-r\sin\theta, r\cos\theta, 0)$$
$$E=1, F=0, G=r^2$$
$$ds^2=dr^2+r^2d\theta^2.$$

따라서 다음의 정리를 얻는다.

▶정리 8.3 가우스곡률이 0인 곡면은 평면 위에 전개가능이다.

(참고) 가우스곡률이 0인 곡면은 가전면이다.

(ii) $K=\frac{1}{a^2}$(a는 상수)인 경우: 정리 5.3에서 $\frac{\partial^2\sqrt{G}}{\partial r^2}+\frac{1}{a^2}\sqrt{G}=0$이다. 이 미분방정식을 풀면, $\sqrt{G}=f(\theta)\cos\frac{r}{a}+g(\theta)\sin\frac{r}{a}$이다. $\lim_{r\to 0} G(r,\theta)=0, \lim_{r\to 0}\frac{\partial\sqrt{G}}{\partial r}=1$이므로 $f(\theta)=0$, $g(\theta)=a$이다. 따라서 제1기본형식은

$$ds^2=dr^2+a^2\sin^2\frac{r}{a}d\theta^2$$

이다. 한편, 반지름이 a인 구면 위의 가우스 곡률은 $\frac{1}{a^2}$이므로 다음의 정리를 얻는다.

▶정리 8.4 가우스곡률이 양수인 곡면은 구면 위에서 전개가능이다.

(참고) 반지름이 a인 구면 $\mathrm{x}=\mathrm{x}(u,v)=(a\sin u\cos v, a\sin u u\sin v, a\cos u)$에 대하여 $r=au, v=\theta$로 놓으면, 제1기본형식은 $ds^2=dr^2+a^2\sin^2\frac{r}{a}d\theta^2$이다.

(iii) $K = -\frac{1}{a^2}$(a는 상수)인 경우: 정리 5.3에서 $\frac{\partial^2\sqrt{G}}{\partial r^2} - \frac{1}{a^2}\sqrt{G} = 0$이다. 이 미분방정식을 풀면, $\sqrt{G} = f(\theta)e^{r/a} + g(\theta)e^{-r/a}$이다. 쌍곡선함수를 사용하여 이 식을 변형하면, $\sqrt{G} = \bar{f}(\theta)\cosh\frac{r}{a} + \bar{g}(\theta)\sinh\frac{r}{a}$이다. $\lim_{r\to 0} G(r,\theta) = 0, \lim_{r\to 0}\frac{\partial\sqrt{G}}{\partial r} = 1$이므로 $\bar{f}(\theta) = 0$, $\bar{g}(\theta) = a$이다. 따라서 제1기본형식은

$$ds^2 = dr^2 + a^2\sinh^2\frac{r}{a}d\theta^2$$

이다. 한편, 가우스곡률이 음수인 곡면의 예를 들어보자.

평면곡선 위의 임의의 점 P에서 접선이 정직선과 만나는 점을 T라 할 때, $\overline{PT}$의 길이가 일정한 곡선을 **호곡선** 또는 **추적선(tractrix)**이라 하고, 이때의 정직선을 그의 **점근선(asymptotic line)**이라 한다. 이 점근선을 x-축으로 잡고, 이 점근선과 직교하는 적당한 직선을 y-축으로 잡으면, 호곡선의 방정식은

$$x = a(\log\tan(\frac{t}{2}) + \cos t), y = a\sin t$$

이다. 단, a는 선분 $\overline{PT}$의 길이이고, t는 벡터 $\overrightarrow{PT}$가 x-축의 양의 방향과 이루는 각이다. 이 방정식은 다음과 같이 구한다. 점 P의 좌표를 (x,y)라고 놓으면, $\overline{PT} = a$이므로

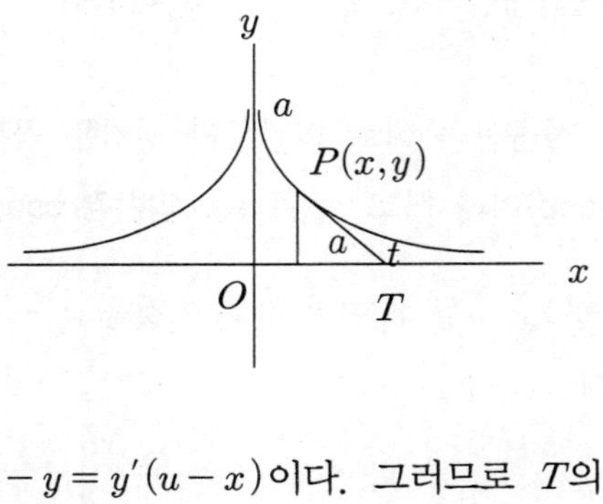

접선 PT의 방정식은 $v - y = y'(u - x)$이다. 그러므로 T의 좌표는 $(x - \frac{y}{y'}, 0)$이다. 따라서 $(\frac{y}{y'})^2 + y^2 = a^2$이다. 즉,

$$\left|\frac{y}{y'}\right| = \pm\sqrt{a^2 - y^2}, \quad \frac{\sqrt{a^2 - y^2}}{y} = \pm\frac{dx}{dy}$$

이다. 이때,

$$\int \frac{\sqrt{a^2-y^2}}{y}dy = \pm \int \frac{dx}{dy}dy = c \pm x$$

이다. $y = a\sin t$라 놓으면,

$$\int \frac{\sqrt{a^2-y^2}}{y}dy = \int \frac{a\cos t}{a\sin t} \cdot a\cos t dt = a\int (\mathrm{cosec}t - \sin t)dt$$
$$= a[\log \mid \mathrm{cosec}t - \cot t \mid + \cos t]$$
$$= a[\log\tan\frac{t}{2} + \cos t]$$

$$\mathrm{cosec}t - \cot t = \frac{1}{\sin t} - \frac{\cos t}{\sin t} = \frac{1-\cos t}{\sin t} = \frac{2\sin^2\frac{t}{2}}{2\sin\frac{t}{2}\cos\frac{t}{2}} = \tan\frac{t}{2}$$

이므로 $a[\log\tan\frac{t}{2} + \cos t] = c \pm x$를 얻는다.

$t = \frac{\pi}{2}$일 때, $x = 0$이라고 하면, $c = 0$이므로 구하는 방정식은

$$x = a[\log\tan\frac{t}{2} + \cos t], y = a\sin t, \ 0 < t < \pi$$

이다. t 대신에 $\pi - t$를 대입하면, x의 부호가 바뀐다.

[의구면] 호곡선을 그의 점근선 둘레로 회전하여 생기는 곡면을 **의구면**(pseudo-sphere) 또는 **나팔곡면**(bugle surface)이라 하고 상수 a는 **의반경**(pseodo-radius)이라 한다.

호곡선의 방정식에서 x를 x_3, y를 x_1이라 하고 이것을 x_3-축(점근선) 둘레로 회전하여 생기는 의구면은 다음과 같다.

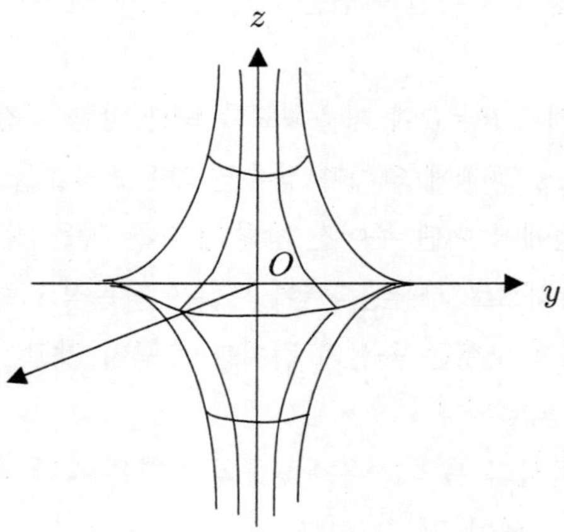

[의구면]

$$\mathrm{x} = \mathrm{x}(t,\theta) = (a\sin t\cos\theta, a\sin t\sin\theta, a(\log\tan\frac{t}{2} + \cos t)),\ 0 < t < \pi, 0 \leqq \theta \leqq 2\pi.$$

$$\begin{aligned} \mathrm{x}_t &= (a\cos t\cos\theta, a\cos t\sin\theta, a(\frac{1}{2}\cot\frac{t}{2}\sec^2\frac{t}{2} - \sin t)) \\ &= (a\cos t\cos\theta, a\cos t\sin\theta, a(\operatorname{cosec} t - \sin t)) \\ \mathrm{x}_\theta &= (-a\sin t\sin\theta, a\sin t\cos\theta, 0) \end{aligned}$$

$$E = a^2(\cos^2 t + \operatorname{cosec}^2 t + \sin^2 t - 2) = a^2(\operatorname{cosec}^2 t - 1) = a^2\cot^2 t$$

$$F = 0,\ G = a^2\sin^2 t$$

이므로 제1기본형식은 $ds^2 = a^2\cot^2 dt^2 + a^2\sin^2 t d\theta^2$ 이다. 한편, $u = \int a\cot t dt$ 라 놓으면, $du = a\cot t dt$ 이다. $u = \int a\cot t dt = a\log\sin t$, 즉, $\sin t = e^{u/a}, -\infty < u \leqq 0$ 이므로 제1기본형식은 $ds^2 = du^2 + a^2 e^{2u/a} d\theta^2$ 이다. $\sqrt{G} = (a^2 e^{2u/a})^{1/2} = ae^{u/a}$ 이므로 가우스곡률은

$$K = -\frac{1}{\sqrt{G}}\frac{\partial^2\sqrt{G}}{\partial u^2} = -\frac{1}{a^2}$$

이다. 따라서 의구면의 가우스곡률은 음수이다. 그러므로 다음의 정리를 얻는다.

▸정리 8.5 가우스곡률이 음수인 곡면은 의구면 위에 전개가능하다.

측지적 좌표집합 위에서 $\theta=0$에 대응하도록 택한 방향은 전적으로 임의라는 사실을 유의하여라. 따라서 Minding 정리에 의하여 상수인 가우스곡률을 갖는 곡면 위의 서로 다른 두 점의 근방은 어느 한 점에서 어떤 주어진 방향이 다른 점을 지나는 어떤 선택된 방향에 대응될 수 있도록 서로 등장적으로 사상된다. 이 사실은 직관적으로 상수인 가우스곡률을 갖는 곡면 위에서의 한 기하학적 모형은 곡선의 길이를 바꾸지 않고 자유롭게 평행이동과 회전이동이 될 수 있다는 것은 의미한다.

상수의 양의 가우스곡률과 음의 가우스곡률의 곡면은 각각 타원적 비유클리드 기하와 쌍곡적 비유클리드 기하의 모델이 될 수 있다.

평면기하학($K=0$), 타원기하학($K>0$), 쌍곡기하학($K<0$)에 있어서 중요한 차이점은 "평행선"의 공리에 있다. 평행선의 공리는 유클리드 기하학에서는 "주어진 직선 위에 있지 않는 한 점을 지나는 주어진 직선과 평행한 직선은 오직 하나 있다."는 것을 말하고, 타원기하학(구면)에서는 "주어진 직선(대원) 위에 있지 않는 한 점을 지나는 주어진 직선과 평행한 직선을 존재하지 않는다."이고, 쌍곡기하학에서는 "주어진 직선(대원) 위에 있지 않는 한 점을 지나는 주어진 직선과 평행한 직선은 무수히 많이 존재한다."는 것이다.

예제 8.6 쌍곡평면

2차원 좌표다양체로서 xy-평면 안에 반지름이 2인 원의 내부 $\mathrm{x}(r,\theta)$를 생각해 보자. 그리고 원점에서 극좌표계 (r,θ)에 관하여 계량텐서를 다음과 같이 정의하자.

$$g_{11}=E=\frac{1}{(1-r^2/4)^2}=E(r)$$

$$g_{12}=g_{21}=F=0$$

$$g_{22}=G=\frac{r^2}{(1-r^2/4)^2}=G(r).$$

이때 가우스곡률은 다음과 같다.

$$K=-\frac{1}{\sqrt{EG}}\left[\frac{\partial}{\partial u}\left(\frac{1}{\sqrt{E}}\frac{\partial\sqrt{G}}{\partial u}\right)+\frac{\partial}{\partial v}\left(\frac{1}{\sqrt{G}}\frac{\partial\sqrt{E}}{\partial v}\right)\right],\ u=r, v=\theta$$

$$=-\frac{1}{\sqrt{EG}}\frac{\partial}{\partial u}\left(\frac{1}{\sqrt{E}}\frac{\partial\sqrt{G}}{\partial u}\right)=-1.$$

왜냐하면, $\sqrt{G}=r\sqrt{E}$, $\dfrac{\partial\sqrt{G}}{\partial r}=\sqrt{E}+r\dfrac{\partial\sqrt{E}}{\partial r}$ 이므로,

$$\begin{aligned}\frac{1}{\sqrt{E}}\frac{\partial\sqrt{G}}{\partial r}&=1+\frac{r}{\sqrt{E}}\frac{\partial\sqrt{E}}{\partial r}\\&=1+r(1-r^2/4)\cdot\left(\frac{r}{2}\cdot\frac{1}{(1-r^2/4)^2}\right)\\&=1+\frac{1}{2}\cdot\frac{r^2}{1-r^2/4}\end{aligned}$$

$$\frac{\partial}{\partial r}\left(\frac{1}{\sqrt{E}}\frac{\partial\sqrt{G}}{\partial r}\right)=\frac{1}{2}\cdot\frac{2r(1-r^2/4)+r^2\cdot\frac{1}{2}r}{(1-r^2/4)^2}=\frac{r}{(1-r^2/4)^2}=\sqrt{EG}$$

이기 때문이다.

이러한 상수 가우스곡률 $K=-1$을 갖는 곡면을 **쌍곡평면**(hyperbolic plane)이라 한다.

$G_r\mid_{r=0}=0$이므로 정리 4.6에 의하여 r-곡선, 즉, 원점을 지나는 유클리드 직선은 쌍곡평면의 측지선이고,

$$\theta=\pm\int\frac{C\sqrt{E}}{\sqrt{G}\sqrt{G-C^2}}dr=\pm\int\frac{C(1-r^2/4)}{r\sqrt{r^2-C^2(1-r^2/4)^2}}dr,\quad C=(\text{상수})$$

일 때, $\mathrm{x}(r)=\mathrm{x}(r,\theta(r))$은 쌍곡평면의 측지선이다. $a=\dfrac{C}{\sqrt{1+C^2}}$에 대하여 $u=\dfrac{a(1+r^2/4)}{r}$로 놓으면,

$$1-u^2=\frac{r^2-C^2(1-r^2/4)^2}{r^2(1+C^2)}$$

$$du=-\frac{a(1-r^2/4)}{r^2}dr=-\frac{C(1-r^2/4)}{\sqrt{1+C^2}\,r^2}dr$$

$$\theta=\pm\int\frac{C(1-r^2/4)}{r\sqrt{r^2-C^2(1-r^2/4)^2}}dr=\mp\int\frac{1}{\sqrt{1-u^2}}du$$

이다. 이를 적분하면, 다음을 얻는다.

$$\theta - \theta_0 = \cos^{-1} u,\ u = \frac{a(1+r^2/4)}{r} = \cos(\theta - \theta_0),$$

$$2ar_0(1+r^2/4) = 2r_0 r\cos(\theta - \theta_0).$$

$r_0 = \dfrac{2}{a}$, $\rho^2 = r_0^2 - 4$로 놓으면, 다음을 얻는다.

$$\begin{aligned} r^2 + r_0^2 - 2r_0 r\cos(\theta - \theta_0) &= r^2 + r_0^2 - 2ar_0(1+r^2/4) \\ &= r^2 + r_0^2 - 4(1+r^2/4) = r_0^2 - 4 = \rho^2. \end{aligned}$$

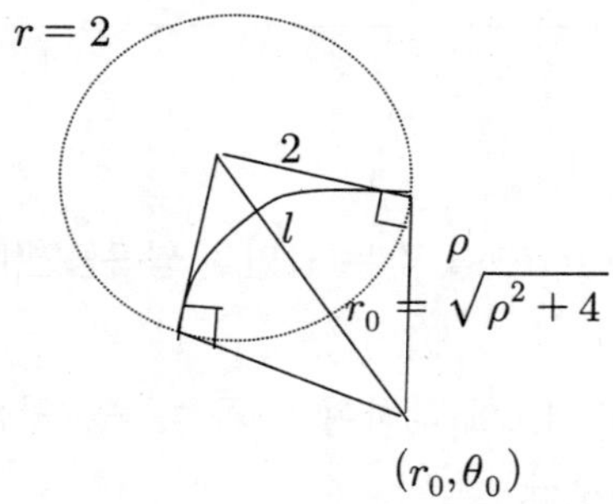

(a)

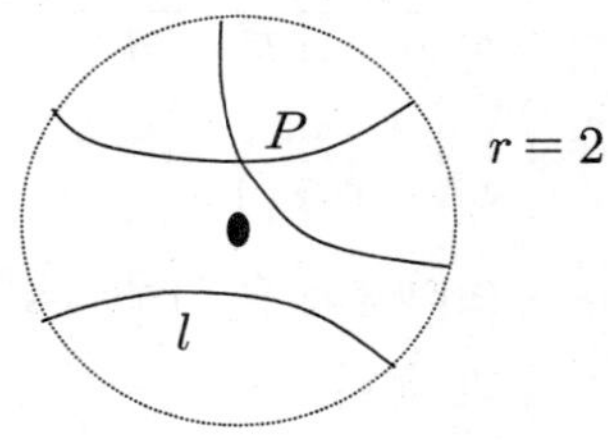

(b)

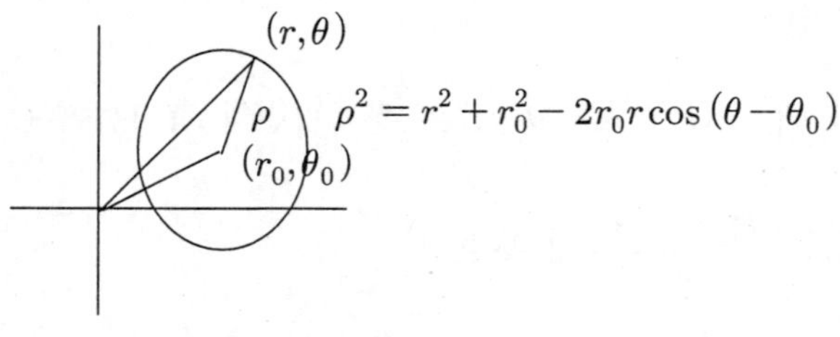

이것은 그림 (a)에서 보는 것처럼 중심이 (r_0, θ_0)이고 반지름이 ρ인 원을 극좌표로 나타낸 방정식이다. 곡선 $\mathrm{x}(r) = \mathrm{x}(r, \theta(r))$의 경로 l은 $\rho^2 = r_0^2 - 4$인 유클리드 원임을 알 수 있고, $r_0^2 = \rho^2 + 4 > 4$이므로 중심은 경계 $r = 2$의 바깥에 있고 원 $r = 2$와 수직으로 만난다. 따라서 쌍곡평면의 직선(측지선)은 원점을 지나는 직선과 원 $r = 2$와 수직으로 만나는 원이다.

그림 (b)에서 보는 것처럼, 쌍곡평면의 측지선은 내부에 "원점을 지나는 모든 유클리드 직선과 그의 가장자리에서 직교하는 모든 유클리드 원"과 같은 모양으로 직선 l 위에 있지 않는 점 P를 지나고 l에 평행한 직선은 무수히 많다. 이 사실은 기원전 300년 경 유클리드에 의하여 정립된 평면에 놓여 있는 직선에 관한 공리 중 다섯 번째의 평행선의 공리에 정면으로 배치된다. 그것은 쌍곡평면과 유클리드 평면이 전혀 다르기 때문이다. 평행선의 공리는 점 P가 직선(측지선) l 위에 놓여 있지 않으면, 점 P를 지나고 직선 l과 만나지 않는 직선은 오직 하나밖에 없다는 것이다. 그런데 여러 세기를 거치면서 이 공리는 다른 공리에 비해 다소 분명하지 않음을 알게 되었다. 따라서 18세기 초에 사케리(G. Sacceheri) 등이 다른 공리들로부터 평행선의 공리를 유도해 내기 위한 시도를 하기 시작하였다. 쌍곡평면은 이러한 시도가 이루어질 수 없다는 분명한 증거를 보여주고 있다. "직선" 대신에 "측지선"의 경로로 바꾸면, 쌍곡평면 위에서 다른 모든 유클리드 공리는 성립하지만, 평행선의 공리가 성립하지 않는다. 예를 들어, 주어진 두 점을 지나는 측지선은 오직 하나밖에 없다는 사실은 분명하다. 그러나 쌍곡평면에서는 점 P를 지나고 직선(측지선) l과 만나지 않는 측지선을 무수히 많다. 따라서 평행선의 공리가 성립하는 것은 유클리드 평면이 절대적이라는 사실을 알게 되었다. 그래서 유클리드 평면은 리만에 의하여 발견된 무수히 많은 곡면들 중의 하나에 불과하다는 사실이 된 것이다. 이러한 이유로 드디어 19세기 초에 로바체프스키(N.I. Lobachevskii)나 볼야이(J. Bolyai), 리만(B. Riemann) 등에 의하여 비유클리드 기하학인 쌍곡기하학(Hyperbolic geometry)과 타원기하학(Elliptic geometry)이 탄생하게 된 것이다.

9. 가우스-보네의 정리

[조르당 호] 유한개의 C^m-급 정칙호 $C_i(i=1,2,...,n)$ 들로 연결되어 있는 곡선 C를 C^m-급**조르당 호**(Jordan arc)라고 한다.

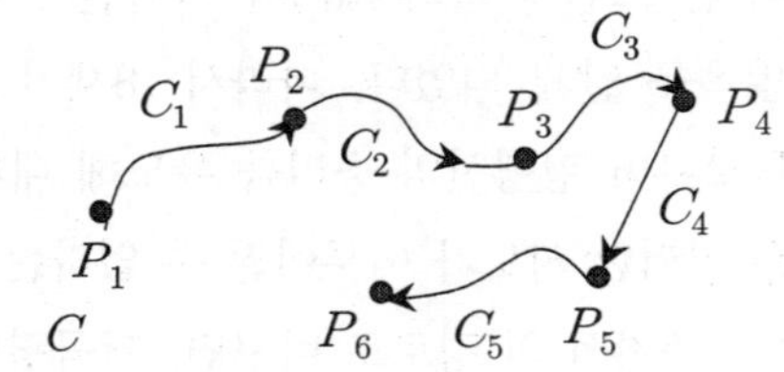

[조르당 호 C]

위의 그림의 조르당 호 C에 대하여 점 P_1은 **출발점**(initial point)이라 하고, P_6는 **종점**(terminal point)이라고 한다.

출발점과 종점이 일치하는 조르당 호 C는 **폐곡선**(closed curve)이라고 한다. 출발점과 종점 이외에서는 만나지 않는 폐곡선은 **단일폐곡선**(simple closed curve) 또는 **곡선다각형**(curvilinear polygon)이라고 한다. 곡선다각형의 정칙성분을 그 다각형의 **변**(edge)이라 하고, 두 변이 연결되는 점을 곡선다각형의 **꼭짓점**(vertex)이라고 한다.

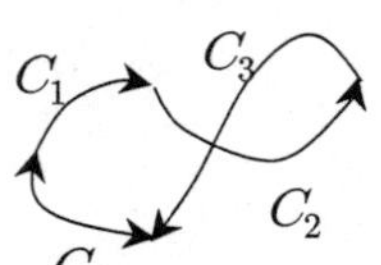

[폐곡선]

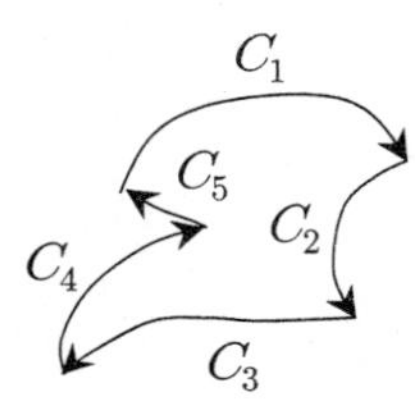

[단일폐곡선]

[단일연결영역] $D(\subset \mathbb{R}^2)$는 공집합이 아닌 열린집합이고, D 안의 모든 폐곡선이 연속적으로 한 점에 축약될 수 있을 때, D를 **단일연결영역**(simply connected domain)이라고 한다.

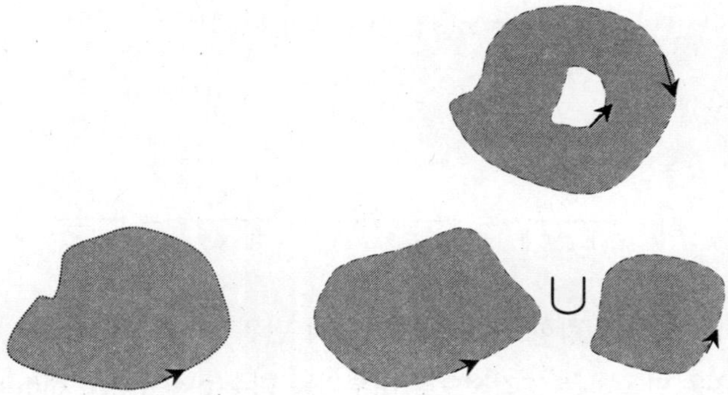

[단일연결영역]　　　　　　[단일연결영역이 아니다.]

정리 9.1 **(조르당의 곡선정리)** 만일 C는 단일폐곡선이면, 곡선 C의 내부 D는 유계인 단일연결영역이고, C는 D의 경계이다.

정리 9.2 **(그린 정리)** $P(u,v)$와 $Q(u,v)$가 단일폐곡선 C와 그의 내부 D를 포함하는 평면의 열린집합 U에서 미분가능한 함수라 하고, $R=D\bigcup C$이라 하자. 이때 C는 양의 방향을 갖는다고 하자. 즉, C를 따라 걸어갈 때, 영역 D가 C의 왼쪽에 있도록 C에 방향을 주자. 그러면 다음이 성립한다.

$$\oint_C P(u,v)du + Q(u,v)dv = \int\int_R \left(\frac{\partial Q}{\partial u} - \frac{\partial P}{\partial v}\right)dudv.$$

지금 $\mathrm{x}=\mathrm{x}(u,v)$는 열린집합 U에서 정의된 곡면 S 안의 좌표조각사상이라 하자. 분명히 곡선 $C: \mathrm{x}=\mathrm{x}(t)=\mathrm{x}(u(t),v(t))$가 좌표조각사상 위에서의 단일폐곡선이기 위한 필요충분조건은 $u=u(t), v=v(t)$는 U에서 단일폐곡선이다. 만일 C가 좌표조각사상 위의 한 단일폐곡선이면, $\mathrm{x}=\mathrm{x}(u,v)$ 위에서 C의 내부 W는 $u=u(t), v=v(t)$의 내부의 상으로 정의한다. 또한, 단일폐곡선 $u=u(t)$, $v=v(t)$가 매개변수평면에서 양의 방향을 가질 때, C는 좌표조각사상 위에서 양의 방향을 갖는다고 말한다. 끝으로, 좌표조각사상 위에서 C의 내부 W가 그 좌표조각사상의 단일연결집합이기 위한 필요충분조건은 단일폐곡선 $u=u(t)$, $v=v(t)$의 내부가 U에 포함되는 것이다.

지금 C^3-급곡면 S 안의 좌표조각사상 $\mathrm{x}=\mathrm{x}(u,v)$에 대하여 매개변수곡선이 서로 수직, 즉, $F=\mathrm{x}_u \cdot \mathrm{x}_v=0$이고, $\mathrm{x}=\mathrm{x}(u,v)$ 위에서 양의 방향을 갖는 C^2-급의 단일폐곡선 C의 내부가 단일연결영역이며 C의 자연표현은

$$x = x(s) = x(u(s), v(s))$$

이라 가정하자. 또한

$$g_1 = \frac{x_u}{\| x_u \|} = \frac{x_u}{\sqrt{E}} \text{와 } g_2 = \frac{x_v}{\| x_v \|} = \frac{x_v}{\sqrt{G}}$$

는 각각 u-곡선과 v-곡선의 방향으로 C를 따라서 단위벡터라 하고, $\theta(s)$는 C를 따라서 단위접선벡터 t가 다음을 만족하는 **조각적으로 미분가능 함수**(piecewise differentiable function)라고 하자.

$$t = (\cos\theta)g_1 + (\sin\theta)g_2.$$

여기서 $\theta(s)$는 C의 각 꼭짓점 P_i에서는 각(angle) $\alpha_i(-\pi < \alpha_i < \pi)$만큼의 도약(jump)을 갖는다. 이때, 각 α_i를 P_i에서 C의 **외각**(exterior angle)이라 한다.

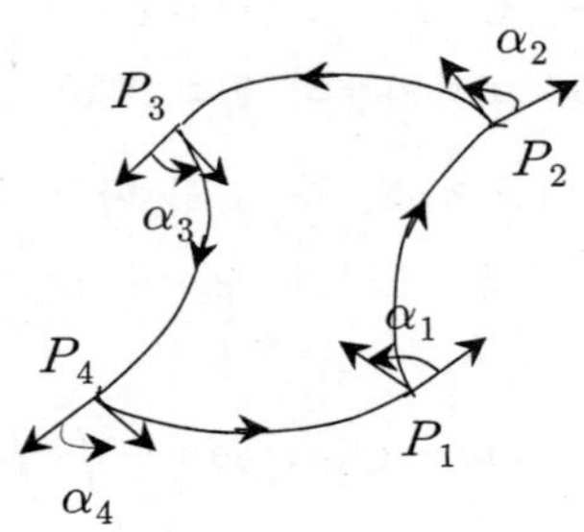

▶정리 9.3 (Liouville's formula) C^3-급곡면 S 안의 C^2-급 좌표조각사상 $x = x(u,v)$의 u-곡선과 v-곡선이 서로 수직이라 하고,

$$C: x = x(s) = x(u(s), v(s))$$

는 좌표조각사상 $x = x(u,v)$ 위에서의 자연표현 곡선이라 하자. $g_1 = \frac{x_u}{\| x_u \|}$, $g_2 = \frac{x_v}{\| x_v \|}$는 매개변수곡선 방향의 단위접선벡터라 하고, t가 C를 따라 단위접선벡터일 때, $\theta = \theta(s)$는 다음을 만족하는 함수라고 하자.

$$t = \dot{x} = (\cos\theta)g_1 + (\sin\theta)g_2$$

일 때, 만일 κ_{g_1}과 κ_{g_2}는 각각 u-곡선과 v-곡선의 측지적 곡률이면, C의 측지적 곡률은 다음과 같다.

$$\kappa_g = \frac{d\theta}{ds} + \kappa_{g_1}\cos\theta + \kappa_{g_2}\sin\theta$$

증명 $\| \mathrm{g}_1 \| = \| \mathrm{g}_2 \| = 1$이고, $\mathrm{g}_1 \cdot \mathrm{g}_2 = 0$이므로,

$$\cos\theta = \mathrm{t} \cdot \mathrm{g}_1, \sin\theta = \mathrm{t} \cdot \mathrm{g}_2$$

이다. $\mathrm{t} = \dot{\mathrm{x}} = \mathrm{x}_u \frac{du}{ds} + \mathrm{x}_v \frac{dv}{ds}$이므로, $\cos\theta = \| \mathrm{x}_u \| \frac{du}{ds}$이고 $\sin\theta = \| \mathrm{x}_v \| \frac{dv}{ds}$이다. s_1과 s_2는 각각 u-곡선과 v-곡선의 호장이라고 하자. 그러면 $\frac{ds_1}{du} = \| \mathrm{x}_u \|$이고, $\frac{ds_2}{dv} = \| \mathrm{x}_v \|$이다. C를 따라 g_1과 g_2를 미분하면, 다음을 얻는다.

$$\begin{aligned}\frac{d\mathrm{g}_1}{ds} &= \frac{\partial \mathrm{g}_1}{\partial u}\frac{du}{ds} + \frac{d\mathrm{g}_1}{dv}\frac{dv}{ds} \\ &= \frac{\partial \mathrm{g}_1}{\partial s_1}\frac{ds_1}{du}\frac{du}{ds} + \frac{d\mathrm{g}_1}{ds_2}\frac{ds_2}{dv}\frac{dv}{ds} \\ &= \frac{d\mathrm{g}_1}{ds_1}\cos\theta + \frac{d\mathrm{g}_1}{ds_2}\sin\theta\end{aligned}$$

$$\begin{aligned}\frac{d\mathrm{g}_2}{ds} &= \frac{\partial \mathrm{g}_2}{\partial u}\frac{du}{ds} + \frac{d\mathrm{g}_2}{dv}\frac{dv}{ds} \\ &= \frac{\partial \mathrm{g}_2}{\partial s_1}\frac{ds_1}{du}\frac{du}{ds} + \frac{d\mathrm{g}_2}{ds_2}\frac{ds_2}{dv}\frac{dv}{ds} \\ &= \frac{d\mathrm{g}_2}{ds_1}\cos\theta + \frac{d\mathrm{g}_2}{ds_2}\sin\theta \quad .\end{aligned}$$

C를 따라 t를 미분하고 위의 식을 대입하면, 다음을 얻는다.

$$\mathrm{k} = \dot{\mathrm{t}} = (\cos\theta)\frac{d\mathrm{g}_1}{ds} - (\sin\theta)\frac{d\theta}{ds}\mathrm{g}_1 + (\sin\theta)\frac{d\mathrm{g}_2}{ds} + (\cos\theta)\frac{d\theta}{ds}\mathrm{g}_2$$

$$= (\cos^2\theta)\frac{dg_1}{ds} + (\cos\theta\sin\theta)(\frac{dg_1}{ds_2} + \frac{dg_2}{ds_1}) + (\sin^2\theta)\frac{dg_2}{ds_2} + U\frac{d\theta}{ds}$$

여기서 $U = -(\sin\theta)g_1 + (\cos\theta)g_2$이다.

$$g_1 \cdot \frac{dg_1}{ds_1} = g_1 \cdot \frac{dg_1}{ds_2} = g_2 \cdot \frac{dg_2}{ds_1} = g_2 \cdot \frac{dg_2}{ds_2} = 0$$

이고 $\kappa_g = k \cdot U$이므로, 다음을 얻는다.

$$\begin{aligned}\kappa_g &= k \cdot U = k \cdot (-(\sin\theta)g_1 + (\cos\theta)g_2) \\ &= (g_2 \cdot \frac{dg_1}{ds_1})\cos^3\theta + (g_2 \cdot \frac{dg_1}{ds_2})\cos^2\theta\sin\theta \\ &\quad - (g_1 \cdot \frac{dg_2}{ds_1})\sin^2\theta\cos\theta - (g_1 \cdot \frac{dg_2}{ds_2})\sin^3\theta + \frac{d\theta}{ds}\end{aligned}$$

u-곡선을 따라 측지적 곡률은 정의에 의하여 $\kappa_{g_1} = g_2 \cdot \frac{dg_1}{ds_1}$이고, v-곡선을 따라 측지적 곡률은 정의에 의하여 $\kappa_{g_2} = -g_1 \cdot \frac{dg_2}{ds_2}$임을 쉽게 알 수 있다. 또한, $g_1 \cdot g_2 = 0$이므로, $\kappa_{g_1} = -g_1 \cdot \frac{dg_2}{ds_1}$이고, $\kappa_{g_2} = \frac{dg_1}{ds_2} \cdot g_2$이다. 따라서 다음을 얻는다.

$$\begin{aligned}\kappa_g &= \frac{d\theta}{ds} + \kappa_{g_1}\cos^3\theta + \kappa_{g_2}\cos^2\theta\sin\theta + \kappa_{g_1}\sin^2\theta\cos\theta + \kappa_{g_2}\sin^3\theta \\ &= \frac{d\theta}{ds} + \kappa_{g_1}\cos\theta + \kappa_{g_2}\sin\theta.\end{aligned}$$

κ_{g_1}과 κ_{g_2}는 각각 u-곡선과 v-곡선의 측지적 곡률이라 하자. 그러면 C의 각 변을 따라서 측지적 곡률은 정리 9.3에 의하여 다음과 같다.

$$\kappa_g = \frac{d\theta}{ds} + \kappa_{g_1}\cos\theta + \kappa_{g_2}\sin\theta.$$

이때,

$$\cos\theta = \mathrm{t}\cdot\frac{\mathrm{x}_u}{\sqrt{E}} = (\mathrm{x}_u\frac{du}{ds}+\mathrm{x}_v\frac{dv}{ds})\cdot\frac{\mathrm{x}_u}{\sqrt{E}} = \sqrt{E}\frac{du}{ds}$$

$$\sin\theta = \mathrm{t}\cdot\frac{\mathrm{x}_v}{\sqrt{G}} = (\mathrm{x}_u\frac{du}{ds}+\mathrm{x}_v\frac{dv}{ds})\cdot\frac{\mathrm{x}_v}{\sqrt{G}} = \sqrt{G}\frac{dv}{ds}$$

$$\kappa_{g_1} = -\frac{G_v}{2E\sqrt{G}},\ \kappa_{g_2} = \frac{G_u}{2G\sqrt{E}}$$

이므로 그린 정리에 의하여 다음을 얻는다.

$$\begin{aligned}
\int_C \kappa_g ds &= \int_C \frac{d\theta}{ds}ds + \int_C (\kappa_{g_1}\cos\theta + \kappa_{g_2}\sin\theta)ds \\
&= \int_C \frac{d\theta}{ds}ds + \int_C (\kappa_{g_1}\sqrt{E}\frac{du}{ds} + \kappa_{g_2}\sqrt{G}\frac{dv}{ds})ds \\
&= \int_C d\theta + \int_C \kappa_{g_1}\sqrt{E}du + \kappa_{g_2}\sqrt{G}dv \\
&= \int_C d\theta + \iint_{R'} [(\kappa_{g_2}\sqrt{G})_u - (\kappa_{g_1}\sqrt{E})_v]dudv \\
&= \int_C d\theta + \iint_{R'} [(-\frac{G_u}{2\sqrt{EG}})_u - (\frac{E_v}{2\sqrt{EG}})_v]dudv \\
&= \int_C d\theta - \iint_{R'} \frac{1}{\sqrt{EG}}[(\frac{G_u}{2\sqrt{EG}})_u + (\frac{E_v}{2\sqrt{EG}})_v]\sqrt{EG}dudv \\
&= \int_C d\theta - \iint_{R'} K\sqrt{EG}dudv \\
&= \int_C d\theta - \iint_R KdS.
\end{aligned}$$

단, 여기서 R'는 uv-평면에서 곡선 $\begin{cases} u = u(s) \\ v = v(s)\end{cases}$의 내부와 경계를 포함하는 영역이고 R은 단일폐곡선 C와 그의 내부를 포함하는 곡면 S 위에서의 영역이다. 그리고 K는 가우스곡률이다. 한편, C는 단일폐곡선이므로, C의 둘레에서 θ의 총 변화각은 2π이다. 그러므로 $\int d\theta + \sum_{i=1}^{n}\alpha_i = 2\pi$이다. 따라서 다음 정리를 얻는다.

▸정리 9.4 (Gauss–Bonnet formula) C^3-급곡면 S 안의 좌표조각사상 $\mathrm{x} = \mathrm{x}(u,v)$에 대하여 매개변수곡선들은 서로 수직, 즉, $F = \mathrm{x}_u \cdot \mathrm{x}_v = 0$이고, $\mathrm{x} = \mathrm{x}(u,v)$ 위에서 양의 방향을 갖는 C^2-급단일폐곡선 C의 내부가 단일연결영역이며 C의 자

연표현은 $\mathrm{x} = \mathrm{x}(s) = \mathrm{x}(u(s), v(s))$이라 하자. 그러면 다음이 성립한다.

$$\int_C \kappa_g ds + \iint_R KdS = 2\pi - \sum_{i=1}^{n} \alpha_i$$

단, κ_g는 C를 따라서 측지적 곡률이고, R은 C와 그의 내부를 포함하는 영역이며, K는 가우스곡률, α_i는 C의 외각, $dS = \sqrt{EG}\,dudv$는 곡면 S의 면적소이다.

예제 9.5 C는 세 개의 측지선으로 이루어진 **측지적 삼각형(geodegic triangle)**이라고 하자. C 위에서 $\kappa_g = 0$이므로 가우스-보네의 공식에 의하여 다음을 알 수 있다.

$$\iint_R KdS = 2\pi - \sum_{i=1}^{3} \alpha_i$$

만일 $\beta_i = \pi - \alpha_i (i = 1,2,3)$는 측지적 삼각형의 내각이라 하면,

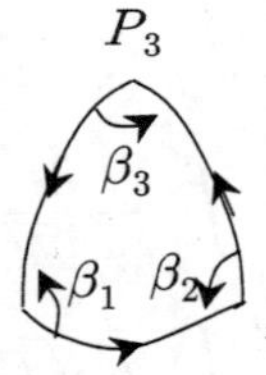

[측지적 삼각형]

다음을 얻는다.

$$\iint_R KdS = \sum_{i=1}^{n} \beta_i - \pi.$$

특히, 반지름이 a인 구면의 가우스 곡률은 $K = \frac{1}{a^2}$이므로, 구면 위의 측지적 삼각형의 내각의 합은 $180°$ 보다 크다는 것을 알 수 있다. 즉,

$$\sum_{i=1}^{3} \beta_i = \pi + \frac{A}{a^2} > \pi$$

단, A는 측지적 삼각형의 넓이이다.

만일 $K=-\dfrac{1}{a^2}$ (의구)이면, $\displaystyle\sum_{i=1}^{3}\beta_i=\pi-\frac{A}{a^2}$ 이다. 따라서 의구면 위의 측지적 삼각형의 내각의 합은 180° 보다 작다.

만일 $K=0$ (평면)이면, $\displaystyle\sum_{i=1}^{3}\beta_i=\pi$ 이다. 따라서 평면 위의 측지적 삼각형의 내각의 합은 180° 이다.

지금 가향긴밀곡면(orientable compact surface) S가 $S=\bigcup_{i\in I}R_i$ 이고, 각 R_i는 그의 내부 W_i를 갖는 단일폐곡선 C_i들로 이루어져 있을 때, S가 긴밀집합이므로, $S=\bigcup_{i=1}^{n}R_i$ 인 유한개의 영역 $R_i(i=1,2,\ldots,n)$가 존재한다. 이때, 만일 R_i 중에서 어느 두 개가 연결되어 있다면, 하나의 공통변을 갖거나 혹은 공통 꼭짓점에서 만난다. 이러한 덮개 $\{R_i\}_{i=1}^{n}$ 을 S의 **다각형분해(polygonal decomposition)**라 한다.

S의 다각형분해 $\{R_i\}_{i=1}^{n}$ 에 대하여 각 $R_i(i=1,2,\ldots,n)$ 에는 양의 방향이 주어졌다면, 공통변을 갖는 어느 두 개는 서로 방향이 반대인 양의 방향을 갖는다.

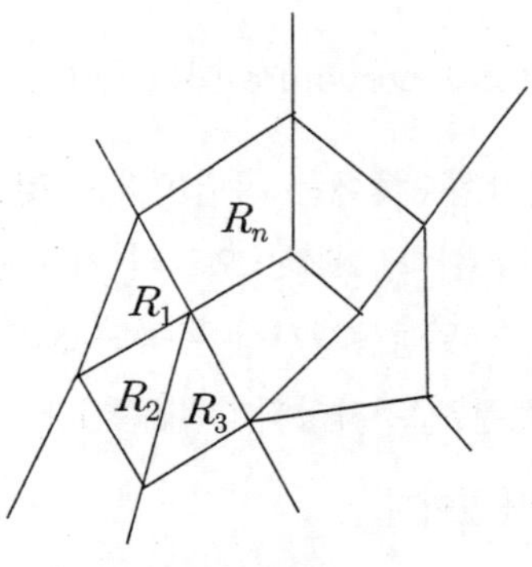

[다각형분해]

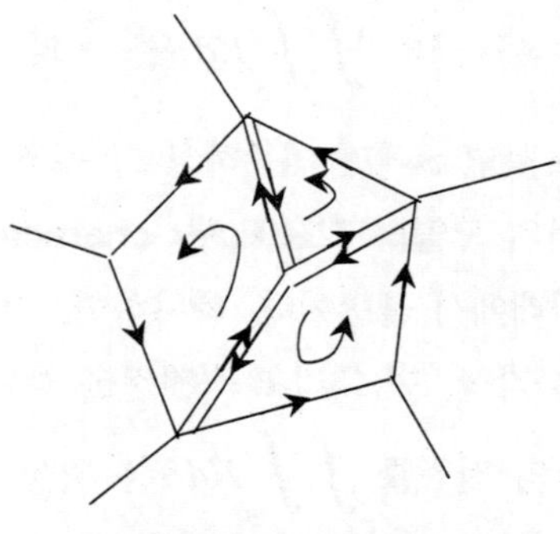

[양의 방향을 갖는 다각형분해]

S의 다각형분해 $\{R_i\}_{i=1}^{n}$ 의 각 단일폐곡선 C_i에 가우스-보네의 공식을 적용하면, 다음을 알 수 있다.

$$\int_{C_i}\kappa_g ds+\iint_{R_i}KdS=2\pi-k_i\pi+\sum_j\beta_{ij}.$$

단, k_i는 C_i의 변의 수이고 $\beta_{ij}=\pi-\alpha_{ij}$는 꼭짓점에서의 내각(interior angle)이다. 더욱이,

위의 방정식은 모든 단일폐곡선 C_i에 대하여 성립한다고 가정하자. 한편, $\sum_{i=1}^{n}\int_{C_i}\kappa_g ds$은 모든 변에서 서로 반대방향으로 두 번씩 더한 것이다. 따라서

$$\sum_{i=1}^{n}\int_{C_i}\kappa_g ds = 0$$

임을 알 수 있다. 그러므로

$$\int\int_S KdS = 2\pi\sum_{i=1}^{n}1 - \pi\sum_{i=1}^{n}k_i + \sum_{i=1}^{n}\sum_j \beta_{ij}$$

이다. 따라서 S의 다각형분해 $\{R_i\}_{i=1}^{n}$에 대하여 변의 수가 e일 때 $\sum_{i=1}^{n}k_i = 2e$이고, 꼭짓점의 수가 v일 때, $\sum_{i=1}^{n}\sum_j \beta_{ij} = 2\pi v$이므로 면의 수 $f=n$에 대하여

$$\int\int_S KdS = 2\pi(f-e+v) = 2\pi\chi(S)$$

를 얻는다. 이 적분 $\int\int_S KdS$를 S의 **전곡률(total curvature)**이라 한다. 정수 $\chi(S) = v-e+f$는 곡면 S에만 의존하고 그 곡면 S의 다각형분해에는 독립이라는 것을 알 수 있다. 이것을 곡면의 **오일러 지표(Euler characteristic)**라 한다. 또한, 오일러 지표는 곡면의 위상동형사상 아래에서 불변이다. 왜냐하면, 직관적으로, 위상동형사상은 곡면 S의 다각형분해를 같은 수의 다각형, 변 그리고 꼭짓점을 갖는 다각형분해로 사상하기 때문이다. 그러므로 가향긴밀곡면 S의 전곡률 $\int\int_S KdS$는 위상적으로 불변이다.

▶정리 9.6 **(가우스-보네의 정리)** C^3-급가향긴밀곡면 S에 대하여 다음이 성립한다.

$$\int\int_S KdS = 2\pi\chi(S)$$

단, K는 S의 가우스곡률이고, $\chi(S)$는 S의 오일러 지표이다.

예제 9.7 (a) 1개의 면, 1개의 변, 2개의 꼭짓점으로 이루어진 구면 S의 다각형분해에 대

하여 $\chi(S) = 1 - 1 + 2 = 2$이므로 구면의 전곡률은 4π이다.

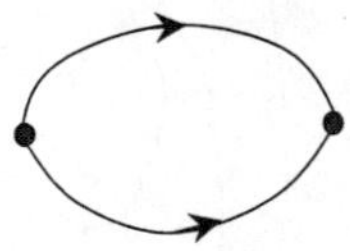

[화살표 방향을 따라 붙인 구면의 다각형분해]

(b) 4개의 면, 8개의 변, 4개의 꼭짓점으로 이루어진 원환면 S의 다각형분해에 대하여 $\chi(S) = 4 - 8 + 4 = 0$이므로 원환면의 전곡률은 0이다.

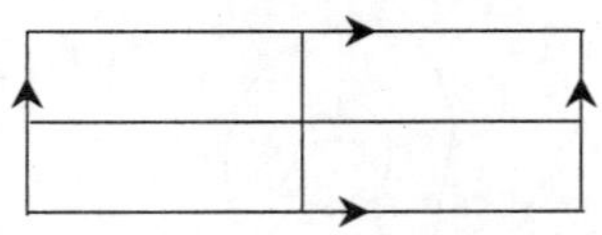

[화살표 방향을 따라 붙인 원환면의 다각형분해]

(c) 원환면은 손잡이가 한 개 달린 구면의 예이다.

손잡이가 하나인 구면에 한 단일폐곡선을 따라서 원환면을 붙이면 손잡이가 두 개인 구면을 얻는다. 이때, 얻어진 곡면의 다각형분해는 양쪽 곡면의 면의 수를 2만큼, 변의 수는 한 면의 변의 수만큼, 꼭짓점의 수는 한 면의 꼭짓점의 수만큼 줄어듦을 알 수 있다. 다각형의 변과 꼭짓점의 수는 같으므로 두 개의 손잡이를 가진 구면의 오일러 지표는 -2이다.

일반적으로 $(p-1)$개의 손잡이를 가진 곡면에 1개의 손잡이를 붙인 곡면의 오일러 지표는 원래 곡면의 오일러 지표보다 2가 작다. 따라서 p개의 손잡이를 가진 곡면의 오일러 지표는 $\chi = 2(1-p)$이다.

▶정리 9.8 만일 C^3-급가향긴밀곡면 S가 p개의 손잡이를 가지면, 다음이 성립한다.

$$\chi(S) = 2(1-p)$$

손잡이 수 p를 곡면 S의 **기하학적 종수**(geometric genus)라고 한다.

예제 9.9 다음 곡면 S의 전곡률을 구하여라.

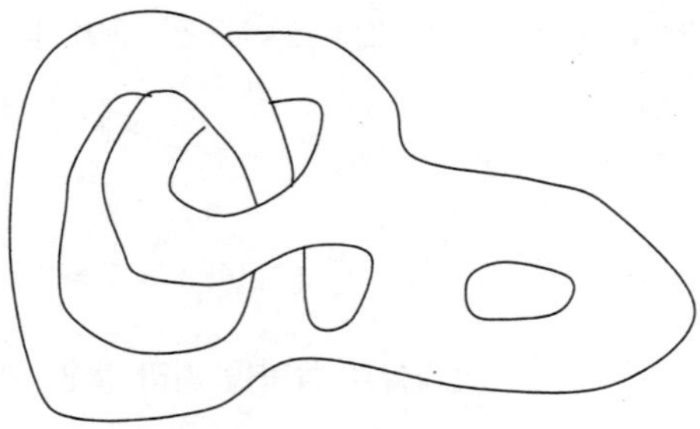

풀이 위의 곡면은 다음 같은 손잡이가 세 개인 구면과 위상적으로 동형이다.

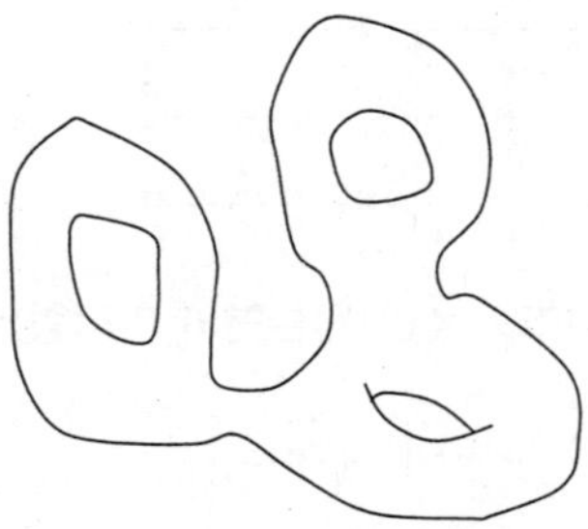

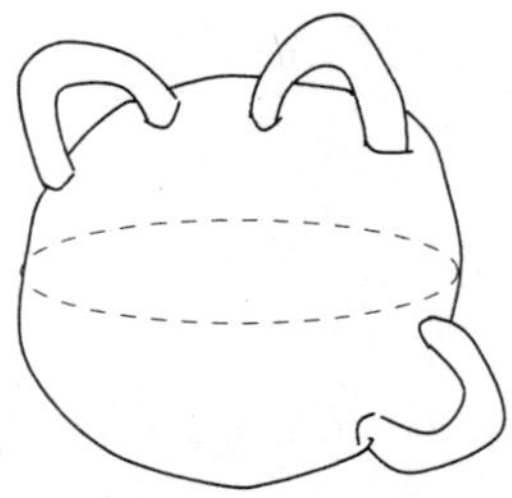

정리 9.8로부터 $\chi(S)=-4$임을 알 수 있다. 그러므로 가우스-보네의 정리에 의하여 주어진 곡면의 전곡률은 $2\pi\chi(S)=-8\pi$이다.

다음의 정리는 가우스-보네의 정리에 대한 보다 일반적인 경우이다.

▸정리 9.10 C는 가향곡면 안의 조각적으로 정칙곡선이라 하자. 만일 R은 C에 의하여 둘러싸인 영역이면, 다음이 성립한다.

$$\int\int_R KdS+\int_C \kappa_g ds+\sum_i(\pi-\beta_i)=2\pi\chi(R).$$

단, β_i는 C의 내각이고, $\chi(R)$은 R을 다각형으로 분해했을 때, R의 오일러 지표이다.

10. 야코비의 정리

다음의 정리는 1842년 야코비(C.G.J. Jacobi)(1804–1851)에 의하여 밝혀진 대역적 미분기하학의 정리로서 가우스–보네의 공식을 이용하여 증명할 수 있다. 한편, 만일 C가 양곡률의 단위속력 공간곡선이면, n이 C에 수직일 때, C의 법구면상 σ는 $\sigma(s)=\mathrm{n}(s)$에 의하여 주어지는 단위구면 S^2 위의 곡선이다. $\dot{\mathrm{n}}=-\kappa\mathrm{r}+\tau\mathrm{b}\neq 0$이므로 $\sigma(s)$는 정칙곡선이다.

정리 10.1 **(야코비의 정리)** C는 양곡률을 갖는 단위속력 닫힌공간곡선이라 하자. 법구면상 $\sigma(s)$는 단순곡선이라 하자. 그러면 이 곡선은 단위구면을 넓이가 같은 두 개의 영역으로 나눈다.

증명 t는 σ의 호장이고, σ는 S^2 위의 곡선으로 간주할 때, $\overline{\kappa}_g$는 σ의 측지적 곡률이라 하자. R은 σ에 의하여 둘러싸인 유계인 영역이라 하자. 가우스–보네의 정리를 이용하여 R의 넓이가 2π인 것을 보이자. 단위구면의 겉넓이는 4π이다. 먼저 $\overline{\kappa}_g$를 구해보자.

$$\overline{\kappa}_g=\frac{d}{ds}(\tan^{-1}\frac{\tau}{\kappa})\frac{ds}{dt}$$

이다. 왜냐하면, t는 σ의 호장이므로 C에 관한 프레네의 방정식으로부터

$$\frac{d\sigma}{dt}=\frac{d\mathrm{n}}{dt}=(-\kappa\mathrm{t}+\tau\mathrm{b})\frac{ds}{dt}$$

이다. 이것은 단위법선벡터이므로 $\dfrac{ds}{dt}=\dfrac{1}{\sqrt{\kappa^2+\tau^2}}$이다. 또한,

$$\begin{aligned}\frac{d^2\mathrm{n}}{dt^2}&=\frac{d^2s}{dt^2}(-\kappa\mathrm{t}+\tau\mathrm{b})+(\frac{ds}{dt})^2[-\dot{\kappa}\mathrm{t}+\dot{\tau}\mathrm{b}-(\kappa^2+\tau^2)\mathrm{n}]\\&=\frac{d^2s}{dt^2}\frac{dt}{ds}\frac{d\mathrm{n}}{dt}+(\frac{ds}{dt})^2[-\dot{\kappa}\mathrm{t}+\dot{\tau}\mathrm{b}-(\kappa^2+\tau^2)\mathrm{n}]\end{aligned}$$

이다. 지금 점 P에서 S^2의 법선벡터는 P이다. 따라서 $\sigma(t)$에서 S^2의 법선벡터는 $\mathrm{n}(t)$이므로 σ의 본질적인 법선벡터는 $\mathrm{n}\times\dfrac{d\mathrm{n}}{dt}$이다. $\overline{\kappa}_g=\mathrm{u}\cdot\dfrac{d^2\mathrm{n}}{dt^2}$(단,

$u = N \times t$)이므로

$$\bar{\kappa}_g = (n \times \frac{dn}{dt}) \cdot \frac{d^2n}{dt^2} = n \cdot (\frac{dn}{dt} \times \frac{d^2n}{dt^2})$$

$$= n \cdot [\frac{dn}{dt} \times (\frac{ds}{dt})^2(-\dot{\kappa}t + \dot{\tau}b - (\kappa^2+\tau^2)n]$$

$$= (\frac{ds}{dt})^2[n \cdot (-\kappa t + \tau b) \times (-\dot{\kappa}t + \dot{\tau}b - (\kappa^2+\tau^2)n]$$

$$= (\frac{ds}{dt})^2(-\tau\dot{\kappa} + \kappa\dot{\tau})$$

$$= \frac{ds}{dt}(\frac{\dot{\tau}\kappa - \dot{\kappa}\tau}{\tau^2+\kappa^2}) = \frac{ds}{dt}\frac{d}{ds}(\tan^{-1}\frac{\tau}{\kappa})$$

이다. C는 닫힌곡선이므로 이 식을 적분하면,

$$\int_\sigma \bar{\kappa}_g dt = \int_\sigma \frac{d}{ds}(\tan^{-1}\frac{\tau}{\kappa})\frac{ds}{dt} = \int_C \frac{d}{ds}(\tan^{-1}\frac{\tau}{\kappa})ds = 0$$

이다. 따라서 가우스-보네의 공식에 의하여

$$\int\int_R dS = \int\int_R KdS = 2\pi - \int_\sigma \bar{\kappa}_g dt = 2\pi$$

이다. (반지름이 $a=1$인 구면의 가우스곡률은 $K = \frac{1}{a^2} = 1$임을 유의하자.) 그러므로 R의 넓이는 2π이고, 곡선 σ는 단위구면 S^2를 넓이가 같은 두 영역으로 나눈다.

문제 7.1 f는 곡면 S에서 곡면 S^*로의 국소등장사상이라 하자. S 위의 두 점 P, Q에 대하여 본질적 거리는 $d(P,Q) = d(f(P), f(Q))$임을 보여라.

문제 7.2 $y = y(s,v) = x(s) + vt(s), v > 0$는 변곡점이 없는 자연표현곡선 $x = x(s)$의 접선곡면의 한 분지(branch)라고 하자. 접선곡면 위의 각 점의 근방은 평면의 부분집합 위로 등장적으로 사상됨을 보여라.

문제 7.3 정칙미분가능사상 $f: S \to S^*$가 **등각사상**(conformal mapping)이라는 것은 S

위의 모든 좌표조각사상 $\mathrm{x} = \mathrm{x}(u,v)$에 대하여 E, F, G와 E^*, F^*, G^*가 각각 $\mathrm{x} = \mathrm{x}(u,v)$와 $\mathrm{x}^* = \mathrm{f}(\mathrm{x}(u,v))$의 제1기본계수일 때, 모든 (u,v)에 대하여

$$E = \lambda E^*, F = \lambda F^*, G = \lambda G^*$$

를 만족하는 함수 $\lambda(u,v) > 0$가 존재할 때를 말한다. 등각사상은 서로 만나는 유향곡선의 사잇각을 보존함을 보여라. 두 유향곡선 $\mathrm{x} = \mathrm{x}(t)$와 $\mathrm{y} = \mathrm{y}(\tau)$가 서로 만날 때, 그 사잇각은 만나는 점에서 그들의 접선들의 사잇각을 의미한다.

문제 7.4 두 곡면 S, S^*가 **작용할 수 있다(applicable)**는 것은 S에서 $\mathbb{R}^3$로의 연속사상족 $\{\mathrm{f}_\lambda\}_{\lambda \in [0.1]}$이 존재하여 다음을 만족할 때를 말한다.

(i) $\mathrm{f}_0(S) = S$

(ii) $\mathrm{f}_1(S) = S^*$

(iii) 모든 λ에 대하여 f_λ는 S에서 $\mathrm{f}_\lambda(S)$ 위로의 등장사상이다.

직관적으로 두 곡면 S, S^*가 작용할 수 있다는 것은 S가 연속적이면서 등장적으로 S^* 위로 굽혀질 수 있을 때를 말한다. 이러한 연속등장사상족 아래에서 불변인 곡면의 성질을 **굴곡불변(bending invariant)**이라 한다. 만일 S와 S^*가 작용할 수 있다면, 분명히 그들은 등장적이다. 그러나 그 역은 일반적으로 성립하지 않는다.

곡선의 접선곡면의 분지(branch) 위의 모든 점의 근방은 평면 위에 굽힐 수 있음을 보여라.

문제 7.5 원뿔면

$$\mathrm{x} = \mathrm{x}(u,\theta) = (u\sin\alpha\cos\theta, u\sin\alpha\sin\theta, u\cos\alpha),$$

$$\alpha = (\text{상수}), 0 < \alpha < \frac{\pi}{2}, u > 0$$

위에서 측지선의 방정식을 풀어서 측지선을 결정하여라.

문제 7.6 U와 V는 각각 u와 v만의 함수일 때, 만일 좌표조각사상 $\mathrm{x} = \mathrm{x}(u,v)$의 제1기본계수는 $E = G = U + V, F = 0$이면, $\mathrm{x} = \mathrm{x}(u,v)$는 **리우빌(Liouville)의 좌표**

조각사상이라 한다. 만일 $\mathrm{x}=\mathrm{x}(s)=\mathrm{x}(u(s),v(s))$는 리우빌의 좌표조각사상 위의 측지선의 자연표현이면,

$$U\sin^2\theta - V\cos^2\theta = C, C=(\text{상수})$$

임을 보여라. 단, θ는 측지선과 u-곡선의 사잇각이다. 즉, $\theta = \angle(\mathrm{t},\mathrm{x}_u)$.

문제 7.7 R은 충분히 높은 급의 곡면 위의 한 좌표조각사상 $\mathrm{x}=\mathrm{x}(u,v)$ 위의 영역이라 하자. R에서의 단위법선벡터 N들의 출발점을 $\mathbb{R}^3$의 원점으로 평행이동시키자. 그러면 N의 종점들은 단위구면 위의 집합 R'을 만든다. R이 점 P로 줄어들 때, R의 넓이에 대한 R'의 넓이의 비는 점 P에서의 가우스곡률 K에 가까워짐을 보여라.

문제 7.8 선직면이 **가전면(developable surface)**이라는 것은 각 모선을 따라서 접평면이 일정할 때를 말한다. 만일 단위속력곡선 $\mathrm{y}=\mathrm{y}(s)$는 선직면의 기저곡선이면, 선직면

$$\mathrm{x}=\mathrm{x}(s,v)=\mathrm{y}(s)+v\mathrm{g}(s),\ \|\mathrm{g}(s)\|=1$$

이 가전면이기 위한 필요충분조건은 $|\dot{\mathrm{y}}\mathrm{g}\dot{\mathrm{g}}|=0$임을 보여라.

문제 7.9 선직면 $\mathrm{x}=\mathrm{x}(s,v)=\mathrm{y}(s)+v\mathrm{g}(s),\ \|\mathrm{g}(s)\|=1,\ a<s<b$는 가전면이라 하자. 이때, 구간 (a,b)는 선직면이 평면, 기둥면, 뿔면 또는 곡선의 접선곡면이 되는 부분구간 (s_{i-1},s_i)들로 나누어질 수 있음을 보여라.

문제 7.10 평탄점을 갖지 않는 충분히 높은 급의 곡면이 가우스곡률 $K=0$을 갖기 위한 필요충분조건은 곡면 위의 모든 점의 근방은 가전면임을 보여라.

> **주의** 정리 8.2에 의하여 평탄점을 갖지 않는 충분히 높은 급의 곡면 위의 모든 점의 근방이 평면 위로 등장적으로 사상되기 위한 필요충분조건은 그 곡면 위의 모든 점의 근방은 가전면인 것이다.

문제 7.11 타원면의 전곡률을 구하여라.

문제 7.12 반지름이 1인 구면 $\mathrm{x} = (\sin\phi\cos\theta, \sin\phi\sin\theta, \cos\phi)$ 위에 변

$$C_1' : \theta = t, \phi = \frac{\pi}{4}, 0 \leqq t \leqq \frac{\pi}{2};\ C_2' : \theta = \frac{\pi}{2}, \phi = t, \frac{\pi}{4} \leqq t \leqq \frac{\pi}{2}$$

$$C_3' : \theta = \frac{\pi}{2} - t, \phi = \frac{\pi}{2}, 0 \leqq t \leqq \frac{\pi}{2};\ C_4' : \theta = 0, \phi = \frac{\pi}{2} - t, 0 \leqq t \leqq \frac{\pi}{4}$$

을 갖는 다각형의 상에 대한 가우스-보네의 공식의 모든 항을 직접 결정하여라.

$$\int_C \kappa_g ds + \int\int_R K dS = 2\pi - \sum_i \alpha_i.$$

문제 7.13 만일 곡면 위의 각 점의 근방에서 상수각으로 만나는 두 개의 측지선족이 존재하면, 그 곡면은 가우스곡률 $K = 0$을 가짐을 보여라.

문제 7.14 가우스곡률이 $K < 0$인 곡면 위의 측지선이 단일연결영역의 경계일 때, 측지선은 중복점을 가질 수 없고, 두 개의 측지선은 두 개 이상의 교점을 가질 수도 없음을 보여라.

문제 7.15 만일 S는 긴밀곡면이고, f는 곡면 S에서 곡면 S^* 위로의 정칙미분가능사상이면, S^*도 긴밀곡면임을 보여라.

문제 7.16 방정식 $d\theta = \dfrac{Cadr}{r\sqrt{r^2 - C^2}\sqrt{a^2 - (r-b)^2}}$의 해는 원환면

$$\mathrm{x} = \mathrm{x}(\phi, \theta) = ((b + a\sin\phi)\cos\theta, (b + a\sin\phi)\sin\theta, a\cos\phi)$$

위의 측지선임을 보여라. 단, $r = b + a\sin\phi$이다.

문제 7.17 리우빌곡면 위의 측지선은

$$\int (U - C)^{-1/2} du \pm \int (V + C)^{-1/2} dv = (\text{상수}),\ C = (\text{상수})$$

로 주어짐을 보여라.

7장 본질적 기하학

문제 7.18 $u = C_1\cos(\frac{v}{a}) + C_2\sin(\frac{v}{a})$와 $f(v) = \int\sqrt{1-(\frac{du}{dv})^2}\,dv$일 때, 회전면

$$\mathrm{x} = (u\cos\theta, u\sin\theta, f(v))$$

은 모든 C_1, C_2에 대하여 가우스곡률이 $K = \frac{1}{a^2}$인 곡면임을 보여라.

문제 7.19 $u = C_1 e^{v/a} + C_2 e^{-v/a}$와 $f(v) = \int\sqrt{1-(\frac{du}{dv})^2}\,dv$일 때, 회전면

$$\mathrm{x} = (u\cos\theta, u\sin\theta, f(v))$$

은 모든 C_1, C_2에 대하여 가우스곡률이 $K = -\frac{1}{a^2}$인 곡면임을 보여라.

문제 7.20 $\mathrm{x} = (2\tan(\frac{r}{2})\cos\theta, 2\tan(\frac{r}{2})\sin\theta, 0)$는 쌍곡평면의 원점에서 측지적 극좌표집합임을 보여라.

문제 7.21 곡면 위의 곡선이 측지선이기 위한 필요충분조건은 그 곡선의 주법선이 곡면과 수직임을 보여라.

문제 7.22 구면 위의 대원은 측지선임을 보여라.

문제 7.23 만일 곡면 위의 측지선이 곡률선이면, 그 곡률선은 평면곡선이고, 역으로, 만일 곡면 위의 측지선이 평면곡선이면, 그 평면곡선은 직선임을 보여라.

문제 7.24 측지적 극좌표에서 제1기본형식을 이용하여 $\theta-$곡선(측지적 원)의 측지적 곡률은 $\kappa_g = \frac{1}{\sqrt{G}}\frac{\partial\sqrt{G}}{\partial r}$임을 보여라.

문제 7.25 $\mathrm{x} = \mathrm{y}(s)$는 변곡점이 없는 자연표현곡선 C라고 하자. n이 C의 단위주법선벡터일 때, 선직면 $\mathrm{x} = \mathrm{y}(s) + v\mathrm{n}(s)$가 가전면이기 위한 필요충분조건은 $\mathrm{x} = \mathrm{y}(s)$가 평면곡선임을 보여라.

문제 7.26 가향곡면 S 위의 한 곡선 $\mathrm{x}=\mathrm{y}(s)$가 S 위에서 곡률선이기 위한 필요충분조건은 선직면 $\mathrm{x}=\mathrm{y}(s)+v\mathrm{N}(s)$가 가전면임을 보여라. 단, N은 S 위의 단위법선벡터이다.

문제 7.27 만일 곡면 S의 가우스곡률이 $K=$(상수)$\neq 0$이면, 측지적 다각형의 넓이는 그의 내각에 의하여 결정됨을 보여라.

문제 7.28 S는 가우스곡률이 $K<0$인 곡면이라 하자. P_1, P_2, P_3, P_4는 단일연결영역인 측지적 사각형 $P_1P_2P_3P_4$의 꼭짓점이고, 두 대변 P_1P_2와 P_3P_4의 길이는 서로 같으며, 제3의 변 P_2P_3과 직교한다고 하자. 이때, P_1과 P_4의 내각은 예각임을 보여라.

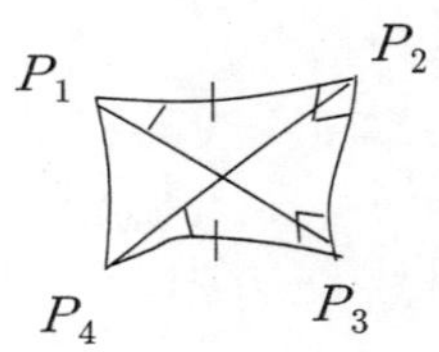

문제 7.29 $\mathrm{x}=\mathrm{x}(u,v)$는 u가 측지선의 자연매개변수인 측지적 좌표집합이라 하자. 이때, 만일 $C: \mathrm{x}=\mathrm{x}(s)=\mathrm{x}(u(s),v(s))$가 좌표조각사상 위의 자연표현 측지선이고, g_1과 g_2는 각각 u-곡선과 v-곡선 방향으로의 단위접선벡터이고,

$$\mathrm{t}=(\cos\theta)\mathrm{g}_1+(\sin\theta)\mathrm{g}_2$$

는 C의 단위접선벡터이면, C를 따라서

$$\frac{d\theta}{ds}+\frac{\partial\sqrt{G}}{\partial u}\frac{dv}{ds}=0$$

임을 보여라.

해답

제1장

문제 1.1 $\cos\theta = \cos^2\frac{\theta}{2} - \sin^2\frac{\theta}{2} = (\cos^2\frac{\theta}{4} - \sin^2\frac{\theta}{4})^2 - (2\sin\frac{\theta}{4}\cos\frac{\theta}{4})^2$

$$= \cos^4\frac{\theta}{4} - 6\cos^2\frac{\theta}{4}\sin^2\frac{\theta}{4} + \sin^4\frac{\theta}{4}$$

$$= \frac{1}{(1+t^2)^2} - \frac{6t^2}{(1+t^2)^2} + \frac{t^4}{(1+t^2)^2} = \frac{t^4-6t^2+1}{(1+t^2)^2},$$

$$\sin\theta = 2\sin\frac{\theta}{2}\cos\frac{\theta}{2} = 4\sin\frac{\theta}{4}\cos\frac{\theta}{4}[\cos^2\frac{\theta}{4} - \sin^2\frac{\theta}{4}]$$

$$= \frac{4t}{(1+t^2)^2} - \frac{4t^3}{(1+t^2)^2} = \frac{4t(1-t^2)}{(1+t^2)^2}$$

이므로

$$\mathrm{x}(\theta) = \mathrm{x}(4\tan^{-1}(t)) = \left(\frac{a(t^4-6t^2+1)}{(1+t^2)^2}, \frac{4at(1-t^2)}{(1+t^2)^2}\right), -1 \leqq t \leqq 1.$$

문제 1.2 점 A는 원 C의 중심이라 하고, θ는 $\overrightarrow{OA}$와 x-축이 이루는 각이라 하자.

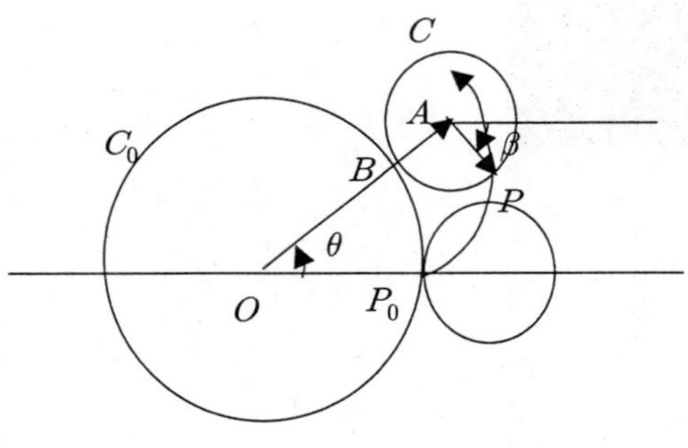

그러면 $\overrightarrow{OA} = ((r+r_0)\cos\theta, (r+r_0)\sin\theta)$이다. $\overrightarrow{AP}$와 x-축과 이루는 각을 β라 하면, $\angle OAP - \beta + \theta = \pi$이다. $\widehat{BP_0} = r_0\theta = r\angle OAP$이므로 $\angle OAP = \frac{r_0}{r}\theta$이다. 따라서

$$\beta = \frac{r_0+r}{r}\theta - \pi$$

이다. $\overrightarrow{AP} = (r\cos\beta, r\sin\beta)$이므로

$$\overrightarrow{AP} = (r\cos(\frac{r_0+r}{r}\theta-\pi), r\sin(\frac{r_0+r}{r}\theta-\pi))$$
$$= (-r\cos(\frac{r_0+r}{r}\theta), -r\sin(\frac{r_0+r}{r}\theta))$$

이다. 따라서 외파선의 매개변수표현은 다음과 같다.

$$\mathrm{x} = \overrightarrow{OP} = \overrightarrow{OA} + \overrightarrow{AP}$$
$$= ((r_0+r)\cos\theta - r\cos(\frac{r_0+r}{r}\theta), (r_0+r)\sin\theta - r\sin(\frac{r_0+r}{r}\theta)).$$

문제 1.3 $\mathrm{x}'(\theta) = (-4\sin\theta + 4\sin 4\theta, 4\cos\theta - 4\cos 4\theta) = (0,0)$ 일 때, $\sin\theta = \sin 4\theta, \cos\theta = \cos 4\theta$ 이다.

$\sin\theta = \sin 4\theta$를 만족하는 θ는 $4\theta = \theta + 2n\pi$ 또는 $4\theta = -\theta + (2n+1)\pi$, $n \in \mathbb{Z}$ 이다. 즉, $\theta = \frac{2n\pi}{3}$ 또는 $\theta = \frac{(2n+1)\pi}{5}$ 이다.

$\cos\theta = \cos 4\theta$를 만족하는 θ는 $4\theta = \theta + 2n\pi$ 또는 $4\theta = -\theta + 2n\pi$, $n \in \mathbb{Z}$ 이다. 즉, $\theta = \frac{2n\pi}{3}$ 또는 $\theta = \frac{2n\pi}{5}$ 이다. 그러므로 $\mathrm{x}'(\theta) = (0,0)$ 이기 위한 필요충분조건은 $\theta = \frac{2n\pi}{3}, n \in \mathbb{Z}$ 이다. 고정된 원과 바깥 원의 원주의 길이는 각각 $6\pi, 2\pi$ 이므로, $3\theta = 2\pi$ 이다. 그러므로 이 곡선의 주기는 $\frac{2\pi}{3}$ 이다. 따라서 이 외파선의 그래프는 다음과 같다.

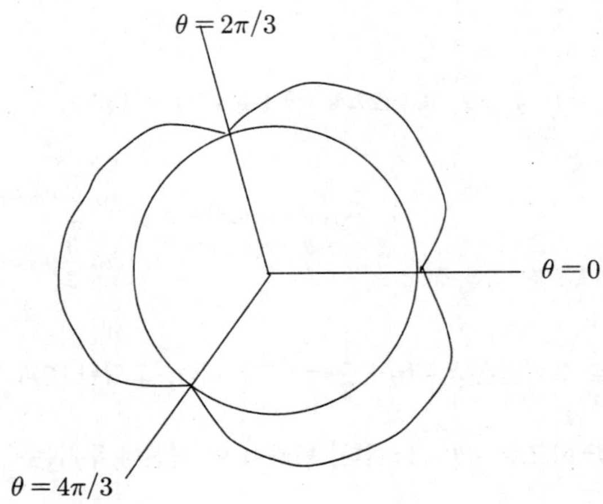

문제 1.4 점 A는 원 C의 중심이라 하고, θ는 $\overrightarrow{OA}$와 x-축이 이루는 각이라 하자.

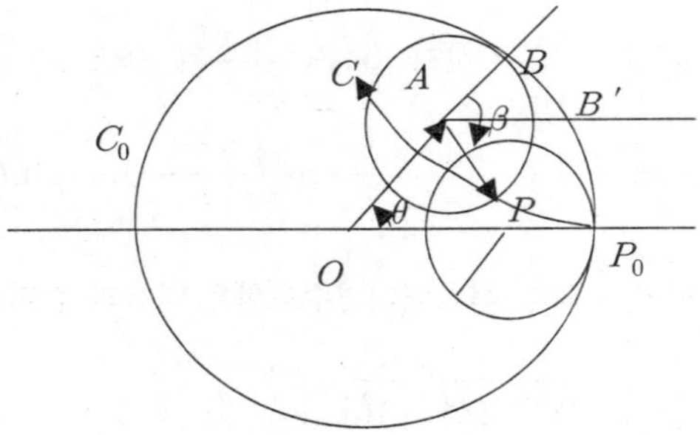

그러면 $\overrightarrow{OA}=((r_0-r)\cos\theta,(r_0-r)\sin\theta)$이다. $\overrightarrow{OA}$와 $\overrightarrow{AP}$가 이루는 각을 β라 하면, $\varphi=\angle B'OP=\beta-\theta$이다. $\widehat{BP_0}=r_0\theta=\widehat{BP}=r\beta$이므로 $\beta=\frac{r_0}{r}\theta$이다. 따라서

$$\varphi=\frac{r_0}{r}\theta-\theta=\frac{r_0-r}{r}\theta$$

이다. $\overrightarrow{AP}=(r\cos\varphi,r\sin\varphi)$이므로

$$\overrightarrow{AP}=\left(r\cos\left(\frac{r_0-r}{r}\theta\right),r\sin\left(\frac{r_0-r}{r}\theta\right)\right)$$

이다. 따라서 내파선의 매개변수표현은 다음과 같다.

$$\begin{aligned}\mathrm{x}&=\overrightarrow{OP}=\overrightarrow{OA}+\overrightarrow{AP}\\&=\left((r_0-r)\cos\theta+r\cos\left(\frac{r_0-r}{r}\theta\right),(r_0-r)\sin\theta+r\sin\left(\frac{r_0-r}{r}\theta\right)\right).\end{aligned}$$

문제 1.5 $\mathrm{x}'(\theta)=(-4\sin\theta-4\sin2\theta,4\cos\theta+4\cos2\theta)=(0,0)$.

$$\begin{cases}\sin\theta+\sin2\theta=0\\\cos\theta+\cos2\theta=0\end{cases},\quad\begin{cases}\sin\frac{3}{2}\theta\cos\theta=0\\\cos\frac{3}{2}\theta\cos\theta=0\end{cases}$$

이므로 특이점은 $\theta=(n+\frac{1}{2})\pi,n\in\mathbb{Z}$이다. 고정된 원과 안쪽 원의 원주의 길이는 각각 $12\pi,4\pi$이므로, $6\theta=4\pi$이다. 따라서 이 곡선의 주기는 $\frac{2}{3}\pi$이다. 그러므로 내파선의 그래프는 다음과 같다.

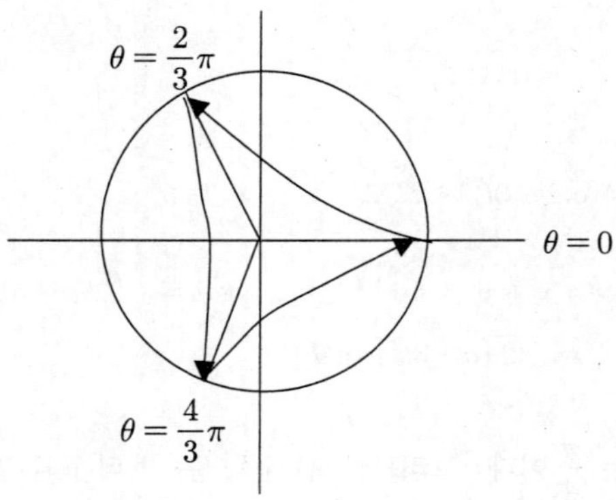
$\theta = \frac{2}{3}\pi$
$\theta = 0$
$\theta = \frac{4}{3}\pi$

제 2 장

문제 2.1 접선벡터는 $\mathrm{x}' = (a, 2bt, 3t^2)$ 이므로

$$\begin{aligned} a+3t^2 &= \mathrm{x}' \cdot \mathrm{a} = \| \mathrm{x}' \| \, \| \mathrm{a} \| \cos\theta = \sqrt{2}\,(a^2+4b^2t^2+9t^4)^{1/2}\cos\theta \\ &= \sqrt{2}\,(a+3t^2)\cos\theta \end{aligned}$$

이다. 따라서 $\theta = \dfrac{\pi}{4}$ 이다. 그러므로 접선벡터는 벡터 a와 일정한 각 $\dfrac{\pi}{4}$ 를 이룬다.

문제 2.2 $\mathrm{x} = \mathrm{x}(s) = (x_1(s), x_2(s), x_3(s))$ 는 기둥나선 C의 자연표현이라 하자. 원점이 기둥나선 위에 있고 e_3는 기둥나선의 축과 평행이라고 가정하자. 그러면 $\mathrm{t} = \dot{\mathrm{x}}$ 는 $\mathrm{x} = \mathrm{x}(s)$ 의 단위 접선벡터이다. 그러므로

$$\cos\alpha = \cos(\angle(\mathrm{t}, \mathrm{e}_3)) = \mathrm{t} \cdot \mathrm{e}_3 = \dot{\mathrm{x}} \cdot \mathrm{e}_3 = \dot{x}_3$$

이다. 이를 적분하면,

$$x_3 = s\cos\alpha + c$$

를 얻는다. 만일 $\alpha \neq \dfrac{\pi}{2}$ 이면, $s^* = s + \dfrac{c}{\cos\alpha}$ 로 놓자. 그러면, $x_3 = s^*\cos\alpha$ 이다. 그러므로

$$\mathrm{x} = \left(x_1\left(s^* - \frac{c}{\cos\alpha}\right), x_2\left(s^* - \frac{c}{\cos\alpha}\right), s^*\cos\alpha\right)$$

인 모양의 자연표현을 얻는다. 왜냐하면,

$$\left\| \frac{d\mathrm{x}}{ds^*} \right\| = \left\| \frac{d\mathrm{x}}{ds}\frac{ds}{ds^*} \right\| = \left\| \frac{d\mathrm{x}}{ds} \right\| = \| \mathrm{t} \| = 1$$

이기 때문이다.

만일 $\alpha = \dfrac{\pi}{2}$ 이면, $x_3 = c$ 이다. 원점이 일반나선 위에 있으므로 $x_3 = c = 0$ 이다. 이때 $s^* = s$ 로 놓자. 그러면 이 경우의 기둥나선은

$$\mathrm{x} = (x_1(s), x_2(s), 0) = (x_1(s^*), x_2(s^*), 0)$$

인 모양의 자연표현이다.

문제 2.3 $x = x(s)$는 기둥나선의 자연표현이라 하고, u는 기둥나선의 축의 단위벡터라고 하자. $x(s)$를 벡터 u 위에 정사영시키면, 그 정사영벡터는

$$\frac{(u \cdot x)}{\| u \|^2} u = (u \cdot x) u$$

이다. 그러므로

$$x^* = x(s) - (u \cdot x(s)) u$$

이다.

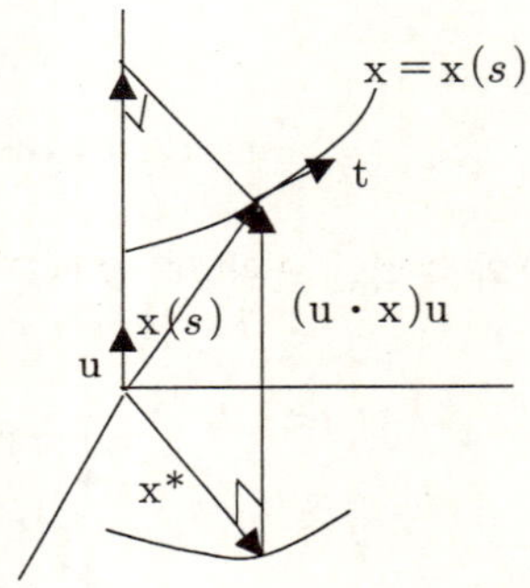

이때, 일반적으로 s는 $x^* = x^*(s)$의 자연매개변수가 아님을 유의하자. $\alpha = \angle(t, u)$이므로 $u \cdot t = \cos\alpha$이다. $x^* = x^*(s)$를 미분하면, 다음을 얻는다.

$$\frac{dx^*}{ds} = t - (u \cdot t) u = t - (\cos\alpha) u.$$

그러므로

$$\begin{aligned} \| \frac{dx^*}{ds} \| &= (\frac{dx^*}{ds} \cdot \frac{dx^*}{ds})^{1/2} \\ &= (1 + \cos^2\alpha - 2\cos^2\alpha)^{1/2} \\ &= \sin\alpha, 0 < \alpha < \pi \end{aligned}$$

이다. $x^*(s)$의 자연표현을 $x^*(s^*)$라고 하면, $\frac{ds^*}{ds} = \| \frac{dx^*}{ds} \| = \sin\alpha$이고 $\kappa^* = \| \frac{dt^*}{ds^*} \|$이다.

$$t^* = \frac{dx^*}{ds^*} = \frac{dx^*}{ds} / \| \frac{dx^*}{ds} \|$$

$$=(\mathrm{t}-(\cos\alpha)\mathrm{u})/\sin\alpha$$

이므로

$$\mathrm{k}^*=\frac{d\mathrm{t}^*}{ds^*}\equiv\frac{d\mathrm{t}^*}{ds}\Big/\frac{ds^*}{ds}=\dot{\mathrm{t}}/\sin^2\alpha$$

이다. 따라서 $\kappa^*=\|\mathrm{k}^*\|=\|\dot{\mathrm{t}}\|/\sin\alpha^2=\kappa/\sin^2\alpha$를 얻는다.

문제 2.4 $\mathrm{x}=\mathrm{x}(s)$는 기둥나선의 자연표현이라 하고, u는 기둥나선의 축의 단위벡터라고 하자. 단위접선벡터 t와 u와의 사잇각을 $\alpha\neq0$라고 하자. 그러면 $\mathrm{t}\cdot\mathrm{u}=\cos\alpha$이다. 각 s에 대하여

$$\mathrm{u}=\mathrm{t}(s)\cos\alpha+\mathrm{b}^*(s)\sin\alpha$$

를 만족하는 $\mathrm{t}(s)$와 수직인 단위벡터 $\mathrm{b}^*(s)$가 유일하게 존재한다.

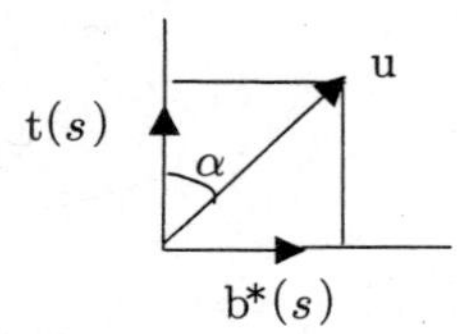

$$Proj_{\mathrm{t}}(\mathrm{u})=(\mathrm{t}\cdot\mathrm{u})\mathrm{t}=\mathrm{t}\cos\alpha,$$

$$Proj_{\mathrm{b}^*}(\mathrm{u})=(\mathrm{b}^*\cdot\mathrm{u})\mathrm{b}^*=\mathrm{b}^*\cos\left(\frac{\pi}{2}-\alpha\right)=\mathrm{b}^*\sin\alpha.$$

분명히 $\mathrm{b}^*(s)$와 $\mathrm{n}^*(s)=\mathrm{b}^*(s)\times\mathrm{t}(s)$는 C^1-급이다. $\mathrm{t}\cdot\mathrm{u}=\cos\alpha$를 미분하면,

$$\dot{\mathrm{t}}\cdot(\mathrm{t}\cos\alpha+\mathrm{b}^*\sin\alpha)=0, 0<\alpha<\pi$$

이고 $\dot{\mathrm{t}}\cdot\mathrm{t}=0$이므로 $\dot{\mathrm{t}}\cdot\mathrm{b}^*=0$이다. 따라서 $\mathrm{n}=\mathrm{n}^*$와 $\mathrm{b}=\mathrm{b}^*$는 각각 기둥나선의 단위주법선벡터, 단위종법선벡터가 되도록 선택할 수 있다.

$$O=\dot{\mathrm{u}}=\dot{\mathrm{t}}\cos\alpha+\dot{\mathrm{b}}\sin\alpha=\kappa\mathrm{n}\cos\alpha-\tau\mathrm{n}\sin\alpha,$$
$$\kappa\cos\alpha-\tau\sin\alpha=0$$

로부터 $\kappa\neq0$일 때는 $\frac{\tau}{\kappa}=\cot\alpha=$(상수)이고, $\kappa=0$일 때는 $\tau=0$이다.

역으로, $\kappa\neq0$일 때는 $\frac{\tau}{\kappa}=\cot\alpha$이고, $\kappa=0$일 때는 $\tau=0$이라 가정하자. 그러면

$\kappa\cos\alpha - \tau\sin\alpha = 0$이므로 $\dot{t}\cos\alpha + \dot{b}\sin\alpha = O$이다. 이를 적분하면,

$$t\cos\alpha + b\sin\alpha = u = (상수)$$

이다. t,b는 각각 기둥나선의 단위접선벡터, 단위종법선벡터이므로, $\| u \| = 1$임을 알 수 있다. $t \cdot u = t \cdot (t\cos\alpha + b\sin\alpha) = \cos\alpha = (상수)$이므로 $\alpha = \angle(t, u)$이다. 그러므로 $x = x(s)$는 기둥나선이다.

문제 2.5 ($\Rightarrow$) $x = x(t)$가 직선이라면, x는 $x = ta + b, a \neq O$의 꼴이다. 이때 $x' = a, x'' = O$이므로 자명하다.
($\Leftarrow$) $x' x''$가 일차종속이라면, $x' \times x'' = 0$이므로 $\| x' \times x'' \| = 0$이다. 그러므로 곡률 κ는 $\kappa = \dfrac{\| x' \times x'' \|}{\| x' \|^3} = 0$이다. 그러므로 정리 1.7에 의하여 $x = x(t)$는 직선이다.

문제 2.6 각 s에 대하여 접선의 방정식은 $y = x(s) + kt(s), -\infty < k < \infty$이다. y_0는 이 접선들의 교점이라 하자. 그러면 각 s에 대하여 실수 $k(s)$가 존재하여 $y_0 = x(s) + k(s)t(s)$이다. 만일 모든 s에 대하여 $k(s) = 0$이면, $y_0 = x(s)$이다. 이때 $t = O$이다. 이것은 $x(s)$가 정칙이라는 가정에 모순이다. 그러므로 어떤 s에 대하여 $k(s) \neq 0$이다. $y_0 = x(s) + k(s)t(s)$를 미분하면,

$$(1 + \dot{k}(s))t + k(s)\dot{t} = O$$

이다. 이 식을 $\dot{t}$와 내적하면, $t \perp \dot{t}$이므로 $k(s)(\dot{t} \cdot \dot{t}) = 0$이다. 따라서

$$0 = k(s) \| \dot{t} \|^2 = k(s) \| k \|^2 = k(s)\kappa^2$$

이다. $k(s) \neq 0$이므로 $\kappa = 0$이다. 그러므로 정리 1.7에 의하여 곡선은 직선이다.

문제 2.7 $\dfrac{ds}{dt} = \| x'(t) \|$ 임을 유의하자. $\dfrac{dx}{ds} = \dfrac{dx}{dt}\dfrac{dt}{ds} = \dfrac{dx}{dt} / \| x' \|$ 이므로

$$x'(t) = \| x' \| \dot{x} = \| x' \| t$$

이다. 이를 미분하면, $\dot{t} = \kappa n$이므로 다음을 얻는다.

$$\begin{aligned} x''(t) &= \| x' \|' t + \| x' \| \frac{dt}{ds}\frac{ds}{dt} \\ &= \| x' \|' t + \| x' \|^2 \kappa n. \end{aligned}$$

해답

따라서 $\mathrm{x}''(t)$는 접촉평면과 평행이고, 단위접선벡터 t와 주법선벡터 n에 관한 x''의 성분은 각각 $\|\mathrm{x}'\|'$와 $\kappa\|\mathrm{x}'\|^2$이다.

(참고) C^2-급정칙곡선 $\mathrm{x}=\mathrm{x}(t)$에 대하여 점 $\mathrm{x}(t)$에서 접촉평면의 방정식은 다음과 같다.

$$(\mathrm{y}-\mathrm{x}(t))\cdot(\mathrm{x}'(t)\times\mathrm{x}''(t))=0,$$
$$|\,\mathrm{y}-\mathrm{x}(t)\mathrm{x}'(t)\mathrm{x}''(t)\,|=0.$$

문제 2.8 원기둥나선 위의 점 $\mathrm{x}_\lambda=(a\cos t_\lambda, a\sin t_\lambda, bt_\lambda)$에서의 접촉평면이 고정점 $\mathrm{y}_0=(y_{01}, y_{02}, y_{03})$을 지난다고 하자. $\mathrm{x}'\times\mathrm{x}''\neq\mathrm{O}$이므로 x에서의 접촉평면의 방정식은

$$|\,(\mathrm{y}-\mathrm{x})\mathrm{x}'\mathrm{x}''\,|=0$$

이다. 그러므로 각 λ에 대하여

$$|\,(\mathrm{y}_0-\mathrm{x}(t_\lambda))\mathrm{x}'(t_\lambda)\mathrm{x}''(t_\lambda)\,|=0,$$

$$\begin{vmatrix} y_{01}-a\cos t_\lambda & y_{02}-a\sin t_\lambda & y_{03}-bt_\lambda \\ -a\sin t_\lambda & a\cos t_\lambda & b \\ -a\cos t_\lambda & -a\sin t_\lambda & 0 \end{vmatrix}=0.$$

이를 전개하면, 다음을 얻는다.

$$by_{02}(a\cos t_\lambda)-by_{01}(a\sin t_\lambda)+a^2(bt_\lambda)=a^2y_{03}.$$

따라서 x_λ는 평면 $by_{02}x-by_{01}y+a^2z=a^2y_{03}$ 위에 놓여 있다.

문제 2.9 $\ddot{\mathrm{x}}=\dot{\mathrm{t}}=\kappa\mathrm{n}$을 미분하면, 다음을 얻는다.

$$\begin{aligned}\frac{d^3\mathrm{x}}{ds^3}&=\kappa\dot{\mathrm{n}}+\dot{\kappa}\mathrm{n}=\kappa\frac{d}{ds}(\mathrm{b}\times\mathrm{t})+\dot{\kappa}\mathrm{n}=\kappa(\mathrm{b}\times\dot{\mathrm{t}}+\dot{\mathrm{b}}\times\mathrm{t})+\dot{\kappa}\mathrm{n}\\&=\kappa(\kappa(\mathrm{b}\times\mathrm{n})-\tau(\mathrm{n}\times\mathrm{t}))+\dot{\kappa}\mathrm{n}\\&=-\kappa^2\mathrm{t}+\kappa\tau\mathrm{b}+\dot{\kappa}\mathrm{n}.\end{aligned}$$

문제 2.10 점 x에서의 접촉평면의 방정식은 $(\mathrm{y}-\mathrm{x})\cdot\mathrm{b}=0$이다. 만일 y_0가 공통교점이면,

$$(\mathrm{y}_0-\mathrm{x}(s))\cdot\mathrm{b}(s)=0$$

이다. 이를 미분하면,

$$-\mathrm{t}\cdot\mathrm{b}+(\mathrm{y}_0-\mathrm{x})\cdot\dot{\mathrm{b}}=0$$

이다. $\mathrm{t}\perp\mathrm{b}, \dot{\mathrm{b}}=-\tau\mathrm{n}$이므로 $\tau(\mathrm{y}_0-\mathrm{x})\cdot\mathrm{n}=0$이다. 그러므로 $\tau=0$ 또는 $(\mathrm{y}_0-\mathrm{x})\cdot\mathrm{n}=0$이다. 만일 $\tau=0$이면, 정리 2.4에 의하여 곡선은 평면곡선이다. 만일 $(\mathrm{y}_0-\mathrm{x})\cdot\mathrm{n}=0$이면, $(\mathrm{y}_0-\mathrm{x})\cdot\mathrm{b}=0$이므로 $\mathrm{y}_0-\mathrm{x}$는 t와 평행하다. 그러므로 $\mathrm{y}_0=\mathrm{x}(s)+k\mathrm{t}$이다. 이것은 y_0가 $\mathrm{x}(s)$의 모든 접선들의 교점임을 의미한다. 그러므로 문제 2.6에 의하여 곡선은 직선이다. 따라서 곡선은 평면곡선이다.

문제 2.11 문제 2.9에 의하여 $\dfrac{d^3\mathrm{x}}{ds^3}=-\kappa^2\mathrm{t}+\dot{\kappa}\mathrm{n}+\tau\kappa\mathrm{b}$이다.

$$\begin{aligned}\ddot{\mathrm{x}}\times\mathrm{x}^{(3)}&=\dot{\mathrm{t}}\times\mathrm{x}^{(3)}=\kappa\mathrm{n}\times(-\kappa^2\mathrm{t}+\dot{\kappa}\mathrm{n}+\tau\kappa\mathrm{b})\\&=-\kappa^3(\mathrm{n}\times\mathrm{t})+\kappa\dot{\kappa}(\mathrm{n}\times\mathrm{n})+\tau\kappa^2(\mathrm{n}\times\mathrm{b})=\kappa^3\mathrm{b}+\tau\kappa^2\mathrm{t}\end{aligned}$$

이다. $\dfrac{d}{ds}(\ddot{\mathrm{x}}\times\mathrm{x}^{(3)})=(\mathrm{x}^{(3)}\times\mathrm{x}^{(3)})+(\ddot{\mathrm{x}}\times\mathrm{x}^{(4)})=\ddot{\mathrm{x}}\times\mathrm{x}^{(4)}$이므로

$$\begin{aligned}\mathrm{x}^{(3)}\cdot(\ddot{\mathrm{x}}\times\mathrm{x}^{(4)})&=(-\kappa^2\mathrm{t}+\dot{\kappa}\mathrm{n}+\tau\kappa\mathrm{b})\cdot[(\frac{d}{ds}(\kappa^3)\mathrm{b}+(\frac{d}{ds}(\tau\kappa^2))\mathrm{t}+\kappa^3(-\tau\mathrm{n})+\tau\kappa^2(\kappa\mathrm{n})]\\&=-\kappa^2\frac{d}{ds}(\tau\kappa^2)+\tau\kappa\frac{d}{ds}(\kappa^3)\\&=-\kappa^4\dot{\tau}-2\tau\kappa^3\dot{\kappa}+3\tau\kappa^3\dot{\kappa}\\&=-\kappa^3[\kappa\dot{\tau}-\dot{\kappa}\tau]=-\kappa^5\frac{d}{ds}(\frac{\tau}{\kappa})\end{aligned}$$

이다. 따라서 다음을 얻는다.

$$|\ddot{\mathrm{x}}\mathrm{x}^{(3)}\mathrm{x}^{(4)}|=-|\mathrm{x}^{(3)}\ddot{\mathrm{x}}\mathrm{x}^{(4)}|=\kappa^5\frac{d}{ds}(\frac{\tau}{\kappa}).$$

만일 $\mathrm{x}=\mathrm{x}(s)$는 기둥나선이면, 문제 2.4에 의하여 $\kappa\neq0$일 때는 $\dfrac{\tau}{\kappa}=$(상수)이고 $\kappa=0$일 때는 $\tau=0$이다. 그러므로 $|\ddot{\mathrm{x}}\mathrm{x}^{(3)}\mathrm{x}^{(4)}|=0$이다.

역으로, 만일 $|\ddot{\mathrm{x}}\mathrm{x}^{(3)}\mathrm{x}^{(4)}|=0$이고 $\kappa\neq0$이면, $\dfrac{\tau}{\kappa}=$(상수)이다. 그러므로 문제 2.4에 의하여 $\mathrm{x}=\mathrm{x}(s)$는 기둥나선이다.

문제 2.12 $\mathrm{x}_1=\mathrm{t}(s)$는 곡선 $C:\mathrm{x}=\mathrm{x}(s)$의 단위접선벡터의 구면곡선이라 하자. $\mathrm{x}_1=\mathrm{t}(s)$의 접선

벡터는 $\frac{dx_1}{ds} = \dot{t}(s) = \kappa(s)n(s)$ 이므로 $\frac{dx_1}{ds}//n(s)$ 이다.

문제 2.13 $\kappa_1 = \frac{\| \dot{t} \times \ddot{t} \|}{\| \dot{t} \|^3} = \frac{\| \ddot{x} \times x^{(3)} \|}{\kappa^3}$ 이고, 문제 2.11의 증명에서

$$\ddot{x} \times x^{(3)} = \kappa^3 b + \tau\kappa^2 t$$

이므로

$$\kappa_1 = \frac{\| \kappa b + \tau t \|}{\kappa}$$

임을 알 수 있다. 따라서 다음을 얻는다.

$$\kappa_1^2 = \frac{\| \kappa b + \tau t \|^2}{\kappa^2} = \frac{(\kappa b + \tau t) \cdot (\kappa b + \tau t)}{\kappa^2} = \frac{\kappa^2 + \tau^2}{\kappa^2}.$$

문제 2.14 $\dot{b} = -\tau n$ 이므로

$$\begin{aligned} -\ddot{b} &= \dot{\tau} n + \tau \dot{n} = \dot{\tau} n + \tau \frac{d}{ds}(b \times t) = \dot{\tau} n + \tau((\dot{b} \times t) + (b \times \dot{t})) \\ &= \dot{\tau} n + \tau(-\tau(n \times t) + \kappa(b \times n)) = \dot{\tau} n + \tau^2 b - \kappa\tau t \end{aligned}$$

이다. 따라서 다음을 얻는다.

$$\begin{aligned} \dot{b} \times \ddot{b} &= (-\dot{b}) \times (-\ddot{b}) = (\tau n) \times (\dot{\tau} n + \tau^2 b - \kappa\tau t) = \tau^3(n \times b) - \tau^2\kappa(n \times t) \\ &= \tau^3 t + \tau^2 \kappa b = \tau^2(\tau t + \kappa b), \end{aligned}$$

$$\begin{aligned} \dot{b} \times b^{(3)} &= \frac{d}{ds}(\dot{b} \times \ddot{b}) = \frac{d}{ds}(\tau^2(\tau t + \kappa b)) \\ &= 2\tau\dot{\tau}(\tau t + \kappa b) + \tau^2(\dot{\tau} t + \tau \dot{t} + \dot{\kappa} b + \kappa \dot{b}) \\ &= 2\tau\dot{\tau}(\tau t + \kappa b) + \tau^2(\dot{\tau} t + \tau\kappa n + \dot{\kappa} b - \kappa\tau n) \\ &= 2\tau\dot{\tau}(\tau t + \kappa b) + \tau^2(\dot{\tau} t + \dot{\kappa} b) \\ &= 3\tau^2\dot{\tau} t + (2\tau\dot{\tau}\kappa + \tau^2\kappa) b. \end{aligned}$$

그러므로

$$\begin{aligned} |\dot{b}\ddot{b}b^{(3)}| &= -\ddot{b} \cdot (\dot{b} \times b^{(3)}) = (\dot{\tau} n + \tau^2 b - \kappa\tau t) \cdot [3\tau^2\dot{\tau} t + (2\tau\dot{\tau}\kappa + \dot{\kappa}\tau^2) b] \\ &= \tau^3[-3\kappa\dot{\tau} + 2\kappa\dot{\tau} + \tau\dot{\kappa}] = \tau^3(\tau\dot{\kappa} - \kappa\dot{\tau}). \end{aligned}$$

열률은 $\kappa_3 = \dfrac{|\dot{\mathrm{b}}\ddot{\mathrm{b}}\mathrm{b}^{(3)}|}{\|\dot{\mathrm{b}}\times\ddot{\mathrm{b}}\|^2}$ 이므로 다음을 얻는다.

$$\kappa_3 = \frac{\tau^3(\tau\dot{\kappa}-\kappa\dot{\tau})}{\tau^4(\kappa^2+\tau^2)} = \frac{\tau\dot{\kappa}-\kappa\dot{\tau}}{\tau(\kappa^2+\tau^2)}.$$

문제 2.15 단위속력곡선 $\mathrm{x}=\mathrm{x}(s)$의 접선의 방정식은 각 s에 대하여

$$\mathrm{y}=\mathrm{x}(s)+k\mathrm{t}(s)$$

이다. 모든 접선이 평행하므로 $\dot{\mathrm{x}}=\mathrm{t}=\mathrm{t}(s)=\mathrm{a}=$(상수)이다. 이를 적분하면, $\mathrm{x}=s\mathrm{a}+\mathrm{b}$ 이다. 그러므로 $\mathrm{x}=\mathrm{x}(s)$는 직선이다.

문제 2.16 $\Delta\mathrm{t}=\mathrm{t}(s+\Delta s)-\mathrm{t}(s)$라 놓으면, 코사인 제2공식에 의하여 다음을 얻는다.

$$\|\Delta\mathrm{t}\|^2 = 2(1-\cos\Delta\theta) = 4\sin^2(\frac{1}{2}\Delta\theta),$$

$$\|\Delta\mathrm{t}\| = 2\sin(\frac{1}{2}\Delta\theta).$$

$\Delta\theta = 2\sin^{-1}(\frac{1}{2}\|\Delta\mathrm{t}\|)$이고, $\Delta s\to 0+$일 때 $\|\Delta\mathrm{t}\|\to 0$이므로,

$$\lim_{\Delta s\to +}\Delta\theta = 2\lim_{\Delta s\to 0+}\sin^{-1}(\frac{1}{2}\|\Delta\mathrm{t}\|)=0$$

이다.

문제 2.17 $|\dot{\mathrm{t}}\cdot\dot{\mathrm{b}}| = |\kappa\mathrm{n}\cdot(-\tau\mathrm{n})| = \kappa|\tau|$

문제 2.18 $\mathrm{x}' = (1, -\frac{1}{t^2}, -\frac{1}{t^2}-1)$, $\mathrm{x}'' = (0, \frac{2}{t^3}, \frac{2}{t^3})$, $\mathrm{x}''' = (0, -\frac{6}{t^4}, -\frac{6}{t^4})$

이므로 $|\mathrm{x}'\mathrm{x}''\mathrm{x}'''| = \begin{vmatrix} 1 & -\frac{1}{t^2} & -\frac{1}{t^2}-1 \\ 0 & \frac{2}{t^3} & \frac{2}{t^3} \\ 0 & -\frac{6}{t^4} & -\frac{6}{t^4} \end{vmatrix} = 0$이다. 그러므로 열률은 $\tau = \dfrac{|\mathrm{x}'\mathrm{x}''\mathrm{x}'''|}{\|\mathrm{x}'\times\mathrm{x}''\|^2}=0$ 이다. 따라서 주어진 곡선은 평면 위에 놓여 있다.

문제 2.19 곡선이 평면곡선이기 위한 필요충분조건은 열률이 0임을 유의하자. $\tau = \frac{|\mathrm{x}'\mathrm{x}''\mathrm{x}'''|}{\|\mathrm{x}'\times\mathrm{x}''\|^2} = 0$

이므로 $|\mathrm{x}'\mathrm{x}''\mathrm{x}'''| = 0$이어야 한다.

$$\begin{aligned} \mathrm{x}' &= (-a\sin t, a\cos t, f'(t)) \\ \mathrm{x}'' &= (-a\cos t, -a\sin t, f''(t)) \\ \mathrm{x}''' &= (a\sin t, -a\cos t, f'''(t)) \end{aligned}$$

이므로 $0 = |\mathrm{x}'\mathrm{x}''\mathrm{x}'''| = \begin{vmatrix} -a\sin t & a\cos t & f'(t) \\ -a\cos t & -a\sin t & f''(t) \\ a\sin t & -a\cos t & f'''(t) \end{vmatrix} = a^2(f'(t) + f'''(t))$이다. 즉, $f''' + f' = 0$. 이 미분방정식을 풀면, $f(t) = C_1 + C_2\cos t + C_2\sin t$이다.

문제 2.20 곡선 위의 세 점 $\mathrm{x}_1, \mathrm{x}_2, \mathrm{x}_3$에서의 종법선벡터를 각각 $\mathrm{b}_1, \mathrm{b}_2, \mathrm{b}_3$라고 하자. 그러면 그 세 점에서의 접촉평면은 각각 다음과 같다.

$$\begin{cases} (\mathrm{y} - \mathrm{x}_1) \cdot \mathrm{b}_1 = 0 \\ (\mathrm{y} - \mathrm{x}_2) \cdot \mathrm{b}_2 = 0 \\ (\mathrm{y} - \mathrm{x}_3) \cdot \mathrm{b}_3 = 0 \end{cases}$$

이 세 접촉평면이 점 y_0에서 만난다고 하자. 그러면 $\mathrm{b}_1, \mathrm{b}_2, \mathrm{b}_3$은 일차독립이므로

$$\begin{aligned} \mathrm{y}_0 - \mathrm{x}_1 &= m_1\mathrm{b}_1 + m_2\mathrm{b}_2 + m_3\mathrm{b}_3 \\ \mathrm{x}_2 - \mathrm{x}_1 &= k_1\mathrm{b}_1 + k_2\mathrm{b}_2 + k_3\mathrm{b}_3 \\ \mathrm{x}_3 - \mathrm{x}_1 &= l_1\mathrm{b}_1 + l_2\mathrm{b}_2 + l_3\mathrm{b}_3 \end{aligned}$$

로 나타낼 수 있다.

$$\begin{aligned} (\mathrm{y}_0 - \mathrm{x}_1) \cdot [(\mathrm{x}_2 - \mathrm{x}_1) \times (\mathrm{x}_3 - \mathrm{x}_1)] &= |\mathrm{y}_0 - \mathrm{x}_1 \mathrm{x}_2 - \mathrm{x}_1 \mathrm{x}_3 - \mathrm{x}_1| \\ &= \left|\sum_{i=1}^{3} m\mathrm{b}_i \sum_{j=1}^{3} k_j\mathrm{b}_j \sum_{s=1}^{3} l_s\mathrm{b}_s\right| = \sum_{i,j,s} m_i k_j l_s |\mathrm{b}_i\mathrm{b}_j\mathrm{b}_s|. \end{aligned}$$

서로 다른 i, j, k에 대하여 $|\mathrm{b}_i\mathrm{b}_j\mathrm{b}_s| + |\mathrm{b}_j\mathrm{b}_i\mathrm{b}_s| = 0$이므로

$$(\mathrm{y}_0 - \mathrm{x}_1) \cdot (\mathrm{x}_2 - \mathrm{x}_1) \times (\mathrm{x}_3 - \mathrm{x}_1) = 0$$

임을 알 수 있다. 그러므로 y_0는 $\mathrm{x}_1, \mathrm{x}_2, \mathrm{x}_3$에 의하여 결정되는 평면 위에 놓여 있다.

문제 2.21 원점은 기둥나선 $\mathrm{x} = \mathrm{x}(s) = (x_1(s), x_2(s), x_3(s))$ 위에 있고 e_3는 기둥나선의 축과 평행하다고 가정하자.

$$\cos\alpha = \cos(\angle \mathrm{t}, \mathrm{e}_3) = \mathrm{t} \cdot \mathrm{e}_3 = \dot{\mathrm{x}} \cdot \mathrm{e}_3 = \dot{x}_3$$

라고 하자. $\mathrm{t} = (\dot{x}_1, \dot{x}_2, \dot{x}_3)$이고 $\|\mathrm{t}\| = 1$이므로, t의 구면곡선은

$$\mathrm{x}_1 = (\sin\alpha\cos\theta(s), \sin\alpha\sin\theta(s), \cos\alpha)$$

이다. 그러므로 x_1은 평면 $z = \cos\alpha$ 위에서 반지름이 $\sin\alpha$인 원이다.

역으로, 만일 t의 구면곡선 x_1이 평면 $z = z_0$ 위의 원이면,

$$\mathrm{x}_1 = (r\cos\theta(s), r\sin\theta(s), z_0)$$

이다. 그러면 $\|\mathrm{x}_1\| = 1$이므로 $r^2 + z_0^2 = 1$이다. 그러므로 $r = \sin\alpha, z_0 = \cos\alpha$를 만족하는 α가 존재한다. 따라서

$$\mathrm{x}_1 \cdot \mathrm{e}_3 = \cos(\angle(\mathrm{x}_1, \mathrm{e}_3)) = z_0 = \cos\alpha = (\text{상수})$$

이다. 그러므로 곡선은 기둥나선이다.

문제 2.22 $\mathrm{x}_1 = \mathrm{t}(s)$의 접선은 $\mathrm{y}_1 = \mathrm{t}(s) + k\dot{\mathrm{t}} = \mathrm{t}(s) + k\kappa\mathrm{n}, -\infty < k < \infty$이다. $\mathrm{x}_3 = \mathrm{b}(s)$의 접선은 $\mathrm{y}_3 = \mathrm{b}(s) + k_1\dot{\mathrm{b}} = \mathrm{b}(s) - k_1\tau\mathrm{n}, -\infty < k_1 < \infty$이다. 그러므로 $\mathrm{y}_1 // \mathrm{y}_3$이다.

문제 2.23 구면곡선 $\mathrm{x}_3 = \mathrm{b}(s)$의 곡률은 $\kappa_3 = \dfrac{\|\dot{\mathrm{b}} \times \ddot{\mathrm{b}}\|}{\|\dot{\mathrm{b}}\|^3}$이다. 문제 2.14의 증명에서 $\dot{\mathrm{b}} \times \ddot{\mathrm{b}} = \tau^2(\tau\mathrm{t} + \kappa\mathrm{b})$이므로 $\|\dot{\mathrm{b}} \times \ddot{\mathrm{b}}\|^2 = \tau^4(\kappa^2 + \tau^2)$이다. 그러므로

$$\kappa_3^2 = \frac{\tau^4(\kappa^2 + \tau^2)}{\tau^6} = \frac{\kappa^2 + \tau^2}{\tau^2}$$

이다.

문제 2.24 $\mathrm{x}_1 = \mathrm{t}(s)$의 열률은 $\tau_1 = \dfrac{|\dot{\mathrm{t}}\ddot{\mathrm{t}}\mathrm{t}^{(3)}|}{\|\dot{\mathrm{t}} \times \ddot{\mathrm{t}}\|^2}$이다. 문제 2.11에 의하여

$$|\ddot{\mathrm{x}}\mathrm{x}^{(3)}\mathrm{x}^{(4)}| = \kappa^5 \frac{d}{ds}\left(\frac{\tau}{\kappa}\right)$$

이고 $\ddot{\mathrm{x}} \times \mathrm{x}^{(3)} = \kappa^2(\kappa\mathrm{b} + \tau\mathrm{t})$이므로 다음을 얻는다.

$$\tau_1 = \frac{\kappa^5\left(\dfrac{\kappa\dot{\tau} - \tau\dot{\kappa}}{\kappa^2}\right)}{\kappa^4(\kappa^2 + \tau^2)} = \frac{\kappa\dot{\tau} - \tau\dot{\kappa}}{\kappa(\kappa^2 + \tau^2)}.$$

제 3 장

문제 3.1 이 곡선은 평면곡선이므로 $\tau=0$이다.

$$x'=(\sinh\frac{t}{a},1,0),\ \frac{ds}{dt}=\|x'\|=(\sinh^2\frac{t}{a}+1)^{1/2}=\cosh\frac{t}{a}$$

이므로

$$s=\int_0^t \cosh\frac{t}{a}dt=a\sinh\frac{t}{a}$$

이다.

$$\cosh^2\frac{t}{a}-\sinh^2\frac{t}{a}=1$$

이므로

$$\cosh\frac{t}{a}=(1+\frac{s^2}{a^2})^{1/2}$$

이다.

$$x''=(\frac{1}{a}\cosh\frac{t}{a},0,0),\ \ x'\times x''=(0,0,-\frac{1}{a}\cosh\frac{t}{a})$$

이므로,

$$\kappa^2=\frac{\|x'\times x''\|^2}{\|x'\|^6}=\frac{1/a^2\cosh^2\frac{t}{a}}{(\sinh^2\frac{t}{a}+1)^3}=\frac{1}{a^2\cosh^4\frac{t}{a}}=(\frac{a}{s^2+a^2})^2$$

이다. 그러므로

$$\kappa=\frac{a}{s^2+a^2}.$$

문제 3.2 $\tau=0$이므로 이 곡선은 평면곡선이다. $\angle(t,e_1)=\phi$라고 하자. 그러면

$$t=(\cos\phi,\sin\phi)\text{이고 } n=(-\sin\phi,\cos\phi)$$

이다. 이를 미분하면, 다음을 얻는다.

$$\dot{\mathrm{t}}=\dot{\phi}(-\sin\phi,\cos\phi)=\dot{\phi}\mathrm{n},$$
$$-\kappa\mathrm{t}=-\kappa\mathrm{t}+\tau\mathrm{n}=\dot{\mathrm{n}}=-\dot{\phi}(\cos\phi,\sin\phi)=-\dot{\phi}\mathrm{t}.$$

따라서 $\kappa=\dot{\phi}$이다. 이를 적분하면, $\phi=\int\kappa ds+C_1$. 그러므로

$$\mathrm{x}=\int\mathrm{t}ds=\int(\cos\phi,\sin\phi)ds=\int(\cos\phi,\sin\phi)\frac{ds}{d\phi}d\phi$$
$$=\int\frac{1}{\kappa(\phi)}(\cos\phi,\sin\phi)d\phi+C_2.$$

$\dot{\phi}=\kappa=(\frac{1}{2as})^{1/2}$을 적분하면, $\phi=(\frac{2s}{a})^{1/2}, s=\frac{a}{2}\phi^2$이다. 그러므로

$\kappa=\frac{1}{a\phi}$이다. 따라서 구하는 곡선을 다음과 같다.

$$\mathrm{x}=\int\frac{1}{\kappa(\phi)}(\cos\phi,\sin\phi)ds$$
$$=a\int\phi(\cos\phi,\sin\phi)d\phi$$
$$=a(\phi\sin\phi+\cos\phi,-\phi\cos\phi+\sin\phi).$$

왜냐하면

$$\int\phi\cos\phi d\phi=\phi\sin\phi-\int\sin\phi d\phi=\phi\sin\phi+\cos\phi,$$
$$\int\phi\sin\phi d\phi=-\phi\cos\phi+\int\cos\phi d\phi=-\phi\cos\phi+\sin\phi$$

이기 때문이다.

문제 3.3 문제 3.2에서와 같이, $\dot{\phi}=\kappa=\frac{1}{as+b}$라 놓으면, $\phi=\frac{1}{a}\ln(as+b)$이므로 $\kappa=e^{-a\phi}$이다. 따라서

$$\mathrm{x}=\int\frac{1}{\kappa(\phi)}(\cos\phi,\sin\phi)d\phi=\int e^{a\phi}(\cos\phi,\sin\phi)d\phi$$
$$=\frac{a}{1+a^2}e^{a\phi}(\cos\phi+\frac{1}{a}\sin\phi,\sin\phi-\frac{1}{a}\cos\phi).$$

$$\begin{cases} x = \dfrac{a}{1+a^2} e^{a\phi}(\cos\phi + \dfrac{1}{a}\sin\phi) \\ y = \dfrac{a}{1+a^2} e^{a\phi}(\sin\phi - \dfrac{1}{a}\cos\phi) \end{cases} \text{이므로}$$

$$r = \sqrt{x^2+y^2} = \frac{a}{1+a^2} e^{a\phi}\sqrt{1+\frac{1}{a^2}} = \frac{1}{\sqrt{1+a^2}} e^{a\phi}$$

이다. 그러므로 곡선은 대수나선이다.

(i) $\displaystyle\int e^{a\phi}\cos\phi d\phi = \frac{1}{a}e^{a\phi}\cos\phi + \frac{1}{a}\int e^{a\phi}\sin\phi d\phi$

$\displaystyle\qquad = \frac{1}{a}e^{a\phi}\cos\phi + \frac{1}{a}[\frac{1}{a}e^{a\phi}\sin\phi - \frac{1}{a}\int e^{a\phi}\cos\phi d\phi]$

이므로, $\displaystyle(1+\frac{1}{a^2})\int e^{a\phi}\cos\phi d\phi = e^{a\phi}(\frac{1}{a}\cos\phi + \frac{1}{a^2}\sin\phi)$이다. 그러므로

$\displaystyle\int e^{a\phi}\cos\phi d\phi = \frac{a}{1+a^2}e^{a\phi}(\cos\phi + \frac{1}{a}\sin\phi)$이다.

(ii) $\displaystyle\int e^{a\phi}\sin\phi d\phi = \frac{1}{a}e^{a\phi}\sin\phi - \frac{1}{a}\int e^{a\phi}\cos\phi d\phi$

$\displaystyle\qquad = \frac{1}{a}e^{a\phi}\sin\phi - \frac{1}{a}[\frac{1}{a}e^{a\phi}\cos\phi + \frac{1}{a}\int e^{a\phi}\sin\phi d\phi]$

이므로, $\displaystyle(1+\frac{1}{a^2})\int e^{a\phi}\sin\phi d\phi = e^{a\phi}[\frac{1}{a}\sin\phi - \frac{1}{a^2}\cos\phi]$이다. 그러므로

$\displaystyle\int e^{a\phi}\sin\phi d\phi = \frac{a}{1+a^2}e^{a\phi}[\sin\phi - \frac{1}{a}\cos\phi]$이다.

문제 3.4 $\dfrac{\kappa}{\tau} = 1$이므로, 문제 2.4에 의하여 이 곡선은 기둥나선이다. $\mathrm{x} = \mathrm{x}(s)$는 축의 단위벡터가 u이고 $\alpha = \angle(\mathrm{t},\mathrm{u})$인 기둥나선의 자연표현이라고 하자. 문제 2.4의 증명에 의하여 $\dfrac{\kappa}{\tau} = \tan\alpha$이므로 $\alpha = \dfrac{\pi}{4}$이다. 원점을 지나고 u에 수직인 평면 위에 내린 정사영 $\mathrm{x}^* = \mathrm{x}(s) - (\mathrm{x}(s)\cdot\mathrm{u})\mathrm{u}$의 자연방정식을 구하자.

$$\frac{d\mathrm{x}^*}{ds} = \mathrm{t} - (\mathrm{t}\cdot\mathrm{u})\mathrm{u} = \mathrm{t} - \mathrm{u}\cos\alpha = \mathrm{t} - \frac{1}{\sqrt{2}}\mathrm{u}$$

이므로, $\left\| \dfrac{d\mathrm{x}^*}{ds} \right\| = \dfrac{1}{\sqrt{2}}$이다. 그러므로

$$s^* = \int_0^s \| \frac{d\mathrm{x}^*}{ds} \| ds = \frac{1}{\sqrt{2}} s$$

이다. 문제 2.3에 의하여 $\kappa^* = \frac{\kappa}{\sin^2\alpha} = \frac{2\sqrt{2}}{s^2+4} = \frac{\sqrt{2}}{s^{*2}+2}$ 이다. 그러므로 문제 3.1에 의하여 이 정사영은 현수선이다.

문제 3.5 $\mathrm{x} = \mathrm{x}(s)$가 중심이 y_0이고 반지름이 a인 구면 위에 놓여 있다고 하자. 그러면

$$(\mathrm{x}(s) - \mathrm{y}_0) \cdot (\mathrm{x}(s) - \mathrm{y}_0) = a^2.$$

이를 미분하면, $(\mathrm{x}(s) - \mathrm{y}_0) \cdot \mathrm{t} = 0$을 얻는다. 이를 다시 미분하면,

$$\kappa(\mathrm{x}(s) - \mathrm{y}_0) \cdot \mathrm{n} + 1 = 0$$

을 얻는다. $\kappa \neq 0$이므로 $(\mathrm{x}(s) - \mathrm{y}_0) \cdot \mathrm{n} = -\frac{1}{\kappa}$이다. 이를 다시 미분하면,

$$(\mathrm{x}(s) - \mathrm{y}_0)(-\kappa\mathrm{t} + \tau\mathrm{b}) = \frac{\dot{\kappa}}{\kappa^2}$$

을 얻는다. $(\mathrm{x}(s) - \mathrm{y}_0) \cdot \mathrm{t} = 0$이고 $\tau \neq 0$이므로 $(\mathrm{x}(s) - \mathrm{y}_0) \cdot \mathrm{b} = \frac{\dot{\kappa}}{\kappa^2\tau}$이다. 그러므로 t,n,b에 관한 $\mathrm{x}(s) - \mathrm{y}_0$의 성분은 각각 $0, -\frac{1}{\kappa}, \frac{\dot{\kappa}}{\kappa^2\tau}$이다. 따라서

$$\mathrm{x}(s) - \mathrm{y}_0 = -\frac{1}{\kappa}\mathrm{t} + \frac{\dot{\kappa}}{\kappa^2\tau}\mathrm{b}.$$

그러므로 다음을 얻는다.

$$a^2 = (\mathrm{x}(s) - \mathrm{y}_0) \cdot (\mathrm{x}(s) - \mathrm{y}_0) = (\frac{1}{\kappa})^2 + (\frac{\dot{\kappa}}{\kappa^2\tau})^2.$$

문제 3.6 $\mathrm{x} \cdot \mathrm{t} = \| \mathrm{x} \| \cos\alpha$이다. 또한, $\mathrm{n} \perp \mathrm{t}$이므로

$$| \mathrm{x} \cdot \mathrm{n} | = | \sin\alpha | \; \| \mathrm{x} \|$$

이다. n의 방향은 $\mathrm{x} \cdot \mathrm{n} = - \| \mathrm{x} \| \sin\alpha$가 되도록 택할 수 있다. 첫 번째 식을 미분하면, 다음을 얻는다.

$$1+\kappa \mathrm{x}\cdot\mathrm{n}=\frac{\mathrm{x}\cdot\mathrm{t}}{\|\mathrm{x}\|}\cos\alpha=\cos^2\alpha.$$

이를 다시 미분하면,

$$\dot{\kappa}\mathrm{x}\cdot\mathrm{n}+\kappa\mathrm{x}\cdot\dot{\mathrm{n}}=0,$$
$$\dot{\kappa}\mathrm{x}\cdot\mathrm{n}+\kappa\mathrm{x}\cdot(-\kappa\mathrm{t}+\tau\mathrm{b})=0.$$

$\tau=0$이므로 $\dot{\kappa}\mathrm{x}\cdot\mathrm{n}-\kappa^2\mathrm{x}\cdot\mathrm{t}=0$이다. $\mathrm{x}\cdot\mathrm{t}=\|\mathrm{x}\|\cos\alpha$이고 $\mathrm{x}\cdot\mathrm{n}=-\|\mathrm{x}\|\sin\alpha$이므로

$$\|\mathrm{x}\|(-\dot{\kappa}\sin\alpha-\kappa^2\cos\alpha)=0, \dot{\kappa}=-\kappa^2\cot\alpha$$

이다. $\frac{1}{\kappa^2}d\kappa=-(\cot\alpha)ds$이므로 이를 적분하면,

$$\frac{1}{\kappa}=s\cot\alpha+c, \kappa=\frac{1}{s\cot\alpha+c}$$

이다. 문제 3.3에 의하여 이것은 대수나선의 자연방정식이다.

문제 3.7 (i) $\|\mathrm{a}\times\mathrm{b}\|^2=\|\mathrm{a}\|^2\|\mathrm{b}\|^2-(\mathrm{a}\cdot\mathrm{b})^2$

(ii) $\mathrm{a}\times(\mathrm{b}\times\mathrm{c})=(\mathrm{a}\cdot\mathrm{c})\mathrm{b}-(\mathrm{a}\cdot\mathrm{b})\mathrm{c}$

(iii) $(\mathrm{a}\times\mathrm{b})\cdot(\mathrm{c}\times\mathrm{d})=(\mathrm{a}\cdot\mathrm{c})(\mathrm{b}\cdot\mathrm{d})-(\mathrm{a}\cdot\mathrm{d})(\mathrm{b}\cdot\mathrm{c})$

(iv) $(\mathrm{a}\times\mathrm{b})\times(\mathrm{c}\times\mathrm{d})=[\mathrm{abd}]\mathrm{c}-[\mathrm{abc}]\mathrm{d}$

임을 유의하자. $\|\mathrm{g}\|=1$이므로 $\mathrm{g}\cdot\mathrm{g}'=0$, 즉, $\mathrm{g}\perp\mathrm{g}'$이다.

$$\kappa=\frac{\|\mathrm{x}'\times\mathrm{x}''\|}{\|\mathrm{x}'\|^3}, \tau=\frac{|\mathrm{x}'\mathrm{x}''\mathrm{x}'''|}{\|\mathrm{x}'\times\mathrm{x}''\|^2}$$

이다.

$$\mathrm{x}'=a(\mathrm{g}\times\mathrm{g}')$$
$$\mathrm{x}''=a[(\mathrm{g}'\times\mathrm{g}')+(\mathrm{g}\times\mathrm{g}'')]=a(\mathrm{g}\times\mathrm{g}'')$$
$$\mathrm{x}'''=a[(\mathrm{g}'\times\mathrm{g}'')+(\mathrm{g}\times\mathrm{g}''')]$$

이므로,

$$\|\mathrm{x}'\|^2=a^2(\mathrm{g}\times\mathrm{g}')\cdot(\mathrm{g}\times\mathrm{g}')$$
$$=a^2[(\mathrm{g}\cdot\mathrm{g})(\mathrm{g}'\cdot\mathrm{g}')-(\mathrm{g}\cdot\mathrm{g}')(\mathrm{g}'\cdot\mathrm{g})]=a^2\|\mathrm{g}'\|^2$$

$$\mathrm{x}' \times \mathrm{x}'' = a^2(\mathrm{g}\times\mathrm{g}') \times (\mathrm{g}\times\mathrm{g}'') = a^2([\mathrm{g}\mathrm{g}'\mathrm{g}'']\mathrm{g} - [\mathrm{g}\mathrm{g}'\mathrm{g}]\mathrm{g}') = a^2[\mathrm{g}\mathrm{g}'\mathrm{g}'']\mathrm{g}$$
$$\| \mathrm{x}' \times \mathrm{x}'' \| = a^2 abs[\mathrm{g}\mathrm{g}'\mathrm{g}''] \neq 0$$
$$| \mathrm{x}'\mathrm{x}''\mathrm{x}''' | = (\mathrm{x}' \times \mathrm{x}'') \cdot \mathrm{x}'''$$
$$= a^2[\mathrm{g}\mathrm{g}'\mathrm{g}'']\mathrm{g} \cdot (a(\mathrm{g}\times\mathrm{g}''') + a(\mathrm{g}'\times\mathrm{g}'')) = a^3[\mathrm{g}\mathrm{g}'\mathrm{g}'']^2$$

이다. 그러므로 $\kappa \neq 0, \tau = \frac{1}{a}$ 이다.

문제 3.8 원점에서 곡선의 표준적 표현은 다음과 같다.

$$\begin{cases} x = s - \frac{1}{6}\kappa_0^2 s^3 + o(s^3) \\ y = \frac{1}{2}\kappa_0 s^2 + \frac{1}{6}\dot{\kappa}_0 s^3 + o(s^3). \\ z = \frac{1}{6}\kappa_0\tau_0 + o(s^3) \end{cases}$$

$$x^2 = s^2 - \frac{1}{3}\kappa_0^2 s^4 + \frac{1}{36}\kappa_0^4 s^6 + 2(s - \frac{1}{6}\kappa_0^2 s^2)o(s^3) + o(s^3)^2$$
$$= s^2 - \frac{1}{3}\kappa_0^2 s^4 + o(s^4).$$

$\lim_{s\to 0}\frac{o(s^3)}{s^3} = 0$ 이므로 $\lim_{s\to 0}[\frac{1}{36}\kappa_0^4 s^6 + 2(s - \frac{1}{6}\kappa_0^2 s^2)o(s^3) + o(s^3)^2]/s^4 = 0$ 이다. 그러므로 $\frac{1}{36}\kappa_0^4 s^6 + 2(s - \frac{1}{6}\kappa_0^2 s^2)o(s^3) + o(s^3)^2 = o(s^4)$ 이다.

$$y^2 = \frac{1}{4}\kappa_0^2 s^4 + \frac{1}{6}\kappa_0\dot{\kappa}_0 s^5 + \frac{1}{36}\dot{\kappa}_0^2 s^6 + (\kappa_0 s^2 + \frac{1}{3}\dot{\kappa}_0 s^3)o(s^3) + o(s^3)^2$$
$$= \frac{1}{4}\kappa_0^2 s^4 + o(s^4)$$

$$z^2 = o(s^4).$$

$$\overline{OP} = (x^2 + y^2 + z^2)^{1/2} = [s^2 - \frac{1}{12}\kappa_0^2 s^4 + o(s^4)]^{1/2}$$
$$= [(s - \frac{1}{24}\kappa_0^2 s^3 + o(s^3))^2]^{1/2}$$
$$= s - \frac{1}{24}\kappa_0^2 s^3 + o(s^3).$$

따라서 $\overline{OP} - s = -\frac{\kappa_0^2}{24}s^3 + o(s^3).$

문제 3.9 C의 주법선은

$$y = x(s) + kn(s), -\infty < k < \infty$$

이고 C^*의 종법선과 같으므로, C^* 위의 점 x^*은 C의 주법선 위에 있다고 하자.

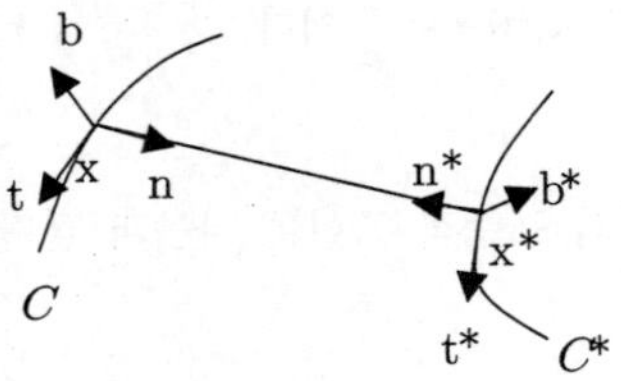

그러면 $(x^* - x(s)) // n(s)$이므로,

$$x^* = x(s) + \alpha(s) n(s)$$

이다. 이를 미분하면, 다음을 얻는다.

$$\begin{aligned} \frac{dx^*}{ds} &= t + \dot{\alpha} n + \alpha(-\kappa t + \tau b) \\ &= (1 - \alpha\kappa) t + \dot{\alpha} n + \alpha\kappa b. \end{aligned}$$

$t^* = \frac{dx^*}{ds} / \| \frac{dx^*}{ds} \|$ 이고 $t^* \perp b^*$이므로, $\frac{dx^*}{ds} \perp b^*$이다. 따라서 $\frac{dx^*}{ds} \perp n$이다. 그러므로 다음을 얻는다.

$$0 = n \cdot \frac{dx^*}{ds} = \dot{\alpha}$$

따라서 $\alpha = (\text{상수})$이다. 그러므로 $\frac{dx^*}{ds} = (1 - \alpha\kappa) + \alpha\kappa b$이다.

$$t^* = \frac{dx^*}{ds^*} = \frac{dx^*}{ds}\frac{ds}{ds^*} = [(1 - \alpha\kappa)t + \alpha\tau b]\frac{ds}{ds^*}$$

이므로,

$$\begin{aligned} \frac{dt^*}{ds^*} &= \frac{dt^*}{ds}\frac{ds}{ds^*} \\ &= [-\alpha\dot{\kappa} t + (1 - \alpha\kappa)\dot{t} + \alpha\dot{\tau} b + \alpha\tau\dot{b}](\frac{ds}{ds^*})^2 + [(1 - \alpha\kappa)t + \alpha\tau b]\frac{d^2 s}{ds^{*2}} \end{aligned}$$

$$= [-\alpha\dot{\kappa}t + [(1-\alpha\kappa)\kappa - \alpha\tau^2]n + \alpha\dot{\tau}b](\frac{ds}{ds^*})^2 + [(1-\alpha\kappa)t + \alpha\tau b]\frac{d^2s}{ds^{*2}}$$

이다. $\frac{dt^*}{ds^*} = \kappa^* n^*$ 이므로, $\frac{dt^*}{ds^*} \perp b^*$ 이다. 그러므로 $\frac{dt^*}{ds^*} \perp n$ 이고

$$0 = n \cdot \frac{dt^*}{ds^*} = [(1-\alpha\kappa)\kappa - \alpha\tau^2](\frac{ds}{ds^*})^2$$

이다. $\frac{ds}{ds^*} \neq 0$ 이므로 $(1-\alpha\kappa)\kappa - \alpha\tau^2 = 0$ 이다. 즉, $\alpha(\kappa^2 + \tau^2) = \kappa$.

문제 3.10 (a) 단위속력곡선 C는 $x = x(s)$로 주어진다면, 주법선은

$$y = x(s) + kn(s), -\infty < k < \infty$$

이다. 또 다른 곡선 C^*의 주법선은 C의 주법선과 일치하므로 $(x^* - x(s)) // n$ 이다. 그러므로

$$x^* = x(s) + \alpha(s)n(s)$$

이다. 이를 미분하면, 다음을 얻는다.

$$\frac{dx^*}{ds} = t + \dot{\alpha}n + \alpha\dot{n} = t + \dot{\alpha}n + \alpha(-\kappa t + \tau b)$$
$$= (1-\alpha\kappa)t + \dot{\alpha}n + \alpha\tau b.$$

$\frac{dx^*}{ds}$는 곡선 C^*에 접하므로 $\frac{dx^*}{ds}$는 n과 n^*에 수직이다. 따라서

$$0 = n \cdot \frac{dx^*}{ds} = \dot{\alpha}$$

이다. 그러므로 $\alpha = $ (상수)이고 대응하는 점들 사이의 거리는

$$\| x^* - x(s) \| = | \alpha | = (\text{상수})$$

이다.

(b) t와 t^*는 각각 $x = x(s)$와 $x^* = x(s) + \alpha n(s)$의 단위접선벡터라고 하자. 그러면 다음을 얻는다.

$$\frac{d}{ds}(t^* \cdot t) = \frac{dt^*}{ds} \cdot t + t^* \cdot \dot{t} = (\frac{dt^*}{ds^*} \cdot t)\frac{ds^*}{ds} + t^* \cdot (\kappa n)$$

$$= \kappa^* \frac{ds^*}{ds}(n^* \cdot t) + \kappa(t^* \cdot n).$$

$n^* = \pm n$이므로, $n^* \perp t$이고 $n \perp t^*$이다. 그러므로 $\frac{d}{ds}(t^* \cdot t) = 0$이다. 따라서 $t^* \cdot t = $(상수)이다. $\angle(t^*, t) = \theta$라 놓으면, $t^* \cdot t = \cos\theta = $(상수)이므로 $\theta = $(일정)이다.

문제 3.11 (⇐) 단위속력곡선 C는 $x = x(s)$로 주어진다고 하자. 곡선 C^*를

$$x^* = x(s) + \alpha n(s),\ \alpha = (\text{상수}) \neq 0$$

로 정의하자. 이때, C, C^*는 베르트랑곡선임을 보이자.

$$\frac{dx^*}{ds} = t + \alpha(-\kappa t + \tau b) = (1 - \alpha\kappa)t + \alpha\tau b = \alpha\tau\gamma t + \alpha\tau b = \alpha\tau(\gamma t + b)$$

이므로, $\| \frac{dx^*}{ds} \| = |\alpha\tau| (\gamma^2 + 1)^{1/2}$이다. 그러므로

$$t^* = \frac{dx^*}{ds} / \| \frac{dx^*}{ds} \| = \pm (\gamma^2 + 1)^{-1/2}(\gamma t + b)$$

이다.

$$\frac{dt^*}{ds} = \pm (\gamma^2 + 1)^{-1/2}(\gamma \dot{t} + \dot{b}) = \pm (\gamma^2 + 1)^{-1/2}(\gamma\kappa - \tau)n$$

이므로,

$$\kappa^* n^* = \frac{dt^*}{ds^*} = \frac{dt^*}{ds}\frac{ds}{ds^*} = \frac{dt^*}{ds} / \| \frac{dx^*}{ds} \| = \pm \frac{\gamma\kappa - \tau}{|\alpha\tau| (\gamma^2 + 1)} n$$

이다. 따라서 $n^* // n$이다. 그러므로 C, C^*는 베르트랑곡선이다.

(⇒) 단위속력곡선 C는 $x = x(s)$로 주어지고 C, C^*는 베르트랑곡선이라 하자. 문제 3.10에 의하여 C^*는 다음과 같이 나타낼 수 있다.

$$x^* = x(s) + \alpha n(s), \alpha = (\text{상수}) \neq 0.$$

이때,

$$\frac{d\mathrm{x}^*}{ds}=(1-\alpha\kappa)\mathrm{t}+\alpha\tau\mathrm{b},$$

$$\mathrm{t}^*=\frac{d\mathrm{x}^*}{ds}\frac{ds}{ds^*}=[(1-\alpha\kappa)\mathrm{t}+\alpha\tau\mathrm{b}]\frac{ds}{ds^*}.$$

문제 3.10에 의하여 $\mathrm{t}\cdot\mathrm{t}^*=(상수)=\cos\theta$이다. 따라서

$$\cos\theta=\mathrm{t}\cdot\mathrm{t}^*=(1-\alpha\kappa)\frac{ds}{ds^*}.$$

t^*는 t와 b에 의하여 생성되는 평면에서의 단위벡터이고 $\mathrm{t}\cdot\mathrm{t}^*=\cos\theta$이므로 $\mathrm{b}\cdot\mathrm{t}^*=\pm\sin\theta$이다. 그러므로

$$\pm\sin\theta=\mathrm{b}\cdot\mathrm{t}^*=\alpha\tau\frac{ds}{ds^*}.$$

$\alpha\neq0, \tau\neq0, \frac{ds}{ds^*}\neq0$이므로 $\sin\theta\neq0$이다. 위의 두 식에서 $\frac{ds}{ds^*}$를 소거하면,

$$\frac{1-\alpha\kappa}{\alpha\tau}=\pm\cot\theta,\quad \frac{1}{\alpha}=\kappa\pm\tau\cot\theta.$$

이때, $\gamma=\pm\cot\theta$라 놓으면, $\kappa+\gamma\tau=\frac{1}{\alpha}$를 얻는다.

문제 3.12 (⇐) 만일 C는 기둥나선이면, $\kappa=(상수)\neq0, \tau=(상수)\neq0$이다. 그러면 $\alpha\neq0$에 대하여 $\kappa+\gamma\tau=\frac{1}{\alpha}$를 만족하는 $\gamma=(상수)\neq0$가 존재한다. 그러므로 문제 3.11에 의하여 C와 베르트랑곡선을 이루는 곡선은 무수히 많이 존재한다.

(⇒) 곡선 C와 베르트랑곡선을 이루는 두 개의 곡선을 C^*, C^{**}라고 하자. 문제 3.11에 의하여

$$\kappa+\gamma\tau=\frac{1}{\alpha}, \kappa+\gamma^*\tau=\frac{1}{\alpha^*}$$

를 만족하는 상수 $\gamma, \gamma^*, \alpha, \alpha^*$가 존재한다. 이때, $\alpha\neq\alpha^*$이다. 왜냐하면, 만일 $\alpha=\alpha^*$이라면, $\gamma=\gamma^*$이므로 $C^*=C^{**}$이기 때문이다. 따라서 $\gamma\neq\gamma^*$이므로

$$\tau=\frac{1/\alpha^*-1/\alpha}{\gamma^*-\gamma}=(상수)\neq0$$

이다. 그러므로 $\kappa=(상수)\neq0$이다. $\kappa=(상수)\neq0, \tau=(상수)\neq0$는 C의 자연방정식이

므로 곡선 C는 원기둥나선이다.

문제 3.13 $x'(\theta)=(-a\sin\theta, a\cos\theta)$, $\| x'(\theta) \| = a$이므로,

$$\frac{ds}{d\theta}= \| x'(\theta) \| = a,\ s=a\theta$$

이다. $x=(a\cos\frac{s}{a}, a\sin\frac{s}{a})=x(s)$이므로 $t=(-\sin\frac{s}{a}, \cos\frac{s}{a})$이다. 신개선의 방정식은 $x^*=x(s)+(c-s)t$이다. $\theta=0$일 때, $s=0$이다. $x^*(0)=x(0)$이므로 $c=0$이다. 따라서 $x^*=x(s)-st$이다. 즉,

$$\begin{aligned} x^* &= (a\cos\frac{s}{a}, a\sin\frac{s}{a})-s(-\sin\frac{s}{a}, \cos\frac{s}{a}) \\ &= (a(\cos\theta+\theta\sin\theta), a(\sin\theta-\theta\cos\theta)). \end{aligned}$$

문제 3.14 $\frac{dx^*}{ds}=(c-s)\kappa n$이므로 $\| \frac{dx^*}{ds} \| = |(c-s)\kappa|$이다. $\frac{ds^*}{ds}= \| \frac{dx^*}{ds} \|$ 임을 유의하자.

$$t^*=\frac{dx^*}{ds} / \| \frac{dx^*}{ds} \| = \text{sign}[(c-s)\kappa]n$$

이므로

$$k^*=\frac{dt^*}{ds^*}=\frac{dt^*}{ds}\frac{ds}{ds^*}=\frac{\text{sign}[(c-s)\kappa](-\kappa t+\tau b)}{|(c-s)\kappa|}$$

이다. 그러므로

$$\kappa^{*2} = \| k^* \|^2 = \frac{\kappa^2+\tau^2}{(c-s)^2\kappa^2}$$

이다. $\tau^*=-\frac{db^*}{ds^*}\cdot n^*$이다. $\frac{-\kappa t+\tau b}{(c-s)\kappa}=\frac{dt^*}{ds^*}=\kappa^* n^*$이므로, $n^*=\frac{-\kappa t+\tau b}{(c-s)\kappa\kappa^*}$이고

$$b^*=t^*\times n^*=\frac{n\times(-\kappa t+\tau b)}{|(c-s)\kappa|\kappa^*}=\frac{\kappa b+\tau t}{|(c-s)\kappa|\kappa^*}=\frac{\kappa b+\tau t}{\sqrt{\kappa^2+\tau^2}}$$

이다.

$$\frac{db^*}{ds^*}=\frac{db^*}{ds}\frac{ds}{ds^*}$$

$$= \frac{\sqrt{\kappa^2+\tau^2}(\dot{\kappa}\mathrm{b}-\kappa\tau\mathrm{n}+\dot{\tau}\mathrm{t}+\tau\kappa\mathrm{n})-(\kappa^2+\tau^2)^{-1/2}(\dot{\kappa}\kappa+\dot{\tau}\tau)(\kappa\mathrm{b}+\tau\mathrm{t})}{(\kappa^2+\tau^2)\,|\,(c-s)\kappa\,|}$$

이므로,

$$\frac{d\mathrm{b}^*}{ds^*}\cdot\mathrm{n}^*=\frac{1}{(\kappa^2+\tau^2)^{3/2}(c-s)\kappa}\times$$

$$\left[\sqrt{\kappa^2+\tau^2}(-\kappa\dot{\tau}+\dot{\kappa}\tau)-(\kappa^2+\tau^2)^{-1/2}(\dot{\kappa}\kappa+\dot{\tau}\tau)(-\kappa\tau+\kappa\tau)\right]$$

$$=\frac{-\kappa\dot{\tau}+\dot{\kappa}\tau}{(c-s)\kappa(\kappa^2+\tau^2)}$$

이다. 그러므로 $\tau^*=\dfrac{\dot{\kappa}\tau-\kappa\dot{\tau}}{(c-s)\kappa(\kappa^2+\tau^2)}$ 이다.

문제 3.15 $C:\mathrm{x}=\mathrm{x}(s)$는 단위속력평면곡선이라 하자. 그러면 열률은 $\tau=0$이다. C의 신개선은 $\mathrm{x}^*=\mathrm{x}(s)+(c-s)\mathrm{t}$이므로

$$C_1^*:\mathrm{x}_1^*=\mathrm{x}(s)+(c_1-s)\mathrm{t},$$
$$C_2^*:\mathrm{x}_1^*=\mathrm{x}(s)+(c_2-s)\mathrm{t}$$

라고 하자. $\dfrac{d\mathrm{x}_1^*}{ds}=(c_1-s)\kappa\mathrm{n}, \dfrac{d\mathrm{x}_2^*}{ds}=(c_2-s)\kappa\mathrm{n}$ 이다.

$$\frac{ds_i^*}{ds}=\left\|\frac{d\mathrm{x}_i^*}{ds}\right\|=|\,(c_i-s)\kappa\,|$$

이므로,

$$\mathrm{t}_i^*=\frac{d\mathrm{x}_i^*}{ds_i^*}=\frac{d\mathrm{x}_i^*}{ds_i}\frac{ds_i}{ds_i^*}=\mathrm{sign}[(c_i-s)\kappa]\mathrm{n}$$

이다. $\tau=0$이므로,

$$\frac{d\mathrm{t}_i^*}{ds}=\mathrm{sign}[(c_i-s)\kappa](-\kappa\mathrm{t}+\tau\mathrm{b})=\mathrm{sign}[(c_i-s)\kappa](-\kappa\mathrm{t})$$

이다. 그러므로 다음을 얻는다.

$$\mathrm{k}_i^*=\frac{d\mathrm{t}_i^*}{ds_i^*}=\frac{d\mathrm{t}_i^*}{ds_i}\frac{ds_i}{ds_i^*}=\frac{-\kappa\mathrm{t}}{(c-s)\kappa}=\frac{1}{s-c}\mathrm{t},\ \ \kappa_i^*=\|\mathrm{k}_i^*\|=\frac{1}{|\,c-s\,|}$$

$$\frac{1}{s-c}\mathrm{t}=\frac{d\mathrm{t}_i^*}{ds_i^*}=\kappa_i^*\mathrm{n}_i^*=\frac{1}{|c-s|}\mathrm{n}_i^*$$

$$\mathrm{n}_i^*=\frac{|c-s|}{s-c}\mathrm{t}.$$

따라서 C_1^*, C_2^*는 공통인 주법선을 갖는다. 그러므로 C_1^*, C_2^*는 베르트랑곡선이다.

문제 3.16 정의에 의하여 곡선 C의 축폐선 C^*는 C가 C^*의 신개선인 것이다. C^*의 신개선 C의 접선이 C^*의 주법선과 평행하다는 것을 보이면 충분하다. $C^*: \mathrm{x}^*=\mathrm{x}^*(s^*)$라고 하자. 그러면 C^*의 신개선 C는

$$\mathrm{x}=\mathrm{x}^*(s^*)+(c-s^*)\mathrm{t}^*$$

이다.

$$\frac{ds}{ds^*}=\|\mathrm{x}'(s^*)\|$$

$$\frac{d\mathrm{x}}{ds^*}=\mathrm{t}^*-\mathrm{t}^*+(c-s^*)\kappa^*\mathrm{n}^*=(c-s^*)\kappa^*\mathrm{n}^*.\quad \frac{ds}{ds^*}=|(c-s^*)\kappa^*|$$

$$\mathrm{t}=\frac{d\mathrm{x}}{ds}=\frac{d\mathrm{x}}{ds^*}\frac{ds^*}{ds}=\mathrm{sign}[(c-s^*)\kappa^*]\mathrm{n}^*$$

이므로 $\mathrm{t}=\pm\mathrm{n}^*$이다.

문제 3.17 $f(t)=x(t)^2+z(t)^2-y(t)=t^2+(t^3)^2-t^2=t^6$에 대하여

$$f(0)=0, f'(t)=6t^5, f''(t)=30t^4, f'''(t)=120t^3,$$
$$f^{(4)}(t)=360t^2, f^{(5)}(t)=720t, f^{(6)}(t)=720$$

이므로 $f^{(i)}(0)=0, i=0,1,2,3,4,5$이고 $f^{(6)}(0)\neq 0$이다. 따라서 곡선은 $t=0$에서 포물면과 6-점 접촉을 갖는다.

문제 3.18 $s=s_0$에서 곡선 $\mathrm{x}=\mathrm{x}(s)$의 접촉평면은 $(\mathrm{x}(s)-\mathrm{x}_0)\cdot\mathrm{b}_0=0$이다.
$f(s)=(\mathrm{x}(s)-\mathrm{x}_0)\cdot\mathrm{b}_0$에 대하여

$$f'(s)=\mathrm{t}\cdot\mathrm{b}_0, f''(s)=\kappa\mathrm{n}\cdot\mathrm{b}_0, f'''(s)=(\dot{\kappa}\mathrm{n}+\kappa(-\kappa\mathrm{t}+\tau\mathrm{b}))\cdot\mathrm{b}_0$$

$$f(s_0)=0, f'(s_0)=\mathrm{t}_0\cdot\mathrm{b}_0=0,\ f'''(s_0)=\dot{\kappa}_0\mathrm{n}_0\cdot\mathrm{b}_0-\kappa_0^2\mathrm{t}_0\cdot\mathrm{b}_0+\kappa_0\tau_0\mathrm{b}_0\cdot\mathrm{b}_0=\kappa_0\tau_0$$

이다. $f(s_0)=f'(s_0)=f''(s_0)=f'''(s_0)=0$이기 위한 필요충분조건은 $\kappa_0=0$ 또는

$\tau_0 = 0$이다.

문제 3.19 곡선 $\mathrm{x}=\mathrm{x}(s)$의 곡률중심의 자취는 곡선 $\mathrm{y}=\mathrm{x}(s)+\frac{1}{\kappa}\mathrm{n}$이다.

($\Leftarrow$) 이것은 평면곡선 $\mathrm{x}=\mathrm{x}(s)$의 유일한 평면축폐선이다.

($\Rightarrow$) $\mathrm{x}=\mathrm{x}(s)$의 축폐선은 다음과 같다.

$$\mathrm{x}^*=\mathrm{x}(s)+\frac{1}{\kappa}\mathrm{n}+\frac{1}{\kappa}[\cot(\int \tau ds+c)]\mathrm{b}.$$

$\mathrm{y}=\mathrm{x}^*$이므로 $\cot(\int \tau ds+c)=0$이다. 따라서 $\int \tau ds=\frac{\pi}{2}-c=$(상수)이다. 그러므로 $\tau=0$이다. 따라서 $\mathrm{x}=\mathrm{x}(s)$는 평면곡선이다.

문제 3.20 평면곡선의 열률은 $\tau=0$이다. 곡선 $\mathrm{x}=\mathrm{x}(s)$의 곡률중심의 자취는 $\mathrm{y}=\mathrm{x}(s)+\frac{1}{\kappa}\mathrm{n}$이다. 이를 미분하면,

$$\frac{d\mathrm{y}}{ds}=\mathrm{t}-\frac{\dot{\kappa}}{\kappa^2}\mathrm{n}+\frac{1}{\kappa}(-\kappa\mathrm{t}+\tau\mathrm{b})=-\frac{\dot{\kappa}}{\kappa^2}\mathrm{n}$$

을 얻는다. 점 $\mathrm{x}(s_1)$과 $\mathrm{x}(s_2)$ 사이에서 $\dot{\kappa}\geqq 0$이라 가정하자. $s_1<s_2$라고 하자. 그러면

$$\| \frac{d\mathrm{y}}{ds} \| = \frac{\dot{\kappa}}{\kappa^2}$$

이고, 곡률중심의 자취에 대응하는 호의 길이는 다음과 같다.

$$\int_{s_1}^{s_2} \| \frac{d\mathrm{y}}{ds} \| ds=\int_{s_1}^{s_2}\frac{\dot{\kappa}}{\kappa^2}ds=[-\frac{1}{\kappa}]_{s_1}^{s_2}=\frac{1}{\kappa(s_1)}-\frac{1}{\kappa(s_2)}.$$

문제 3.21 구면곡률중심의 자취는 $\mathrm{y}=\mathrm{x}(s)+\frac{1}{\kappa}\mathrm{n}-\frac{\dot{\kappa}}{\kappa^2\tau}\mathrm{b}$이다. 이 자취의 접선벡터는 다음과 같다.

$$\begin{aligned}\frac{d\mathrm{y}}{ds}&=\mathrm{t}-\frac{\dot{\kappa}}{\kappa^2}\mathrm{n}+\frac{1}{\kappa}\dot{\mathrm{n}}-\frac{d}{ds}(\frac{\dot{\kappa}}{\kappa^2\tau})\mathrm{b}-\frac{\dot{\kappa}}{\kappa^2\tau}\dot{\mathrm{b}}\\&=[\frac{\tau}{\kappa}-\frac{d}{ds}(\frac{\dot{\kappa}}{\kappa^2\tau})]\mathrm{b}.\end{aligned}$$

그러므로 $\frac{d\mathrm{y}}{ds}//\mathrm{b}$이다.

문제 3.22 C는 단위속력평면곡선이므로 $\tau=0$이다. 곡선 C^*는 다음과 같이 정의하자.

$$\mathrm{x}^*=\mathrm{x}(s)+\alpha\mathrm{n}(s),\alpha=(\text{상수}).$$

$$\frac{d\mathrm{x}^*}{ds}=\mathrm{t}+\alpha(-\kappa\mathrm{t}+\tau\mathrm{b})=(1-\alpha\kappa)\mathrm{t},\ \left\|\frac{d\mathrm{x}^*}{ds}\right\|=|1-\alpha\kappa|$$

$$\frac{ds^*}{ds}=\left\|\frac{d\mathrm{x}^*}{ds}\right\|=|1-\alpha\kappa|$$

이므로,

$$\mathrm{t}^*=\frac{d\mathrm{x}^*}{ds^*}=\frac{d\mathrm{x}^*}{ds}\frac{ds}{ds^*}=\mathrm{sign}\,[(1-\alpha\kappa)]\mathrm{t},$$

$$\kappa^*\mathrm{n}^*=\frac{d\mathrm{t}^*}{ds^*}=\frac{d\mathrm{t}^*}{ds}\frac{ds}{ds^*}=\frac{\kappa}{1-\alpha\kappa}\mathrm{n}$$

이다. 따라서 $\mathrm{n}//\mathrm{n}^*$이므로 곡선 C와 C^*는 베르트랑곡선이다.

문제 3.23 $\mathrm{y}=\mathrm{x}+k\mathrm{x}'=(t+k,t^2+2kt,t^3+3kt^2),\ -\infty<k<\infty.$

문제 3.24 단위속력곡선 C는 $\mathrm{x}=\mathrm{x}(s)$로 주어진다고 하자. 그러면 종법선은

$$\mathrm{y}=\mathrm{x}(s)+\alpha\mathrm{b}(s)$$

이다. C^*의 점 x^*를 그의 종법선이 $\mathrm{x}(s)$에서 C의 종법선 위의 점이라고 하면, $\mathrm{x}^*=\mathrm{x}(s)+\alpha(s)\mathrm{b}(s)$이다. 이를 미분하면,

$$\frac{d\mathrm{x}^*}{ds}=\mathrm{t}+\dot{\alpha}\mathrm{b}-\alpha\tau\mathrm{n}.$$

$\frac{d\mathrm{x}^*}{ds}$는 C^*에 접하므로 $\frac{d\mathrm{x}^*}{ds}$는 b와 b^*에 수직이다. 따라서 $0=\mathrm{b}\cdot\frac{d\mathrm{x}^*}{ds}=\dot{\alpha}$이다. 그러므로 $\alpha=(\text{상수})\neq0$이다. 그러므로 $\frac{d\mathrm{x}^*}{ds}=\mathrm{t}-\alpha\tau\mathrm{n}$이다. 대응하는 점들 사이의 거리는 $\|\mathrm{x}^*-\mathrm{x}(s)\|=|\alpha|$이다. $\mathrm{b}^*=\pm\mathrm{b}$이므로 $\mathrm{n}^*\perp\mathrm{b}$, $\mathrm{n}\perp\mathrm{b}^*$이다. $\mathrm{n}\cdot\frac{d\mathrm{x}^*}{ds}=0$이므로 $\alpha\tau=0$이다. 따라서 $\tau=0$이다. 그러므로 C는 평면곡선이다.

문제 3.25 곡선 $\mathrm{x}=\mathrm{x}(s)$가 구면곡선이기 위한 필요충분조건은

$$\frac{\rho}{\sigma}+\frac{d}{ds}(\dot{\rho}\sigma)=0,\rho=\frac{1}{\kappa},\sigma=\frac{1}{\tau}$$

임을 유의하자. 그러므로

$$0=\frac{\tau}{\kappa}+\frac{d}{ds}\left(-\frac{\dot{\kappa}}{\kappa^2}\cdot\frac{1}{\tau}\right)=\frac{\tau}{\kappa}-\frac{d}{ds}\left(\frac{\dot{\kappa}}{\kappa^2\tau}\right).$$

문제 3.26 $\mathrm{x}=(a\cos t, a\sin t, bt)$, $\kappa=\dfrac{a}{a^2+b^2}, \tau=\dfrac{b}{a^2+b^2}$.

$$\mathrm{n}=(-\cos t, -\sin t, 0)$$

이므로 곡률중심의 자취는

$$\mathrm{y}=\mathrm{x}+\frac{1}{\kappa}\mathrm{n}=(a\cos t-\frac{1}{\kappa}\cos t, a\sin t-\frac{1}{\kappa}\sin t, bt)$$

이다. 이것은 반지름이 $\left|a-\dfrac{1}{\kappa}\right|$ 인 원기둥 위에 놓여 있고 주어진 원기둥나선과 같은 경사도 $2\pi|b|$ 를 갖는다. 이 곡률중심의 자취의 곡률은

$$\kappa_1=\frac{a-\dfrac{1}{\kappa}}{(a-\dfrac{1}{\kappa})^2+b^2}=\frac{a\kappa^2-\kappa}{(a\kappa-1)^2+\kappa^2b^2}$$

이다. 이 곡률중심의 자취의 단위주법선벡터는 $(-\cos t, -\sin t, 0)$ 이다. 따라서 곡률중심의 자취에 대한 곡률중심의 자취는 다음과 같다.

$$\begin{aligned}\mathrm{y}&=((a-\frac{1}{\kappa})\cos t, (a-\frac{1}{\kappa})\sin t, bt)+\frac{1}{\kappa_1}(-\cos t, -\sin t, 0)\\&=(a\cos t, a\sin t, bt).\end{aligned}$$

왜냐하면

$$\begin{aligned}\frac{1}{\kappa}+\frac{1}{\kappa_1}&=\frac{1}{\kappa}+\frac{(a\kappa-1)^2+\kappa^2b^2}{a\kappa^2-\kappa}=\frac{a\kappa-1+a^2\kappa^2-2a\kappa+1+\kappa^2b^2}{\kappa(a\kappa-1)}\\&=\frac{-a\kappa+\kappa^2(a^2+b^2)}{\kappa(a\kappa-1)}=\frac{-a+a}{a\kappa-1}=0\end{aligned}$$

이기 때문이다.

문제 3.27 $\mathrm{x}=(a\cos t, a\sin t, bt)$, $\kappa=\dfrac{a}{a^2+b^2}, \tau=\dfrac{b}{a^2+b^2}$.

$$\mathrm{n}=(-\cos t,-\sin t,0).$$

곡률중심의 자취는 $\mathrm{y}=\mathrm{x}+\frac{1}{\kappa}\mathrm{n}=(a\cos t-\frac{1}{\kappa}\cos t,a\sin t-\frac{1}{\kappa}\sin t,bt)$ 이므로 곡률중심의 자취의 열률은 $\tau_1=\dfrac{b}{(a-\frac{1}{\kappa})^2+b^2}$ 이다.

$$\tau\tau_1=\frac{b}{a^2+b^2}\cdot\frac{b}{(a-\frac{1}{\kappa})^2+b^2}$$

$$=\frac{b\kappa}{a}\cdot\frac{b\kappa^2}{(a\kappa-1)^2+b^2\kappa^2}=\frac{b\kappa}{a}\cdot\frac{b\kappa^2}{(a^2+b^2)\kappa^2-2a\kappa+1}$$

$$=\frac{b^2\kappa^3}{a}\cdot\frac{1}{1-a\kappa}=\frac{b^2\kappa^3}{a}\cdot\frac{a^2+b^2}{b^2}=\kappa^2.$$

문제 3.28 $C:\mathrm{x}=\mathrm{x}(s)$와 $C^*:\mathrm{x}^*=\mathrm{x}(s)+\alpha\mathrm{n}(s),\alpha=$(상수)은 베르트랑곡선이라 하자.

$$\frac{d\mathrm{x}^*}{ds^*}\frac{ds^*}{ds}=\frac{d\mathrm{x}^*}{ds}=\mathrm{t}+\alpha(-\kappa\mathrm{t}+\tau\mathrm{b})=(1-\alpha\kappa)\mathrm{t}+\alpha\tau\mathrm{b}$$

$$\mathrm{t}^*\cdot\mathrm{n}^*=\mathrm{t}^*\cdot\mathrm{n}=0$$

$$\mathrm{t}^*\frac{ds^*}{ds}=(1-\alpha\kappa)\mathrm{t}+\alpha\tau\mathrm{b}$$

이므로, 다음을 얻는다.

$$(\mathrm{t}\cdot\mathrm{t}^*)\frac{ds^*}{ds}=1-\alpha\kappa$$

$$(\mathrm{b}\cdot\mathrm{t}^*)\frac{ds^*}{ds}=\alpha\tau.$$

이를 미분하면,

$$-\tau(\mathrm{n}\cdot\mathrm{t}^*)\frac{ds^*}{ds}+\kappa^*(\mathrm{b}\cdot\mathrm{n}^*)(\frac{ds^*}{ds})^2+(\mathrm{b}\cdot\mathrm{t}^*)\frac{d^2s^*}{ds^2}=\alpha\dot{\tau}.$$

$\mathrm{b}\cdot\mathrm{t}^*=0,\mathrm{b}\cdot\mathrm{n}^*=0$이므로 $(\mathrm{b}\cdot\mathrm{t}^*)\frac{d^2s^*}{ds^2}=\alpha\dot{\tau}$이다. 따라서

$$\frac{d^2s^*}{ds^2}/\frac{ds^*}{ds}=\frac{\dot{\tau}}{\tau}.$$

즉, $\ln\dfrac{ds^*}{ds}=\ln\tau+\ln a,\ \dfrac{ds^*}{ds}=a\tau$이다. C와 C^*를 교환하여 생각하면, $\dfrac{ds}{ds^*}=a^*\tau^*$를 얻는다. 그러므로 $\tau\tau^*=$(상수)이다.

문제 3.29 $(\Rightarrow)$ $C: \mathrm{x}=\mathrm{x}(s), \overline{C}: \overline{\mathrm{x}}=\overline{\mathrm{x}}(\overline{s})$라 하고, $\mathrm{n}=\overline{\mathrm{b}}$이라 하자.

$$\overline{\mathrm{x}}(\overline{s})=\mathrm{x}(s)+\alpha(s)\mathrm{n}$$

이다. 이를 미분하면,

$$\begin{aligned}\overline{\mathrm{t}}\frac{d\overline{s}}{ds}&=\mathrm{t}+\dot{\alpha}\mathrm{n}+\alpha(-\kappa\mathrm{t}+\tau\mathrm{b})\\&=(1-\alpha\kappa)\mathrm{t}+\dot{\alpha}\mathrm{n}+\alpha\tau\mathrm{b}.\end{aligned}$$

$\mathrm{n}=\overline{\mathrm{b}}$와 내적을 만들면, $\dot{\alpha}=0, \alpha=$(상수)임을 알 수 있다. 그러므로

$$\overline{\mathrm{t}}\frac{d\overline{s}}{ds}=(1-\alpha\kappa)\mathrm{t}+\alpha\tau\mathrm{b}$$

이다. 이를 미분하면,

$$\begin{aligned}\overline{\kappa}\overline{\mathrm{n}}\left(\frac{d\overline{s}}{ds}\right)^2+\overline{\mathrm{t}}\frac{d^2\overline{s}}{ds^2}&=-\alpha\dot{\kappa}\mathrm{t}+\kappa(1-\alpha\kappa)\mathrm{n}+\alpha\dot{\tau}\mathrm{b}-\alpha\tau^2\mathrm{n}\\&=-\alpha\dot{\kappa}\mathrm{t}+(\kappa-\alpha\kappa^2-\alpha\tau^2)\mathrm{n}+\alpha\dot{\tau}\mathrm{b}.\end{aligned}$$

$\overline{\mathrm{b}}=\mathrm{n}$과 내적을 만들면, 다음을 얻는다.

$$\kappa-\alpha\kappa^2-\alpha\tau^2=0, \kappa=\alpha(\kappa^2+\tau^2).$$

$(\Leftarrow)$ $\kappa=\alpha(\kappa^2+\tau^2)$이라 하자. $\overline{\mathrm{t}}\dfrac{d\overline{s}}{ds}=(1-\alpha\kappa)\mathrm{t}+\alpha\tau\mathrm{b}$이므로

$$\overline{\mathrm{t}}\frac{d\overline{s}}{ds}=\left(1-\frac{\kappa^2}{\kappa^2+\tau^2}\right)\mathrm{t}+\frac{\kappa\tau}{\kappa^2+\tau^2}\mathrm{b}=\tau\cdot\frac{\tau\mathrm{t}+\kappa\mathrm{b}}{\kappa^2+\tau^2}$$

이다. 따라서 $\overline{\mathrm{t}}\cdot\mathrm{n}=0$이다.

$$\begin{aligned}\overline{\kappa}\overline{\mathrm{n}}\left(\frac{d\overline{s}}{ds}\right)^2+\overline{\mathrm{t}}\frac{d^2\overline{s}}{ds^2}&=-\alpha\dot{\kappa}\mathrm{t}+(\kappa-\alpha\kappa^2-\alpha\tau^2)\mathrm{n}+\alpha\dot{\tau}\mathrm{b}\\&=-\alpha\dot{\kappa}\mathrm{t}+\alpha\dot{\tau}\mathrm{b}\end{aligned}$$

이므로 $\bar{\mathrm{n}}\cdot\mathrm{n}=0$이다. 그러므로 $\bar{\mathrm{b}}=\pm\mathrm{n}$이다.

문제 3.30 $\kappa=\dfrac{a}{a^2+b^2},\tau=\dfrac{b}{a^2+b^2},\mathrm{n}=(-\cos t,-\sin t,0)$.

접촉구면의 중심(구면곡률중심)은 $\mathrm{y}=\mathrm{x}+\dfrac{1}{\kappa}\mathrm{n}-\dfrac{\dot{\kappa}}{\kappa^2\tau}\mathrm{b}=\mathrm{x}+\dfrac{1}{\kappa}\mathrm{n}$이다.

접촉원의 중심(곡률중심)은 $\mathrm{y}=\mathrm{x}+\dfrac{1}{\kappa}\mathrm{n}$이다.

문제 3.31 접촉구면의 중심(구면곡률중심)은 $\mathrm{y}=\mathrm{x}+\dfrac{1}{\kappa}\mathrm{n}-\dfrac{\dot{\kappa}}{\kappa^2\tau}\mathrm{b}$, $\kappa\neq0,\tau\neq0$이다.

$$\|\mathrm{x}-\mathrm{y}\|=\|\frac{1}{\kappa}\mathrm{n}-\frac{\dot{\kappa}}{\kappa^2\tau}\mathrm{b}\|=(\frac{1}{\kappa^2}+(\frac{\dot{\kappa}}{\kappa^2\tau})^2)^{1/2}=r=(\text{일정})$$

이므로,

$$r^2=\frac{1}{\kappa^2}+(\frac{\dot{\kappa}}{\kappa^2\tau})^2=\rho^2+(\dot{\rho}\sigma)^2,\ \rho=\frac{1}{\kappa},\sigma=\frac{1}{\tau}$$

이다. 이를 미분하면, 다음을 얻는다.

$$0=2\dot{\rho}\rho+2(\dot{\rho}\sigma)\frac{d}{ds}(\dot{\rho}\sigma)=2(\dot{\rho}\sigma)[\frac{\rho}{\sigma}+\frac{d}{ds}(\dot{\rho}\sigma)],$$

$$\dot{\rho}\sigma=0 \text{ 또는 } \frac{\rho}{\sigma}+\frac{d}{ds}(\dot{\rho}\sigma)=0.$$

만일 $\dfrac{\rho}{\sigma}+\dfrac{d}{ds}(\dot{\rho}\sigma)=0$이면, 정리 8.3에 의하여 주어진 곡선은 구면곡선이다. 만일 $\dot{\rho}\sigma=0$이면, $\sigma=\dfrac{1}{\tau}\neq0$이므로 $\dot{\rho}=0$, 즉, $\dfrac{1}{\kappa}=\rho=(\text{상수})$이다. 그러므로 주어진 곡선은 정곡률곡선이다.

문제 3.32 법평면의 방정식은 $(\mathrm{y}-\mathrm{x})\cdot\mathrm{t}=0$이다. 이 법평면은 일정한 점 y_0를 지난다고 하자. 그러면 $(\mathrm{y}_0-\mathrm{x})\cdot\mathrm{t}=0$이다. 이를 미분하면, 다음을 얻는다.

$$-1+(\mathrm{y}_0-\mathrm{x})\cdot(\kappa\mathrm{n})=0,\ (\mathrm{y}_0-\mathrm{x})\cdot(\kappa\mathrm{n})=1.$$

이를 다시 미분하면, 다음을 얻는다.

$$(\mathrm{y}_0-\mathrm{x})\cdot(\dot{\kappa}\mathrm{n}+\kappa\dot{\mathrm{n}})=0,$$

$$\dot{\kappa}(\mathrm{y}_0-\mathrm{x})\cdot\mathrm{n}+\kappa(\mathrm{y}_0-\mathrm{x})\cdot(-\kappa\mathrm{t}+\tau\mathrm{b})=0.$$

$(\mathrm{y}_0-\mathrm{x})\cdot\mathrm{t}=0$이고, $(\mathrm{y}_0-\mathrm{x})\cdot\mathrm{n}=\dfrac{1}{\kappa}$이므로,

$$\frac{\dot{\kappa}}{\kappa}+\kappa\tau(\mathrm{x}-\mathrm{y}_0)\cdot\mathrm{b}=0,\ (\mathrm{x}-\mathrm{y}_0)\cdot\mathrm{b}=-\frac{\dot{\kappa}}{\kappa^2\tau}=\dot{\rho}\sigma$$

이다. $\mathrm{x}-\mathrm{y}_0$의 t,n,b에 관한 성분은 각각 $0,\rho,\dot{\rho}\sigma$이다. 그러므로

$$\|\mathrm{x}-\mathrm{y}_0\|=\sqrt{\rho^2+(\dot{\rho}\sigma)^2}$$

이다. 따라서 곡선 $\mathrm{x}=\mathrm{x}(s)$는 구면곡선이다.

제 4 장

문제 4.1 $\frac{x^2}{a^2}+\frac{y^2}{b^2}+\frac{z^2}{c^2}=\sin^2\phi\cos^2\theta+\sin^2\phi\sin^2\theta+\cos^2\theta=1$.

$\phi=0$일 때, $\mathrm{x}(\theta,0)=(0,0,c)$이고 $\phi=\pi$일 때, $\mathrm{x}(\theta,\pi)=(0,0,-c)$이다. x는 분명히 C^∞-급이다.

$$\mathrm{x}_\theta=(-a\sin\phi\sin\theta, b\sin\phi\cos\theta, 0),\ \mathrm{x}_\phi=(a\cos\phi\cos\theta, b\cos\phi\sin\theta, -c\sin\phi)$$

$$\mathrm{x}_\theta\times\mathrm{x}_\phi=(-bc\sin^2\phi\cos\theta, -ac\sin^2\phi\sin\theta, -ab\sin\phi\cos\phi)$$

$$\begin{aligned}\|\mathrm{x}_\theta\times\mathrm{x}_\phi\| &= |\sin\phi|\,[(a^2\sin^2\theta+b^2\cos^2\theta)c^2\sin^2\phi+a^2b^2\cos^2\phi]^{1/2}\\ &\geqq |\sin\phi|\,[(a^2\sin^2\theta+a^2\cos^2\theta)a^2\sin^2\phi+a^4\cos^2\phi]^{1/2}\\ &\geqq |\sin\phi|\,a^2\neq 0\end{aligned}$$

이므로 x는 C^∞-급정칙매개변수표현이다.

$\phi=\phi_0$일 때, θ-곡선은 타원면과 평면 $z=c\cos\phi_0$와의 공통부분이다. 이 곡선은 타원 $\frac{x^2}{a^2}+\frac{y^2}{b^2}=1-c\cos\phi_0$이다. $\theta=\theta_0$일 때, ϕ-곡선은 $\sin\phi>0$이므로 타원면과 반평면 $x=a\sin\phi\cos\theta_0, y=b\sin\phi\sin\theta_0$와의 공통부분이다. 이 곡선은 반타원이다.

문제 4.2 $\mathrm{g}_1,\mathrm{g}_2,\mathrm{g}_3$는 $\mathbb{R}^3$의 표준기저 $\mathrm{e}_1,\mathrm{e}_2,\mathrm{e}_3$를 z-축 둘레로 각 θ만큼 회전하여 얻어진 기저라고 하자. 종단면곡선 $\begin{cases}x=f(t)\\ z=g(t)\end{cases}$을 z-축 둘레로 각 θ만큼 회전하여 얻어진 곡선은 $\mathrm{g}_1\mathrm{g}_3$-평면에 있으므로 그 곡선은

$$\mathrm{x}=f(t)\mathrm{g}_1+g(t)\mathrm{g}_3$$

이다. 그러나 $\mathrm{g}_1=(\cos\theta,\sin\theta,0), \mathrm{g}_3=\mathrm{e}_3$이므로 $\mathrm{x}=(f(t)\cos\theta, f(t)\sin\theta, g(t))$이다. f,g는 C^m-급이므로 $\mathrm{x}=\mathrm{x}(t,\theta)$도 C^m-급이다.

$$\mathrm{x}_t=(f'\cos\theta, f'\sin\theta, g'),\ \mathrm{x}_\theta=(-f\sin\theta, f\cos\theta, 0)$$

$$\mathrm{x}_t\times\mathrm{x}_\theta=(-g'f\cos\theta, -g'f\sin\theta, f'f)$$

$$\|\mathrm{x}_t\times\mathrm{x}_\theta\|=f(f'^2+g'^2)^{1/2}.$$

$\begin{cases}x=f(t)\\ z=g(t)\end{cases}$는 정칙곡선이고 $f>0$이므로 $\|\mathrm{x}_t\times\mathrm{x}_\theta\|=f(f'^2+g'^2)^{1/2}\neq 0$이다. 따라서 x는 C^m-급정칙매개변수표현이다. 또한, $\mathrm{x}_t\cdot\mathrm{x}_\theta=0$이므로 t-곡선(경선)과 θ-곡선(위

선)은 서로 수직이다.

문제 4.3 y,g는 C^m-급이므로, x도 C^m-급이다.

$$\mathrm{x}_u = \frac{d\mathrm{y}}{du} + v\frac{d\mathrm{g}}{du}, \mathrm{x}_v = \mathrm{g}$$
$$\mathrm{x}_u \times \mathrm{x}_v = (\mathrm{y}' + v\mathrm{g}') \times \mathrm{g} \neq \mathrm{O}$$

이므로, $\mathrm{x} = \mathrm{x}(u,v)$는 선직면의 C^m-급정칙매개변수표현이다. 선직면의 매개변수표현에서 $u = u_0$일 때, v-곡선은 모선이다.

문제 4.4 $z = (x-y)(x+y)$이다. 평면 $x+y=u_0$과 이 곡면과의 공통부분은 평면 $x+y=u_0$과 $z = u_0(x-y)$에 의하여 결정되는 직선이다. 따라서 $\begin{cases} x-y=u \\ x+y=v \end{cases}$라 놓으면,

$$\begin{cases} x = \frac{1}{2}(u+v) \\ y = \frac{1}{2}(u-v) \\ z = uv \end{cases}$$

이다. 즉, $\mathrm{x} = (\frac{1}{2}(u+v), \frac{1}{2}(u-v), uv)$이다. 이때, u-곡선과 v-곡선들은 직선들이다. 따라서 쌍곡포물면은 2중선직면이다. x를 선직형식으로 나타내면, 다음과 같다.

$$\mathrm{x} = (\frac{1}{2}u, \frac{1}{2}u, 0) + v(\frac{1}{2}, -\frac{1}{2}, u) = \mathrm{y}(u) + v\mathrm{g}(u).$$

$v=0$일 때, u-곡선은 직선 $\mathrm{y} = \mathrm{y}(u) = (\frac{1}{2}u, \frac{1}{2}u, 0)$이고 이것은 쌍곡포물면의 기저곡선이다. $\mathrm{g}(u) = (\frac{1}{2}, -\frac{1}{2}, u)$는 점 $\mathrm{y}(u)$에서 곡선 $\mathrm{y} = \mathrm{y}(u)$의 모선의 방향벡터이다. 같은 방법으로,

$$\mathrm{x} = (\frac{1}{2}v, -\frac{1}{2}v, 0) + u(\frac{1}{2}, \frac{1}{2}, v) = \mathrm{y}(v) + u\mathrm{g}(v)$$

도 쌍곡포물면의 선직형식이다. $u=0$일 때, v-곡선은 기저곡선 $\mathrm{y} = \mathrm{y}(v) = (\frac{1}{2}v, -\frac{1}{2}v, 0)$이다. $\mathrm{g}(v) = (\frac{1}{2}, \frac{1}{2}, v)$는 점 $\mathrm{y}(v)$에서 기저곡선 $\mathrm{y} = \mathrm{y}(v)$의 모선의 방향벡터이다.

해답

문제 4.5 기저곡선 $\mathrm{y}=\mathrm{y}(u)$을 z-축으로 택하고, $\mathrm{y}=(0,0,u)$이라 놓자. 모선이 xy-평면 π에 평행하므로, 모선의 단위방향벡터는

$$\mathrm{g}(u)=(\cos\theta(u),\sin\theta(u),0)$$

이다. 따라서 직원뿔곡선면의 선직형식은 다음과 같다.

$$\mathrm{x}=\mathrm{y}(u)+v\mathrm{g}(u)=(v\cos\theta(u),v\sin\theta(u),u)$$

$\theta(u)$는 C^m-급이므로 x도 C^m-급이다.

$$\mathrm{x}_u=(-v\theta'\sin\theta(u),v\theta'\cos\theta(u),1),\ \mathrm{x}_v=(cos\theta(u),\sin\theta(u),0)$$

$$\mathrm{x}_u\times\mathrm{x}_v=(-\sin\theta(u),\cos\theta(u),-v\theta')$$

$$\|\mathrm{x}_u\times\mathrm{x}_v\|=(v^2\theta'^2+1)^{1/2}\neq 0$$

이므로 x는 C^m-급정칙매개변수표현이다. 만일 $\theta'\neq 0$, 즉, $\theta(u)$가 C^m-급 정칙곡선이면, 함수 $\theta=\theta(u)$는 역함수 정리에 의하여 C^m-급역함수 $u=u(\theta)$를 갖는다. 이때,

$$\mathrm{x}=(v\cos\theta,v\sin\theta,u(\theta)).$$

문제 4.6 x는 분명히 C^∞-급이다.

$$\mathrm{x}_u=(2u,v,0),\ \mathrm{x}_v=(0,u,2v)$$

$$\mathrm{x}_u\times\mathrm{x}_v=(2v^2,-4uv,2u^2)$$

$$\|\mathrm{x}_u\times\mathrm{x}_v\|=2(v^4+4u^2v^2+u^4)^{1/2}\neq 0$$

x는 분명히 단사이다. 왜냐하면, 만일 $\mathrm{x}(u_1,v_1)=\mathrm{x}(u_2,v_2)$이면, $u_1^2=u_2^2$, $u_1v_1=u_2v_2$이고, $u_i,v_i>0$이므로 $u_1=u_2, v_1=v_2$이다. 따라서 $(u_1,v_1)=(u_2,v_2)$이다. 역사상 $\mathrm{x}^{-1}(u^2,uv,v^2)=(u,v)$은 연속이므로 x는 위상동형사상이다. 그러므로 x는 C^m-급좌표조각사상이다.

문제 4.7 $\mathrm{x}=(x,y,\frac{x^2}{a^2}-\frac{y^2}{b^2})$은 C^∞-급몽주좌표조각사상이다. 이것은 곡면을 덮는다. 또한, 이 사상은 곡면과 열린집합 $\mathbb{R}^3$과의 공통부분이다.

문제 4.8 $\begin{cases} f_x=2x-2 \\ f_y=z \\ f_z=y \end{cases}$ 이므로 $f_x=0, f_y=0, f_z=0$이기 위한 필요충분조건은 $(x,y,z)=(1,0,0)$

다. 이 점이 $f(x,y,z) \equiv x^2 - 2x + yz = c$를 만족하는 유일한 점이기 위한 필요충분조건은 $c = -1$이다. 따라서 $c \neq -1$이면,

$$f(x,y,z) \equiv x^2 - 2x + yz = c$$

는 단순곡면이다.

문제 4.9 $f(x_1,x_2,x_3) \equiv \dfrac{x_1^2}{a^2} \pm \dfrac{x_2^2}{b^2} \pm \dfrac{x_3^2}{c^2}$이라 놓으면, f는 C^∞-급이다.

$$f_{x_1} = \frac{2x_1}{a^2}, f_{x_2} = \pm\frac{2x_2}{b^2}, f_{x_3} = \pm\frac{2x_3}{c^2}$$

이므로 $f_{x_i} = 0, i = 1,2,3$이기 위한 필요충분조건은 $(x_1,x_2,x_3) = (0,0,0)$이다. $(x_1,x_2,x_3) \neq (0,0,0)$이므로 문제 4.8에 의하여 (1), (2), (3), (6)은 C^∞-급 단순곡면이다.

$f(x_1,x_2,x_3) \equiv \dfrac{x_1^2}{a^2} \pm \dfrac{x_2^2}{b^2} - x_3$이라 놓으면, f는 C^∞-급이다. $f_{x_3} = -1 \neq 0$이므로 문제 4.8에 의하여 (4), (5)는 C^∞-급 단순곡면이다.

문제 4.10 곡면 S의 정칙매개변수표현을

$$\mathrm{x}(u,v) = (x_1(u,v), x_2(u,v), x_3(u,v)), \quad (u,v) \subset U$$

라고 하자.

$$rank\begin{pmatrix} \dfrac{\partial x_1}{\partial u} & \dfrac{\partial x_1}{\partial v} \\ \dfrac{\partial x_2}{\partial u} & \dfrac{\partial x_2}{\partial v} \\ \dfrac{\partial x_3}{\partial u} & \dfrac{\partial x_3}{\partial v} \end{pmatrix} = 2$$

이므로 $\begin{vmatrix} \dfrac{\partial x_1}{\partial u} & \dfrac{\partial x_1}{\partial v} \\ \dfrac{\partial x_2}{\partial u} & \dfrac{\partial x_2}{\partial v} \end{vmatrix} \neq 0$이라 가정하자. 그러면 역함수의 정리에 의하여 열린집합 $W \subset U$가 존재하여 $x_1 = x_1(u,v), x_2 = x_2(u,v)$는 W에서 단사이고 W의 상은 열린집합이며 그 함수는 W의 상에서 C^m-급의 역함수 $u = u(x_1,x_2)$, $v = v(x_1,x_2)$를 갖는다. 따라서 W의 상에서 $\mathrm{x} = (x_1, x_2, x_3(x_1,x_2))$이다. 이것은 W의 상에서 몽주좌표조각사상이다. 이것

은 W에서 위상동형사상 $\begin{cases} x_1 = x_1(u,v) \\ x_2 = x_2(u,v) \end{cases}$와 W의 상에서 위상동형사상 $\begin{cases} u = u(x_1,x_2) \\ v = v(x_1,x_2) \end{cases}$와

의 합성사상이므로 x는 W에서 위상동형사상이다.

문제 4.11 S 안의 임의의 좌표조각사상 $\mathrm{x} = \mathrm{x}(u,v)$의 상은 G라고 하자. 각 점 $P \in G$에 대하여 P의 근방 $N(P)$가 존재하여 $S \cap N(P) \subset G$이다. $O = \bigcup_{P \in S} N(P)$라고 하자. 그러면 $O \subset \mathbb{R}^3$는 열린집합이다. 이때, $G = S \cap O$임을 보이자.

(⊂) $Q \in G$라고 하자. 그러면 $Q \in S$이고 $Q \in O$임을 알 수 있다. 그러므로 $Q \in S \cap O$이다.

(⊃) $Q \in S \cap O$이라 하자. $Q \in S \cap (\bigcup_{P \in S} N(P)) = \bigcup_{P \in S} (S \cap N(P))$이므로 $P \in S$가 존재하여 $Q \in S \cap N(P) \subset G$이다. 그러므로 S 안의 모든 좌표조각사상은 S와 $\mathbb{R}^3$에서의 열린집합과의 공통부분이다.

문제 4.12 이것은 구면 $\mathrm{x} = \mathrm{x}(\theta,\phi)$ 위의 곡선 $\mathrm{y}(t) = \mathrm{x}(\ln t, 2\tan^{-1} t)$의 접선벡터 $\dfrac{d\mathrm{y}}{dt}$가 ϕ-곡선(경선)의 접선벡터 x_ϕ 와의 사잇각 α가 일정함을 보이면 된다.

$$\mathrm{x}_\theta = (-\sin\phi\sin\theta, \sin\phi\cos\theta, 0),\ \mathrm{x}_\phi = (\cos\phi\cos\theta, \cos\phi\sin\theta, -\sin\phi)$$

$$\mathrm{x}_\theta \cdot \mathrm{x}_\theta = \sin^2\phi, \mathrm{x}_\theta \cdot \mathrm{x}_\phi = 0, \mathrm{x}_\phi \cdot \mathrm{x}_\phi = 1$$

$$\frac{d\theta}{dt} = \frac{1}{t}, \frac{d\phi}{dt} = \frac{2}{1+t^2}.$$

구면 위의 곡선 $\mathrm{y} = \mathrm{y}(t)$의 접선벡터는 $\dfrac{d\mathrm{y}}{dt} = \mathrm{x}_\theta \dfrac{d\theta}{dt} + \mathrm{x}_\phi \dfrac{d\phi}{dt}$이므로

$$\left\| \frac{d\mathrm{y}}{dt} \right\| = (\| \mathrm{x}_\theta \|^2 (\frac{d\theta}{dt})^2 + \| \mathrm{x}_\phi \|^2 (\frac{d\phi}{dt})^2)^{1/2}$$
$$= (\frac{\sin^2\phi}{t^2} + \frac{4}{(1+t^2)^2})^{1/2}.$$

$\tan\dfrac{\phi}{2} = t$이므로 $\cos\dfrac{\phi}{2} = \dfrac{1}{(1+t^2)^{1/2}}, \sin\dfrac{\phi}{2} = \dfrac{t}{(1+t^2)^{1/2}}$이다. 그러므로

$\sin\phi = 2\sin\dfrac{\phi}{2}\cos\dfrac{\phi}{2} = \dfrac{2t}{1+t^2}$이다. 따라서

$$\left\| \frac{d\mathrm{y}}{dt} \right\| = (\frac{4}{(1+t^2)^2} + \frac{4}{(1+t^2)^2})^{1/2} = \frac{2\sqrt{2}}{1+t^2}$$

이다. $\frac{dy}{dt}\cdot x_\phi = \| x_\phi \|^2 \frac{d\phi}{dt} = \frac{2}{1+t^2}$ 이다. $\frac{dy}{dt}$ 와 x_ϕ 와의 사잇각은 α 라 놓으면,

$\cos\alpha = \frac{1}{\sqrt{2}}$ 이므로 $\alpha = \frac{\pi}{4}$ 이다.

문제 4.13 (a) C^m−급정칙곡선 $y = y(u)$ 에 대하여 $g = (\text{상수})$ 는 점 $y(u)$ 에서 영벡터가 아니라고 하자. 이때, $y' \times g \neq O$ 이라 하자. 그러면 기둥면의 선직형식은

$$x = y(u) + vg$$

이다. 이때,

$$x_u = y', x_v = g, x_u \times x_v = y' \times g$$

이므로 단위법선벡터는 $N = \frac{y' \times g}{\| y' \times g \|}$ 이다. 이 벡터는 주어진 u 에 대응하는 모선 $x = y(u) + vg$ 의 매개변수 v 에 독립이다. 그러므로 기둥면의 모선 위의 모든 점에서 접평면은 같다.

(b) 변곡점을 갖지 않는 단위속력곡선 $y = y(s)$ 의 접선곡면은 $x = y(s) + vt(s)$ 이다. 여기서 $t(s) = \frac{dy}{ds}$ 는 $y = y(s)$ 의 단위접선벡터이다.

$$x_s = t + v\kappa(s)n(s), x_v = t(s)$$
$$x_s \times x_v = -v\kappa b(s).$$

$v = 0$ 일 때, $x_s \times x_v = t \times t = O$ 이므로, $v = 0$ 일 때, $x = x(s,v)$ 는 정칙이 아니다. 따라서 이 곡면을 $v > 0, v < 0$ 에 따른 두 부분으로 나누어 생각한다.

$$v > 0 \text{ 일 때, } N = \frac{x_s \times x_v}{\| x_s \times x_v \|} = -b(s)$$

$$v < 0 \text{ 일 때, } N = \frac{x_s \times x_v}{\| x_s \times x_v \|} = b(s)$$

이므로, 단위법선벡터 N은 주어진 s 에 대응하는 모선 $x = y(s) + vt(s)$ 의 매개변수 v 에 독립이다. 그러므로 접선평면의 모선의 각 부분 위의 모든 점에서 접평면은 같다.

문제 4.14 M^c 가 열린집합임을 보이면 된다. $x_0 \in M^c$ 라고 하자. 그러면

$$f(\mathrm{x}_0) = c^* \neq c$$

이다. f는 x_0에서 연속이므로, x_0의 근방 $N_\delta(\mathrm{x}_0)$가 존재하여 모든 $\mathrm{x} \in N_\delta(\mathrm{x}_0)$에 대하여

$$|f(\mathrm{x}) - f(\mathrm{x}_0)| < \frac{1}{2}|c - c^*|$$

이다. 따라서 모든 $\mathrm{x} \in N_\delta(\mathrm{x}_0)$에 대하여 $f(\mathrm{x}) \neq c$이다. 그러므로 $N_\delta(\mathrm{x}_0) \subset M^c$이다. 따라서 M^c는 열린집합이다.

문제 4.15 문제 4.14에 의하여 곡면 (a), (b), (c), (d)는 모두 닫힌곡면이다.

(a) $x=0$일 때, $y^2z^2=1$이다. $y \neq 0$일 때, $z = \pm\frac{1}{y}$이다. 따라서 $\lim_{y\to 0} z = \pm\infty$이므로 이 곡면은 유계가 아니다. 그러므로 주어진 곡면을 긴밀곡면이 아니다.

(b) $x^2, y^4, z^6 \leq x^2+y^4+z^6=1$이므로 $|x| \leq 1$, $|y| \leq 1$, $|z| \leq 1$이다. 따라서 주어진 곡면은 유계이다. 그러므로 주어진 곡면은 긴밀곡면이다.

(c) $z=0$일 때, $(x-y^2)(x+y^2)=1$이다. $x \neq y^2$일 때, $x+y^2 = \frac{1}{x-y^2}$이다.

$\lim_{(x,y)\to(0,0),x\neq y^2}(x+y^2) = \lim_{(x,y)\to(0,0),x\neq y^2}\frac{1}{x-y^2} = \pm\infty$이므로 곡면은 유계가 아니다. 그러므로 주어진 곡면을 긴밀곡면이 아니다.

(d) $(x-1)^2+y^2+z^4=2$이므로, $|x-1| \leq \sqrt{2}$, $|y| \leq \sqrt{2}$, $|z| \leq 2^{1/4}$이다. 따라서 주어진 곡면은 유계이다. 그러므로 주어진 곡면은 긴밀곡면이다.

문제 4.16 $\begin{cases} x = au\cos v \\ y = au\sin v \\ z = bu \end{cases}$ 라 놓으면, $\frac{x^2}{a^2}+\frac{y^2}{a^2}-\frac{z^2}{b^2}=0$이다.

$v=v_0$일 때, u-곡선 $\mathrm{x}(u,v_0) = u(a\cos v_0, a\sin v_0, b)$는 직선이다.

$u=u_0$일 때, v-곡선 $\mathrm{x}(u_0,v) = (au_0\cos v, au_0\sin v, bu_0)$은 평면 $z=bu_0$과 원뿔면과의 공통부분이다. 즉, 반지름이 au_0인 원이다.

문제 4.17 $\begin{cases} x = \frac{1}{2}(u+v) \\ y = \frac{1}{2}(u-v) \\ z = uv \end{cases}$ 라 놓으면, $z = x^2-y^2$이므로 x는 쌍곡포물면의 매개변수표현이다. 분명히 $\mathrm{x} = \mathrm{x}(u,v)$는 C^∞-급이다.

$$x_u = (\frac{1}{2}, \frac{1}{2}, v),\ x_v = (\frac{1}{2}, -\frac{1}{2}, u)$$

$$x_u \times x_v = (\frac{1}{2}u + \frac{1}{2}v, -\frac{1}{2}u + \frac{1}{2}v, -\frac{1}{2}) \neq (0,0,0)$$

이므로 $x = x(u,v)$는 C^{∞}-급 정칙매개변수표현이다.
u-곡선과 v-곡선은 직선임을 알 수 있다.

$v = v_0$일 때, u-곡선은 직선 $\dfrac{x - \frac{v_0}{2}}{\frac{1}{2}} = \dfrac{y + \frac{v_0}{2}}{\frac{1}{2}} = \dfrac{z}{v_0} (= u)$이다.

$u = u_0$일 때, v-곡선은 직선 $\dfrac{x - \frac{u_0}{2}}{\frac{1}{2}} = \dfrac{y - \frac{v_0}{2}}{-\frac{1}{2}} = \dfrac{z}{u_0} (= v)$이다.

문제 4.18 $x = (a\cos u, b\sin u, v)$

문제 4.19

$$x_1^{\pm} = (\pm a\sqrt{1 - \frac{y^2}{b^2} - \frac{z^2}{c^2}}, y, z)$$

$$x_2^{\pm} = (x, \pm b\sqrt{1 - \frac{x^2}{a^2} - \frac{z^2}{c^2}}, z)$$

$$x_3^{\pm} = (x, y, \pm c\sqrt{1 - \frac{x^2}{a^2} - \frac{y^2}{b^2}})$$

문제 4.20 $x = x(u,v), x^* = x^*(\theta,\phi)$는 각각 열린집합 U, U^*에서 정의되어 있다고 하자. U와 $G = x(U)$는 위상동형이고, U^*와 $G^* = x^*(U^*)$는 위상동형이므로 $G \cap G^*$는 열린집합이다. $G \cap G^* \subset G$이므로 열린집합 $W \subset U$가 존재하여 $x(W) = G \cap G^*$임을 알 수 있다. 그러므로 $x = x(u,v)$는 W에서 정의된 좌표조각사상이다. 그의 상은 $G \cap G^*$이다.

문제 4.21 $x_u = (f'\cos\theta, f'\sin\theta, g'),\ x_\theta = (-f\sin\theta, f\cos\theta, 0)$

$$x_u \times x_\theta = (-fg'\cos\theta, -fg'\sin\theta, ff')$$

$$\| x_u \times x_\theta \| = f(f'^2 + g'^2)^{1/2}$$

$$N = \frac{x_u \times x_\theta}{\| x_u \times x_\theta \|} = \frac{1}{(f'^2 + g'^2)^{1/2}} \cdot (-g'\cos\theta, -g'\sin\theta, f').$$

해답

문제 4.22 $x^2-z^2=1-y^2, (x-z)(x+z)=(1-y)(1+y)$.

$x-z=u(1-y)$라 놓으면, $x+z=\frac{1}{u}(1+y)$이고, 이 두 평면의 교선은 직선을 나타낸다. 이 직선은 1엽쌍곡면 위에 있다.

$$\begin{cases} x=\frac{1}{2}(u+\frac{1}{u})+\frac{1}{2}(-u+\frac{1}{u})y \\ z=\frac{1}{2}(-u+\frac{1}{u})+\frac{1}{2}(u+\frac{1}{u})y \end{cases},\quad y=v$$

$$\begin{aligned} \mathrm{x}&=(\frac{1}{2}(u+\frac{1}{u})+\frac{1}{2}(-u+\frac{1}{u})v, v, \frac{1}{2}(-u+\frac{1}{u})+\frac{1}{2}(u+\frac{1}{u})v) \\ &=(\frac{1}{2}(u+\frac{1}{u}), 0, \frac{1}{2}(-u+\frac{1}{u}))+v(\frac{1}{2}(-u+\frac{1}{u}), 1, \frac{1}{2}(u+\frac{1}{u})). \end{aligned}$$

$x-z=v(1+y)$라 놓으면, $x+z=\frac{1}{v}(1-y)$이고. 이 두 평면의 교선은 직선을 나타낸다. 이 직선은 1엽쌍곡면 위에 있다.

$$\begin{cases} x=\frac{1}{2}(v+\frac{1}{v})+\frac{1}{2}(v-\frac{1}{v})y \\ z=\frac{1}{2}(-v+\frac{1}{v})-\frac{1}{2}(v+\frac{1}{v})y \end{cases},\quad y=u$$

$$\begin{aligned} \mathrm{x}&=(\frac{1}{2}(v+\frac{1}{v})+\frac{1}{2}(v-\frac{1}{v})u, u, \frac{1}{2}(-v+\frac{1}{v})-\frac{1}{2}(v+\frac{1}{v})u) \\ &=(\frac{1}{2}(v+\frac{1}{v}), 0, \frac{1}{2}(-v+\frac{1}{v}))+u(\frac{1}{2}(v-\frac{1}{v}), 1, -\frac{1}{2}(v+\frac{1}{v})) \end{aligned}$$

문제 4.23 $\mathrm{x}=\mathrm{y}(u)+v\mathrm{g}(u)=(u+v\cos u, u^2+v\sin u, u^3)$. x는 분명히 C^∞-급이다.

$$\begin{aligned} \mathrm{x}_u&=(1-v\sin u, 2u+v\cos u, 3u^2),\ \mathrm{x}_v=(\cos u, \sin u, 0) \\ \mathrm{x}_u\times\mathrm{x}_v&=(-3u^2\sin u, 3u^2\cos u, \sin u-2u\cos u-v) \\ \|\mathrm{x}_u\times\mathrm{x}_v\|&=[u^4+(\sin u-2u\cos u-v)^2]^{1/2}\neq 0 \end{aligned}$$

이므로 이 표현은 C^∞-급정칙매개변수표현이다.

문제 4.24 x는 분명히 C^m-급이다. $\mathrm{x}_u=v\mathrm{g}', \mathrm{x}_v=\mathrm{g}$이므로

$$\mathrm{x}_u\times\mathrm{x}_v=v(\mathrm{g}'\times\mathrm{g})\neq \mathrm{O}$$

이다. 따라서 $\mathrm{x}=\mathrm{p}+v\mathrm{g}(u)$는 원뿔면의 C^m-급정칙매개변수표현이다.

문제 4.25 기저곡선으로 z-축을 택하면, $\mathrm{y}(u)=(0,0,u)$이다. 모선이 xy-평면에 평행하므로 u의 함수로서 모선의 단위방향벡터는

$$\mathrm{g}=(\cos\theta(u),\sin\theta(u),0)$$

이다. $\mathrm{g}'(u)=\theta'(u)(-\sin\theta(u),\cos\theta(u),0)=(\text{일정})$이므로 $\theta'(u)=c\neq 0$이어야 한다. 따라서 $\theta=\theta(u)=cu+d$이다. 그러므로 $u=a+b\theta$ 꼴이다. 그러므로

$$\begin{aligned}\mathrm{x}&=\mathrm{y}(u)+v\mathrm{g}(u)\\&=(0,0,a+b\theta)+v(\cos\theta,\sin\theta,0)=(v\cos\theta,v\sin\theta,a+b\theta).\end{aligned}$$

문제 4.26 곡선 $\mathrm{y}=\mathrm{y}(s)$의 접선곡면은 $\mathrm{x}=\mathrm{y}(s)+v\mathrm{t}(s)$이다.

$$\mathrm{x}_s=\mathrm{t}+v\kappa\mathrm{n},\quad \mathrm{x}_v=\mathrm{t}$$

$$\mathrm{x}_s\times\mathrm{x}_v=-v\kappa\mathrm{b}$$

$$\|\mathrm{x}_s\times\mathrm{x}_v\|=|v|\kappa$$

이므로 $v\neq 0$일 때, 각 점 (s,v)에서의 단위법선벡터는 $\mathrm{N}=-\frac{v}{|v|}\mathrm{b}$이다. N은 매개변수 v에 독립이다. 그러므로 곡선 $\mathrm{y}=\mathrm{y}(s)$의 접선곡면의 모선 위에서의 접평면은 모선이 지나는 곡선 위의 점에서 그 곡선의 접촉평면과 일치한다.

문제 4.27 $\mathrm{x}(\theta,0)=\mathrm{y}(\theta)=(\cos\theta,\sin\theta,0)$이므로 분명히

$$\lim_{\theta\to\pi}\mathrm{x}(\theta,0)=\lim_{\theta\to-\pi}\mathrm{x}(\theta,0)=(-1,0,0)$$

이다.

$$\mathrm{x}_\theta(\theta,0)=(-\sin\theta,\cos\theta,0)$$

$$\mathrm{x}_v(\theta,0)=\left(\frac{1}{2}\cos\frac{\theta}{2}\cos\theta-\sin\frac{\theta}{2}\sin\theta,\frac{1}{2}\cos\frac{\theta}{2}\sin\theta+\sin\frac{\theta}{2}\cos\theta,-\frac{1}{2}\sin\frac{\theta}{2}\right)$$

$$\mathrm{x}_\theta(\theta,0)\times\mathrm{x}_v(\theta,0)=\left(-\frac{1}{2}\sin\frac{\theta}{2}\cos\theta,\frac{1}{2}\cos\frac{\theta}{2}\sin^2\theta+\sin\frac{\theta}{2}\cos\theta\sin\theta,-\frac{1}{2}\cos\frac{\theta}{2}\right)$$

$$\mathrm{x}_\theta(\pi,0)\times\mathrm{x}_v(\pi,0)=\left(\frac{1}{2},0,0\right)$$

$$\|\mathrm{x}_\theta(\pi,0)\times\mathrm{x}_v(\pi,0)\|=\frac{1}{2}$$

$$\lim_{\theta\to\pi}\mathrm{N}(\theta,0)=(1,0,0)$$

$$\mathrm{x}_\theta(-\pi,0)\times\mathrm{x}_v(-\pi,0)=(-\frac{1}{2},0,0)$$

$$\|\mathrm{x}_\theta(-\pi,0)\times\mathrm{x}_v(-\pi,0)\|=\frac{1}{2}$$

$$\lim_{\theta\to-\pi}\mathrm{N}(\theta,0)=(-1,0,0)$$

이므로 $\lim_{\theta\to\pi}\mathrm{N}(\theta,0)=-\lim_{\theta\to-\pi}\mathrm{N}(\theta,0)$ 이다.

문제 4.28 뫼비우스 띠에서 원을 제외시킨 곡면은 다음과 같다.

$$\mathrm{x}(\theta,v)=v(\sin\frac{\theta}{2}\cos\theta,\sin\frac{\theta}{2}\sin\theta,\cos\frac{\theta}{2}),-\pi<\theta<\pi,-\frac{1}{2}<v<\frac{1}{2}.$$

이 곡면은 호상연결이므로 연결이다.

$$\mathrm{x}_\theta=v(\frac{1}{2}\cos\frac{\theta}{2}\cos\theta-\sin\frac{\theta}{2}\sin\theta,\frac{1}{2}\cos\frac{\theta}{2}\sin\theta+\sin\frac{\theta}{2}\cos\theta,-\frac{1}{2}\sin\frac{\theta}{2})$$

$$\mathrm{x}_v=(\sin\frac{\theta}{2}\cos\theta,\sin\frac{\theta}{2}\sin\theta,\cos\frac{\theta}{2})$$

$$\mathrm{x}_\theta\times\mathrm{x}_v=v(\frac{1}{2}\sin\theta+\sin\frac{\theta}{2}\cos\theta\cos\frac{\theta}{2},-\frac{1}{2}\cos\theta+\sin\frac{\theta}{2}\sin\theta\cos\frac{\theta}{2},-\sin^2\frac{\theta}{2})$$

$$\|\mathrm{x}_\theta\times\mathrm{x}_v\|=|v|(\frac{1}{4}+\sin^2\frac{\theta}{2}\cos^2\frac{\theta}{2}+\sin^4\frac{\theta}{2})^{1/2}$$

$v\neq0$일 때, $\mathrm{N}(\theta,v)\neq\mathrm{O}$이고 $\mathrm{N}(\theta,v)$는 곡면 위에서 연속적으로 변하므로 가향이다.

문제 4.29 $\frac{d\mathrm{y}}{dt}=\mathrm{x}_u\frac{du}{dt}+\mathrm{x}_v\frac{dv}{dt}\neq\mathrm{O}$이므로 $(\frac{du}{dt},\frac{dv}{dt})\neq(0,0)$ 이다. x,y가 C^m-급이므로 $\begin{cases}u=u(t)\\v=v(t)\end{cases}$ 도 C^m-급이다. 그러므로 곡선 $\begin{cases}u=u(t)\\v=v(t)\end{cases}$는 C^m-급정칙곡선이다.

문제 4.30 점 P를 포함하는 S는 단순곡면이므로, 점 P를 포함하는 좌표조각사상 $\mathrm{x}=\mathrm{x}(u,v)$가 존재한다. 그러므로 P를 지나는 무수히 많은 곡선

$$\mathrm{y}(t)=\mathrm{x}(u(t),v(t))$$

가 존재한다. P에서의 단위법선벡터 N에 대하여 $\mathrm{N}\perp\mathrm{T}$이므로 T는 x_u와 x_v의 일차결합으로 나타난다. 매개변수평면 안의 곡선 $\begin{cases}u=u(t)\\v=v(t)\end{cases}$을

$$\mathrm{T} = \mathrm{x}_u \frac{du}{dt} + \mathrm{x}_v \frac{dv}{dt}$$

가 되도록 선택하자. 그러면

$$\frac{d\mathrm{y}}{dt} = \mathrm{x}_u \frac{du}{dt} + \mathrm{x}_v \frac{dv}{dt} = \mathrm{T}$$

이다.

문제 4.31 $C: \mathrm{r}(t) = (u(t), v(t)), \mathrm{r}(0) = (u_0, v_0), \mathrm{r}(1) = (u_1, v_1)$.

$\mathrm{r}'(t)$는 $t=1$에서 연속이고 근방 $N(u_1,v_1)$에는 (u_1,v_1)을 출발점으로 하고 (u^*,v^*)를 종점으로 하는 C^1-급정칙호를 무수히 많이 포함하므로 결과가 나온다.

문제 4.32 $\begin{cases} u^2 = x \\ v^2 = y \\ uv = z \end{cases}$ 라 놓으면, $xy = z^2$이다. $f(x,y,z) \equiv z^2 - xy = 0$이라 하자.

$f_x = -y, f_y = -x, f_z = 2z$이므로 $f_x(0,0,0) = f_y(0,0,0) = f_z(0,0,0) = 0$이다. 그러므로 문제 4.8에 의하여 $\mathrm{x}(u,v)$는 단순곡면이 아니다. 단순곡면이 되는 정의역 U는 다음 중 하나이다.

$$(u,v) \mid u>0, v>0$$
$$(u,v) \mid u>0, v<0$$
$$(u,v) \mid u<0, v>0$$
$$(u,v) \mid u<0, v<0$$

문제 4.33 $\begin{cases} u^2+v^2 = x \\ u^2-v^2 = y \\ uv = z \end{cases}$ 라 놓으면, $\begin{cases} u^2 = \frac{1}{2}(x+y) \\ v^2 = \frac{1}{2}(x-y) \\ uv = z \end{cases}$ 이므로 $z^2 = \frac{1}{4}(x^2-y^2)$이다.

$\frac{y^2}{4} + z^2 - \frac{x^2}{4} = 0$은 타원뿔면이다. 그러므로 주어진 곡면은 단순곡면이다.

$$\mathrm{x}_u = (2u, 2u, v),\ \mathrm{x}_u(1,2) = (2,2,2)$$
$$\mathrm{x}_v = (2v, -2v, u),\ \mathrm{x}_v(1,2) = (4,-4,1)$$
$$\mathrm{x}_u(1,2) \times \mathrm{x}_v(1,2) = 2(5,3,-8)$$
$$\| \mathrm{x}_u(1,2) \times \mathrm{x}_v(1,2) \| = 2 \cdot 98^{1/2}$$

해답

$$N(1,2)=\frac{1}{\sqrt{98}}(5,3,-8).$$

접평면의 방정식은 다음과 같다.

$$5(x-5)+3(y+3)-8(z-2)=0.$$

문제 4.34 점 $(u,v,0)$와 $(0,0,1)$을 지나는 직선의 방정식은 다음과 같다.

$$\frac{x}{u}=\frac{y}{v}=\frac{z-1}{-1}(=t)$$
$$x=ut, y=vt, z=1-t$$
$$u^2t^2+v^2t^2+(1-t)^2=1$$
$$t[(u^2+v^2+1)t-2]=0$$
$$t=\frac{2}{u^2+v^2+1}$$

$$\mathrm{x}(u,v)=\left(\frac{2u}{u^2+v^2+1},\frac{2v}{u^2+v^2+1},1-\frac{2}{u^2+v^2+1}\right)$$

$f(x,y,z)\equiv x^2+y^2+z^2=1, (x,y,z)\neq(0,0,1)$에 대하여 $f_x=2x, f_y=2y, f_z=2z$는 $S^2-(0,0,1)$ 위에서 적어도 하나는 0이 아니므로 문제 4.7에 의하여 $\mathrm{x}(u,v)$는 단순곡면이다.

제 5 장

문제 5.1 $x_\theta=(-f\sin\theta, f\cos\theta, 0)$, $x_t=(f'\cos\theta, f'\sin\theta, g')$.

$$E=x_\theta\cdot x_\theta=f^2, F=x_\theta\cdot x_t=0, G=x_t\cdot x_t=f'^2+g'^2$$

이므로 $\mathrm{I}=Ed\theta^2+2Fd\theta dt+Gdt^2=f^2d\theta^2+(f'^2+g'^2)dt^2$이다.

문제 5.2 $u=e^{\frac{\theta}{\sqrt{2}}\cot\beta}$.

$$x_\theta=(-u\sin\theta, u\cos\theta, 0),\ x_u=(cos\theta, \sin\theta, 1)$$
$$E=x_\theta\cdot x_\theta=u^2, F=x_\theta\cdot x_u=0, G=x_u\cdot x_u=2$$
$$\frac{du}{d\theta}=\frac{u\cot\beta}{\sqrt{2}}, \frac{d\theta}{d\theta}=1$$

$$L=\int_0^\pi[E(\frac{d\theta}{d\theta})^2+2F\frac{d\theta}{d\theta}\frac{du}{d\theta}+G(\frac{du}{d\theta})^2]^{1/2}d\theta$$
$$=\int_0^\pi[u^2+u^2\cot^2\beta]^{1/2}d\theta=\sqrt{1+\cot^2\beta}\int_0^\pi ud\theta$$
$$=\sqrt{1+\cot^2\beta}\int_0^\pi e^{\frac{\theta}{\sqrt{2}}\cot\beta}d\theta=\frac{\sqrt{2}}{\cot\beta}(e^{\frac{\pi}{\sqrt{2}}\cot\beta}-1)$$

문제 5.3

$$\cos(\angle(\frac{dx}{d\theta}, x_u))=\frac{\frac{dx}{d\theta}\cdot x_u}{\|\frac{dx}{d\theta}\|\,\|x_u\|}=\frac{(x_\theta+x_u\frac{du}{d\theta})\cdot x_u}{\|x_\theta+x_u\frac{du}{d\theta}\|\,\|x_u\|}$$

$$=\frac{F+G\frac{du}{d\theta}}{\sqrt{E+F\frac{du}{d\theta}+G(\frac{du}{d\theta})^2}\sqrt{G}}=\frac{\sqrt{2}\frac{du}{d\theta}}{\sqrt{u^2+2(\frac{du}{d\theta})^2}}$$

$$=\frac{u\cot\beta}{\sqrt{u^2+u^2\cot^2\beta}}=\frac{\cot\beta}{\sqrt{1+\cot^2\beta}}=\cos\beta$$

이므로 $\angle(\frac{dx}{d\theta}, x_u)=\beta$이다.

문제 5.4 u-곡선 $v=v_0$을 따라서 $u=u_1$과 $u=u_2, u_1<u_2$ 사이의 거리는

$$d=\int_{u_1}^{u_2}[(\frac{du}{du})^2+f(u,v_0)(\frac{dv}{du})^2]^{1/2}du$$

이다. $\frac{du}{du}=1, \frac{dv}{du}=0$이므로 $d=\int_{u_1}^{u_2}du=u_2-u_1$이다. 이것은 모든 u-곡선($v=$(일정)) 에 대해서 항상 같다.

문제 5.5 $\mathrm{x}=(x(t),y(t),z(t))$는 곡면 위의 점 $P(x,y,z)$을 지나는 정칙곡선이라고 하자. 모든 t에 대하여 $f(x(t),y(t),z(t))=C$이다. 따라서

$$\frac{df}{dt}=f_x\frac{dx}{dt}+f_y\frac{dy}{dt}+f_z\frac{dz}{dt}=0.$$

$d\mathrm{x}=(dx,dy,dz)$가 점 P에서의 접평면 위의 임의의 벡터이므로,

$$f_x dx+f_y dy+f_z dz=0$$

이다.

문제 5.6 x와 y는 모두 그들이 대응하는 정의역에서 곡면 M_1과 M_2 위로의 단사사상이고, $\begin{cases}u=\sinh t\\ \phi=\theta\end{cases}$는 곡면의 정의역들 사이에서 1-1대응이므로, 합성사상 $\mathrm{x}^{-1}\mathrm{y}$는 곡면 M_1에서 M_2로의 1-1사상이다. 지금 M_1 위의 점 $\mathrm{x}(t,\theta)$에서

$$\mathrm{x}_\theta=(-\cosh t\sin\theta,\cosh t\cos\theta,0),\ \mathrm{x}_t=(\sinh t\cos\theta,\sinh t\sin\theta,1)$$
$$E=\mathrm{x}_\theta\cdot\mathrm{x}_\theta=\cosh^2 t, F=\mathrm{x}_\theta\cdot\mathrm{x}_t=0, G=\mathrm{x}_t\cdot\mathrm{x}_t=\cosh^2 t,$$
$$\mathrm{I}=\cosh^2 t(d\theta^2+dt^2)$$

이다. M_2 위의 점 $\mathrm{y}(u,\phi)$에서

$$\mathrm{y}_\phi=(-u\sin\phi,u\cos\phi,1),\ \mathrm{y}_u=(\cos\phi,\sin\phi,0)$$
$$E^*=\mathrm{y}_\phi\cdot\mathrm{y}_\phi=u^2+1, F^*=\mathrm{x}_\phi\cdot\mathrm{x}_u=0, G^*=\mathrm{y}_u\cdot\mathrm{y}_u=1$$
$$\mathrm{I}^*=(u^2+1)d\phi^2+du^2$$

이다. $d\phi=d\theta, du=\cosh t dt$이므로

$$\mathrm{I}^*=(\sinh^2 t+1)d\theta^2+\cosh^2 t dt^2=\cosh^2 t(d\theta^2+dt^2)=\mathrm{I}$$

이다.

문제 5.7 $x_u=(1,0,2u), x_v=(0,1,3v^2)$.

$$x_u\times x_v=(-2u,-3v^2,1)$$
$$\| x_u\times x_v\| =(4u^2+9v^4+1)^{1/2}$$
$$N=(4u^2+9v^4+1)^{-1/2}(-2u,-3v^2,1)$$
$$x_{uu}=(0,0,2), x_{uv}=(0,0,0), x_{vv}=(0,0,6v)$$
$$L=x_{uu}\cdot N=2(4u^2+9v^4+1)^{-1/2}, M=x_{uv}\cdot N=0,$$
$$N=x_{vv}\cdot N=6v(4u^2+9v^4+1)^{-1/2}$$
$$LN-M^2=\frac{12v}{4u^2+9v^4+1}$$

이므로 결과가 나온다.

문제 5.8 $(u,v)=(0,0)$에서 $x_u=(1,0,0)=e_1, x_v=(0,1,0)=e_2$이므로 $P(0,0)$에서의 접평면은 xy-평면 $z=0$이다. v-곡선 $u=0$은 점 $P(0,0)$의 모든 근방에서 접평면의 양쪽에 놓여 있는 3차곡선 $z=y^3$이다.

문제 5.9 곡선 $y=y(s)$의 접선곡면은 $x=y(s)+ut(s)$이다.

$$x_s=t+u\dot{t}=t+u\kappa n, x_u=t$$
$$x_u\times x_s=u\kappa b$$
$$N=\frac{u\kappa}{|u\kappa|}b$$
$$x_{ss}=\dot{t}+u\kappa\dot{n}+u\dot{\kappa}n=-u\kappa^2t+(u\dot{\kappa}+\kappa)n+u\kappa\tau b$$
$$x_{su}=\dot{t}=\kappa n, x_{uu}=0$$
$$L=x_{ss}\cdot N=|u\kappa|\tau, M=x_{su}\cdot N=0, N=x_{uu}\cdot N=0$$

이므로 모든 점에서 $LN-M^2=0$이다.

문제 5.10 $x_t=(f'\cos\theta,f'\sin\theta,1)$, $x_\theta=(-f\sin\theta,f\cos\theta,0)$.

$$x_t\times x_\theta=(-f\cos\theta,-f\sin\theta,ff')$$
$$\| x_t\times x_\theta\| =f(1+f'^2)^{1/2}$$
$$N=(1+f'^2)^{-1/2}(-\cos\theta,-\sin\theta,f')$$
$$x_{tt}=(f''\cos\theta,f''\sin\theta,0),\ x_{t\theta}=(-f'\sin\theta,f'\cos\theta,0),$$

$$x_{\theta\theta} = (-f\cos\theta, -f\sin\theta, 0)$$

$$L = -\frac{f''}{(1+f'^2)^{1/2}}, M = 0, N = \frac{f}{(1+f'^2)^{1/2}}$$

$$LN - M^2 = -\frac{ff''}{1+f'^2}.$$

$f > 0$이므로 $LN - M^2 = 0$이기 위한 필요충분조건은 $f'' = 0$이다. 즉, $f' = a$이다. 이때, 만일 $a = 0$이면, $f = $(상수)이고, 만일 $a \neq 0$이면, $f = at + b$이다.

문제 5.11 $P = x(u,v)$는 타원점이라 하고, $Q = x(u+du, v+dv)$는 P의 근방점이라고 하자. 그러면 $d = \overrightarrow{PQ} \cdot N = \frac{1}{2}\mathrm{II} + o(du^2 + dv^2)$이다. P는 타원점이므로 $LN - M^2 > 0$이다. 그러므로

$$\frac{1}{2}\mathrm{II} = \frac{1}{2}(Ldu^2 + 2Mdudv + Ndv^2)$$

은 모든 (du, dv)에 대하여 항상 양수이거나 음수이다. 이것이 0이기 위한 동치조건은 $(du, dv) = (0,0)$이다. 따라서 일반성을 잃지 않고 $\frac{1}{2}\mathrm{II} \geqq 0$이라 가정해도 좋다. $du = r\cos\theta, dv = r\sin\theta$라 놓으면,

$$\frac{1}{2}\frac{\mathrm{II}}{du^2 + dv^2} = \frac{1}{2}(L\cos^2\theta + 2M\cos\theta\sin\theta + N\sin^2\theta)$$

이다. 이것은 단위원 $(du, dv) = (\cos\theta, \sin\theta)$에서 계산된 $\frac{1}{2}\mathrm{II}$이다. $\frac{1}{2}\mathrm{II}$는 연속이고 원 위에서는 0보다 크므로 $\frac{1}{2}\mathrm{II}/(du^2 + dv^2)$은 극솟값 $m > 0$을 갖는다. $(du^2 + dv^2)^{1/2} < \epsilon$일 때, $\frac{o(du^2 + dv^2)}{du^2 + dv^2} < m$을 만족하는 $\epsilon > 0$을 택하자. 그러면 $0 < du^2 + dv^2 < \epsilon^2$에 대하여

$$\frac{d}{du^2 + dv^2} = \frac{1}{2}\frac{\mathrm{II}}{du^2 + dv^2} + \frac{o(du^2 + dv^2)}{du^2 + dv^2} > 0$$

이다. 따라서 $d \geqq 0$이다. 그러므로 Q는 $du^2 + dv^2 < \epsilon^2$일 때, 접평면의 같은 쪽에 있다.

문제 5.12 l에 접하면서 점 P를 지나는 곡선은 C라고 하자. $\kappa_n = k \cdot N \neq 0$이므로 $k \neq O$이고 $\kappa_n = \kappa(n \cdot N) = \kappa\cos\alpha$이다. 단, $\kappa_n > 0$이 되도록 단위법선벡터 N을 정하고 단위주법

선벡터 n을 곡률벡터 k의 방향으로 정하면,

$$\kappa_n > 0, \kappa > 0, 0 \leqq \alpha = \angle(\mathrm{n},\mathrm{N}) \leqq \frac{\pi}{2}$$

이다. $\frac{1}{\kappa}=\rho, \frac{1}{\kappa_n}=R$이라 놓으면, $\rho = R\cos\alpha$이다. 단, $R=$(상수)이고, ρ는 곡선 C의 접촉원의 곡률반경이다. 접촉원은 접촉평면과 점 P에서의 접평면에 접하는 반지름이 R인 구면과의 공통부분이다.

문제 5.13 곡면을 평행이동과 회전이동을 시켜서 점 P가 원점으로 오게 하고, 그 점에서의 접평면이 $xy-$평면이라고 가정하자. 이때, 점 P의 근방에서 곡면을

$$\mathrm{x} = (u, v, f(u,v))$$

나타낼 수 있다. 단, $\mathrm{x}(0,0)=(0,0,0), \mathrm{x}_u(0,0)=\mathrm{e}_1, \mathrm{x}_v(0,0)=\mathrm{e}_2$이다. 테일러의 정리에 의하여

$$\begin{aligned}\mathrm{x}(u,v) &= \mathrm{x}(0,0) + d\mathrm{x} + \frac{1}{2!}d^2\mathrm{x} + \mathrm{o}(du^2+dv^2)\\ &= \mathrm{x}_u(0,0)u + \mathrm{x}_v(0,0)v + \frac{1}{2!}(\mathrm{x}_{uu}(0,0)u^2 + 2\mathrm{x}_{uv}(0,0)uv + \mathrm{x}_{vv}(0,0)v^2)\\ &\qquad + o(du^2+dv^2)\\ &= u\mathrm{e}_1 + v\mathrm{e}_2 + \frac{1}{2}(au^2+2buv+cv^2)\mathrm{e}_3 + \mathrm{o}(u^2+v^2)\end{aligned}$$

을 얻는다. 단, $\mathrm{x}_{uu}(0,0)=a\mathrm{e}_3, \mathrm{x}_{uv}(0,0)=b\mathrm{e}_3, \mathrm{x}_{vv}(0,0)=c\mathrm{e}_3, \mathrm{N}(0,0)=\mathrm{e}_3$이다. 따라서 $E=1, F=0, G=1$, $L=a, M=b, N=c$이므로

$$\kappa_n = \frac{\mathrm{II}}{\mathrm{I}} = \frac{adu^2+2bdudv+cdv^2}{du^2+dv^2}$$

이다. 근사식 $\mathrm{x}^* = u\mathrm{e}_1 + v\mathrm{e}_2 + \frac{1}{2}(au^2+2buv+cv^2)\mathrm{e}_3$으로 나타나는 곡면은 $(u,v)=(0,0)$인 점에서 $xy-$평면에 접하는 포물면이고 $\kappa_n{}^* = \kappa_n$이다. 왜냐하면,

$$\mathrm{x}_u{}^* = (1,0,au+bv), \mathrm{x}_v^* = (0,1,bu+cv)$$
$$E^* = 1+(au+bv)^2, F^* = (au+bv)(bu+cv), G^* = 1+(bu+cv)^2$$
$$\mathrm{x}_u{}^* \times \mathrm{x}_v{}^* = (-au-bc, -bu-cv, 1)$$
$$\| \mathrm{x}_u{}^* \times \mathrm{x}_v{}^* \| = [(au+bc)^2+(bu+cv)^2+1]^{1/2}$$

$$N^* = [(au+bv)^2 + (bu+cv)^2 + 1]^{-1/2}(-au-bc, -bu-cv, 1)$$
$$x_{uu}^* = (0,0,a), x_{uv}^* = (0,0,b), x_{vv}^* = (0,0,c).$$

$(u,v) = (0,0)$ 일 때, $E^* = 1, F^* = 0, G^* = 1, N^* = e_3$, $L^* = a, M^* = b, N^* = c$이므로

$$\kappa_n^* = \frac{\text{II}^*}{\text{I}^*} = \frac{adu^2 + 2bdudv + cdv^2}{du^2 + dv^2}$$

이다.

문제 5.14 $\kappa_n = k \cdot N$이므로

$$\kappa_1 N_2 = (k \cdot N_1)N_2 = \kappa(n \cdot N_1)N_2, \kappa_2 N_1 = (k \cdot N_2)N_1 = \kappa(n \cdot N_2)N_1$$

이 성립한다. 두 식을 빼고, 등식 $a \times (b \times c) = (a \cdot c)b - (a \cdot b)c$을 이용하면, 다음을 얻는다.

$$\begin{aligned} \kappa_1 N_1 - \kappa_2 N_2 &= \kappa[(n \cdot N_1)N_2 - (n \cdot N_2)N_1] \\ &= \kappa(N_1 \times N_2) \times n. \end{aligned}$$

등식 $(a \times b) \cdot (c \times d) = (a \cdot c)(b \cdot d) - (a \cdot d)(b \cdot c)$을 이용하면, $N_1 \times N_2$는 곡선의 접선에 평행한 벡터이므로, 즉, $(N_1 \times N_2) \cdot n = 0$이므로 다음을 얻는다.

$$\begin{aligned} &(\kappa_1 N_2 - \kappa_2 N_1) \cdot (\kappa_1 N_2 - \kappa_2 N_1) \\ &= \kappa^2[(N_1 \times N_2) \times n] \cdot [(N_1 \times N_2) \times n] \\ &= \kappa^2[(N_1 \times N_2) \cdot (N_1 \times N_2) - ((N_1 \times N_2) \cdot n)^2] \\ &= \kappa^2(N_1 \times N_2) \cdot (N_1 \times N_2). \end{aligned}$$

이 식을 전개하면, 다음을 얻는다.

$$\kappa_1^2(N_2 \cdot N_2) - 2\kappa_1\kappa_2(N_1 \cdot N_2) + \kappa_2^2(N_1 \cdot N_1) = \kappa^2 \| N_1 \times N_2 \|^2,$$
$$\kappa_1^2 - 2\kappa_1\kappa_2 \cos\alpha + \kappa_2^2 = \kappa^2 \sin^2\alpha.$$

문제 5.15 $N \cdot N = 1$이므로 $N_u \cdot N = 0, N_v \cdot N = 0$이다. 그러므로 N_u, N_v는 접평면과 평행하다. 따라서 $N_u = ax_u + bx_v, N_v = cx_u + dx_v$의 꼴이다.

$$N_u \times N_v = (ax_u + bx_v) \times (cx_u + dx_v) = (ad - bc)(x_u \times x_v)$$

이므로 $K=ad-bc=\begin{vmatrix} a & b \\ c & d \end{vmatrix}$임을 보이면 된다.

$$\begin{aligned} \mathrm{x}_u \cdot \mathrm{N}_u &= a\mathrm{x}_u \cdot \mathrm{x}_u + b\mathrm{x}_u \cdot \mathrm{x}_v = aE + bF = -L \\ \mathrm{x}_u \cdot \mathrm{N}_v &= a\mathrm{x}_v \cdot \mathrm{x}_u + b\mathrm{x}_v \cdot \mathrm{x}_v = aF + bG = -M \\ \mathrm{x}_u \cdot \mathrm{N}_v &= c\mathrm{x}_u \cdot \mathrm{x}_u + d\mathrm{x}_u \cdot \mathrm{x}_v = cE + dF = -M \\ \mathrm{x}_v \cdot \mathrm{N}_v &= c\mathrm{x}_v \cdot \mathrm{x}_u + d\mathrm{x}_v \cdot \mathrm{x}_v = cF + dG = -N \end{aligned}$$

이므로 이를 행렬의 곱으로 나타내면, 다음과 같다.

$$\begin{pmatrix} a & b \\ c & d \end{pmatrix}\begin{pmatrix} E & F \\ F & G \end{pmatrix} = \begin{pmatrix} -L & -M \\ -M & -N \end{pmatrix}.$$

따라서

$$\begin{vmatrix} a & b \\ c & d \end{vmatrix}\begin{vmatrix} E & F \\ F & G \end{vmatrix} = \begin{vmatrix} -L & -M \\ -M & -N \end{vmatrix}$$
$$(ad-bc)(EG-F^2) = LN-M^2$$

이다. 그러므로 $ad-bc = \dfrac{LN-M^2}{EG-F^2} = K$이다.

문제 5.16 $Adu^2 + 2Bdudv + Cdv^2 = (A'du + B'dv)(C'du + D'dv)$라고 가정하자. 그러면 한 곡선족은 $A'du + B'dv = 0$의 해이고, 다른 하나의 곡선족은

$$C'\delta u + D'\delta v = 0$$

의 해이다. 첫 번째 곡선의 방향은 $du : dv = B' : -A'$이고 두 번째 곡선의 방향은 $\delta u : \delta v = D' : -C'$이다. 정리 2.1에 의하여 이 두 곡선족들이 수직이기 위한 필요충분조건은

$$Edu\delta u + F(du\delta v + dv\delta u) + Gdv\delta u = 0$$

이다.

$$\begin{aligned} Edu\delta u + F(du\delta v + dv\delta u) + Gdv\delta u &= EB'D' - F(B'C' + D'A') + GA'C' \\ &= EC - 2FB + GA \end{aligned}$$

이므로 결과가 나온다.

문제 5.17 만일 점 P가 제점이면, $\kappa_n = (\text{상수})$이다. $\kappa_n = \kappa_1 = \kappa_2$이므로 자명하다. 점 P는 비제점

이라 하자. 정리 7.4에 의하여 점 P에서 u-곡선과 v-곡선의 방향이 주방향인 P를 포함하는 좌표조각사상 $\mathrm{x}=\mathrm{x}(u,v)$가 존재한다. 정리 7.5에 의하여 $F=M=0$이고, 임의의 방향 $du:dv$에서 법곡률은

$$\kappa_n=\frac{Ldu^2+Ndv^2}{Edu^2+Gdv^2}$$

이다. 따름정리 7.8에 의하여 주곡률은 각각 $\kappa_1=\dfrac{L}{E}$, $\kappa_2=\dfrac{N}{G}$이다. 이를 대입하면,

$$\kappa_n=\kappa_1\frac{Edu^2}{Edu^2+Gdv^2}+\kappa_2\frac{Gdv^2}{Edu^2+Gdv^2}$$

이다. α,β는 방향수가 $du:dv$인 임의의 접선 l과 각각 주방향 $\delta u:\delta v=1:0$과 $\delta u:\delta v=0:1$에 있는 접선들의 사이의 각이라 하면,

$$\begin{aligned}\cos\alpha&=\frac{d\mathrm{x}\cdot\delta\mathrm{x}}{\|d\mathrm{x}\|\ \|\delta\mathrm{x}\|}=\frac{(\mathrm{x}_u du+\mathrm{x}_v dv)\cdot(\mathrm{x}_u\delta u+\mathrm{x}_v\delta v)}{\|\mathrm{x}_u du+\mathrm{x}_v dv\|\ \|\mathrm{x}_u\delta u+\mathrm{x}_v\delta v\|}\\&=\frac{Edu}{\sqrt{Edu^2+Gdv^2}\cdot\sqrt{E}}\\\cos\beta&=\frac{Gdv}{\sqrt{Edu^2+Gdv^2}\cdot\sqrt{G}}\end{aligned}$$

이다. 이를 제곱하여 대입하면, $\kappa_n=\kappa_1\cos^2\alpha+\kappa_2\cos^2\beta$이다. 그러나 주방향은 수직이므로, 즉, $\beta=\dfrac{\pi}{2}-\alpha$이므로 $\kappa_n=\kappa_1\cos^2\alpha+\kappa_2\sin^2\alpha$이다.

문제 5.18 두 곡면 M_1과 M_2가 상수각으로 교차하므로 공통부분의 곡선 위에서 두 곡면들의 각 단위법선벡터 $\mathrm{N}_1,\mathrm{N}_2$에 대하여

$$\mathrm{N}_1\cdot\mathrm{N}_2=(\text{상수})$$

이다. 따라서

$$0=\frac{d}{dt}(\mathrm{N}_1\cdot\mathrm{N}_2)=(\frac{d}{dt}\mathrm{N}_1)\cdot\mathrm{N}_2+\mathrm{N}_1\cdot(\frac{d}{dt}\mathrm{N}_2)$$

이다. 그 공통부분의 곡선이 곡면 M_1의 곡률선이라고 하자. 그러면 로드리게스의 공식에 의하여

$$\frac{d\mathrm{N}_1}{dt} = -\kappa_1 \frac{d\mathrm{x}}{dt}$$

이다. 그러므로

$$-\kappa_1 \frac{d\mathrm{x}}{dt} \cdot \mathrm{N}_2 + \mathrm{N}_1 \cdot \frac{d\mathrm{N}_2}{dt} = 0$$

이다. 그러나 $\frac{d\mathrm{x}}{dt}$는 N_2와 수직이므로 $\mathrm{N}_1 \cdot \frac{d\mathrm{N}_2}{dt} = 0$이다, 즉, $\frac{d\mathrm{N}_2}{dt}$는 N_1과 수직이다. 한편, $\| \mathrm{N}_2 \| = 1$이므로 $\frac{d\mathrm{N}_2}{dt} \cdot \mathrm{N}_2 = 0$이다. 즉, $\frac{d\mathrm{N}_2}{dt}$는 N_2와도 수직이다. 그러므로 $\frac{d\mathrm{N}_2}{dt}$는 $\frac{d\mathrm{x}}{dt}$와 평행이다. 즉, $\frac{d\mathrm{N}_2}{dt} = -\kappa_2 \frac{d\mathrm{x}}{dt}$를 만족하는 κ_2가 존재한다. 그러므로 공통 부분의 곡선은 곡면 M_2의 곡률선이다.

문제 5.19 만일 $d\mathrm{x} = (dx, dy, dz)$가 곡면에 접하면, $f_x dx + f_y dy + f_z dz = 0$이다. 따라서 $\mathrm{G} = (f_x, f_y, f_z)$는 곡면의 법선벡터이다. 그러므로 단위법선벡터는 $\mathrm{N} = \frac{\mathrm{G}}{\| \mathrm{G} \|}$이다. 따라서

$$d\mathrm{N} = \frac{d\mathrm{G}}{\| \mathrm{G} \|} - \frac{(\mathrm{G} \cdot d\mathrm{G})\mathrm{G}}{\| \mathrm{G} \|^3}$$

이다. 단, $d\mathrm{G} = (df_x, df_y, df_z)$이다. $d\mathrm{x} = (dx, dy, dz)$는 주방향이라고 가정하자. 그러면 로드리게스의 공식에 의하여 $d\mathrm{x}$는 $d\mathrm{N}$과 평행하다. 따라서 세 개의 벡터 $d\mathrm{x}, \mathrm{N}, d\mathrm{N}$은 일차종속이다. 그러므로

$$\begin{aligned} 0 &= | d\mathrm{x} \mathrm{N} d\mathrm{N} | = | d\mathrm{x} \frac{\mathrm{G}}{\| \mathrm{G} \|} \left(\frac{d\mathrm{G}}{\| \mathrm{G} \|} - \frac{(\mathrm{G} \cdot d\mathrm{G})\mathrm{G}}{\| \mathrm{G} \|^3} \right) | \\ &= \frac{1}{\| \mathrm{G} \|^2} | d\mathrm{x} \mathrm{G} d\mathrm{G} | - \frac{\mathrm{G} \cdot d\mathrm{G}}{\| \mathrm{G} \|^4} | d\mathrm{x} \mathrm{G} \mathrm{G} | \\ &= \frac{1}{\| \mathrm{G} \|^2} | d\mathrm{x} \mathrm{G} \ d\mathrm{G} | \end{aligned}$$

이다. 따라서 $| d\mathrm{x} \mathrm{G} \ d\mathrm{G} | = 0$이다.

문제 5.20 $\mathrm{x}_u = \mathrm{x}_1{}'(u), \mathrm{x}_v = \mathrm{x}_2{}'(v), \mathrm{x}_{uv} = 0$이므로 $M = \mathrm{x}_{uv} \cdot \mathrm{N} = 0$이다. 따라서 정리 9.9에 의하여 매개변수곡선들은 공액곡선족이다.

문제 5.21 문제 5.19에 의하여 $\mathrm{G} = (f_x, f_y, f_z)$는 곡면의 법선벡터이다. 곡면의 단위법선벡터는

해답

$\mathrm{N}=\dfrac{\mathrm{G}}{\|\mathrm{G}\|}$ 이고 $d\mathrm{N}=\dfrac{d\mathrm{G}}{\|\mathrm{G}\|}-\dfrac{(\mathrm{G}\cdot d\mathrm{G})\mathrm{G}}{\|\mathrm{G}\|^3}$ 이므로, 만일 $d\mathrm{x}=(dx,dy,dz)$가 한 점근 방향에 있다면,

$$0=\mathrm{II}=-d\mathrm{x}\cdot d\mathrm{N}=-\frac{d\mathrm{x}\cdot d\mathrm{G}}{\|\mathrm{G}\|}+\frac{(\mathrm{G}\cdot d\mathrm{G})(d\mathrm{x}\cdot \mathrm{G})}{\|\mathrm{G}\|^3}$$

이다. 그러나 $d\mathrm{x}\cdot\mathrm{G}=0$이므로 $d\mathrm{x}\cdot d\mathrm{G}=0$이다. 즉, $dxdf_x+dydf_y+dzdf_z=0$이다.

문제 5.22 $f_x=-\sin y, f_y=-x\cos y, f_z=1$.

$$df_x=-\cos y dy, df_y=-\cos y dx+x\sin y dy, df_z=0$$

$$\begin{aligned}0&=df_x dx+df_y dy+df_z dz\\&=-2\cos y dxdy+x\sin y dy^2\\&=(-2\cos y dx+x\sin y dy)dy\end{aligned}$$

이므로 $dy=0, -2\cos y dx+x\sin y dy=0$이다. 이 미분방정식의 해는 각각 $y=C$,

$$\frac{2}{x}dx-\tan y dy=0, 2\ln x+\ln(\cos y)=\ln K, x^2\cos y=K^2, x=K\sec^{1/2}y$$

이다. $y=C$를 $z-x\sin y=0$에 대입하면, 직선족 $\begin{cases}x=t\\y=C\\z=t\sin C\end{cases}$ 를 얻고, $x=K\sec^{1/2}y$를 대입하면, $\begin{cases}x=K\sec^{1/2}u\\y=u\\z=K\sec^{1/2}u\sin u\end{cases}$, $-\dfrac{\pi}{2}<u<\dfrac{\pi}{2}$를 얻는다.

문제 5.23 $\mathrm{x}(t,\theta)=(x(t,\theta),y(t,\theta),z(t,\theta))$.

$$\begin{aligned}\mathrm{x}_t&=(a\cos t\cos\theta, a\cos t\sin\theta, a[\tfrac{1}{2}\cot\tfrac{t}{2}\sec^2\tfrac{t}{2}-\sin t])\\&=(a\cos t\cos\theta, a\cos t\sin\theta, a(\mathrm{cosec}\,t-\sin t))\\\mathrm{x}_\theta&=(-a\sin t\sin\theta, a\sin t\cos\theta, 0)\end{aligned}$$

$$\begin{aligned}E&=\mathrm{x}_t\cdot\mathrm{x}_t=a^2[\cos^2t+(\mathrm{cosec}\,t-\sin t)^2]=a^2[1+\mathrm{cosec}^2t-2]\\&=a^2(-1+\mathrm{cosec}^2t)=a^2\cot^2t\\F&=\mathrm{x}_t\cdot\mathrm{x}_\theta=0\\G&=\mathrm{x}_\theta\cdot\mathrm{x}_\theta=a^2\sin^2t\end{aligned}$$

문제 5.24 $\mathrm{x}_x=(1,0,f_x)=(1,0,p)$, $\mathrm{x}_y=(0,1,f_y)=(0,1,q)$.

$$E=\mathrm{x}_x\cdot\mathrm{x}_x=1+p^2, F=\mathrm{x}_x\cdot\mathrm{x}_y=pq, G=\mathrm{x}_y\cdot\mathrm{x}_y=1+q^2$$

$$\mathrm{x}=(x,y,z), F(x,y,z)=0$$

$F_x+F_zz_x=0, F_y+F_zz_y=0$ 이므로 $z_x=-\dfrac{F_x}{F_z}, z_y=-\dfrac{F_y}{F_z}$ 이다.

$$\mathrm{x}_x=(1,0,-\frac{F_x}{F_z}), \mathrm{x}_y=(0,1,-\frac{F_y}{F_z})$$

$$E=1+\frac{F_x^2}{F_z^2}, F=\frac{F_xF_y}{F_z^2}, G=1+\frac{F_y^2}{F_z^2}.$$

문제 5.25 매개변수곡선들이 서로 수직이기 위한 필요충분조건은 $F=0$ 임을 유의하자. $\mathrm{x}_u=(1,0,f_u)$, $\mathrm{x}_v=(0,1,f_v)$ 이므로 $F=\mathrm{x}_u\cdot\mathrm{x}_v=f_u\cdot f_v$ 이다. 그러므로 결과가 나온다.

문제 5.26 $ds^2=d\mathrm{x}\cdot d\mathrm{x}=Edu^2+2Fdudv+Gdv^2$.

$$\mathrm{x}_u=(1,0,-\frac{1}{u^2v}), \mathrm{x}_v=(0,1,-\frac{1}{uv^2})$$

$$E=1+\frac{1}{u^4v^2}, F=\frac{1}{u^3v^3}, G=1+\frac{1}{u^2v^4}$$

$$ds=[(1+\frac{1}{u^4v^2})du^2+\frac{2}{u^3v^3}dudv+(1+\frac{1}{u^2v^4})dv^2]^{1/2}$$

문제 5.27 $\mathrm{x}_s=\mathrm{t}+u\dot{\mathrm{b}}=\mathrm{t}-u\tau\mathrm{n}, \mathrm{x}_u=\mathrm{b}$.

$$E=\mathrm{x}_s\cdot\mathrm{x}_s=1+u^2\tau^2, F=0, G=1$$

$$\mathrm{I}=(1+u^2\tau^2)ds^2+du^2.$$

문제 5.28 $\mathrm{x}_\theta=(-\sin\phi\sin\theta,\sin\phi\cos\theta,0), \mathrm{x}_\phi=(\cos\phi\cos\theta,\cos\phi\sin\theta,-\sin\phi)$.

$$E=\mathrm{x}_\theta\cdot\mathrm{x}_\theta=\sin^2\phi, F=\mathrm{x}_\theta\cdot\mathrm{x}_\phi=0, G=\mathrm{x}_\phi\cdot\mathrm{x}_\phi=1$$

$$\frac{d\theta}{dt}=\frac{1}{\sin t}, \frac{d\phi}{dt}=1$$

$$L=\int_{\pi/4}^{\pi/2}[E(\frac{d\theta}{dt})^2+2F\frac{d\theta}{dt}\frac{d\phi}{dt}+G(\frac{d\phi}{dt})^2]^{1/2}dt$$
$$=\int_{\pi/4}^{\pi/2}\sqrt{2}\,dt=\frac{\sqrt{2}\,\pi}{4}.$$

문제 5.29 $\mathrm{x}_\theta=(-u\sin\theta,u\cos\theta,a),\mathrm{x}_u=(\cos\theta,\sin\theta,0)$.

$$E=\mathrm{x}_\theta\cdot\mathrm{x}_\theta=u^2+a^2,\ \ F=\mathrm{x}_\theta\cdot\mathrm{x}_u=0,\ \ G=\mathrm{x}_u\cdot\mathrm{x}_u=1$$

$F=0$이므로 $(u^2+a^2)d\theta^2-du^2=0$을 만족하는 곡면

$$\mathrm{x}=(u\cos\theta,u\sin\theta,a\theta+b)$$

위의 곡선들은 서로 수직이다.

문제 5.30 $\mathrm{x}_r=(\cos\theta,\sin\theta,0)$, $\mathrm{x}_\theta=(-r\sin\theta,r\cos\theta,f'(\theta))$. $\mathrm{x}_r\cdot\mathrm{x}_\theta=0$이므로 x_r과 x_θ는 서로 수직이다. 그러므로 θ-곡선은 평행이다.

문제 5.31 $\mathrm{x}_u=(1,0,f_u),\mathrm{x}_v=(0,1,f_v)$.

$$\mathrm{x}_u\times\mathrm{x}_v=(-f_u,-f_v,1),\ \|\mathrm{x}_u\times\mathrm{x}_v\|=(f_u^2+f_v^2+1)^{1/2}$$
$$\mathrm{N}=(f_u^2+f_v^2+1)^{-1/2}(-f_u,-f_v,1)$$
$$\mathrm{x}_{uu}=(0,0,f_{uu}),\mathrm{x}_{uv}=(0,0,f_{uv}),\mathrm{x}_{vv}=(0,0,f_{vv})$$
$$L=(f_u^2+f_v^2+1)^{-1/2}f_{uu},M=(f_u^2+f_v^2+1)^{-1/2}f_{uv},N=(f_u^2+f_v^2+1)^{-1/2}f_{vv}$$

이므로 $\mathrm{II}=(f_u^2+f_v^2+1)^{-1/2}[f_{uu}du^2+2f_{uv}dudv+f_{vv}dv^2]$이다.

문제 5.32 $\mathrm{x}_s=\mathrm{t},\mathrm{x}_u=\mathrm{g}$.

$$\mathrm{x}_s\times\mathrm{x}_u=\mathrm{t}\times\mathrm{g},\ \|\mathrm{x}_s\times\mathrm{x}_u\|^2=\|\mathrm{g}\|^2-(\mathrm{t}\cdot\mathrm{g})^2$$
$$\mathrm{x}_{ss}=\dot{\mathrm{t}}=\kappa\mathrm{n},\mathrm{x}_{su}=0,\mathrm{x}_{uu}=0$$
$$L=\|\mathrm{x}_s\times\mathrm{x}_u\|^{-1}\kappa\,|\,\mathrm{ntg}\,|,M=0,N=0$$
$$LN-M^2=0$$

만일 $L\neq0$이면, 포물점이고, 만일 $L=0$이면, 평탄점이다.

문제 5.33 $\mathrm{x}_u=(1,1,v),\mathrm{x}_v=(1,-1,u)$.

$$E=2+v^2,F=uv,G=2+u^2$$
$$\mathrm{x}_u\times\mathrm{x}_v=(u+v,v-u,-2),\ \|\mathrm{x}_u\times\mathrm{x}_v\|=\sqrt{2}(u^2+v^2+2)^{1/2}$$
$$\mathrm{N}=\frac{1}{\sqrt{2}}(u^2+v^2+2)^{-1/2}(u+v,v-u,-2)$$
$$\mathrm{x}_{uu}=(0,0,0),\mathrm{x}_{uv}=(0,0,1),\mathrm{x}_{vv}=(0,0,0)$$
$$L=0,M=-\sqrt{2}(u^2+v^2+2)^{-1/2},N=0$$

$(u,v)=(1,1)$에서

$$E=3,F=1,G=3,\ L=0,M=-\frac{1}{\sqrt{2}},N=0.$$

$$K=\frac{LN-M^2}{EG-F^2}=-\frac{1}{16},\ H=\frac{EN-2FM+GL}{2(EG-F^2)}=\frac{\sqrt{2}}{16}.$$

문제 5.34 $\mathrm{x}_\theta=(-\cosh u\sin\theta,\cosh u\cos\theta,0),\ \mathrm{x}_u=(\sinh u\cos\theta,\sinh u\sin\theta,1)$.

$$E=\cosh^2 u,F=0,G=1+\sinh^2 u=\cosh^2 u$$
$$EG-F^2=\cosh^4 u$$
$$\mathrm{x}_\theta\times\mathrm{x}_u=(\cosh u\cos\theta,\cosh u\sin\theta,-\cosh u\sinh u)$$
$$\|\mathrm{x}_\theta\times\mathrm{x}_u\|=\cosh u[1+\sinh^2 u]^{1/2}=\cosh^2 u$$
$$\mathrm{N}=\frac{1}{\cosh u}(\cos\theta,\sin\theta,-\sinh u)$$
$$\mathrm{x}_{\theta\theta}=(-\cosh u\cos\theta,-\cosh u\sin\theta,0),\ \mathrm{x}_{\theta u}=(-\sinh u\sin\theta,\sinh u\cos\theta,0)$$
$$\mathrm{x}_{uu}=(\cosh u\cos\theta,\cosh u\sin\theta,0)$$
$$L=-1,M=0,N=1$$
$$LN-M^2=-1$$
$$EN-2FM+GL=EN+GL=\cosh^2 u-\cosh^2 u=0$$

$$H=\frac{EN-2FM+GL}{2(EG-F^2)}=0.$$

문제 5.35 $\mathrm{x}_u=(\cos\theta,\sin\theta,0),\mathrm{x}_\theta=(-u\sin\theta,u\cos\theta,1)$.

$$E=1,F=0,G=u^2+1$$

$$\mathrm{x}_u \times \mathrm{x}_\theta = (\sin\theta, -\cos\theta, u),\ \| \mathrm{x}_u \times \mathrm{x}_\theta \| = (1+u^2)^{1/2}$$
$$\mathrm{N} = (1+u^2)^{-1/2}(\sin\theta, -\cos\theta, 1)$$
$$\mathrm{x}_{uu} = (0,0,0), \mathrm{x}_{u\theta} = (-\sin\theta, \cos\theta, 0), \mathrm{x}_{\theta\theta} = (-u\cos\theta, -u\sin\theta, 0)$$
$$L = 0, M = -(1+u^2)^{-1/2}, N = 0$$
$$(EM - LF)du^2 + (EN - LG)dud\theta + (FN - MG)d\theta^2 = 0$$
$$-(1+u^2)^{-1/2}du^2 + (1+u^2)^{1/2}d\theta^2 = 0$$
$$du^2 - (1+u^2)d\theta^2 = 0$$
$$d\theta = \pm \frac{1}{(1+u^2)^{1/2}}du$$
$$\theta = \pm \ln(u + \sqrt{u^2+1}) + C.$$

왜냐하면

$$\int \frac{1}{\sqrt{1+u^2}}du = \int \sec t dt, u = \tan t, du = \sec^2 t dt$$
$$= \ln | \sec t + \tan t | + C = \ln | u + \sqrt{u^2+1} | + C$$

이기 때문이다.

문제 5.36 $\mathrm{x}_u = (1,0,8u), \mathrm{x}_v = (0,1,2v)$.

$$E = 1 + 64u^2, F = 16uv, G = 1 + 4v^2$$
$$\mathrm{x}_u \times \mathrm{x}_v = (-8u, -2v, 1),\ \| \mathrm{x}_u \times \mathrm{x}_v \| = (64u^2 + 4v^2 + 1)^{1/2}$$
$$\mathrm{N} = (64u^2 + 4v^2 + 1)^{-1/2}(-8u, -2v, 1)$$
$$\mathrm{x}_{uu} = (0,0,8), \mathrm{x}_{uv} = (0,0,0), \mathrm{x}_{vv} = (0,0,2)$$
$$L = 8(64u^2 + 4v^2 + 1)^{-1/2}, M = 0, N = 2(64u^2 + 4v^2 + 1)^{-1/2}$$

$(u,v) = (0,0)$에서 $E = 1, F = 0, G = 1, L = 8, M = 0, N = 2$이므로

$$\kappa_n = \frac{\mathrm{II}}{\mathrm{I}} = \frac{8du^2 + 2dv^2}{du^2 + dv^2}$$

이다. κ_n은 비 $\frac{du}{dv}$에만 의존하므로 $du^2 + dv^2 = 1$이라 가정하고, $du = \cos\theta, dv = \sin\theta$라 놓으면, $\kappa_n = 8\cos^2\theta + 2\sin^2\theta$이다. $|\kappa_n| = \frac{1}{r^2}$이라 하고, $x = r\cos\theta, y = r\sin\theta$라 놓으면, $8x^2 + 2y^2 = 1$을 얻는다. 이 방정식은 점 (x,y)에서 원점까지의 거리 r은

$\cos\theta : \sin\theta$ 방향으로 $|\kappa_n|$의 제곱근의 역수이다.

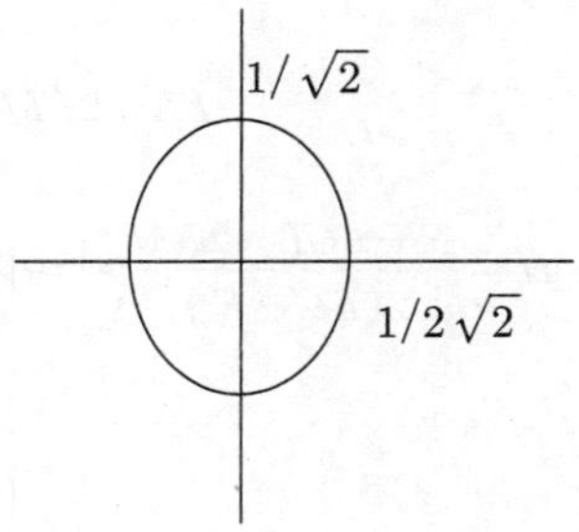

그러므로 κ_n의 극댓값은 8이고, 극솟값은 2이다. x-축과 y-축방향은 모두 주방향이다.

문제 5.37 정리 2.1에 의하여 접선벡터

$$d\mathrm{x} = \mathrm{x}_u du + \mathrm{x}_v dv \text{와 } \delta\mathrm{x} = \mathrm{x}_u \delta u + \mathrm{x}_v \delta v$$

가 수직이기 위한 필요충분조건은

$$Edu\delta u + F(du\delta v + dv\delta u) + Gdv\delta v = 0$$

임을 유의하여라. $\delta u : \delta v = B : -A$이므로 결과가 나온다.

문제 5.38 u-곡선 $v=0$는 $\mathrm{x}(u) = (e^{u/2}\cos\frac{u}{2},\ e^{u/2}\sin\frac{u}{2},\ \frac{u}{2})$이다. 이때, 이 곡선의 열률

$$\tau = \frac{|\mathrm{x}'(u)\mathrm{x}''(u)\mathrm{x}'''(u)|}{\|\mathrm{x}'(u)\times\mathrm{x}''(u)\|^2}$$

를 구하여라. 한편, $(u,0)$에서 곡면 x의 가우스곡률 $K = \dfrac{LN-M^2}{EG-F^2}$을 구하여라.

문제 5.39 문제 5.21을 이용하여라. $f(x,y,z) \equiv z - x^4 + y^4 = 0$

$$f_x = -4x^3, f_y = 4y^3, f_z = 1$$
$$df_x = -12x^2dx, df_y = 12y^2dy, df_z = 0$$
$$\begin{aligned} 0 &= df_x dx + df_y dy + df_z dz \\ &= -12x^2dx^2 + 12y^2dy^2 \\ &= -12(xdx + ydy)(xdx - ydy) \end{aligned}$$
$$xdx + ydy = 0, xdx - ydy = 0$$
$$x^2 + y^2 = C, x^2 - y^2 = K$$

문제 5.40 문제 5.16에 의하여 $\mathrm{II} = Ldu^2 + 2Mdudv + Ndv^2 = 0$의 해가 좌표조각사상 위의 직교곡선족을 만들기 위한 필요충분조건은

$$EN - 2FM + GL = 0$$

이다. 그러므로 $H = \dfrac{EN + GL - 2FM}{2(EG - F^2)} = 0$이다.

제6장

문제 6.1 $\mathrm{N}=\dfrac{\mathrm{x}_u\times\mathrm{x}_v}{\|\mathrm{x}_u\times\mathrm{x}_v\|}$.

$$L=\mathrm{x}_{uu}\cdot\mathrm{N}=\mathrm{x}_{uu}\cdot\frac{\mathrm{x}_u\times\mathrm{x}_v}{\|\mathrm{x}_u\times\mathrm{x}_v\|}=\frac{|\mathrm{x}_{uu}\mathrm{x}_u\mathrm{x}_v|}{\|\mathrm{x}_u\times\mathrm{x}_v\|}$$

$$M=\mathrm{x}_{uv}\cdot\mathrm{N}=\frac{|\mathrm{x}_{uv}\mathrm{x}_u\mathrm{x}_v|}{\|\mathrm{x}_u\times\mathrm{x}_v\|}$$

$$N=\mathrm{x}_{vv}\cdot\mathrm{N}=\frac{|\mathrm{x}_{vv}\mathrm{x}_u\mathrm{x}_v|}{\|\mathrm{x}_u\times\mathrm{x}_v\|}$$

이므로

$$LN-M^2=\frac{|\mathrm{x}_{uu}\mathrm{x}_u\mathrm{x}_v|\;|\mathrm{x}_{vv}\mathrm{x}_u\mathrm{x}_v|-|\mathrm{x}_{uv}\mathrm{x}_u\mathrm{x}_v|^2}{\|\mathrm{x}_u\times\mathrm{x}_v\|^2}$$

이다. 또한, $\|\mathrm{x}_u\times\mathrm{x}_v\|^2=EG-F^2$이므로

$$K=\frac{LN-M^2}{EG-F^2}=\frac{|\mathrm{x}_{uu}\mathrm{x}_u\mathrm{x}_v|\;|\mathrm{x}_{vv}\mathrm{x}_u\mathrm{x}_v|-|\mathrm{x}_{uv}\mathrm{x}_u\mathrm{x}_v|^2}{(EG-F^2)^2}$$

이다.

문제 6.2 $|\mathrm{abc}|\;|\mathrm{def}|=\begin{vmatrix}\mathrm{a}\cdot\mathrm{d} & \mathrm{b}\cdot\mathrm{d} & \mathrm{c}\cdot\mathrm{d}\\ \mathrm{a}\cdot\mathrm{e} & \mathrm{b}\cdot\mathrm{e} & \mathrm{c}\cdot\mathrm{e}\\ \mathrm{a}\cdot\mathrm{f} & \mathrm{b}\cdot\mathrm{f} & \mathrm{c}\cdot\mathrm{f}\end{vmatrix}$임을 유의하자.

$$\mathrm{x}_u\cdot\mathrm{x}_{uu}=\frac{1}{2}(\mathrm{x}_u\cdot\mathrm{x}_u)_u=\frac{1}{2}E_u$$

$$\mathrm{x}_u\cdot\mathrm{x}_{uv}=\frac{1}{2}(\mathrm{x}_u\cdot\mathrm{x}_u)_v=\frac{1}{2}E_v$$

$$\mathrm{x}_v\cdot\mathrm{x}_{vv}=\frac{1}{2}(\mathrm{x}_v\cdot\mathrm{x}_v)_v=\frac{1}{2}G_v$$

$$\mathrm{x}_v\cdot\mathrm{x}_{uv}=\frac{1}{2}(\mathrm{x}_v\cdot\mathrm{x}_v)_u=\frac{1}{2}G_u.$$

$$F_u=(\mathrm{x}_u\cdot\mathrm{x}_v)_u=\mathrm{x}_{uu}\cdot\mathrm{x}_v+\mathrm{x}_u\cdot\mathrm{x}_{uv}=\mathrm{x}_{uu}\cdot\mathrm{x}_v+\frac{1}{2}E_v$$

$$F_v = (\mathrm{x}_u \cdot \mathrm{x}_v)_v = \mathrm{x}_{uv} \cdot \mathrm{x}_v + \mathrm{x}_u \cdot \mathrm{x}_{vv} = \frac{1}{2}G_u + \mathrm{x}_u \cdot \mathrm{x}_{vv}$$

이므로

$$\begin{cases} \mathrm{x}_v \cdot \mathrm{x}_{uu} = F_u - \frac{1}{2}E_v \\ \mathrm{x}_u \cdot \mathrm{x}_{vv} = F_v - \frac{1}{2}G_u \end{cases}$$

이다. $\mathrm{x}_{uu} \cdot \mathrm{x}_v = F_u - \frac{1}{2}E_v$, $\mathrm{x}_{uv} \cdot \mathrm{x}_v = \frac{1}{2}G_u$이므로

$$\begin{cases} (F_u - \frac{1}{2}E_v)_v = (\mathrm{x}_{uu} \cdot \mathrm{x}_v)_v = \mathrm{x}_{uuv} \cdot \mathrm{x}_v + \mathrm{x}_{uu} \cdot \mathrm{x}_{vv} \\ (\frac{1}{2}G_u)_u = (\mathrm{x}_{uv} \cdot \mathrm{x}_v)_u = \mathrm{x}_{uvu} \cdot \mathrm{x}_v + \mathrm{x}_{uv} \cdot \mathrm{x}_{uv} \end{cases}$$

이다. 이 두 식을 빼면,

$$\mathrm{x}_{uu} \cdot \mathrm{x}_{vv} - \mathrm{x}_{uv} \cdot \mathrm{x}_{uv} = (F_u - \frac{1}{2}E_v)_v - \frac{1}{2}G_{uu} = F_{uv} - \frac{1}{2}E_{vv} - \frac{1}{2}G_{uu}$$

를 얻는다. 그러므로 다음이 성립한다.

$$\begin{aligned} K(EG-F^2)^2 &= |\,\mathrm{x}_{uu}\mathrm{x}_u\mathrm{x}_v\,|\;|\,\mathrm{x}_{vv}\mathrm{x}_u\mathrm{x}_v\,| - |\,\mathrm{x}_{uv}\mathrm{x}_u\mathrm{x}_v\,|^2 \\ &= \begin{vmatrix} \mathrm{x}_{uu} \cdot \mathrm{x}_{vv} & \mathrm{x}_u \cdot \mathrm{x}_{vv} & \mathrm{x}_v \cdot \mathrm{x}_{vv} \\ \mathrm{x}_{uu} \cdot \mathrm{x}_u & \mathrm{x}_u \cdot \mathrm{x}_u & \mathrm{x}_v \cdot \mathrm{x}_u \\ \mathrm{x}_{uu} \cdot \mathrm{x}_v & \mathrm{x}_u \cdot \mathrm{x}_v & \mathrm{x}_v \cdot \mathrm{x}_v \end{vmatrix} - \begin{vmatrix} \mathrm{x}_{uv} \cdot \mathrm{x}_{uv} & \mathrm{x}_u \cdot \mathrm{x}_{uv} & \mathrm{x}_v \cdot \mathrm{x}_{uv} \\ \mathrm{x}_{uv} \cdot \mathrm{x}_u & \mathrm{x}_u \cdot \mathrm{x}_u & \mathrm{x}_v \cdot \mathrm{x}_u \\ \mathrm{x}_{uv} \cdot \mathrm{x}_v & \mathrm{x}_u \cdot \mathrm{x}_v & \mathrm{x}_v \cdot \mathrm{x}_v \end{vmatrix} \\ &= \begin{vmatrix} \mathrm{x}_{uu} \cdot \mathrm{x}_{vv} & F_v - \frac{1}{2}G_u & \frac{1}{2}G_v \\ \frac{1}{2}G_u & E & F \\ F_u - \frac{1}{2}E_v & F & G \end{vmatrix} - \begin{vmatrix} \mathrm{x}_{uv} \cdot \mathrm{x}_{uv} & \frac{1}{2}E_v & \frac{1}{2}G_u \\ \frac{1}{2}E_v & E & F \\ \frac{1}{2}G_u & F & G \end{vmatrix} \\ &= \begin{vmatrix} \mathrm{x}_{uu} \cdot \mathrm{x}_{vv} + 0 & F_v - \frac{1}{2}G_u & \frac{1}{2}G_v \\ 0 + \frac{1}{2}G_u & E & F \\ 0 + F_u - \frac{1}{2}E_v & F & G \end{vmatrix} - \begin{vmatrix} \mathrm{x}_{uv} \cdot \mathrm{x}_{uv} + 0 & \frac{1}{2}E_v & \frac{1}{2}G_u \\ 0 + \frac{1}{2}E_v & E & F \\ 0 + \frac{1}{2}G_u & F & G \end{vmatrix} \\ &= (\mathrm{x}_{uu} \cdot \mathrm{x}_{vv} - \mathrm{x}_{uv} \cdot \mathrm{x}_{uv})(EG-F^2) \end{aligned}$$

$$
+\begin{vmatrix} 0 & F_v-\frac{1}{2}G_u & \frac{1}{2}G_v \\ \frac{1}{2}G_u & E & F \\ F_u-\frac{1}{2}E_v & F & G \end{vmatrix} - \begin{vmatrix} 0 & \frac{1}{2}E_v & \frac{1}{2}G_u \\ \frac{1}{2}E_v & E & F \\ \frac{1}{2}G_u & F & G \end{vmatrix}.
$$

$$
=(F_{uu}-\frac{1}{2}E_{vv}-\frac{1}{2}G_{uu})(EG-F^2)
$$

$$
+\begin{vmatrix} 0 & F_v-\frac{1}{2}G_u & \frac{1}{2}G_v \\ \frac{1}{2}E_u & E & F \\ F_u-\frac{1}{2}E_v & F & G \end{vmatrix} - \begin{vmatrix} 0 & \frac{1}{2}E_v & \frac{1}{2}G_u \\ \frac{1}{2}E_v & E & F \\ \frac{1}{2}G_u & F & G \end{vmatrix}.
$$

문제 6.3 $w^i=\sum_\alpha b^i_\alpha v^\alpha=\sum_\alpha b^i_\alpha \sum_\beta a^\alpha_\beta u^\beta=\sum_{\alpha,\beta} b^i_\alpha a^\alpha_\beta u^\beta=b^i_\alpha a^\alpha_\beta u^\beta.$

문제 6.4 $C^{ij}A_iB_j=\overline{C}^{\alpha\beta}\overline{A}_\alpha\overline{B}_\beta$이므로

$$
C^{ij}A_iB_j=\overline{C}^{\alpha\beta}\overline{A}_\alpha\overline{B}_\beta=\overline{C}^{\alpha\beta}A_\gamma\frac{\partial u^\gamma}{\partial\overline{u}^\alpha}B_\sigma\frac{\partial u^\sigma}{\partial\overline{u}^\beta}=\overline{C}^{\alpha\beta}\frac{\partial u^\gamma}{\partial\overline{u}^\alpha}\frac{\partial u^\sigma}{\partial\overline{u}^\beta}A_\gamma B_\sigma
$$

이다. 그러므로 $C^{ij}=\overline{C}^{\alpha\beta}\frac{\partial u^i}{\partial\overline{u}^\alpha}\frac{\partial u^j}{\partial\overline{u}^\beta}$이다. 따라서 C^{ij}는 계수 2의 절대반변텐서의 성분이다.

문제 6.5 모든 j에 대하여 $(A_{ij}-\kappa_1B_{ij})x^i=0$이므로 $(A_{ij}-\kappa_1B_{ij})x^iy^j=0$이다. 또한, 모든 j에 대하여 $(A_{ij}-\kappa_2B_{ij})y^i=0$이므로 $(A_{ij}-\kappa_2B_{ij})y^ix^j=0$이다. A_{ij}와 B_{ij}는 대칭텐서의 성분이므로

$$
\begin{cases}(A_{ij}-\kappa_1B_{ij})x^iy^j=0\\(A_{ij}-\kappa_2B_{ij})x^iy^j=0\end{cases}
$$

이다. 이 두 식을 빼면, $(\kappa_1-\kappa_2)B_{ij}x^iy^j=0$을 얻는다. $\kappa_1\neq\kappa_2$이므로 $B_{ij}x^iy^j=0$이다. 따라서 $A_{ij}x^iy^j=0$이다.

κ_1이 스칼라불변임을 보이기 위하여 $\overline{z}^i$를 임의의 반변벡터의 성분이라 하자.

$$
(\overline{A}_{ij}-\kappa_1\overline{B}_{ij})\overline{x}^i\overline{z}^j=(A_{\alpha\beta}-\kappa_1B_{\alpha\beta})\frac{\partial u^\alpha}{\partial\overline{u}^i}\frac{\partial u^\beta}{\partial\overline{u}^j}x^\gamma\frac{\partial\overline{u}^i}{\partial u^\gamma}z^\sigma\frac{\partial\overline{u}^j}{\partial u^\sigma}
$$

$$= (A_{\alpha\beta} - \kappa_1 B_{\alpha\beta}) x^\gamma z^\sigma \frac{\partial u^\alpha}{\partial \overline{u}^i} \frac{\partial u^\beta}{\partial \overline{u}^j} \frac{\partial \overline{u}^i}{\partial u^\gamma} \frac{\partial \overline{u}^j}{\partial u^\sigma}$$

$$= (A_{\alpha\beta} - \kappa_1 B_{\alpha\beta}) x^\gamma z^\sigma \delta^\alpha_\gamma \delta^\beta_\sigma = (A_{\alpha\beta} - \kappa_1 B_{\alpha\beta}) x^\alpha z^\beta$$

이다. 모든 β에 대하여 $(A_{\alpha\beta} - \kappa_1 B_{\alpha\beta}) x^\alpha = 0$이므로 $(\overline{A}_{ij} - \kappa_1 \overline{B}_{ij}) \overline{x}^i \overline{z}^j = 0$이다. 그러나 $\overline{z}^i$는 임의이므로, 모든 j에 대하여 $(\overline{A}_{ij} - \kappa_1 \overline{B}_{ij}) \overline{x}^i = 0$이다. 따라서 κ_1은 스칼라불변이다.

문제 6.6 $\overline{u}^i = \overline{u}^i (u^1, u^2)$는 역변환 $u^i = u^i (\overline{u}^1, \overline{u}^2)$을 갖는 매개변수교환가능이라 하자.

$$\mathrm{x} = \mathrm{x}(u^1, u^2) = \mathrm{x}(\overline{u}^1 (u^1, u^2), \overline{u}^2 (u^1, u^2)) = \mathrm{x}(\overline{u}^1, \overline{u}^2).$$

$$\mathrm{x}_\alpha = \frac{\partial \mathrm{x}}{\partial u^\alpha} = \frac{\partial \mathrm{x}}{\partial \overline{u}^i} \frac{\partial \overline{u}^i}{\partial u^\alpha}$$

이므로,

$$d\mathrm{x} = \mathrm{x}_\alpha du^\alpha = \frac{\partial \mathrm{x}}{\partial \overline{u}^i} \frac{\partial \overline{u}^i}{\partial u^\alpha} du^\alpha = \frac{\partial \mathrm{x}}{\partial \overline{u}^i} d\overline{u}^i$$

이다. 그러므로 $d\overline{u}^i = du^\alpha \frac{\partial \overline{u}^i}{\partial u^\alpha}$ 이다.

문제 6.7 $g = g_{11} g_{22} - (g_{12})^2$, $g_{12} = g_{21}$이고,

$$g^{11} = \frac{g_{22}}{g}, g^{12} = -\frac{g_{12}}{g}, g^{21} = -\frac{g_{21}}{g}, g^{22} = \frac{g_{11}}{g}$$

이므로,

$$\frac{\partial g}{\partial u^i} = \frac{\partial g_{11}}{\partial u^i} g_{22} + g_{11} \frac{\partial g_{22}}{\partial u^i} - 2 g_{12} \frac{\partial g_{12}}{\partial u^i}$$

$$= g [g^{11} \frac{\partial g_{11}}{\partial u^i} + g^{22} \frac{\partial g_{22}}{\partial u^i} + 2 g^{12} \frac{\partial g_{12}}{\partial u^i}]$$

$$= g g^{\alpha\beta} \frac{\partial g_{\alpha\beta}}{\partial u^i}$$

이다. $\frac{\partial g_{ij}}{\partial u^k}=\Gamma_{ikj}+\Gamma_{jki}$ 이고, $\Gamma^k_{ij}=g^{k\alpha}\Gamma_{ij\alpha}$ 이므로,

$$\frac{\partial g}{\partial u^i}=gg^{\alpha\beta}(\Gamma_{\alpha i\beta}+\Gamma_{\beta i\alpha})=g(\Gamma^{\alpha}_{\alpha i}+\Gamma^{\beta}_{\beta i})=2g\Gamma^{\alpha}_{\alpha i}$$

이다.

문제 6.8 $\mathrm{x}_u=\mathrm{y}',\mathrm{x}_v=\mathrm{g}$.

$$E=\mathrm{y}'\cdot\mathrm{y}',F=\mathrm{y}'\cdot\mathrm{g},G=1$$
$$EG-F^2=\|\mathrm{x}_u\times\mathrm{x}_v\|^2=\|\mathrm{y}'\times\mathrm{g}\|^2$$
$$E_u=2\mathrm{y}'\cdot\mathrm{y}'',E_v=0,\ F_u=\mathrm{y}''\cdot\mathrm{g},F_v=0,G_u=G_v=0$$

이므로

$$\Gamma^1_{11}=\frac{GE_u-2FF_u+FE_v}{2(EG-F^2)}=\frac{\mathrm{y}'\cdot\mathrm{y}''-(\mathrm{y}'\cdot\mathrm{g})(\mathrm{y}''\cdot\mathrm{g})}{\|\mathrm{y}'\cdot\mathrm{g}\|^2}$$
$$\Gamma^2_{11}=\frac{2EF_u-EE_v-FE_u}{2(EG-F^2)}=\frac{(\mathrm{y}'\cdot\mathrm{y}')(\mathrm{y}''\cdot\mathrm{g})-(\mathrm{y}'\cdot\mathrm{g})(\mathrm{y}'\cdot\mathrm{y}'')}{\|\mathrm{y}'\times\mathrm{g}\|^2}$$

이고, 나머지는 $\Gamma^k_{ij}=0$이다.

문제 6.9 $\begin{cases}\mathrm{N}_u=\beta^1_1\mathrm{x}_u+\beta^2_1\mathrm{x}_v\\ \mathrm{N}_v=\beta^1_2\mathrm{x}_u+\beta^2_2\mathrm{x}_v\end{cases}$ 이므로

$$\begin{aligned}\mathrm{N}_u\times\mathrm{N}_v&=(\beta^1_1\beta^2_2-\beta^2_1\beta^1_2)(\mathrm{x}_u\times\mathrm{x}_v)\\&=(\beta^1_1\beta^2_2-\beta^2_1\beta^1_2)\|\mathrm{x}_u\times\mathrm{x}_v\|\cdot\frac{(\mathrm{x}_u\times\mathrm{x}_v)}{\|\mathrm{x}_u\times\mathrm{x}_v\|}\\&=(\beta^1_1\beta^2_2-\beta^2_1\beta^1_2)(EG-F^2)^{1/2}\mathrm{N}\end{aligned}$$

이다. 그러므로 $\frac{LN-M^2}{EG-F^2}=K=\beta^1_1\beta^2_2-\beta^2_1\beta^1_2$임을 보이면 된다.

$$\begin{aligned}\beta^1_1\beta^2_2-\beta^2_1\beta^1_2&=\frac{MF-LG}{EG-F^2}\cdot\frac{MF-NE}{EG-F^2}-\frac{LF-ME}{EG-F^2}\cdot\frac{NF-MG}{EG-F^2}\\&=\frac{(M^2-LN)F^2+(LN-M^2)EG}{(EG-F^2)^2}=\frac{LN-M^2}{EG-F^2}.\end{aligned}$$

문제 6.10 $EG-F^2=1,\ \beta_1^1=1, \beta_1^2=\beta_2^1=\beta_2^2=0, \Gamma_{ij}^k=0.$

가우스-바인가르텐의 공식은 다음과 같다.

$$\begin{cases} x_{uu}=-N \\ x_{uv}=0 \\ x_{vv}=0 \end{cases},\ \begin{cases} N_u=x_u \\ N_v=0 \end{cases}.$$

$x_{uuu}=-x_u$이므로, 이 미분방정식을 풀면, 다음을 얻는다.

$$x=a(v)\cos u+b(v)\sin u+c(v).$$

이때, $x_{uv}=-a'\sin u+b'\cos u=0$이므로 $a'=b'=0$임을 알 수 있다. 따라서 $a=$(상수), $b=$(상수)이다. 그러므로 $0=x_{vv}=c''$이다. 이 미분방정식을 풀면, $c=vd+e$이다. 따라서 $x=a\cos u+b\sin u+vd+e$이다.

$$x_u=-a\sin u+b\cos u, x_v=d$$

$1=E=x_u\cdot x_u=(a\cdot a)\sin^2u-2(a,b)\sin u\cos u+(b\cdot b)\cos^2u$이므로
$a\cdot a=1, b\cdot b=1,\ a\cdot b=0$이다.

$$0=F=x_u\cdot x_v=-(a\cdot d)\sin u+(b\cdot d)\cos u$$

이므로 $a\cdot d=0, b\cdot d=0$이다. $1=G=x_v\cdot x_v=d\cdot d$이다, 그러므로 a,b,d는 정규직교벡터이다. 그러므로

$$\| x-vd-e \|^2=1$$

이다.

$$x-e=y(u)+vd, y(u)=a\cos u+b\sin u$$

이므로, 주어진 E,F,G와 L,M,F를 제1,2기본계수로 갖는 곡면 x는 반지름이 1인 원기둥면이다.

문제 6.11 매개변수곡선들이 서로 수직이므로 $F=x_u\cdot x_v=0$이다.

$$N=\frac{x_u\times x_v}{\| x_u\times x_v \|},\ \| x_u\times x_v \| =(EG-F^2)^{1/2}=\sqrt{EG},\ K=\frac{LN-M^2}{EG-F^2}=\frac{LN-M^2}{EG}$$

$$L = \mathrm{x}_{uu} \cdot \mathrm{N}, M = \mathrm{x}_{uv} \cdot \mathrm{N}, N = \mathrm{x}_{vv} \cdot \mathrm{N}.$$

문제 6.2에 의하여

$$K(EG)^2 = \left(-\frac{1}{2}E_{vv} - \frac{1}{2}G_{uu}\right)(EG) + \begin{vmatrix} 0 & -\frac{1}{2}G_u & \frac{1}{2}G_v \\ \frac{1}{2}E_u & E & 0 \\ -\frac{1}{2}E_v & 0 & G \end{vmatrix}$$

$$- \begin{vmatrix} 0 & \frac{1}{2}E_v & \frac{1}{2}G_u \\ \frac{1}{2}E_v & E & 0 \\ \frac{1}{2}G_u & 0 & G \end{vmatrix}$$

$$= \left(-\frac{1}{2}E_{vv} - \frac{1}{2}G_{uu}\right)(EG) + \frac{1}{4}GE_uG_u + \frac{1}{4}EE_vG_v + \frac{1}{4}GE_v^2 + \frac{1}{4}EG_u^2$$

이다. 따라서

$$\begin{aligned} K &= \left(-\frac{1}{2}E_{vv} - \frac{1}{2}G_{uu}\right)/EG + \frac{1}{4}\frac{E_u}{E}G_u/EG + \frac{1}{4}E_v\frac{G_v}{G}/EG \\ &\quad + \frac{1}{4}\frac{E_v^2}{E}/EG + \frac{1}{4}\frac{G_u^2}{G}/EG \\ &= -\frac{1}{\sqrt{EG}}\left[\left(\frac{1}{2}E_{vv} + \frac{1}{2}G_{uu}\right)/\sqrt{EG} - \frac{1}{4}\frac{E_u}{E}G_u/\sqrt{EG} - \frac{1}{4}E_v\frac{G_v}{G}/\sqrt{EG}\right. \\ &\quad \left. - \frac{1}{4}\frac{E_v^2}{E}/\sqrt{EG} - \frac{1}{4}\frac{G_u^2}{G}/\sqrt{EG}\right] \\ &= -\frac{1}{\sqrt{EG}}\left[\frac{\partial}{\partial u}\left(\frac{1}{\sqrt{E}}\frac{\partial\sqrt{G}}{\partial u}\right) + \frac{\partial}{\partial v}\left(\frac{1}{\sqrt{G}}\frac{\partial\sqrt{E}}{\partial v}\right)\right]. \end{aligned}$$

문제 6.12 $\mathrm{x}_r = (\cos\theta, \sin\theta, 0), \mathrm{x}_\theta = (-r\sin\theta, r\cos\theta, a).$

$$E = 1, F = 0, G = r^2 + a^2.$$

$$\begin{aligned} K &= -\frac{1}{\sqrt{EG}}\left[\frac{\partial}{\partial r}\left(\frac{1}{\sqrt{E}}\frac{\partial\sqrt{G}}{\partial r}\right) + \frac{\partial}{\partial\theta}\left(\frac{1}{\sqrt{G}}\frac{\partial\sqrt{E}}{\partial\theta}\right)\right] \\ &= -\frac{1}{\sqrt{r^2+a^2}}\frac{\partial^2}{\partial r^2}\left(\sqrt{r^2+a^2}\right) \end{aligned}$$

$$=-\frac{1}{\sqrt{r^2+a^2}}\frac{\partial}{\partial r}\left(\frac{r}{\sqrt{r^2+a^2}}\right)$$

$$=-\frac{1}{\sqrt{r^2+a^2}}\cdot\frac{\sqrt{r^2+a^2}-\dfrac{r^2}{\sqrt{r^2+a^2}}}{r^2+a^2}$$

$$=-\frac{a^2}{(r^2+a^2)^2}.$$

문제 6.13 가우스곡률이 양수이고 평균곡률이 상수인 연결닫힌곡면 위의 모든 점이 제점이라는 것을 보이면, 정리 9.1에 의하여 결과가 나온다.

곡면 위의 점 P에서의 주곡률 κ_1, κ_2에 대하여 $\kappa_1 > \kappa_2$라고 하자. 그러면 힐베르트의 정리에 의하여 $K(P) \leqq 0$이다. 이것은 모순이다. 그러므로 곡면 위의 각 점에서 $\kappa_1 = \kappa_2$이다. 따라서 모든 점은 제점이다.

문제 6.14 $\overline{A}_i = A_\alpha \frac{\partial u^\alpha}{\partial \overline{u}^i}, \overline{B}_j = B_\beta \frac{\partial u^\beta}{\partial \overline{u}^j}$ 이므로,

$$\overline{C}_{ij} = \overline{A}_i \overline{B}_j = A_\alpha \frac{\partial u^\alpha}{\partial \overline{u}^i} B_\beta \frac{\partial u^\beta}{\partial \overline{u}^j}$$

$$= A_\alpha B_\beta \frac{\partial u^\alpha}{\partial \overline{u}^i}\frac{\partial u^\beta}{\partial \overline{u}^j} = C_{\alpha\beta}\frac{\partial u^\alpha}{\partial \overline{u}^i}\frac{\partial u^\beta}{\partial \overline{u}^j}$$

이다. 그러므로 $C_{ij} = A_i B_j$는 계수 2의 공변텐서의 성분이다.

문제 6.15 $\overline{A}^{\alpha j} = A^{\gamma\delta}\frac{\partial \overline{u}^\alpha}{\partial u^\gamma}\frac{\partial \overline{u}^j}{\partial u^\delta}$ 이고 $A_{i\alpha}A^{\alpha j} = \delta_i^j$는 텐서이므로

$$\overline{A}_{i\alpha}\overline{A}^{\alpha j} = A_{\beta\gamma}\frac{\partial u^\beta}{\partial \overline{u}^i}\frac{\partial u^\gamma}{\partial \overline{u}^\alpha}A^{\gamma\delta}\frac{\partial \overline{u}^\alpha}{\partial u^\gamma}\frac{\partial \overline{u}^j}{\partial u^\delta}$$

$$= A_{\beta\gamma}A^{\gamma\delta}\frac{\partial u^\beta}{\partial \overline{u}^i}\frac{\partial u^\gamma}{\partial \overline{u}^\alpha}\frac{\partial \overline{u}^\alpha}{\partial u^\gamma}\frac{\partial \overline{u}^j}{\partial u^\delta}.$$

$$= \overline{A}_{i\alpha}A^{\gamma\delta}\frac{\partial \overline{u}^\alpha}{\partial u^\gamma}\frac{\partial \overline{u}^j}{\partial u^\delta}.$$

$\overline{A}_{i\alpha} = A_{\beta\gamma}\frac{\partial u^\beta}{\partial \overline{u}^i}\frac{\partial u^\gamma}{\partial \overline{u}^\alpha}$ 임을 보이면 된다. 위의 두 식을 비교하면,

$$[\overline{A}_{i\alpha} - A_{\beta\gamma}\frac{\partial u^\beta}{\partial \overline{u}^i}\frac{\partial u^\gamma}{\partial \overline{u}^\alpha}]A^{\gamma\delta}\frac{\partial \overline{u}^\alpha}{\partial u^\gamma}\frac{\partial \overline{u}^j}{\partial u^\delta} = 0$$

이다. 그런데 $\det(\frac{\partial \overline{u}^j}{\partial u^\delta}) \neq 0$이므로 $\frac{\partial \overline{u}^j}{\partial u^\delta}$의 계수(coefficient)들은 모두 0이다. 또한, $\det(\frac{\partial \overline{u}^\alpha}{\partial u^\gamma}) \neq 0$이므로 $\frac{\partial \overline{u}^\alpha}{\partial u^\gamma}$의 계수(coefficient)들은 모두는 0이다. $A^{\gamma\delta}$는 임의의 반변텐서이므로,

$$\overline{A}_{i\alpha} = A_{\beta\gamma}\frac{\partial u^\beta}{\partial \overline{u}^i}\frac{\partial u^\gamma}{\partial \overline{u}^\alpha}$$

를 얻는다. 그러므로 A_{ij}는 절대공변텐서의 성분이다.

문제 6.16 $A_{i\alpha}A^{\alpha j} = \delta_i^j$, $x^i = A^{i\alpha}x_\alpha$, $x^j = A^{j\beta}x_\beta$이므로

$$x^i x^j = A^{i\alpha}x_\alpha A^{j\beta}x_\beta = A^{i\alpha}A^{j\beta}x_\alpha x_\beta$$

이다. 그러므로 다음을 얻는다.

$$\begin{aligned} A_{ij}x^i x^j &= A_{ij}A^{i\alpha}A^{j\beta}x_\alpha x_\beta = A_{ji}A^{i\alpha}A^{j\beta}x_\alpha x_\beta \\ &= \delta_j^\alpha A^{j\beta}x_\alpha x_\beta = A^{\alpha\beta}x_\alpha x_\beta. \end{aligned}$$

문제 6.17 g_{ij}는 공변대칭텐서이므로 $\overline{g}_{ij} = g_{\alpha\beta}\frac{\partial u^i}{\partial \overline{u}^\alpha}\frac{\partial u^j}{\partial \overline{u}^\beta}$ 이다.

$$\begin{aligned} \overline{g}_{11}\overline{g}_{22} - (\overline{g}_{12})^2 &= g_{11}\frac{\partial u^1}{\partial \overline{u}^1}\frac{\partial u^1}{\partial \overline{u}^1}g_{22}\frac{\partial u^2}{\partial \overline{u}^2}\frac{\partial u^2}{\partial \overline{u}^2} - [g_{12}\frac{\partial u^1}{\partial \overline{u}^1}\frac{\partial u^2}{\partial \overline{u}^2}]^2 \\ &= [g_{11}g_{22} - (g_{12})^2][\frac{\partial u^1}{\partial \overline{u}^1}\frac{\partial u^2}{\partial \overline{u}^2}]^2 \end{aligned}$$

이므로 $\sqrt{\overline{g}} = \sqrt{g}\,\frac{\partial u^1}{\partial \overline{u}^1}\frac{\partial u^2}{\partial \overline{u}^2}$ 이다. 따라서 결과가 나온다.

문제 6.18 $\epsilon^{11} = \epsilon_{\alpha\beta}g^{1\alpha}g^{1\beta} = \epsilon_{1\beta}g^{11}g^{1\beta} + \epsilon_{2\beta}g^{12}g^{1\beta}$

$= \epsilon_{11}g^{11}g^{11} + \epsilon_{12}g^{11}g^{12} + \epsilon_{21}g^{12}g^{11} + \epsilon_{22}g^{12}g^{12}$

$= \sqrt{g}\,g^{11}g^{12} - \sqrt{g}\,g^{12}g^{11} = 0$ ($g^{12} = g^{21}$이므로)

해답

$$\begin{aligned}\epsilon^{12} &= \epsilon_{\alpha\beta}g^{1\alpha}g^{2\beta} = \epsilon_{1\beta}g^{11}g^{2\beta} + \epsilon_{2\beta}g^{12}g^{2\beta} \\ &= \epsilon_{11}g^{11}g^{21} + \epsilon_{12}g^{11}g^{22} + \epsilon_{21}g^{12}g^{21} + \epsilon_{22}g^{12}g^{22} \\ &= \sqrt{g}\,g^{11}g^{22} - \sqrt{g}\,g^{12}g^{21} = \sqrt{g}\,[g^{11}g^{22} - (g^{12})^2] = \sqrt{g}\cdot\frac{1}{g} = \frac{1}{\sqrt{g}}\end{aligned}$$

$$(\det(g^{ij})\cdot\det(g_{ij}) = 1 \text{ 이므로})$$

같은 방법으로 하면, 나머지의 결과를 얻는다.

문제 6.19 $g_{\alpha i}g^{ij} = \delta^j_\alpha$, $\frac{\partial g_{ij}}{\partial u^k} = \Gamma_{ikj} + \Gamma_{jki}$, $\Gamma^k_{ij} = g^{k\alpha}\Gamma_{ij\alpha}$, $\Gamma_{ijk} = g_{k\alpha}\Gamma^\alpha_{ij}$, $\Gamma_{ijk} = \mathrm{x}_{ij}\cdot\mathrm{x}_k$이므로 $\Gamma_{ik\alpha} = g_{\alpha\beta}\Gamma^\beta_{ik}$이다.

$$g^{ij}\frac{\partial g_{\alpha i}}{\partial u^k} + g_{\alpha i}\frac{\partial g^{ij}}{\partial u^k} = 0,\quad g^{ij}(\Gamma_{\alpha ki} + \Gamma_{ik\alpha}) + g_{\alpha i}\frac{\partial g^{ij}}{\partial u^k} = 0$$

$$g_{\alpha i}\frac{\partial g^{ij}}{\partial u^k} = -g^{ij}\Gamma_{\alpha ki} - g^{ij}\Gamma_{ik\alpha} = -\Gamma^j_{\alpha k} - g^{ij}\Gamma_{ik\alpha}$$

$$\begin{aligned}\frac{\partial g^{ij}}{\partial u^k} = g^{\alpha i}g_{\alpha i}\frac{\partial g^{ij}}{\partial u^k} &= -g^{\alpha i}\Gamma^j_{\alpha k} - g^{\alpha i}[g^{ij}g_{\alpha\beta}\Gamma^\beta_{ik}] \\ &= -g^{\alpha i}\Gamma^j_{\alpha k} - g^{ij}[g^{\alpha i}g_{\alpha\beta}]\Gamma^\beta_{ik} \\ &= -g^{\alpha i}\Gamma^j_{\alpha k} - g^{ij}\delta^i_\beta\Gamma^\beta_{ik} \\ &= -g^{\alpha i}\Gamma^j_{\alpha k} - g^{\beta j}\Gamma^i_{\beta k} \\ &= -g^{\alpha i}\Gamma^j_{\alpha k} - g^{\alpha j}\Gamma^i_{\alpha k}.\end{aligned}$$

문제 6.20 $R_{mijk} = b_{ik}b_{jm} - b_{ij}b_{km}$, $R^p_{ijk} = g^{\alpha p}R_{\alpha ijk}$,

$R_{imjk} = -R_{mijk}$, $R_{mikj} = -R_{mijk}$, $R_{mijk} = R_{jkmi}$

(a) $R^1_{112} = g^{\alpha 1}R_{\alpha 112} = -g^{\alpha 1}R_{\alpha 121} = -R^1_{121}$

$R^2_{221} = g^{\alpha 2}R_{\alpha 221} = -g^{\alpha 2}R_{\alpha 212} = -R^2_{212}$

$R^2_{221} = g^{12}R_{1221} + g^{22}R_{2221}$

$$\begin{aligned}R^1_{112} = g^{\alpha 1}R_{\alpha 112} &= g^{11}R_{1112} + g^{21}R_{2112} \\ &= g^{11}(b_{12}b_{11} - b_{11}b_{21}) + g^{21}(b_{12}b_{12} - b_{11}b_{22}) \\ &= g^{21}(b_{12}b_{12} - b_{11}b_{22})\end{aligned}$$

$$=-\frac{g^{12}}{g}\cdot(-b)=F\cdot\frac{LN-M^2}{EG-F^2}$$

$$R^2_{221}=g^{12}(b_{21}b_{21}-b_{22}b_{11})+g^{22}(b_{21}b_{22}-b_{22}b_{12})$$

$$=g^{12}(b_{21}b_{21}-b_{22}b_{11})=R^1_{112}$$

같은 방법으로 하면, (b) (c), (d)가 성립함을 알 수 있다.

문제 6.21 문제 6.7에 의하여 $\dfrac{\partial \log g}{\partial u^i}=\dfrac{1}{g}\dfrac{\partial g}{\partial u^i}=\dfrac{1}{g}\cdot 2g\Gamma^{\alpha}_{\alpha i}=2\Gamma^{\alpha}_{\alpha i}$를 얻는다. 그러므로 결과를 얻는다.

해답

제 7 장

문제 7.1 $d(P,Q)$는 점 P와 Q 사이의 호의 길이의 하한이므로, 임의의 $\epsilon>0$에 대하여 점 P와 Q를 잇는 호 C가 존재하여

$$d(P,Q) \leqq L(C) < d(P,Q)+\epsilon$$

이 성립한다. $C^*=\mathrm{f}(C)$라고 하자. f는 국소등장사상이므로, $L(C^*)=L(C)$이다. 따라서

$$d(\mathrm{f}(P),\mathrm{f}(Q)) \leqq L(C^*)=L(C) < d(P,Q)+\epsilon$$

이다. $\epsilon>0$은 임의이므로 $d(\mathrm{f}(P),\mathrm{f}(Q)) \leqq d(P,Q)$이다. 한편,

$$d(P,Q) \leqq L(C)=L(C^*)$$

이므로 $d(P,Q) \leqq d(\mathrm{f}(P),\mathrm{f}(Q))$이다. 그러므로 $d(P,Q)=d(\mathrm{f}(P),\mathrm{f}(Q))$이다.

문제 7.2 곡선의 기본정리에 의하여 $\mathrm{x}=\mathrm{x}(s)$의 곡률 $\kappa(s)$와 같은 곡률 $\kappa^*(s)$를 갖는 xy-평면에서의 자연표현곡선 $\mathrm{x}^*=\mathrm{x}^*(s)$가 존재한다. 접선곡면 위의 점 P와 P를 포함하는 좌표조각사상 $\mathrm{y}=\mathrm{y}(s,v)=\mathrm{x}(s)+v\mathrm{t}(s)$가 주어질 때,

$$\mathrm{y}^*=\mathrm{f}(\mathrm{y}(s,v))=\mathrm{f}(\mathrm{x}(s)+v\mathrm{t}(s))=\mathrm{x}^*(s)+v\mathrm{t}^*(s)$$

에 의하여 평면으로의 사상 f를 정의하자. 이때,

$$\mathrm{y}_s^*=\dot{\mathrm{x}}^*+v\dot{\mathrm{t}}^*=\mathrm{t}^*+v\kappa^*\mathrm{n}^* \text{와 } \mathrm{y}_v^*=\mathrm{t}^*$$

는 연속이며, $v>0$이고 $\kappa^*=\kappa\neq 0$이므로

$$\|\mathrm{y}_s^*\times\mathrm{y}_v^*\| = \|v\kappa^*\mathrm{n}^*\times\mathrm{t}^*\| = v\kappa^*\neq 0$$

이다. 그러므로 f는 정칙미분가능사상이다. 따름정리 1.4에 의하여 P를 포함하는 좌표조각사상 $\mathrm{y}=\mathrm{y}(s,v)$는 f가 단사사상이 되도록 충분히 작다고 가정해도 무방하다. 지금 $\mathrm{y}=\mathrm{y}(s,v)$를 따라서

$$E=\mathrm{y}_s\cdot\mathrm{y}_s=(\mathrm{t}+v\kappa\mathrm{n})\cdot(\mathrm{t}+v\kappa\mathrm{n})=1+v^2\kappa^2$$
$$F=\mathrm{y}_s\cdot\mathrm{y}_v=(\mathrm{t}+v\kappa\mathrm{n})\cdot\mathrm{t}=1$$
$$G=\mathrm{y}_v\cdot\mathrm{y}_v=\mathrm{t}\cdot\mathrm{t}=1$$

이다. $\mathrm{y}^* = \mathrm{f}(\mathrm{x}(s,v)) = \mathrm{x}^*(s) + v\mathrm{t}^*(s)$를 따라서

$$E^* = \mathrm{y}_s{}^* \cdot \mathrm{y}_s{}^* = 1 + v^2\kappa^{*2}, F^* = \mathrm{y}_s{}^* \cdot \mathrm{y}_v{}^* = 1, G^* = \mathrm{y}_v{}^* \cdot \mathrm{y}_v{}^* = 1$$

이다. 그러나 $\kappa = \kappa^*$이므로 $E = E^*, F = F^*, G = G^*$이다. 그러므로 정리 2.2에 의하여 f는 등장사상이다.

문제 7.3 $\mathrm{x} = \mathrm{x}(u,v)$는 점 P를 포함하는 좌표조각사상이라 하고,

$$\mathrm{x} = \mathrm{x}(t) = \mathrm{x}(u(t), v(t)) \text{와 } \mathrm{y} = \mathrm{y}(\tau) = \mathrm{x}(\eta(\tau), \zeta(\tau))$$

는 점 P에서 만나는 $\mathrm{x} = \mathrm{x}(u,v)$ 위의 두 곡선이라 하자. 이때, 이 두 곡선들의 접선벡터는 각각 다음과 같다.

$$\mathrm{x}' = \mathrm{x}_u u' + \mathrm{x}_v v'$$
$$\mathrm{y}' = \mathrm{x}_u \eta' + \mathrm{x}_v \zeta'.$$

$\theta = \angle(\mathrm{x}', \mathrm{y}')$이라 하자. $\mathrm{x}' \cdot \mathrm{y}' = \|\mathrm{x}'\| \|\mathrm{y}'\| \cos\theta$이므로

$$\begin{aligned}\cos\theta &= \frac{\mathrm{x}' \cdot \mathrm{y}'}{\|\mathrm{x}'\| \|\mathrm{y}'\|} \\ &= \frac{Eu'\eta' + F(u'\zeta' + v'\eta') + Gv'\zeta'}{[Eu'^2 + 2Fu'v' + Gv']^{1/2}[E\eta'^2 + 2F\eta'\zeta' + G\zeta'^2]^{1/2}}\end{aligned}$$

이다. $\mathrm{x} = \mathrm{x}(u,v)$ 위의 곡선 $\mathrm{x} = \mathrm{x}(t), \mathrm{y} = \mathrm{y}(\tau)$의 f에 의한 상(image)은

$$\mathrm{x}^* = \mathrm{f}(\mathrm{x}(t)) = \mathrm{f}(\mathrm{x}(u(t), v(t))) = \mathrm{x}^*(u(t), v(t)),$$
$$\mathrm{y}^* = \mathrm{f}(\mathrm{y}(\tau)) = \mathrm{f}(\mathrm{x}(\eta(\tau), \zeta(\tau))) = \mathrm{x}^*(\eta(\tau), \zeta(\tau))$$

이라 하자. 이 곡선들의 접선벡터들은 각각 다음과 같다.

$$\mathrm{x}^{*\prime} = \mathrm{x}^*{}_u u' + \mathrm{x}^*{}_v v'$$
$$\mathrm{y}^{*\prime} = \mathrm{x}^*{}_u \eta' + \mathrm{x}^*{}_v \zeta'.$$

이때, $\theta^* = \angle(\mathrm{x}^{*\prime}, \mathrm{y}^{*\prime})$이라 하자. 그러면

$$\begin{aligned}\cos\theta^* &= \frac{\mathrm{x}^{*\prime} \cdot \mathrm{y}^{*\prime}}{\|\mathrm{x}^{*\prime}\| \|\mathrm{y}^{*\prime}\|} \\ &= \frac{E^*u'\eta' + F^*(u'\zeta' + v'\eta') + G^*v'\zeta'}{[E^*u'^2 + 2F^*u'v' + G^*v']^{1/2}[E^*\eta'^2 + 2F^*\eta'\zeta' + G^*\zeta'^2]^{1/2}}\end{aligned}$$

이다. 그러나 대응점에서 $E=\lambda E^*, F=\lambda F^*, G=\lambda G^*$ 이므로 $\cos\theta=\cos\theta^*$ 이다. 그러므로 $\theta=\theta^*$ 이다.

문제 7.4 $\mathrm{y}=\mathrm{y}(s,v)=\mathrm{x}(s)+v\mathrm{t}(s)$ 는 변곡점이 없는 자연표현곡선 $\mathrm{x}=\mathrm{x}(s)$ 의 접선곡면이라 하자. 곡선의 기본정리에 의하여 각 $\lambda(0\leqq\lambda\leqq 1)$ 에 대하여 곡률이 $\kappa(s)$ 이고 열률이 $(1-\lambda)\tau(s)$ 인 자연표현곡선 $\mathrm{x}_\lambda=\mathrm{x}_\lambda(s)$ 가 존재한다. 이때, $\mathrm{x}_0(s)=\mathrm{x}(s)$ 이고, $\mathrm{x}_1(s)$ 는 열률이 0이므로 평면곡선이다. 또한,

$$\mathrm{x}_\lambda(s)=(1-\lambda)\mathrm{x}_0(s)+\lambda\mathrm{x}_1(s)$$

는 λ 에서 연속이다. $\mathrm{f}_\lambda(\mathrm{y}(s,v))=\mathrm{x}_\lambda(s)+v\mathrm{t}_\lambda, v>0$ 로 정의되는 접선곡면의 사상족 $\{\mathrm{f}_\lambda\}_{\lambda\in[0,1]}$ 을 생각하자. 문제 7.2의 증명에 의하여 각 λ 에 대하여 f_λ 는 접선곡면 위의 좌표조각사상에서 그의 상(image) 위로의 정칙미분가능사상임을 알 수 있다. 이때, 분명히 $\mathrm{f}_0(\mathrm{y}(s,v))=\mathrm{y}(s,v)$ 이고, $\mathrm{f}_1(\mathrm{y}(s,v))$ 는 평면곡선 $\mathrm{x}=\mathrm{x}_1(s)$ 의 접선에 의하여 생성되는 평면의 부분집합이다.

끝으로, 각 λ 에 대하여

$$E_\lambda=(\mathrm{x}_\lambda)_s\cdot(\mathrm{x}_\lambda)_s=1+v^2\kappa^2=E$$
$$F_\lambda=(\mathrm{x}_\lambda)_s\cdot(\mathrm{x}_\lambda)_v=1=F$$
$$G_\lambda=(\mathrm{x}_\lambda)_v\cdot(\mathrm{x}_\lambda)_v=1=G$$

이므로 f_λ 는 등장사상이다.

문제 7.5

$$\mathrm{x}_u=(\sin\alpha\cos\theta,\sin\alpha\sin\theta,\cos\alpha),\mathrm{x}_\theta=(-u\sin\alpha\sin\theta,u\sin\alpha\cos\theta,0)$$
$$E=\mathrm{x}_u\cdot\mathrm{x}_u=1,F=\mathrm{x}_u\cdot\mathrm{x}_\theta=0,G=\mathrm{x}_\theta\cdot\mathrm{x}_\theta=u^2\sin^2\alpha$$

이므로 $\Gamma_{11}^1=\Gamma_{12}^1=\Gamma_{11}^2=\Gamma_{22}^2=0,\Gamma_{22}^1=-u\sin^2\alpha,\Gamma_{12}^2=\dfrac{1}{u}$ 임을 알 수 있다.

따라서 측지선의 방정식은 다음과 같다.

$$\begin{cases}\dfrac{d^2u}{ds^2}-u\sin^2\alpha(\dfrac{d\theta}{ds})^2=0\\ \dfrac{d^2\theta}{ds^2}+\dfrac{2}{u}\dfrac{du}{ds}\dfrac{d\theta}{ds}=0\end{cases}.$$

$\phi=\dfrac{d\theta}{ds}$ 이라 놓으면, 둘째 식은 $\dfrac{1}{\phi}\dfrac{d\phi}{ds}=-\dfrac{2}{u}\dfrac{du}{ds}$ 으로 된다. 이를 적분하면, $\log\phi=$

$-2\log u+K$이다. 따라서

$$\frac{d\theta}{ds}=\phi=\frac{e^K}{u^2}:=\frac{C}{u^2\sin^2\alpha},C=e^K\sin^2\alpha$$

이다. 한편, s는 호장이므로

$$1=\| \frac{d\mathrm{x}}{ds} \|^2=\| \mathrm{x}_u\frac{du}{ds}+\mathrm{x}_\theta\frac{d\theta}{ds} \|^2=E(\frac{du}{ds})^2+2F\frac{du}{ds}d\frac{\theta}{ds}+G(\frac{d\theta}{ds})^2$$
$$=(\frac{du}{ds})^2+u^2\sin^2\alpha(\frac{d\theta}{ds})^2$$

이다. $\frac{d\theta}{ds}=\frac{C}{u^2\sin^2\alpha}$를 대입하면, $\frac{du}{ds}=\frac{\sqrt{u^2\sin^2\alpha-C^2}}{u\sin\alpha}$이다. 따라서

$$\frac{du}{d\theta}=\frac{du}{ds}/\frac{d\theta}{ds}=\frac{1}{C}u\sin\alpha\sqrt{u^2\sin^2\alpha-C^2}$$

을 얻는다.

$$\frac{C}{u\sqrt{u^2\sin^2\alpha-C^2}}du=\sin\alpha d\theta.$$

이를 적분하면, $u=A\sec(\theta\sin\alpha+B)=u(\theta)$이다. 따라서 측지선은 다음과 같다.
$\mathrm{x}(\theta)=(u(\theta)\sin\alpha\cos\theta,u(\theta)\sin\alpha\sin\theta,u(\theta)\cos\alpha)$.

문제 7.6 $\frac{U'}{2(U+V)}=\Gamma^1_{11}=-\Gamma^1_{22}=\Gamma^2_{12},\frac{V'}{2(U+V)}=\Gamma^1_{12}=-\Gamma^2_{11}=\Gamma^2_{22}$이다. 정리 3.2에 의하여

$$\kappa_g=[\Gamma^2_{11}(\frac{du}{ds})^3+(2\Gamma^2_{12}-\Gamma^1_{11})(\frac{du}{ds})^2(\frac{du}{ds})+(\Gamma^2_{22}-2\Gamma^2_{12})(\frac{du}{ds})(\frac{dv}{ds})^2$$
$$-\Gamma^1_{22}(\frac{dv}{ds})^3+\frac{du}{ds}\frac{d^2v}{ds^2}-\frac{d^2u}{ds^2}\frac{dv}{ds}]\sqrt{EG-F^2}$$

이다. $\kappa_g=0$이므로 다음을 얻는다.

$$-V'(\frac{du}{ds})^2+U'(\frac{du}{ds})^2(\frac{dv}{ds})-V'\frac{du}{ds}(\frac{dv}{ds})^2+U'(\frac{dv}{ds})^2$$
$$+2(U+V)(\frac{du}{ds}\frac{d^2v}{ds^2}-\frac{d^2u}{ds^2}\frac{dv}{ds})=0,$$

$$[(\frac{du}{ds})^2+(\frac{dv}{ds})^2](U'\frac{dv}{ds}-V'\frac{du}{ds})+2(U+V)(\frac{du}{ds}\frac{d^2v}{ds^2}-\frac{d62u}{ds^2}\frac{dv}{ds})=0,$$

해답

$$\frac{d}{ds}\left[\frac{U(\frac{dv}{ds})^2 - V(\frac{du}{ds})^2}{(\frac{du}{ds})^2 + (\frac{dv}{ds})^2}\right] = 0.$$

따라서

$$(*) \qquad \frac{U(\frac{dv}{ds})^2 - V(\frac{du}{ds})^2}{(\frac{du}{ds})^2 + (\frac{dv}{ds})^2} = C = (\text{상수})$$

이다. $\cos\theta = \frac{\mathrm{t}\cdot\mathrm{x}_u}{\|\mathrm{t}\|\ \|\mathrm{x}_u\|} = \frac{(\mathrm{x}_u\frac{du}{ds} + \mathrm{x}_v\frac{dv}{ds})\cdot\mathrm{x}_u}{\|\mathrm{x}_u\|} = \|\mathrm{x}_u\|\frac{du}{ds}$ 이고

$\sin\theta = \frac{\mathrm{t}\cdot\mathrm{x}_v}{\|\mathrm{t}\|\ \|\mathrm{x}_v\|} = \|\mathrm{x}_v\|\frac{dv}{ds}$ 이다. 한편, s는 호장이므로

$$\begin{aligned} 1 = \|\frac{d\mathrm{x}}{ds}\|^2 &= \|\mathrm{x}_u\frac{du}{ds} + \mathrm{x}_v\frac{dv}{ds}\|^2 \\ &= (U+V)[(\frac{du}{ds})^2 + (\frac{dv}{ds})^2] \\ &= \|\mathrm{x}_u\|^2[(\frac{du}{ds})^2 + (\frac{dv}{ds})^2] = \|\mathrm{x}_v\|^2[(\frac{du}{ds})^2 + (\frac{dv}{ds})^2] \end{aligned}$$

이다. 따라서

$$\cos^2\theta = \frac{(\frac{du}{ds})^2}{(\frac{du}{ds})^2 + (\frac{dv}{ds})^2}, \quad \sin^2\theta = \frac{(\frac{dv}{ds})^2}{(\frac{du}{ds})^2 + (\frac{dv}{ds})^2}$$

이다. 이것을 (*)에 대입하면, 결과를 얻는다.

문제 7.7 좌표조각사상 위의 곡면의 면적소는

$$dR = \sqrt{EG - F}\,dudv = \|\mathrm{x}_u \times \mathrm{x}_v\|\,dudv$$

이고, 구면상의 곡면의 면적소는

$$dR' = \|\mathrm{N}_u \times \mathrm{N}_v\|\,dudv$$

이다. 문제 5.16에 의하여 $\mathrm{N}_u \times \mathrm{N}_v = K(\mathrm{x}_u \times \mathrm{x}_v)$ 이다. 따라서

$$\frac{dR'}{dR} = \frac{\| \mathrm{N}_u \times \mathrm{N}_v \|}{\| \mathrm{x}_u \times \mathrm{x}_v \|} = K$$

이다.

문제 7.8 모선 $\mathrm{x}(s_0,v)$ 위의 한 점에서의 접평면은 벡터

$$\mathrm{x}_s(s_0,v) = \dot{\mathrm{y}}(s_0) + v\dot{\mathrm{g}}(s_0) \text{와 } \mathrm{x}_v(s_0,v) = \mathrm{g}(s_0)$$

에 의하여 생성된다. $v=0$에서 이들은

$$\mathrm{x}_s(s_0,0) = \dot{\mathrm{y}}(s_0), \mathrm{x}_v(s_0,0) = \mathrm{g}(s_0) = \mathrm{x}_v(s_0,v)$$

이다. 따라서 접평면이 모선을 따라서 같기 위한 필요충분조건은 세 개의 벡터 $\dot{\mathrm{y}} + v\dot{\mathrm{g}}, \mathrm{g}, \dot{\mathrm{y}}$가 1차종속이다. 즉,

$$0 = | (\dot{\mathrm{y}} + v\dot{\mathrm{g}})\mathrm{g}\dot{\mathrm{y}} | = [\dot{\mathrm{y}} \times (\dot{\mathrm{y}} + v\dot{\mathrm{g}})] \cdot \mathrm{g} = v(\dot{\mathrm{y}} \times \dot{\mathrm{g}}) \cdot \mathrm{g} = -v | \dot{\mathrm{y}}\mathrm{g}\dot{\mathrm{g}} |$$

이다.

문제 7.9 문제 7.7에 의하여 $\dot{\mathrm{y}}, \mathrm{g}, \dot{\mathrm{g}}$는 1차종속이다. 따라서 모두는 0이 아닌 실수 $k_1(s), k_2(s), k_3(s)$가 존재하여 $k_1\dot{\mathrm{y}} + k_2\mathrm{g} + k_3\dot{\mathrm{g}} = \mathrm{O}$이다.

구간 (s_{i-1}, s_i)에서 $k_1(s) \equiv 0$이라 가정하자. 그러면 $k_2\mathrm{g} + k_3\dot{\mathrm{g}} = \mathrm{O}$이다. 한편, $\| \mathrm{g} \| = 1$이므로 $\mathrm{g} \cdot \dot{\mathrm{g}} = 0$이다. $0 = (k_2\mathrm{g} + k_3\dot{\mathrm{g}}) \cdot \mathrm{g} = k_2 \| \mathrm{g} \|^2$이므로 $k_2 \equiv 0$이다. 그러므로 $k_3 \neq 0$이다. 따라서 $\dot{\mathrm{g}} = \mathrm{O}$, 즉, $\mathrm{g} = (\text{상수})$이다. 그러므로 이 경우에는 선직면은 구간 (s_{i-1}, s_i)에서 평면이나 기둥면의 일부이다.

구간 (s_{i-1}, s_i)에서 $k_1 \neq 0$이라 가정하자. 그러면

$$\dot{\mathrm{y}} = -\frac{k_2}{k_1}\mathrm{g} - \frac{k_3}{k_1}\dot{\mathrm{g}} := c_1\mathrm{g} + c_2\dot{\mathrm{g}}$$

이다. $\mathrm{y}^* = \mathrm{y} - c_2\mathrm{g}$라 놓으면, $c_3 = c_1 - \dot{c}_2$일 때, $\dot{\mathrm{y}}^* = \dot{\mathrm{y}} - c_2\dot{\mathrm{g}} - \dot{c}_2\mathrm{g} = c_3\mathrm{g}$이다. 이때, 만일 구간 (s_{i-1}, s_i)에서 $c_3 \equiv 0$이면, $\dot{\mathrm{y}}^* = \mathrm{O}$이므로 $\mathrm{y}^* = (\text{상수}) = \mathrm{y}_0{}^*$이다. 따라서 선직면은

$$\mathrm{x} = \mathrm{x}(s,v) = \mathrm{y}(s) + v\mathrm{g}(s) = \mathrm{y}_0{}^* + (c_2 + v)\mathrm{g}$$

의 모양이다. 이것은 원뿔의 방정식이거나 평면의 일부이다.

만일 구간 (s_{i-1}, s_i)에서 $c_3 \neq 0$이면, $\mathrm{g} = \dot{\mathrm{y}}^*/c_3$이므로 선직면은

$$\begin{aligned} \mathrm{x} &= \mathrm{x}(s,v) = \mathrm{y}(s) + v\mathrm{g}(s) = \mathrm{y}^* + c_2\mathrm{g} + v\mathrm{g} \\ &= \mathrm{y}^* + (c_2 + v)\mathrm{g} \\ &= \mathrm{y}^* + [(c_2+v)/c_3]\dot{\mathrm{y}}^* \\ &:= \mathrm{y}^* + u\dot{\mathrm{y}}^* \end{aligned}$$

인 모양이다. 이것은 곡선 $\mathrm{x} = \mathrm{y}^*(s)$의 접선곡면이다.

문제 7.10 평면, 기둥면, 뿔면 또는 곡선의 접선곡면은 가우스곡률 $K=0$을 가짐을 유의하자.

만일 곡면 위의 모든 점의 근방이 가전면이면, 문제 7.9에 의하여 곡면 위의 가우스 곡률은 $K=0$이다.

역으로, 곡면 위의 가우스곡률은 $K=0$이라 하자. $\mathrm{x} = \mathrm{x}(u,v)$는 곡면 위의 점 P를 포함하는 좌표조각사상이라 하자. $K = \dfrac{LN - M^2}{EG - F^2} = 0$이므로 $LN - M^2 = 0$이다. 좌표조각사상 위에는 평탄점이 없으므로 모든 점은

$$\begin{aligned} \mathrm{II} &= Ldu^2 + 2Mdudv + Ndv^2 \\ &= (\sqrt{L}\,du + \sqrt{N}dv)^2 = 0 \end{aligned}$$

을 만족하는 하나의 점근방향 $du : dv$를 갖는 포물점이다. 이 방정식은 점 P의 근방에서 점근선의 1-매개변수족을 제공한다. 이러한 1-매개변수족을 u-곡선이라 가정하자. 포물점에서의 점근방향은 주방향과 일치한다. 따라서 u-곡선은 곡률선이다. 이 곡률선을 따라서 $dv=0$이므로 $\sqrt{L}\,du = 0$이다. 한편, $du \neq 0$이므로 $L=0$이다. 따라서 $M=0$이다. u-곡선은 P의 근방을 덮기 때문에 P의 근방에서는 $L=M=0$이다. 그러므로 바인가르텐의 공식에 의하여 $\mathrm{N}_u = \mathrm{O}$임을 알 수 있다. 따라서 N은 u-곡선을 따라서 일정하다. u-곡선이 직선임을 보이자. u-곡선은 곡률선이므로, 로드리게스의 공식에 의하여 $\mathrm{N}_u = -\kappa \mathrm{x}_u$이다. $\mathrm{N}_u = \mathrm{O}$이므로 $\kappa = 0$이다. N은 u-곡선을 따라서 일정하므로 u-곡선은 직선임을 알 수 있다. 따라서 P의 근방은 모선인 u-곡선을 따라서 접평면이 일정하다. 그러므로 P의 근방은 가전면이다.

문제 7.11 타원면은 구면과 위상동형이므로 타원면의 전곡률은 구면의 전곡률과 같다. 구면의 전곡률은 4π이다(7.9절의 예제 9.7 참조).

문제 7.12

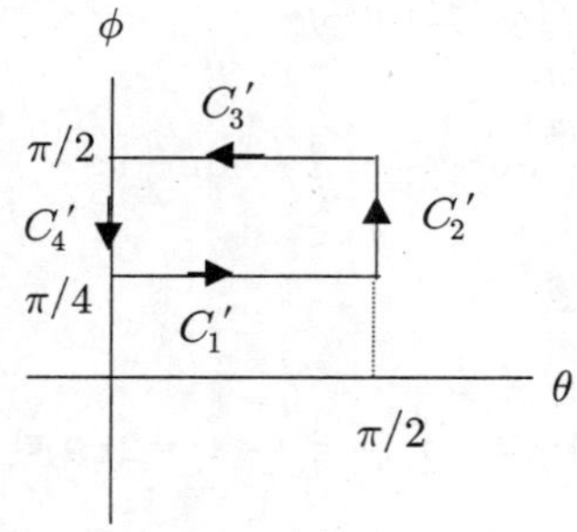

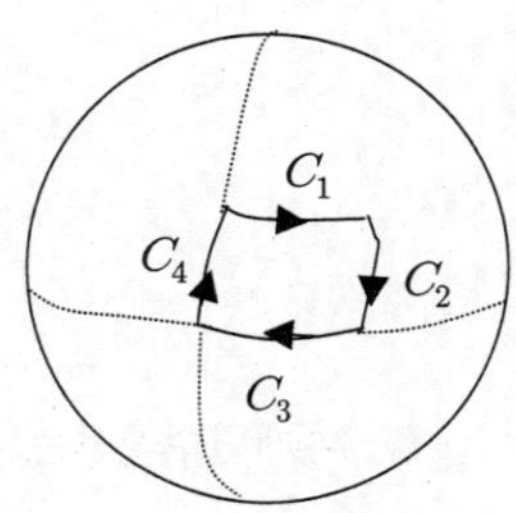

$$\mathrm{x}_\theta = (-\sin\phi\sin\theta, \sin\phi\cos\theta, 0), \mathrm{x}_\phi = (\cos\phi\cos\theta, \cos\phi\sin\theta, -\sin\phi)$$

$$E = \mathrm{x}_\theta \cdot \mathrm{x}_\theta = \sin^2\phi, F = \mathrm{x}_\theta \cdot \mathrm{x}_\phi = 0, G = \mathrm{x}_\phi \cdot \mathrm{x}_\phi = 1$$

$$EG - F^2 = \sin^2\phi$$

$$\mathrm{x}_\theta \times \mathrm{x}_\phi = (-\sin^2\phi\cos\theta, -\sin^2\phi\sin\theta, -\sin\phi\cos\phi), \quad \| \mathrm{x}_\theta \times \mathrm{x}_\phi \| = \sin\phi$$

$$\mathrm{N} = (-\sin\phi\cos\phi, -\sin\phi\sin\theta, -\cos\phi)$$

$$\mathrm{x}_{\theta\theta} = (-\sin\phi\cos\phi, -\sin\phi\sin\theta, 0), \mathrm{x}_{\theta\phi} = (-\cos\phi\sin\theta, \cos\phi\cos\theta, 0)$$

$$\mathrm{x}_{\phi\phi} = (-\sin\phi\cos\theta, -\sin\phi\sin\theta, -\cos\phi)$$

$$L = \sin^2\phi, M = 0, N = 1$$

$$LN - M^2 = \sin^2\phi$$

$$K = \frac{LN - M^2}{EG - F^2} = 1$$

(a) $\displaystyle\int\int_R KdS = \int\int_R 1dS = \int\int_{R'} \sqrt{EG - F^2}\, d\theta d\phi$

$$= \int_0^{\pi/2}\int_{\pi/4}^{\pi/2} \sin\phi d\phi d\theta = \frac{\sqrt{2}\,\pi}{4}$$

(b) C_2, C_3, C_3는 측지선이므로, 이 곡선을 따라서의 측지적 곡률은 $\kappa_g = 0$이다.

$$(\kappa_g)_{\phi = (\text{상수})} = -\frac{E_\phi}{2E\sqrt{G}} = -\frac{2\sin\phi\cos\phi}{2\sin^2\phi} = -\cot\phi$$

이므로 곡선 C_1을 따라서의 측지적 곡률은 $(\kappa_g)_{\phi=\pi/4} = -1$이다. 그러므로

$$\int_C \kappa_g ds = \int_{C_1} \kappa_g ds = -\int_0^{\pi/2} 1ds$$

$$= -\int_0^{\pi/2} [E(\frac{d\theta}{dt})^2 + 2F\frac{d\theta}{dt}\frac{d\phi}{dt} + G(\frac{d\phi}{dt})^2]^{1/2} dt$$

$$=-\int_0^{\pi/2}[E(\frac{d\theta}{dt})^2]^{1/2}dt$$

$$=-\int_0^{\pi/2}\sin\phi dt=-\int_0^{\pi/2}\sin\frac{\pi}{4}dt$$

$$=-\frac{\sqrt{2}\pi}{4}.$$

(c) 매개변수곡선은 서로 수직이므로, $\sum_{i=1}^{4}\alpha_i=4\cdot\frac{\pi}{2}=2\pi$이다.

문제 7.13 점 P는 곡면 위의 임의의 점이라 하고, 곡선 C는 측지선들로 연결되어 있고 점 P를 포함하는 사변형이라 하자. 가우스-보네의 정리에 의하여

$$\int\int_R KdS=2\pi-\sum_{i=1}^{4}\alpha_i$$

임을 알 수 있다. 한편, 측지선들은 상수각으로 만나므로, $\sum_{i=1}^{4}\alpha_i=2\pi$이다. 따라서 $\int\int_R KdS=0$이다. R은 임의로 아주 작게 선택할 수 있으므로 $K(P)=0$이다.

문제 7.14 중복점을 갖는 측지선이 존재하거나 어떤 두 측지선은 두 점에서 만난다고 가정하자. 측지선에 추가로 꼭짓점을 보태면, 두 경우 모두 측지적 삼각형이 된다. 이때 측지적 삼각형의 내각의 합은 π보다 크다.

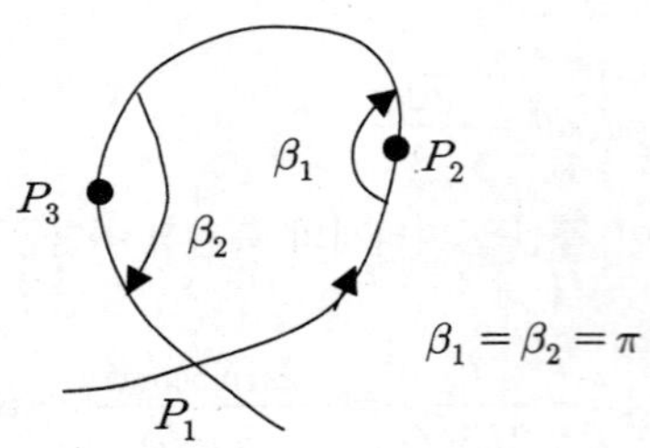

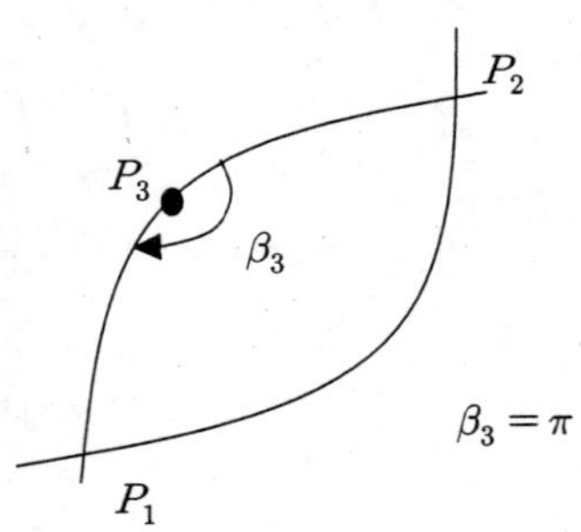

가우스-보네의 공식은

$$\int\int_R KdS=2\pi-\sum_{i=1}^{3}\alpha_i=\sum_{i=1}^{3}\beta_i-\pi$$

이다. 단, β_i는 측지적 삼각형의 내각이다. 그러나 $K<0$이므로

$$0 > \int\int_R KdS = 2\pi - \sum_{i=1}^{3}\alpha_i = \sum_{i=1}^{3}\beta_i - \pi$$

이다. 이것은 모순이다.

문제 7.15 $\{\mathrm{x}_\alpha{}^*(u,v)\}_{\alpha\in I}$는 S^*를 덮는 S^* 위의 임의의 좌표조각사상족이라 하자. f는 정칙미분가능사상이므로 정리 1.3에 의하여 각 $\alpha\in I$에 대하여 S 위의 좌표조각사상 $\mathrm{x}_\alpha(u,v)$가 존재하여 $\mathrm{x}_\alpha{}^*(u,v) = \mathrm{f}(\mathrm{x}(u,v))$이다. f는 전사이므로, $\{\mathrm{x}_\alpha(u,v)\}_{\alpha\in \mathrm{I}}$는 S를 덮는 좌표조각사상족이다. S는 긴밀곡면이므로, S를 덮는 유한개의 좌표조각사상족 $\{\mathrm{x}_{\alpha_i}(u,v)\}_{i=1}^{n}$이 존재한다. 이에 대응하는 S^* 위의 좌표조각사상족 $\{\mathrm{x}_{\alpha_i}{}^*(u,v)\}_{i=1}^{n}$은 S^*를 덮는다. 그러므로 S^*는 긴밀곡면이다.

문제 7.16 $\mathrm{x}_\theta = (-(b+a\sin\phi)\sin\theta, (b+a\sin\phi)\cos\theta, 0)$,
$\mathrm{x}_\phi = (a\cos\phi\cos\theta, a\cos\phi\sin\theta, -a\sin\phi)$.

$$E = \mathrm{x}_\phi \cdot \mathrm{x}_\phi = a^2, F = \mathrm{x}_\phi \cdot \mathrm{x}_\theta = 0, G = \mathrm{x}_\theta \cdot \mathrm{x}_\theta = (b+a\sin\phi)^2$$

이므로 $\mathrm{x} = \mathrm{x}(\phi,\theta)$는 클레로 매개변수표현이다. 정리 4.6에 의하여 $\beta(\phi) = \mathrm{x}(\phi,\theta(\phi))$가 측지선이기 위한 필요충분조건은

$$d\theta = \frac{C\sqrt{E}}{\sqrt{G}\sqrt{G-C^2}}d\phi$$

이다. $r = b+a\sin\phi$이므로 $\phi = \sin^{-1}\dfrac{r-b}{a}$이다. 따라서

$$d\phi = \frac{1}{a\sqrt{1-(\frac{r-b}{a})^2}}dr = \frac{1}{\sqrt{a^2-(r-b)^2}}dr$$

이다. 그러므로 $d\theta = \dfrac{Cadr}{r\sqrt{r^2-C^2}\sqrt{a^2-(r-b)^2}}$의 해는 원환면 위의 측지선이다.

문제 7.17 만일 $\mathrm{x} = \mathrm{x}(s) = \mathrm{x}(u(s),v(s))$가 측지선의 자연표현이면, 문제 7.6의 증명에서

$$U(\frac{dv}{ds})^2 - V(\frac{du}{ds})^2 = C[(\frac{du}{ds})^2 + (\frac{dv}{ds})^2]$$
$$(U-C)(\frac{dv}{ds})^2 = (V+C)(\frac{du}{ds})^2$$

해답

$$(U-C)^{1/2}\frac{dv}{ds}=\pm(V+C)^{1/2}\frac{du}{ds}$$

$$(U-C)^{-1/2}du\pm(V+C)^{-1/2}dv=0$$

$$\int(U-C)^{-1/2}du\pm\int(V+C)^{-1/2}dv=(\text{상수}).$$

문제 7.18 $x_v=(u'\cos\theta, u'\sin\theta, f'), x_\theta=(-u\sin\theta, u\cos\theta, 0)$.

$$u'=-\frac{C_1}{a}\sin(\frac{v}{a})+\frac{C_2}{a}\cos(\frac{v}{a}),\ f'=\sqrt{1-(\frac{du}{dv})^2},\ f'^2=1-u'^2$$

$$u''=-\frac{C_1}{a^2}\cos(\frac{v}{a})-\frac{C_2}{a^2}\sin(\frac{v}{a})$$

$$E=x_v\cdot x_v=u'^2+f'^2=1, F=x_v\cdot x_\theta=0, G=x_\theta\cdot x_\theta=u^2$$

$$EG-F^2=u^2$$

$$K=-\frac{1}{\sqrt{EG}}[\frac{\partial}{\partial v}(\frac{1}{\sqrt{E}}\frac{\partial\sqrt{G}}{\partial v})+\frac{\partial}{\partial\theta}(\frac{1}{\sqrt{G}}\frac{\partial\sqrt{E}}{\partial\theta})]=-\frac{u''}{u}=\frac{1}{a^2}.$$

문제 7.19 $x_v=(u'\cos\theta, u'\sin\theta, f'), x_\theta=(-u\sin\theta, u\cos\theta, 0)$.

$$u'=\frac{C_1}{a}e^{v/a}-\frac{C_2}{a}e^{-v/a}, u''=\frac{C_1}{a^2}e^{v/a}+\frac{C_2}{a^2}e^{-v/a}$$

$$f'^2=1-u'^2$$

$$E=x_v\cdot x_v=u'^2+f'^2=1, F=x_v\cdot x_\theta=0, G=x_\theta\cdot x_\theta=u^2$$

$$EG-F^2=u^2$$

$$K=-\frac{1}{\sqrt{EG}}[\frac{\partial}{\partial v}(\frac{1}{\sqrt{E}}\frac{\partial\sqrt{G}}{\partial v})+\frac{\partial}{\partial\theta}(\frac{1}{\sqrt{G}}\frac{\partial\sqrt{E}}{\partial\theta})]=-\frac{u''}{u}=-\frac{1}{a^2}.$$

문제 7.20 $x_r=(\sec^2(\frac{r}{2})\cos\theta, \sec^2(\frac{r}{2})\sin\theta, 0)$,

$x_\theta=(-2\tan(\frac{r}{2})\sin\theta, 2\tan(\frac{r}{2})\cos\theta, 0)$.

$$x_r\times x_\theta=(0,0,2\tan\frac{r}{2}\sec^2\frac{r}{2})$$

$$\| x_r \times x_\theta \| = 2\tan\frac{r}{2}\sec^2\frac{r}{2} \neq 0, 0 < r < \pi.$$

그러므로 $x = (2\tan(\frac{r}{2})\cos\theta, 2\tan(\frac{r}{2})\sin\theta, 0), 0 < r < \pi$는 정칙매개표현이다.

$$E = x_r \cdot x_r = \sec^4(\frac{r}{2}), F = x_r \cdot x_\theta = 0, G = x_\theta \cdot x_\theta = 4\tan^2(\frac{r}{2})$$

$$(\kappa_g)_{\theta = (\text{상수})} = -\frac{E_\theta}{2E\sqrt{G}} = 0$$

이므로, $r-$곡선은 측지선이다. $G_r \mid_{r=0} = 0$이므로 정리 4.6에 의하여 $r-$곡선, 즉, 원점을 지나는 유클리드 직선은 쌍곡평면의 측지선이고,

$$\theta = \pm\int \frac{C\sqrt{E}}{\sqrt{G}\sqrt{G-C^2}}dr = \pm\int \frac{C\sec^2\frac{r}{2}}{2\tan\frac{r}{2}\sqrt{4\tan^2\frac{r}{2} - C^2}}dr, \ C = (\text{상수})$$

일 때, $x(r) = x(r, \theta(r))$은 쌍곡평면의 측지선이다. $u = \frac{C}{2}\cot\frac{r}{2}$로 놓으면,

$du = -\frac{C}{4}\operatorname{cosec}^2\frac{r}{2}dr$이므로

$$\theta = \pm\int \frac{C\sqrt{E}}{\sqrt{G}\sqrt{G-C^2}}dr = \pm\int \frac{C\sec^2\frac{r}{2}}{2\tan\frac{r}{2}\sqrt{4\tan^2\frac{r}{2} - C^2}}dr$$

$$= \pm\int \frac{C\sec^2\frac{r}{2}}{4\tan^2\frac{r}{2}\sqrt{1 - (\frac{C}{2\tan\frac{r}{2}})^2}}dr$$

$$= \mp\int \frac{C\sec^2\frac{r}{2}}{4\tan^2\frac{r}{2}\sqrt{1-u^2}}\frac{4}{C}\sin^2\frac{r}{2}du$$

$$= \mp\int \frac{1}{\sqrt{1-u^2}}du$$

이다. 이를 적분하면, 다음을 얻는다.

$$\theta - \theta_0 = \cos^{-1}u, \ u = \frac{C}{2}\cot\frac{r}{2} = \cos(\theta - \theta_0),$$

$$\theta = \cos^{-1}(\frac{C}{2}\cot\frac{r}{2}) + \theta_0.$$

그러므로 $x = (2\tan(\frac{r}{2})\cos\theta, 2\tan(\frac{r}{2})\sin\theta, 0)$는 쌍곡평면의 원점에서 측지적 극좌표집합이다.

문제 7.21 $k_n = (k \cdot N)N$, $k_g = (k \cdot U)U$이고 $k = k_g + k_n$임을 유의하자. 그러므로 $x = x(s) = x(u(s), v(s))$가 측지선이기 위한 필요충분조건은 $k = k_n + k_g = k_n$이다.

문제 7.22 $x = (\sin\phi\cos\theta, \sin\phi\sin\theta, \cos\phi)$.

$$x_\theta = (-\sin\phi\sin\theta, \sin\phi\cos\theta, 0), x_\phi = (\cos\phi\cos\theta, \cos\phi\sin\theta, -\sin\phi)$$

$$E = x_\theta \cdot x_\theta = \sin^2\phi, F = x_\theta \cdot x_\phi = 0, G = x_\phi \cdot x_\phi = 1$$

$$(\kappa_g)_{\phi = (상수)} = -\frac{E_\phi}{2E\sqrt{G}} = \frac{2\sin\phi\cos\phi}{2\sin^2\phi} = \cot\phi,\ (\kappa_g)_{\phi = \pi/2} = \cot\frac{\pi}{2} = 0$$

$$(\kappa_g)_{\theta = (상수)} = \frac{G_\theta}{2G\sqrt{E}} = 0.$$

문제 7.23 문제 7.21에 의하여 곡면 위의 곡선 $x = x(s)$가 측지선이기 위한 필요충분조건은 그 곡선의 주법선이 곡면과 수직이다. 즉, $n(s) \cdot N(s) = 0$이다. 만일 측지선 $x = x(s)$가 곡률선이면, $k(s) \cdot N(s) = 0$이다.

$$k = k_g + k_n = k_n = (k \cdot N)N$$

이므로 $k_n = 0$이다. 로드리게스의 공식에 의하여 $dN = -\kappa dx = O$이므로 $N = (상수)$이다. 그러므로 $x = x(s)$는 평면곡선이다.

역으로, 만일 측지선 $x = x(s)$가 평면곡선이면, $k_g = O$이고, $x = x(s)$는 평면곡선이므로, $x(s) \cdot N = 0, N = (상수)$이다. 이를 두 번 미분하면,

$$k_n = k \cdot N = 0$$

이다. $k_g = O$이기 위한 필요충분조건은 $k = k_n$이다. 그러므로 곡률벡터는 $k = O$이다. 따라서 $x = x(s)$는 직선이다.

문제 7.24 $E = x_r \cdot x_r = 1, I = dr^2 + G(r,\theta)d\theta^2$,

$$(\kappa_g)_{r=(\text{상수})} = \frac{G_r}{2G\sqrt{E}} = \frac{1}{\sqrt{G}}\frac{\partial\sqrt{G}}{\partial r}.$$

문제 7.25 문제 7.8에 의하여 선직면 $\mathrm{x} = \mathrm{y}(s) + v\mathrm{n}(s)$가 가전면이기 위한 필요충분조건은 $|\dot{\mathrm{y}}\mathrm{n}\dot{\mathrm{n}}| = 0$이다.

$$0 = |\dot{\mathrm{y}}\mathrm{n}\dot{\mathrm{n}}| = |\mathrm{tn}(-\kappa\mathrm{t} + \tau\mathrm{b})| = \tau|\mathrm{tnb}| = \tau(\mathrm{t}\times\mathrm{n})\cdot\mathrm{b} = \tau(\mathrm{b}\cdot\mathrm{b}) = \tau$$

이므로 결과가 나온다.

문제 7.26 문제 7.8에 의하여 선직면 $\mathrm{x} = \mathrm{y}(s) + v\mathrm{N}(s)$가 가전면이기 위한 필요충분조건은 $|\dot{\mathrm{y}}\mathrm{N}\dot{\mathrm{N}}| = 0$이다. 로드리게스의 공식에 의하여 곡선 $\mathrm{x} = \mathrm{y}(s)$가 S 위에서 곡률선이기 위한 필요충분조건은 $\frac{d\mathrm{N}}{ds} = -\kappa\frac{d\mathrm{y}}{ds}$이다. 그러므로 결과가 나온다.

문제 7.27 $\int_C \kappa_g ds + \iint_R K dS = 2\pi - \sum_i \alpha_i$. $\kappa_g = 0$이고 $K = (\text{상수}) \neq 0$이므로 $K\iint_R dS = 2\pi - \sum_i \alpha_i$이다. $\beta_i = \pi - \alpha_i$라 놓으면, $(R\text{의 넓이}) = \frac{1}{K}[2\pi - \sum_i(\pi - \beta_i)]$이다.

문제 7.28 측지적 사각형 $P_1P_2P_3P_4$를 R이라 하고 $\partial R = C$라고 하자. 그러면 가우스-보네 공식에 의하여 다음을 얻는다.

$$\begin{aligned} 0 > \iint_R K dS &= \int_C \kappa_g ds + \iint_R K dS \\ &= 2\pi - \sum_{i=1}^4 \alpha_i = 2\pi - \sum_{i=1}^4 (\pi - \beta_i) = -2\pi + \sum_{i=1}^4 \beta_i. \end{aligned}$$

그러므로 $\sum_{i=1}^4 \beta_i < 2\pi$이다. $\beta_2 = \beta_3 = \frac{\pi}{2}$이므로 $\beta_1 + \beta_4 < \pi$이다.

$$\triangle P_1P_3P_2 \cong \triangle P_4P_2P_3$$

이므로 $P_1P_3 \equiv P_4P_2$이다. 따라서 $\triangle P_1P_2P_4 \equiv \triangle P_4P_3P_1$이다. 그러므로 $\beta_1 = \beta_4$이다. 따라서 $\beta_1 = \beta_4 < \frac{\pi}{2}$이다.

문제 7.29 $\|\mathrm{g}_1\| = \|\mathrm{g}_2\| = 1$이고, $\mathrm{g}_1 \cdot \mathrm{g}_2 = 0$이므로,

해답

$$\cos\theta = \mathrm{t}\cdot \mathrm{g}_1, \sin\theta = \mathrm{t}\cdot \mathrm{g}_2$$

이다. $\mathrm{t} = \dot{\mathrm{x}} = \mathrm{x}_u \dfrac{du}{ds} + \mathrm{x}_v \dfrac{dv}{ds}$ 이므로, $\cos\theta = \| \mathrm{x}_u \| \dfrac{du}{ds}$ 이고 $\sin\theta = \| \mathrm{x}_v \| \dfrac{dv}{ds}$ 이다. 리우빌의 공식에 의하여 $0 = \kappa_g = \dfrac{d\theta}{ds} + \kappa_{g_1}\cos\theta + \kappa_{g_2}\sin\theta$ 이다. u-곡선은 측지선이므로, 측지적 곡률은

$$\kappa_{g_1} = (\kappa_g)_{v=(\text{상수})} = -\frac{E_v}{2E\sqrt{G}} = 0$$

이다.

$$\kappa_{g_2} = (\kappa_g)_{u=(\text{상수})} = \frac{G_u}{2G\sqrt{E}},$$

$$E = \mathrm{x}_u \cdot \mathrm{x}_u = 1$$

이므로 다음을 얻는다.

$$0 = \frac{d\theta}{ds} + \frac{G_u}{2G\sqrt{E}} \cdot \sqrt{G}\frac{dv}{ds} = \frac{d\theta}{ds} + \frac{G_u}{2\sqrt{G}}\frac{dv}{ds} = \frac{d\theta}{ds} + \frac{\partial\sqrt{G}}{\partial u}\frac{dv}{ds}.$$

참고문헌

1. M. M. Lipschutz: Differential Geometry, MacGraw-Hill, 1969.
2. M. Spiviak: Caculus on Manifold, Addison-Welsey. 1965.
3. ________: A Comphrehensive Introduction to Defferntial Geometry, vol.I,II. Brandeis University, 1970.
4. W. M. Boothby: An Introduction to Differentiable Manifords and Riemannian Goemtry, Academic Press, 1975.
5. 엄상섭: 미분기하학, 교학사, 1976.

찾아보기

ㅣㄱㅣ

| ㄴ |

| ㄷ |

| ㄹ |

| ㅁ |

| ㅂ |

| ㅅ |

| ㅇ |

| ㅈ |

| ㅊ |

| ㅋ |

| ㅌ |

| ㅍ |

| ㅎ |

| 기타 |

교원 임용고사를 대비하기 위한
수학이론과 문제풀이 시리즈 8

미분기하학개론

지은이 김광회
펴낸이 조경희
펴낸곳 경문사
펴낸날 2015년 2월 20일 1판 1쇄
등 록 1979년 11월 9일 제 313-1979-23호
주 소 121-818, 서울특별시 마포구 와우산로 174
전 화 (02)332-2004 팩스 (02)336-5193
이메일 kyungmoon@kyungmoon.com

값 29,000원

ISBN 978-89-6105-919-0